编 审 人 员

主　　编	周长丽	河北工业职业技术学院
副 主 编	温自强	河北工业职业技术学院
	吴鹏飞	河北工业职业技术学院
	任　珂	河北工业职业技术学院
参　　编	战　琪	长沙环境保护职业技术学院
	吕　芳	河北工业职业技术学院
	薛士科	河北工业职业技术学院
	郭利健	河北工业职业技术学院
	张利民	河北华丰能源科技发展有限公司
主　　审	张香兰	中国矿业大学

高等职业教育教材

化工单元操作

第三版

周长丽 主编

张香兰 主审

化学工业出版社

·北 京·

内容简介

化工单元操作的种类很多，每个单元操作均包含十分丰富的内容。本书精选了十一个典型的化工单元操作按项目进行介绍，包括流体输送、非均相混合物的分离、物料换热、蒸发操作、蒸馏操作、气体吸收与解吸、液-液萃取、溶液结晶、物料干燥、吸附、膜分离技术。每个项目均有复习思考题，其中计算题附有答案。书末有附录，供解题时查数据使用。

本教材以实施科教兴国战略，强化现代化建设人才支撑，加强产学研深度融合为指引。在编写过程中根据现代职教理念，围绕高职教育培养目标，立足于学生岗位职业能力的培养并结合化工企业技术人员培训的实际需要对课程内容进行了重新整合，以化工单元操作岗位工作过程为主线，把技能训练和知识的掌握贯穿于以工作任务为载体的项目教学中，更加注重学生工作过程知识的获取和岗位能力的培养，更突出了教材的“职业性、实用性、适用性”特色，并配有丰富的数字资源，以利于学生学习。

本书是高职化工类及其相近专业的一门主干课程教材，也是煤化工生产企业职工培训的核心课程教材，同时也可作为其他相关专业，如石油、生物工程、制药、冶金、环境工程等专业以及化工生产企业职工培训的教材或参考书。

图书在版编目（CIP）数据

化工单元操作/周长丽主编. —3版. —北京：化学工业出版社，2020.7（2025.1重印）
“十二五”职业教育国家规划教材
ISBN 978-7-122-36494-4

Ⅰ.①化… Ⅱ.①周… Ⅲ.①化工单元操作-高等职业教育-教材 Ⅳ.①TQ02

中国版本图书馆CIP数据核字（2020）第046885号

责任编辑：张双进 王海燕 提 岩　　装帧设计：王晓宇
责任校对：刘 颖

出版发行：化学工业出版社（北京市东城区青年湖南街13号 邮政编码100011）
印　　装：大厂回族自治县聚鑫印刷有限责任公司
880mm×1230mm 1/16 印张23¼ 字数716千字 2025年1月北京第3版第9次印刷

购书咨询：010-64518888　　售后服务：010-64518899
网　　址：http://www.cip.com.cn
凡购买本书，如有缺损质量问题，本社销售中心负责调换。

定　　价：59.00元

前　言

化工单元操作课程是高职化工类及其相近专业必修的一门核心课程，本教材自2010年问世至今，被众多高职院校和大型煤化工企业选用，并受到广大读者的好评。2015年修订的第二版被评为“十二五”职业教育国家规划教材。

为深化职业教育教师、教材、教法“三教”改革，推进教育数字化，建设全民终身学习的学习型社会、学习型大国，组建了一支由多所高职院校的教授、副教授、讲师和多个大型化工企业的高级工程师、工程师组成的产教融合、校企合作的“双元”教材开发团队，在第二版“十二五”职业教育国家规划教材的基础上，进行了系统的修订和完善。

多年的教学实践表明，本书原有的项目体系已能满足各类专业的教学需求，原有教学项目和包含工作任务的编排方式不变，每个项目配有学习目标、生产案例和复习思考题。本次修订和完善的内容突出体现在以下几方面。

学习目标的修订：提炼、简化了知识目标和能力目标，增加了思政目标，如培养学生的法律意识、质量意识、环境意识、责任意识、服务意识；弘扬劳动精神、奋斗精神、奉献精神、创造精神、勤俭节约精神；践行社会主义核心价值观，立志做有理想、敢担当、能吃苦、肯奋斗的新时代好青年。在传授知识和技能的同时巧妙地融入思政元素，将职业道德和人文素养的培养贯穿教学全过程，加强了立德树人功能，体现了党的二十大精神进教材、进课堂、进头脑的指导思想。

教学内容的修订：根据企业岗位需求和不同专业、不同读者的不同侧重，对原教学内容做了增减和整合，突出了行业发展的新技术、新工艺，使其更具有先进性、职业性和实用性。

数字化资源的增加和呈现：为推进教育数字化，本教材的修订增加数字化资源，资源呈现注重美观、简单、易学、易懂。更换了部分项目的生产案例，使其更具有专业性、代表性和引导性；增加了特别提示，特别是在版面布局中增加了问题栏，针对每个版面的内容列出了核心问题，便于读者学习和教师提问，针对学生上课普遍不带笔记本的现象，方便学生听课记笔记；重要的知识点、节点、设备原理和结构都设有二维码，以动画、短视频和微课形式呈现给读者，读者根据需求选取辅助或拓展教学资源；书中部分设备结构和实物插图重新制作和更换，使其清晰明了；部分内容采用了双色印刷，使重点、难点更加醒目。以上修订适应了当今职业教育改革的潮流，形成了立体化“互联网+”时代下新形态一体化的创新型教材。

本书与河北省精品资源共享课“化工单元操作”及校内在线开放课“化工单元操作”课

程资源配套。本次再版，附有配套的教学课件、教学大纲、习题解答，便于教师选用。

本书可作为高职化工类及其相近专业的专业教材，如应用化工技术、精细化工技术、石油化工、生物工程、药品生产技术、环境工程技术等专业教材或参考书，同时也是煤化工企业职工能力提升培训的主选教材。

本书由河北工业职业技术学院周长丽教授主编；河北工业职业技术学院温自强博士、吴鹏飞、任珂副主编；长沙环境保护职业技术学院讲师战琪，河北工业职业技术学院副教授吕芳和薛士科、讲师郭利健，河北华丰能源科技发展有限公司工程师张利民参与了本书的编写和修订。

本书由周长丽统稿，中国矿业大学博士生导师张香兰教授主审。

本书的动画、视频资源由秦皇岛博赫科技开发有限公司、北京东方仿真软件技术有限公司提供技术支持。

由于编者学识有限，虽尽职尽责，教材中也难免有不妥之处，恳请读者批评指正。

编 者

2021年1月

第一版前言

高等职业院校培养的是服务于生产一线的技能型人才。近年来，化工类高职院校在制订专业人才培养方案时与企业紧密合作，以化工职业岗位群典型的工作任务分析为逻辑起点，重点突出学生岗位职业能力和相关理论知识运用能力的培养。

化工单元操作课程是高职化工类及其相近专业的一门主干课程，化工生产岗位上运用频率最高、范围最广的能力和知识大多数集中在本课程中。所以，本教材在编写过程中根据现代职业教育理念，围绕高职教育培养目标，立足于学生岗位职业能力的培养，并结合化工企业技术人员培训的实际需要对该课程内容进行了重新整合、编排。以化工单元操作岗位工作过程为主线，把技能训练和对理论知识的掌握贯穿于以工作任务为载体的项目教学中，更加注重学生工作过程知识的获取和岗位能力的培养，更突出了教材的“职业性、先进性、开放性”特色。因而，该课程的学习是化工类专业学生综合职业能力培养和职业素质养成的重要支撑，对化工类专业技术型高技能人才的培养具有举足轻重的地位。

化工单元操作的种类很多，每种单元操作均包含十分丰富的内容。本教材根据专业人才培养方案精选了若干个典型的化工单元操作进行介绍，包括流体输送、沉降与过滤、传热、蒸发、蒸馏、吸收、萃取、结晶、干燥、吸附及膜分离共十一个教学项目，按照理实一体的教学模式进行编排，体现了教材的职业性和实用性，可作为化工类及其相近专业的教材或参考书，也可作为化工生产企业职工培训教材。

本书由周长丽、田海玲主编，韩漠副主编，山东枣庄矿业集团有限公司高工和德涛主审。

河北工业职业技术学院周长丽、朱银惠、郭东萍、吕向阳，山东枣庄矿业集团有限公司宋长勇，吕梁学院田海玲，呼和浩特职业学院韩漠，天津石油职业技术学院吴勇，山东济南信赢煤焦化有限公司李维忠，河北忠信化工有限公司牛文平，山东铁雄能源煤化有限公司胡红燕等参与本书的编写。

编　者

2010年5月

第二版前言

化工类高等职业院校培养的是服务于生产一线的技能型人才，化工单元操作课程又是高职化工类及其相近专业的一门核心课程，本教材第一版主要作为高职院校化工类专业教材和煤化工企业职工培训教材。编写中以教学项目包含工作任务的形式进行编排，包括流体输送、非均相混合物分离、物料传热、蒸发操作、蒸馏操作、气体吸收与解吸、液-液萃取、溶液结晶、物料干燥、吸附及膜分离技术共十一个教学项目。每个教学项目配有学习目标、生产案例、复习思考题（包括选择题、填空题、简答题、计算题），根据工作岗位的任职要求归纳、整合和序化了教材内容，体现了教材的职业性和实用性，所以深受广大师生和煤化工企业员工的欢迎。

根据学生和企业的实际需要，在第一版的基础上进行如下修订。

将学习目标简化和提炼，使其具体化；结合实际生产将生产案例修改或更换，便于学生理解；根据专业人才培养方案和企业生产岗位的实际要求，将教材内容提炼、增减，使其更具有针对性、职业性和实用性，便于学生学习和掌握；将典型设备的操作规程进行修订，减少不必要的理论叙述，便于学生掌握；将例题、习题进行核算或更换，降低难度，简化步骤，便于学生学习理解。

本教材与“国家示范性高等职业院校建设计划”立项建设院校重点建设专业应用化工技术专业与专业群的核心课程化工单元操作课程配套；与河北省精品课程“化工单元操作”课程配套（课程网站http：//jpk.hbcit.edu.cn/shengji/2007/2010-g-hgdycz/index.asp）；与2013年河北省精品资源共享课“化工单元操作”课程配套（课程网站http：//110.249.137.157：8095/）。除此之外，本教材还配有电子课件（光盘）、全程的教学录像（光盘）、实训教材《化工单元操作实训》等资源。

本教材可作为高职高专化工类及其相近专业，如石油、生物工程、制药、环境工程等专业教材或参考书，也可作为化工生产企业职工培训教材。

本教材由河北工业职业技术学院周长丽、吕梁学院田海玲任主编，山东枣庄矿业集团有限公司高级工程师和德涛主审。河北工业职业技术学院朱银惠、郭东萍、吴鹏飞，山东济南信赢煤焦化有限公司李维忠，河北忠信化工有限公司牛文平，山东铁雄能源煤化有限公司胡红燕等参与了本书的编写。

由于编写人员的水平有限，时间仓促，教材中难免有不妥之处，恳请读者批评指正。

编　者

2015年2月

目　录

项目二 非均相混合物的分离 089

项目三 物料换热 114

项目四 蒸发操作 147

项目五　蒸馏操作　163

项目六　气体吸收与解吸　199

项目七　液-液萃取　241

项目十一　膜分离技术　304

附　录　326

参考文献　354

《化工单元操作》（第三版）二维码资源目录

序号	二维码编码	资源名称	资源类型	页码
1	1.1	流体输送方式及管路	微课	008
2	1.2	截止阀结构	动画	013
3	1.3	气动调节阀工作原理	动画	013
4	1.4	弹簧式安全阀结构原理	动画	015
5	1.5	笼式调节阀结构原理	动画	015
6	1.6	静力学基本方程式及应用	微课	024
7	1.7	伯努利方程式及应用	微课	028
8	1.8	煤气柜的结构	动画	034
9	1.9	流体阻力及计算	微课	038
10	1.10	湍流流动形态	动画	039
11	1.11	层流速度分布	动画	039
12	1.12	离心泵的结构及工作原理	微课	047
13	1.13	离心泵性能及特性曲线的测定	微课	048
14	1.14	多级离心泵的工作原理	动画	058
15	1.15	往复泵及其他化工用泵	微课	062
16	1.16	三联泵工作原理	动画	063
17	1.17	活塞隔膜泵工作原理	动画	068
18	1.18	水环真空泵工作原理	动画	069
19	1.19	气体输送设备	微课	070
20	1.20	离心压缩机的结构及工作原理	动画	082
21	2.1	沉降分离	微课	090
22	2.2	降尘室工作过程	动画	094
23	2.3	旋风分离器工作原理	动画	097
24	2.4	过滤分离	微课	098
25	2.5	饼层过滤过程	动画	100
26	2.6	板框过滤机工作原理	动画	101
27	2.7	板框过滤机的过滤和洗涤	动画	101
28	2.8	转鼓真空过滤机	动画	103
29	2.9	叶滤机结构原理	动画	104
30	2.10	活塞推料离心机工作过程	动画	108
31	2.11	湿式电除尘器	动画	110
32	3.1	传热及热传导	微课	117
33	3.2	间壁换热过程计算	微课	129
34	3.3	间壁式换热设备	微课	135
35	3.4	热管式换热器	动画	137
36	3.5	列管式换热器的结构	动画	137
37	3.6	固定管板换热器结构	动画	138
38	3.7	浮头式换热器	动画	138
39	3.8	螺旋板式换热器	动画	139
40	4.1	中央循环管式蒸发器	动画	154
41	4.2	强制循环蒸发器的原理	动画	155
42	4.3	悬框式蒸发器	动画	155
43	4.4	降膜式蒸发器	动画	156
44	4.5	刮板式薄膜蒸发器	动画	156
45	5.1	蒸馏概述及气液相平衡	微课	164

续表

序号	二维码编码	资源名称	资源类型	页码
46	5.2	沸点组成相图分析	动画	167
47	5.3	精馏原理分析	动画	172
48	5.4	连续精馏装置	动画	172
49	5.5	连续精馏过程的计算	微课	173
50	5.6	理论塔板数的计算	微课	180
51	5.7	理论塔板数的绘制	动画	182
52	5.8	蒸馏设备及其操作	微课	186
53	5.9	板式塔结构	动画	187
54	5.10	板式塔操作状态	动画	187
55	5.11	泡罩塔结构	动画	188
56	5.12	筛板塔结构	动画	189
57	5.13	浮阀塔板操作状态	动画	189
58	5.14	板式塔漏液状态	动画	191
59	6.1	吸收与解吸流程	动画	200
60	6.2	吸收概述及气液相平衡	微课	204
61	6.3	双膜理论	动画	210
62	6.4	吸收剂消耗量的计算	微课	214
63	6.5	塔径和填料层高度的计算	微课	218
64	6.6	吸收设备及操作	微课	226
65	6.7	填料塔操作状态	动画	228
66	6.8	填料塔结构	动画	228
67	6.9	填料塔液泛	动画	238
68	7.1	单级萃取	动画	245
69	7.2	多级错流萃取	动画	245
70	7.3	多级逆流萃取	动画	246
71	7.4	筛板萃取塔	动画	248
72	7.5	单级转筒式离心萃取器	动画	249
73	8.1	冷却式连续结晶器	动画	263
74	8.2	外循环式冷却结晶器	动画	264
75	9.1	干燥设备及其应用	微课	282
76	9.2	箱式干燥器	动画	282
77	9.3	转筒干燥器	动画	283
78	9.4	单层圆筒流化床干燥器	动画	283
79	9.5	卧式多室流化床干燥器	动画	283
80	9.6	气流干燥器	动画	284
81	9.7	喷雾干燥器	动画	284
82	10.1	固定床吸附操作流程	动画	299
83	10.2	流化床 - 移动床联合吸附分离	动画	301
84	11.1	螺旋卷式膜组件	动画	309
85	11.2	渗透与反渗透过程	动画	310
86	11.3	连续多级超滤操作流程	动画	318

绪　论

思政目标

1. 树立“厚基础，强能力，高标准，严要求”的学习理念。

2. 培养“有理想、敢担当、能吃苦、肯奋斗”的新时代“化工人”。

3. 培养“认真、务实、乐观、进取”的人生态度。

4.培养具有像我国近代化工先驱范旭东、侯德榜那样的奋斗精神和爱国情怀。

学习目标

技能目标

1.能进行基本物理量的计算及换算。

2.会识图查表。

知识目标

1.掌握化工生产过程中常用的化工单元操作及分类。

2.掌握单位制及单位换算的方法。

一、课程的性质、作用及任务

讲好中国故事——近代化工先驱范旭东、侯德榜

化工单元操作课程是化工类及其相近专业必修的一门专业基础课；是化工及煤化工生产企业核心岗位对应的核心课程。本课程的知识点贯穿了多个专业的核心课程，内容涉及多个专业的工作岗位，对整个专业知识的学习和核心技能的掌握起着重要的支撑作用。

化工单元操作课程的任务就是以典型单元操作为研究对象，应用基础学科的有关原理研究化工生产过程中化工单元操作的基本原理、典型设备的结构、操作与故障分析处理，对各单元操作过程进行设计优化或操作优化。可以说，化工生产岗位上运用频率最高、范围最广的能力和知识大多数集中在化工单元操作课程中，因而该课程的学习是化工类专业学生综合职业能力培养和职业素质养成的重要支撑，为后续课程的学习打下坚实基础。

二、化工单元操作及分类

（1）化工单元操作　人们把在不同化工产品生产过程中，发生同样的物理变化，遵循共同的规律，使用相似设备，具有相同作用的基本物理操作，称为单元操作。

在化工过程或某种产品的生产过程中，往往需要几个或几十个加工过程，其中除了化学反应过程外，还有大量的物理加工过程。化工领域庞大，化学工业产品种类繁多，在生产过程中，都使用着各种各样的物理加工过程。它们的操作原理可以归纳为应用较广的多个基本操作过程，如流体输送、搅拌、沉降、过滤、热交换、蒸发、结晶、吸收、蒸馏、萃取、吸附以及干燥等。在乙醇、乙烯及石油等生产过程中，都采用蒸馏操作过程分离液体混合物；废水治理技术中常采用的沉降、过滤、吸附、膜分离等过程；合成氨、硝酸及硫酸等生产过程中，都采用吸收操作过程分离气体混合物；尿素、聚氯乙烯及染料等生产过程中，都采用干燥操作过程以除去固体中的水分等，这些基本的操作过程称为化工单元操作。

（2）化工单元操作分类　对于化工单元操作，可从不同角度加以分类，各种单元操作依据不同的物理化学原理，采用相应的设备，以达到各自的工艺目的。根据各单元操作所遵循的基本规律，将其划分为如下几个基本过程。

① 动量传递过程。流体流动时，其内部发生动量传递，故流体流动过程也称为动量传递过程。遵循动量传递的基本规律以及主要受这些基本规律支配的一些单元操作包括流体输送、沉降、过滤、物料混合（搅拌）及流态化等。

② 热量传递过程。热量传递过程简称传热过程。遵循热量传递的基本规律及主要受这些基本规律支配的一些单元操作，包括传热、蒸发、结晶等。

③ 质量传递过程。质量传递过程简称传质过程。遵循质量传递基本规律的单元操作包括蒸馏、吸收、萃取、浸取、吸附、离子交换、膜分离等。从工程目的来看，这些操作都可将混合物进行分离，故又称之为分离操作。

④ 热量、质量传递过程。同时遵循热量、质量传递的基本规律包括干燥、结晶、增湿、减湿等，因为这些单元操作中，不仅有质量传递而且有热量传递。

因此，流体力学、传热及传质的基本原理是各单元操作的理论基础。每个单元操作的研究内容包括“过程”和“设备”两个方面。一方面，同一单元操作在不同的生产中虽然遵循相同的过程规律，但在操作条件及设备类型（或结构）方面会有很大差别。另一方面，对于同样的工程目的，可采用不同的单元操作来实现。例如一种液态均相混合物，既可用蒸馏方法分离，也可用萃取方法，还可用结晶方法，究竟哪种单元操作最适宜，需要根据工艺特点、物系特性，经过综合技术经济分析做出选择。

三、化工单元操作过程中的基本规律

在研究化工单元操作时，经常用到一些基本概念，如物料衡算、能量衡算、物系的平衡关系、传递速率等。这些基本概念贯穿于本课程的始终，在这里仅作简要说明，详细内容将在以后项目中讲解。

（1）物料衡算　物料衡算是依据质量守恒定律，进入与离开某一操作过程的物料质量之差，等于该过程中累积的物料质量，即

$$\text{输入量} - \text{输出量} = \text{累积量} \tag{0-1}$$

对于连续操作的过程，若各物理量不随时间改变，即处于稳定操作状态时，过程中不应有物料的积累。则物料衡算关系为

$$\text{输入量} = \text{输出量} \tag{0-2}$$

用物料衡算式可由过程的已知量求出未知量。物料衡算一般按下列步骤进行。

① 首先根据题意画出各物流的流程示意图，并标上已知数据与待求量。

② 在写衡算式之前，要选定计算基准，一般选用单位进料量或排料量、时间及设备的单位体积等作为计算的基准。

③ 在较复杂的流程示意图上应注明衡算的范围，列出衡算式，求解未知量。

【例 0-1】如附图所示，苯和甲苯混合液中含苯的摩尔分数为 x_F，以 F kmol/h 的流量连续加入某一精馏塔。塔顶流出液中含苯的摩尔分数为 x_D，残液中含苯的摩尔分数为 x_W。试求塔顶苯的流出量 D kmol/h 和塔底甲苯的流出量 W kmol/h。

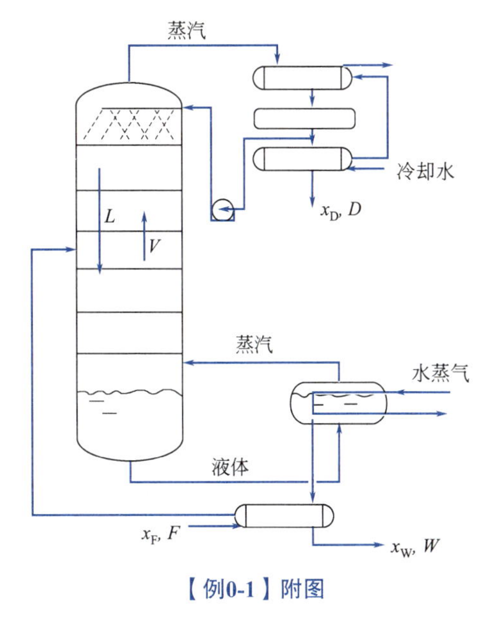

【例0-1】附图

解 对全塔作物料衡算，即

$$F=D+W$$

对全塔易挥发组分苯作物料衡算，即

$$Fx_F=Dx_D+Wx_W$$

解方程组得

$$W=\frac{F(x_D-x_F)}{x_D-x_W}$$

$$D=\frac{F(x_F-x_W)}{x_D-x_W}$$

(2) 能量衡算 本课程所涉及的能量主要有机械能和热能。能量衡算的依据是能量守恒定律。机械能衡算将在项目一流体输送中讲解，热量衡算在传热、蒸馏、干燥等项目中结合具体单元操作详细说明。热量衡算的步骤与物料衡算的基本相同。

(3) 物系的平衡关系 平衡状态是自然界中广泛存在的现象。在一定的条件下，过程的变化达到了极限，即过程处于平衡状态。例如，热量从高温物体传到低温物体至两物体的温度相等为止；在一定温度下，不饱和的食盐溶液与固体食盐接触时，食盐向溶液中溶解，直到溶液为食盐所饱和，食盐就停止溶解，此时固体食盐表面已与溶液呈动态平衡状态。反之，若溶液中食盐浓度大于饱和浓度，则溶液中的食盐会析出，使溶液中的固体食盐结晶长大，最终达到平衡状态。一定温度下食盐的饱和浓度，就是这个物系的平衡浓度。当溶液中食盐的浓度低于饱和浓度，则固体食盐将向溶液中溶解。当溶液中食盐的浓度大于饱和浓度，则溶液中溶解的食盐会析出，最终都会达到平衡状态。从这些例子可以看出，平衡关系可以用来判断过程能否进行，以及进行的方向和限度。

(4) 传递速率 传递速率是单位时间内传递过程的变化率。平衡关系只表明过程变化的极限，而传递速率表明过程进行的快慢。在生产中，过程速率比平衡关系更为重要。如果一个过程可以进行，但速率十分缓慢，则该过程无生产应用价值。

在某些过程中，传递速率与过程推动力成正比，与过程阻力成反比，这三者的相互关系类似于电学中的欧姆定律，即

$$传递速率=\frac{推动力}{阻力} \tag{0-3}$$

过程的传递速率是决定设备结构、尺寸的重要因素，传递速率大时，设备尺寸可以小些。由于过程不同，推动力与阻力的内容各不相同。通常，过程离平衡状态越远，则推动力越大，达到平衡时，推动力为零。例如，引起热物体与冷物体间热量流动的推动力是两物体的温度差，温度差越大，则传热速率越大，温度差等于零时，两物体处于热平衡状态，彼此间不会有热的流动。过程阻力较为复杂，将在有关项目中分别介绍。

由上述可知，改变过程推动力或过程阻力即可改变过程速率。在学习各单元操作时，要注意分析影响推动力和阻力的各种因素，探索提高生产效率的措施。

（5）经济核算　为生产定量的某种产品所需要的设备，根据设备的形式和材料的不同。可以有若干设计方案。对同一台设备，所选用的操作参数不同，会影响到设备费与操作费。因此，要用经济核算确定最经济的设计方案。

四、单位制及单位换算

（1）基本单位和导出单位　凡参与生产过程的物料都具有各种各样的物理性质，如黏度、密度、热导率等，而且还常用不同的参变量如温度、压强、流速等来表示过程的特征。根据使用方便的原则规定出它们的单位，这些选择的物理量称为基本物理量，其单位称为基本单位。其他的物理量，如速度、加速度、密度等单位则根据其本身的物理意义，由有关基本单位组合而成，这种组合单位称为导出单位。

（2）单位制　由于计算各个物理量时，采用了不同的基本量，因而产生了不同的单位制。目前最常用的单位制有以下几种。

① 绝对单位制和工程单位制。根据对基本物理量及其单位选择的不同，分为绝对单位制与工程单位制。绝对单位制以长度、质量、时间为基本物理量，工程单位制以长度、时间和力为基本物理量。显然，在绝对单位制中，力是导出物理量，其单位为导出单位；而在工程单位制中，质量是导出物理量，其单位为导出单位。

上述两种单位制又有米制单位与英制单位之分，如表 0-1 所示。

表0-1　两种单位制中的米制与英制基本单位

单位制		基本物理量			
		长度	时间	质量	力或重力
绝对单位制	厘米制（CGS 制）	cm	s	g	—
	米制	m	s	kg	—
	英制	ft	s	lb	—
工程单位制	米制	m	s	—	kgf
	英制	ft	s	—	lb（f）

SI制含义

② 国际单位制（SI 制）。国际单位制是 1960 年 10 月第十一届国际计量大会通过的一种新的单位制，其代号为 SI。SI 制是一种完整的单位制，它包括了所有领域中的计量单位。

中国目前使用的就是以 SI 制为基础的法定计量单位，它是根据中国国情，在 SI 制单位的基础上，适当增加了一些其他单位构成的。例如，体积的单位 L（升），质量的单位 t（吨），时间的单位 min（分）、h（时）、d（日）、a（年）仍可使用。

本书采用法定计量单位，但在实际应用中，仍可能遇到非法定计量单位，需要进行单位换算。不同单位制之间的主要区别在于其基本单位不完全相同。表 0-2 给出了常用单位制中的部分基本单位和导出单位。

表0-2　常用单位制中的部分基本单位和导出单位

国际单位制（SI 制）				绝对单位制（CGS 制）				工程单位制			
基本单位			导出单位	基本单位			导出单位	基本单位			导出单位
长度	质量	时间	力	长度	质量	时间	力	长度	力	时间	质量
m	kg	s	N	cm	g	s	dyn	m	kgf	s	$kgf \cdot s^2/m$

在国际单位制和绝对单位制中质量是基本单位，力是导出单位。而在工程单位制中力是基本单位，质量是导出单位。因此，必须掌握三种单位制之间力与质量的关系，才能正确地进行单位

换算。

(3)单位制换算 同一物理量若用不同的单位度量时，其数值需相应地改变，这种换算过程称为单位换算。1984年2月27日国务院发布命令，明确规定在我国实行以SI单位制为基础的法定计量单位，要求在1990年年底前各行各业要全面完成向法定计量单位的过渡。鉴于几十年来在工农业生产和工程技术中，一直广泛使用工程单位制，由过去的CGS制和工程单位制过渡到全部使用法定单位，还需要一段时间。因此，必须掌握这些单位间的换算关系。

在工程单位制中，将作用于1kg质量上的重力，即1kgf作为力的基本单位。由牛顿第二定律得

$$1\text{N}=1\text{kg}\times 1\text{m/s}^2=1\text{kg}\cdot\text{m/s}^2$$

$$1\text{kgf}=1\text{kg}\times 9.81\text{m/s}^2=9.81\text{N}=9.81\times 10^5\text{dyn}$$

$$1\text{kgf}\cdot\text{s}^2/\text{m}=9.81\text{N}\cdot\text{s}^2/\text{m}=9.81\text{kg}=9.81\times 10^3\text{g}$$

根据三种单位制之间力与质量的关系，即可将物理量在不同单位制之间进行换算。将物理量由一种单位换算至另一种单位时，物理量本身并没有发生改变，仅是数值发生了变化。例如，将1m的长度换算成100cm的长度时，长度本身并没有改变，仅仅是数值和单位的组合发生了改变。因此，在进行单位换算时，只需要用新单位代替原单位，用新数值代替原数值即可，其中

$$新数值=原数值\times 换算因数$$

式中 $$换算因数=原单位/新单位$$

换算因数表示一个原单位相当于多少个新单位。

【例 0-2】 试将物理单位制中的密度单位 g/cm^3 分别换算成SI制中的密度单位 kg/m^3 和工程单位制中的密度单位 $\text{kgf}\cdot\text{s}^2/\text{m}^4$。

解 首先确定换算因数

$$\frac{\text{g}}{\text{kg}}=10^{-3}\ ,\quad \frac{\text{cm}}{\text{m}}=10^{-2}\ ,\quad \frac{\text{kg}}{\text{kgf}\cdot\text{s}^2/\text{m}}=\frac{1}{9.81}$$

则 $$1\frac{\text{g}}{\text{cm}^3}=\frac{1\times 10^{-3}\text{kg}}{(10^{-2}\text{m})^3}=1\times 10^3\text{kg/m}^3=1\times 10^3\times\frac{\frac{1}{9.81}\text{kgf}\cdot\text{s}^2/\text{m}}{\text{m}^3}=102\text{kgf}\cdot\text{s}^2/\text{m}^4$$

【例 0-3】 在SI制中，压力的单位为Pa（帕斯卡），即 N/m^2。已知1个标准大气压的压力相当于 1.033kgf/cm^2，试以SI制单位表示1个标准大气压的压力。

解 首先确定换算因数

$$\frac{\text{kgf}}{\text{N}}=9.81\ ,\quad \frac{\text{cm}}{\text{m}}=10^{-2}$$

则 $$1\text{atm}=1.033\frac{\text{kgf}}{\text{cm}^2}=\frac{1.033\times 9.81\text{N}}{\left(10^{-2}\text{m}\right)^2}=1.01337\times 10^5\text{N/m}^2=1.01337\times 10^5\text{Pa}$$

五、学习本课程要注意的问题及培养的能力

要理论联系实际，过程原理和设备并重；掌握科学的研究方法；着重培养学生的自学能力、创新能力及刻苦勤奋、好学好问、实干、毅力等非智力因素。

一、填空题

1.化工单元操作按照其遵循的规律可分为______、______、______、______四类。

2. 化工单元操作所遵循的规律为____。

3. 物料衡算遵循的是____的规律。

4. 热量衡算遵循的是____的规律。

5. 平衡关系表示的是_________________；平衡关系可以判断_______________________。

6. 我国实行的法定计量单位是________________，其特点是_______________________。

二、简答题

1. 什么叫化工单元操作？

2. 试述化工单元操作研究的对象和任务。

3. 物料衡算和热量衡算的依据和基本步骤是什么？

4. 物理单位制、工程单位制和SI制中各以哪几个单位为基本单位？

三、计算题

1. 在物理单位制中，黏度的单位为P（泊），即g/（cm・s），试将该单位换算成SI制中的黏度单位Pa・s。

[答　0.1Pa・s]

2. 已知通用气体常数R=0.08206L・atm/（mol・K），试以法定单位J/（mol・K）表示R的值。

[答　8.314J/（mol・K）]

项目一

流体输送

流体输送是化工生产中最基本的单元操作，本项目从流体岗位的实际需求出发，围绕化工企业对流体输送岗位操作人员的具体要求，设计了十一个工作任务，为完成这些工作任务安排具体的实践训练项目，通过这些项目的训练，使学生达到本岗位的教学目标，以满足化工企业对流体输送岗位操作人员的要求。

思政目标

1. 培养爱岗敬业、诚实守信、办事公道、服务群众、奉献社会的职业道德。
2. 培养执着专注、精益求精、一丝不苟、追求卓越的工匠精神。
3. 培养具有像牛顿、伯努利、雷诺等科学家那样的探索精神。

学习目标

技能目标

1. 会进行流体基本物理量的计算、换算及查取。
2. 会选择和使用工具、仪器、仪表测量液体的密度、压差、液位、流速及流量等。
3. 会应用流体静力学基本方程、流量方程、连续性方程、伯努利方程进行简单计算。
4. 会判断流体流型和测定流体的阻力。
5. 会进行流体输送设备的操作调节与维护。

知识目标

1. 熟知流体的主要物理量及流体力学基本方程。
2. 熟知管路布置与安装的一般原则及管路常见的故障。
3. 熟知离心泵、往复泵、鼓风机和压缩机等流体输送设备的工作原理、结构性能及操作规程。

讲好中国故事——西气东输工程

生产案例

以焦炉煤气为原料采用ICI低中压法合成甲醇工艺为例，介绍流体输送所用的管路和设备。ICI低中压法合成甲醇的工艺流程如图1-1所示，该工艺中所包含的基本工段如图1-2所示。

由上述案例ICI低中压法合成甲醇工艺可知，从焦炉煤气净化、中间产品粗甲醇合成、粗甲醇精馏到最后产品精甲醇都是流体，整个生产过程就是一个流体流动和输送的过程。

化工生产中所处理的物料，大多为流体，包括气体和液体，气体与液体都具有流动性。在化工生产中为满足工艺要求需要将流体物料由低处送往高处，由低压变为高压，由低速变为高速。在连续生产中管道中的流体物料的输送就像人体内的血液在血管内不断流动，流体在管道内的流动要涉及流体的输送、流量测量及流体输送机械的选型等问题。因此对这样一个流动系统，必须要解决以下几个问题：

① 流体的物理量及其测定；

② 流体输送管路的选择及管件、阀门的配置；

③ 流体输送管路直径的确定和管路布置；

④ 流体输送机械的选用、操作及维护等。

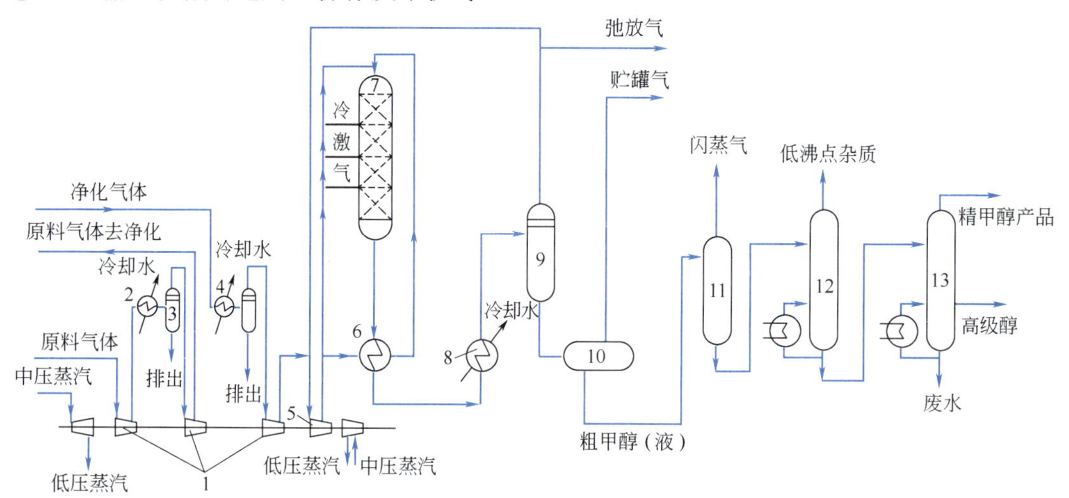

图1-1　ICI低中压法合成甲醇的工艺流程

1—原料气压缩机；2—冷却器；3—分离器；4—冷却器；5—循环压缩机；6—热交换器；7—甲醇合成反应器；8—甲醇冷凝器；9—甲醇分离器；10—中间槽；11—闪蒸槽；12—轻分馏塔；13—精馏塔

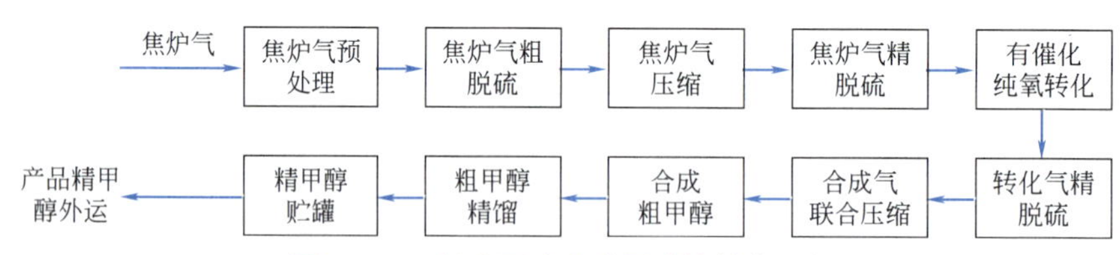

图1-2　ICI低中压法合成甲醇的基本工段

因此，流体输送是化工生产中最基本的单元操作，也是其他单元操作的基础，在化工生产中应用最为广泛。

1.1 流体输送方式及管路

任务一

流体输送方式的选择

流体输送必须要具有足够的机械能，才能将流体输送到一定的距离或提升到一定高度，达到所需的压强，并克服流体流动过程中的阻力。完成流体输送可采用不同的输送方式，常见的流体输送方式有以下几种。

一、设备输送

通常将液体输送设备称之为泵；气体输送设备称之为风机和压缩机。液体输送设备的种类很多，一般根据作用原理的不同可将液体输送设备分为离心式、回转式、往复式及流体作用式。其中，离心泵在化工生产中应用最为广泛。离心泵的外观见图 1-3，其性能的详细介绍见任务六。

工业上常用的气体输送设备有通风机、鼓风机和压缩机。离心式鼓风机的外观如图 1-4 所示。

图1-3　离心泵

图1-4　离心式鼓风机

在化工生产中如何选用既符合生产需要又比较经济合理的流体输送设备，同时在操作中安全可靠、高效率运行，除了熟知被输送流体的性质、工作条件外，还必须了解各类输送设备的工作原理、结构和特性，以便进行正确的选择和合理使用。工业中常用流体输送设备的基本结构、工作原理、操作及维护，将在任务六、任务七中详细介绍。

二、压送和真空抽料

流体输送方式

在一些特殊场合，特别是液体做近距离输送时，可以用压送或真空抽料方法输送液体。压送方法是将液体先放入容器，然后通入压缩气体，在压力的作用下将液体输送至目标设备，如图 1-5 所示。压缩气体送料时，气体压力必须满足输送任务的工艺要求。

真空抽料也是将液体放入容器中，利用真空系统在液体输送目标设备内造成负压，从而使液体从容器 1 被吸到目标设备 2 内，经缓冲罐 3 去真空泵。如图 1-6 所示，真空抽料时，目标设备内的真空度必须要满足输送任务的要求。

压送和真空抽料方法均适用于腐蚀性液体的输送，其结构简单，没有动件，但流量调节不方便，主要用在间歇输送流体的场合。必须注意真空抽料不能用于容易挥发液体的输送。

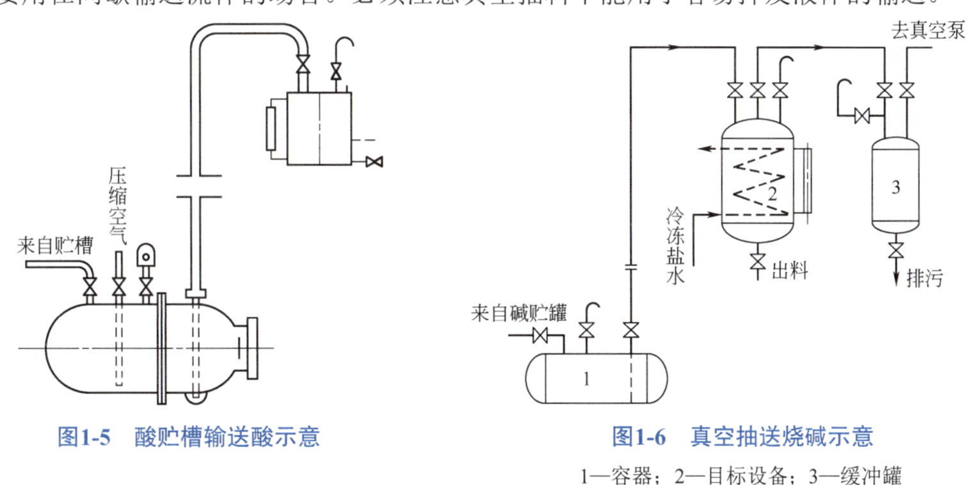

图1-5　酸贮槽输送酸示意

图1-6　真空抽送烧碱示意

1—容器；2—目标设备；3—缓冲罐

三、高位槽送料

当两设备有一定的位差，且要求将高位设备中的液体输送至低位设备中去，只要其位差高度能满足流量要求，将两设备用管道直接连接即可达到送料的目的，这就是高位槽送料。另外，对要求特别稳定的场合，也常设置高位槽，先将液体送到高位槽内，再利用位差将液体送到目标设备，这样可以避免输送机械带来的波动。高位槽送料时，高位槽的高度必须满足输送任务的要求。

任务二

流体输送管路的选择与安装

管路在化工生产中主要是用来输送各种流体介质（如气体、液体），使其在生产中按工艺要求流动，以完成各个生产过程，同一些机器设备一样，是石油、化工等许多行业生产中必不可缺少的部分。某个生产过程是否正常与管路是否畅通有很大关系。因此，了解管路的一些基础知识是非常必要的。

一、流体输送管路的分类

化工生产过程中的管路通常以是否分出支管来分类，见表1-1。

表1-1　管路分类

类　型		结果
简单管路	单一管路	直径不变、无分支的管路，见图1-7（a）
	串联管路	虽无分支但管径多变的管路，见图1-7（b）
复杂管路	分支管路	流体由总管流到几个分支，各分支出口不同，见图1-7（c）
	并联管路	并联管路中，分支管路最终又汇合到总管，见图1-7（d）

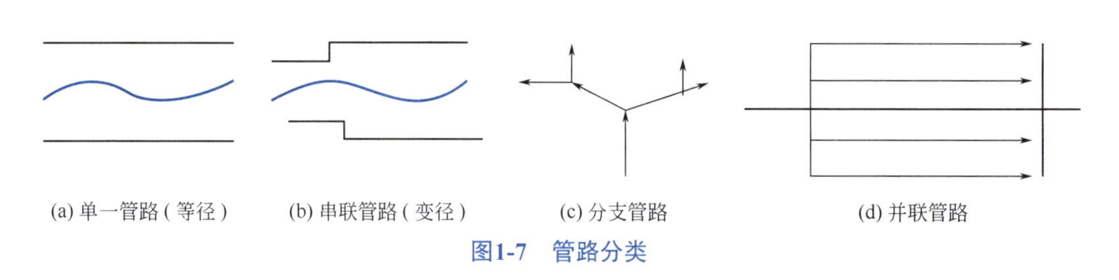

图1-7　管路分类

对于重要管路系统，如全厂或大型车间的动力管线（包括蒸汽、煤气、上水及其他循环管道等），一般均以并联管路辐射，以有利于提高能量的综合利用，减少因局部故障而造成的影响。

二、管路的构成

管路主要由管子、管件和阀门所构成，也包括一些附属于管路的管架、管卡、管撑等附件。

1. 管子的分类与用途

管子按材质可分为金属管、非金属管和复合管三大类。

各种管路的用途

（1）金属管　金属管主要有铸铁管、钢管（含合金钢管）和有色金属管等。

① 铸铁管。主要有普通铸铁管和硅铸铁管，其特点是价格低廉，耐腐蚀性比钢管强，但性脆，管壁厚而笨重，不可在压力下输送易爆炸气体和高温蒸汽。常用作埋在地下的低压给水总管、煤气管和污水管等。

② 钢管。主要包括有缝钢管和无缝钢管。

• 有缝钢管。是用低碳钢焊接而成的钢管，又称为焊接管，分为水、煤气管和钢板电焊钢管。水、煤气管的主要特点是易于加工制造，价格低廉，但因为有焊缝而不适宜在0.8MPa（表压）以上压力条件下使用。目前主要用于输送水、蒸汽、煤气、腐蚀性低的液体、压缩空气及真空管路等。因此，只作为无缝钢管的补充。

• 无缝钢管。按制造方法分热轧和冷拔（冷轧）两种，没有接缝。其质量均匀、强度高、管壁薄。能在各种压力和温度下输送液体，广泛应用于输送高压、有毒、易燃、易爆和强腐蚀性流体，并用于制作换热器、蒸发器、裂解炉等化工设备。

③ 有色金属管。有色金属管是用有色金属制造的管子的总称，包括紫铜管、黄铜管、铝管和铅管。适用于特殊的操作条件。

• 紫铜管和黄铜管。紫铜管和黄铜管统称铜管，其导热性能好，耐弯曲，适宜作某些特殊用途的换热器用管。细铜管常用来输送有压力的液体，如用于机械设备的润滑系统和油压系统的油管，有些仪表管也采用铜管。

• 铝管。铝管质轻且耐部分酸的腐蚀，导热性能好，但不耐碱及盐水、盐酸等含氯离子的化合物，广泛用于输送浓硝酸、乙酸等物料，亦可用来制造换热器。

• 铅管。是制药及其他工业部门用作耐酸材料的管路，如输送15%～65%的硫酸、干的或湿的二氧化硫、60%的氢氟酸、小于80%的乙酸。铅管的最高使用温度为200℃，温度高于140℃时不宜在压力下使用。硝酸、次氯酸盐及高锰酸盐类等介质，不可采用铅管。由于铅管机械强度低、性软而笨重，目前正被合金管及塑料管所代替。

（2）非金属管 非金属管是用各种非金属材料制作而成的管子，常用的主要有玻璃管、塑料管、橡胶管、陶瓷管、水泥管等。

① 玻璃管。工业生产中的玻璃管主要是由硼玻璃和石英玻璃制成的。玻璃管具有透明、耐腐蚀、易清洗、管路阻力小和价格低廉的优点。缺点是性脆、不耐冲击与振动，热稳定性差，不耐高压。常用于某些特殊介质的输送。

② 塑料管。塑料管是以树脂为原料加工制成的管子。包括聚乙烯管、聚氯乙烯管、酚醛塑料管、ABS塑料管和聚四氟乙烯管等。塑料管具有很多优良性能，其特点是耐腐蚀性能较好、质轻、加工成型方便，能任意弯曲和加工成各种形状。但性脆、易裂、强度差、耐热性也差。塑料管的用途越来越广泛，很多原来用金属管的场合逐渐被塑料管所代替，如下水管等。

③ 橡胶管。橡胶管为软管，可以任意弯曲，质轻，耐温性、抗冲击性能较好。多用来作临时性管路。

④ 陶瓷管。陶瓷管耐酸碱腐蚀，具有优越的耐腐蚀性能，成本低廉，可节省大量的钢材。但陶瓷管性脆、强度低、不耐压，不宜输送剧毒及易燃、易爆的介质，多用于排除腐蚀性污水。

⑤ 水泥管。水泥管价廉、笨重，多用作下水道的排污水管，一般用于无压流体输送。水泥管主要有无筋水泥管，内径范围为100～900mm，有筋水泥管的内径范围为100～1500mm。水泥管的规格均以ϕ内径×壁厚表示。

水泥管内径范围

（3）复合管 复合管是金属与非金属两种材料复合得到的管子，目的是满足节约成本、强度和防腐的需要，通常作用在一些管子的内层衬以适当材料，如金属、橡胶、塑料、搪瓷等而形成的。

随着化学工业的发展，各种新型耐腐蚀材料不断出现，如有机聚合物材料管、非金属材料管正在越来越多地替代金属管。

管子的规格通常是用“ϕ外径×壁厚”来表示。ϕ38mm×2.5mm表示此管子的外径是38mm，壁厚是2.5mm。但也有些管子是用内径来表示其规格的，使用时要注意。

2. 常用的管件与阀门

（1）常用的管件

① 改变管路流向的管件有弯头、三通等，如图1-8（a）、（b）所示；

② 连接管路支路的管件有三通、四通等，如图 1-8（b）、（c）所示；
③ 改变管路直径的管件有异径管，如图 1-8（d）所示；
④ 堵塞管路的有管件管帽、盲板、丝堵等，如图 1-8（f）、（g）、（h）所示；
⑤ 用以延长管路用的管件有法兰、内外螺纹接头、活接头等，如图 1-8（i）、（e）、（j）所示。

图1-8　常用的普通铸铁管件

一种管件可以起到上述作用中的一个或多个，例如弯头既是连接管路的管件，又是改变管路方向的管件。工业生产中的管件类型很多，还有塑料管件、耐酸陶瓷管件和电焊钢管管件等，管件已经标准化，可以从有关手册中查取。

（2）常用的阀门　凡是用来控制流体在管路内流动的装置统称为阀门。在化工生产中阀门主要起到启闭作用、调节作用、安全保护作用和控制流体流向作用。阀门的种类很多，化工生产中常用的有截止阀、闸板阀、止回阀、球阀和安全阀等。

① 截止阀。截止阀主要部件为阀盘与阀座，如图 1-9 所示，它是依靠阀盘的上升或下降，来改变阀盘与阀座的距离，以达到调节流量的目的。截止阀密封性好，可准确地调节流量，但结构复杂，阻力较大，适用于水、气、油品和蒸汽等管路，因截止阀流体阻力较大，开启较缓慢，不适用于带颗粒和黏度较大的介质。

② 闸板阀。如图 1-10 所示，闸板阀的主要部件为一闸板，通过闸板的升降来启闭管路。闸板与阀杆和手轮相连，转动手轮可使闸板上下活动。闸阀体形较大，造价较高，但全开时流体阻力小，常用于大直径管路的开启和切断，一般不能用来调节流量的大小，也不适用于含有固体颗粒的物料。

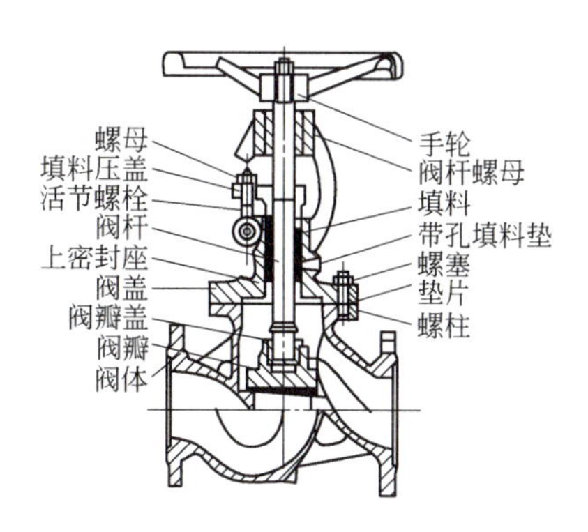

图1-9　截止阀

1.2 截止阀结构

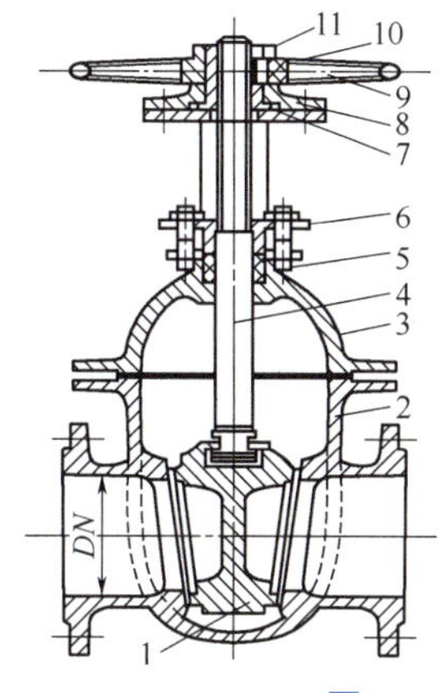

图1-10　明杆式闸板阀

1—楔式闸板；2—阀体；3—阀盖；4—阀杆；5—填料；6—填料压盖；7—套筒螺母；8—压紧环；9—手轮；10—键；11—压紧螺母

阀门的开启形式

③ 止回阀。止回阀也称为止逆阀或单向阀。是一种根据阀前、后的压力差自动启闭的阀门，其作用是使介质只作一定方向的流动。止回阀体内有一阀盖或摇板，当流体顺流时阀盖或摇板即升起或掀开，当流体倒流时阀盖或摇板即自动关闭。止回阀一般适用于清洁介质，安装时应注意介质的流向与安装方向。

根据阀门的结构形式不同，止回阀可分为升降式、旋启式和底阀三种。

• 升降式止回阀。中低压管路中的升降式止回阀如图 1-11 所示。阀体结构和截止阀相同，阀盘上有导向杆，它可以在阀盖内的导向套内自由升降。当介质自左向右流动时，靠介质的压力将阀盘顶开，从而使管路连通；若介质反向流动时，介质的压力作用在阀盘的上部，阀盘下落，截断通路。升降式止回阀安装在管路中时，必须使阀盘的中心线与水平面垂直，否则，阀盘难以灵活升降。

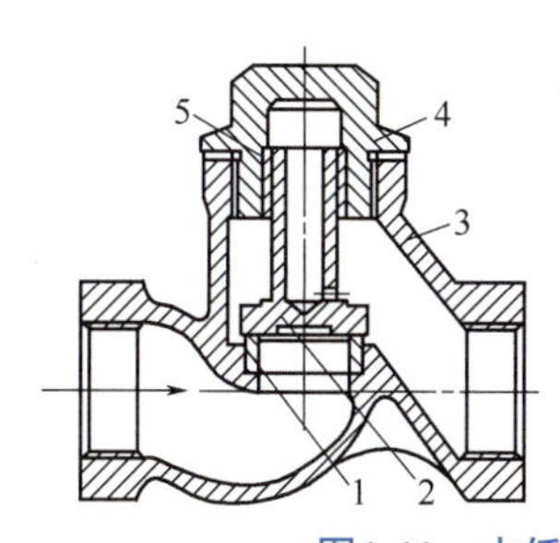

图1-11　中低压升降式止回阀

1—阀座；2—阀盘；3—阀体；4—阀盖；5—导向套

1.3 气动调节阀工作原理

• 旋启式止回阀。旋启式止回阀如图 1-12 所示。其启闭件是摇板，当介质自左向右流动时，靠介质的压力将摇板顶开，从而使管路连通；若介质反向流动时，介质的压力作用在摇板的右面，摇板关闭，截断通路。旋启式止回阀安装在水平和垂直的管路上均可，但必须使摇板的枢轴呈水平状态。

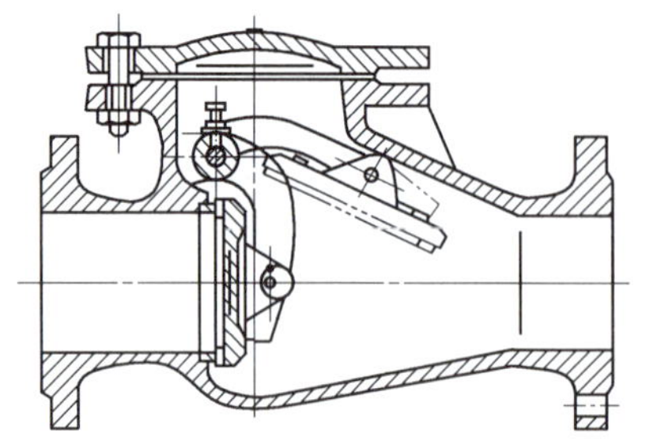

图1-12　旋启式止回阀

• 底阀。底阀如图 1-13 所示。在使用时，必须将底阀没入水中，它的作用是防止吸水管中的水倒流，以便使水泵能正常启动。过滤网是为了过滤介质中的杂质，以防其进入泵内。

各种阀门的结构

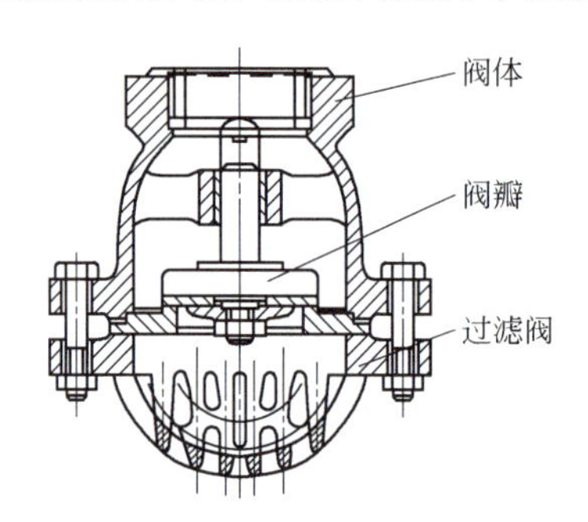

图1-13　底阀

④ 球阀。球阀是一种以中间开孔的球体作阀芯，靠旋转球体来控制阀的开启和关闭，如图 1-14 所示。

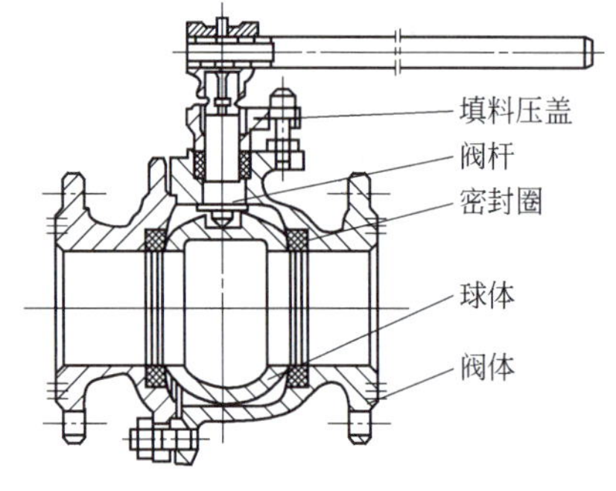

图1-14　球阀

在阀体内装有两个氟塑料制成的固定密封阀座，两个阀座之间夹紧浮动球球体。球体有较高的制作精度，借助于手柄和阀杆的转动，可以带动球体转动，以达到球阀开关的目的。

球阀的特点是结构比闸阀和截止阀简单，启闭迅速，操作方便，体积小，质量轻，零部件少，流体阻力也小。但球阀的制作精度要求高，由于密封结构和材料的限制，这种阀不宜用于高温介质中，适用于低温高压及黏度较大的介质，但不宜用于调节流量。

⑤ 蝶阀。蝶阀的关闭件为一圆盘形蝶板，蝶板能绕其轴旋转 90°，板轴垂直流体的流动方向。当驱动手柄旋转时，带动阀杆和蝶板一起转动，使阀门开启或关闭。电动蝶阀如图 1-15 所示。蝶阀结构简单，维修方便，开关迅速，适用于低温低压管路。

⑥ 节流阀。节流阀如图 1-16 所示。它的结构与截止阀基本相同，只是阀盘改制成了圆锥形或针形，从而有较好的流量和压力调节作用。

节流阀的特点是外形尺寸小，质量小，制造精度要求高。由于流速较大，易冲蚀密封面。适用于温度较低、压力较高的介质，不适用于黏度大和含有固体颗粒的介质，不宜作隔断阀。

图1-15　电动蝶阀

图1-16　节流阀

⑦ 安全阀。安全阀是为了管道、设备的安全保险而设置的截断装置，它能根据工作压力而自动启闭，从而将管道、设备的压力控制在某一数值以下，以保证其安全。主要用在蒸汽锅炉及高压设备上。

常用的安全阀有杠杆式和弹簧式两种。弹簧式安全阀如图 1-17 所示。弹簧式安全阀分为封闭式和不封闭式。封闭式用于易燃、易爆和有毒介质；不封闭式用于蒸汽或惰性气体。

⑧ 疏水阀。疏水阀的功能是自动地间断地排除蒸汽管路和加热器等蒸汽设备系统中的冷凝水，而又能阻止蒸汽泄出。目前使用较多的是热动力疏水阀，如图 1-18 所示。它是利用蒸汽和冷凝水的动压和静压的变化来自动开启和关闭，达到排水阻汽的目的。

1.4 弹簧式安全阀结构原理

图1-17　弹簧式封闭安全阀

图1-18　疏水阀

1.5 笼式调节阀结构原理

⑨ 笼式调节阀。笼式调节阀是一种压力平衡式调节阀，采用高耐磨性进口密封环作为平衡原件，集合单座调节阀的低泄漏率和套孔双座调节阀阀芯平衡结构的优点而开发出的新系列调节阀。

阀内件采用套筒导向的先导式阀芯，密封形式采用单座密封，流量特性曲线精度高。调节阀动态稳定性好，噪声低，适宜控制各种温度的高压差流体。配用多弹簧薄膜执行机构或电动执行机构，其结构紧凑，输出力大。

三、管路直径的确定

对于圆形管道，以 d 表示其内径，则有

$$d=\sqrt{\frac{4q_V}{\pi u}} \tag{1-1}$$

式中，体积流量 q_V 一般由生产任务规定，当流量为定值时，必须选定流速 u，才能确定管径。由式（1-1）可知，流速越大，则管径越小，这样可节省设备费，但流体流动时遇到的阻力增大，会消耗更多的动力，增加操作费用；反之，流速小，则设备费高，而操作费少。所以在管路设计中，选择适宜的流速是十分重要的。适宜流速应由输送设备的操作费和管路的设备费进行经济权衡及优化来决定。每种流体的适宜流速范围，可从手册中查取。表 1-2 列出了一些流体在管路中流动时流速的常用范围，可供参考选用。

管路直径圆整的含义

表1-2　一些流体在管路中常用的流速范围

流体的种类	流速范围 / (m/s)	流体的种类	流速范围 / (m/s)
水及低黏度液体（0.1～1.0MPa）	1.5～3.0	一般气体（常压）	10～20
工业供水（0.8MPa 以下）	1.5～3.0	真空操作下气体	<10
锅炉供水（0.8MPa 以下）	>3.0	离心泵排出管（水一类液体）	2.5～3.0
饱和蒸汽	20～40	液体自流速度（冷凝水等）	0.5

由于管径已经标准化，所以经计算得到管径后应圆整并按照标准选定，管径的规格标准可参看附录十九。

四、管路的连接方式

管路的连接通常是管子与管子、管子与管件、管子与阀件、管子与设备之间的连接，其连接形式主要有四种，即螺纹连接、法兰连接、焊接连接及承插式连接等，如图 1-19 所示。

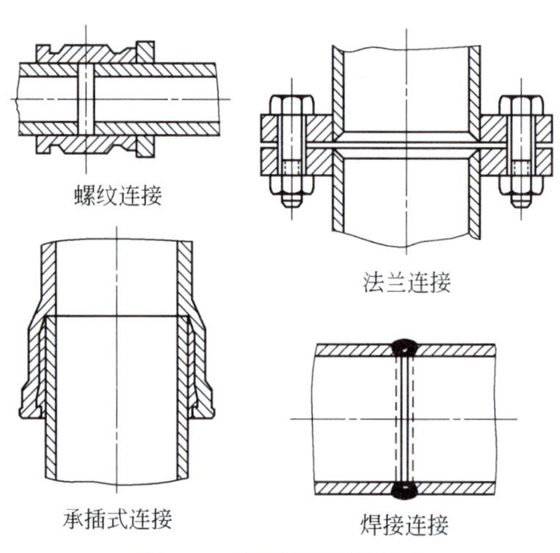

图1-19　管路的连接方式

（1）螺纹连接　螺纹连接是一种可拆卸连接，它是在管道端部加工外螺纹，利用螺纹与管箍、管件和活管接头配合固定，把管子与管路附件连接在一起。螺纹连接的密封则主要依靠锥管螺纹的咬合和在螺纹之间加敷的密封材料来达到。常用的密封材料是白漆加麻丝或四氟膜，缠绕在螺纹表面，然后将螺纹配合拧紧。密封的材料还可以用其他填料和涂料代替。

（2）法兰连接　法兰连接是最常用的连接方法，适用于管径、温度及压力范围大、密封性能要求高的管子连接。广泛用于各种金属管、塑料管的连接，还适用于管子与阀件、设备之间的连接。

各种连接方式的应用

法兰连接的主要特点实现了标准化，装拆方便，密封可靠，但费用较高。管路连接时，为了保证接头处的密封，需在两法兰盘间加垫片密封，并用螺丝将其拧紧。法兰连接密封的好坏与选用的垫片材料有关，应根据介质的性质与工作条件选用适宜的垫片材料，以保证不发生泄漏。

（3）焊接连接　焊接连接是一种不可拆连接结构。它是用焊接的方法将管道和各管件、阀门直接连成一体。这种连接密封非常可靠，结构简单，便于安装，但给清理检修工作带来不便。广泛适用于钢管、有色金属管和聚氯乙烯管的连接，但需要经常拆卸的管段不能用焊接法连接。焊接连接主要用在长管路和高压管路中，但当管路需要经常拆卸时，或在易燃易爆的车间，不宜采用焊接法连接管路。

（4）承插式连接　承插式连接是将管子的一端插入另一管子的插套内，并在形成的空隙中装填麻丝或石棉绳，然后塞入胶合剂，以达密封目的。主要用于水泥管、陶瓷管和铸铁管的连接，其特点是安装方便，对各管段中心重合度要求不高，但拆卸困难，不能耐高压，多用于地下给排水管路的连接。

五、管路的布置与安装

工业上在管路布置和安装时，要从安装、检修、操作方便，安全、费用以及设备布置、物料性质、建筑结构、美观等诸多方面进行综合考虑。因此，管路布置和安装应遵守一定的原则。

1. 化工管路的标准化

化工管路的标准化是指制定化工管路主要构件包括管子、管件、阀件（门）、法兰、垫片等的结构、尺寸、连接、压力等的标准并实施的过程。其中，压力标准与直径标准是制订其他标准的依据，也是选择管子、管件、阀件、法兰、垫片等附件的依据，已由国家标准详细规定，使用时可以参阅有关资料。管子、管件与阀门应尽量采用标准件，以便于安装与维修。

标准件的含义

2. 管路布置与安装原则

（1）管路的安装　管路的安装应保证横平竖直，其偏差不大于15mm/10m，但其全长水平偏差不能大于50mm，垂直管偏差不能大于10mm。

各种管线应平行铺设，便于共用管架；要尽量走直线，少拐弯，少交叉，以节省管材，减小阻力，同时力求做到整齐美观。但平行管路的排列应考虑到管路之间的相互影响，一般要求是热管路在上，冷管路在下；高压管路在上，低压管路在下；无腐蚀的在上，有腐蚀的在下；高压管靠内，低压管靠外；不经常检修的管路靠内，需要经常检修的管路靠外。

为了减少基建费用，便于安装和检修，以及操作上的安全，除下水道、上水总管和煤气总管外，管路铺设应尽可能采用明线。

（2）管件和阀门的排列　为了便于安装和检修，并列管路上的管件和阀门应互相错开。所有管线，特别是输送腐蚀性流体的管路，在穿越通道时，不得装设各种管件、阀门等可拆卸连接，以防止因滴漏而造成对人体的伤害。

（3）管与墙的安装距离　在车间内，管路应尽可能沿厂房墙壁安装，管与管之间和管与墙之间的距离以能容纳活接管或法兰以便于维修为宜。具体数据见表1-3。

表1-3　管与墙的安装距离

公称管径 /mm	25	40	50	80	100	125	150
管中心与墙的距离 /mm	120	150	170	170	190	210	230

（4）管路的安装高度　管路离地面的高度以便于检修为准，但通过人行道时，最低离地面不得小于2m；通过公路时不得小于4.5m，与铁路路轨的净距不得小于6m。

（5）管路的跨距　不同管径的跨距（两支座之间的距离）不同，一般不得超过表1-4的规定。

表1-4　管路的跨距

公称管径 /mm	50	76	100	125	150	200	250	300	400
管中心与墙的距离 /mm	3.0	4.0	4.5	5.0	6.0	7.0	8.0	8.0	9.0

（6）管路的防静电措施　静电是一种常见的带电现象，输送易燃易爆物料时，由于在物料流动时常有静电产生而使管路成为带电体。为了防止静电积聚，必须将管路可靠接地。对蒸汽输送管路，每隔一段距离，应安装凝液排放装置。

（7）管路的热补偿　随着季节的变化以及管道中介质温度的影响，管路工作温度与安装时温度相差较大，由于热胀冷缩的作用，可能使管路变形、弯曲以至破裂。通常管路在335K以上工作时，应当考虑安装伸缩器以解决冷热变形的补偿问题。管路的热补偿的方法主要有两种：一是依靠弯管的自然补偿；二是利用补偿器进行补偿，常用的热补偿器有Π形、Ω形、波形和填料函式等，如图1-20所示。

热补偿器的作用

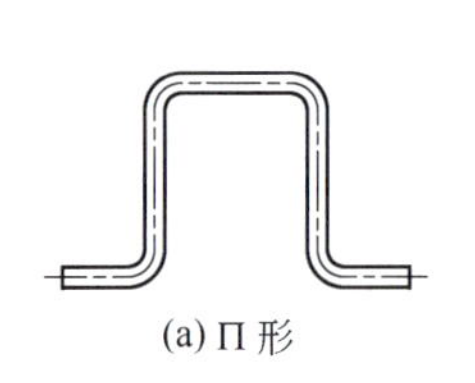
(a) Π 形

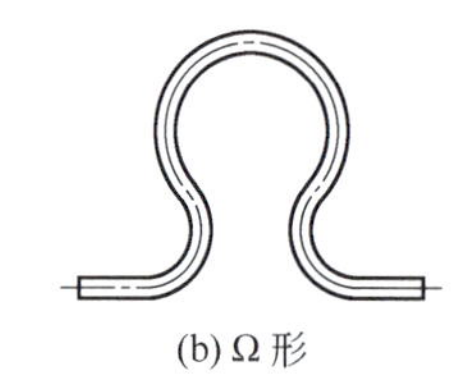
(b) Ω 形

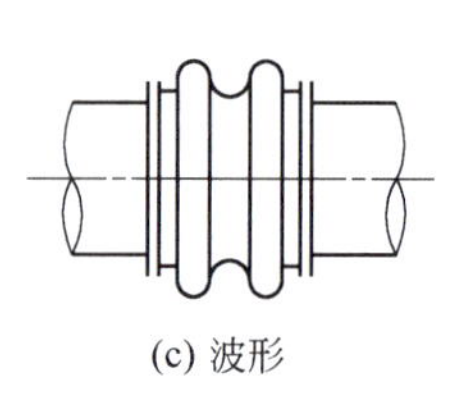
(c) 波形

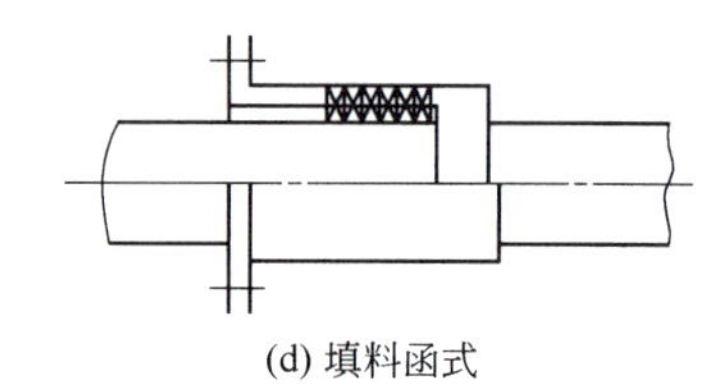
(d) 填料函式

图1-20　热补偿器

（8）管路的保温与涂色　为了维持生产需要的高温或低温条件，节约能源，保证劳动条件，必须减少管路与环境的热量交换，即管路的保温。保温的方法是在管道外包上一层或多层保温材料，可参见有关资料。

工厂中的管路很多，为了方便操作者区别各种类型的管路，常在管外（保护层外或保温层外）涂上不同的颜色，称为管路的涂色。水管为绿色，氨管为黄色等。具体颜色可查阅有关规定。

K与℃的关系

（9）管路的水压试验　管路在投入运行之前，必须保证其强度和严密性符合要求，因此，管路安装完毕后，应做强度与严密度试验，验证是否有漏气或漏液现象。未经试验合格，焊缝及连接处不得涂漆和保温。管路在第一次使用前需用压缩空气或惰性气吹扫。

（10）特殊管路的安装　对于各种非金属管路及特殊介质的管路的布置和安装，还应考虑某些特殊问题。如聚氯乙烯管应避开热的管路，氧气管路在安装前应脱油等。

六、管路常见故障及处理

管路常见故障及处理见表 1-5。

表1-5　管路常见故障及处理方法

常见故障	原　因	处理方法
管泄漏	裂纹、孔洞（管内外腐蚀、磨损）、焊接不良	装旋塞、缠带、打补丁、箱式堵漏、更换
管堵塞	不能关闭、杂质堵塞	阀或管段热接旁通，设法清除杂质
管振动	流体脉动、机械振动	用管支撑固定或撤掉管支撑件，但必须保证强度
管弯曲	管支撑不良	用管支撑固定或撤掉管支撑件，但必须保证强度
法兰泄漏	螺栓松动、密封垫片损坏	箱式堵漏，紧固螺栓；更换螺栓；更换密封垫、法兰
阀泄漏	压盖填料不良、杂质附着在其表面	紧固填料函；更换压盖填料；更换阀部件或阀；阀部件磨合

任务三
流体力学基本方程的应用

流体力学基本方程是以流体为研究对象来研究流体静止和流动时的规律，并着重研究这些规律在工程实践中的应用。

一、流体的主要物理量

流体无论是处于静止还是流动，以及在此过程中所发生的一切现象和表现特征都与流体的物理量有关。因此，流体的物理量是研究流体的基本出发点。在流体力学中，有关流体的物理量有以下几个。

1. 流体的密度

密度是单位体积流体所具有的流体质量，以 ρ 表示，单位为 kg/m^3。

$$\rho = \frac{m}{V} \tag{1-2}$$

式中　ρ——流体的密度，kg/m^3；

m——流体的质量，kg；

V——流体的体积，m^3。

流体的密度一般可在物理化学手册或有关资料中查得，本书附录中也列出了一些常见流体的密度数值，仅供做习题时查用。

（1）液体密度　一般液体可视为不可压缩性流体，其密度基本上不随压力变化，但随温度变化。对大多数液体而言，温度升高，其密度下降。因此，选用液体的密度时要注意该液体所处的温度。常见液体的密度值可查附录或有关手册。

① 纯液体密度。纯液体的密度可用仪器测量，通常采用相对密度计法（比重计法）和测压管法。

相对密度是相对密度计的读数，以 d_{277K}^{T} 表示，是指流体的密度与 277K 时水的密度之比，无量纲，即

$$d_{277K}^{T} = \frac{\rho}{\rho_{H_2O,\ 277K}} \tag{1-3}$$

式中，$\rho_{H_2O,\ 277K}$ 表示水在 277K 时的密度，其数值为 $1000kg/m^3$，故上式可写成

$$\rho = 1000 d_{227K}^{T} \tag{1-3a}$$

② 混合液体的密度。对于液体混合物，当混合前后的体积变化不大时，工程计算中其密度可由下式计算，即

混合液体密度的影响因素

$$\frac{1}{\rho_m} = \sum_{i=1}^{n} \frac{w_i}{\rho_i} \tag{1-4}$$

式中　ρ_m——液体混合物的密度，kg/m^3；

w_i——液体混合物中 i 组分的质量分数；

ρ_i——液体混合物中 i 组分的密度，kg/m^3。

（2）气体的密度

① 纯气体的密度。气体是可压缩性流体，其密度随压强和温度而变化。因此气体的密度必须标明其状态。从手册中查得的气体密度往往是某一指定条件下的数值，这就需要将查得的密度换算成操作条件下的密度，其换算公式为

$$\rho = \rho_0 \frac{T_0}{T} \times \frac{p}{p_0} \tag{1-5}$$

式中，下标 0 表示标准状态。一般情况，当压强不太高、温度不太低时，纯气体也可按理想气体来处理，即可用下式计算

$$\rho = \frac{pM}{RT} \tag{1-6}$$

式中　p——气体的绝对压强，kPa；

T——气体的热力学温度，K；

M——气体的摩尔质量，kg/kmol；

R——摩尔气体常数，其值为 8.314kJ/（kmol·K）。

② 混合气体的密度。对于混合气体，可用平均摩尔质量 M_m 代替 M，即

混合气体密度的影响因素

$$\rho_m = \frac{pM_m}{RT} \tag{1-7}$$

$$M_m = \sum_{i=1}^{n} y_i M_i \tag{1-8}$$

式中　y_i——各组分的摩尔分数（体积分数或压强分数）；

M_i——各组分的摩尔质量，kg/kmol。

【例 1-1】已知硫酸与水的密度分别为 $1830kg/m^3$ 与 $998kg/m^3$，试求含硫酸为 60%（质量分数）的硫酸水溶液的密度。

解　根据式（1-4）

$$\frac{1}{\rho_m} = \sum_{i=1}^{n} \frac{w_i}{\rho_i} = \frac{0.6}{1830} + \frac{0.4}{998} = 7.29 \times 10^{-4}$$

$$\rho_m = 1372kg/m^3$$

【例 1-2】燃烧重油所得的燃烧气，经分析知其中含 8.5% 的 CO_2、7.5% 的 O_2、76% 的 N_2、8% 的 H_2O（体积分数），试求此混合气体在温度为 500℃、压力为 101.3kPa 时的密度。

解　混合气体平均摩尔质量

$$M_m = \sum_{i=1}^{n} y_i M_i = 0.085 \times 44 + 0.075 \times 32 + 0.76 \times 28 + 0.08 \times 18$$

$$= 28.86 (kg/kmol)$$

所以，混合气体的密度为

$$\rho_m = \frac{pM_m}{RT} = \frac{101.3 \times 28.86}{8.314 \times (273 + 500)} = 0.455(kg/m^3)$$

2. 流体压强

（1）静压强　是垂直作用于单位面积上的力，简称压强或压力，以p表示，定义式为

$$p = \frac{F}{A} \tag{1-9}$$

式中　p——流体的静压强，Pa；

F——垂直作用于流体表面上的压力，N；

A——作用面的面积，m^2。

压强单位换算关系

（2）静压强的单位　在国际单位制SI制中，压强的单位是帕斯卡，以Pa表示，或N/m^2。在工程单位制中，压力的单位是atm或kgf/cm^2；习惯上还采用其他单位。它们之间的换算关系为

$1atm=1.013\times10^5Pa=1.033kgf/cm^2=760mmHg=10.33mH_2O=1.0133bar$

$1at=9.81\times10^4Pa=1kgf/cm^2=735.6mmHg=10mH_2O$

在工程实践过程中，为了简便直观，常用流体柱的高度表示流体压强大小，但必须指明流体的种类（如 mmHg、mH_2O 等）及温度，才能确定压强 p 的大小，否则即失去了表示压强的意义，其关系式为

$$p=\rho gh \tag{1-10}$$

式中 h——液柱的高度，m；

ρ——液体的密度，kg/m^3；

g——重力加速度，m/s^2。

（3）压强的表达方式 压强在实际应用中可有三种表达方式：绝对压强、表压强和真空度。

① 绝对压强（简称绝压）。是指流体的真实压强，更准确地说，它是以绝对真空为基准测得的流体压强，用 p 表示。

② 表压强（简称表压）。是指工程上用测压仪表以当时、当地大气压强为基准测得的流体压强，用 $p_{(表)}$ 表示。

③ 真空度。当被测流体内的绝对压强小于当地（外界）大气压强时，使用真空表进行测量，真空表上的读数称为真空度，用 $p_{(真)}$ 表示。

绝对压强、表压强、真空度之间的关系即

$$p_{(表)}=p-p_0 \tag{1-11}$$

$$p_{(真)}=p_0-p \tag{1-12}$$

式中，p_0 为当地的大气压强。由上述关系可以看出，真空度相当于负的表压值。记录压力表或真空表上的读数时，必须同时记录当地的大气压强，才能得到测点的绝对压强。压强随温度、湿度和当地海拔高度而变。为了防止混淆，对表压强、真空度应加以标注。

绝对压强、表压强和真空度之间的关系，也可以用图 1-21 表示。

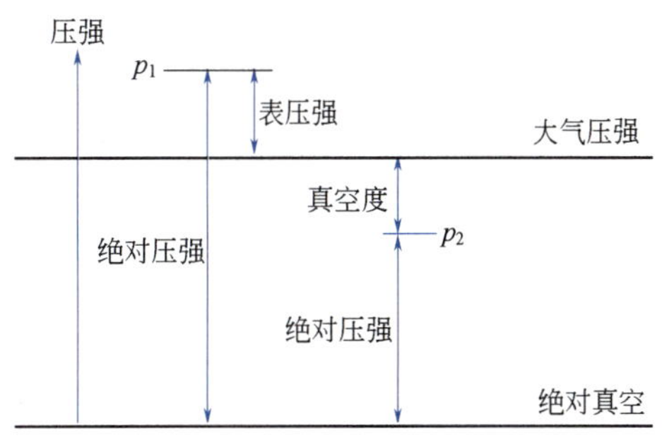

图1-21 压强的基准和度量

绝压、表压和真空度的关系

【例 1-3】天津和兰州的大气压强分别为 101.33kPa 和 85.3kPa，苯乙烯真空精馏塔的塔顶要求维持 5.3kPa 的绝对压强，试计算两地真空表的读数（即真空度）。

解 由式（1-12） $p_{(真)}=p_0-p$

兰州 $p_{(真)}=p_0-p=85.3-5.3=80\text{(kPa)}$

天津 $p_{(真)}=p_0-p=101.33-5.3=96.03\text{(kPa)}$

【例 1-4】在大气压强为 101.3kPa 的地区，某真空蒸馏塔塔顶的真空表读数为 85kPa。若在大气压强为 90kPa 的地区，仍使该塔塔顶在相同的绝压下操作，则此时真空表的读数应为多少？

解 由式（1-11） $p_{(表)}=p-p_0$

$$p=p_0-p_{(表)}=101.3-85=16.3\text{(kPa)}$$

$$p_{(真)}=p_0-p=90-16.3=73.7\text{(kPa)}$$

3. 流量与流速

流量与流速是描述流体流动规律的参数。

（1）流量 单位时间内流体流过管道任一截面的量，称为流量。流量有两种表示方法：体积流量和质量流量。

① 体积流量。单位时间内流体流过管道任一截面的体积，以 q_V 表示，单位为 m^3/s。

② 质量流量。单位时间内流体流过管道任一截面的质量，以 q_m 表示，单位为 kg/s。

体积流量与质量流量的关系为

$$q_m=\rho q_V \tag{1-13}$$

(2) 流速　流体质点单位时间内在流动方向上所流过的距离，称为流速，以u表示。其单位为m/s。流速有两种表示方法：平均流速和质量流速。由于流体具有黏性，流体流经管道任一截面上各流体质点速度沿管径而变化，在管中心处最大，随管径加大而变小，在管壁面上流速为零。工程计算中为方便起见，u取整个管截面上的平均流速。

① 平均流速。是单位时间内流体流过管道单位截面积的体积，即

$$u=\frac{q_V}{A} \tag{1-14}$$

式中　u——流体在管内流动的平均流速，m/s；

A——与流动方向相垂直的管道截面积，m^2。

② 质量流速（质量通量）。是单位时间内流体流过管道单位截面积的质量，以 G 表示，其单位为 kg/（m^2·s），其表达式为

$$G=\frac{q_m}{A} \tag{1-15}$$

③ 平均流速与质量流速关系

$$G=\rho u \tag{1-16}$$

由于气体的体积随温度和压强而变化，在管截面积不变的情况下，气体的流速也随之发生变化，采用质量流速便于气体的计算。

【例 1-5】 某厂要求安装一根输水量为 30m^3/h 的管路，试选择合适的管径。

解　根据式（1-1）计算管径，参见表 1-2 选取水的流速 u 为 1.8m/s。

$$q_V=\frac{30}{3600}=0.0083(\mathrm{m^3/s})$$

$$d=\sqrt{\frac{4q_V}{\pi u}}=\sqrt{\frac{4\times 0.0083}{3.14\times 1.8}}=0.077(\mathrm{m})=77(\mathrm{mm})$$

查附录十九中管子规格，确定选用 $\phi 89\times 4$（外径 89mm，壁厚 4mm）的管子，其内径为

$$d=89-4\times 2=81(\mathrm{mm})=0.081(\mathrm{m})$$

因此，水在输送管内的实际流速为

$$u=\frac{q_V}{A}=\frac{0.0083}{0.785\times 0.081^2}=1.62(\mathrm{m/s})$$

【例 1-6】 绝对压力为 540kPa、温度为 30℃的空气，在 ϕ108mm×4mm 的钢管内流动，流量为 1500m^3/h（标准状况）。试求空气在管内的流速和质量流速。

解　标准状况下空气的密度

$$\rho_0=\frac{p_0 M}{RT_0}=\frac{101.3\times 29}{8.314\times 273}=1.29\ (\mathrm{kg/m^3})$$

$$q_m=\rho_0 q_V=1.29\times\frac{1500}{3600}=0.5375\ (\mathrm{kg/s})$$

$$G=\frac{q_m}{A}=\frac{0.5375}{0.785\times 0.1^2}=68.47\,[\mathrm{kg/(s\cdot m^2)}]$$

操作条件下密度

$$\rho=\frac{pM}{RT}=\frac{540\times 29}{8.314\times(273+30)}=6.22\ (\mathrm{kg/m^3})$$

操作条件下的流速

$$u = \frac{G}{\rho} = \frac{68.47}{6.22} = 11 \text{ (m/s)}$$

4. 流体的黏度

【艾萨克·牛顿】艾萨克·牛顿（1643—1727），爵士，英国皇家学会会长，英国著名的物理学家，科学研究涉及物理学、数学、天文学等领域，被称为百科全书式的“全才”。著有《自然哲学的数学原理》《光学》。他在1687年发表的论文《自然定律》里，对万有引力和三大运动定律进行了描述。这些描述奠定了此后三个世纪里物理世界的科学观点，并成为了现代工程学的基础。

1687年，牛顿首先做了最简单的剪切流动实验，实验得出了流体部分之间由于缺乏润滑性而引起的阻力与流体部分之间分离速度成比例。这就是著名的牛顿黏性定律。凡是符合此定律的流体称为牛顿型流体，否则是非牛顿型流体。

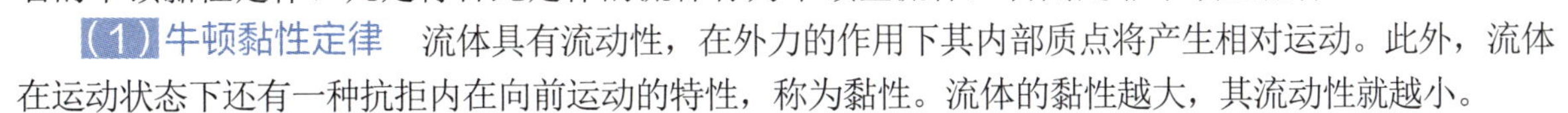

（1）牛顿黏性定律　流体具有流动性，在外力的作用下其内部质点将产生相对运动。此外，流体在运动状态下还有一种抗拒内在向前运动的特性，称为黏性。流体的黏性越大，其流动性就越小。

若考虑一种流体，让它介于面积皆为 A 的两块大的平板之间，这两块平板以一很小的距离 dy 分隔开，该系统原先处于静止状态，如图 1-22 所示。开始给上面平板施加一外力，使上面一块平板以恒定速度 u 在 x 方向上运动。紧贴于运动平板下方的一薄层流体也以同一速度运动。

当 u 不太大时，板间流体将保持成薄层流动。靠近运动平板的液体比远离平板的液体具有较大的速度，且离运动平板越远的薄层，速度越小，至固定平板处，速度降为零，速度变化是线性的。这种速度沿距离 dy 的变化称为速度分布。

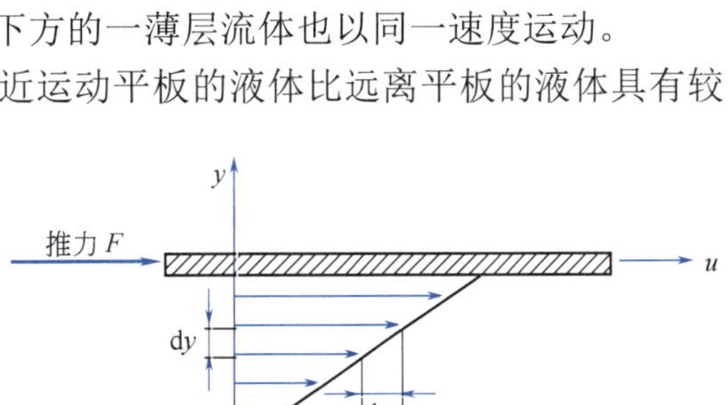

图1-22　平板间流体速度变化

实验表明，运动着的流体内部相邻平行流体层间存在方向相反、大小相等的相互作用力称为流体的内摩擦力。单位流层面积上的内摩擦力称为剪应力。内摩擦力总是起着阻止流体层间发生相对运动的作用，流体流动时为克服这种内摩擦力需消耗能量。

牛顿黏性定律表明了流体在流动中流体层间的内摩擦力或剪应力与法向速度梯度之间的关系，其表达式为

$$\tau = \frac{F}{A} = \pm \mu \frac{du}{dy} \tag{1-17}$$

式（1-17）说明，剪应力与法向速度梯度成正比，与压力无关。式中比例系数 μ 即为流体的黏度。流体的黏性越大，μ 值便越大。

服从牛顿黏性定律的流体，称为牛顿型流体，如所有气体和大多数液体。牛顿黏性定律适用于层流。不服从牛顿黏性定律的流体，称为非牛顿型流体，如某些高分子溶液、胶体溶液及泥浆等。这里仅限于对牛顿型流体进行讨论。

（2）黏度与运动黏度

① 黏度。衡量流体黏性大小的物理量称为黏度，用 μ 表示。

$$\mu = \tau / \frac{du}{dy} \tag{1-17a}$$

流体无论是静止还是流动，都具有黏性。黏度是流体的固有属性，是流体的重要物理性质之一，其数值一般由实验测定。黏度的大小与流体的种类、温度及压力有关。液体的黏度随温度的

升高而减小，受压力的影响很小；气体的黏度随温度的升高而增大，但随压力的增加而增加得很少，一般在工程计算中不考虑压力的影响。

某些常用流体的黏度可以从有关手册和本书附录中查到。在 SI 制中，黏度的单位是 Pa·s，在工程计算中，黏度的单位还有 P 或 cP，其换算关系为

$$1\text{Pa}\cdot\text{s}=10\text{P}=1000\text{cP}$$

② 运动黏度。在流体流动的分析计算中，常出现 μ/ρ 的形式，用 γ 表示，称为运动黏度。在 SI 制中，运动黏度的单位是 m^2/s。

$$\gamma=\frac{\mu}{\rho} \tag{1-18}$$

二、静力学基本方程式及应用

1.6 静力学基本方程式及应用

1. 静力学基本方程式推导

工程领域内，流体静力学基本方程式是用于描述静止流体内部的压力沿着高度变化的数学表达式。对于不可压缩流体，密度不随压力变化，其静力学基本方程式可用下述方法推导。

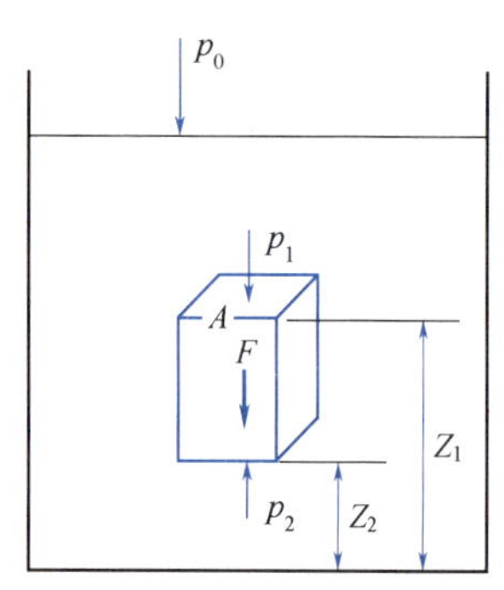

图1-23　流体静力学基本方程式推导

如图 1-23 所示，容器内盛有密度为 ρ 的静止流体，液面上方所受外压强为 p_0（当容器敞口时，p_0 即为外界大气压强）。取任意一个垂直流体液柱，上下底面积均为 A。任意选取一个水平面作为基准水平面，今选用容器底面为基本水平面。并设液柱上、下底与基准面的垂直距离分别为 Z_1 和 Z_2，则作用在上、下端面上并指向此两端面的压强分别为 p_1 和 p_2。在重力场中，该液柱在垂直方向上，受到三个作用力：

① 作用于液柱上顶面的压力为 F_1，方向向下；

② 作用于液柱下底面的压力为 F_2，方向向上；

③ 作用于整个液柱的重力 G，方向向下。

当液柱处于平衡状态时，在垂直方向上各力的代数和为零，即

$$F_1+G-F_2=0$$

$$p_1A+\rho A(Z_1-Z_2)g-p_2A=0$$

整理得

$$p_2=p_1+\rho(Z_1-Z_2)g \tag{1-19}$$

静力学基本方程式的使用条件

若将液柱上顶面取在容器的液面上，设液面上的压强为 p_0（大气压），下底面取在距上液面 h 处，此时，压强 $p=p_2$，$p_0=p_1$，$Z_1-Z_2=h$，则可将式（1-19）改写为

$$p=p_0+\rho hg \tag{1-20}$$

式（1-20）称为流体的静力学基本方程。

2. 静力学基本方程的讨论

静力学基本方程反映了静止流体内部能量守恒与转换的关系，在同一静止流体中，处在不同位置的位能和静压能各不相同，但两者可以相互转换，两项能量总和恒为常量。对静力学基本方程的讨论如下。

① 在重力场中，当 p_0 一定时，静止流体内部任一点的静压力与该点所在的垂直位置 h 及流体的密度 ρ 有关，而与该点所在的水平位置及容器的形状无关。

② 静力学基本方程适用于静止的、连续的同种液体内部，处于同一水平面上的各点，因其深度相同，其压力亦相等。此压力相等的水平面，称为等压面。找等压面是解决静力学问题的关键。

③ 压强（或压强差）的大小也可用某种液柱的高度来表示，即式（1-20）可改写为

$$\frac{p-p_0}{\rho g}=h \tag{1-20a}$$

特别提示：用液柱高度表示压强大小时，但必须注明是何种液柱。

④ 静力学基本方程仅适用于重力场中静止的不可压缩的连续流体。对于液体，ρ 随压强变化很小，ρ 可认为是常数；对于气体，其值具有较大的压缩性，ρ 不为常数，因此，式（1-20a）不可使用，但若两个状态压强相差不大，ρ 可取平均值而近似视为常数，则式（1-20a）仍可使用。

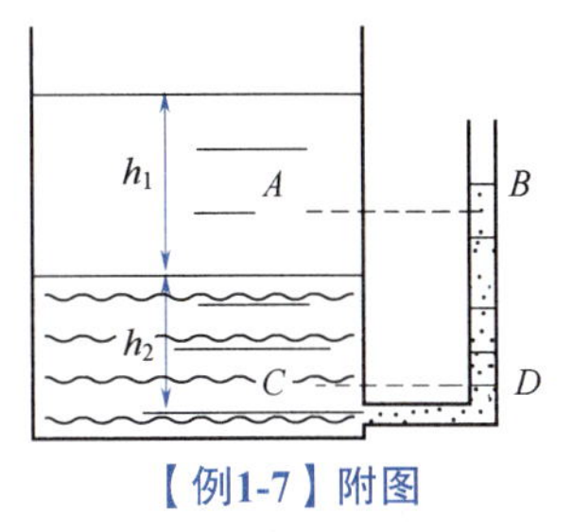

【例1-7】附图

【例 1-7】如附图所示，敞口容器内盛有不互溶的油和水，油层和水层的厚度分别为 700mm 和 600mm。在容器底部开孔与玻璃管相连。已知油与水的密度分别为 800kg/m³ 和 1000kg/m³。

① 计算玻璃管内水柱的高度；

② 判断 A 点与 B 点、C 点与 D 点的压力是否相等。

解　① 容器底部压力

$$p=p_a+\rho_{油}gh_1+\rho_{水}gh_2=p_a+\rho_{水}gh$$

$$故h=\frac{\rho_{油}h_1+\rho_{水}h_2}{\rho_{水}}=\frac{\rho_{油}}{\rho_{水}}h_1+h_2=\frac{800}{1000}\times0.7+0.6$$

$$=1.16(\text{m})$$

②
$$p_A\neq p_B \qquad p_C=p_D$$

$p_A\neq p_B$，是因为 A 及 B 两点虽在静止流体的同一水平面上，但不是连通着的同种流体，即截面 A—B 不是等压面；$p_C=p_D$，是因为 C 及 D 两点在静止的连通着的同一种流体内，并在同一水平面上。所以截面 C—D 称为等压面。

3. 静力学基本方程的应用

流体静力学原理的应用很广泛，它是连通器和液柱压差计工作原理的基础，还用于容器内压力、液位的测量及液封高度的计算等。静力学基本方程的应用在任务四流体参数的测定中详细介绍。

三、连续性方程及应用

1. 稳定流动与非稳定流动

若流体在管道中流动时，任一截面上流体流动的速度及其他有关的物理量参数既随位置变化又随时间变化，流体的这种流动状态称为非稳定流动。

如图 1-24（a）所示，随着水的不断流出，水箱中的水面不断下降，使得不论是 1—1 截面、

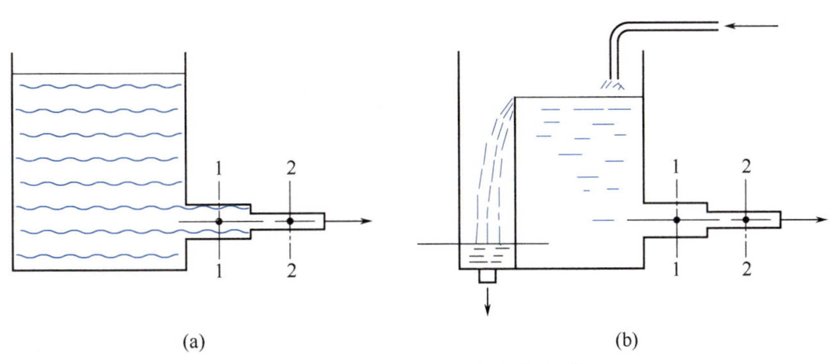

图1-24　稳定流动与非稳定流动

2—2 截面还是其他各截面上的速度及其他有关的物理量都随时间的推移逐渐降低，这种流动状态称之为非稳定流动。

流体在管道中流动时，若任一截面上流体流动的速度及其他有关的物理量参数仅随位置变化而不随时间变化，流体的这种流动状态称为稳定流动。如图 1-24（b）所示，在水箱中的水面上加设一溢流挡板，并保证自始至终有水经挡板溢出。从而维持水箱内的水位恒定不变，则 1—1 截面、2—2 截面的速度及其他有关的物理量虽不相同，但均不随时间而变，这时，速度及其他有关的物理量仅随空间位置的改变而变化，而与时间无关，这种流动状态称之为稳定流动。

工业生产上多为连续操作，除开车和停车外，一般只在很短时间内为非稳定操作，多数在稳定下操作。故本书着重讨论的是稳定流动问题。

2. 连续性方程及应用

现取一管道为控制体，如图 1-25 所示，在截面面积不等的管道上任取截面 1—1′和 2—2′并与管道内壁面组成一闭合的控制体，若流体充满管道控制体并作稳定流动，连续不断地从截面 1—1′流入并从截面 2—2′流出，如果没有流体的泄漏或补充，则根据质量守恒原理得

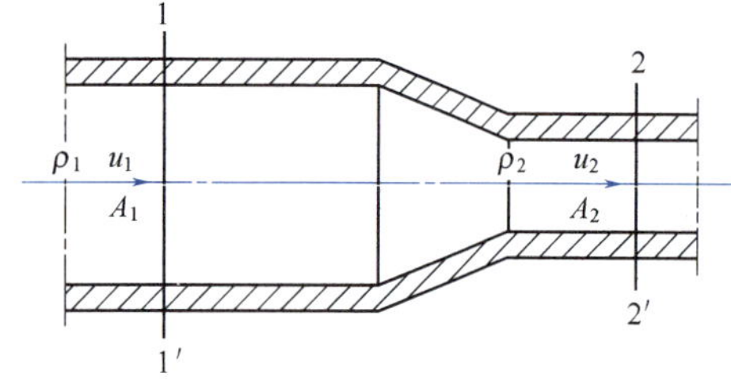

图1-25　流体的稳定流动

$$q_{m1}=q_{m2} \tag{1-21}$$

对于不可压缩流体，ρ 为常数

$$q_{V1}=q_{V2} \tag{1-21a}$$

因为 $q_V=uA$，故上式可写为

$$u_1A_1=u_2A_2 \tag{1-21b}$$

对于圆管，其内径为 d，将上式推广到管道的任何一个截面，即

$$u_1 d_1^2=u_2 d_2^2=\cdots=u_n d_n^2=\text{常数} \tag{1-21c}$$

若流体为可压缩的气体，因为气体流过同一管道不同截面的压力不同，故ρ不为常数，式（1-21c）可写为

$$u_1 d_1^2 \rho_1=u_2 d_2^2 \rho_2=\cdots=u_n d_n^2 \rho_n=\text{常数} \tag{1-21d}$$

上述各式均称为稳定流动的连续性方程，可以用来计算流体流过同一管路不同截面的流速或管径。

【例 1-8】在稳定流动系统中，水连续从粗管流入细管。粗管内径 d_1=10cm，细管内径 d_2=5cm，当流量为 $4\times10^{-3}\text{m}^3/\text{s}$ 时，求粗管内和细管内水的流速。

解　粗管内水的流速

$$u_1=\frac{q_V}{A_1}=\frac{4\times10^{-3}}{\frac{\pi}{4}\times(0.1)^2}=0.51(\text{m/s})$$

根据式（1-21c）

$$u_1 d_1^2=u_2 d_2^2$$

$$\frac{u_2}{u_1}=\left(\frac{d_1}{d_2}\right)^2=\left(\frac{10}{5}\right)^2=4\text{倍}$$

细管内水的流速

$$u_2=4u_1=4\times0.51=2.04(\text{m/s})$$

四、伯努利方程式及应用

【丹尼尔·伯努利】丹尼尔·伯努利（Daniel Bernoulli 1700—1782）瑞士物理学家、数学家、医学家。瑞士的伯努利家族，一个家族三代人中产生了八位科学家，他们在数学、科学、技术、工

程乃至法律、管理、文学、艺术等方面享有名望，有的甚至声名显赫。

丹尼尔·伯努利，是著名的伯努利家族中最杰出的一位，涉及科学领域较多的人，丹尼尔的博学成为伯努利家族的代表。和他的父辈一样，违背家长要他经商的愿望，曾在多所大学坚持学习医学、哲学、伦理学、数学等。先后任解剖学、动力学、数学、物理学教授。在1725—1749年间，伯努利曾十次荣获法国科学院的年度奖。

1738年他出版了经典著作《流体动力学》，这是他最重要的著作。书中用能量守恒定律解决流体的流动问题，写出了流体动力学的基本方程，后人称之为"伯努利方程"，提出了"流速增加、压强降低"的伯努利原理。

1. 流动流体所具有的机械能

（1）位能　流体受重力作用在不同高度处所具有的能量称为位能。位能是一个相对值，计算位能时应先规定一个基准水平面，如0—0′面。将质量为m kg的流体自基准水平面0—0′升举到高处z处所做的功，即为位能。

质量为m kg流体的位能为mgz，其单位为J；1kg的流体所具有的位能为zg，其单位为J/kg。

（2）动能　流体以一定速度流动所具有的能量，称为动能。

质量为m(kg)，速度为u（m/s）流体的动能为$\frac{1}{2}mu^2$，其单位为J；1kg的流体所具有的动能为$\frac{1}{2}u^2$，其单位为J/kg。

（3）静压能　在静止或流动的流体内部，任一处都有相应的静压强，如果在有液体流动的管壁面上开一小孔，并在小孔处装一根垂直的细玻璃管，液体便会在玻璃管内上升，上升的液柱高度即是管内该截面处液体静压强的表现。如图1-26所示的流动系统，由于在1—1′截面处流体具有一定的静压强，流体要通过该截面进入系统，就需要对流体做一定的功，以克服这个静压强。换句话说，进入截面后的流体，也就具有与此功相当的能量，流体所具有的这种能量称为静压能或流动功。

质量为m kg流体的静压能为$\frac{mp}{\rho}$，其单位为J；1kg流体的静压能为$\frac{p}{\rho}$，其单位为J/kg。因此，m kg流体在某截面上的总机械能为

$$mgz+\frac{1}{2}mu^2+\frac{mp}{\rho}$$

1kg流体在某截面上的总机械能为

$$gz+\frac{1}{2}u^2+\frac{p}{\rho}$$

2. 伯努利方程式

（1）理想流体的伯努利方程式　当理想流体在某一密闭管路中作稳定流动时，由能量守恒定律可知，进入管路系统的总能量应等于从管路系统带出的总能量。在无其他形式的能量输入和输出的情况下，理想流体在流动过程中任意截面上总机械能为常数，即

理想流体的含义

$$gz+\frac{1}{2}u^2+\frac{p}{\rho}=\text{常数}$$

如图1-26所示，将理想流体由截面1—1′输送到截面2—2′，根据机械能守恒原理，两截面间流体的总机械能相等。

① 以单位质量流体为基准的理想流体的伯努利方程

$$z_1g+\frac{1}{2}u_1^2+\frac{p_1}{\rho}=z_2g+\frac{1}{2}u_2^2+\frac{p_2}{\rho} \tag{1-22}$$

式中各项单位为 J/kg。

② 以单位重量流体为基准的理想流体的伯努利方程

将式（1-22）等式的两边同除以 g，得出以单位重量流体为基准的伯努利方程

$$z_1+\frac{1}{2g}u_1^2+\frac{p_1}{\rho g}=z_2+\frac{1}{2g}u_2^2+\frac{p_2}{\rho g} \tag{1-22a}$$

式中各项单位为 m。

由式（1-22a）可知，理想流体在不同两截面间流动，两截面间总的机械能相等，且各种机械能可以相互转化。

1.7 伯努利方程式及应用

$W_e=H_e g$

（2）实际流体的伯努利方程式　在化工生产中所处理的流体多数是实际流体，实际流体在流动过程中存在流体阻力，克服这部分流体阻力要消耗一部分机械能，这部分机械能称为能量损失或阻力损失。如图1-27所示，对于1kg的流体而言，从截面1—1′输送到截面2—2′时，需克服两截面间各项阻力所损失的能量为$\sum W_f$，单位为J/kg。为了补充损失掉的能量需使用外加设备即流体输送机械（泵或风机）向流体做功。1kg流体从流体输送机械所获得的能量称为外加能量或称外功，用W_e表示，其单位为J/kg。

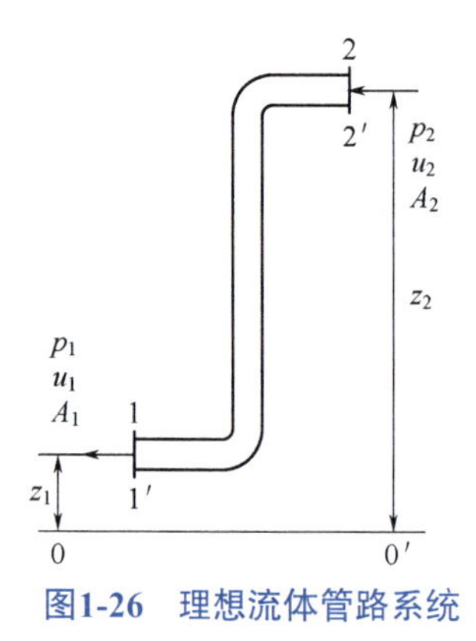

图1-26　理想流体管路系统

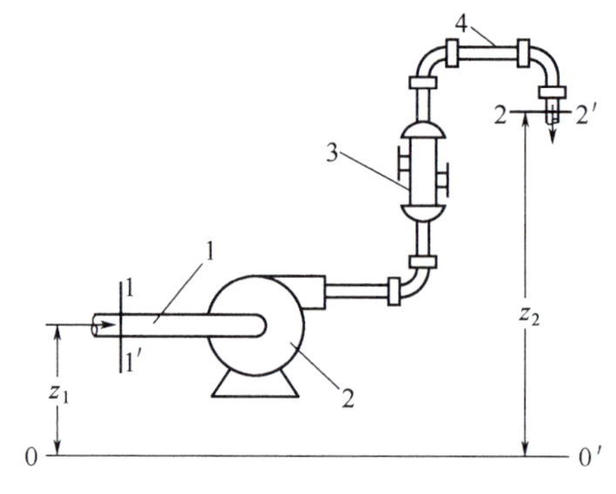

图1-27　实际流体稳定流动系统示意

1—吸入管；2—输送机械；3—热交换器；4—排出管

在如图1-27所示的管路中还有加热器或冷却器等，流体通过时必与之换热。设换热器向1kg流体提供的热量为Q，其单位为J/kg；若无，则Q=0。由于热能是非机械能，从工程上讲是可以忽略的。这里只讨论机械能的守恒及其转化。

按照能量守恒及转化定律，输入系统的总机械能必须等于从系统中输出的总能量。

① 以单位质量流体为基准的实际流体的伯努利方程。

$$z_1g+\frac{1}{2}u_1^2+\frac{p_1}{\rho}+W_e=z_2g+\frac{1}{2}u_2^2+\frac{p_2}{\rho}+\sum h_f \tag{1-23}$$

式中，各项的单位为 J/kg。

② 以单位重量流体为基准的实际流体的伯努利方程。

将式（1-23）等式的两边同除以 g，得以单位重量流体为基准的实际流体的伯努利方程

$$z_1+\frac{1}{2g}u_1^2+\frac{p_1}{\rho g}+H_e=z_2+\frac{1}{2g}u_2^2+\frac{p_2}{\rho g}+\sum H_f \tag{1-23a}$$

式中，各项单位为 J/N 或 m，其中 z、$\frac{1}{2g}u^2$、$\frac{p}{\rho g}$ 分别称为位压头、动压头和静压头，H_e 为输送机械的有效压头，$\sum h_f$ 则为损失压头。

③ 将等式（1-23）两边同乘以密度（液体）。

$$\rho z_1 g+\frac{1}{2}\rho u_1{}^2+p_1+\rho W_e=\rho z_2 g+\frac{1}{2}\rho u_2{}^2+p_2+\rho\Sigma H_f \qquad (1\text{-}23b)$$

式（1-23b）各项的单位为Pa。

（3）伯努利方程式的讨论

① 当系统中的流体处于静止时，伯努利方程式变为

$$z_1 g+\frac{p_1}{\rho}=z_2 g+\frac{p_2}{\rho} \qquad (1\text{-}24)$$

式（1-24）即为流体静力学基本方程式的另一种形式。

② 在伯努利方程式中，zg、$\frac{1}{2}u^2$、$\frac{p}{\rho}$分别表示单位质量流体在某截面上所具有的位能、动能和静压能；而W_e、$\sum h_f$是指单位质量流体在两截面间获得或消耗的能量。特别是W_e即输送机械对1kg流体所做的有效功，是输送机械的重要参数之一。

③ 伯努利方程式的推广。伯努利方程式适用于不可压缩流体，如液体；对于可压缩流体的流动，如气体，当$\frac{p_1-p_2}{p_1}<20\%$，仍可用式（1-23）计算，但式中的ρ要用两截面间的平均密度ρ_m代替。

3. 伯努利方程式应用

特别提示：应用伯努利方程时应注意以下问题。

伯努利方程式应用注意点

（1）作图　根据题意画出流动系统的示意图，并指明流体的流动方向。

（2）截面的选取　确定上、下游截面，以明确流动系统的衡算范围。所选取的截面应与流体的流动方向相垂直。

（3）基准水平面的选取　基准水平面可以任意选取，但必须与地面平行。为计算方便，宜选取两截面中位置较低的截面为基准水平面。若截面不是水平面，而是垂直于地面，则基准面应选管子的中心线。

（4）单位必须一致　在应用伯努利方程式解题前，应把有关物理量换算成一致的单位，对于压力还应注意表示方法的一致。

【例1-9】某车间用一高位槽向塔内供应液体，如附图所示，高位槽和塔内的压力均为大气压。液体在加料管内的速度为2.2m/s，管路阻力估计为25J/kg（从高位槽的液面至加料管入口之间），假设液面维持恒定，其高位槽内液面至少要在加料管入口以上多少米？

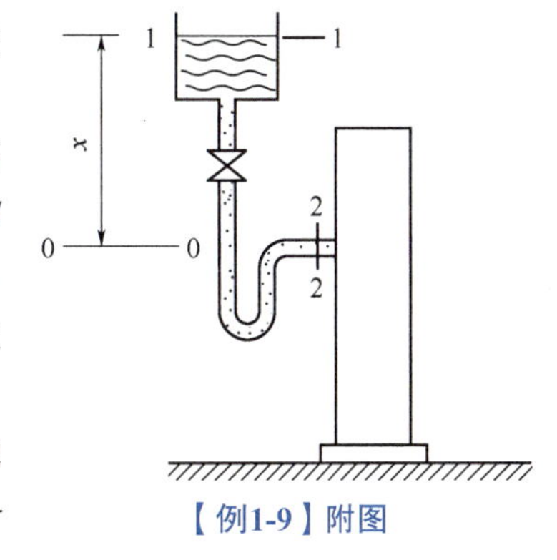

【例1-9】附图

解　取高位槽液面为1—1截面，加料管入口处截面为2—2截面，并以2—2截面中心线为0—0截面即基准面。在1—1至2—2两截面之间列伯努利方程，因两截面间无外功加入（W_e=0），故

$$z_1 g+\frac{1}{2}u_1^2+\frac{p_1}{\rho}+W_e=z_2 g+\frac{1}{2}u_2^2+\frac{p_2}{\rho}+\sum h_f$$

其中，$z_1=x$，待求值，$u_1\approx 0$，$p_1=0$（表压），$p_2=0$（表压），u_2=2.2m/s，$z_2=0$，$\sum h_f$=25J/kg，将已知数据代入上式

$$z_1 g=\frac{p_2-p_1}{\rho}+\frac{u_2^2-u_1^2}{2}+\sum h_f=0+2.42+25=27.42$$

解出$z_1=x$=2.80m。

计算结果说明高位槽的液面要距加料管入口2.80m以上。由本题可知，高位槽能连续供应液体是由于流体的位能转变为动能和静压能，并用于克服管路阻力的缘故。

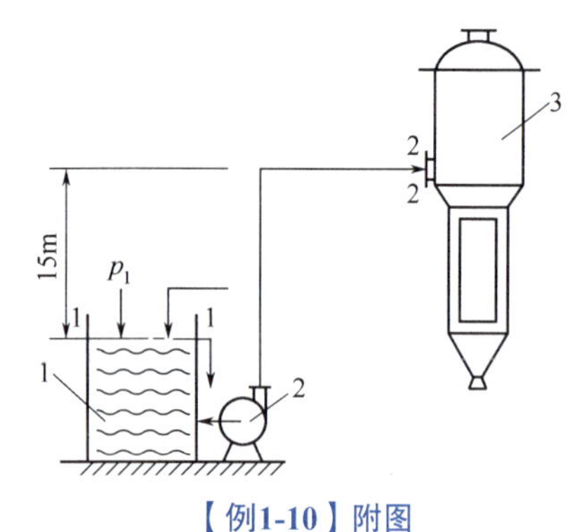

【例1-10】附图
1—贮槽；2—泵；3—蒸发器

【例 1-10】用泵 2 将贮槽 1 中密度为 1200kg/m^3 的溶液送到蒸发器 3 内，如附图所示。贮槽内液面维持恒定，其上方压强为 101.33×10^{3}Pa，蒸发器上部蒸发室内的操作压强为 26670Pa（真空度），蒸发器进料口高于贮槽内液面 15m，进料量为 20m^3/h，溶液流经全部管路的能量损失为 120J/kg，已知管路的内直径为 60mm，泵的效率为 0.65，求泵的轴功率。

解　取贮槽液面为 1—1 截面，管路出口内侧为 2—2 截面，并以 1—1 截面为基准水平面，在 1—1 至 2—2 两截面间列伯努利方程。

$$z_1g+\frac{1}{2}u_1^2+\frac{p_1}{\rho}+W_e=z_2g+\frac{1}{2}u_2^2+\frac{p_2}{\rho}+\sum h_f$$

式中，$z_1=0$，$z_2=15$m，$p_1=0$（表压），$p_2=-26670$Pa（表压），$u_1=0$，$\sum h_f=120$J/kg。

$$u_2=\frac{20}{0.785\times0.06^2\times3600}=1.97(\text{m/s})$$

将上述各项数值代入，则

$$W_e=15\times9.81+\frac{1.97^2}{2}+120-\frac{26670}{1200}=246.9(\text{J/kg})$$

泵的有效功率 P_e 为

$$P_e=W_eq_m=W_e\rho q_V=246.9\times1200\times\frac{20}{3600}=1647(\text{W})$$

实际上泵所消耗的功率（称轴功率）P 为

$$P=\frac{P_e}{\eta}=\frac{1647}{0.65}=2540(\text{W})$$

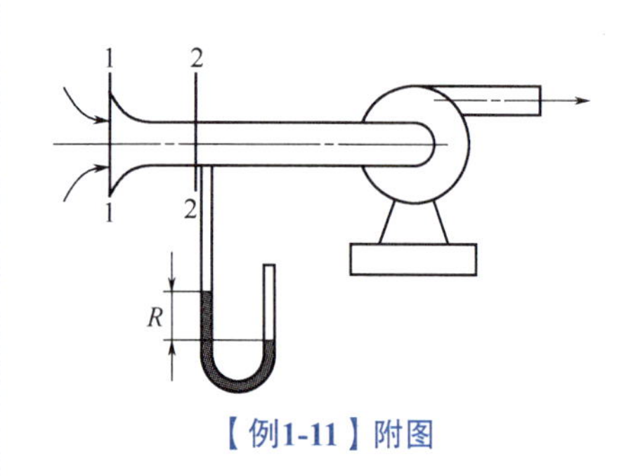

【例1-11】附图

【例 1-11】如附图所示，某鼓风机吸入管内径为 200mm，在喇叭形进口处测得 U 形压差计读数 R=15mm（指示液为水），空气的密度为 1.2kg/m^3，忽略能量损失。试求管道内空气的流量。

解　如附图所示，在 1—1 至 2—2 间列伯努利方程

$$z_1g+\frac{p_1}{\rho}+\frac{1}{2}u_1^2=z_2g+\frac{p_2}{\rho}+\frac{1}{2}u_2^2+\sum h_f$$

其中，$z_1=z_2$，$u_1\approx0$，p_1(表)=0，$\sum h_f=0$

简化得
$$0=\frac{p_2}{\rho}+\frac{1}{2}u_2^2$$

而
$$p_2=-\rho_{H_2O}Rg=-1000\times9.81\times0.015=-147.15(\text{Pa})$$

故
$$\frac{1}{2}u_2^2=\frac{147.15}{1.2}$$
$$u_2=15.66(\text{m/s})$$

流量
$$q_V=\frac{\pi}{4}d^2u_2=0.785\times0.2^2\times15.66=0.492(\text{m}^3/\text{s})=1771(\text{m}^3/\text{h})$$

任务四

流体主要参数的测定

在化工生产中流体的压力、流量、流速、温度及容器液位是应用频率较高的控制参数，是化

工生产是否正常运行的具体表现，也是流体力学基本方程式的具体应用。本任务重点介绍流体压力、流量、流速及容器液位等参数的测定。

一、流体静压强的测量

在化工生产和实验中，经常遇到液体静压强的测量问题，用于测量流体中某点的压力或某两点间压力差的仪表很多，按其工作原理可分为四大类：液柱式压力计、弹簧式压力计、电气式压力计及活塞式压力计。这里重点介绍液柱式压力计。

液柱式压力计是基于流体静力学原理设计的，是把被测压力转换成液柱高度进行压力测量的仪表，其结构比较简单，精度较高，既可用于测量流体的压强，也可用于测量流体的压差。液柱式压力计的基本形式有 U 形管压差计、倾斜式压差计、倒 U 形管压差计等。

1. U 形管压差计

U形管压差计的结构和工作原理

U 形管压差计的结构如图 1-28 所示，U 形管压差计是用一根粗细均匀的玻璃管弯制而成，也可用两根粗细相同的玻璃管做成连通器形式。内装有液体作为指示液，要求指示液要与被测流体不互溶，不起化学反应，且其密度应大于被测流体的密度，常用的指示液为汞或水。当被测压差很小，且流体为水时，可用氯苯和四氯化碳作指示液。

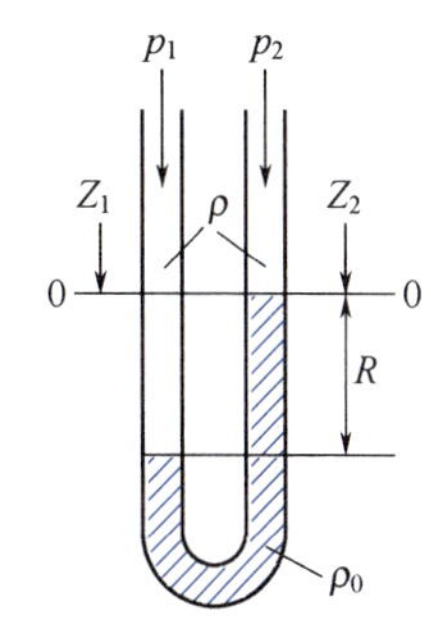

图1-28　U形管压差计

U 形管压差计测量原理是将 U 形管两端连接两个测压点，当 U 形管两边压强不相同时，两边液面便会产生高度差 R，根据流体静力学基本方程可知

$$p_1+Z_1\rho g+R\rho g=p_2+Z_2\rho g+R\rho_0 g$$

当被测管段水平放置时（$Z_1=Z_2$），上式简化为

$$\Delta p=p_1-p_2=(\rho_0-\rho)gR \tag{1-25}$$

式中　ρ_0——U形管内指示液的密度，kg/m^3；

ρ——管路中流体密度，kg/m^3；

R——U 形管指示液两边液面差，m；

Δp——两端压差，Pa。

静力学基本方程式及应用

若 U 形管一端与设备或管道连接，另一端与大气相通，这时读数所反映的是管道中某截面处流体的绝对压强与大气压强之差，即为表压强，从而可求得该截面的绝压。如图 1-29 和图 1-30 所示。其测量原理是因为 $\rho_{H_2O}\gg\rho_{air}$，即

$$p_{表}=(\rho_{H_2O}-\rho_{air})gR\approx\rho_{H_2O}gR \tag{1-25a}$$

$$p_{真空度}\approx-\rho_{H_2O}gR \tag{1-25b}$$

U 形管压差计所测压差或压力一般在 101.3kPa 附近较小的范围内，其特点是结构简单、测量准确、价格便宜。但玻璃管易碎，不耐高压，测量范围小，读数不便。

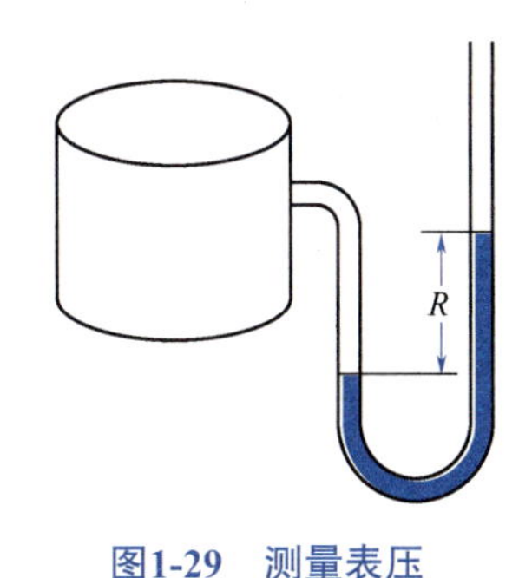

图1-29　测量表压

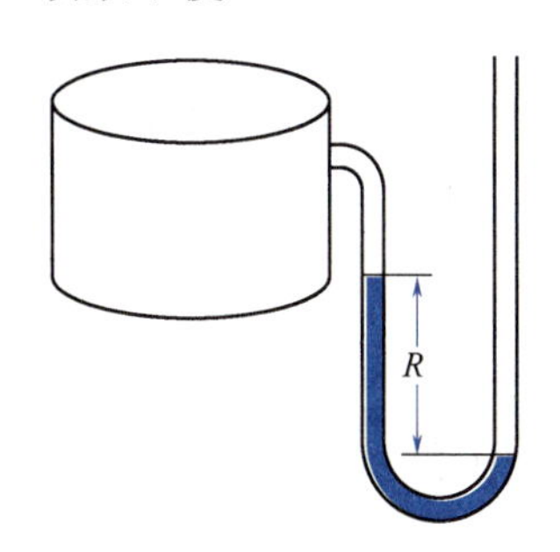

图1-30　测量真空度

2. 倾斜式压差计

工业中使用的差压变送器原理

倾斜式压差计是将U形管压差计或单管压差计的玻璃管与水平方向作 α 角度的倾斜，如图1-31所示，它使读数放大了 $1/\sin\alpha$ 倍，即使 $R'=R/\sin\alpha$，式中 α 为倾斜角，其值越小，R' 值越大。

Y-61型倾斜微压计就是根据此原理设计制造的，其结构如图1-32所示。微压计用相对密度为0.81的酒精作指示液，不同倾斜角的正弦值以相应的0.2、0.3、0.4和0.5数值标刻在微压计的弧形支架上，以供使用时选择。

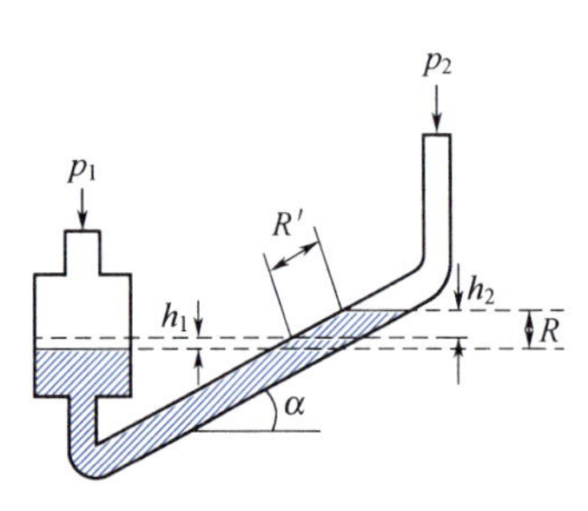

图1-31　倾斜式压差计

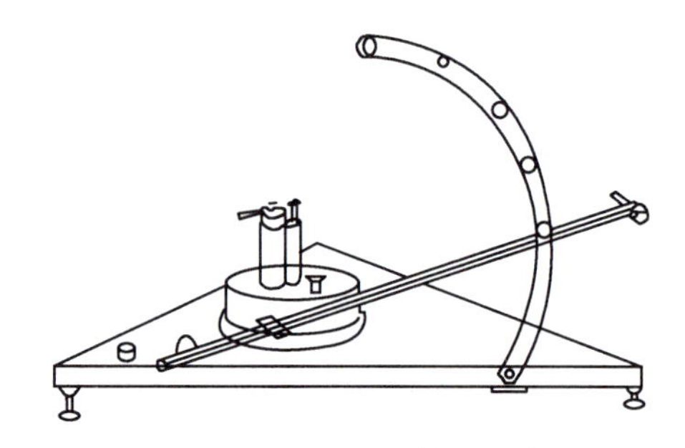
图1-32　Y-61型倾斜微压计

3. 倒U形管压差计

工业中使用的双压力变送器原理

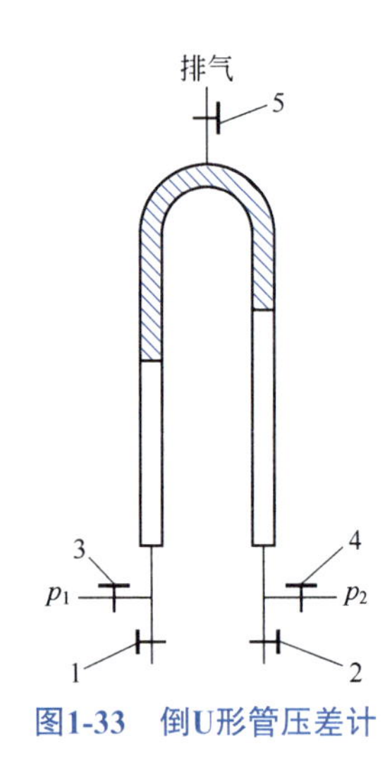

图1-33　倒U形管压差计

倒U形管压差计的结构如图1-33所示，这种压差计的特点是：以空气为指示液，适用于较小压差的测量。

使用时要进行排气，操作原理与U形管压差计相同，在排气时3、4两个旋塞全开。排气完毕后，调整倒U形管内的水位，如果水位过高，关3、4旋塞。可打开上旋塞5，以及下部旋塞；如果水位过低，关闭1、2旋塞，打开顶部旋塞5及3或4旋塞，使部分空气排出，直至水位合适为止。

当玻璃管径较小时，指示液易与玻璃管发生毛细现象，所以液柱式压力计应选用内径不小于5mm（最好大于8mm）的玻璃管，以减小毛细现象带来的误差。因为玻璃管的耐压能力低，过长易破碎，所以液柱式压力计一般仅用于 1×10^5Pa以下的正压或负压（或压差）的场合。

【例1-12】水平管道中两点间连接一U形管压差计，指示液为汞。已知压差计的读数为30mm，试分别计算管内流体为水和压力为101.3kPa、温度为20℃的空气时的压力差。

解　① 水

$\Delta p=p_1-p_2=gR(\rho_{示}-\rho)=9.81\times0.03\times(13600-1000)=3708.2(\text{Pa})$

② 空气密度

$$\rho'=\frac{pM}{RT}=\frac{101.3\times10^3\times29\times10^{-3}}{8.314\times(273+20)}=1.206(\text{kg/m}^3)$$

$$\Delta p'=p_1-p_2=gR(\rho_{示}-\rho')=9.81\times0.03\times(13600-1.206)=4002.1(\text{Pa})$$

由于空气密度较小，故

$$\Delta p'=p_1-p_2\approx gR\rho_{示}$$

二、液位的测量

工业上常用的液位计有哪些？

化工生产中经常要了解原料或产品容器里物料的贮存量，或需控制设备里的液面，因此要进行液位的测量。大多数液位计的作用原理均遵循静止液体内部压强变化的规律，即静力学基本方程式的原理。

最原始的液位计如图 1-34 所示，是于容器底部器壁及液面上方器壁处各开一小孔，用玻璃管将两孔相连接，玻璃管内所示的液面高度即为容器内的液面高度。这种构造易破损，而且不便于远距离观测。下面介绍两种测量液位的方法。

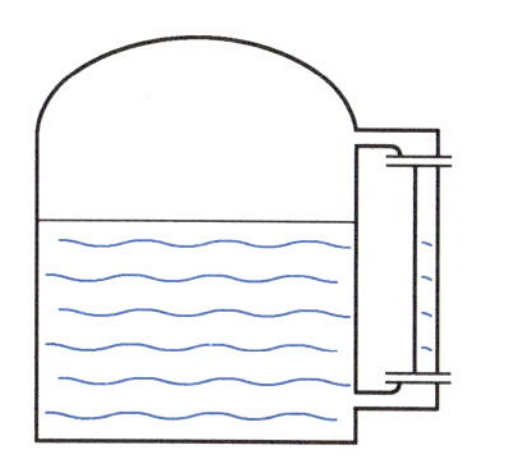

图1-34　玻璃管液位计

1. 液柱压差计法

如图 1-35 所示，在容器或设备外边设一个称为平衡器的小室，用装有指示液 A 的 U 形管压差计将容器与平衡器连通起来，小室内装的液体与容器内的相同，其液面的高度维持在容器液面允许到达的最大高度处。

根据流体静力学基本方程式，容器内液面与平衡室液面的高度差可通过压差计读数求得，即

$$h=\frac{\rho_A-\rho}{\rho}R \tag{1-26}$$

磁性翻板液位计的原理

根据式（1-26），即可求出容器里的液面高度。当容器里的液面达到最大高度时，压差计读数为零，液面愈低，压差计的读数愈大。

2. 鼓泡式液位测量装置

若容器离操作室较远或埋在地面以下，其液位测量可采用远程测量装置来测量。现用此装置来测量储罐内某有机液体的液位，其流程如图 1-36 所示。压缩氮气经调节阀 1 调节后进入鼓泡观察器 2，管路中氮气的流速控制得很小，只要在鼓泡观察器 2 内看出有气泡缓慢逸出即可。因此，气体通过吹气管 4 的流动阻力可以忽略不计。吹气管某截面处的压力用 U 形管压差计 3 来计量。压差计读数 R 的大小，即反映储罐 5 内液面的高度。由于吹气管中氮气的流速很小，且管内不能存在液体，故可认为管出口 a 处与 U 形管压差计 b 处的压力近似相等，即 $p_a \approx p_b$。若 p_a、p_b 均用表压力来表示，根据流体静力学平衡方程得

超声波液位计原理

$$p_a=\rho gh, \qquad p_b=\rho_{Hg}gR$$

所以

$$h=\frac{\rho_{Hg}}{\rho}R \tag{1-27}$$

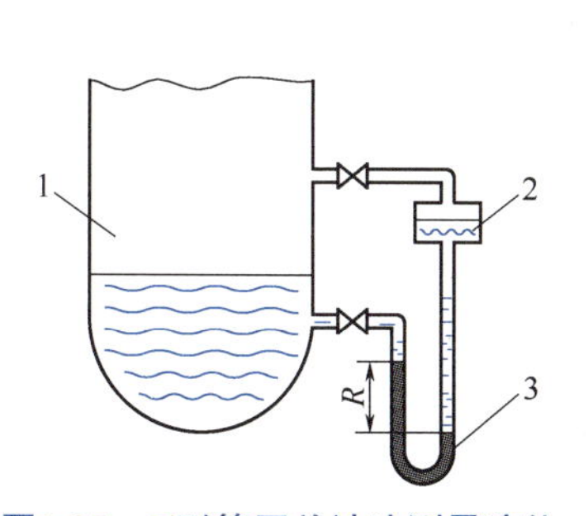

图1-35　U形管压差计法测量液位

1—容器；2—平衡器的小室；3—U形管压差计

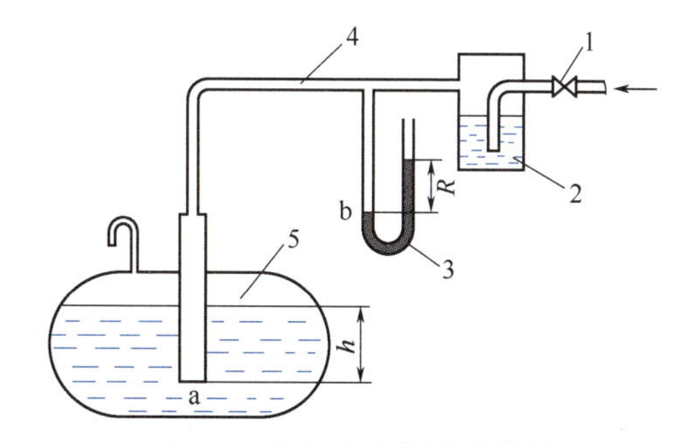

图1-36　鼓泡式液位测量装置

1—调节阀；2—鼓泡观察器；3—U形管压差计；4—吹气管；5—储罐

【例 1-13】为测定储罐中油品的储存量，采用图 1-36 所示的远距离液位测量装置。已知储罐为圆筒形，其直径为 1.6m，吹气管底部与储罐底的距离为 0.3m，油品的密度为 850kg/m^3。若测得 U 形管压差计读数 R 为 150mmHg，试确定储罐中油品的储存量，分别以体积及质量表示。

解　由式（1-27）得

$$h=\frac{\rho_{Hg}}{\rho}R=\frac{13600}{850}\times 0.15=2.4\text{（m）}$$

罐中总高度　　$H=h+\Delta z=2.4+0.3=2.7(\text{m})$

故　　$V=\dfrac{\pi}{4}D^2H=0.785\times1.6^2\times2.7=5.426(\text{m}^3)$

$$m=V\rho=5.426\times850=4612(\text{kg})$$

三、液封高度的确定

安全液封的工作原理

液封是生产过程中为了安全生产，防止事故发生而设置的利用液柱高度封住气体的一种装置。液封的种类有安全液封、切断液封及溢流液封三种形式。而在实际生产中，为了控制设备内气体压力不超过规定的数值，常常使用安全液封装置（或称水封装置），其目的是确保设备的安全，若气体压力超过给定值，气体则从液封装置排出，如图 1-37 所示。

1.8 煤气柜的结构

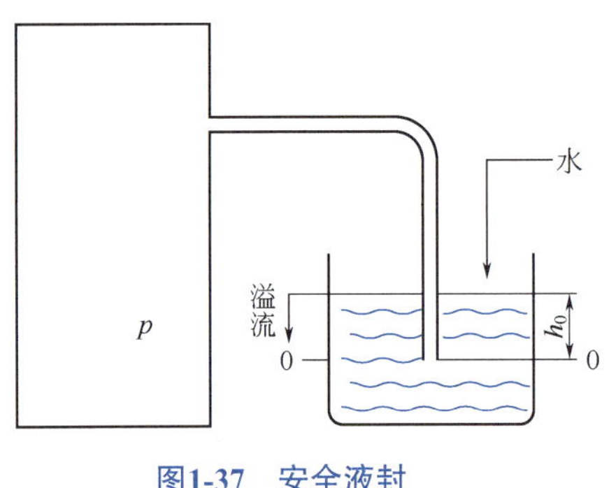

图1-37　安全液封

图1-38　煤气柜液封

液封还可达到防止气体泄漏的目的，而且它的密封效果极佳，甚至比阀门还要严密。例如煤气柜通常用水封，以防止煤气泄漏，如图 1-38 所示。液封高度可根据静力学基本方程式进行计算。如图 1-37 所示，设器内压力为 p（表压），水的密度为 ρ，则所需的液封高度 h_0 应为

水封槽的作用

$$h_0=\frac{p}{\rho g} \tag{1-28}$$

为了保证安全，在实际安装时管子插入液面下的深度应比计算值略小些，使超压力及时排放；对于后者应比计算值略大些，严格保证气体不泄漏。

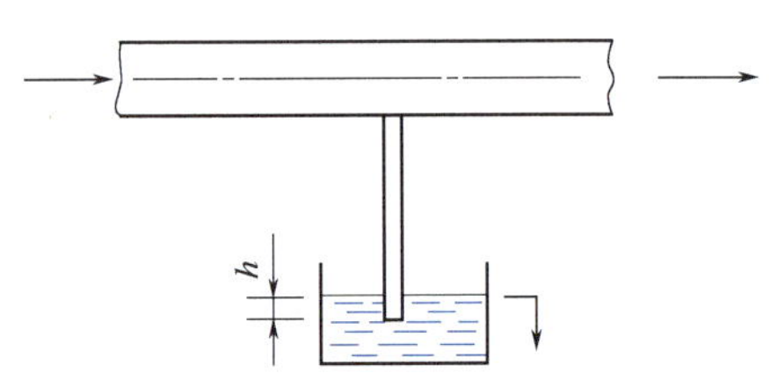

【例1-14】附图

【例 1-14】为了排出煤气管中的少量积水，用附图所示的水封装置，水由煤气管道中的垂直支管排出。已知煤气压力为 10kPa（表压），试求水封管插入液面下的深度 h。

解　煤气表压　　$p=\rho gh$

$$h=\frac{p}{\rho g}=\frac{10\times10^3}{10^3\times9.81}=1.02(\text{m})$$

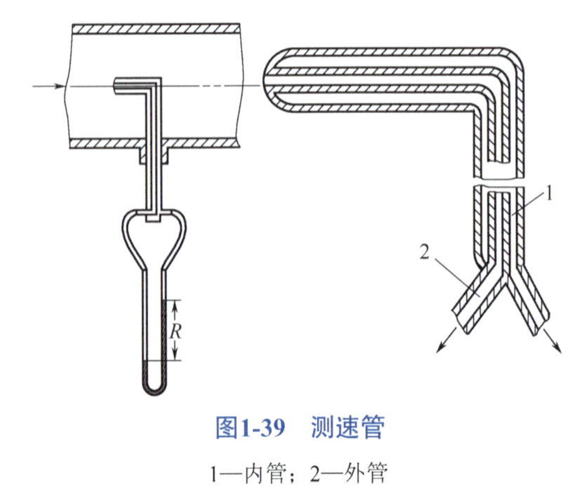

图1-39　测速管

1—内管；2—外管

四、流速的测量

实际生产中，经常需要测量流体的流速，以便对生产过程进行控制。下面介绍以流体机械能守恒原理为基础设计的用来测量流速的装置。

测速管的结构和使用

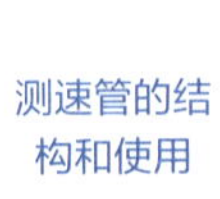

测速管又称皮托管，是测量点速度的装置。如图 1-39 所示，它由两根弯成直角的同心套管组成，外管的管口是封闭的，在外管前端壁面四周开有若干测压小孔，为了减小误差，测速管的前端经常做成半球形以减少涡流。测量时，测速管可以放在管截面的任一

位置上，并使其管口正对着管道中流体的流动方向，外管与内管的末端分别与液柱压差计的两臂相连接。

如果U形管压差计的读数为R，指示液与工作流体的密度分别为ρ_0与ρ，根据伯努利方程式可推得点速度与压力差的关系为

$$u=C\sqrt{\frac{2\Delta p}{\rho}}=\sqrt{\frac{2Rg(\rho_0-\rho)}{\rho}} \tag{1-29}$$

式中 C——皮托管校正系数，由实验标定，其值为1.98～1.00，常可取作“1”；

ρ_0——U形管压差计指示液的密度，kg/m^3；

ρ——工作流体的密度，kg/m^3；

R——U形管压差计读数，m。

若将测速管口放在管中心线上，则测得的流速为u_{max}，计算出Re_{max}，由Re_{max}借助图1-40确定流体在管内的平均流速u。

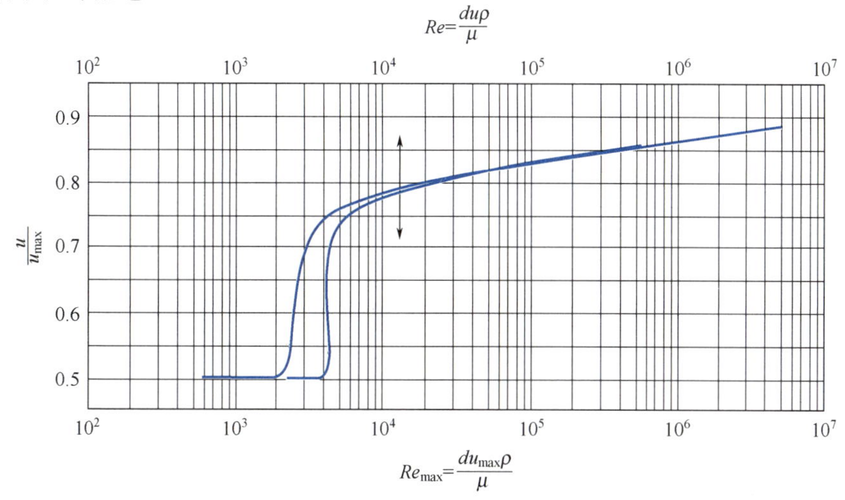

图1-40 平均速度u与管中心u_{max}之比随Re的变化关系

使用测速管应使管口正对流向；测速管外径不大于管内径的1/50；测量点应在进口段以后的平稳区。

测速管的优点是流动阻力小，可测定速度分布，适宜大管道中的气速测量。其缺点是不能测平均速度，需配微压差计，工作流体应不含固体颗粒，以防止皮托管上的小孔被堵塞。

特别提示： 测速管测的是管内某处的点速度。

五、流量的测量

1. 孔板流量计

孔板流量计的安装

孔板流量计是一种应用很广泛的节流式流量计，它利用流体流经孔板前后产生的压力差来实现流量测量。如图1-41所示，在管道里插入一片与管轴垂直并带有圆孔的金属板，孔的中心位于管道中心线上，这样构成的装置，称为孔板流量计，孔板称为节流元件。

当流体流过小孔后，由于惯性作用，流动截面并不立即扩大到与管截面相等，而是继续收缩一定距离后才逐渐扩大到整个管截面。流动截面最小处称为缩脉。流体在缩脉处的流速最高，即动能最大，而相应的静压强就最低。因此，当流体以一定的流量流经小孔时，就产生一定的压强差，流量愈大，所产生的压强差也就愈大，根据测量的压强差大小可度量流体流量。

由连续方程式和静力学方程式可推导出用孔板流量计测量流体的体积流量公式为

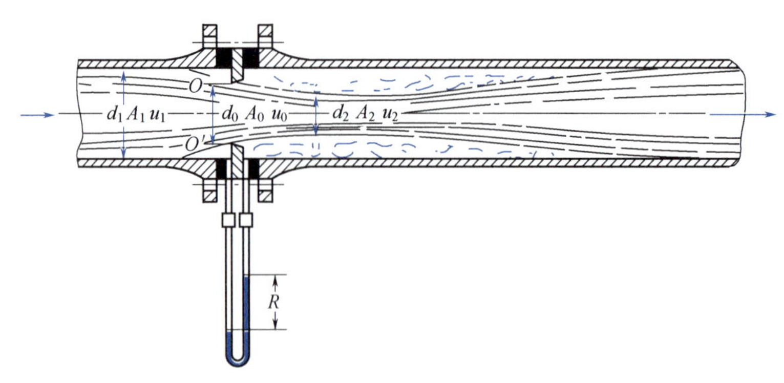

图1-41　孔板流量计

$$q_V=u_0A_0=C_0A_0\sqrt{\frac{2Rg(\rho_0-\rho)}{\rho}} \tag{1-30}$$

式中　C_0——流量系数或孔流系数，量纲为1，常用值为C_0=0.6～0.7；

A_0——孔板上小孔的截面积，m^2；

ρ_0——U 形管压差计指示液的密度，kg/m^3；

ρ——工作流体的密度，kg/m^3；

R——U 形管压差计读数，m。

特别提示： 孔板流量计的特点是恒截面、变压差，称为差压式流量计。

安装孔板流量计时，通常要求上游直管长度 50d，下游直管长度 10d。孔板流量计是一种容易制造的简单装置，当流量有较大变化时，需调整测量条件，可方便地调换孔板。它的主要缺点是流体经过孔板的能量损失较大，并随 A_0/A_1 的减小而加大。而且孔口边缘容易腐蚀和磨损，所以孔板流量计应定期进行校正。

2. 文丘里流量计

【文丘里】文丘里（Giovanni Battista Venturi）是意大利物理学家，发现了文丘里效应，也称文氏效应。该效应表现在受限流动在通过缩小的过流断面时，流体出现流速增大的现象，其流速与过流断面成反比。而由伯努利定律知，流速的增大伴随流体压力的降低，即常见的文丘里现象。通俗地讲，这种效应是指在高速流动的流体附近会产生低压，从而产生吸附作用。利用这种效应可以制作文丘里管，利用文丘里管可以制作文丘里装置，如文丘里流量计、文丘里湿式除尘器、文丘里射流器、文丘里施肥器等。

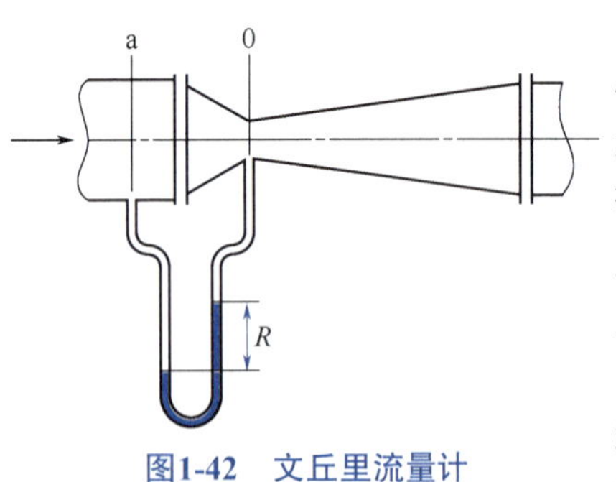

图1-42　文丘里流量计

仅仅为了测定流量而引起过多的能耗显然是不合理的，应尽可能设法降低能耗。能耗起因于突然缩小和突然扩大，特别是后者。因此，如设法将测量管段制成如图 1-42 所示的渐缩渐扩管，避免了突然的缩小和突然的扩大，必然可以大大降低阻力损失。这种管称为文丘里管，用于测量流量时，亦称为文丘里流量计（或文氏流量计）。

文丘里流量计上游的测压口（截面 a 处）距离管径开始收缩处的距离至少应为 1/2 管径，下游测压口设在最小流通截面 0 处（称为文氏喉）。由于有渐缩段和渐扩段，流体在其内的流速改变平缓，涡流较少，所以能量损失比孔板大大减少。

文丘里流量计的流量计算式与孔板流量计相类似，即

文丘里效应含义

$$q_V=C_VA_0\sqrt{\frac{2Rg(p_a-p_0)}{\rho}}=C_VA_0\sqrt{\frac{2Rg(\rho_{示}-\rho)}{\rho}} \tag{1-31}$$

式中　C_V——流量系数，量纲为1，其值可由实验测定，一般取0.98～1.00；

p_a-p_0——截面 a 与截面 0 间的压强差，单位为 Pa；

A_0——喉管的截面积，m^2；

ρ——被测流体的密度，kg/m^3；

$\rho_{示}$——U 形管压差计指示液的密度，kg/m^3。

文丘里流量计能量损失小，但各部分尺寸要求严格，需要精细加工，所以造价比较高。

3. 转子流量计

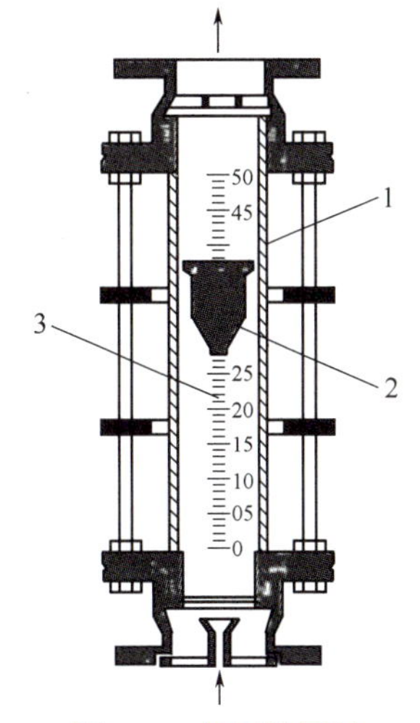

图1-43　转子流量计

1—锥形玻璃管；2—转子；3—刻度

转子流量计的安装和读数

（1）转子流量计的结构　转子流量计用来测量非混浊液体、气体等单相介质流量，其构造如图1-43所示，在一根截面积自下而上逐渐扩大的垂直锥形玻璃管1内，装有一个能够旋转自如的由金属或其他材质制成的转子2（或称浮子）。被测流体从玻璃管底部进入，从顶部流出。

当流体自下而上流过垂直的锥形管时，转子受到两个力的作用：一个是垂直向上的推动力，它等于流体流经转子与锥管间的环形截面所产生的压力差；另一个是垂直向下的净重力，它等于转子所受的重力减去流体对转子的浮力。当流量加大使压力差大于转子的净重力时，转子就上升。当压力差与转子的净重力相等时，转子处于平衡状态，即停留在一定位置上。在玻璃管外表面上刻有读数，根据转子的停留位置，即可读出被测流体的流量。

转子流量计是变截面定压差流量计。作用在转子上下游的压力差为定值，而转子的悬浮高度与锥管间环形截面积随流量而变。转子的位置一般是上端平面指示流量的大小，体积流量公式为：

$$q_V=C_R A_R\sqrt{\frac{2(\rho_f-\rho)V_f g}{\rho A_f}} \tag{1-32}$$

式中　V_f——转子的体积，m^3；

A_f——转子最大部分的截面积，m^2；

ρ_f——转子的密度，kg/m^3；

ρ——被测流体的密度，kg/m^3；

C_R——流量系数；

A_R——转子上端面处环隙面积，m^2。

转子流量计的特点是恒压差、恒环隙流速而变流通面积，属截面式流量计。

（2）转子流量计的安装

① 玻璃转子流量计应垂直安装在无振动的管道，不能使流量计有任何可见的倾斜，否则会造成误差；

② 安装高度应与人眼平视为准；

③ 应安装于旁路管道，以便于维修；

④ 安装仪表时，切勿大力扭动仪表。

（3）转子流量计的使用

① 使用前应检查仪表示值范围与所需测量的范围是否相符。

② 使用时应缓慢旋开控制阀门，以免突然开启，浮子急剧上升损坏玻璃锥管，如果打开阀之后仍不见浮子升起，则应关闭阀门找原因，待故障排除后再重新开启。

转子流量计刻度标定条件

③ 使用过程中如发现浮子卡住，绝不可用任何工具敲出玻璃锥管，可以用晃动管道、拆卸管子的方法，使用过程中如发现玻璃锥管密封处有被测介质溢出，只要拆去前后罩，稍扳紧压盖螺栓，至不溢即可。如以上方法不奏效则一般是密封填料失效。

④ 使用中，通常浮子指标稳定，如浮子上下窜动较剧烈，可以稍关下游控制阀和稍开上游控

制阀来消除。如上述方法不行，则应考虑工艺管道，动源是否有问题。

⑤ 注意经常保持仪表清洁和外部防锈。

⑥ 使用过程中，若更换浮子材料，改变被测介质的密度时，需要利用公式进行刻度修正。转子流量计的刻度是用20℃的水（密度为1000kg/m³）或20℃和101.3kPa下的空气（密度为1.2kg/m³）进行标定的。当被测流体与上述条件不符时，应进行刻度换算。在同一刻度下，不同条件的流量转化关系为

$$\frac{q_{V2}}{q_{V1}}=\sqrt{\frac{\rho_1(\rho_f-\rho_2)}{\rho_2(\rho_f-\rho_1)}} \quad (1\text{-}33)$$

式中，下标1表示标定流体的参数；下标2表示实际被测流体的参数。

任务五

流体阻力的计算

1.9 流体阻力及计算

流体在流动时会产生阻力，阻力的大小不但与流体的流动类型有关还与流体的性质、管路的种类等因素有关。

一、流体流动类型及判定

【奥斯鲍恩·雷诺】奥斯鲍恩·雷诺 (Osborne Reynolds 1842—1912)，英国力学家、物理学家、工程师。早年在工厂做技术工作，1867年毕业于剑桥大学王后学院。1868年起任曼彻斯特欧文学院工程学教授，1877年当选为皇家学会会员。1888年获皇家奖章。

雷诺在流体力学方面最主要的贡献是发现流动的相似律，他引入表征流动中流体惯性力和黏性力之比的一个量纲为1的数，即雷诺数。对于几何条件相似的各个流动，即使它们的尺寸、速度、流体不同，只要雷诺数相同，则这个流动是动力相似的。

1883年雷诺通过管道中平滑流线性型流动（层流）向不规则带旋涡的流动（湍流）过渡的实验，即雷诺实验，阐明了这个比数的作用。在雷诺以后，分析有关的雷诺数成为研究流体流动特别是层流向湍流过渡的一个标准步骤。

1. 雷诺实验

为了研究流体流动时内部质点的运动情况及其影响因素，1883年雷诺设计了雷诺实验装置如图1-44所示。

1883年英国科学家雷诺做了雷诺实验

在水箱内装有溢流装置，以维持水位恒定。箱的底部接一段直径相同的水平玻璃管，管出口处有阀门调节流量。水箱上方有装有带颜色液体的小瓶，有色液体可经过细管注入玻璃管中心处。在水流经玻璃管的过程中，同时有色液体也随水一起流动。

实验结果表明，在水温一定的情况下，当水速较小时，从细管引到水流中心的有色液体成一条直线平稳地流过整玻璃管，说明玻璃管内水的质点沿着与管轴平行的方向作直线运动，不产生横向运动，此时称为层流，如图1-45（a）所示。

若逐渐提高水的流速，有色液体的细线出现波浪。水的流速再高些，有色细线完全消失，与水完全混为一体，此时称为湍流，如图1-45（b）所示。

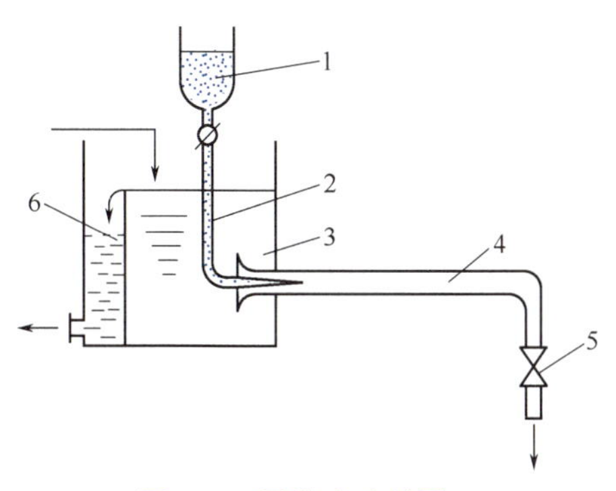

图1-44 雷诺实验装置

1—小瓶；2—细管；3—水箱；4—玻璃管；5—阀门；6—溢流装置

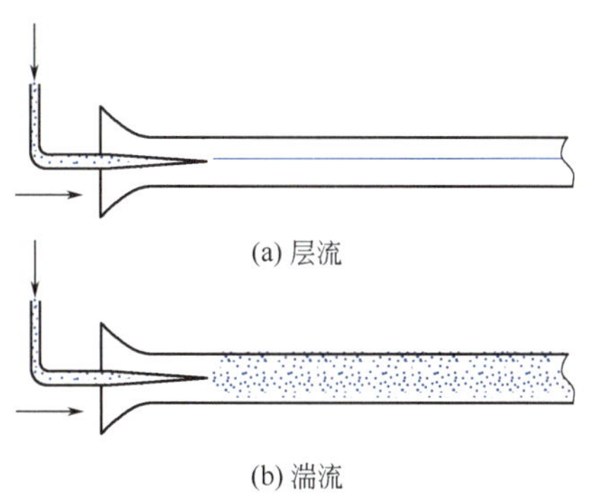

图1-45 雷诺实验结果比较

雷诺实验的定义及现象

1.10 湍流流动形态

层流与湍流最本质的区别是有无径向脉动。湍流的流体质点除了沿管轴方向向前流动外，还有径向脉动，质点的脉动是湍流运动的最基本特点。自然界和工程上遇到的流动大多为湍流。

2. 流体流动类型的判断

凡是几个有内在联系的物理量按无量纲条件组合起来的数群，称为特征数或无量纲数群。雷诺数 Re 反映了流体质点的湍流程度，并用作流体流动类型的判据。

流体流动类型判据Re

$$Re=\frac{d\rho u}{\mu} \tag{1-34}$$

式中 Re——雷诺数，量纲为1；

d——管子的内径，m；

u——管内流体的流速，m/s；

ρ——流体的密度，kg/m^3；

μ——流体的黏度，Pa·s。

雷诺数 Re 是一个无量纲数群，无论采用何种单位制，只要数群中各物理量的单位制一致，所算出的 Re 数值必相等。

根据经验，对于流体在直管内的流动，雷诺数 Re 是流体流动类型的判据，其范围为

当 $Re\leqslant2000$ 时，流动为层流，此区称为层流区；

当 $Re\geqslant4000$ 时，出现湍流，此区称为湍流区；

当 $2000\leqslant Re\leqslant4000$ 时，流动可能是层流，也可能是湍流，该区称为不稳定的过渡区。

根据雷诺数 Re 的大小将流体流动分为三个区域：层流区、过渡区、湍流区，但流动类型只有两种为层流与湍流。

3. 圆管内流体速度分布

流体在管内无论是滞流还是湍流，在管道任意截面上，流体质点的速度沿管径而变化，管壁处速度为零，离开管壁以后速度渐增，到管中心处速度最大。速度在管道截面上的分布规律因流型而异，如图 1-46 所示。

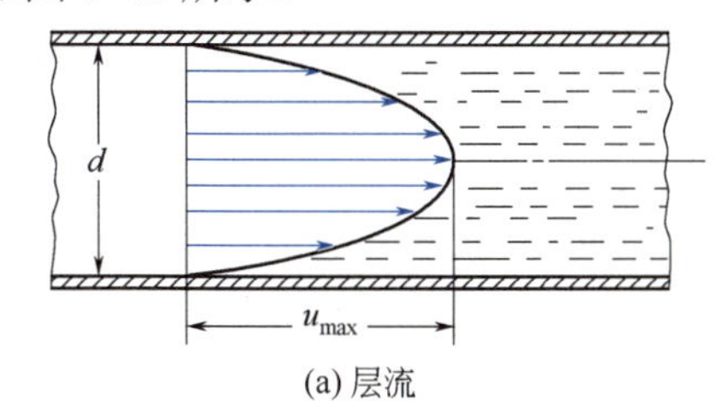

(a) 层流

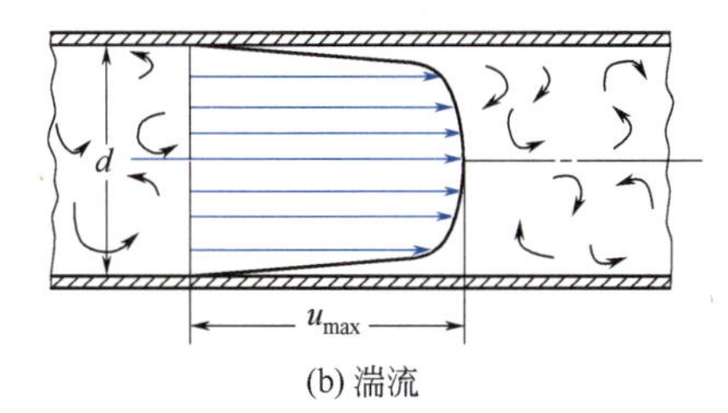

(b) 湍流

图1-46 圆管内流体速度分布

1.11 层流速度分布

(1) 层流时速度分布 由实验和理论分析已证明，层流时的速度分布为抛物线形状，如图

1-46（a）所示，截面上各点速度是轴对称的，管中心处速度为最大，管壁处速度为零。经推导可得管截面上的平均速度与中心最大流速之间的关系为

$$u=\frac{1}{2}u_{max} \tag{1-35}$$

（2）湍流时速度分布　流体在管内作湍流流动时，由于流体质点的强烈分离与混合，使截面上靠管中心部分各点速度彼此扯平，速度分布比较均匀，所以速度分布曲线不再是严格的抛物线，如图1-46（b）所示。

实验证明，当 Re 值越大时，曲线顶部的区域就越广阔平坦，但靠管壁处质点的速度骤然下降，曲线较陡。由实验测定，管截面上的平均速度与中心区最大流速之间的关系为

$$u\approx 0.8u_{max} \tag{1-36}$$

二、流体阻力的来源及分类

1. 流体阻力的来源

流体流动产生阻力的主要原因

当流体在圆管内流动时，管内任一截面上各点的速度并不相同，管中心处的速度最大，越靠近管壁速度越小，在管壁处流体质点附着于管壁上，其速度为零。可以想象，流体在圆管内流动时，实际上被分割成无数极薄的圆筒层，一层套着一层，各层以不同的速度向前运动，层与层之间具有内摩擦力。如图 1-47 所示。

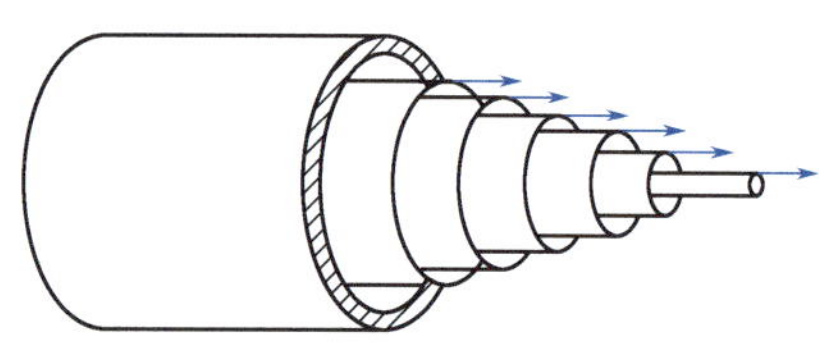
图1-47　流体在圆管内分层流动示意

前面也介绍过内摩擦力的概念，它是由于流体的黏性而产生的，这种内摩擦力总是起着阻止流体层间发生相对运动的作用。因此，内摩擦力是流体流动时阻力产生的根本原因。

黏度作为表征流体黏性大小的物理量，其值越大，说明在同样流动条件下，流体阻力就越大。于是，不同流体在同一条管路中流动时，流动阻力的大小是不同的。而同一种流体在同一条管路中流动时因流速不同，其流动阻力的大小也不同。因此，决定流动阻力大小的因素除了流体黏性和流动的边界条件外，还取决于流体的流动状况，即流体的流动类型。

2. 流体阻力的分类

流体在管路中流动时的阻力可分为直管阻力和局部阻力两部分，其中直管阻力是流体流经一定管径的直管时，由于流体和管壁之间的摩擦而产生的阻力；局部阻力是流体流经管路中的管件、阀门及截面扩大或缩小等局部位置时，由于速度的大小或方向改变而引起的阻力。伯努利方程式中的 $\sum W_f$ 是指所研究的管路系统的总能量损失（也称总阻力损失），它是管路系统中的直管阻力损失和局部阻力损失之和。

三、管内流体阻力计算

1. 直管阻力计算

（1）圆形直管阻力计算　推导圆形直管阻力计算通式的基础是流体作稳定流动时受力的平衡。流体以一定速度在圆管内流动时，受到方向相反的两个力的作用：一个是推动力，其方向与流动方向一致；另一个是摩擦阻力，其方向与流动方向相反。当这两个力达到平衡时，流体作稳定流动。

不可压缩流体以速度 u 在一段水平直管内作稳定流动时所产生的阻力可用下式计算

能量损失

$$W_f=\lambda\frac{l}{d}\times\frac{u^2}{2} \tag{1-37}$$

压头损失

$$h_f=\frac{W_f}{g}=\lambda\frac{l}{d}\times\frac{u^2}{2g} \tag{1-37a}$$

压力损失

$$\Delta p_f=\rho W_f=\lambda\frac{l}{d}\times\frac{\rho u^2}{2} \tag{1-37b}$$

式中　W_f——流体在圆形直管中流动时的损失能量，J/kg；

λ——摩擦系数，量纲为 1；

l——管长，m；

d——管内径，m；

u——管内流体的流速，m/s；

h_f——压头损失，m；

Δp_f——压力损失，Pa。

式（1-37）、式（1-37a）与式（1-37b）是计算圆形直管阻力所引起能量损失的通式，称为范宁公式。此式对湍流和滞流均适用，式中 λ 为摩擦系数，量纲为 1，其值随流型而变，湍流时还受管壁粗糙度的影响，但不受管路铺设情况（水平、垂直、倾斜）所限制。

按材料性质和加工情况，将管道分为两类：一类是水力光滑管如玻璃管、黄铜管、塑料管等；另一类是粗糙管如钢管、铸铁管、水泥管等。其粗糙度可用绝对粗糙度 ε 和相对粗糙度 ε/d 表示。一些工业管道的绝对粗糙度 ε 列于表 1-6 中。

表1-6　一些工业管道的绝对粗糙度

管道类别		绝对粗糙度 ε/mm	管道类别		绝对粗糙度 ε/mm
金属管	无缝黄铜管、铜管及铅管	0.01 ~ 0.05	非金属管	干净玻璃管	0.0015 ~ 0.01
	新的无缝钢管、镀锌铁管	0.1 ~ 0.2		橡胶软管	0.01 ~ 0.03
	新的铸铁管	0.3		木管道	0.25 ~ 1.25
	有轻度腐蚀的无缝钢管	0.2 ~ 0.3		陶土排水管	0.45 ~ 6.0
	有显著腐蚀的无缝钢管	0.5 以上		很好整平的排水管	0.33
	旧的铸铁管	0.85 以上		石棉水泥管	0.03 ~ 0.8

摩擦系数 λ 与管内流体流动时的雷诺数 Re 有关，也与管路内壁的粗糙程度有关，这种关系随流体流动的类型不同而不同。

层流时的摩擦系数 λ 只与雷诺数 Re 有关，而与管壁的粗糙程度无关。通过理论推导，可以得出 λ 与 Re 的关系为

$$\lambda=\frac{64}{Re} \tag{1-38}$$

湍流时的摩擦系数 λ 与雷诺数 Re 及管壁粗糙程度都有关。

$$\lambda=f\left(Re,\frac{\varepsilon}{d}\right) \tag{1-39}$$

由于湍流时质点运动的复杂性，现在还不能从理论上推算 λ 值，在工程计算中为了避免试差，一般是将通过实验测出的 λ 与 Re 和 $\frac{\varepsilon}{d}$ 的关系，以 $\frac{\varepsilon}{d}$ 为参变量，以 λ 为纵坐标，以 Re 为横坐标，标绘在双对数坐标纸上。如图 1-48 所示，此图称为莫狄摩擦因数图。

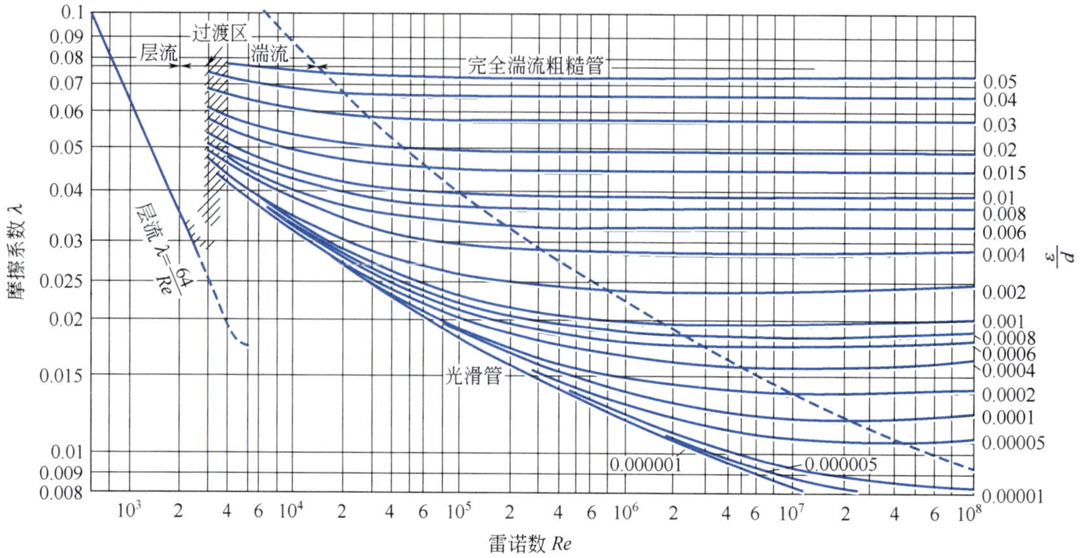

图1-48　摩擦系数λ与雷诺数Re关系（莫狄摩擦因数图）

完全湍流区
λ与Re无关

由图可以看出，摩擦因数图可以分为以下三个区。

层流区　$Re \leqslant 2000$，λ与$\dfrac{\varepsilon}{d}$无关，与Re成直线关系，即$\lambda=\dfrac{64}{Re}$。

湍流区　$Re \geqslant 4000$，这个区域内，管内流型为湍流，因此由图中曲线分析可知，当$\dfrac{\varepsilon}{d}$一定时，Re增大，λ减小；当Re一定时，$\dfrac{\varepsilon}{d}$增大，λ增大。

完全湍流区　图中虚线以上的区域。此区域内λ-Re曲线近似为水平线，即λ与Re无关，只与$\dfrac{\varepsilon}{d}$有关，故称为完全湍流区。对于一定的管道，$\dfrac{\varepsilon}{d}$为定值，λ为常数，阻力损失与u^2成正比，所以完全湍流区又称阻力平方区。由图可知，$\dfrac{\varepsilon}{d}$越大，达到阻力平方区的Re越小。

【例 1-15】计算10℃水以$2.7\times10^{-3}\text{m}^3/\text{s}$的流量流过$\phi57\text{mm}\times3.5\text{mm}$、长20m水平钢管的能量损失、压头损失及压力损失。（设管壁的粗糙度ε为0.5mm）

解

$$u=\frac{q_V}{0.785d^2}=\frac{2.7\times10^{-3}}{0.785\times0.05^2}=1.376\ (\text{m/s})$$

查附录七得10℃水的物性$\rho=999.7\text{kg/m}^3$，$\mu=1.305\times10^{-3}\text{Pa}\cdot\text{s}$

$$Re=\frac{du\rho}{\mu}=\frac{0.05\times999.7\times1.376}{1.305\times10^{-3}}=5.27\times10^4>4000\text{，湍流}$$

$$\frac{\varepsilon}{d}=\frac{0.5}{50}=0.01$$

查图1-48得$\lambda=0.041$

故

$$W_f=\lambda\frac{l}{d}\times\frac{u^2}{2}=0.041\times\frac{20}{0.05}\times\frac{1.376^2}{2}=15.53\text{J/kg}$$

$$h_f=W_f/g=15.53/9.81=1.583\text{m}$$

$$\Delta p_f=W_f\rho=15.53\times999.7=15525\text{Pa}$$

【例 1-16】如附图所示，用泵将贮槽中的某油品以$40\text{m}^3/\text{h}$的流量输送至高位槽。两槽的液位恒定，且相差20m，输送管内径为100mm，管子总长为45m（包括所有局部阻力的当量长度）。已知油品的密度为890kg/m^3，黏度为$0.487\text{Pa}\cdot\text{s}$，试求所需外加的功为多少J/kg。

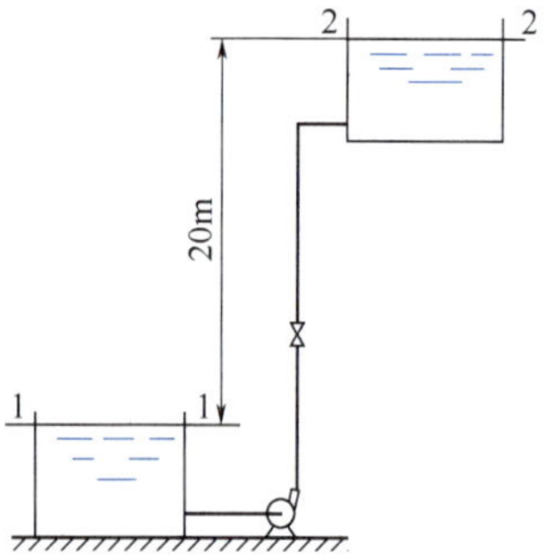

【例1-16】附图

解

$$u=\frac{q_V}{\frac{\pi}{4}d^2}=\frac{40/3600}{0.785\times0.1^2}=1.415\ (\text{m/s})$$

$$Re=\frac{du\rho}{\mu}=\frac{0.1\times 890\times 1.415}{0.487}=258.6<2000，层流$$

故
$$\lambda=\frac{64}{Re}=\frac{64}{258.6}=0.247$$

在贮槽 1—1 截面到高位槽 2—2 截面间列伯努利方程得

$$z_1g+\frac{p_1}{\rho}+\frac{1}{2}u_1^2+W_e=z_2g+\frac{p_2}{\rho}+\frac{1}{2}u_2^2+\sum W_f$$

简化为
$$W_e=z_2g+\sum W_f$$

而
$$\sum W_f=\lambda\frac{l+\sum l_e}{d}\times\frac{u^2}{2}=0.247\times\frac{45}{0.1}\times\frac{1.415^2}{2}=111.2J/kg$$

故
$$W_e=20\times 9.81+111.2=307.4J/kg$$

（2）非圆形直管内的流动阻力　一般说来，截面形状对速度分布及流动阻力的大小都会有影响。实验表明，对于非圆形截面的通道，可以用一个与圆形管直径d相当的“直径”来代替，称为当量直径，用d_e表示。当量直径定义为流体在流道里的4倍流通截面与润湿周边Π之比，即

$$d_e=4\times\frac{流通截面积}{润湿周边}=4\times\frac{A}{\Pi} \tag{1-40}$$

边长为a的三角形的d_e

流体在非圆形管内作湍流流动时，计算$\sum h_f$及Re的有关表达式中，均可用d_e代替d。但需注意：不能用d_e来计算流体通道的截面积、流速和流量；层流时，λ的计算式（1-38）需用下式修正

$$\lambda=\frac{C}{Re} \tag{1-41}$$

C值随流通形状而变，如表 1-7 所示。

表1-7　某些非圆形管的常数C值

非圆形管的截面形状	正方形	等边三角形	环形	长方形（长:宽=2:1）	长方形（长:宽=4:1）
常数C	57	53	96	62	73

在化工中经常遇到的套管换热器环隙间及矩形截面的当量直径按定义可分别推导出。

套管换热器环隙当量直径

$$d_e=d_1-d_2 \tag{1-42}$$

式中　d_1——套管换热器外管内径，m；

d_2——套管换热器的内管外径，m。

矩形截面的当量直径

$$d_e=\frac{2ab}{a+b} \tag{1-43}$$

式中　a，b——矩形的两个边长，m。

2. 局部阻力计算

当流体的流速大小或方向发生变化时，均产生局部阻力。局部阻力造成的能量损失有两种计算方法。

（1）阻力系数法　将局部阻力表示为动能的某一倍数

$$W'_f=\zeta\frac{u^2}{2} \tag{1-44}$$

或
$$h'_f=\zeta\frac{u^2}{2g} \tag{1-44a}$$

式中　W'_f——局部阻力，J/kg；

ζ——称为局部阻力系数，量纲为1；

h'_f——局部阻力，m。

局部阻力系数一般由实验测定，某些管件和阀门的局部阻力系数列于表1-8中。管路因直径改变而突然扩大或突然缩小时的流动情况，如图1-49所示，计算其局部阻力时，u均取细管中的流速。

表1-8　某些管件和阀门的局部阻力系数

名称		局部阻力系数	名称		局部阻力系数
标准弯头	45°	0.35	止回阀	升降式	1.2
	90°	0.75		摇板式	2
180° 回弯头		1.5	闸阀	全开	0.17
三通		1		3/4 开	0.9
管接头		0.4		1/2 开	4.5
活接头		0.4		1/4 开	24
截止阀	全开	6.4	盘式流量计（水表）		7.0
	半开	9.5	角阀（90°）		5
底阀		1.5	单向阀（摇摆式）		2

突然扩大与突然缩小阻力系数如下。

突然扩大
$$\zeta=\left(1-\frac{A_1}{A_2}\right)^2 \tag{1-45}$$

突然缩小
$$\zeta=\frac{1}{2}\left(1-\frac{A_1}{A_2}\right) \tag{1-46}$$

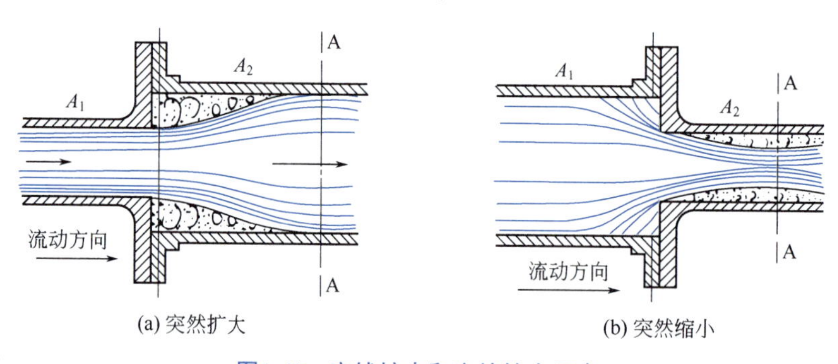

图1-49　突然扩大和突然缩小示意

对于流体自容器进入管内的损失称为进口损失，相当于$A_2/A_1\approx0$，此时，由式（1-46）可知，进口阻力系数$\zeta_{进口}=0.5$；对于流体自管内进入容器或从管子排放到管外空间的损失称为出口损失，相当于$A_1/A_2\approx0$，此时，由式（1-45）可知，出口阻力系数$\zeta_{出口}=1$。

（2）当量长度法　该法是把流体流过管件、阀门所产生的局部阻力折算成相当于流体流过相应直管长度的直管阻力，折合后的管道长度称为当量长度，以l_e表示，即用当量长度法表示的局部阻力为

u选取的原则

$$W'_f=\lambda\frac{\sum l_e}{d}\times\frac{u^2}{2} \tag{1-47}$$

$$\Delta p'_f=\lambda\frac{\sum l_e}{d}\times\frac{\rho u^2}{2} \tag{1-48}$$

式中，l_e称为局部阻力的当量长度。各种管件、阀门的当量长度l_e值可查表1-9或查有关手册中管件、阀门的当量长度共线图。

表1-9 部分管件、阀门及流量计以管径计的当量长度

名称		l_e/d	名称		l_e/d
标准弯头	45°	15	止回阀	升降式	60
	90°	35		摇板式	100
180° 回弯头		75	闸阀	全开	7
三通		50		3/4 开	40
管接头		2		1/2 开	200
活接头		2		1/4 开	800
截止阀	全开	300	盘式流量计（水表）		400
	半开	475	文氏流量计		12
角阀（标准式）全开		145	转子流量计		200～300
带有滤水器的底阀		420	由容器入管口		20

特别提示：

① 当截面选在管路出口内侧时取动能，若选在出口外侧时取能量损失（ξ=1），u=0；

② 不管突然扩大还是缩小，u均取细管中的流速；

③ 除上述两种方法外，还有用$\frac{l_e}{d}$表示当量长度。ξ、l_e或$\frac{l_e}{d}$值均为实验值。

不同直径管路总阻力的计算

3. 管路系统中的总能量损失

管路系统的总能量损失（总阻力损失）包括管路上全部直管阻力和局部阻力之和，即为伯努利方程式中的$\sum W_f$。当流体流经直径不变的管路时，管路系统的总能量损失可按下面两种方法计算。

（1）当量长度法

$$\sum W_f=\lambda\frac{l+\sum l_e}{d}\times\frac{u^2}{2} \tag{1-49}$$

（2）阻力系数法

$$\sum W_f=\left(\lambda\frac{l}{d}+\sum\xi\right)\frac{u^2}{2} \tag{1-50}$$

式中 $\sum W_f$——管路系统总能量损失，J/kg；

$\sum l_e$——管路中管件阀门的当量长度之和，m；

$\sum\xi$——管路中局部阻力（如进口、出口）系数之和；

l——各段直管总长度，m。

应当注意，式（1-49）和式（1-50）中的流速u是指管端或管路系统中的流速，而伯努利方程式中的流速u，是指相应的衡算截面处的流速。

当管路由若干直径不同的管段组成时，由于各段的流速不同，此时管路系统的总能量损失应分段计算，然后再求其总和。

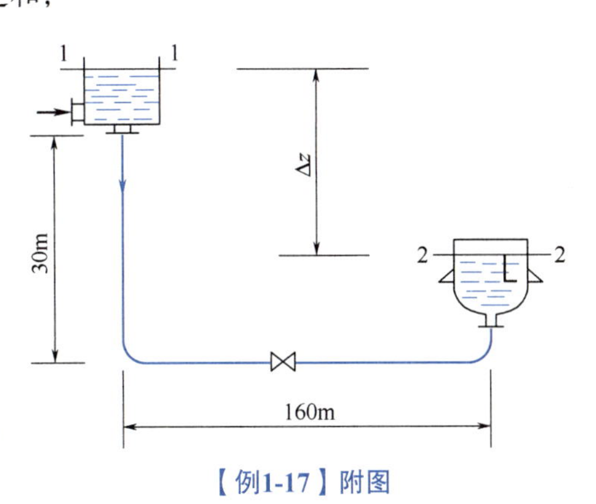

【例1-17】附图

敞口容器截面流速和压强

【例1-17】如附图所示，密度为800kg/m³、黏度为1.5mPa·s的液体，由敞口高位槽经ϕ114mm×4mm的钢管流入一密闭容器中，其压力为0.16MPa（表

压），两槽的液位恒定。液体在管内的流速为1.5m/s，管路中闸阀为半开，管壁的相对粗糙度ε/d=0.002，试计算两槽液面的垂直距离Δz。

解 取高位槽液面为1—1截面，容器液面为2—2截面，并以2—2截面为基准水平面，列伯努利方程为

$$z_1g+\frac{p_1}{\rho}+\frac{1}{2}u_1^2=z_2g+\frac{p_2}{\rho}+\frac{1}{2}u_2^2+\sum W_f$$

$$p_{1(表)}=0;\ u_1=0;\ u_2=0$$

简化得
$$\Delta zg=\frac{p_2}{\rho}+\sum W_f$$

$$Re=\frac{du\rho}{\mu}=\frac{0.106\times800\times1.5}{1.5\times10^{-3}}=8.48\times10^4$$

由ε/d=0.002，查图1-48得λ=0.026。

管路中，进口ξ=0.5；90℃弯头ξ=0.75，2个；半开闸阀ξ=4.5；出口ξ=1。

故 $$\sum W_f=\left(\lambda\frac{l}{d}+\sum\xi\right)\frac{u^2}{2}=\left(0.026\times\frac{30+160}{0.106}+0.5+2\times0.75+4.5+1\right)\times\frac{1.5^2}{2}$$
$$=60.87\ (J/kg)$$

$$\Delta z=\left(\frac{p_2}{\rho}+\sum W_f\right)/g=\left(\frac{0.16\times10^6}{800}+60.87\right)/9.81=26.6\ (m)$$

四、降低管路系统流动阻力的途径与措施

降低管路阻力的目的

流体流动时为克服流动阻力需消耗一部分能量，流动阻力越大，则输送流体所消耗的动力也就越大。因此，流体流动阻力的大小直接关系到能耗和生产成本，为此应采取具体措施降低能量损失即降低$\sum W_f$。根据上述分析，可采取如下措施：

① 合理布局，尽量减少管长，少装不必要的管件阀门；

② 适当加大管径并尽量选用光滑管；

③ 在条件允许的情况下，将气体压缩或液化后输送；

④ 高黏度液体长距离输送时，可用加热方法（蒸汽伴管）或强磁场处理，以降低黏度；

⑤ 如允许的话，在被输送液体中加入减阻剂；

⑥ 管壁上进行预处理，降低表面能。

但有时为了某工程目的，需人为地造成局部阻力或加大流体湍动（如液体搅拌、传热传质过程的强化等）。

任务六

离心泵的操作与维护

讲好中国故事——水往高处走？南水北调工程

通常，根据施加给液体机械能的手段和工作原理的不同，液体输送设备大致可分为四大类，如表1-10所示。

表1-10 液体输送设备的分类

离心式	回转式	往复式	流体作用式
离心泵 漩涡泵	齿轮泵、螺杆泵 轴流泵	往复泵、柱塞泵 计量泵、隔膜泵	喷射泵、酸蛋 真空输送泵

离心泵是化工生产中使用最为广泛的一种液体输送机械，占化工用泵的80%~90%，其特点是结构简单紧凑，流量大而且均匀，可用耐腐蚀材料制造，调节和管理方便，在化工生产中占有特殊的地位。

一、离心泵的基本结构和工作原理

1. 离心泵的基本结构

图 1-50 是一台安装在管路中的离心泵装置示意，离心泵的主要部件包括叶轮、泵壳、轴封装置。

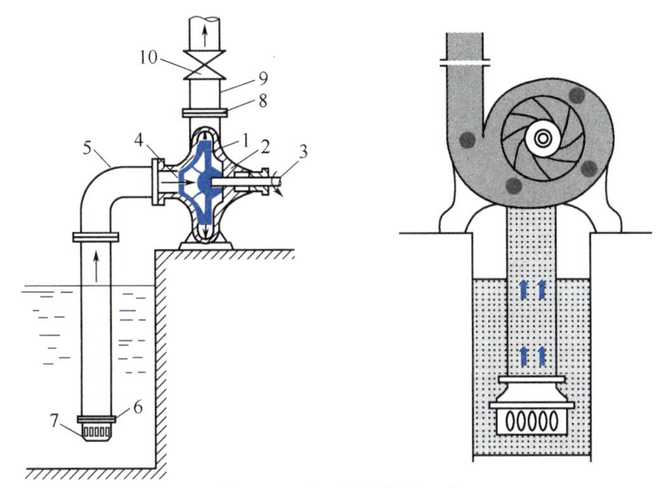

1.12 离心泵的结构及工作原理

图1-50　离心泵装置示意

1—叶轮；2—泵壳；3—泵轴；4—吸入口；5—吸入管；6—底阀；7—滤网；8—排出口；9—排出管；10—调节阀

（1）叶轮的作用　是利用叶轮的高速旋转，将原动机的机械能传递给液体。根据其结构和用途不同分为开式、半开式和闭式三种，如图1-51所示。一般离心泵大多采用闭式叶轮。开式和半开式叶轮由于流道不易堵塞，适用于浆液、黏度大的液体或含有固体颗粒的悬浮液的输送。但由于开式或半开式叶轮没有或一侧有盖板，叶轮外周端部没有很好的密合，部分液体会流回叶轮中心的吸液区，因而效率较低。

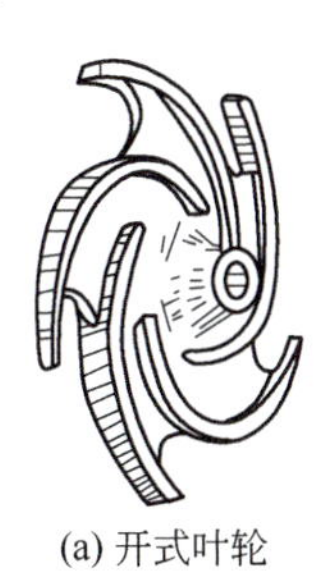
(a) 开式叶轮

(b) 半开式叶轮

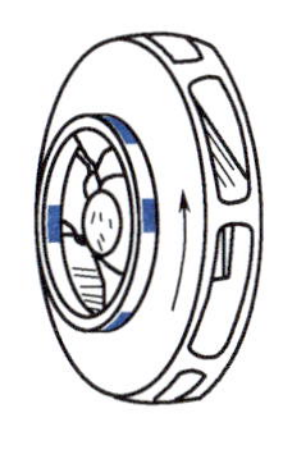
(c) 闭式叶轮

图1-51　叶轮

（2）泵壳的作用　是为汇集叶轮出口已获得能量的液体，将液体的一部分动能转换为静压能，它又是一个能量转换装置。

（3）轴封装置　在泵轴伸出泵壳处，转轴和泵壳间存有间隙，旋转的泵轴与泵壳之间的密封称为轴封装置。其作用是防止高压液体沿轴泄漏，或者外界空气以相反方向漏入。常用的有填料密封和机械密封两种。

轴封装置的作用

填料密封装置是由填料函壳、软填料和填料压盖构成，软填料为浸油或涂石墨的石棉绳，将其放入填料函与泵轴之间，将压盖压紧迫使它产生变形达到密封，而泵轴仍能自由转动。

机械密封装置是由装在泵轴上随之转动的动环和固定在泵壳上的静环组成，两环形端面由弹簧力使之紧贴在一起达到密封目的。动环用硬质金属材料制成，静环一般用浸渍石墨或酚醛塑料等制成。

机械密封的性能优良，使用寿命长。但部件的加工精度要求高，安装技术要求比较严格，价格较高。多用于输送酸、碱以及易燃、易爆、有毒的液体，其密封要求比较高，既不允许漏入空气，又力求不让液体渗出。近年来，在生产中离心泵的轴封装置广泛采用机械密封。

2. 工作原理

泵在启动前，首先向泵内灌满被输送的液体，这个操作称为灌泵。同时关闭排出管路上的流量调节阀，待电动机启动后，再打开出口阀。离心泵启动后，高速旋转的叶轮带动叶片间的液体做高速旋转，在离心力作用下，液体便从叶轮中心被抛向叶轮的周边，并获得了机械能，同时也增大了流速，一般可达15～25m/s，其动能也提高了。当液体离开叶片进入泵壳内时，由于泵壳的流道逐渐加宽，液体的流速逐渐降低而压强逐渐增大，最终以较高的压强沿泵壳的切向从泵的排出口进入排出管排出，输送到所需场所，完成泵的排液过程。

解释气缚现象产生的原因及解决措施

当泵内液体从叶轮中心被抛向叶轮外缘时，在叶轮中心处形成低压区，这样就造成了吸入管贮槽液面与叶轮中心处的压强差，液体就在这个静压差作用下，沿着吸入管连续不断地进入叶轮中心，以补充被排出的液体，完成离心泵的吸液过程。只要叶轮不停地运转，液体就会连续不断地被吸入和排出，这就是离心泵的工作原理。

若离心泵在启动前泵壳内不是充满液体而是空气，由于空气的密度远小于液体的密度，产生的离心力很小，因而叶轮中心区形成的低压不足以将贮槽内液体压入泵内，此时虽启动离心泵但不能够输送液体，这种现象称作气缚。这种现象说明离心泵无自吸能力，因此在启动泵前一定要使泵壳内充满液体。通常若吸入口位于贮槽液面上方时，在吸入管路中安装一单向底阀和滤网，以防止停泵时液体从泵内流出和吸入杂物。

1.13 离心泵性能及特性曲线的测定

二、离心泵的性能参数及特性曲线

1. 离心泵的性能参数

为了正确地选择和使用离心泵，就必须熟悉其工作特性和它们之间的相互关系。反映离心泵工作特性的参数称为性能参数，主要有转速、流量、扬程、轴功率和效率、汽蚀余量等。这些参数标注在离心泵的铭牌上，是评价离心泵性能和正确选用离心泵的主要依据。

离心泵性能测定的条件

（1）流量（送液能力） 离心泵在单位时间内排出的液体体积称为送液能力，用符号q_V表示，其单位为m^3/h或m^3/s，其大小主要取决于泵的结构、尺寸（叶轮直径和宽度）和转速等。

（2）扬程（泵的压头） 离心泵的扬程又称泵的压头，指离心泵对单位重量的液体所提供的有效能量，用符号H表示，其单位为m液柱。离心泵压头取决于泵的结构（叶轮直径、叶片弯曲情况）转速和流量，也与液体的密度有关。对于一定的泵在指定的转速下，H与q_V之间存在一定关系，由于液体在泵内的流动情况比较复杂，目前对泵的压头尚不能从理论上作出精确的计算，H与q_V关系只能用实验测定。

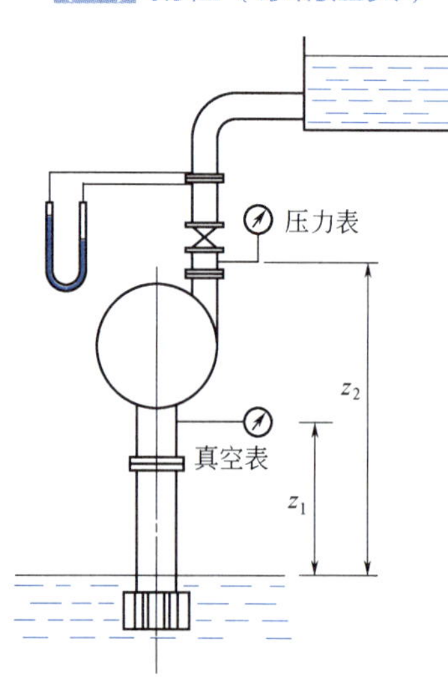

图1-52 离心泵压头的测定

如图1-52所示，在泵的进口处装一真空表，出口处装一压力表，若不计两表截面上的动能差（即$\Delta u^2/2g=0$），不计两表截面间的能量损失（即$\sum h_{f1\text{-}2}=0$），则泵的扬程可用下式计算

$$H=(z_2-z_1)+\frac{p_2-p_1}{\rho g} \tag{1-51}$$

特别提示：

① 式（1-51）中p_2为泵出口处压力表的读数（Pa）；p_1为泵

的进口处真空表读数（Pa）。

② 注意区分离心泵的扬程（压头）和升扬高度两个不同的概念。

扬程是指单位重量流体经泵获取的能量。在一管路系统中两截面间（包括泵）列伯努利方程式并整理可得

$$H=\Delta z+\frac{\Delta p}{\rho g}+\frac{\Delta u^2}{2g}+\sum h_f \tag{1-52}$$

式中，H 为扬程，而升扬高度仅指 Δz 一项。

（3）轴功率　指泵轴转动时所需要的功率，亦即电机提供的功率，用P表示，单位W。由于存在能量损失，轴功率P必大于有效功率P_e。

泵的有效功率是指单位时间内液体从泵中叶轮获得的有效能量，用符号 P_e 表示，单位为 W 或 kW。因为离心泵排出的液体质量流量为 $q_V\rho$，所以泵的有效功率为

$$P_e=q_V\rho Hg \tag{1-53}$$

$$P=\frac{P_e}{\eta}=\frac{q_V\rho Hg}{\eta} \tag{1-54}$$

若离心泵轴功率的单位用 kW 表示，则式（1-54）变为

$$P=\frac{q_V\rho H}{102\eta} \tag{1-54a}$$

式中　P_e——泵的有效功率，W；

P——泵的轴功率，W；

q_V——泵的实际流量，m^3/s；

η——泵的工作效率；

ρ——液体密度，kg/m^3；

H——泵的有效压头，即单位重量的液体自泵处净获得的能量，m；

g——重力加速度，m/s^2。

泵的轴功率与泵的结构、尺寸、流量、压头、转速等有关。还应注意泵标牌上注明的轴功率是以常温 20℃清水为实验液体，其密度 ρ 为 $1000kg/m^3$ 测量的。如泵输送液体的密度较大，应看原配电机是否适用。若需要自配电机，为防止电机超负载，常按实际工作的最大流量 q_V 计算轴功率作为选电机的依据。

（4）效率　指泵轴对液体提供的有效功率与泵轴转动时所需功率之比，称为泵的总效率，用η表示。它的大小反映泵在工作时能量损失的大小。

离心泵效率与泵的尺寸、类型、构造、加工精度、液体流量和所输送液体性质有关，一般小型泵效率为 50%～70%，大型泵可达到 90% 左右，一般由实验测定。

【例 1-18】 采用图 1-52 所示的装置测定离心泵的性能。泵的吸入和排出管内径分别为 100mm 和 80mm，两侧压口间垂直距离为 0.5m，泵的转速为 2900r/min，用 20℃清水作为介质时测定数据为：流量 15L/s，泵出口处表压为 2.55×10^5Pa，进口处真空度为 2.67×10^4Pa，电机功率为 6.2kW（电机效率 93%）。

解　在转速为 2900r/min 下

① 泵的流量　　$q_V=15\times10^{-3}\times3600=54(m^3/h)$

② 泵的压头。以真空表所在截面为 1—1′，以压力表所在截面为 2—2′，在 1—1′ 与 2—2′ 截面间列伯努利方程，以单位重量流体为基准：

$$H=z_2-z_1+\frac{p_2-p_1}{\rho g}+\frac{u_2^2-u_1^2}{2g}+\sum h_f$$

其中 $z_2-z_1=0.5m$；$p_2=2.55\times10^5$Pa（表）；$p_1=-2.67\times10^4$Pa（表），$\sum h_f\approx0$

$$u_1=\frac{4q_V}{\pi d_1^2}=\frac{4\times15\times10^{-3}}{\pi\times0.1^2}=1.91\ (\text{m/s})$$

$$u_2=u_1\left(\frac{d_1}{d_2}\right)^2=1.91\left(\frac{0.1}{0.08}\right)^2=2.98\ (\text{m/s})$$

故

$$H=0.5+\frac{2.98^2-1.91^2}{2\times9.81}+\frac{2.55\times10^5+2.67\times10^4}{1000\times9.81}=29.5\ (\text{m})$$

③ 轴功率　　$P=6.2\times0.93=5.77(\text{kW})$

④ 效率

$$\eta=\frac{Hq_V\rho}{102P_e}=\frac{29.5\times15\times10^{-3}\times1000}{102\times5.77}=75.2\%$$

故该泵主要性能为 q_V=54m³/h，H=29.5m，P=5.77kW，η=75.2%，n=2900r/min。

2. 离心泵的特性曲线

离心泵的有效压头 H、轴功率 P、效率 η 与流量 q_V 之间的关系曲线称为离心泵的特性曲线，如图 1-53 所示，其中以扬程和流量的关系最为重要。由于泵的特性曲线随泵转速而改变，故其数值通常是在额定转速和标准实验条件（大气压 101.325kPa，20℃清水）下测得。通常在泵的产品样本中附有泵的主要性能参数和特性曲线，供选泵和操作参考。

离心泵特性曲线的测定方法

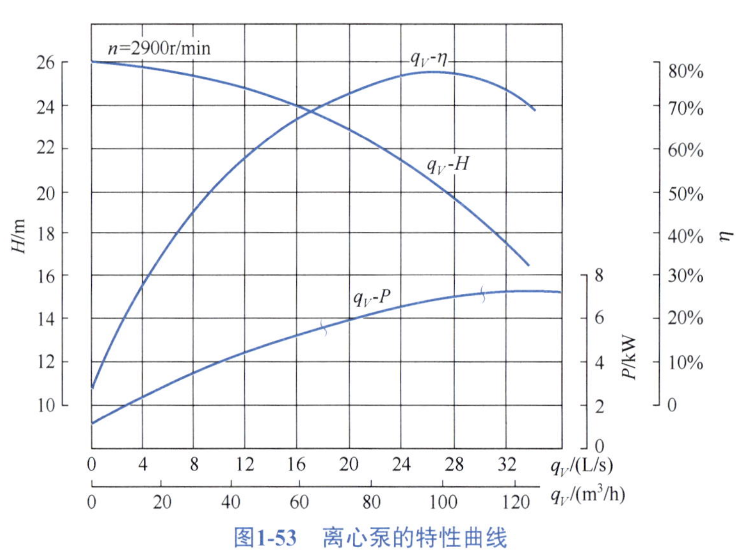

图1-53　离心泵的特性曲线

（1）q_V-H曲线　q_V-H曲线表示泵的扬程和流量的关系。曲线表明离心泵的扬程随流量的增大而下降。

（2）q_V-P曲线　q_V-P曲线表示泵的轴功率和流量的关系。曲线表明离心泵的轴功率随流量的增大而上升，当流量为零时轴功率最小。所以离心泵启动时，为了减小启动功率应使流量为零即将出口阀门关闭，以保护电机。待电机运转到额定转速后，再逐渐打开出口阀门。

（3）q_V-η曲线　q_V-η曲线表示泵的效率和流量的关系。曲线表明离心泵的效率随流量的增大而增大，当流量增大到一定值后，效率随流量的增大而下降，曲线存在一最高效率点即为设计点。对应于该点的各性能参数q_V、H和P称为最佳工况参数，即离心泵铭牌上标注的性能参数。根据生产任务选用离心泵时应尽可能使泵在最高效率点附近工作。

离心泵在与最高效率点相对应的 q_V 和 H 下工作最为经济，在选用离心泵时应使其在该点附近工作，一般规定一个工作范围，即最高效率的 92% 左右称为高效区。

3. 影响离心泵特性曲线的因素

生产厂家提供的离心泵特性曲线都是针对特定型号的泵，在一定的转速和常压下用常温水为工质测得的。而实际生产中所输送的液体是多种多样的，工作情况也有很大的不同，需要考虑密度、泵的转速和叶轮直径等与实验条件不同而对泵产生的影响。常需根据使用情况，对厂家提供的特性曲线进行重新换算。

流体密度与泵轴功率的关系

（1）密度的影响 离心泵的流量、压头均与液体的密度无关，效率也不随密度而改变，当被输送液体的密度发生改变时，q_V-H曲线和q_V-η曲线基本不变。但泵的轴功率与液体的密度成正比，此时原产品说明书上的q_V-P曲线已不再使用，泵的轴功率需按式（1-54）重新计算。

（2）液体黏度的影响 当被输送液体的黏度大于常温下清水的黏度时，由于叶轮、泵壳内流动阻力的增大，致使泵的压头、流量都要减小，效率下降，而轴功率增大，使泵的特性曲线均发生变化。一般当液体的运动黏度$\gamma>20\times10^{-6}\text{m}^2/\text{s}$时，离心泵的性能也应进行换算。

（3）离心泵转速的影响 对同一台离心泵，若叶轮尺寸不变，仅转速变化，其特性曲线也将发生变化。在转速变化小于20%时，流量、扬程及轴功率与转速间的近似关系可用比例定律进行计算，即

$$\frac{q_{V1}}{q_{V2}}\approx\frac{n_1}{n_2}\quad\frac{H_1}{H_2}\approx\left(\frac{n_1}{n_2}\right)^2\quad\frac{P_1}{P_2}\approx\left(\frac{n_1}{n_2}\right)^3\tag{1-55}$$

式中 q_{V1}，H_1，P_1——叶轮直径为n_1时泵的流量、扬程、轴功率；

q_{V2}，H_2，P_2——叶轮直径为n_2时泵的流量、扬程、轴功率。

（4）叶轮直径的影响 泵的制造厂或用户为了扩大离心泵的使用范围，除配有原型号的叶轮外，常备有外直径略小的叶轮，此种做法被称为离心泵叶轮的切割。当转速不变，若对同一型号的泵换用直径较小的叶轮，但不小于原直径的90%时，离心泵的流量、扬程及轴功率与叶轮直径之间的近似关系称为切割定律（叶轮直径变化＜20%）：

$$\frac{q_{V1}}{q_{V2}}\approx\frac{d_1}{d_2}\quad\frac{H_1}{H_2}\approx\left(\frac{d_1}{d_2}\right)^2\quad\frac{P_1}{P_2}\approx\left(\frac{d_1}{d_2}\right)^3\tag{1-56}$$

式中 q_{V1}，H_1，P_1——叶轮直径为d_1时泵的流量、扬程、轴功率；

q_{V2}，H_2，P_2——叶轮直径为d_2时泵的流量、扬程、轴功率；

d_1，d_2——原叶轮的外直径和变化后的外直径。

三、离心泵工作点的确定与流量调节

1. 离心泵工作点的确定

据离心泵特性曲线知，离心泵的工作运行范围很大，但实际工作时的运行状况要受管路制约，因为泵是安置在管路上工作的。因此要了解泵的工作状况，就必须了解管路的工作特性及其与泵特性之间的关系。

（1）管路的特性曲线 每种型号的离心泵在一定转速下，都有其自身固有的特性曲线。但当离心泵安装在特定管路系统操作时，实际的工作压头和流量不仅遵循泵特性曲线上两者的对应关系，而且还受管路特性所制约。

管路特性曲线表示流体通过某一特定管路所需要的压头与流量的关系。假定利用一台离心泵把水池中的水抽到水塔上去，如图1-54所示，水从吸水池流到上方水池的过程中，若两液面皆维持恒定，则流体流过管路所需要的压头为

$$H_e=\Delta z+\frac{\Delta p}{\rho g}+\frac{\Delta u^2}{2g}+\sum h_f$$

因为
$$\sum h_f=\lambda\left(\frac{l+\sum l_e}{d}\right)\left(\frac{u^2}{2g}\right)=\left(\frac{8\lambda}{\pi^2 g}\right)\left(\frac{l+\sum l_e}{d^5}\right)q_V^2$$

对于特定的管路，$\Delta z+\dfrac{\Delta p}{\rho g}$为固定值，与管路中的流体流量无关，管径不变，$u_1=u_2$、$\Delta u^2/2g=0$，令

$$A=\Delta z+\frac{\Delta p}{\rho g}\qquad B=\left(\frac{8\lambda}{\pi^2 g}\right)\left(\frac{l+\sum l_e}{d^5}\right)$$

所以上式可写成
$$H_e=A+Bq_V^2 \tag{1-57}$$

式（1-57）就是管路特性曲线方程。对于特定的管路，式中 A 是固定不变的，当阀门开度一定且流动为完全湍流时，B 也可看作是常数。将式（1-57）绘在 q_V-H 坐标图上，如图 1-55 所示，即为管路特性曲线，也为一抛物线形。管路特性曲线的形状由管路布局和流量等条件来确定，如图 1-55 中的管路曲线 1 和 2，而与离心泵的性能无关。

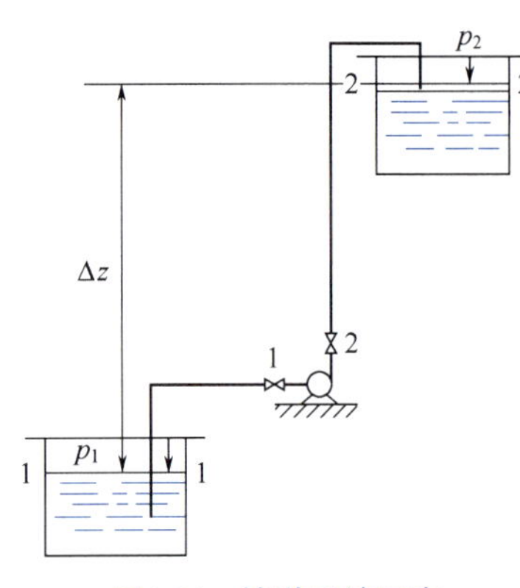

图1-54　输送系统示意

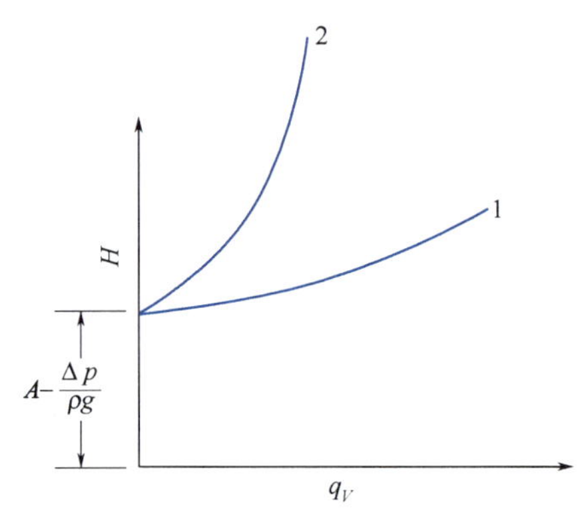

图1-55　管路的特性曲线

【例 1-19】用离心泵向密闭容器输送清水。贮槽和密闭容器内液面恒定，位差 20m。管路系统为中管径 ϕ114mm×4mm，管长（包括所有局部阻力的当量长度）150m，密闭容器内表压 9.81×10^{4}Pa，流动在阻力平方区，管道摩擦系数 0.016，输水量 45m^3/h。求：

① 管路特性方程；

② 泵的升扬高度与扬程；

③ 泵的轴功率（效率为 70%，水的密度 1000kg/m^3）。

解　① 管路特性方程。

$$A=\Delta z+\frac{\Delta p}{\rho g}=20+\frac{9.81\times10^4}{1000\times9.81}=30\ (\text{m})$$

$$B=\left(\frac{8\lambda}{\pi^2 g}\right)\left(\frac{l+\sum l_e}{d^5}\right)=\left(\frac{8\times0.016}{3.14^2\times9.81}\right)\left(\frac{150}{0.106^5}\right)$$
$$=1.48\times10^4\text{s}^2/\text{m}^5$$

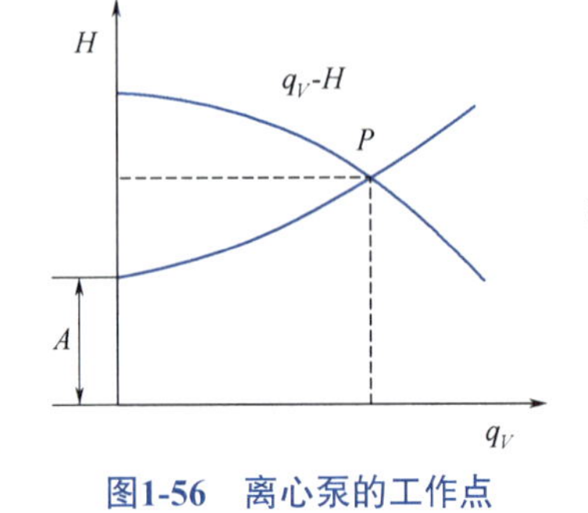

图1-56　离心泵的工作点

离心泵实际工作的流量和扬程

管路的特性曲线：$H_e=A+Bq_V^2=30+1.48\times10^4 q_V^2$

② 泵的升扬高度与扬程。泵的升扬高度即 Δz 值为 20m，泵的扬程由管路特性方程计算，即

$$H=30+1.48\times10^4 q_V^2=30+1.48\times10^4\left(\frac{45}{3600}\right)^2=32.3\ (\text{m})$$

③ 泵的轴功率。

$$P=\frac{Hq_V\rho}{102\eta}=\frac{32.3\times\left(\frac{45}{3600}\right)\times1000}{102\times0.7}=5.65\text{（kW）}$$

（2）离心泵的工作点　当离心泵安装在一管路中时，泵所提供的压头与流量，必然和管路所要求的压头与流量相一致才能工作，因此同时满足管路特性和泵特性的点称为泵的工作点。如图1-56所示，将泵的特性曲线和管路的特性曲线绘在同一图中，两曲线交点P称为离心泵在该管路上的工作点。

P 点表示了离心泵在特定管路中实际能输送的流量和提供的压头。该点对应的流量和扬程既能满足管路的特性曲线方程，又能满足泵的特性曲线方程。若泵在该点所对应的效率是在最高效率区，即为系统的理想工作点。

2. 离心泵流量调节

在实际生产的管路系统中，如果工作点的流量大于或小于所需要的输送量，应设法改变泵工作点的位置，即进行流量调节。流量调节的方法有两种：一是改变管路的特性；二是改变泵的特性。

工业上常用调节流量的方法

（1）改变管路特性曲线　常通过改变阀门开度来改变管路特性曲线即改变泵的工作点。方法是在泵出口管路上装一调节阀，改变阀门开度，将改变管路的局部阻力，从而使管路特性曲线发生变化，导致泵的工作点随之变化。若阀门开度减小时，阻力增大，管路特性曲线变陡，如图1-57（a）中的曲线所示，工作点由P移到P_1，相应的流量由q_V减小到q_{V1}；当开大阀门时，则局部阻力减小，工作点由P移至P_2，而流量由q_V增大到q_{V2}。

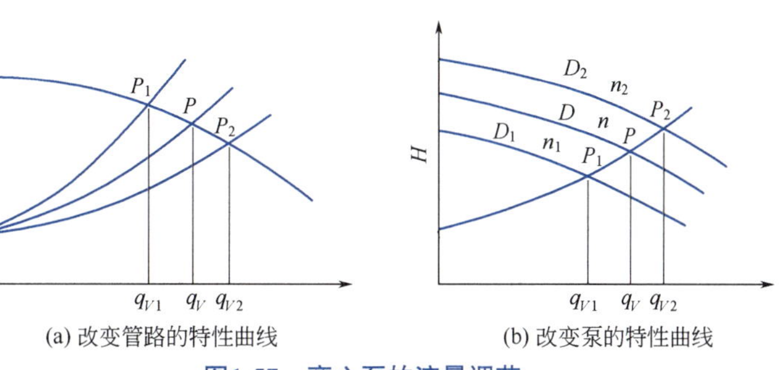

图1-57　离心泵的流量调节

由此可见，通过调节阀门开度可使流量在设置的最大和最小值之间变动。当阀门开度减小时，因流动阻力增加，需额外消耗部分能量，经济上不够合理。此外在流量调节幅度较大时离心泵往往工作在低效区，因此这种方法的经济性差。但这种调节方法快速简便、灵活，可以连续调节，故应用很广。

（2）改变泵的特性曲线　对于同一个离心泵，改变泵的转速和叶轮的直径可使泵的特性曲线发生改变，从而使工作点移动，这种方法不会额外增加管路阻力，并在一定范围内仍可使泵处在高效率区工作。

① 改变泵的直径。改变泵的直径实质是改变泵特性曲线。泵直径增加，泵特性曲线上移，工作点随之上移，流量增大。该法具有较经济、无额外能量损失等优点。缺点是流体调节范围有限、不方便，难以做到连续调节，调节不当会降低泵的效率，一般很少采用此方法。

② 改变泵的转速。改变泵的转速实质是改变泵的特性曲线。一般来说，改变泵转速显然比改变叶轮直径简便，且当叶轮直径变小时，泵和电机的效率也会降低，况且调节幅度也有限，所以常用改变转速来调节流量。如图1-57（b）所示，当转速减小到 n_1 时，工作点由 P 移到 P_1，流量就相应地由 q_V 减小到 q_{V1}；当转速 n 增大到 n_2 时，工作点由 P 移至 P_2，从而流量由 q_V 增大到 q_{V2}。

特别是近年来发展的变频无级调速装置，利用改变输入电机的电流频率来改变转速，调速平稳，也保证了较高的效率，是一种节能的调节手段，在化工生产中广泛应用，但价格较贵。

【例1-20】用离心泵将水库内的水送至灌溉渠，假设两液面恒定且位差12m。已知管路压头

损失 $h_f=0.5\times10^6 q_V^2$，特定转速下泵特性方程为 $H=26-0.4\times10^6 q_V^2$（q_V 单位均为 m^3/s），求每天送水量。

解

$$\left.\begin{aligned}&\text{管路特性方程}\ H_e=A+\sum h_f=\Delta z+\frac{\Delta p}{\rho g}+\sum h_f\\&\qquad=12+0+0.5\times10^6 q_V^2\\&\text{泵特性方程}\ H=26-0.4\times10^6 q_V^2\end{aligned}\right\}\Rightarrow q_V=3.94\times10^{-3}\text{m}^3/\text{s}$$

故日送水量 $$q_V=24\times3600\times3.94\times10^{-3}=340.4\ (\text{m}^3/\text{d})$$

【例 1-21】在一化工生产车间，要求用离心泵将冷却水从贮水池经换热器送到一敞口高位槽中。已知高位槽中的液面比贮水池中的液面高出 10m，管路总长为 400m（包括所有局部阻力的当量长度）。管内径为 75mm，换热器的压头损失为 $32u_2/2g$，摩擦系数可取为 0.03。此离心泵在转速为 2900r/min 时的性能如下表所示：

q_V/(m^3/s)	0	0.001	0.002	0.003	0.004	0.005	0.006	0.007	0.008
H/m	26	25.5	24.5	23	21	18.5	15.5	12	8.5

试求：①管路特性方程；②泵工作点的流量与压头。

解 ① 管路特性曲线方程

$$H_e=\frac{\Delta p}{\rho g}+\Delta z+\frac{1}{2g}\Delta u^2+\sum h_f=\Delta z+\sum h_f$$

$$=\Delta z+\lambda\frac{l+\sum l_e}{d}\times\frac{u^2}{2g}+h_f=\Delta z+\left(\lambda\frac{l+\sum l_e}{d}+32\right)\frac{u^2}{2g}$$

$$H_e=10+\left(0.03\times\frac{400}{0.075}+32\right)\frac{1}{2\times9.81}\times\left(\frac{q_V}{0.785\times0.075^2}\right)^2$$

$$=10+5.019\times10^5 q_V^2$$

② 在坐标纸中绘出泵的特性曲线及管路特性曲线的工作点如附图所示。

$$q_V=0.0045\text{m}^3/\text{s}\quad H=20.17\text{m}$$

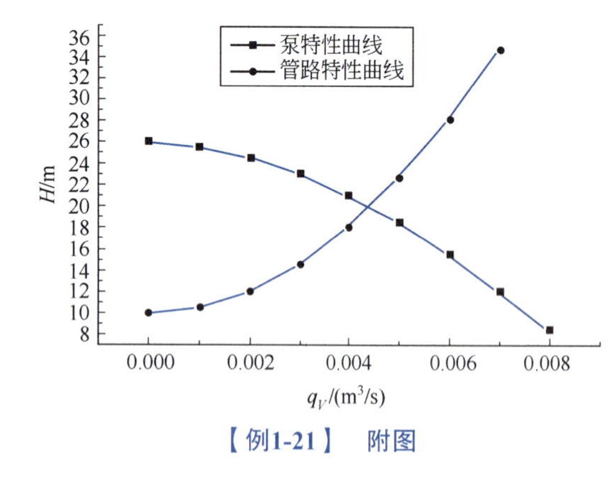

【例1-21】 附图

四、离心泵的汽蚀现象与安装高度

离心泵汽蚀的原因及危害

离心泵在管路系统中安装位置是否合适，将会影响泵的运行及使用，若泵的安装高度不合适，将会发生汽蚀现象。

1. 离心泵的汽蚀现象

(1) 液体的饱和蒸气压 将一定温度下与液体成平衡的蒸气称为该温度下液体的饱和蒸气。将一定温度下与液体成平衡的饱和蒸气的压力称为该温度下液体的饱和蒸气压，简称蒸气压。

饱和蒸气压是液体的一种属性，它是温度的函数，随着温度的升高，液体的饱和蒸气压急剧增大。在一定温度下，当蒸气的压力等于该温度下液体的饱和蒸气压时，蒸气与液体处于平衡状态。若蒸气的压力大于饱和蒸气压（此时的蒸气称为过饱和蒸气）时，将有蒸气凝结成液体，直到蒸气的压力降到饱和蒸气压达到新的平衡为止。若蒸气的压力小于饱和蒸气压（此时的蒸气称为不饱和蒸气）时，液体将蒸发成蒸气。与液体类似，固体也存在着饱和蒸气压。固体升华成蒸气、蒸气凝华成固体的现象与液体蒸发成蒸气、蒸气凝结成液体的现象是类似的，这里不再介绍。

（2）汽蚀现象　离心泵通过旋转的叶轮对液体做功，使液体机械能增加，液体在随叶轮的转动过程中，液体的速度和压强是变化的。通常在叶轮入口处压强最低，压强愈低愈容易吸液。但是当该处压强小于或等于输送温度下液体的饱和蒸气压时（$p \leq p_V$）液体将部分汽化，形成大量的蒸气泡。这些气泡随液体进入叶轮后，由于压强的升高将使气泡内蒸气急剧凝结，气泡破裂消失时将产生局部真空，使周围的液体以极高的速度涌向原气泡处，产生相当大的冲击力，致使金属表面受到冲击而受到破坏。由于气泡产生、凝结而使泵体、叶轮腐蚀损坏加快的现象，称为汽蚀。

（3）汽蚀的危害　当离心泵的汽蚀现象发生时，将使泵体振动发出噪声；金属材料损坏加快，寿命缩短；泵的流量、压头等下降。严重时甚至出现断流，不能正常工作。为避免汽蚀现象发生，必须在操作中保证泵入口处的压强大于输送条件下液体的饱和蒸气压，这就要求泵的安装高度不能太高，我国离心泵标准中，常采用允许汽蚀余量对泵的汽蚀现象加以控制。

2. 离心泵的最大安装高度

（1）允许汽蚀余量$\Delta h_{允}$　离心泵的吸液管路如图1-58所示，泵的吸液作用是依靠压差克服贮槽的液面0—0′和泵入口截面1—1′之间的势能差实现的，即泵的吸入口附近为低压区。当p_a一定，若向上吸液的高度H_g越高、流量越大，吸入管路的各种阻力越大，则p_1就越小，但在离心泵操作中，p_1值下降是有限度的，确切地说，当$p_1 < p_V$时就会发生汽蚀现象。

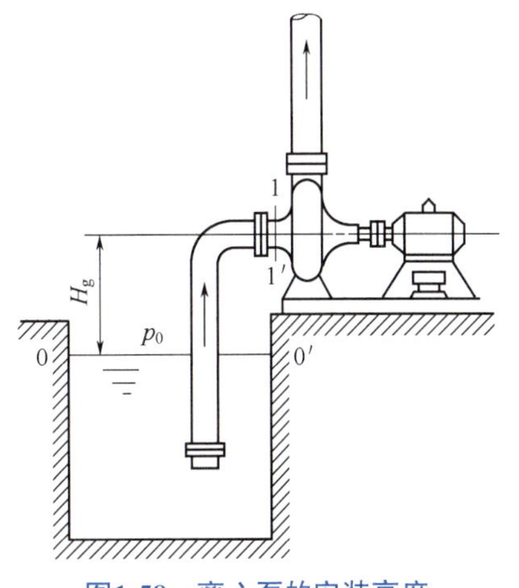

图1-58　离心泵的安装高度

离心泵的安装方式

离心泵的汽蚀余量为离心泵入口处的静压头与动压头之和必须大于被输送液体在操作温度下的饱和蒸气压头之值，用 $\Delta h_{允}$表示为

$$\Delta h_{允}=\left(\frac{p_1}{\rho g}+\frac{u_1^2}{2g}\right)-\frac{p_V}{\rho g} \tag{1-58}$$

式中　p_1——泵吸入口处的绝对压强，Pa;

u_1——泵吸入口处的液体流速，m/s；

p_V——输送液体在工作温度下的饱和蒸气压，Pa；

ρ——液体的密度，kg/m^3。

能保证不发生汽蚀的最小 Δh 值，称为允许汽蚀余量 $\Delta h_{允}$。离心泵允许汽蚀余量亦为泵的性能，其值通过实验测定，标示在泵样本、性能图或汽蚀性能图中。实验条件为20℃的清水，一般不用校正。

（2）最大安装高度　离心泵最大安装高度是指泵的吸入口高于贮槽液面最大允许的垂直高度，用H_{gmax}表示。如图1-58所示，在贮槽液面0—0′和泵入口1—1′截面间列伯努利方程

$$z_0+\frac{p_0}{\rho g}+\frac{u_0^2}{2g}=z_1+\frac{p_1}{\rho g}+\frac{u_1^2}{2g}+h_{f0-1}$$

将 $H_g=z_1-z_0$，$u_0\approx 0$，及式（1-58）代入上式

$$H_{gmax}=\frac{p_0}{\rho g}-\frac{p_V}{\rho g}-\Delta h_{允}-h_{f0-1} \tag{1-59}$$

式中　h_{f0-1}——吸入管路的压头损失，m;

H_{gmax}——泵的允许安装高度，m；

p_0——贮槽液面上方的压强，Pa（贮槽敞口时，$p_0=p_a$，p_a 为当地大气压强）；

u_1——泵入口处液体流速（按操作流量计），m/s。

式（1-59）即为泵的最大安装高度。

特别提示：为了保证泵的安全操作不发生汽蚀，泵的实际安装高度H_g必须低于或等于H_{gmax}，否则在操作时，将有发生汽蚀的危险。

【例 1-22】某台离心水泵，从样本上查得汽蚀余量 $\Delta h_{允}$为 2.5m（水柱）。现用此泵输送敞口水槽中 40℃清水，若泵吸入口距水面以上 5m 高度处，吸入管路的压头损失为 1m（水柱），当地环境大气压力为 0.1MPa。

试求：①该泵的安装高度是否合适？②若水槽改为封闭，槽内水面上压力为 30kPa，将水槽提高到距泵入口以上 5m 高处，是否可以用？

解　① 查附录七 40℃水的饱和水蒸气压 p_V=7.377kPa，密度 ρ=992.2kg/m^3。

已知 p_0=100kPa，h_{f0-1}=1m（水柱），$\Delta h_{允}$=2.5m（水柱）。

代入式（1-59）中，可得泵的最大安装高度为

$$H_{gmax}=\frac{p_0}{\rho g}-\frac{p_V}{\rho g}-\Delta h_{允}-h_{f0-1}$$

$$=\frac{(100-7.377)\times10^3}{992.2\times9.81}-2.5-1=6.01(\text{m})$$

实际安装高度 H_g=5m，小于 6.01m，故合适。

② $$H_{gmax}=\frac{p_0}{\rho g}-\frac{p_V}{\rho g}-\Delta h_{允}-h_{f0-1}=\frac{(30-7.377)\times10^3}{992.2\times9.81}-2.5-1=-1.18(\text{m})$$

以槽内水面为基准，泵的实际安装高度 H_g=−5m，小于 −1.18m，故合适。

【例 1-23】用一台 IS80-50-250 型离心泵（性能参数见下表）从一敞口水池向外输送 35℃的水，水池水位恒定，流量为 50m^3/h，进水管路总阻力为 1mH$_2$O。已知 35℃水的饱和蒸气压 p_V 为 5.8×10^{3}Pa，密度为 993.7kg/m^3，当地大气压强为 9.82×10^{4}Pa。求此泵可装于距液面多高处？如果水温变为 80℃时，进口管的总阻力增至 3mH$_2$O 时，又怎样安装此泵？

IS80-50-250型离心泵的性能参数（2900r/min）

流量 /（m^3/h）	扬程 /m	轴功率 /kW	效率 /%	$\Delta h_{允}$/m
50	80	17.3	63	2.8

解　① 输送 35℃水时，p_0=9.82×10^{4}Pa，p_V=5.8×10^{3}Pa，ρ=993.7kg/m^3，h_{f0-1}=1mH$_2$O，根据式（1-59）得泵的最大安装高度为

$$H_{gmax}=\frac{p_0}{\rho g}-\frac{p_V}{\rho g}-\Delta h_{允}-h_{f0-1}$$

$$=\frac{9.82\times10^4}{993.7\times9.81}-\frac{0.58\times10^4}{993.7\times9.81}-2.8-1=5.68\ (\text{m})$$

② 输送 80℃水时，p_0=9.82×10^{4}Pa，h_{f0-1}=3mH$_2$O，再查附录七可知，p_V=4.74×10^{4}Pa，ρ=971.8kg/m^3，再根据式（1-59）得泵的最大安装高度为

$$H_{gmax}=\frac{p_0}{\rho g}-\frac{p_V}{\rho g}-\Delta h_{允}-h_{f0-1}$$

$$=\frac{9.82\times10^4}{971.8\times9.81}-\frac{4.74\times10^4}{971.8\times9.81}-2.8-3=-0.47(\text{m})$$

输送 80℃水时 H_g 为负值，说明此种情况下泵入口只能位于贮液槽的液面以下才能避免汽蚀。

五、离心泵的组合操作

在实际生产中，当单台泵不能满足输送任务所要求的流量和压头时，可采用数台离心泵组合使用，组合方式通常有两种，即并联和串联。下面以两台性能完全相同的离心泵讨论其组合后的特性及其运行状况。

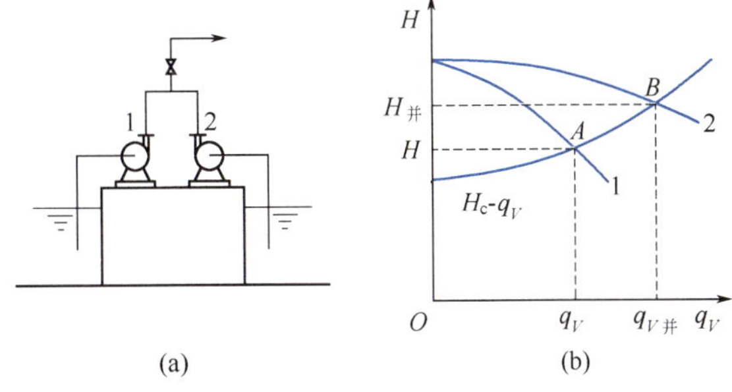

图1-59　离心泵的并联操作

1. 离心泵的并联组合

当单台泵达不到流量要求时，采用并联组合。两台泵并联操作的流程如图 1-59（a）所示。设两台离心泵型号相同，并且各自的吸入管路也相同，则两台泵的流量和压头必相同。因此，两台相同的离心泵并联，理论上讲在同样的压头下，其提供的流量应为单泵的两倍。因而依据单泵特性曲线 1 上一系列点，保持纵坐标（H）不变，使横坐标（q_V）加倍，绘出两泵并联后的特性曲线 2，如图 1-59（b）中曲线 2。图中，单台泵的工作点为 A，并联后的工作点为 B。

并联泵的实际流量和压头由工作点决定，由图 1-59（b）知，并联后压头有所增加，但由于受管路特性曲线制约，管路阻力增大，两台泵并联的总输送量小于原单泵输送量的两倍（生产中三台以上泵的并联不多）。

2. 离心泵的串联组合

当单台泵达不到压头要求时，采用串联组合，如图 1-60（a）所示。两台完全相同的离心泵串联，从理论上讲，在同样的流量下，其提供的压头应为单泵的两倍。因而依据单泵特性曲线 1 上一系列坐标点，保持横坐标（q_V）不变，使纵坐标（H）加倍，绘出两泵串联后的合成特性曲线 2，如图 1-60（b）中曲线 2 所示。

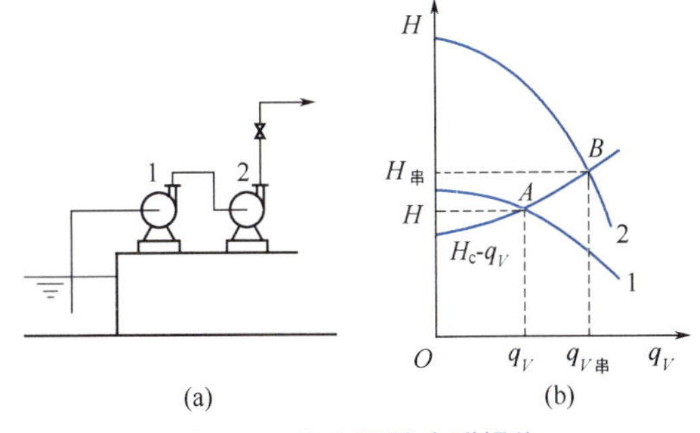

图1-60　离心泵的串联操作

由图 1-60（b）可知，串联泵的操作流量和压头由工作点决定，串联后流量亦有所增加，但两台泵串联的总压头小于原单泵压头的两倍。

特别提示： 上述泵的并联与串联操作，虽可以增大流量和压头以适应管路的需求，但一般来说，其操作要比单台泵复杂，所以通常并不随意采用。多台泵串联，相当于一台多级离心泵，而多级离心泵比多台泵串联，结构要紧凑，安装维修更方便，故当需要时，应尽可能使用多级离心泵。双吸泵相当于两台泵的并联，也宜采用双吸泵代替两泵的并联操作。

【例 1-24】用两台泵向高位槽送水，单泵的特性曲线方程为 $H=25-1\times10^6q_V^2$，管路特性曲线方程为 $H_e=10+1\times10^5q_V^2$（两式中 q_V 的单位均为 m^3/s，H、H_e 的单位为 m）。求：两泵并、串联时的流量及压头。

解　① 单泵 $\begin{cases} H=25-1\times10^6 q_V^2 \\ H_e=10+1\times10^5 q_V^2 \end{cases}$

联立　$$25-1\times10^6q_V^2=10+1\times10^5q_V^2$$

解得　$$q_V=3.69\times10^{-3}\text{m}^3/\text{s}\quad H=11.36\text{m}$$

② 并联时，H 不变，$q'_V=2q_V$，即每台泵流量 q_V 为管中流量 q'_V 的 1/2

故　$$25-1\times10^6\left(\frac{1}{2}q'_V\right)^2=10+1\times10^5q'^2_V$$

故　$$q'_V=6.55\times10^{-3}\text{m}^3/\text{s},\ H'=14.29\text{m}$$

③ 串联时，$H''=2H$，$q''_V=q_V$，$H=\dfrac{1}{2}H''$

即每台泵提供的压头仅为管路压头的 1/2，故泵特性曲线方程为

$$2(25-1\times10^6)q''^2_V=10+1\times10^5q''^2_V$$

故
$$q''_V=4.36\times10^{-3}\text{m}^3/\text{s}，H'=11.9\text{m}$$

六、离心泵的类型及选择

1. 离心泵的类型

实际生产过程中，由于被输送液体的性质相差悬殊，对流量和扬程的要求千变万化，为了适应实际需要，因而设计和制造出的离心泵种类繁多。离心泵分类方式如下。

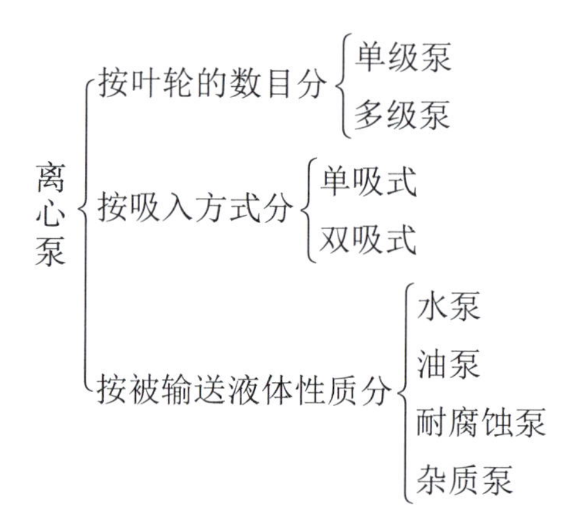

各种类型的泵按其结构特性各成为一个系列，每个系列中各有不同的规格，用不同的字母和数字加以区别。

(1) 水泵　用于输送工业用水，锅炉给水，地下水及物理、化学性质与水相近的清洁液体。

① IS 型离心水泵。当压头不太高，流量不太大时，采用单级单吸悬臂式离心泵，系列代号 IS，泵壳和泵盖采用铸铁制成，扬程为 8～98m，流量为 4.5～360m^3/h。

例如 IS50-32-250：

50——泵吸入口直径，mm；

32——泵排出口直径，mm；

250——泵叶轮的名义尺寸，mm。

② D 型水泵。当压头较高，流量不太大时采用多级泵，系列代号 D。叶轮一般 2～9 个，多达 12 个。扬程为 14～351m，流量为 10.8～850m^3/h，如图 1-61 所示。其型号如 100D45×4，其中 100 表示吸入口的直径为 100mm，45 表示每一级的扬程为 45m，4 为泵的级数。

1.14 多级离心泵的工作原理

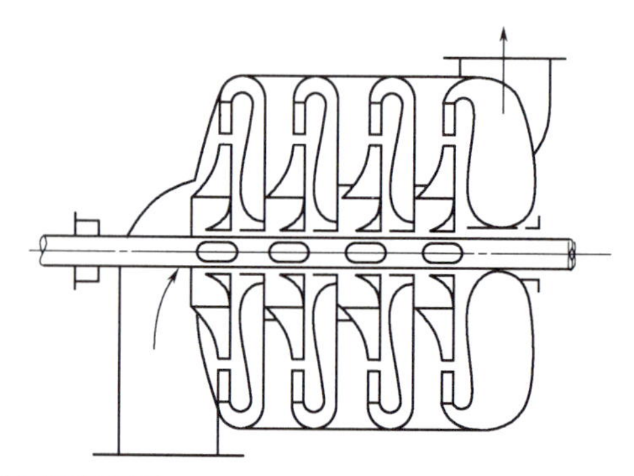

图1-61　D型单吸多级离心泵

③ S 型水泵。当要求的流量很大时，可采用双吸式离心泵。其系列代号为 S 型、SH 型，但 S 型泵是 SH 型泵的更新产品，其工作性能比 SH 型泵优越、效率和扬程均有提高。S 型泵的型号如 100S90A，其中，100 表示吸入口的直径为 100mm，90 表示设计点的扬程为 90m，A 指泵的叶轮经过一次切割。

(2) 油泵 用于输送具有易燃易爆的石油化工产品的泵称为油泵，油泵分单吸和双吸两种，系列号分别为“Y”和“YS”。由于油品易燃易爆，因此要求油泵具有良好的密封性能。当输送200℃以上的热油时，还需有冷却装置，一般在热油泵的轴封装置和轴承处均装有冷却水夹套，运转时通冷水冷却。其扬程范围为60～603m，流量为6.25～500m^3/h。

(3) 耐腐蚀泵 耐腐蚀泵是用于输送酸、碱、盐等腐蚀性液体的泵，系列代号F。所有与液体接触的部件均用防腐材料制造，其轴封装置多采用机械密封。其特点是采用不同耐腐蚀材料制造或衬里，密封性能好。

F 型泵的型号中在 F 之后加上材料代号，如 80FS24，其中，80 表示吸入口的直径为 80mm，S 为材料聚三氟氯乙烯塑料的代号，24 表示设计点的扬程为 24m，其他材料代号可查有关手册。注意，用玻璃、陶瓷和橡胶等材料制造的小型耐腐蚀泵，不在 F 泵的系列之中。

(4) 杂质泵 在环境保护的实际工作中，经常会输送含有固体杂质的污液，需要使用杂质泵，此类泵大多采用敞开式叶轮或半闭式叶轮，流道宽，叶片少，用耐磨材料制造，在某些使用场合采用可移动式而不固定。

为了适应各类介质输送的需要，杂质泵类型很多，根据其具体用途分为污水泵 PW、砂泵 PS、泥浆泵 PN 等，可根据需要选择。

(5) 磁力泵 磁力泵是一种高效节能的特种离心泵，其结构特点是通过一对永久磁性联轴器将电机力矩透过隔板和气隙传递给一个密封容器，带动叶轮旋转。其特点是没有轴封、不泄漏、转动时无摩擦，因此安全节能。特别适合输送不含固体颗粒的酸、碱、盐溶液；易燃、易爆液体；挥发性液体和有毒液体等。磁力泵的系列代号为C，全系列流量范围为0.1～100m^3/h，扬程为1.2～100m。

除以上介绍的这些泵外，还有用于汲取地下水的深井泵，用于输送液化气体的低温泵，用于输送易燃、易爆、剧毒及具有放射性液体的屏蔽泵，安装在液体中的液下泵等。在此不一一介绍，使用时可参阅有关专书业书籍，也可以在网上查各生产厂家的产品介绍。

2. 离心泵选择

离心泵的类型很多，国家已经汇总了各类泵的样本及产品说明书，必须根据生产任务进行合理选用，选用步骤如下。

① 根据输送液体性质以及操作条件来选定泵类型。

② 确定输送系统的流量和压头。一般液体的输送量由生产任务决定。如果流量在一定范围内变化，应根据最大流量选泵，并根据情况计算最大流量下的管路所需的压头（根据管路条件，利用伯努利方程求 H_e）。

③ 根据 H_e、q_V 查泵样本表或产品目录中性能曲线或性能表，确定泵规格。

④ 校核轴功率。若输送液体的密度大于水的密度，则要用式（1-54）重新核算泵的轴功率，以选择合适的电机。

【例 1-25】 现有一送水任务，流量为 100m^3/h，需要压头为 76m。现有一台型号为 IS125-100-250 的离心泵，其铭牌上的流量为 120m^3/h，扬程为 87m。问：

① 此泵能否用来完成这一任务？

② 如果输送的是含有杂质的城市污水，是否可以用此泵完成输送任务？

解 ① IS 型泵是单级单吸水泵，主要用来输送水及与水性质相似的液体，本任务是输送水，因此可以作为备选泵。又因为此离心泵的流量与扬程分别大于任务需要的流量与扬程，因此可以完成输送任务。

使用时，可以根据铭牌上的功率选用电机，因为介质为水，故不需校核轴功率。

② 如果被输送介质为城市污水，则不可以用 IS125-100-250 离心泵，因为污水中杂质的存在会造成该泵的堵塞或磨损，应该按选泵程序在污水泵中选取一合适型号的泵。

【例 1-26】 用离心泵从敞口贮槽向密闭高位容器输送稀酸溶液，两液面位差为 20m，容器液面上压力表的读数为 49.1kPa。泵的吸入管和排出管均为内径为 50mm 的不锈钢管，管路总长度为 86m（包括所有局部阻力当量长度），液体在管内的摩擦系数为 0.023。要求酸液的流量 $12m^3/h$，其密度为 $1350kg/m^3$。试选择适宜型号的离心泵。

解　稀酸具腐蚀性，故选 F 型离心泵。

选型号。流量已知，压头计算如下：

$$u_2=\frac{q_V}{A}=\frac{12}{3600\times\dfrac{\pi\times0.05^2}{4}}=1.698\ (\mathrm{m/s})$$

$$\sum h_f=\lambda\frac{l+\sum l_e}{d}\times\frac{u_2^2}{2g}=0.023\times\frac{86}{0.05}\times\frac{1.698^2}{2\times9.81}=5.81\ (\mathrm{m})$$

在敞口贮槽液面与密闭容器液面之间列伯努利方程：

$$H_e=\Delta z+\frac{\Delta u^2}{2g}+\frac{\Delta p}{\rho g}+\sum h_f=20+\frac{49.1\times10^3}{1350\times9.81}+0+5.81=29.52\ (\mathrm{m})$$

据 $q_V=12m^3/h$ 及 $H_e=29.52m$，查附录二十选取 50F-40A 型耐腐蚀离心泵。有关性能参数为：

$$q_V=13.1m^3/h,\quad H_e=32.5m,\quad P=2.64kW,\quad \eta=44\%,\quad n=2900r/min,\quad \Delta h=4m$$

因酸液密度大于水密度，故需校核的泵轴功率为

$$P=\frac{Hq_V\rho}{102\eta}=\frac{29.52\times12\times1350}{3600\times102\times0.44}=2.96\ (\mathrm{kW})>2.54\ (\mathrm{kW})$$

虽然实际输送所需轴功率较大，但所配电机功率为 4kW，故尚可维持正常操作。

七、离心泵的安装、操作及维护

离心泵出厂时，说明书对泵的安装与使用均做了详细说明，在安装使用前必须认真阅读。下面仅对离心泵的安装使用作简要说明。

1. 离心泵的安装

离心泵操作、运转注意事项

① 应尽量将泵安装在靠近水源，干燥明亮的场所，以便于检修。

② 应有坚实的基础，以避免振动。通常用混凝土地基，地脚螺栓连接。

③ 泵轴与电机转轴应严格保持水平，以确保运转正常，提高寿命。

④ 安装高度要严格控制，以免发生汽蚀现象。泵的实际安装高度应低于允许最大安装高度值。

⑤ 应当尽量缩短吸入管路的长度和减少其中的管件，泵吸入管的直径通常均大于或等于泵入口直径，以减小吸入管路的阻力。

⑥ 往高位或高压区输送液体的泵，在泵出口应设置止逆阀，以防止突然停泵时大量液体从高压区倒冲回泵造成水锤而破坏泵体。

⑦ 在吸入管径大于泵的吸入口径时，变径连接处要避免存气，以免发生气缚现象。

2. 离心泵的开、停车操作

（1）离心泵启动前的安全检查与准备工作

① 确认泵座、护罩牢固；

② 手动盘车，转动灵活，无摩擦声；

③ 检查油位和冷却水是否正常；
④ 确认槽内液位正常，打开泵的入口阀；
⑤ 对泵进行排气处理；
⑥ 确认压力表根部阀打开；
⑦ 打开泵的冲洗、密封水。

（2）开车操作

① 通知电气操作人员送电，启动泵，观察泵的转向无误；
② 待泵出口压力升压后，缓慢打开泵的出口阀，调整压力达到设计指标；
③ 运行 5min，待泵无异常现象方准离开，并记录开泵。

（3）停车操作

① 关闭泵出口阀；
② 按下停泵按钮；
③ 关泵入口阀；
④ 排净泵内液体，关闭导淋阀；
⑤ 关闭密封水上水阀；
⑥ 在寒冷地区，短时停车要采取保温措施，长期停车必须排净泵内及冷却系统内的液体，以免冻结胀坏系统。

（4）倒泵操作 按开泵步骤开启备用泵，泵运行正常后，缓慢打开备用泵出口阀，同时缓慢关闭运行泵的出口阀，应注意两人密切协调配合，防止流量大幅波动，待运行泵出口阀全关后，备用泵一切指标正常，按下运行泵的停车按钮，关闭运行泵的进口阀，排净泵内液体，交付检修或备用。

倒泵操作注意事项

（5）紧急停车操作 无论何种类型的泵，有下列情况之一时，必须紧急停车：

① 泵内发生严重异常声响；
② 泵突然发生剧烈振动；
③ 泵流量下降；
④ 轴承温度突然上升，超过规定值；
⑤ 电流超过额定值持续不降。

3. 离心泵的维护

① 检查泵进口阀前的过滤器的滤网是否破损，如有破损应及时更换，以免焊渣等颗粒进入泵体，定时清洗滤网。

② 泵壳及叶轮进行解体、清洗重新组装。调整好叶轮与泵壳间隙。叶轮有损坏及腐蚀情况的应分析原因并及时做出处理。

③ 清洗轴封、轴套系统。更换润滑油，以保持良好的润滑状态。

④ 及时更换填料密封的填料，并调节至合适的松紧度。采用机械密封的应及时更换动环和密封液。

⑤ 检查电机。长期停车后，再开工前应对电机进行干燥处理。

⑥ 检查现场及遥控的一、二次仪表的指示是否正确及灵活好用，对失灵的仪表及部件进行维修或更换。

⑦ 检查泵的进、出口阀的阀体是否有因磨损而发生内漏等情况，如有内漏应及时更换阀门。

⑧ 在任何情况下都要避免泵内无液体的干转现象，以避免干摩擦，造成零部件损坏。

八、离心泵常见故障及处理措施

离心泵常见故障及处理措施见表 1-11。

离心泵常见故障及处理措施

表1-11　离心泵常见故障及处理措施

常见故障	原因分析	处理方法
泵打不起压	①泵内有空气 ②旋转方向不对 ③入口压头过低	①排气 ②调整旋转方向 ③降低安装高度
流量不足	①吸入式排出阻力过大 ②叶轮阻塞 ③泵漏气	①疏通吸入排出管 ②清理叶轮 ③加强泵体密封
电流过大	①填料压得过紧 ②流量过大 ③轴承损坏	①松填料压盖 ②减小流量 ③更换轴承
轴承过热	①泵与电机轴承不同心 ②轴承缺油 ③转速过高 ④流量过大 ⑤断冷却水	①调整同心度 ②补油 ③降低转速 ④减少流量 ⑤加冷却水
泵体振动	①地脚螺栓松动 ②泵与电机轴承不同心 ③泵汽蚀 ④叶轮损坏严重	①拧紧地脚螺栓 ②调整同心度 ③降低物料温度 ④更换叶轮
流量波动	①入口滤网不畅 ②介质温度太高 ③槽液位太低	①清理滤网 ②降低介质温度 ③向槽内补液或停泵
泵内异常响声	①泵内有异物 ②汽蚀 ③泵漏气	①拆检，清理异物 ②降低介质温度 ③加强密封

1.15 往复泵及其他化工用泵

任务七

往复泵的操作与维护

往复泵是活塞泵、柱塞泵和隔膜泵的总称。属于应用较广泛的容积式泵，即正位移泵，它是利用活塞的往复运动，将能量传递给液体以达到吸入和排出液体的目的。

一、往复泵结构与工作原理

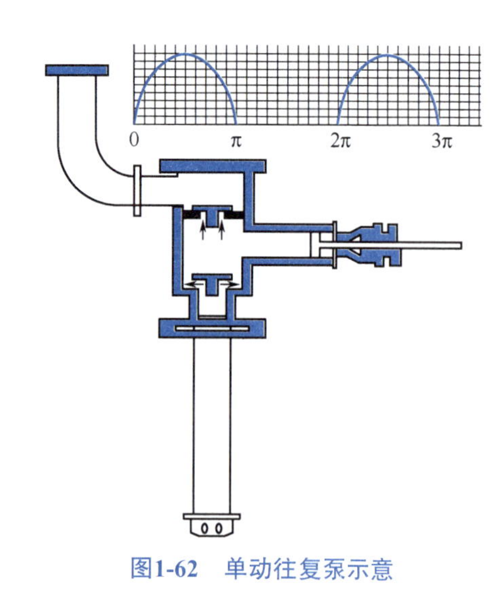

图1-62　单动往复泵示意

1. 往复泵结构

往复泵是依靠往复运动的活塞来改变工作室的容积，并依次开启吸入阀和排出阀，从而吸入和排出液体的机械。它由活塞、泵缸、工作室、阀、原动机和管路输送系统等组成，如图1-62所示。

2. 往复泵的工作原理

往复泵的工作原理它可分为吸入和排出两个过程。

(1) 吸入过程　当活塞从泵缸左端向右端移动时，泵缸内工作室的容积逐渐增大，同时压强降低，排出阀紧闭，贮槽的液体在大气压力作用下顶开吸入阀沿吸入管进入工作室，直至活塞移动到最右端，泵缸内充满液体。

(2) 排出过程　当活塞往左移动时，工作室内液体受到挤压，压强逐渐增高，顶开排出阀从排出管排出，直到活塞移动到最左端，泵缸内液体被全部排出。

活塞不断地作往复运动，泵就不断地输送液体。在一次工作循环中，吸液和排液各交替进行一次，其液体的输送是不连续的，活塞往复非等速，故流量有起伏。活塞由一端至另一端的距离为活塞的行程或冲程。

二、往复泵的类型及特性

1. 往复泵的类型

往复泵按照作用方式的不同可分为以下几种。

(1) 单动往复泵　如图1-62所示，活塞往复一次，吸液和排液各完成一次，其瞬时流量不均匀，形成了不连续的单动泵流量曲线。

(2) 双动往复泵　其主要构造和原理如图1-63所示，与单动往复泵相似，但活塞两侧均设有吸入和排出阀，活塞往复一次，吸液和排液各两次，即活塞无论向哪一方向移动，都能同时进行吸液和排液，流量连续，但仍有起伏。

(3) 三联泵　用三台单动往复泵连接在同一根曲轴的三个曲柄上，各台泵活塞运动的相位差为$2\pi/3$，分别推动三个缸的活塞，如图1-64所示。曲轴每转一周，三个泵缸分别进行一次吸液和排液，联合起来就有三次吸液和排液，改善了流量的均匀程度。

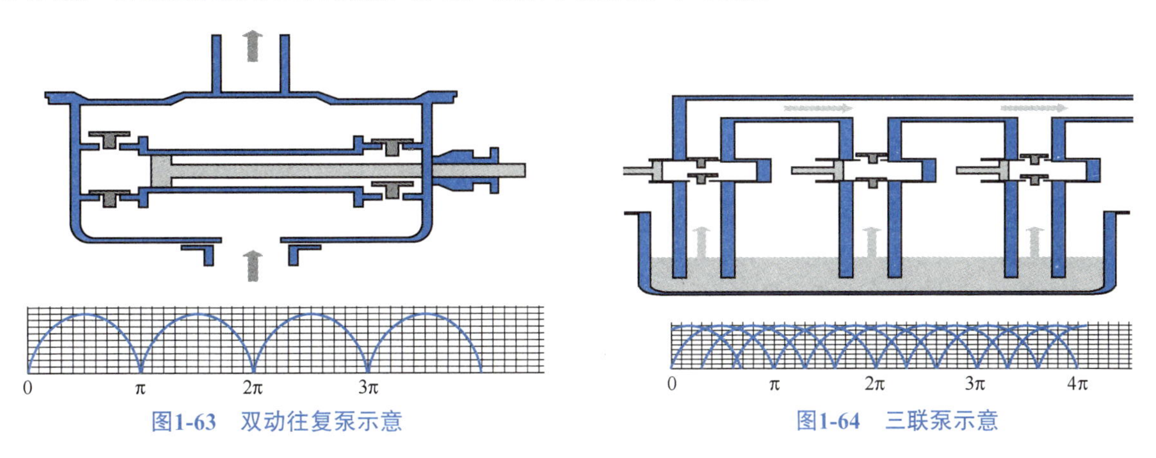

图1-63　双动往复泵示意　　　图1-64　三联泵示意

2. 往复泵的特性

往复泵的流量由活塞扫过的体积所决定，而扬程的大小与流量以及泵的几何尺寸无关，仅取决于管路特性，这种性质为正位移特性，具有这种特性的泵统称正位移泵。往复泵为正位移泵之一，正位移泵没有离心泵那样的特性曲线。流量不均匀是往复泵的严重缺点，不能用于某些对流量均匀性要求较高的场合，由于管路中的液体处于变速运动状态，不但增加了能量损失，且易产生冲击，造成水锤现象，并会降低泵的吸入能力。

1.16 三联泵工作原理

往复泵的安装高度与离心泵一样，与安装地区大气压、输送液体的性质以及温度有关，也有一定的限制。应按照泵性能和实际的操作条件确定其实际安装高度。但由于往复泵为正位移泵，有自吸能力，泵启动前不需要灌液，但启动前最好灌泵，以缩短启动过程。

三、往复泵的流量调节

由于往复泵属于正位移泵，其流量与管路特性无关，安装调节阀不但不能改变流量，而且还会造成危险，一旦出口阀门完全关闭，泵缸内的压强将急剧上升，导致机件破损或电机烧毁，所

往复泵流量调节常用方法

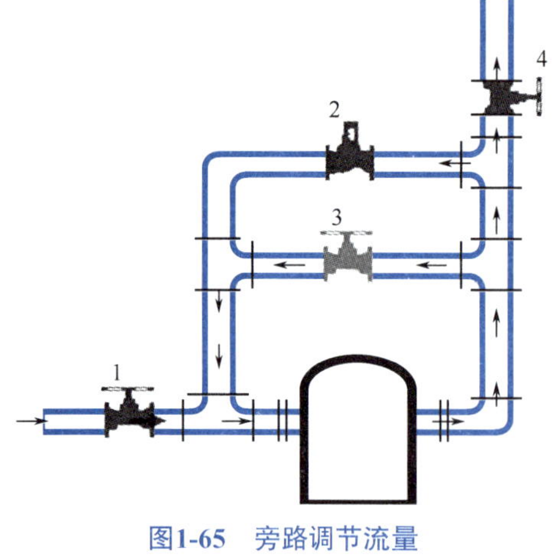

图1-65　旁路调节流量

1—吸入管路阀；2—安全阀；3—旁路阀；4—排出管路阀

以，往复泵流量调节不能用出口阀门来调节流量。往复泵的流量调节一般采取如下的调节手段。

1. 旁路调节

因往复泵的流量一定，通过旁路阀门调节旁路流量，使一部分压出流体返回吸入管路，便可以达到调节主管流量的目的，一般容积式泵都采用这种流量调节方式，如图 1-65 所示。显然，这种调节方法造成了功率损失，很不经济，但对于流量变化幅度较小的经常性调节操作非常方便，生产上常采用。

2. 改变曲柄转速和活塞行程

因电动机是通过减速装置与往复泵相连接的，所以改变减速装置的传动比可以更方便地改变曲柄转速，达到流量调节的目的，而且能量利用合理，但不适于经常性流量调节的操作。

往复泵为什么不能用出口阀门调节流量?

往复泵与离心泵相比，结构较复杂、体积大、成本高、流量不连续。往复泵可输送有一定黏度的液体，适用小流量，高扬程的场合，但不能输送有固体粒子的混悬液。

四、往复泵的操作与维护

1. 往复泵的操作

由于往复泵属于正位移泵，往复泵在运行中应注意以下问题。

① 启动前应检查各种附件是否齐全好使，压力表指示是否为零，润滑油是否符合要求，连杆和十字头螺母是否松动，进出口阀和支路阀开关是否正确。

② 盘车 2～3 转，检查有无异常。

③ 启动前先用液体灌满泵体，以排除泵内存留的空气，缩短启动过程，避免干摩擦。

④ 启动前，必须先将出口阀门打开，否则，泵内的压强将因液体排不出而急剧升高，造成事故。

⑤ 打开所有阀门，启动时，关闭放空阀，用支路阀调整泵的流量至需要值。

⑥ 严禁泵在超压、超速和排空状态下运行。

⑦ 泵在运行中，要经常检查缸内有无冲击声和吸入排出滑阀有无破碎声。

⑧ 发现进出口压力波动大时，要检查滑阀和阀门是否结疤堵塞，并应及时处理。

2. 往复泵的维护

① 每日检查机体内及油杯内润滑油液面，如需加油即应补足。

② 经常检查进出口阀及冷却水阀，如有泄漏及时修理或更换。

③ 轴承、十字头等部位应经常检查，如有过热现象应及时检修。

④ 检查活塞杆填料，如遇太松或损坏应及时更换新填料。

⑤ 定期更换润滑油，对泵的各个摩擦部位进行全面检查，遇有磨损不平应予修整。

⑥ 定期进行大修，对所有零部件进行拆洗、维护和重新组装。

五、往复泵常见故障及处理方法

往复泵常见故障及处理方法见表 1-12。

表1-12　往复泵常见故障及处理方法

常见故障	原因	处理方法
密封泄漏	① 填料没压紧 ② 填料或密封圈损坏 ③ 柱塞磨损或产生沟痕 ④ 超过额定压力	① 适当压紧填料压盖 ② 更换 ③ 修理或更换柱塞 ④ 调节压力
流量不足	① 柱塞密封泄漏 ② 进出口阀关闭不严 ③ 泵内有气体 ④ 往复次数不够 ⑤ 进出口阀开启度不够或阻塞 ⑥ 过滤器阻塞 ⑦ 液位过低	① 修理或更换 ② 修理或更换 ③ 排出气体 ④ 调节 ⑤ 检查修理 ⑥ 清洗过滤器 ⑦ 增高液位
压力表指示波动	① 安全阀、单向阀工作不正常 ② 进出口管道堵塞或漏气 ③ 管路安装不合理有振动 ④ 压力表失灵	① 检查调整 ② 检查处理 ③ 修理配管 ④ 修理或更换
油温过高	① 油质不符合规定 ② 冷却不良 ③ 油位过高或过低	① 更换 ② 改善冷却 ③ 调整油位
产生异常声响或振动	① 轴承间隙过大 ② 传动机构损坏 ③ 螺栓松动 ④ 进出口阀零件损坏 ⑤ 缸内有异物 ⑥ 液位过低	① 调整或更换 ② 修理或更换 ③ 紧固 ④ 更换阀件 ⑤ 清除异物 ⑥ 提高液位
轴承温度过高	① 润滑油质不符合要求 ② 油量不足或过多 ③ 轴瓦与轴颈配合间隙过小 ④ 轴承装配不良 ⑤ 轴弯曲	① 换油 ② 排除故障，调整油量 ③ 调整间隙 ④ 更换轴承 ⑤ 校直轴
油压过低	① 吸入过滤网堵塞 ② 油泵齿轮磨损严重 ③ 油位过低 ④ 压力表失灵	① 清理过滤网 ② 调整间隙 ③ 加油 ④ 修理或更换

任务八

其他化工用泵的操作与维护

一、旋涡泵

1. 旋涡泵的结构与工作原理

旋涡泵是一种特殊类型的离心泵，主要由叶轮和泵体组成。它的叶轮是一个圆盘，四周铣有凹槽，呈辐射状排列，如图 1-66 所示。

旋涡泵的工作原理和离心泵相似。当叶轮高速转动时，在叶片的凹槽内的液体从叶片顶部被抛向流道，动能增加。在流道内液体流速变慢，使部分动能转变为静压能。同时，由于凹槽内侧液体被甩出而形成低压，在流道中部分高压液体经过叶片根部又重新流入叶片间的凹槽内，再次接受叶片给予的动能，又从叶片顶部进入流道中，使液体在叶片间形成旋涡运动，并在惯性力作用下沿流道前进。这样液体从入口进入，连续多次做旋涡运动，多次提高静压能，达到出口时就获得较高的压头。旋涡泵叶轮的每一个叶片相当于一台微型单级离心泵，整个泵就像由许多叶轮所组成的多级离心泵。

旋涡泵和离心泵的区别是什么?

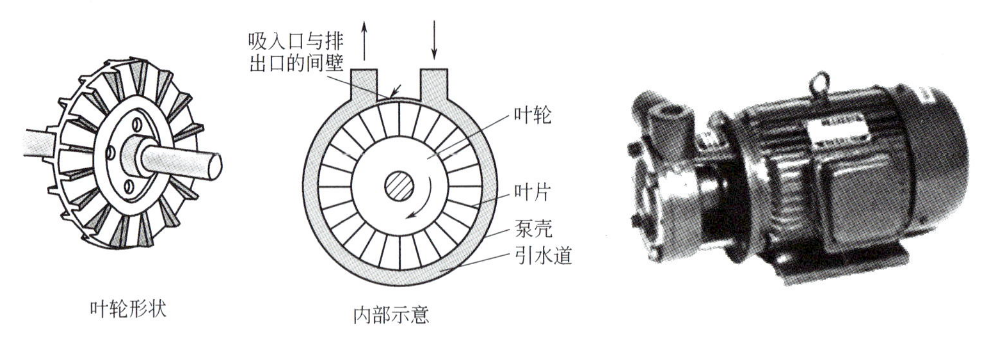

图1-66　旋涡泵

2. 旋涡泵的特点

① 旋涡泵是结构最简单的高扬程泵，与叶轮和转速相同的离心泵相比，它的扬程要比离心泵高 2～4 倍。与相同扬程的容积式泵相比，它的尺寸要小得多，结构也简单得多。

② 大多数旋涡泵具有自吸能力，有些旋涡泵还能输送气液混合物。在石油化工厂中，旋涡泵可以用来输送汽油等易挥发产品。但旋涡泵的吸入性能不如离心泵，如将它与离心泵配合使用，既可使扬程提高，又可改善吸入能力。

③ 由于旋涡泵中的液体在剧烈旋涡运动中进行能量转换，能量损耗很大，效率较低，因此，旋涡泵很难做成大功率泵，一般只适用于小功率泵。

④ 旋涡泵的流量小、扬程高，适宜于输送流量小、外加压头高的清液。不适用于输送高黏度液体，否则扬程及效率将降低很多。旋涡泵通常用来输送酒精、汽油、碱液，或用作小型锅炉给水泵。

⑤ 旋涡泵体积小，结构简单，主要零部件加工制造容易，作为耐磨蚀的旋涡泵叶轮、泵体可以用不锈钢及塑料、尼龙等来制造。

3. 旋涡泵的操作及维护

(1) 旋涡泵的操作

① 检查泵的各个部件是否完好，转动联轴器，确认电机和泵均完好备用。

② 打开吸入管路阀，灌满泵，关闭排气阀和出口压力表阀。

③ 开车时，应打开出口阀，以减小电机的启动功率，同时开出口阀，开压力表，调整近路阀开度使压力表正常。

④ 在泵出口管路上安装一个旁路阀，利用旁路阀的开度来控制流量。

⑤ 旋涡泵停车时先关压力表，开近路阀，停电机，关出口阀停入口阀。

(2) 旋涡泵的日常维护　旋涡泵的操作及维护与离心泵相类似。

二、屏蔽泵

1. 屏蔽泵的结构及工作原理

屏蔽泵在煤化工生产中有哪些应用?

屏蔽泵的特点是泵与电机组成一体，旋转部分全部浸在液体中，不需填料，完全无漏。泵本身的性能及特点基本上与一般离心泵相同，其构造如图 1-67 所示的屏蔽泵为基本型，是应用最多的形式，部分输送液由泵出口，经过过滤器，通过循环管，从电机后部进入定、转子腔的气隙，再回到泵腔内，起到润滑石墨轴承和冷却电机的作用。电动机的定子和转子之间用一个称为屏蔽套的薄壁圆筒封闭起来，使电动机绕组不与被输送的液体接触。

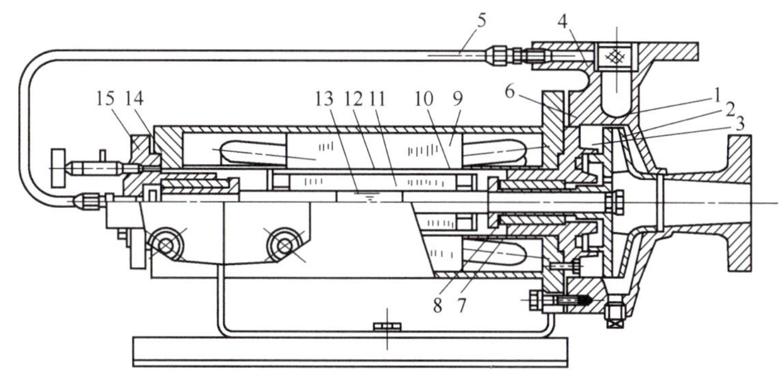

图1-67　屏蔽泵

1—泵体；2—叶轮；3—前轴承室；4—过滤器；5—循环管路；6—垫片；7—轴承；8—轴套；9—定子；10—定子屏蔽套；11—转子；12—定子屏蔽套；13—轴；14—垫片；15—后轴承室

屏蔽泵具有结构简单紧凑，操作可靠的优点，但比一般离心泵效率低。适用于输送易燃、易爆、有毒的液体。

2. 屏蔽泵常见故障与处理方法

屏蔽泵常见故障与处理方法见表1-13。

表1-13　屏蔽泵常见故障与处理方法

常见故障	原　因	处理方法
流量不足	①叶轮流道堵塞 ②进出口管道及阀门堵塞 ③吸入管道漏气 ④叶轮密封环磨损过大 ⑤叶轮腐蚀、磨损严重	①清除叶轮内堵塞物 ②清除进出口管道及阀门内异物 ③检查并消除吸入管道漏气现象 ④更换密封环 ⑤更换叶轮
泵体过热	①出口阀未打开 ②泵内无介质 ③液体循环管堵塞 ④冷却管道堵塞 ⑤石墨轴承磨损过大，转子磨定子套	①打开出口阀 ②向泵内灌入介质 ③检查清洗循环管路 ④检查清洗冷却水管路 ⑤更换石墨轴承，修理或更换转子或定子
泵体振动有异常响声	①石墨轴承磨损过大 ②泵轴弯曲 ③叶轮磨损腐蚀，转子不平衡 ④叶轮与泵壳摩擦 ⑤泵壳或叶轮内有金属异物 ⑥地脚螺栓松动	①更换石墨轴承 ②校直或更换泵轴 ③检查更换叶轮，转子找平衡 ④调整轴向间隙 ⑤清除异物 ⑥拧紧地脚螺栓
电流表指示过大	①石墨轴承磨损过大 ②泵轴磨损 ③反相 ④缺相或接触不良	①更换石墨轴承 ②检查处理或更换轴 ③检查处理 ④检查处理

三、齿轮泵

齿轮泵也是正位移泵的一种，如图1-68所示。主要部件由主动齿轮、从动齿轮、泵体和安全阀等组成，两齿轮轴装在泵体内，泵体、齿轮和泵盖构成的密封空间即为泵的工作腔。泵壳内的两个齿相互啮合，按图中所示方向转动。

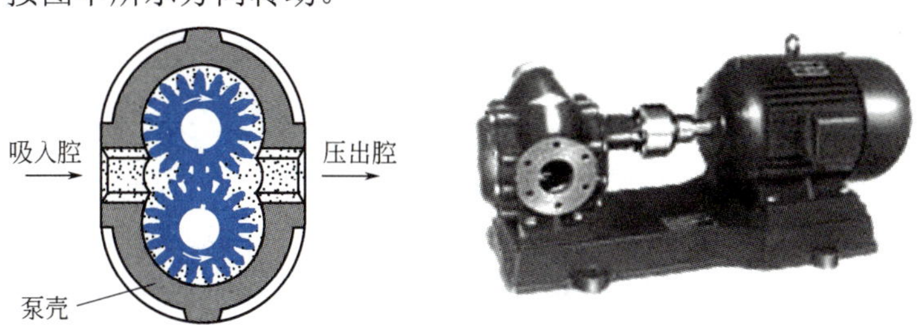

图1-68　齿轮泵

吸入腔一侧的啮合齿分开，形成低压区，液体被吸入泵内，进入轮齿间分两路沿泵体内壁被送到排出腔；排出腔一侧的轮齿啮合时形成高压，随着齿轮不断地旋转液体不断排出。

为防止排出管路堵塞而发生事故，在泵体上装有安全阀（图中未画出）。当排出腔压力超过允许值时，安全阀自动打开，高压液体卸流，返回低压的吸入腔。

齿轮泵制造简单、运行可靠、有自吸能力，虽流量较小但扬程较高，流量比往复泵均匀。常用于输送黏稠液体和膏状物料，但不能用于输送含颗粒的混悬液。

四、计量泵

计量泵可以按照工艺要求精确地输送定量的液体。计量泵有两种基本形式，柱塞式和隔膜式，其结构如图 1-69 所示，它们都是由转速稳定的电动机通过改变偏心程度，就可以改变活塞的冲程，从而达到调节流量的目的。送液量的精确度一般在 ±1% 以内。

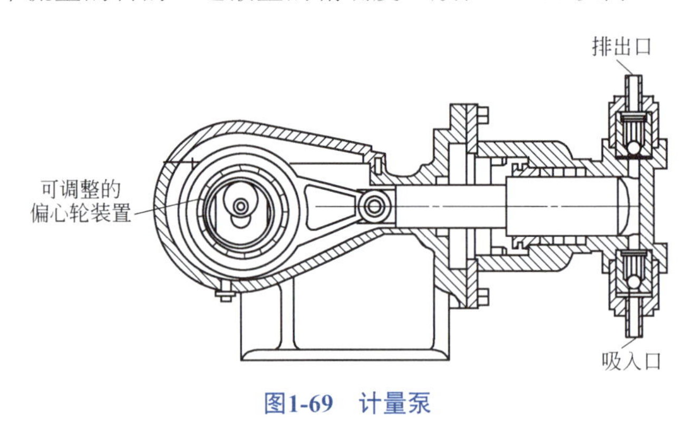

图1-69　计量泵

若用一台电动机同时带动几台计量泵，可使每台泵的液体按一定比例输出，故这种泵又称为比例泵。计量泵通常用于要求流量精确而且便于调整的场合，特别适用于几种液体以一定配比输送的场合。

五、隔膜泵

当输送腐蚀性液体或悬浮液时，可采用隔膜泵，隔膜泵的工作原理如图 1-70 所示。隔膜泵实际上是柱塞泵，其结构特点是借弹性薄膜将被输送液体与活柱隔开，从而使得活柱和泵缸得以保护不受腐蚀。

1.17 活塞隔膜泵工作原理

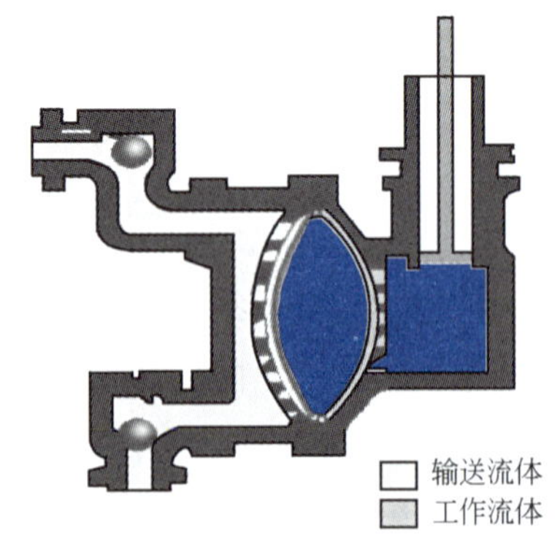

(a) 隔膜泵的工作原理示意图

(b) 气动双隔膜泵

图1-70　隔膜泵

隔膜左侧为输送液体，与其接触部件均用耐腐蚀材料制成或涂有耐腐蚀物质。隔膜右侧则充满水和油。当活柱作往复运动时，迫使隔膜交替地向两边弯曲，使液体经球形活门吸入和排除。

适于定量输送剧毒、易燃、易爆、腐蚀性液体和悬浮液。

六、螺杆泵

螺杆泵如图1-71所示，主要由泵壳、一根或多根螺杆组成。

单螺杆泵是通过螺杆在具有内螺旋的泵壳内偏心转动，将液体沿轴间推进，最后从排出口推出。

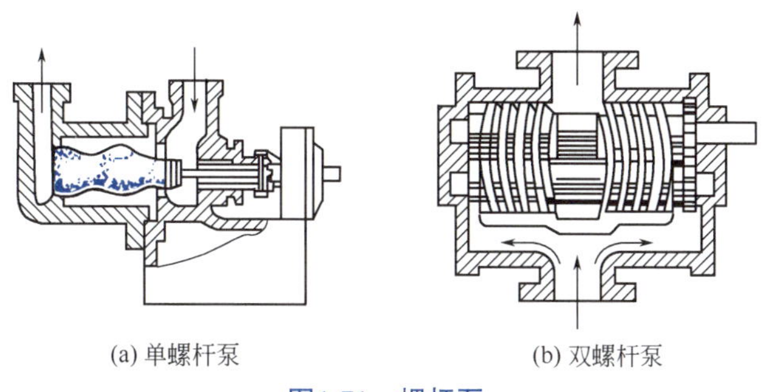

图1-71　螺杆泵

双螺杆泵的原理与齿轮泵相似，通过两根螺杆的相互啮合来达到输送液体的目的。当需要较高压头时可采用较长的螺杆或多螺杆泵。

螺杆泵的特点是运行平稳、效率高、压头高，噪声小，适用于高黏度液体的输送；流量调节时用旁路（回流装置）调节；螺杆泵有良好的自吸能力，启动时不用灌泵。缺点是加工困难。

七、液下泵

液下泵是将泵体置于液体中的一种泵，如图1-72所示。由于泵体置于贮槽液体中，因而轴封要求不高。吸入口顺着轴线方向，压出口与轴线平行，泵轴加长，立式电机置于液体外部支架上。

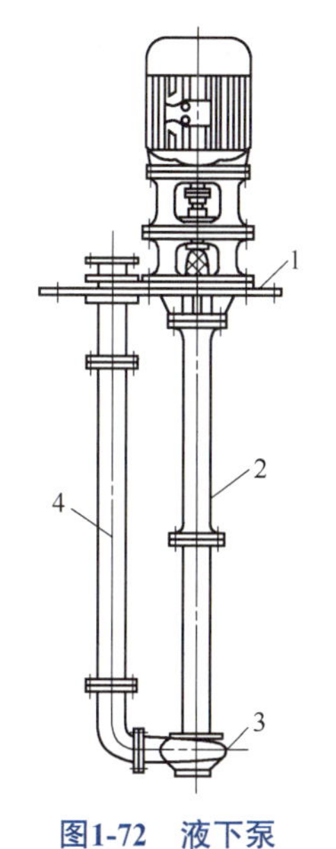

图1-72　液下泵

1—安装平板；2—轴套管；3—泵体；4—压出导管

八、水环真空泵

1.18 水环真空泵工作原理

水环真空泵简称水环泵，是一种粗真空泵，最初用作自吸水泵，而后逐渐用于石油、化工、机械、矿山、轻工、医药及食品等许多工业部门。在工业生产的许多工艺过程中，如真空过滤、真空引水、真空送料、真空蒸发、真空浓缩、真空回潮和真空脱气等，水环泵得到广泛的应用。由于水环泵中气体压缩是等温的，故可抽除易燃、易爆的气体，此外还可抽除含尘、含水的气体，因此，水环泵真空泵的应用日益增多。

水环泵是由叶轮、泵体、吸排气盘、水在泵体内壁形成的水环、吸气口、排气口、辅助排气阀等组成，其工作原理是在泵体中装有适量的水作为工作液，当叶轮顺时针旋转时，水被叶轮抛向四周，由于离心力的作用，水形成了一个决定于泵腔形状的近似于等厚度的封闭圆环。水环的上部分内表面恰好与叶轮轮毂相切，水环的下部内表面刚好与叶片顶端接触（实际上叶片在水环内有一定的插入深度）。此时叶轮轮毂与水环之间形成一个月牙形空间，而这一空间又被叶轮分成叶片数目相等的若干个小腔。如果以叶轮的上部0°为起点，那么叶轮在旋转前180°时小腔的容积由小变大，且与端面上的吸气口相通，此时气体被吸入，当吸气终了时小腔则与吸气口隔绝；当叶轮继续旋转时，小腔由大变小，使气体被压缩；当小腔与排气口相通时，气体便被排出泵外。在泵的连续运转过程中，不断地进行着吸气、压缩、排气过程，从而达到连续抽气的目的。

综上所述，水环泵真空泵是靠泵腔容积的变化来实现吸气、压缩和排气的，因此它属于变容式真空泵。

1.19 气体输送设备

任务九

离心式通风机的操作与维护

气体输送设备种类很多，若按其结构与工作原理可分离心式、往复式、旋转式及流体作用式，见表 1-14；若按终压和压缩比分通风机、鼓风机、压缩机及真空泵。

表1-14　气体输送机械分类

名称	终压（表压）	压缩比	结构形式	用途
通风机	≤15kPa	1～1.15	离心式、轴流式	用于通风换气和送气
鼓风机	15～300kPa	＜4	多级离心式、旋转式	用于输送气体
压缩机	＞300kPa	＞4	往复式	用于产生高压气体
真空泵	当地的大气压	由真空度决定	旋转式	用于抽气而减压

工业上常用的通风机按气体流动的方向可分为离心式和轴心式两类。离心式通风机是依靠离心力来提高气体压力并输送气体的机械，广泛应用于设备及环境的通风、排尘和冷却等。

一、离心式通风机构造和工作原理

离心式通风机是一种广泛应用的低压气体输送设备，其构造和工作原理与离心泵大致相同，如图 1-73 所示。离心式通风机主要由机壳、叶轮、集流器等组成。机壳成蜗形，断面有方形和圆形两种，中低压风机多用矩形，高压风机多为圆形流道。与离心泵的叶轮相比较，叶轮直径大，叶片数目多而且短。叶片有平直，前弯和后弯等形状，前弯叶片送风量大，但往往效率低，因此高效通风机的叶片通常是后弯的。所以高压通风机的外形、结构与单级离心泵更相似。

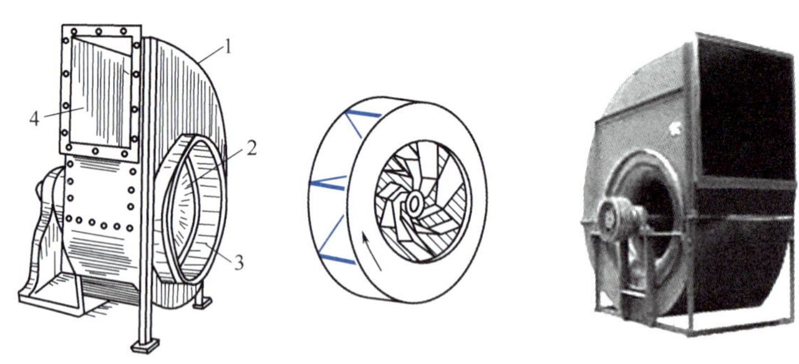

图1-73　离心式通风机及叶轮

1—机壳；2—叶轮；3—吸入口；4—排出口

二、离心式通风机性能参数及特性曲线

1. 离心式通风机性能参数

（1）风量　单位时间内从风机出口排出的气体体积，并以风机进口处的气体状态计，用q_V表

示，单位为m^3/h。通风机铭牌上的风量用压力为101.3kPa、温度为20℃、密度为$1.2kg/m^3$的空气标定。

离心式通风机性能参数的测定条件有哪些?

（2）全风压p_t　指单位体积的气体通过风机时所获得的能量，用p_t表示，单位为Pa。风压的大小取决于风机的结构、叶轮直径和转速，并正比于气体的密度。风压一般由试验测定。

设风机进口为截面1—1，风机出口为截面2—2，根据伯努利方程，单位体积气体通过通风机所获得的能量为

$$H_t=(z_2-z_1)+\frac{p_2-p_1}{\rho g}+\frac{u_2^2-u_1^2}{2g}+\sum h_f$$

由于通风机出口和进口距离较短，式中（z_2-z_1）可以忽略；假定气体的密度ρ为常数，当气体直接由大气进入风机时，$u_1=0$，再忽略入口到出口的能量损失，则上式变为

$$p_t=H_t\rho g=(p_2-p_1)+\frac{\rho u_2^2}{2}=p_s+p_k \tag{1-60}$$

式中，（p_2-p_1）称为静风压p_s；$\frac{\rho u_2^2}{2}$称为动风压p_k。全风压是动风压和静风压之和。在离心泵中，泵进出口处的动能差很小，可以忽略。但对离心式通风机而言，其气体出口速度很高，动风压不能忽略，且由于风机的压缩比很低，动风压在全压中所占比例较高。

通风机性能表上所列出的风压为全风压p_t，一般是在20℃、101.3kPa条件下用空气测得的，此时空气密度为$1.2kg/m^3$，在选用通风机时，若输送介质的条件与上述实验条件不同时，应将实际风压p'_t换算为实验条件下风压p_t。换算关系为

$$\frac{p'_t}{p_t}=\frac{\rho'}{1.2} \tag{1-61}$$

式中　p'_t——操作条件下的风压，Pa；

p_t——实验条件下的风压，Pa；

ρ'——操作条件下的密度，kg/m^3。

（3）轴功率和效率　离心式通风机的轴功率和效率的关系可用下式计算

$$P=\frac{p_t q_V}{1000\eta} \tag{1-62}$$

$$\eta=\frac{q_V p_t}{1000P} \tag{1-63}$$

式中　P——离心式通风机的轴功率，kW；

q_V——离心式通风机的风量，m^3/s；

p_t——离心式通风机的全风压，Pa；

η——全压效率。

效率反映了风机中能量的损失程度。一般来讲，在设计风量下风机的效率最高。通风机的效率一般在70%～90%。

通风机未来的发展是进一步提高通风机的气动效率、装置效率和使用效率，以降低电能消耗；用动叶可调的轴流通风机代替大型离心式通风机；降低通风机噪声；提高排烟、排尘通风机叶轮和机壳的耐磨性；实现变转速调节和自动化调节。

2. 离心式通风机的特性曲线

与离心泵一样，离心式通风机的特性参数也可以用特性曲线表示。特性曲线一般由风机的生

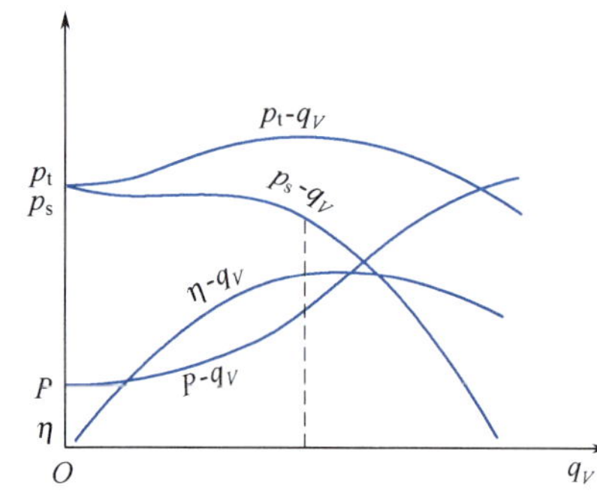

图1-74　离心式通风机的特性曲线

产厂家在出厂前用空气在压力101.3kPa、温度20℃、密度为1.2kg/m^{3}实验条件下测定的。图1-74是离心式通风机的特性曲线示意图，图中显示了在一定转速下风量q_V、全风压p_t、轴功率P和效率η四者的关系，即p_t-q_V、p_s-q_V、P-q_V和η-q_V四条曲线。显然离心式通风机的特性曲线中比离心泵的特性曲线多了一条p_s-q_V曲线。

三、离心式通风机的类型与选择

离心式通风机按其用途分为排尘通风（C）、防腐蚀（F）、工业炉吹风（L）、耐高温（W）、防爆炸（B）、冷却塔通风（LF）、一般通风换气（T）等。

通风机的类型很多，必须合理选型，以保证经济合理。选用原则如下。

（1）根据被输送气体的性质及所需的风压范围确定风机的类型。比如，被输送气体是否清洁、是否高温、是否易燃易爆等。

（2）计算输送系统所需风量q_V和风压p_t。风量根据生产任务规定值换算为进口状态计的气体流量；所需实际风压p'_t按伯努利方程进行计算，然后换为实验条件下的p_t。

（3）根据q_V和p_t从风机样本中选择合适的型号。选用时要使所选风机的风量和风压比任务需要的稍大一些。如果用系列特性曲线来选，要使（q_V，p_t）点落在泵的p_t-q_V曲线以下，并处在高效区。

（4）核算风机的轴功率　特别当气体密度与实验条件下密度相差大时，即远远大于1.2kg/m^3，应将实验条件下轴功率P用下式换算为实际轴功率P'。

$$P'=P\frac{\rho'}{\rho}=P\frac{\rho'}{1.2} \tag{1-64}$$

【例1-27】用风机将20℃，38000kg/h的空气送入加热器加热到100℃，然后送入常压设备内，输送系统所需全风压为1200Pa（以60℃，常压计），试选择一台合适的风机。若将已选的风机置于加热器之后，核算所选风机是否仍能完成输送任务。

解　①因输送的气体为空气，故选用一般通风机T4-72型。

风机进口为常压，20℃，空气密度为1.2kg/m^3，故风量

$$q_V=\frac{q_m}{\rho}=\frac{38000}{1.2}=31670\ (\text{m}^3/\text{h})$$

60℃，常压下空气密度ρ'=1.06kg/m^3，故实验条件下风压为

$$p_t=p'_t\times\frac{1.2}{\rho'}=1200\times\frac{1.2}{1.06}=1359\ (\text{Pa})$$

按照q_V=31670m^3/h，p_t=1359Pa，查通风机性能表得4-72-11 10C型离心式通风机可满足要求，其性能为

n=1000r/min，q_V=32700m^3/h，p_t=1422Pa，P=16.5kW

核算轴功率：实际需轴功率

$$P'=P\frac{\rho'}{\rho}=P\frac{\rho'}{1.2}=16.5\times\frac{1.06}{1.2}=14.6\ (\text{kW})$$

故满足要求。

②风机置于加热器后，100℃，常压时ρ'=0.946kg/m^3，故风量为

$$q_V=\frac{q_m}{\rho}=\frac{38000}{0.946}=40170\ (\text{m}^3/\text{h})$$

风压为

$$p_t=p_t'\times\frac{1.2}{\rho'}=1200\times\frac{1.2}{0.946}=1522\text{Pa}>1422\text{Pa}$$

可见原风机在同样转速下已不能满足要求。

任务十

鼓风机的操作与维护

一、离心式鼓风机

1. 离心式鼓风机结构与工作原理

（1）离心式鼓风机结构　离心式鼓风机主要由机身、转子组件、密封装置、轴承、联轴器、润滑系统及其他辅助零部件等组成。典型的多级离心式鼓风机见图1-75。其结构特点是将几个叶轮装在一根轴上，每个叶轮的外面均装有一个回流室，轴上叶轮的个数代表鼓风机的级数。在级与级之间，轴与机壳之间设有密封装置。叶轮固定在轴上形成转子。主轴两端由轴承支撑并置于轴承箱内，为防止主轴受轴向力向进气口方向窜动，一般在主轴进气口一侧安装止推轴衬或止推轴承。为保证鼓风机正常工作，鼓风机上还装有润滑系统。

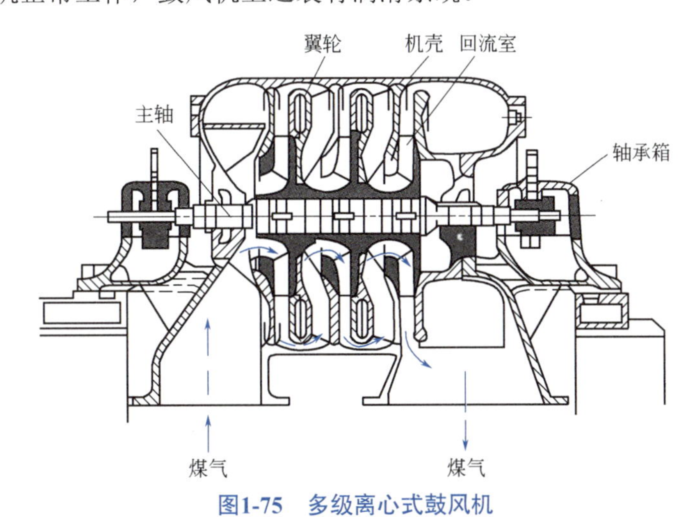

图1-75　多级离心式鼓风机

（2）离心式鼓风机的工作原理　单级离心式鼓风机的工作原理示意见图1-76。当电动机带动主轴及叶轮高速旋转时，气体由进气口吸入机壳进入叶轮，并随叶轮一起高速旋转，在离心力的作用下，被从叶轮中甩出，进入机壳内蜗室和扩压管，由于扩压管内通道截面积渐渐增大，因此，气体的一部分动能变为静压能，压力升高，最后由出气口排出。与此同时叶轮入口处由于气体被甩出而产生局部负压，气体在外界压力作用下，从进气口不断地被吸入机内。

多级式离心式鼓风机与单级离心式鼓风机的工作原理基本相同，所不同的是，气体经第一级叶轮甩出后，经过第一级的回流室被吸至第二级叶轮的中心，如此依次通过所有的叶轮，最后由出气口排出。

2. 离心式鼓风机的性能与调节

（1）离心式鼓风机性能　离心式鼓风机在一定转数下的生产能力（q_V）与总压头（H）之间有一定的关系，可用图1-77所示。

离心式鼓风机喘振现象的处理方法有哪些?

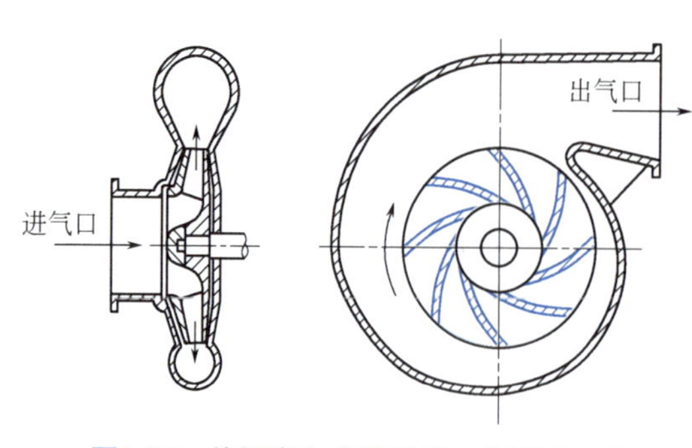

图1-76　单级离心式鼓风机工作原理示意

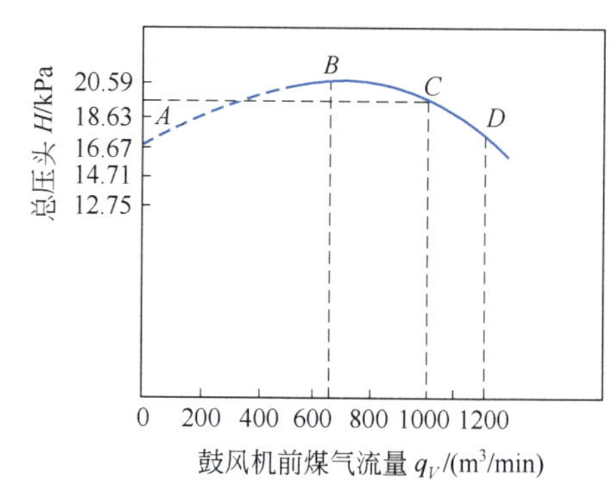

图1-77　转速不变时鼓风机的q_V-H

由图可见，曲线有一最高点 B，相应于 B 点压头（最高压头）的输送量称为临界输送量。鼓风机不允许在 B 点的左侧范围内操作，因在此范围内鼓风机输送量波动，并会发生振动，产生“飞动”现象。只有在 B 点右侧延伸的特性曲线范围内操作才是稳定的。

（2）离心式鼓风机的流量调节

① 进出口开闭器调节。这是国内常用的调节方式，通常是在风机的入出口处配置闸阀或蝶阀，调节过程中压力损失大，经济性差。

煤气离心鼓风机常用的调节方法

② 变速调节。变速调节可实现风机转速无级变换，对风机的流量可调性好，节电效果好，但投资较大。汽轮机驱动的鼓风机：改变进入透平机的蒸汽量，即可改变透平机的转速，亦即改变鼓风机的转速，鼓风机的流量变。

变速电动机驱动的鼓风机：改变电动机的转速，即可改变鼓风机转速。

有液力耦合器的鼓风机：通过改变液力耦合器工作腔内液体的充满度，使原动机转速不变的条件下，实现鼓风机的无级变速。

3. 离心式鼓风机开停车、紧急停车及换机操作

（1）开车操作

① 鼓风机开车前必须通知厂调度和电工、仪表工、维修工到场，通知上下游操作岗位。

② 暖机。用蒸汽清扫下液管，暖机温度不超过 70℃，暖机时阀门开度要小，时间不能太长（第一次开机不需暖机）。

③ 盘车。暖机过程要不断进行盘车，并且要把暖机产生的冷凝水随时放掉。

④ 开电加热器使油箱油温高于 25℃，启动油泵，检查各润滑点及高位油箱回油情况，油冷却器给排水情况。

⑤ 打开进口阀门，关闭鼓风机前后泄液管阀门。

⑥ 手动操作启动风机，待风机运转正常后，逐渐增加提高风机的转速；

⑦ 当机后压力接近 4～5kPa 时，逐渐开启风机出口阀门，同时继续增加液力耦合器油位。当接近风机临界转速区时，迅速增速越过临界转速区，使风机在临界转速区外运行。

⑧ 鼓风机运行稳定后，打开风机前后下液管阀门，并定期清扫下液管，保证下液管泄液畅通。

⑨ 鼓风机启动后，要认真进行检查轴承温度、机体振动、油温、油压，有问题及时处理（仪表工要把各联锁加上）。

⑩ 鼓风机运行正常后转入正常生产，应坚持巡回检查，并认真做好开机记录。

（2）停车操作

① 通知调度，共同做好停机和停气准备。

② 接到停机指令后，降低风机转速，同时慢关风机出口阀门，然后停鼓风机，关闭风机进口阀门。

③ 微开蒸汽阀门清扫风机机体内部及泄液管（清扫温度不超过 70℃），同时进行盘车，把转

子上的附着物清扫干净。

④ 风机停机后工作油泵继续运行至少30min后停油系统。

⑤ 清扫完毕停蒸汽、凉机，放掉冷凝液，关闭排液阀门。

⑥ 长时间停机，应关闭油冷却器冷却水阀门，并放空油冷却器内液体，冬季防止冻坏设备。

（3）紧急停车操作

如发生下列情况之一，鼓风机司机或助手有权按停机操作规程紧急停车，并迅速上报生产调度和车间。

① 鼓风机电机电流迅速上升，并超过额定电流且不下降。

② 机组发生剧烈振动，超过规定。

③ 机体内有显著的金属撞击声或摩擦声。

④ 机体或电机内部或油系统发生冒烟或冒火现象。

⑤ 当机组的轴承温度直线上升或润滑油系统油压下降超过规定指标，而机组不能联锁停车。

⑥ 当液力耦合器的油温或油压超过规定指标，而不能联锁停车。

（4）换机操作

① 换机操作前应先与调度、值班长、中控室联系，共同做好换机操作准备。

② 中控室把在运机由自动切换为手动。

③ 做好备用机启动前的准备工作。

④ 按风机开机操作步骤启动备用机，在开备用机出口阀门同时同步关在用机出口阀门。

⑤ 鼓风机换机操作完毕，备用机运行正常后，按停机操作步骤停在运机。

⑥ 做好换机操作记录。

4. 离心式鼓风机常见故障、产生原因及处理方法

离心式鼓风机常见故障、产生原因及处理方法见表1-15。

离心式鼓风机常见故障及处理措施

表1-15　离心式鼓风机常见故障、产生原因及处理方法

常见故障	产生原因	处理方法
鼓风机振动	① 联轴器找正误差大 ② 气封中发生碰撞 ③ 叶轮与隔板摩擦 ④ 压盖与轴瓦松动 ⑤ 转子不平衡 ⑥ 润滑油温度太低 ⑦ 轴承间隙过大或轴承损坏 ⑧ 工作轮与隔板摩擦 ⑨ 工作轮与定距套间隙小，工作轮变形 ⑩ 地脚螺栓松动 ⑪ 叶轮叶片严重腐蚀 ⑫ 鼓风机在飞动区工作	① 重新找正 ② 调整气封重装 ③ 重新组装 ④ 压紧压盖螺栓 ⑤ 重新清理，进行静动平衡试验 ⑥ 提高油温度或减少冷却器进水量 ⑦ 调整间隙或更换轴承 ⑧ 重新调整，修理摩擦处 ⑨ 增大膨胀间隙 ⑩ 拧紧螺栓 ⑪ 更换 ⑫ 调整负荷，使之脱离飞动区
出口总管无压力	① 入口阀未开或开度过小 ② 电动机线接反，鼓风机反转 ③ 出口管线漏气 ④ 进口管线积水过多	① 调整入口阀开度 ② 检查并重新接线 ③ 检查并修复泄漏处 ④ 排放积水
鼓风机不能启动	① 启动油泵未开或油压不足 ② 电路或电气设备有故障	① 启动油泵或调整油压 ② 请电工检查并恢复正常工作
轴承温升过高	① 轴瓦或轴承体上油孔堵塞 ② 轴瓦间隙小或轴瓦下部接触角太小 ③ 油中含水或杂质 ④ 油冷却器发生故障，冷却效果差 ⑤ 供油量不足 ⑥ 流动轴承安装不正确 ⑦ 流动体有麻点、脱皮等缺陷 ⑧ 润滑脂装填过多 ⑨ 轴承卡住，轴承盖压得太紧	① 疏通油孔 ② 检查间隙量或加大接触角 ③ 清除油中水分，更换过滤器或新油 ④ 疏通清洗冷却器，加大冷却水量 ⑤ 补充油量，检查过滤器及油泵 ⑥ 重新按技术要求安装 ⑦ 更换轴承 ⑧ 适当减少润滑脂的用量 ⑨ 调整轴承与压盖间的间隙

续表

常见故障	产生原因	处理方法
进油管 油压降低	① 油过滤器堵塞 ② 油箱内油面过低 ③ 油管吸入管道不严、漏气 ④ 单向阀失灵造成回油、管道中有空气，油泵不能工作 ⑤ 油泵压力不足	① 清洗过滤器 ② 检查油箱有无泄漏并加油 ③ 检查管道堵塞泄漏处 ④ 检修单向阀 ⑤ 减小油泵齿轮与泵壳间间隙
油冷却器出口油温过高	① 油冷却器结垢 ② 冷却水量不足 ③ 冷却水压力不足 ④ 冷却水管进水阀损坏无法开启 ⑤ 冷却器外壳内积有空气	① 清洗油冷却器 ② 开大进水阀 ③ 调节进出口阀提压或增加水压 ④ 检修或更换阀门 ⑤ 打开冷却器上方排气阀排气
油泵壳体发热	① 工作轮与泵壳摩擦 ② 油泵装的位置不正确	① 检查修理 ② 重新调整安装

5. 鼓风机维护

① 监视鼓风机集合温度、轴瓦温度转速表；
② 进行鼓风机油冷却正常操作；
③ 清洗油箱、更换过滤网；
④ 进行设备清扫、加油及维护。

二、罗茨鼓风机

1. 罗茨鼓风机结构及工作原理

罗茨鼓风机在煤化工生产中有哪些应用?

罗茨鼓风机主要由机壳、轴、传动齿轮及一对断面呈“∞”形的转子组成，如图1-78所示。在一个长圆形的机壳内，两个转子分别固定在流动轴承和止推轴承的相互平行的主动轴和从动轴上；机壳外的两轴端装有相同的啮合齿轮；主动轴通过联轴器或皮带轮与电动机相连。两个转子之间及转子与机壳之间分别留有0.4mm和0.3mm的间隙，以使转子既能自由转动，又不过多地漏气。为防止轴与机壳之间的缝隙产生泄漏，此处还装有轴封装置。为了安全起见，鼓风机的出口安装有缓冲器（稳压柜）与安全阀。

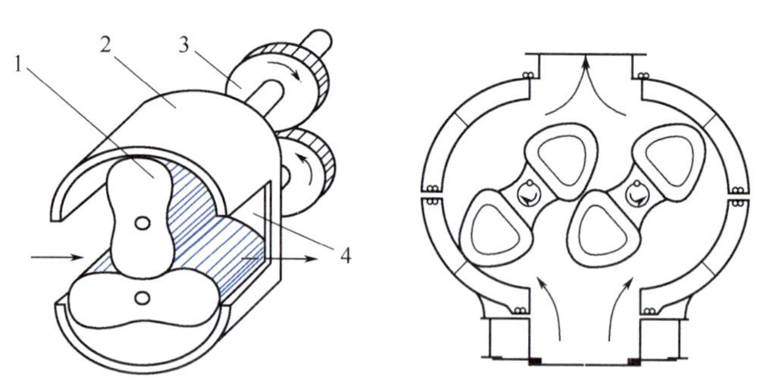

图1-78 罗茨鼓风机

1—转子；2—机体（汽缸）；3—同步齿轮；4—端板

2. 罗茨鼓风机的特点

① 罗茨鼓风机属于正位移型，其风量与转速成正比，与出口压强无关，其输气量为一常数，故称“定容式”风机；

② 转子之间和转子与机壳之间的间隙会造成气体泄漏，从而使效率降低，效率一般为0.87～0.94，在表压为4kPa附近效率最高；

③ 该风机的出口应安装稳压罐与安全阀，出口阀门不能关闭，一般用旁路方法调节流量；

④ 结构简单无阀门，不用冷却和润滑，可得洁净空气，适用于低压力场合的气体输送和加压，可以多级串联使用。

3. 罗茨鼓风机的操作

① 罗茨鼓风机风量的调节采用旁路回流的方法，出口阀门不能关闭得太小。

② 操作时，风机的温升不可过高，否则转子易受热膨胀而“咬死”。

③ 长期不用时，应定期盘车，以免转子锈死，无法启动。

④ 冬季因气温低，煤气中的焦油容易粘住转子，而出现鼓风机启动困难，运转负荷加大，此时从煤气入口处加入溶剂油或重油进行清洗，可有较好效果。

⑤ 风机转速与煤气量成正比，但一般最大转速以不超过额定转速 10% 为宜。

任务十一

往复式压缩机的操作与维护

一、往复式压缩机

1. 往复式压缩机的构造及工作原理

（1）往复式压缩机的构造 往复式压缩机系统由主机、驱动电机、附属设备及润滑系统组成。而主机则由汽缸、活塞、气阀、主轴、连杆十字头及机身等部件组成。往复式压缩机的构造如图1-79所示。但由于往复压缩机处理的气体密度小、可压缩性，压缩后气体的体积变小、温度升高，因而往复压缩机的吸气阀门和排气阀门必须灵巧精制，为移除压缩放出的热量以降低气体的温度，还应附设冷却装置。往复式压缩机实际的工作过程也比往复泵更加复杂。

（2）往复式压缩机的工作原理 往复式压缩机工作原理与往复泵相近，主要依靠活塞的往复运动而将气体吸入和排出。活塞每往复一次，汽缸内具有压缩、排气、膨胀和吸气四个阶段，组成活塞的一个理想的工作循环过程。如图1-80所示，四边形1234所包围的面积，为活塞在一个工作循环中对气体所做的功。

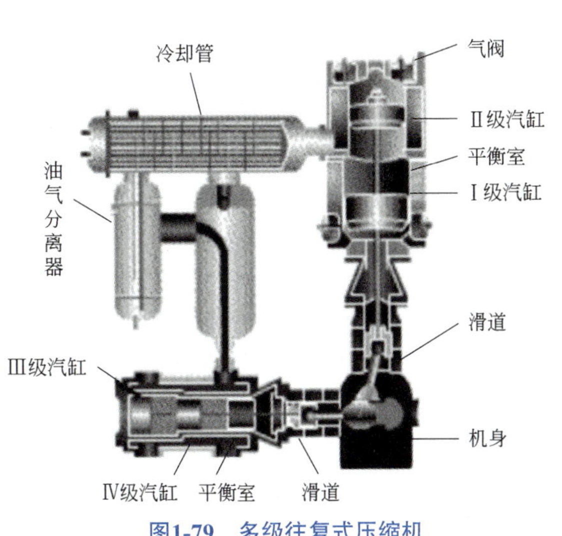

图1-79 多级往复式压缩机

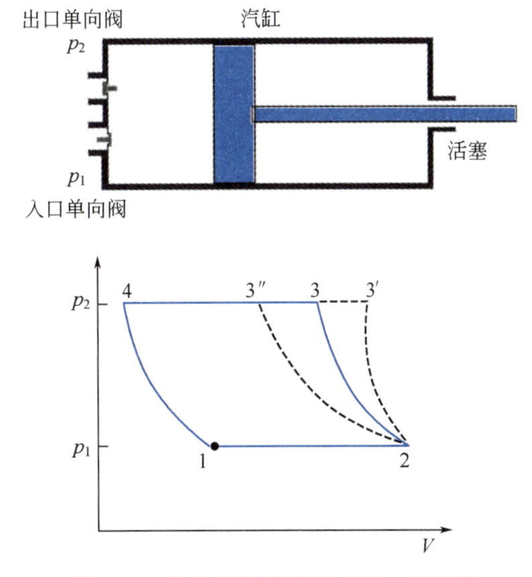

图1-80 往复式压缩机的理想工作过程

① 压缩阶段。当活塞由右向左运动时，汽缸内气体体积下降而压力上升，所以是压缩阶段。

直到压力上升到 p_2，排出阀被顶开为止。此时的缸内气体状态如3点所示。

② 排气阶段。排出阀被顶开后，活塞继续向左运动，缸内气体被排出。这一阶段缸内气体压力不变，体积不断减小，直到气体完全排出，体积减至零。这一阶段属恒压排气阶段。此时的状态用4点表示。

③ 膨胀阶段。活塞从最左端退回，缸内压力立刻由 p_2 降到 p_1，状况达到1点。

④ 吸气阶段。当状况达到1点时，排出阀受压关闭，吸入阀受压打开，汽缸又开始吸入气体，体积增大，压力不变，因此为恒压吸气阶段，直到2点为止。

2. 往复式压缩机的主要性能参数

(1) 排气量 往复式压缩机的排气量又称为压缩机的生产能力，是将压缩机在单位时间内排出的气体体积换算成吸入状态下的数值，所以又称为压缩机的吸气量。

若没有余隙容积，往复式压缩机的理论吸气量 $q_{V\mathrm{T}}$ 与往复泵的类似。由于往复式压缩机汽缸里有余隙容积，使实际吸气量比理论吸气量低，实际生产能力为

$$q_V=\lambda q_{V\mathrm{T}} \tag{1-65}$$

式中 λ——送气系数，由试验测得或取自经验数据，一般数值为0.7～0.9。

(2) 轴功率 若以单级绝热压缩过程为例，压缩机的理论功率为

$$P_\mathrm{T}=p_1 q_V \frac{k}{k-1}\left[\left(\frac{p_2}{p_1}\right)^{\frac{k-1}{k}}-1\right]\times\frac{1}{60\times1000} \tag{1-66}$$

式中 P_T——按绝热压缩考虑的压缩机的理论功率，kW；

q_V——压缩机的排气量，$\mathrm{m^3/min}$；

k——气体的绝热压缩指数。

实际所需的轴功率比理论轴功率大，所以压缩机的轴功率为

$$P=\frac{P_\mathrm{T}}{\eta} \tag{1-67}$$

式中 P——压缩机的轴功率，kW；

η——绝热总效率。一般取 η=0.7～0.9，设计完善的压缩机 $\eta\geqslant0.8$。

绝热总效率考虑了压缩机泄漏、流动阻力、运动部件的摩擦所消耗的功率。

3. 多级压缩

如果生产上所需要的气体压缩比很大，单级压缩往往是不可能达到，通常采用多级压缩流程。例如，焦炉煤气的压缩是将气柜来的焦炉煤气增压至2.6MPa（绝压）送至净化车间，采用的是4M50四列三级对称平衡型少油润滑往复活塞式压缩机，由同步电机直接驱动，最大活塞推力为50t。

多级压缩就是把两个或两个以上的汽缸串联起来，气体在一个汽缸被压缩后，又送入另一个汽缸再压缩，经过几次压缩才能达到要求的最终压力。压缩一次称为一级，连续压缩的次数就是级数。图1-81为三级压缩的工艺流程。将气体的压缩过程分在若干级中进行，每一级压缩后，需经中间冷却器冷却降温和气液分离器分离出液体，然后再进行压缩。

往复压缩机多级压缩的目的

多次压缩的目的是可避免压缩后气体的温度过高；提高汽缸的容积系数；减小压缩所需的功率；减小每级的压缩比。当总压缩比为 p_2/p_1 时，压缩级数为 n，则每一级的压缩比为 $(p_2/p_1)^{1/n}$；理论上可以证明，在级数相同时，各级压缩比相等，则总压缩功最小。

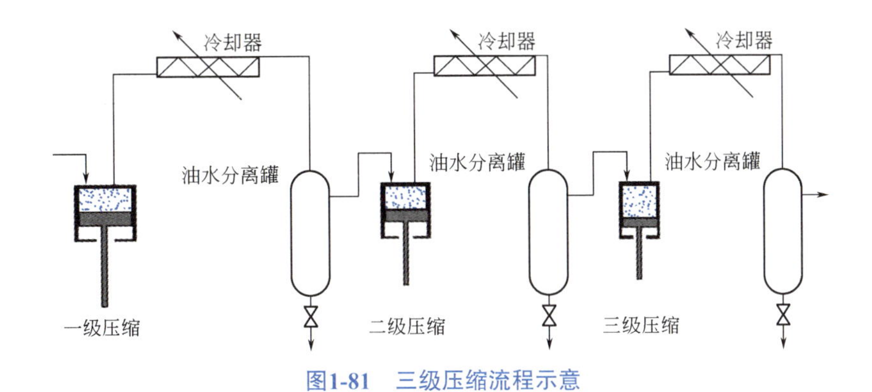

图1-81 三级压缩流程示意

但多级压缩工艺过程复杂，辅助设备多，消耗于管路系统的能量比例增大，所以级数不宜过多。因此，常用的级数为2～6，每级压缩比为3～5。

4. 往复式压缩机的分类和选用

(1) 往复式压缩机分类 往复式压缩机分类的方法很多，由于分类标准不同分出的类别也不同。

① 按压缩机的活塞是一侧还是两侧吸、排气体区分单动与双动式压缩机；

② 按终压的大小区分低压、中压与高压；

③ 按生产能力大小区分，有小型、中型与大型；

④ 按所压缩气体的种类区分有空气压缩机、氨气压缩机、氢气压缩机、石油气压缩机、氧气压缩机等；

⑤ 按汽缸在空间的位置区分有立式（汽缸垂直放置）、卧式（汽缸水平放置）与角式（汽缸互相配置成V形、W形、L形）压缩机，如图1-82所示。

往复压缩机在煤化工生产中的应用

(a) L形压缩机　(b) 活塞空气压缩机

图1-82 压缩机类型

(2) 往复式压缩机的选择 选择压缩机时，首先应根据所处理的气体选定压缩机的种类。压缩机种类选出后便是结构形式的选定。形式选定之后，下一步是定出压缩机的规格，其根据是生产中所要求的排气量与排气压力。

5. 往复式压缩机的安装与流量调节

(1) 往复式压缩机的安装

① 出口处连接一个贮气罐。往复压缩机和往复泵一样，吸气与压气是间歇的，流量不均匀。但压缩机很少采用多动形式，而通常是在出口处连接一个贮气罐（又称缓冲罐），这样不仅可以使排气管中气体的流速稳定，也能使气体中夹带的水沫和油沫得到沉降而与气体分离，罐底的油和水需定期排放。

② 压缩机气体入口前一般要安装过滤器，以免吸入灰尘、铁屑等而造成对活塞、汽缸的磨损。当过滤器不干净时，会使吸入的阻力增加，排出管路的温度升高。

③ 气罐上必须有准确可靠的压力表和安全阀，汽缸内的压力达到规定的高限时便需降低压缩

机的排量或使其停转。

④ 在排气管与吸气管之间安装旁路阀，便于调节旁路阀。

⑤ 在汽缸余隙的附近装置一个补充余隙容积，便于调节。

(2) 压缩机排气量的调节方法与选择

压缩机排气量调节方法

① 补充余隙调节法。调节原理是在汽缸余隙的附近装置一个补充余隙容积，打开余隙调节阀时，补充余隙便与汽缸余隙相通，减小吸气量，从而减小排气量。这是大型压缩机常用的经济的调节方法，但结构较复杂。

② 顶开吸入阀调节法。在吸入阀处安装一顶开阀门装置，排气时强行顶开吸入阀，使部分或全部气体返回吸入管道，以减小送气量。具有结构简单、经济的特点，空载启动时常应用此法。

③ 旁路回流调节法。在排气管与吸气管之间安装旁路阀，调节旁路阀，使排出气体的一部分或全部回到吸入管道，减小送到排出管的气量。可以连续调节，但不经济。一般在启动时短时间内应用，或在操作中为调节及稳定各中间压强时应用。

④ 降低吸入压强调节法。部分关闭吸入管路的阀门，使吸入气体压强降低，密度下降，使质量流量降低，达到调节的目的。可以连续调节，但不经济。一般适用于空气压缩机站。

⑤ 改变转速调节法。最直接而经济的方法，适用于以蒸汽机或内燃机带动的压缩机。当用电动机为动力时，需设置变速电机或变速箱。

⑥ 改变操作台数调节法。当选用的压缩机台数较多时，可根据工作需要，决定工作台数，以增加或减小全系统的排气量。

6. 往复式压缩机的正常操作

(1) 开车前的准备工作

① 开车前应确保电气开关、联锁装置、指示仪表、阀门、控制和保安系统齐全、灵敏、准确、可靠。

② 开主机前应先启动润滑油泵和冷却水泵，并达到规定的压力和流量。

③ 检查转动机构是否正常，观察电流大小和测听缸内有无杂声，如未发现问题，准备投产。

④ 对于压缩气体属于易燃易爆气体时，应用氮气将缸内、管路和附属容器内的空气或非工作介质置换干净，达到合格标准，防止开车时发生爆炸事故。

(2) 运行

① 开车时，按照开车步骤的先后和开关阀门顺序开关有关阀门。

② 调节排气压力时，应同时逐渐开大各级汽缸的排气阀和进气阀，避免出现抽空和憋压现象。

③ 经常检查各连接管口和压盖有无渗漏现象，轴承、滑道和填料函的温度，各级汽缸的排气压力、温度以及缸内有无异常声音等。发现隐患，应及时处理。

④ 要防止液体进入汽缸，因为汽缸余隙很小而液体是不可压缩的，极少的带液有时也会造成很高的压强而发生设备事故。

(3) 紧急停车操作

① 断电、断水和断润滑油时；

② 填料函和轴承温度超过规定，并发生冒烟时；

③ 电动机声音异常，有烧焦气味或冒火星时；

④ 机身发生强烈振动，采取减振措施无效时；

⑤ 发现缸体、阀门和管路严重漏气时；

⑥ 有关岗位或设备发生重大事故时。

7. 压缩机的维护

做到勤巡回检查，一般采用“听、摸、看、闻”等检查法，能够及时发现不正常现象并及时处理。

① 每次开车前必须认真排放分离器，缓冲器及管线死角内的油水，盘车至少两圈。启动主机

后必须空转数分钟，再逐级缓慢加压。

② 每次开车前应认真检查各系统阀门，近路阀门都处于备用状态，方可开车。

③ 定时检查循环润滑油和注油器的油位、防止发生缺油事故，循环润滑油必须定期更换，滤网要定期清洗，一般4000～8000h更换润滑油。

④ 在运转中发现活门阀片断裂、填料漏气、连接松动及温度、压力、高响等异常现象时，必须找出原因并及时检修。

⑤ 当受压容器、机械、设备或管件发生故障时，必须将气体压力放至0才能进行检查。

⑥ 定期检查安全阀的安全可靠性，同时要经常检查回路阀，旁路阀、排油阀底严密性。

⑦ 冬季停车时，应将汽缸水套、冷却器等处积水排净，防止冻坏设备、管道、阀门等。

⑧ 压缩机因故障长时间停车，在停车期间应每隔4h盘车一次，以改变各部接触位置，防止因润滑干燥而引起腐蚀和主轴局部变形等。

⑨ 压缩机长期停车，应将各主要阀门，排气阀门打开以免系统回气、憋压。

8. 往复压缩机常见故障及处理方法

往复压缩机常见故障、产生原因及处理方法见表1-16。

往复式压缩机常见故障及处理措施

表1-16 往复压缩机常见故障、产生原因及处理方法

常见故障	产生原因	处理方法
排气量不足	① 活塞环磨损，气体泄漏量大 ② 活塞环卡住或断裂 ③ 进排气阀片断裂或阀座密封损坏 ④ 填料函严重漏气 ⑤ 汽缸余隙过大造成气量不足 ⑥ 进口气温度过高或阻力过大	① 更换活塞环 ② 更换活塞环 ③ 更换进排气阀 ④ 更换填料 ⑤ 调整余隙 ⑥ 降低气体温度和阻力
排气温度高	① 本级气阀安装不严漏气 ② 汽缸水夹套积垢	① 检查更换气阀 ② 清理设备结垢、调节水量
汽缸温度过高	① 冷却水供应不足 ② 进气温度太高水夹套结垢 ③ 管道堵塞阻力大 ④ 活塞磨偏、活塞环装配不当或断裂 ⑤ 活塞与汽缸径向间隙太小 ⑥ 进排气阀门损坏	① 调整供水量 ② 降低气体温度，清除水垢 ③ 疏通管道 ④ 检修更换活塞环 ⑤ 检修活塞调整间隙 ⑥ 修换阀门
供油压力降低及油温过高	① 油管接头松开或油管破裂 ② 油泵损坏 ③ 润滑部位间隙过大 ④ 滤油网堵塞 ⑤ 油泵回油阀泄漏 ⑥ 润滑油变质	① 紧固或更换油管 ② 修理油泵 ③ 调整润滑部位间隙 ④ 清洗滤网 ⑤ 修理更换回油阀 ⑥ 更换新油
活塞杆及填料发热漏气	① 活塞杆与填料接触部分磨损严重或拉伤 ② 密封环节流环磨损严重 ③ 密封环、节流环在填料盒中间隙不合适 ④ 密封环拉簧过紧	① 更换活塞杆 ② 更换密封环、节流环 ③ 调整间隙重新组装填料 ④ 调整或更换拉簧
传动机构发出异常响声	① 连杆螺栓螺母松动或断裂 ② 连杆大小轴瓦间隙过大或烧坏 ③ 十字头与活塞杆连接螺母松动 ④ 十字头与滑道配合间隙过大	① 更换螺栓或紧固螺母 ② 调整间隙或更换轴瓦 ③ 紧固连杆螺母 ④ 修补十字头调整间隙
轴承十字头滑道发热或烧坏	① 装配间隙不符合要求 ② 润滑油温过高 ③ 润滑油供应不足或油质不合格	① 调整间隙 ② 降低油温 ③ 调整供油量或更换新油
汽缸内发生异常响声	① 气阀损坏或有异物掉入缸内 ② 进排气阀松动 ③ 汽缸余隙过小 ④ 活塞环断裂或活塞损坏	① 检查、修换气阀、清理异物 ② 紧固压紧螺钉或更换气阀 ③ 调整余隙 ④ 检查修换零部件

续表

常见故障	产生原因	处理方法
机身振动	① 气体带液发生液击 ② 地脚螺栓松动 ③ 基础有缺陷 ④ 超负荷或超压过大 ⑤ 连接部位松动	① 及时排放油水 ② 调整紧固 ③ 消除缺陷 ④ 调整负荷或压力 ⑤ 重新紧固连接螺栓

二、离心式压缩机

离心式压缩机在工业中有哪些应用?

离心式压缩机与往复式压缩机相比具有气量大，结构简单紧凑，重量轻，机组尺寸小，占地面积小；运转平衡，操作可靠，运转率高，摩擦件少，备件需用量少，维护费用及人员少；可以做到绝对无油的压缩过程；工业汽轮机或燃气轮机直接拖动等优点。近年来在化工生产中，往复式压缩机已越来越多地为离心式压缩机所代替。而且，离心式压缩机已经发展成为非常大型的设备，流量达几十万立方米每小时，出口压力达几十兆帕。在大型合成氨厂、合成甲醇、苯加氢等生产中广泛应用。但离心式压缩机也存在着稳定工况区窄，总效率仍低于往复式压缩机，制造精度要求高，当流量偏离额定值时效率较低等缺点。

1. 离心式压缩机结构与工作原理

(1) 离心式压缩机结构　离心式压缩机由转子及定子两大部分组成，结构如图1-83所示。转子包括转轴，固定在轴上的叶轮、轴套、平衡盘、推力盘及联轴节等零部件。定子则有汽缸、定位于缸体上的各种隔板以及轴承等零部件。在转子与定子之间需要密封气体之处还设有密封元件。如图1-83所示是多级离心压缩机，叶轮的级数可以在10级以上，转速可达到3500～8000r/min，故能产生较高的压力，其压力范围为0.4～10MPa。

1.20 离心压缩机的结构及工作原理

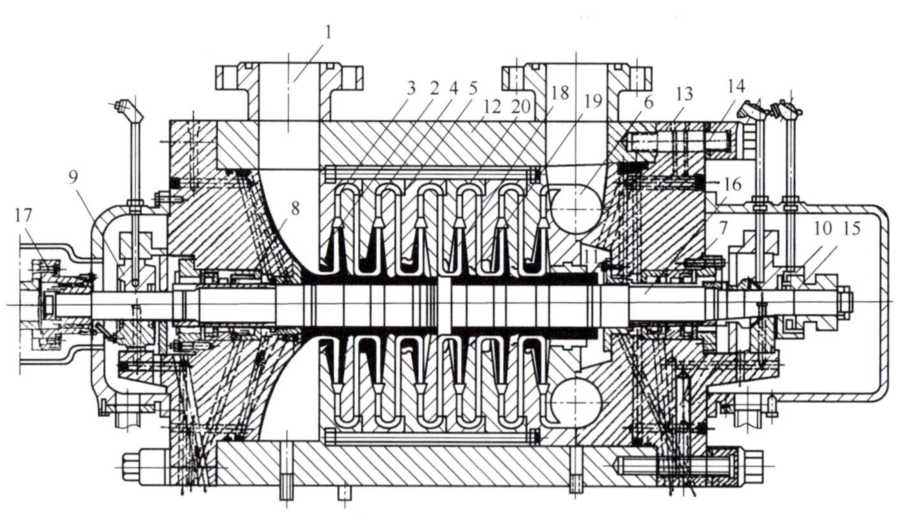

图1-83　离心式压缩机纵剖面结构图

1—吸入室；2—叶轮；3—扩压器；4—弯道；5—回流器；6—蜗壳；7，8—轴端密封；9—支持轴承；10—止推轴承；11—卡环；12—机壳；13—端盖；14—螺栓；15—推力盘；16—主轴；17—联轴器；18—轮盖密封；19—隔板密封；20—隔板

(2) 离心式压缩机工作原理　汽轮机（或电动机）带动压缩机主轴叶轮转动，在离心力作用下，气体被甩到工作轮后面的扩压器中去。而在工作轮中间形成稀薄地带，前面的气体从工作轮中间的进气部分进入叶轮，由于工作轮不断旋转，气体能连续不断地被甩出去，从而保持了压缩机中气体的连续流动。气体因离心作用增加了压力，还可以很大的速度离开工作轮，气体经扩压器逐渐降低了速度，动能转变为静压能，进一步增加了压力。如果一个工作叶轮得到的压力还不够，可通过使多级叶轮串联起来工作的办法来达到对出口压力的要求。级间的串联通过弯道、

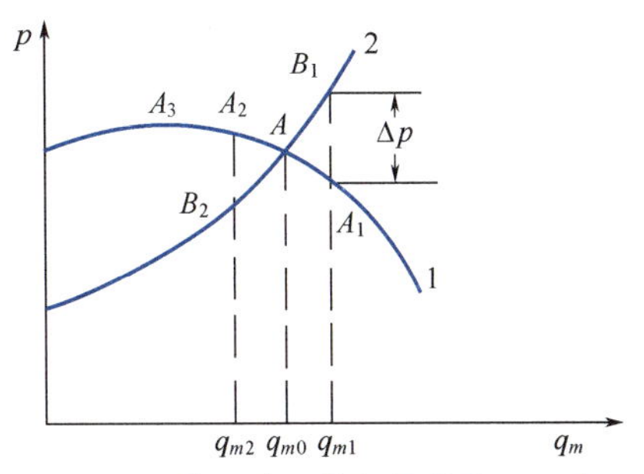

图1-84　离心式压缩机的稳定工况点

回流器来实现。

离心式压缩机由于气体的压缩比较高，气体体积变化较大，温度升高较为显著，为避免气体温度升得过高，压缩机需分段安装，每段包括若干级，段与段之间设冷却器，以免气体温度过高。

2. 离心式压缩机的工作点确定及流量调节

（1）离心式压缩机的工作点确定　当离心式压缩机向管网中输送气体时，如果气体流量和排出压力都相当稳定（即波动甚小），这就表明压缩机和管网的性能协调，处于稳定操作状态。这个稳定工作点具有两个条件：一是压缩机的排气量等于管网的进气量；二是压缩机提供的排气压力等于管网需要的端压力。所以这个稳定工作点一定是压缩机性能曲线和管网性能曲线的交点，因为这个交点符合上述两个相关条件。为了便于说明，把容积流量折算为质量流量q_m。图1-84中线1为压缩机性能曲线，线2为管网性能曲线，两者的交点为A点。假设压缩机不是在A点而是在某点A_1工况下工作，压缩机的流量q_{m1}大于A点工况下的q_{m0}，在流量为q_{m1}的情况下管网要求端压力为p_{B1}，比压缩机能提供的压力p_{A1}还大Δp，这时压缩机只能自动减量（减小气体的动能，以弥补压能的不足）；随着气量的减小，其排气压力逐渐上升，直到回到A工况点。假设不回到工况点A而是达到工况点A_2，这时压缩机提供的排气压力大于管网需要的压力，压缩机流量将会自动增加，同时排气压力则随之降低，直到和管网压力相等才稳定，这就证明只有两曲线的交点A才是压缩机的稳定工况点。

（2）离心式压缩机的流量调节　压缩机调节的实质就是改变压缩机的工况点，即设法改变压缩机的性能曲线或者改变管网性能曲线两种。具体有以下几种调节方式。

① 出口节流调节。即在压缩机出口安装调节阀，通过调节阀的开度，改变管路性能曲线，改变工作点进行流量调节。此法不经济，目前除了风机及小型鼓风机使用外，压缩机很少采用这种调节方法。

② 进口节流调节。即在压缩机进口管上安装调节阀，通过入口调节阀来调节进气压力。进气压力的降低直接影响到压缩机排气压力，使压缩机性能曲线下移，所以进口调节的结果实际是改变了压缩机的性能曲线，达到调节流量的目的。进口节流比出口节流节省功率为4%～5%。所以是一种比较简单而常用的流量调节法。

③ 改变转速调节。当压缩机转速改变时，其性能曲线也有相应的改变，所以可用这个方法来改变工况点，以满足生产要求。这是一种经济的调节方法。

3. 离心式压缩机的喘振与防喘振

离心式压缩机喘振原因及解决措施

（1）离心式压缩机的喘振　离心压缩机最小流量时的工况为喘振工况。如图1-84所示，线1为带驼峰形的离心式压缩机p-q_m的特性曲线，A_3点为峰值点，当离心式压缩机的流量减少到使气压机工作于特性曲线A_3点时，如果因某种原因压缩机的流量再进一步下降，就会使压缩机的出口压力下降，但是管路与系统的容积较大，气体有可压缩性，故管网中的压力不能立即下降，仍大于压缩机的排气压力，就出现气体倒流机器内。压缩机由于补充了流量，又使出口压力升高，直到出口压力高于管网压力后，就又排出气体到系统中。这样压缩机工作在A_3点左侧时造成气体在机内反复流动振荡，流量和出口压力强烈波动，即所谓的喘振现象。

（2）离心式压缩机的防喘振

① 喘振危害。离心式压缩机的喘振是离心式压缩机运行中一个特殊现象，防喘振是压缩机运行中极其重要的问题，许多事实证明，压缩机的大量事故都与喘振有关。喘振时气流产生强烈的往复脉冲，来回冲击压缩机转子及其他部件；气流强烈的无规律的振荡引起机组强烈振动，从而造成各种严重后果。喘振曾经造成转子大轴弯曲，密封损坏，造成严重的漏气、漏油；喘振使轴向推力增大，烧毁止推轴承；强烈的振动可造成仪表失灵；严重持久的喘振可使转子与静止部分

相撞、主轴和隔板断裂，甚至整个压缩机报废，这在国外已经发生过，喘振在运行中是必须时刻提防的问题。

② 防喘振措施。防喘振的原理就是针对引起喘振的原因，在喘振将要发生时，立即设法把压缩机的流量加大。通常采用直接节流调节、旁路回流、调节原动机的转速等方法进行流量的调节和控制。

4. 离心式压缩机的开停车操作

（1）开车前的准备

① 确认透平压缩机及附属设备处于正常备用状态；

② 对机组所属设备、管道、阀门等进行安全检查，消除缺陷；

③ 确认透平和压缩机所使用各压力表、压差计、流量计、监视测量仪表，以及各自动调节、安全保护、报警装置等仪表合格，处于正常备用状态；

④ 锅炉脱盐水，循环冷却水系统全部进入正常运行状态；

⑤ 所有仪表阀及其根部阀全部打开，通仪表空气；

⑥ 生产管路阀关闭，缸体吹扫，N_2 置换后，排放阀关闭；

⑦ 干气密封投入 N_2 压力为 0.4MPa，压缩机缸体内 N_2 充压 0.05～0.1MPa；

⑧ 防喘振回路阀打开，避免喘振。

（2）开车步骤

① 润滑油泵启动。油箱液位 80%，温度 35～50℃，油箱温度低于 32℃启动电加热器。

② 盘车。

③ 透平准备。启动冷凝液泵、建立主冷凝器和气封冷凝器真空、暖管。

④ 汽轮机的预热（暖机）。

⑤ 升速到正常工作转速（按升速曲线进行升速到 12300r/min）。

⑥ 压缩机升压操作。

（3）停车步骤

① 与锅炉房、中控室联系，做好停车准备。

② 压缩机的切气，汽轮机停车。

③ 消除汽轮机和冷凝器真空。

④ 盘车启动。当确定汽轮机转子完全停止状态，盘车启动。

⑤ 密封蒸汽冷凝器停用。

⑥ 盘车停止。

⑦ 冷凝液、润滑油系统停车。

⑧ 全部关闭各排水阀。

（4）紧急停车

遇到下列情况之一应做紧急停车处理。

① 断电、断油、断蒸汽。

② 油压迅速下降而联锁装置不工作时。

③ 轴承温度超过报警值仍继续上升时。

④ 电机冒烟有火花时。

⑤ 轴位计指示超过指标，保护装置不工作时。

⑥ 压缩机发生剧烈振动或异常声响时。

5. 离心式压缩机常见故障与处理方法

离心式压缩机的性能受吸入压力、吸入温度、吸入流量，进气相对分子质量组成和原动机的转速和控制特性的影响。一般多种原因相互影响发生故障或事故的情况最为常见，离心式压缩机常见故障、可能的原因和处理方法见表 1-17。

表1-17 离心式压缩机常见故障、产生的原因和处理方法

常见故障	产生原因	处理方法
压缩机流量和排出压力不足	① 通流量有问题 ② 压缩机逆转 ③ 吸气压力低 ④ 运行转速低 ⑤ 循环量增大 ⑥ 压力计或流量计故障	① 将排气压力与流量同压缩机特性曲线相比较 ② 检查旋转方向，和箭头标志方向相一致 ③ 和说明书对照，查明原因 ④ 检查运行转速与说明书对照，应提升原动机转速 ⑤ 循环量太大时应调整 ⑥ 调校、修理或更换
排出压力波动	① 流量过小 ② 调节阀有病 ③ 防喘振阀及放空阀不正常 ④ 压缩机喘振 ⑤ 密封间隙过大 ⑥ 进口过滤器堵塞	① 在排出管安旁通管补充流量 ② 检查流量调节阀 ③ 校正调整防喘振的传感器及放空阀 ④ 使压缩机脱离喘振区 ⑤ 按规定调整密封间隙或更换密封 ⑥ 清洗过滤器
气体温度高	① 冷却水量不足 ② 冷却能力下降 ③ 冷却管表面积污垢 ④ 冷却管破裂 ⑤ 冷却器水侧通道积有气泡 ⑥ 运行点过分偏离设计点	① 重新调整水压、水温和水量 ② 冷却器管中的水速应小于 2m/s ③ 检查冷却器温差，清洗冷却器管子 ④ 检查修理 ⑤ 打开放气阀把气体排出 ⑥ 调整运行工况
机器声音异常	① 机器损坏 ② 机器运转不稳 ③ 轴承、密封件摩擦 ④ 吸入异物	① 停机检查修理 ② 调节工艺参数或停机检查 ③ 修理或更换 ④ 停机检查清除
压缩机漏气	① 密封系统不良 ② “O” 形密封环不良 ③ 汽缸或管接头漏气 ④ 密封胶失效 ⑤ 运行不正常 ⑥ 密封件破损、断裂、腐蚀	① 检查修理密封系统元件 ② 检查更换各 “O” 形环 ③ 检查，发现漏气及时修理 ④ 检查密封胶及填料，发现失效应更换 ⑤ 检查，发现问题及时解决 ⑥ 检查各密封环，并采取措施解决
压缩机喘振	① 工况点接近或落入喘振区 ② 防喘振裕度设定不够 ③ 吸入流量不足 ④ 出口气体系统超压 ⑤ 放空阀或回流阀未打开 ⑥ 防喘振装置未设自动 ⑦ 防喘振装置失准或失灵 ⑧ 防喘振设定值不准 ⑨ 升速、升压过快 ⑩ 降速未先降压 ⑪ 气体性质或状态严重改变 ⑫ 压缩机部件破损脱落 ⑬ 逆止阀不灵	① 应及时脱离并消除喘振 ② 防喘振裕度应控制在 1.03 ~ 1.50，不可过小 ③ 进气通道阻塞，应查出原因并采取相应措施 ④ 出口逆止阀失灵，气体倒灌，消除高压 ⑤ 及时打开防喘的放空阀或回流阀 ⑥ 正常运行时防喘振装置应投自动 ⑦ 检查，及时修理调整 ⑧ 严格整定防喘振数值 ⑨ 升速、升压不可过猛、过快，应当缓慢均匀 ⑩ 降速之前应先降压，合理避免喘振 ⑪ 根据改变后的特性线整定防喘振值 ⑫ 检查修理防止喘振 ⑬ 经常逆止阀，防止气体倒灌

复习思考题

一、选择题

1. 牛顿黏性定律适用于牛顿型流体，且流体应呈（　　）。

A. 滞流流动　　B. 湍流流动　　C. 过渡流流动

2. 离心泵的轴功率N与流量q_V的关系为（　　）。

A. q_V增大，N增大　　B. q_V增大，N减小　　C. q_V增大，N先增大后减小

3. 某管路要求输水量q_V=80m^3/h，压头H=18m，今有以下四个型号的离心泵，分别可供一定的流量q_V和压头H，则宜选用（　　）。

A. q_V=88m^3/h　H=28m　　B. q_V=90m^3/h　H=28m　　C. q_V=88m^3/h　H=20m

4. 流体在圆形直管中流动时，判断流体流动的准数为（　　）。

A. *Re*　　B. *Ne*　　C. *Pr*

5. 计算管路系统突然扩大和突然缩小的局部阻力时，速度u值应取（　　）。

A. 上游截面处流速　　B. 下游截面处流速　　C. 小管中流速

6. 离心泵的效率η和流量q_V的关系为（　　）。

A. q_V增加η增加　　B. q_V增加η减小　　C. q_V增加η先增加后减小

7. 某液体在内径为d_1的管路中稳定流动，其平均流速为u_1，当它以相同的体积流量通过内在为d_2（$d_2=d_1/2$）的管路时，则其平均流速为原来的（　　）。

A. 2倍　　B. 4倍　　C. 8倍

8. 流体在圆形直管中流动时，若其已进入完全湍流区，则摩擦系数λ与*Re*的关系为（　　）。

A. *Re*增加，λ增加　　B. *Re*增加，λ减小

C. *Re*增加，λ基本不变　　D. *Re*增加，λ先增加后减小

9. 离心泵的扬程是指（　　）。

A. 实际升扬高度　　B. 液体出泵和进泵的压差液柱高

C. 单位重量液体通过泵所获得的机械能

10. 某系统的绝对压力为0.04MPa，若当地大气压力为0.1MPa，则该系统的真空度为（　　）。

A. 0.14MPa　　B. 0.04MPa　　C. 0.06MPa

11. 层流和湍流的本质区别是（　　）。

A. 湍流流速大于层流流速　　B. 流道截面大的为湍流，小的为层流

C. 层流无径向脉动，湍流有径向脉动

12. 离心泵的工作点（　　）。

A. 与管路特性有关，与泵的特性无关　　B. 与管路特性无关，与泵的特性有关

C. 与管路特性和泵的特性均有关

13. 离心式鼓风机最常用的流量调节方法是（　　）。

A. 节流调节　　B. 变速调节　　C. 支路调节

14. 往复压缩机每一个工作循环包括（　　）。

A. 吸气、排气、压缩、膨胀　　B. 吸气、压缩、排气、膨胀

C. 吸气、膨胀、排气、压缩

15. 离心式压缩机流量调节最常用的调节方法是（　　）。

A. 出口节流　　B. 进口节流　　C. 变速调节

16. 罗茨鼓风机流量调节可以采用（　　）。

A. 入口阀　　B. 出口阀　　C. 支路调节

17. 降低压缩机排气温度的主要方法是（　　）。

A. 进口温度　　B. 压缩比　　C. 多变指数

18. 活塞往复一次、吸液排液各一次的是（　　）。

A. 单动泵　　B. 双动泵　　C. 三联泵

19. 离心式压缩机产生“喘振”的主要原因是（　　）。

A. 流量在峰值点右侧　　B. 流量在峰值点左侧　　C. 流量在峰值点处

20. 离心式通风机的特性曲线表明，风量越大则通风机的风压（　　）。

A. 越大　　B. 越小　　C. 不变

二、填空题

1. 工业上测定液体密度最简单的方法是用________，若密度计的直接读数为d_{277K}^{T}水，则T K时该液体的密度为________kg/m^3。

2. 流体静力学基本方程式为________，它只能适应于________的内部。

3. 0.6atm=________N/m^2=________mH_2O。

4. 在稳定流动系统同一管道内，不同截面的________流量相等，此结论称为________方程式。

5.流体流动类型为________和________两种类型，层流时管内流体速度分布沿管径呈________形状分布，管中心处流速是平均流速的________倍。

6.若非圆形管子是正三角形，边长为t，则流体在非圆形管内流动时的当量直径d_e=________。

7.测量流体流量的仪器为________，用转子流量计测量时要________安装，流体流向必须________进________出。

8.离心泵泵壳的作用是________和________，若泵轴密封不严会发生________和________现象。

9.离心泵特性曲线为________、________和________三条曲线；其性能参数为________、________和________。

10.离心泵铭牌上所标明的流量、压头和轴功率都是________效率下的数值。

11.离心泵安装高度不当会发生________现象，离心泵常用调节流量的方法是改变________特性曲线。

12.离心式通风机的性能参数为________、________、________和________。

13.牛顿黏性定律的表达式为____________________。

14.水由敞口的恒液面的高位槽流至压力恒定的塔中，当管路中的阀门开度变小时，水流量将________，管路总压头损失将________。

15.齿轮泵适宜于输送____________________的液体。

16.某设备的表压强为50kPa，则它的绝对压强为________kPa，一设备的真空度为50kPa，则它的绝对压强为________kPa（当地大气压为100kPa）。

17.写出伯努利方程________或________。

18.离心泵性能参数是指压力为________mH_2O、温度为________℃时清水条件下的实测值。

19.某液体在一段水平圆形直管内流动，已知Re值为1800，若其平均流速为0.5m/s，则管中心处的点速度为________，流体在管内的流动类型为________。

20.当离心泵叶轮入口处压强等于或小于被输送液体在该温度下的饱和蒸气压时，会产生________现象。

三、简答题

1.密度、相对密度、比体积、黏度、流量、流速的定义及法定单位是什么？

2.绝对压力、表压、真空度及它们之间的关系是什么？

3.表示压力的常用单位及其换算关系是什么？

4.流体流动类型及判据是什么？

5.静力学基本方程和适用条件是什么？

6.流体流动具有哪些机械能？应用伯努利方程时，怎样选取计算截面和基准面？

7.流体阻力包括哪几种？试述减少流动阻力的途径。

8.离心泵的工作原理、主要构造、各部件的作用是什么？

9.解释离心泵的气缚、汽蚀现象、产生的主要原因及解决的措施。

10.试述离心泵的工作点的确定、流量调节的方法及操作运转的注意事项。

11.什么是正位移特性？往复泵和离心泵相比各有何不同？

12.试述离心式通风机的构造、工作原理、性能参数及特性曲线。

13.试述往复压缩机结构、工作原理及开停车操作。

14.往复压缩机采用多级压缩有何好处？

15.简述往复压缩机与离心压缩机有何不同？并解释离心压缩机的“喘振”现象。

四、计算题

1.苯和甲苯的混合液，苯的质量分数为0.4，求混合液在20℃时的密度。

［答 871.8kg/m^3］

2.试计算空气在当地大气压强为100kPa和20℃下的密度。

［答 1.19kg/m^3］

3.乙炔发生炉水封槽的水面高出水封管口1.2m，求炉内乙炔的最大压力（绝对压），以kPa表示。已知当地大气压力为750mmHg。

［答 111.8kPa］

4.25℃水在ϕ60mm×3mm的管道中流动，流量为20m^3/h，试判断流型。

［答 湍流］

5.实验室以水为介质进行离心泵特性曲线的测定，在转速为2900r/min时测得一组数据为：流量$3.5\times10^{-3}m^3/s$，泵出口处压力表读数为100kPa，入口处真空表读数为6.8kPa。电动机的输入功率为0.85kW，泵由电动机直接传动，电动机效率为52%。已知泵吸入管路和排出管路内径相等，压力表和真空表的两测压孔间的垂直距离为0.1m，试验水温为20℃。试求该泵在上述流量下的压头、轴功率和效率。

［答　H=11.1m；P=0.442kW；η=86.8%］

6.用油泵将密闭容器内30℃的丁烷抽出。容器内丁烷液面上方的绝压为343kPa。输送到最后，液面将降低到泵的入口以下2.8m，液体丁烷在30℃的密度为580kg/m^3，饱和蒸气压$p_{饱}$为304kPa，吸入管路的压头损失估计为1.5m。油泵的汽蚀余量为3m，问这个泵能否正常工作。

［答　不能］

7.常压贮槽内装有相对密度为0.85的某液体，其饱和蒸气压为600mmHg，现将该液体用泵以20m^3/h的流量送入某容器，输送管路为ϕ57mm×2.5mm的钢管，出口压强为150kN/m^2（表压），出口距液体贮槽的液面为6m，吸入管路和压出管路的损失压头分别为0.5m和5m，离心泵的汽蚀余量$\Delta h_{允}$=2.3m。试求：（1）泵有效功率；（2）确定泵的安装高度。

［答　（1）P_e=1.38kW；（2）H_g=−0.25m］

8.将密度为1500kg/m^{3}的硝酸由地面贮槽送入反应釜。流量为7m^3/h，反应器内液面与贮槽液面间垂直距离为8m，釜内液面上方压强（表压）为200kPa，贮槽液面上方为常压，管路阻力损失为30kPa。试选择一台耐腐蚀泵，并估算泵的轴功率。

［答　40F-26型，P=1.53kW］

9.常压贮槽内装有某石油产品，在贮存条件下其密度为760kg/m^3。现将该油品送入反应釜中，输送管路为ϕ57mm×2mm，由液面到设备入口的升扬高度为5m，流量为15m^3/h。釜内压力为148kPa（表压），管路的压头损失为5m（不包括出口阻力）。试选择一台合适的油泵。

［答　选泵65Y-60B］

项目二

非均相混合物的分离

化工生产过程中也经常遇到不同类型的混合物，如生产中的原料、半成品、排放的废物等，为了便于进一步加工，得到纯度较高的产品以及符合环境的要求等，常常要对混合物进行分离。本项目从分离岗位的实际需求出发，设计了五个具体的工作任务，通过学习实践训练，使学生达到本岗位的学习目标，以满足化工企业对分离岗位操作人员的要求。

思政目标

1. 培养文明礼貌、助人为乐、爱护公物、保护环境、遵纪守法的社会公德。
2. 培养规范意识、法制意识、纪律意识、责任意识、服务意识。

学习目标

技能目标

1.会选择和制定非均相混合物的分离方案。

2.会进行沉降、过滤等一些常用设备的操作与维护。

3.会分析、判断和处理常用分离设备出现的故障。

知识目标

1.熟知非均相混合物分离在化工生产中的应用。

2.熟知非均相混合物的分离的原理、所用设备的结构及选用原则。

3.熟知其他气体净制方法的原理、工艺及所用设备的结构和特性。

生产案例

混合物的分类

沉降与过滤的分离技术

以工业上碳酸氢铵的生产为例，如图 2-1 所示，氨水和二氧化碳在碳化塔中进行反应，生成含有碳酸氢铵的悬浮液，然后通过离心过滤机将液体和固体分离，再通过气流干燥器将水分进一步除去，干燥后的气固混合物由旋风分离器和袋滤器进行分离，得到最终产品。在此生产过程

图2-1　碳酸氢铵的生产流程示意

1—碳化塔；2—离心过滤机；3—风机；4—气流干燥器；5—缓冲器；6—旋风分离器；7—袋滤器

中，有多处用到非均相混合物的分离操作。包括气 - 固分离和液 - 固分离。生产工艺中采用的分离设备如离心机、过滤机、旋风分离器以及袋滤器均是非均相混合物常用的分离设备。所以，非均相混合物分离是化工生产中常用的单元操作之一。

一般来说，混合物按相数可分为两类：均相混合物和非均相混合物。这里介绍的是非均相混合物的分离，如雾（气相 - 液相）、烟尘（气相 - 固相）、悬浮液（液相 - 固相）、乳浊液（两种不相溶的液相）等混合物的分离净化过程。常见的分离方法有沉降、过滤、静电分离及气体的其他净制分离等。

非均相混合物的分离在工业生产中的应用主要有以下几个方面。

（1）收集分散物质以达综合利用的目的　例如收集金属冶炼过程中烟尘，不仅能提高该种金属的收率，而且是提炼其他金属的重要途径；再如，收集粉碎机、沸腾干燥器、喷雾干燥器等设备出口气流中夹带的物料；收集蒸发设备出口气流中带出的药液雾滴；回收结晶器中晶浆中夹带的颗粒；回收催化反应器中气体夹带的催化剂等，都是回收其中有用物质以循环应用的。

“相”的定义是什么?

（2）净化分散介质以除去对下一工序有害的物质　例如气体在进压缩机前，必须除去其中的液滴或固体颗粒，在离开压缩机后也要除去油沫或水沫；某些催化反应的原料气中如果带有灰尘杂质，便会影响催化剂的活性，为此，必须在气体进入反应器之前清除其中的灰尘杂质，以保证催化剂的活性；再如，除去药液中无用的混悬颗粒以便得到澄清药液；除去空气中的尘粒以便得到洁净空气等。

（3）减少对作业区的污染以保护环境　近年来，工业污染对环境的危害愈来愈明显，因而要求各工厂企业必须清除出废气、污水中的有害物质，使其达到规定的排放标准，以保护环境；去除容易构成危险隐患的漂浮粉尘以保证安全生产等。如碳酸氢铵的生产中通过旋风分离器，已将产品基本上回收了，但为了不造成对作业区的污染，在废气最终排放前，还要由袋滤器除去其中的粉尘。

2.1 沉降分离

任务一
沉降分离操作

沉降操作是借助于某种外力的作用，利用分散物质与分散介质的密度差异，使之发生相对运动而分离的过程。根据外力的不同，沉降又分为重力沉降和离心沉降。

一、重力沉降分离

在重力的作用下，使流体与颗粒之间发生相对运动的分离过程称为重力沉降。一般用于气 - 固混合物和液 - 固混合物的分离。例如，在生产上对污水进行沉降处理；中药生产中的中药浸提液的静止澄清工艺等，都是利用重力沉降实现分离的典型操作。

1. 重力沉降速度

以固体颗粒在流体中的沉降为例分析重力沉降速度。颗粒的沉降速度与颗粒的形状有很大关系，为了便于理论推导，先分析光滑球形颗粒的自由沉降速度。

（1）球形颗粒的自由沉降速度　自由沉降是指在沉降过程中，任一颗粒的沉降不因其他颗粒的存在而受到干扰。例如，较稀的混悬液或含尘气体中固体颗粒的沉降可视为自由沉降。

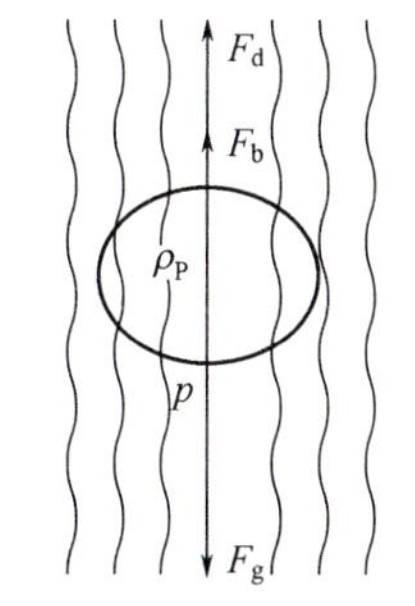

图2-2　静止流体中颗粒受力示意

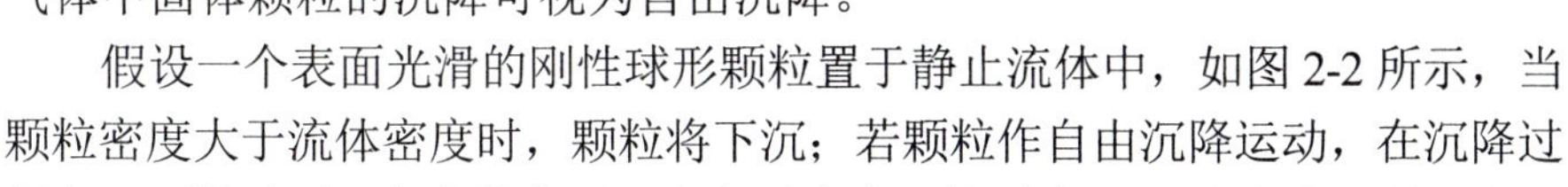

假设一个表面光滑的刚性球形颗粒置于静止流体中，如图 2-2 所示，当颗粒密度大于流体密度时，颗粒将下沉；若颗粒作自由沉降运动，在沉降过程中，颗粒受到三个力的作用：方向垂直向下的重力 F_g；方向向上的浮力 F_b；方向向上的阻力 F_d。

设球形颗粒的直径为 d_s，颗粒密度为 ρ_s，流体的密度为 ρ，则颗粒所受的重力 F_g、浮力 F_b 和阻力 F_d 分别为

$$F_g=\frac{\pi}{6}d_s^3\rho_s g,\quad F_b=\frac{\pi}{6}d_s^3\rho g,\quad F_d=\zeta A\frac{\rho u^2}{2}$$

式中　A——沉降颗粒沿沉降方向的最大投影面积，对于球形颗粒$A=\frac{\pi}{4}d_s^2$，m^2；

u——颗粒相对于流体的降落速度，m/s；

ζ——沉降阻力系数。

对于一定的颗粒与流体，重力与浮力的大小一定，而阻力随沉降速度而变。根据牛顿第二定律有

$$F_g-F_b-F_d=ma \tag{2-1}$$

式中　m——颗粒的质量，kg；

a——加速度，m/s^2。

当颗粒开始沉降的瞬间，u 为零，阻力也为零，加速度 a 为最大值；颗粒开始沉降后，随着 u 逐渐增大，阻力也随着增大，直到速度增大到一定值 u_t 后，重力、浮力、阻力三者达到平衡，加速度为零，此时颗粒等速度下做匀速运动。此均匀运动时的速度即为颗粒的自由沉降速度，用 u_t 表示，单位为 m/s。即

$$F_g-F_b-F_d=0 \tag{2-1a}$$

将重力 F_g、浮力 F_b 和阻力 F_d 分别代入式（2-1a）整理得

$$u_t=\sqrt{\frac{4d_s g(\rho_s-\rho)}{3\rho\zeta}} \tag{2-2}$$

对于微小颗粒，沉降的加速阶段时间很短，可以忽略不计，因此，整个沉降过程可以视为匀速沉降过程，加速度 a 为零。在这种情况下可直接将 u_t 用于重力沉降速度的计算。

（2）重力沉降阻力系数　用式（2-2）计算重力沉降速度u_t时，必须确定沉降阻力系数ζ，并且ζ是颗粒对流体作相对运动时的雷诺数Re_t的函数

$$\zeta=f(Re_t)=f\left(\frac{d_s u_t \rho}{\mu_e}\right) \tag{2-3}$$

ζ 与 Re_t 的关系一般由实验测定，如图 2-3 所示。图中球形颗粒（φ_s=1.000）的曲线可分为三个区域，各区域中 ζ 与 Re_t 的函数关系分别表示为

层流区
$$\zeta=\frac{24}{Re_t},\ 10^{-4}<Re_t<1 \tag{2-4}$$

过渡区
$$\zeta=\frac{18.5}{Re_t^{0.6}},\ 1<Re_t<10^3 \tag{2-5}$$

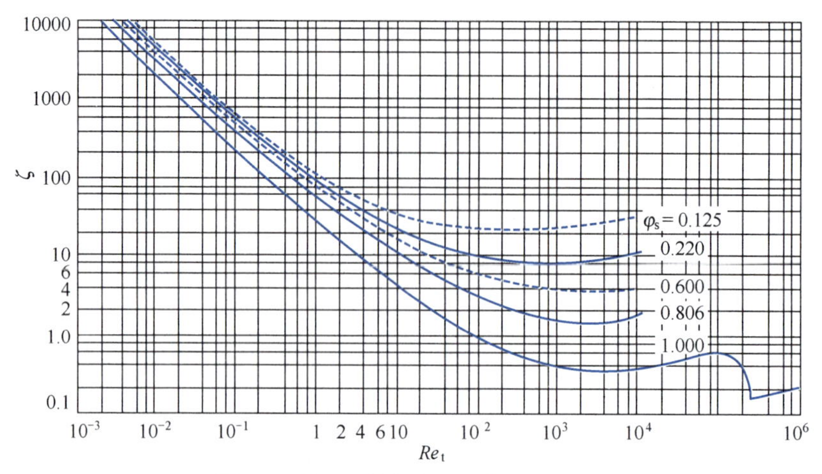

图2-3　球形颗粒自由沉降的ζ-Re_t关系

湍流区　　$\zeta=0.44$，$10^3<Re_t<2\times10^5$　　（2-6）

将式（2-4）～式（2-6）分别代入式（2-2），可得各区域的沉降速度公式为

层流区　$10^{-4}<Re_t<1$

$$u_t=\frac{d_s^2 g(\rho_s-\rho)}{18\mu} \tag{2-7}$$

过渡区　$1<Re_t<10^3$

$$u_t=0.27\sqrt{\frac{d_s(\rho_s-\rho)g}{\rho}Re_t^{0.6}} \tag{2-8}$$

湍流区　$10^3<Re_t<2\times10^5$

$$u_t=1.74\sqrt{\frac{d_s(\rho_s-\rho)g}{\rho}} \tag{2-9}$$

式（2-7）～式（2-9）分别称为斯托克斯公式、艾仑公式及牛顿公式。由此三式可看出，在整个区域内，d_s及（ρ_s-ρ）越大则沉降速度u_t越大；在层流区由于流体黏性引起的表面摩擦阻力占主要地位，因此式(2-7)层流区的沉降速度与流体黏度μ成反比，与颗粒直径d_s的平方成正比，说明加大颗粒的粒径有助于提高沉淀效率；一般来说，水温上升，μ值下降即提高水温有助于提高颗粒的沉淀效果。

在计算沉降速度u_t时，可使用试差法，即先假设颗粒沉降属某个区域，选择相对应的计算公式进行计算，然后再将计算结果进行Re_t校核。

（3）非球形颗粒的自由沉降速度　颗粒最基本的特性是其形状和大小，由于颗粒形成的方法和原因不同，使它们具有不同的尺寸和形状。工业上遇到的固体颗粒大多是非球形颗粒，非球形颗粒虽然不像球形颗粒那样容易求出体积、表面积和比表面积，但可以用当量直径和球形度来表示其特性。

① 当量直径。非球形颗粒的大小可用当量直径表示，即与实际颗粒等体积的球形颗粒的直径，称为非球形颗粒的当量直径d_e。

假设任意实际颗粒的体积为V_P，当V_P等于球形颗粒的体积时，球形颗粒的直径即为非球形颗粒的当量直径d_e，即

$$d_e=\sqrt[3]{\frac{6V_P}{\pi}} \tag{2-10}$$

式中　d_e——非球形颗粒的当量直径，m；

　　V_P——任意实际颗粒的体积，m^3。

② 球形度。球形度（形状系数）用 ϕ_s 表示，即非球形颗粒几何形状与球形颗粒的差异程度，其定义为与任意颗粒体积相等的球形颗粒的表面积与该颗粒表面积之比，即

$$\phi_s=\frac{S}{S_P} \tag{2-11}$$

式中　ϕ_s——颗粒的球形度；

　　S_P——任意颗粒的表面积，m^2；

　　S——与任意颗粒的体积相等的球形颗粒的表面积，m^2。

由于体积相同，形状不同的颗粒中，球形颗粒的表面积最小，所以任何非球形颗粒的球形度均小于1，而且颗粒形状与球形颗粒差别愈大，球形度愈小。当颗粒为球形时，球形度为1。

非球形颗粒的几何形状及投影面积 A 对沉降速度都有影响。颗粒向沉降方向的投影面积 A 愈大，沉降阻力愈大，沉降速度愈慢。一般情况下，相同密度的颗粒，球形或接近球形颗粒的沉降速度大于同体积非球形颗粒的沉降速度。

2. 实际沉降及其影响因素

实际沉降即为干扰沉降，如前所述，颗粒在沉降过程中将受到周围颗粒、流体、器壁等因素的影响，一般来说，实际沉降速度小于自由沉降速度。

（1）颗粒含量的影响　实际沉降过程中，颗粒含量较大，周围颗粒的存在和运动将改变原来单个颗粒的沉降过程，使颗粒的沉降速度较自由沉降时小。例如，由于大量颗粒下降，从而使沉降速度减小。颗粒含量越大，这种影响越大，达到一定沉降要求所需的沉降时间越长。

（2）颗粒形状的影响　对于同一性质的固体颗粒，非球形颗粒的沉降阻力比球形颗粒大得多，因此其沉降速度较球形颗粒要小一些。

（3）颗粒大小的影响　从斯托克斯定律可以看出：其他条件相同时，粒径越大，沉降速度越大，越容易分离，如果颗粒大小不一，大颗粒将对小颗粒产生撞击，其结果是大颗粒的沉降速度减小，而对沉降起控制作用的小颗粒的沉降速度加快，甚至因撞击导致颗粒聚集而进一步加快沉降。

（4）流体性质的影响　流体与颗粒的密度差越大，沉降速度越大；流体黏度越大，沉降速度越小。因此，对于高温含尘气体的沉降，通常需先散热降温，以便获得更好的沉降效果。

（5）流体流动的影响　流体的流动会对颗粒的沉降产生干扰，为了减少干扰，进行沉降时要尽可能控制流体处于稳定的低速流动。因此，工业上的重力沉降设备，通常尺寸很大，其目的之一就是降低流速，消除流动干扰。

（6）器壁的影响　器壁对沉降的干扰主要有两个方面：一是因摩擦干扰，使颗粒的沉降速度下降；二是因吸附干扰，使颗粒的沉降距离缩短。当容器较小时，容器的壁面和底面均能增加颗粒沉降时的曳力，使颗粒的实际沉降速度较自由沉降速度低。因此，器壁的影响是双重的。

需要指出的是，为简化计算，实际沉降可近似按自由沉降处理，由此引起的误差在工程上是可以接受的。只有当颗粒含量很大时，才需要考虑颗粒之间的相互干扰。

【例2-1】试计算直径为30μm的球形石英颗粒（其密度为2650kg/m^3），在20℃水中和20℃常压空气中的自由沉降速度。

解　已知 d_s=30μm，ρ_s=2650kg/m^3。

① 20℃水 $\mu=1.01\times10^{-3}$Pa·s，ρ=998kg/m^3。

设沉降在滞流区，根据式（2-7）

$$u_t=\frac{d_s^2(\rho_s-\rho)g}{18\mu}=\frac{(30\times10^{-6})^2\times(2650-998)\times9.81}{18\times1.01\times10^{-3}}=8.02\times10^{-4}\,(m/s)$$

校核流型

$$Re_t=\frac{d_s u_t \rho}{\mu}=\frac{30\times10^{-6}\times8.02\times10^{-4}\times998}{1.01\times10^{-3}}=2.38\times10^{-2}\in(10^{-4}\sim1)$$

假设成立，$u_t=8.02\times10^{-4}$m/s 为所求。

② 20℃常压空气 $\mu=1.81\times10^{-5}$Pa・s，$\rho=1.21$kg/m^3。

设沉降在滞流区

$$u_t=\frac{d_s^2(\rho_s-\rho)g}{18\mu}=\frac{(30\times10^{-6})^2\times(2650-1.21)\times9.81}{18\times1.81\times10^{-5}}=7.18\times10^{-2}(\text{m/s})$$

校核流型

$$Re_t=\frac{d_s u_t \rho}{\mu}=\frac{30\times10^{-6}\times7.18\times10^{-2}\times1.21}{1.81\times10^{-5}}=0.144\in(10^{-4}\sim2)$$

假设成立，$u_t=7.18\times10^{-2}$m/s 为所求。

3. 重力沉降设备

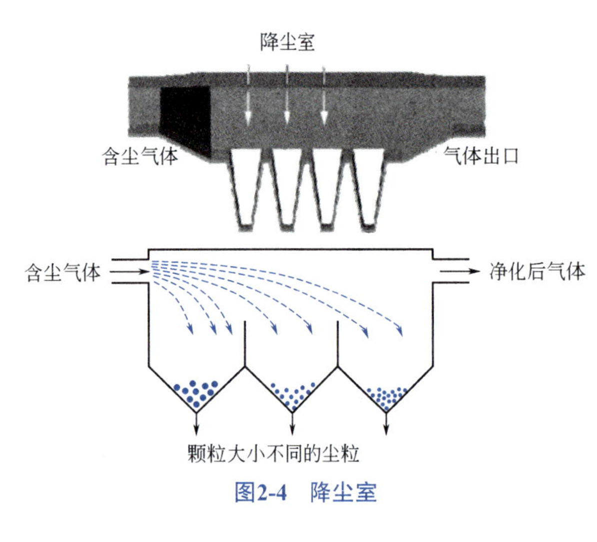

图2-4　降尘室

2.2 降尘室工作过程

(1) 降尘室　降尘室是利用重力沉降的作用分离气体非均相混合物的装置。

如图 2-4 所示，含尘气体沿水平方向缓慢通过降尘室，气流中的尘粒除了与气体一样具有水平速度 u 外，因受重力作用还具有向下的沉降速度 u_t。设降尘室的高为 H，长为 L，宽为 B，三者的单位均为 m。

若气流在整个流动截面上分布均匀，并使气体在降尘室内有一定的停留时间，在这个时间内颗粒若沉到了室底，则颗粒就能从气体中除去。为保证尘粒从气体中分离出来，则颗粒沉降至底部所用的沉降时间必须小于等于气体通过沉降室的停留时间。

含尘气体在降尘室内分离的必要条件

含尘气体的停留时间为

$$\theta=\frac{L}{u}$$

颗粒沉降所需的沉降时间为　$$\theta_t=\frac{H}{u_t}$$

沉降分离满足的基本条件为　$$\theta\geqslant\theta_t\quad 或\quad \frac{L}{u}\geqslant\frac{H}{u_t}$$

设 q_V 为降尘室所处理的含尘气体的体积流量，单位为 m^3/s，即降尘室的最大生产能力为

$$q_V\leqslant BLu_t \tag{2-12}$$

q_V与降尘室高度的关系

式 (2-12) 表明，降尘室生产能力只与降尘室的底面积 BL 及颗粒的沉降速度 u_t 有关，而与降尘室高度 H 无关，所以降尘室一般采用扁平的几何形状，或在室内加多层隔板，形成多层降尘室如图 2-5 所示，以提高其生产能力和除尘效率。若降尘室内设置 n 层水平隔板，则 n 层降尘室的生产能力变为

$$q_V=(n+1)BLu_t \tag{2-12a}$$

降尘室结构简单，流动阻力小，但设备庞大、效率低，通常只适用于分离粗颗粒（一般指直径大于 50μm 以上的颗粒），一般作为预分离除尘设备使用。多层降尘室虽能分离较细的颗粒，

且节省占地面积，但清灰比较麻烦。

（2）沉降槽 依靠重力沉降从悬浮液中分离出固体颗粒的设备称为沉降槽或增浓器。如用于低浓度悬浮液分离时亦称为澄清器；用于中等浓度悬浮液的浓缩时，常称为浓缩器或增稠器。沉降槽可分为间歇式、半连续式和连续式三种。

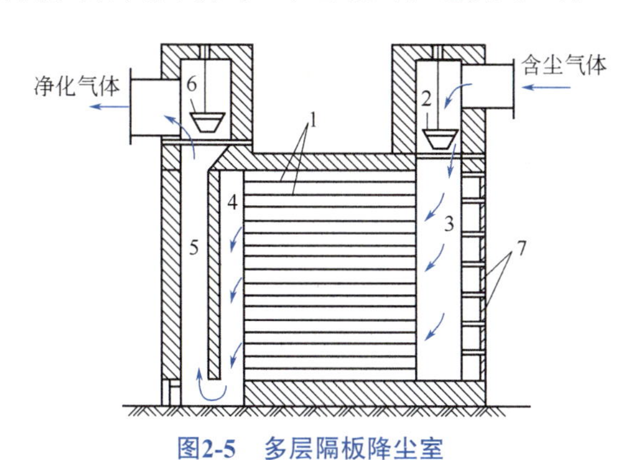

图2-5 多层隔板降尘室

1—隔板；2，6—调节闸阀；3—气体分配道；
4—气体集聚道；5—气道；7—清灰口

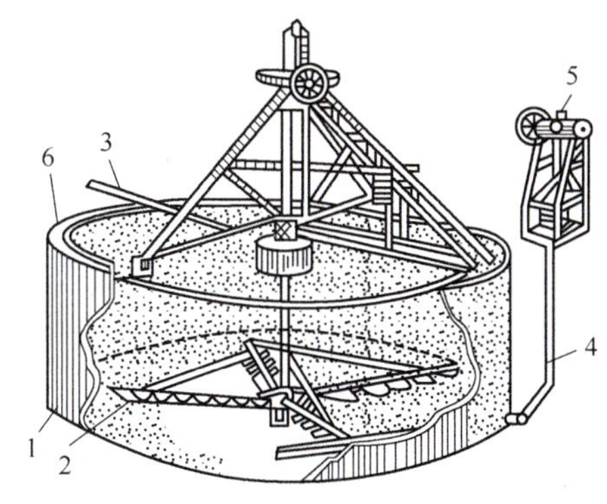

图2-6 连续沉降槽

1—槽；2—耙；3—悬浮液送液槽；
4—沉淀排出管；5—泵；6—澄清液流出槽

在化工生产中常用连续操作的沉降槽，如图2-6所示，它是一个带锥形底的圆池，悬浮液由位于中央的进料口加至液面以下，经一水平挡板折流后沿径向扩展，随着颗粒的沉降，液体缓慢向上流动，经溢流堰流出得到清液，颗粒则下沉至底部形成沉淀层，由缓慢转动的耙将沉渣移至中心，从底部出口排出。间歇沉降槽的操作过程是将装入的料浆静止足够时间后，上部清液使用虹吸管或泵抽出，下部沉渣从低口排出。

沉降槽有澄清液体和增稠悬浮液的双重作用功能，与降尘室类似，沉降槽的生产能力与高度无关，只与底面积及颗粒的沉降速度有关，故沉降槽一般均制造成大截面、低高度。大的沉降槽直径可达10～100m、深2.5～4m。

沉降槽设备具有结构简单，可连续操作且增稠物浓度较均匀的优点，缺点是设备庞大，占地面积大、分离效率较低。

沉降槽一般适于处理颗粒不太小、浓度不太高，但处理量较大的悬浮液的分离。常见的污水处理器就是一例，经该设备处理后的沉渣中还含有大约50%的液体，必要时再用过滤机等做进一步处理。

对于含有颗粒直径小于1μm的液体，一般称为溶胶，由于颗粒直径小，较难分离。为使小颗粒增大，常加电解质混凝剂或絮凝剂使小粒子变成大粒子，提高沉降速度。例如，河水净化加明矾［$KAl(SO_4)_2 \cdot 12H_2O$］，使水中细小污物沉降。常用的电解质，除了明矾还有氧化铝、绿矾、氯化铁等。近年来，已研究出某些高分子絮凝剂。

二、离心沉降分离

离心沉降是利用惯性离心力的作用而实现的沉降过程。在重力沉降的讨论中已经得知，颗粒的重力沉降速度与颗粒的直径及液体与颗粒的密度差成正比，与重力加速度成正比。颗粒的直径越大，两相密度差越大，则重力沉降速度越大。换言之，对一定的非均相混合物，其重力沉降速度是恒定的，人们无法改变其大小，因此，在分离要求较高时，用重力沉降就很难达到要求。此时，若采用离心沉降，由于离心加速度远大于重力加速度，则颗粒沉降速度可大大提高，提高了分离效率，缩小了沉降设备的尺寸。

1. 离心沉降速度

当流体围绕某一中心轴做圆周运动时，便形成惯性离心力场。现对其中一个颗粒的受力与运动情况进行分析。在离心沉降设备中，当流体带着颗粒旋转时，如果颗粒的密度大于流体的密度，则惯性离心力将会使颗粒在径向上与流体发生相对运动而飞离中心，和颗粒在重力场中受到三个作用力相似。惯性离心力场中颗粒在径向上也受到三个力的作用，即惯性离心力、向心力（相当于重力场中的浮力，其方向为沿半径指向旋转中心）和阻力（与颗粒的运动方向相反，其方向为沿半径指向中心）。如果设球形颗粒的直径为 d_s、密度为 ρ_s，流体密度为 ρ，颗粒与中心轴的距离为 R，切向速度为 u_T，则上述三个作用力分别为

$$\text{惯性离心力}=\frac{\pi}{6}d_s^3\rho_s\frac{u_T^2}{R}$$

$$\text{向心力}=\frac{\pi}{6}d_s^3\rho\frac{u_T^2}{R}$$

$$\text{阻力}=\zeta\frac{\pi}{4}d_s^2\frac{\rho u_T^2}{R}$$

上述三力达到平衡时，颗粒在径向上相对于流体的运动速度 u_r，便是它在此位置上的离心沉降速度。

离心沉降速度与重力沉降速度的关系

$$u_r=\sqrt{\frac{4d_s(\rho_s-\rho)}{3\rho\zeta}\left(\frac{u_T^2}{R}\right)} \tag{2-13}$$

由式（2-13）可见，离心沉降速度与重力沉降速度计算式形式相同，只是将重力加速度 g（重力场强度）换成了离心加速度 $\frac{u_T^2}{R}$（离心力场强度）。但重力场强度 g 是恒定的，而离心力场强度却随半径和切向速度而变，即可以人为控制和改变，这就是采用离心沉降的优点——选择合适的转速与半径，就能够根据分离要求完成分离任务。

离心沉降时，若颗粒与流体的相对运动处于层流区，则阻力系数 ζ 也符合斯托克斯定律。将 $\zeta=24/Re_t$ 代入式（2-13）得

$$u_r=\frac{d_s^2(\rho_s-\rho)u_T^2}{18\mu R} \tag{2-14}$$

式中　u_T——含尘气体的进口气速，m/s；

　　R——颗粒的旋转半径，m。

2. 离心分离因数

离心分离因数是离心分离设备的重要性能指标。工程上，常将离心加速度 u_T^2/R 与重力加速度 g 之比称为离心分离因数。

离心分离因数 K_c 大小与设备性能的关系

$$K_c=\frac{u_T^2}{Rg} \tag{2-15}$$

K_c 越高，其离心分离效率越高。离心分离因数的数值一般为几百到几万，旋风分离器和旋液分离器的分离因数一般为 5～2500，某些高速离心机的 K_c 可高达数十万，因此，同一颗粒在离心场中的沉降速度远远大于其在重力场中的沉降速度。显然离心沉降设备的分离效果远比重力沉降设备为高，用离心沉降可将更小的颗粒从流体中分离出来。

【例 2-2】直径为 10μm 的石英颗粒随 20℃的水作旋转运动，在旋转半径 R=0.05m 处的切向速度为 12m/s，求该处的离心沉降速度和离心分离因数。

解　已知 d=10μm，R=0.05m，u_T=12m/s。

设沉降在滞流区，根据式（2-14）即

$$u_r=\frac{d_s^2(\rho_s-\rho)u_T^2}{18\mu R}=\frac{10^{-10}\times(2650-998)}{18\times1.01\times10^{-3}}\times\frac{12^2}{0.05}=0.0262\text{（m/s）}=2.62\text{（cm/s）}$$

校核流型

$$Re_t=\frac{d_s u_r \rho}{\mu}=\frac{10^{-5}\times0.0262\times998}{1.01\times10^{-3}}=0.259\in(10^{-4}\sim1)$$

u_r=0.0262cm/s 为所求。

所以
$$K_c=\frac{u_T^2}{Rg}=\frac{12^2}{0.05\times9.81}=294$$

3. 离心沉降设备

通常，根据设备在操作时是否转动，将离心沉降设备分为两类：一类是设备静止不动，悬浮物系做旋转运动的离心沉降设备，如旋风分离器和旋液分离器；另一类是设备本身旋转的离心沉降设备，称为沉降离心机。一般气 - 固和液 - 固非均相混合物的离心沉降通常在旋风分离器和旋液分离器中进行。

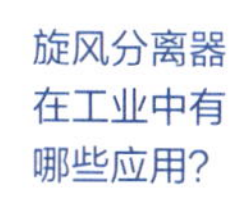

（1）旋风分离器　如图2-7（a）所示普通旋风分离器主体的上部为圆筒形，下部为圆锥形，中央有一升气管。含尘气体从侧面的矩形进气管切向进入器内，然后在圆筒内做自上而下的圆周运动。颗粒在随气流旋转过程中被抛向器壁，沿器壁落下，自锥底排出。由于操作时旋风分离器底部处于密封状态，所以，被净化的气体到达底部后折向上，沿中心轴旋转着从顶部的中央排气管排出，气体在旋风分离器内的工作情况如图2-7（b）所示。

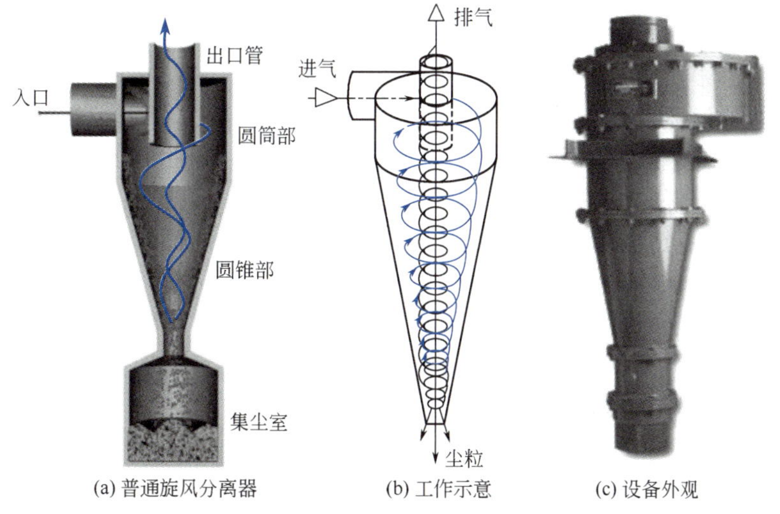

图2-7　普通旋风分离器结构及工作原理示意

2.3 旋风分离器工作原理

旋风分离器的优点：构造简单，分离效率较高，操作不受温度、压强的限制，分离因数为5～2500，分离效率较高，为70%～90%。

缺点：对于小于5μm的粒子的分离效率较低，细粒子的灰尘不能充分除净；气体在器内流动阻力大，消耗能量较多；对气体流量的变化敏感，为了避免降低分离效率，气体的流量要比较大，微粒对器壁有磨损。为了减少粒子对器壁的磨损，通常大于200μm的粒子使用重力沉降器预先除去。小于5μm的粒子可以用袋滤器或湿法除尘器除去。

临界直径、分离效率、压力降和气体处理量是旋风分离器的主要性能参数，一般作为选型和操作控制的依据，也作为评价旋风分离器性能好坏的主要指标。选用旋风分离器时，一般是先确定其类型，然后根据气体的处理量和允许压降，选定具体型号。如果气体处理量较大，可以采用多个旋风分离器并联操作。

各种旋风分离器各部分的尺寸都有一定比例。如图 2-8 所示为标准形式的旋风分离器尺寸比例。只要规定出其中直径 D 或进气口宽度 B，则其他各部分的尺寸亦确定。我国已对各种类型的旋风分离器编制了标准系列，详细尺寸及主要性能可查阅有关资料和手册。

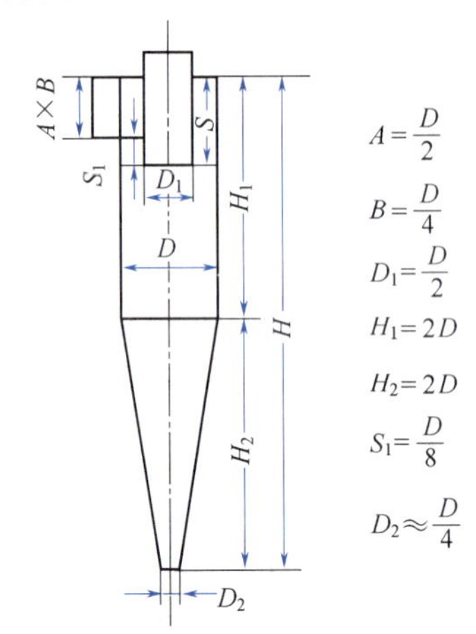

图2-8　标准形式的旋风分离器尺寸比例

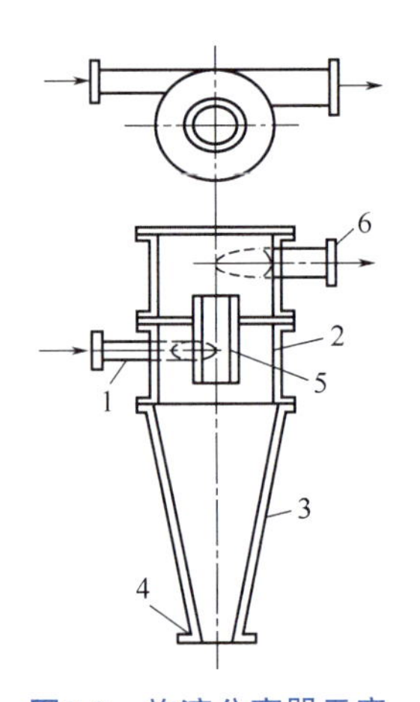

图2-9　旋液分离器示意

1—悬浮液入口管；2—圆筒；3—锥形筒；4—底流出口；5—中心溢流管；6—溢流出口管

（2）旋液分离器　旋液分离器是利用离心沉降原理分离液-固混合物的设备，其结构和操作原理与旋风分离器类似。

如图 2-9 所示，设备主体也是由圆筒体和圆锥体两部分组成，悬浮液由入口管切向进入，并向下做螺旋运动，固体颗粒在惯性离心力作用下，被甩向器壁后随旋流降至锥底。由底部排出的稠浆称为底流；清液和含有微细颗粒的液体则形成内旋流螺旋上升，从顶部中心管排出，称为溢流。内旋流中心为处于负压的气柱，这些气体是由料浆中释放出来或由于溢流管口暴露于大气时将空气吸入器内的，气柱有利于提高分离效果。

旋液分离器的结构特点是直径小而圆锥部分长，其进料速度为 2～10m/s，可分离的粒径为 5～200μm。若料浆中含有不同密度或不同粒度的颗粒，可令大直径或大密度的颗粒从底流送出，通过调节底流量与溢流量比例，可控制两流股中颗粒大小的差别，这种操作成为分级。用于分级的旋液分离器成为水力分粒器。

旋液分离器还可用于不互溶液体的分离、气液分离、传质及雾化等操作中，因而广泛应用于多种工业领域。与旋风分离器相比，其压降较大，且随着悬浮液平均密度的增大而增大。在使用中设备磨损较严重，应考虑采用耐磨材料做内衬。

2.4 过滤分离

任务二

过滤分离操作

过滤是分离悬浮液最常用和最有效的单元操作。过滤与沉降分离相比，过滤操作可使悬浮液分离得更迅速、更彻底。过滤可用于污水的预处理或终处理，其出水可供循环使用或重复利用。因此在污水深度处理技术中，普遍采用过滤技术。

由于各种生产工艺所形成的悬浮液的性质、过滤的目的、原料的处理量等均不相同，为适应不同的生产要求，发展了各种形式的过滤设备，这些过滤设备可按产生压差的方式不同分为两大类：压滤、吸滤设备（如叶滤机、板框压滤机，回转真空过滤机等）和离心过滤设备（如间歇卸料和连续卸料离心机）。

一、过滤操作的基本知识

1. 过滤

过滤是以一种多孔性的物体作为过滤介质，在外力的作用下，使悬浮液中液体穿过介质孔道流出，而固体颗粒被过滤介质截留，实现固 - 液分离的单元操作。

过滤操作中所处理的悬浮液称为滤浆或料浆；通过介质的液体称为滤液；被截留在介质上的固体颗粒称为滤渣或滤饼；过滤用的多孔性材料称为过滤介质。

2. 过滤推动力

过滤推动力是过滤介质两侧的压力差。压力差产生的方式有滤液自身重力、离心力和外加压力，过滤设备中常以后两种方式产生的压力差作为过滤操作的推动力。

用沉降法（重力、离心力）处理悬浮液，往往需要较长时间，而且沉渣中液体含量较多，而过滤操作可使悬浮液得到迅速分离，滤渣中的液体含量也较低。当被处理的悬浮液含固体颗粒较少时，一般先在增稠器中进行沉降，然后将沉渣送至过滤机，此种情况下过滤是沉降的后续操作。

举例说明工业中常用的过滤介质

3. 过滤介质

过滤操作中，用于截留悬浮液固体颗粒，而使得液体能顺利通过的多孔状物质称为过滤介质。对过滤介质的要求是：有足够的机械强度、流体阻力小、具有相应的耐热性和耐腐蚀性，最好表面光滑，滤饼剥离容易。

常用的过滤介质主要有织物介质、多孔性固体介质、粒状介质和微孔滤膜等。

新冠病毒传播过程中的气溶胶问题

（1）织物介质　是由天然或合成纤维、金属丝等编织而成的筛网、滤布，适用于滤饼过滤，一般可截留粒径在5μm以上的固体微粒。

（2）多孔性固体介质　具有很多微细孔道的固体材料，如多孔陶瓷、多孔塑料及多孔金属制成的管或板，适用于含黏软性絮状悬浮颗粒或腐蚀性混悬液的过滤，一般可截留粒径在1～3μm的微细粒子。

（3）粒状介质　由各种固体颗粒（砂石、木炭、石棉）或非编织纤维（玻璃棉等）堆积而成。多用于深层过滤，如制剂用水的预处理。

（4）微孔滤膜　由高分子材料制成的薄膜状多孔介质称为微孔滤膜。适用于精滤，可截留粒径0.01μm以上的微粒，尤其适用于滤除0.02～10μm的混悬微粒。

医用口罩预防新冠病毒的机理

4. 滤饼的压缩性和助滤剂

（1）滤饼的压缩性　滤饼内的空隙结构、颗粒形状随压强差变化的情况称为滤饼压缩性。

① 不可压缩滤饼。当操作压强差变大时，滤饼内的空隙结构、颗粒形状不变，单位厚度滤饼层的流体阻力恒定，这种滤饼称为不可压缩滤饼。

② 可压缩滤饼。当操作压强差变大时，滤饼内的空隙结构、颗粒形状有着不同程度的变化，流动通道缩小，滤饼层的流体阻力急骤增大，这种滤饼称为可压缩滤饼。

滤饼的压缩性对过滤效率及滤材的寿命影响很大，常作为设计过滤工艺和选择过滤介质的依据。

（2）助滤剂　为了减少可压缩滤饼的流动阻力，通常用某种质地坚硬的粒状物质掺入悬浮液（掺滤）或预涂（预敷）在过滤介质上，使过滤形成的滤饼较为疏松且为不可压缩，这种粒状物质称为助滤剂。

助滤剂的作用

对助滤剂的基本要求是：刚性，能承受一定的压力不变形；多孔性，能形成高空隙率的滤饼；化学稳定性好。常见的助滤剂有：硅藻土、膨胀珍珠岩、纤维素等。

通常只有在以获得清净滤液为目的时，才使用助滤剂。由于助滤剂混在滤饼中不易分离，所以当滤饼是产品时一般不使用助滤剂。

5. 过滤方式

工业上的过滤操作主要分为饼层过滤和深层过滤两种。

（1）饼层过滤　如图2-10（a）所示，过滤时非均相混合物即滤浆置于过滤介质的一侧，固体沉积物在介质表面堆积、架桥如图2-10（b）所示而形成滤饼层。由于滤饼层截留的固体颗粒粒径小于介质孔径，因此饼层形成前得到的是浑浊的初滤液，待滤饼形成后应将初滤液返回滤浆槽重新过滤，饼层形成后所收集的滤液为符合要求的滤液。也就是说，在一般的过滤操作下，滤饼层是有效过滤层，随着操作的进行其厚度逐渐增加过滤速度逐渐减少，饼层过滤适用于处理固体含量较高的混悬液。

2.5 饼层过滤过程

混悬液　滤饼　过滤介质　滤液

(a) 滤饼过滤　(b) 架桥现象

图2-10　饼层过滤示意

举例说明深层过滤的应用

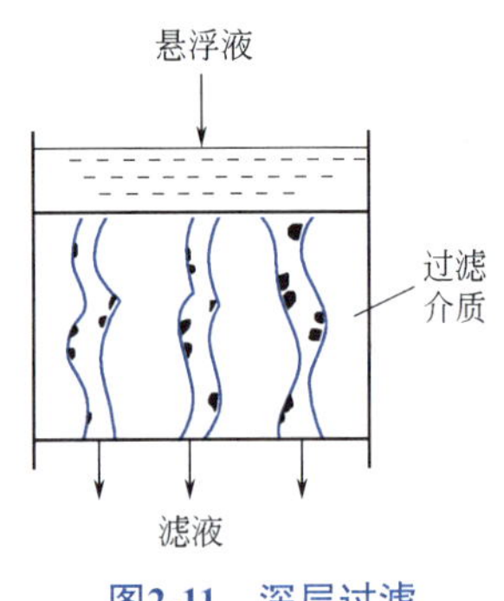

图2-11　深层过滤

（2）深层过滤　如图2-11所示，过滤介质是较厚的粒状介质的床层，过滤时悬浮液中的颗粒沉积在床层内部的孔道壁面上，而不形成滤饼。深层过滤适用于生产量大而悬浮颗粒的粒径小、固含量低或是黏软的絮状物的混悬液的分离。如自来水厂的饮水净化、合成纤维纺丝液中除去固体物质、中药生产中药液的澄清过滤等。

6. 过滤速率及其影响因素

过滤速率是指过滤设备单位时间内所能获得的滤液体积，表明了过滤设备的生产能力；过滤速度是指单位时间单位过滤面积所能获得的滤液体积，表明了过滤设备的生产强度，即设备性能的优劣。

过滤速率与过滤推动力成正比，与过滤阻力成反比。过滤阻力则是滤液通过过滤介质和滤饼的流动阻力，其值大小与滤饼的结构、厚度以及滤液的性质有关。提高温度，液体的黏度降低，从而可提高过滤机的过滤速率。但在真空过滤时，提高温度会使真空度下降，从而降低过滤速率。

7. 滤饼的洗涤

为了回收滤饼中残留的滤液，或除去滤饼中可溶性杂质以获得洁净的固体产品，在大多数情况下，过滤操作结束后需将滤饼中的残液加以洗涤。如果是以回收滤液为洗涤目的，则一次洗涤后的洗涤液的浓度必然很稀，在蒸发浓缩时势必消耗过多的蒸汽。为了增进洗涤效率，提高洗涤液的浓度，常采用逆流洗涤方式。滤饼的洗涤是在过滤完毕后进行，此时不再有滤饼沉积，滤饼厚度不变，过滤阻力不再发生变化。如操作压强不变，则洗涤速率必为恒定。

二、过滤设备的操作与维护

1. 板框压滤机

（1）板框压滤机结构及工作原理　板框压滤机是一种历史较旧，但仍沿用不衰的间歇式压滤机。由若干块滤板和滤框间隔排列，靠滤板和滤框两侧的支耳架在机架的横梁上，用一端的压紧装置压紧组装而成，如图2-12所示。滤板和滤框是板框压滤机的主要工作部件，滤板和滤框的个数在机座长度范围内可自行调节，一般为10～60块不等，过滤面积为2～80m²。

2.6 板框过滤机工作原理

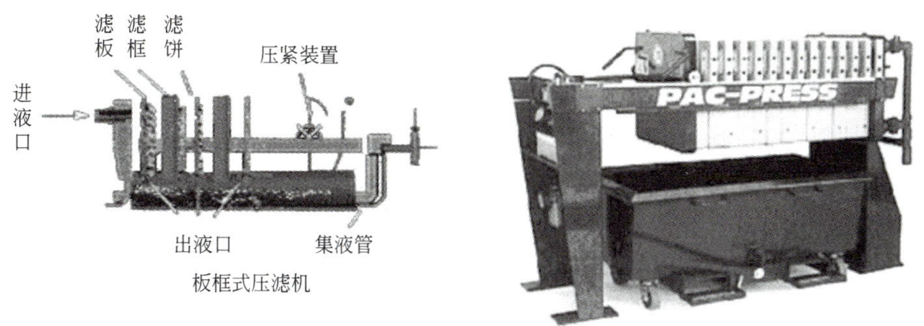

图2-12 板框压滤机

板框压滤机的组装顺序

滤板和滤框一般制成正方形，其构造如图 2-13 所示。板和框的角端均开有圆孔，装合、压紧后即构成供滤浆、滤液和洗涤液流动的通道。滤框两侧覆以滤布，空框和滤布围成了容纳滤浆及滤饼的空间。板又分为洗涤板和过滤板两种，为便于区别，在板、框外侧铸有小钮或其他标志，通常，过滤板为一钮，框为二钮，洗涤板为三钮。装合时即按钮数 1-2-3-2-1-2-3-2-1……的顺序排列板和框。压紧装置的驱动可用手动、电动或液压传动等方式。

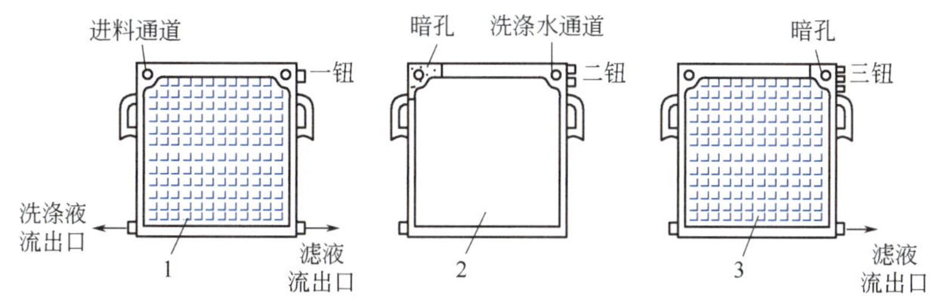

图2-13 滤板和滤框

1—过滤板；2—框；3—洗涤板

板框压滤机为间歇操作，每个操作周期由装配、压紧、过滤、洗涤、拆开、卸料、清洗处理等操作组成。板框经装配、压紧后开始过滤，过滤时，悬浮液在一定的压力下经滤浆通道，由滤框角端的暗孔进入框内，滤液分别穿过两侧滤布，再经邻板板面流到滤液出口排走，固体则被截留于框内，待滤饼充满滤框后，即停止过滤。

若滤饼需要洗涤，可将洗水压入洗水通道，经洗涤板角端的暗孔进入板面与滤布之间。此时，应关闭洗涤板下部的滤液出口，洗水便在压力差推动下穿过一层滤布及整个厚度的滤饼，然后再横穿另一层滤布，最后由过滤板下部的滤液出口排出，这种操作方式称为横穿洗涤法，其作用在于提高洗涤效果。洗涤结束后，旋开压紧装置并将板框拉开，卸出滤饼，清洗滤布，重新组合，进入下一个操作循环，过滤与洗涤如图 2-14 所示。

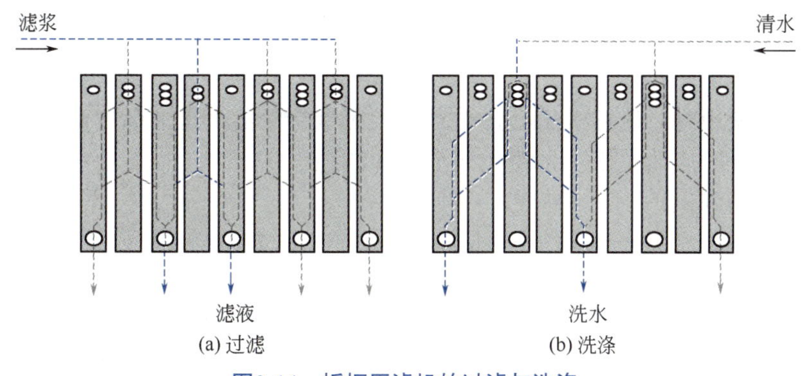

图2-14 板框压滤机的过滤与洗涤

2.7 板框过滤机的过滤和洗涤

板框压滤机优点是构造简单，制造方便、价格低；过滤面积大，且可根据需要增减滤板以调节过滤能力；推动力大，对物料的适应能力强，对颗粒细小而液体量较大的滤浆也能适用。

缺点是间歇操作，生产效率低；卸渣、清洗和组装需要时间、人力，劳动强度大，但随着各种自动操作的板框压滤机的出现，这一缺点会得到一定程度的改进。

（2）板框压滤机操作 开车前的准备工作如下。

① 在滤框两侧先铺好滤布，将滤布上的孔对准滤框角上的进料孔，滤布如有折叠，操作时容易产生泄漏。

② 板框装好后，压紧活动机头上的螺旋。

③ 将待分离的滤浆放入储浆罐内，开动搅拌器以免滤浆产生沉淀。

④ 检查滤浆进口阀及洗涤水进口阀是否关闭。

⑤ 开启空气压缩机，将压缩空气送入储浆罐，注意压缩空气压力表的读数，待压力达到规定值，准备开始过滤。

开车操作如下。

① 开启过滤压力调节阀，注意观察过滤压力表读数，过滤压力达到规定数值后，调节维持过滤压力的稳定。

② 开启滤液储槽出口阀，接着开启过滤机滤浆进口阀，将滤浆送入压滤机，过滤开始。

③ 观察滤液，若滤液为清液时，表明过滤正常。发现滤液有浑浊或带有滤渣，说明过滤过程中出现问题。应停止过滤，检查滤布及安装情况，滤板、滤框是否变形，有无裂纹，管路有无泄漏等。

④ 定时记录过滤压力，检查板与框的接触面是否有滤液泄漏。

⑤ 当出口处滤液量变得很小时，说明板框中已充满滤渣，过滤阻力增大使过滤速度减慢，这时可以关闭滤浆进口阀，停止过滤。

⑥ 洗涤。开启洗水出口阀，再开启过滤机洗涤水进口阀向过滤机内送入洗涤水，在相同压力下洗涤滤渣，直至洗涤符合要求。

停车操作。关闭过滤压力表前的调节阀及洗水进口阀，松开活动机头上的螺旋，将滤板、滤框拉开，卸出滤饼，并将滤板和滤框清洗干净，以备下一轮循环使用。

（3）板框压滤机常见故障与处理方法 板框压滤机常见故障与处理方法见表2-1。

表2-1 板框压滤机常见故障、产生原因与处理方法

常见故障	产生原因	处理方法
局部泄漏	① 滤框有裂纹或穿孔缺陷，滤框和滤板边缘磨损 ② 滤布未铺好或破损 ③ 物料内有障碍物	① 更换新滤布和滤板 ② 重新铺平或更换新滤布 ③ 清除干净
压紧程度不够	① 滤框不合格 ② 滤框、滤板和传动件之间有障碍物	① 更换合格滤布 ② 清除障碍物
滤液浑浊	滤布破损	及时更换

（4）板框过滤机的维护

① 压滤机停止使用时，应冲洗干净，传动机构应保持整洁，无油污、油垢。

② 滤布每次清洗时应清洗干净，避免滤渣堵塞滤孔。

③ 电气开关应防潮保护。

2. 转鼓真空过滤机

（1）转鼓真空过滤机结构与工作原理 转鼓真空过滤机结构转鼓真空过滤机为连续式真空过滤设备，如图2-15所示。主机由滤浆槽、篮式转鼓、分配头、刮刀等部件构成。篮式转鼓是一个转轴呈水平放置的圆筒，圆筒一周为金属网上覆以滤布构成的过滤面，转鼓在旋转过程中，过滤

面依次浸入滤浆中。

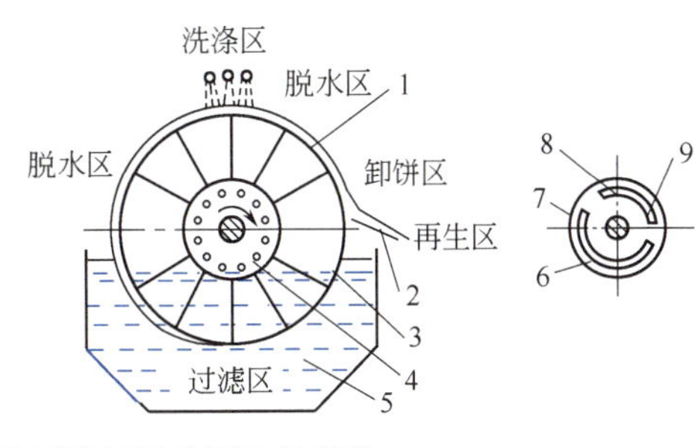

图2-15　转鼓真空过滤机及分配头的结构

1—滤饼；2—刮刀；3—转鼓；4—转动盘；5—滤浆槽；6—固定盘；7—滤液出口凹槽；8—洗涤水出口凹槽；9—压缩空气进口凹槽

2.8 转鼓真空过滤机

转鼓转动时，分配头的作用使这些孔道依次与真空管及压缩空气管相通，因而，转鼓每旋转一周，每个扇形格可依次完成过滤、洗涤、吸干、吹松、卸饼等操作。

转鼓真空过滤机操作连续、自动、节省人力，生产能力大，但过滤面积不大，真空吸滤压差较低，滤饼含液率较高，且洗涤不充分。因是真空操作，其操作温度不宜过高。所以真空转鼓过滤机较多用于对过滤压差要求不高、处理量很大的悬浮液。在制碱、造纸、制糖、采矿等工业中均有应用。在过滤细、黏物料时，可用助滤剂在滤布上预涂，并将卸料刮刀略微离开转筒表面一定距离，以确保转筒表面的助滤剂层不被刮下，延长助滤剂层的助滤作用。

（2）转鼓真空过滤机的操作　开车前的准备工作如下。

① 检查滤布。滤布应清洁无缺损，不能有干浆。

② 检查滤浆。滤浆槽内不能有沉淀物或杂物。

③ 检查转鼓与刮刀之间的距离，一般为1～2mm。

④ 检查真空系统真空度和压缩空气系统压力是否符合要求。

⑤ 给分配头、主轴瓦、压辊系统、搅拌器和齿轮等传动机构加润滑脂和润滑油，检查和补充减速机的润滑油。

开车操作如下。

① 开车启动。观察各传动机构运转情况，如平稳、无振动、无碰撞声，可试空车和洗车15min。

② 开启滤浆入口阀门向滤槽注入滤浆，当液面上升到滤槽高度的1/2时，再打开真空、洗涤、压缩空气等阀门，开始正常生产。

正常操作如下。

① 经常检查滤槽内的液面高低，保持液面高度，高度不够会影响滤饼的厚度。

② 经常检查各管路、阀门是否有渗漏。如有渗漏应停车修理。

③ 定期检查真空度、压缩空气压力是否达到规定值，洗涤水分布是否均匀。

④ 定时分析过滤效果，如滤饼的厚度、洗涤水是否符合要求。

停车操作如下。

① 关闭滤浆入口阀门，再依次关闭洗涤水阀门、真空和压缩空气阀门。

② 洗车。除去转鼓和滤槽内的物料。

（3）转鼓真空过滤机常见故障与处理方法　转鼓真空过滤机常见故障、产生原因与处理方法见表2-2。

表2-2　转鼓真空过滤机常见故障、产生原因与处理方法

常见故障	产生原因	处理方法
滤饼厚度达不到要求，滤饼不干	① 真空度达不到要求 ② 滤槽内滤浆液面低 ③ 滤布长时间未清洗或清洗不干净	① 检查真空管路无漏气 ② 增加进料量 ③ 清洗滤布

续表

常见故障	产生原因	处理方法
真空度过低	① 分配头磨损漏气 ② 真空泵效率低或管路漏气 ③ 滤布有破损 ④ 错气窜风	① 检修分配头 ② 检查真空泵和管路 ③ 更换滤布 ④ 调整操作区域

（4）转鼓真空过滤机的维护

① 要保持各转动部位有良好的润滑状态，不可缺油。

② 随时检查紧固件的工作情况，发现松动，及时拧紧，发现振动，及时查明原因。

③ 滤槽内不允许有物料沉淀和杂物。

④ 备用过滤机应定期转动一次。

3. 压力过滤器

压力过滤器如图 2-16 所示。压力过滤器也称为压力滤池，是一个承压的密闭过滤装置，内部构造与普通过滤池相似，其主要特点是可承受较大的压力，同时利用过滤后的余压可将出水送到用水地点或远距离输送。压力过滤器的过滤能力强、容积小、设备定型、使用的机动性大。但是，单个过滤器的过滤面积较小，只适用于污水量小的车间（或企业），或对某些污水进行局部处理。

通常采用的压力过滤器是立式的，直径不大于 3m。滤层以下为厚度 100mm 的垫层（d=1.0～2.0mm），排水系统为过滤头。在一些污水处理系统中，排水系统处还安装有压缩空气管，用以辅助反冲洗。反冲洗污水通过顶部的漏斗或设有挡板的进水管收集并排出。压力过滤器外部还安装有压力表、取样管，便于及时监督过滤器的压力损失和水质变化。过滤器顶部设有排气阀，排除过滤器内和水中析出的气体。

4. 加压叶滤机

如图 2-17 所示的加压叶滤机是由许多不同的长方形或圆形滤叶装合而成。滤叶由金属多孔板或金属网制造，内部具有空间，外罩滤布。过滤时滤叶安装在能承受内压的密闭机壳内，滤浆用泵压送到机壳内，滤液穿过滤布进入滤叶内，汇集至总管后排出机外，颗粒则被截留于滤布外侧形成滤饼。滤饼的厚度通常为 5～35mm，视滤浆性质及操作情况而定。

2.9 叶滤机结构原理

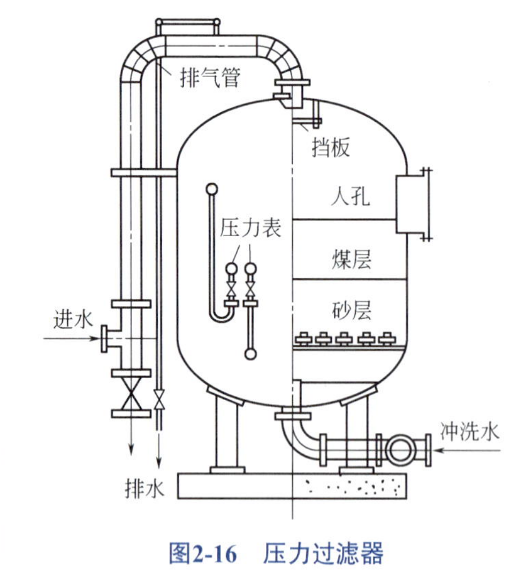

图2-16　压力过滤器

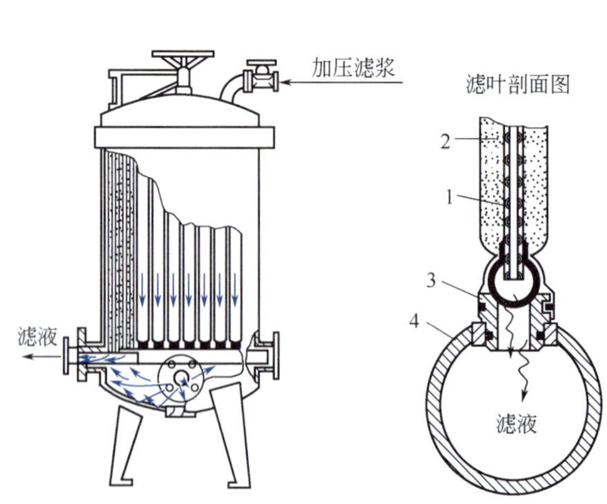

图2-17　加压叶滤机

1—滤饼；2—滤布；3—拨出装置；4—橡胶圈

若滤饼需要洗涤，则于过滤完毕后通入洗涤水，洗涤水的路径与滤液相同，这种洗涤方法称为置换洗涤法。洗涤过后打开机壳上盖，拨出滤叶卸除滤饼。

加压叶滤机也是间歇操作设备，其优点是过滤速率大，洗涤效果好，占地面积小、密闭操作，改善了操作条件；缺点是造价较高，更换滤面比较麻烦。

任务三

离心机的操作与维护

一、沉降式离心机

1. 沉降式离心机的工作原理

沉降式离心机中的离心分离原理与离心沉降原理相同，不同的是在旋风分离器或旋液分离器中的离心力场是靠高速流体自身旋转产生的，而离心机中的离心力场是由离心机的转鼓高速旋转带动液体旋转产生的。

沉降式离心机的主体为一无孔的转鼓，混悬液或乳浊液自转鼓中心进入后被转鼓带动高速旋转时，密度较大的物相向转鼓内壁沉降，密度较小的物相趋向旋转中心自转鼓端部溢出而使两相分离。

2. 沉降式离心机的分类

（1）管式高速离心机　管式高速离心机如图2-18所示，主要结构为细长的管状机壳和转鼓等部件。常见的转鼓直径为0.1～0.15m，长度约1.500m，转速为8000～50000r/min，其分离因数K_c为15000～65000。

这种离心机分离因数大，分离效率高，故能分离一般离心机难以分离的物料，如两相密度差较小的乳浊液或含微细混悬颗粒的混悬液。

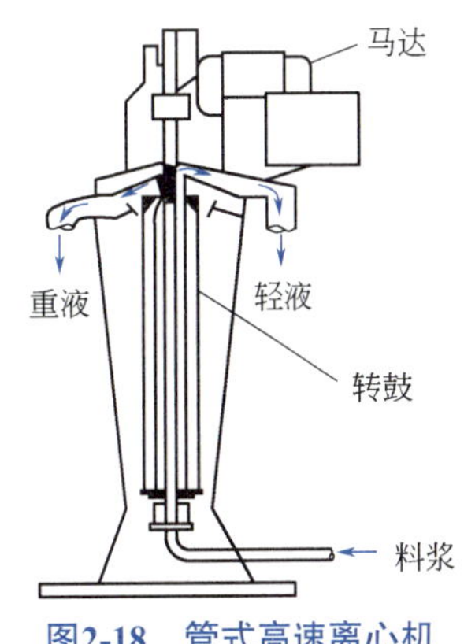

图2-18　管式高速离心机

（2）无孔转鼓沉降离心机　这种离心机的外形与管式离心机很相像，但长度和直径比较小。因为转鼓澄清区长度比进料区短，因此分离效率较管式离心机低。转鼓离心机按设备主轴的方位分为立式和卧式，如图2-19所示为一立式无孔转鼓沉降离心机。这种离心机的转速为450～3500r/min，处理能力大于管式离心机，适于处理固含量在3%～5%的悬浮液，主要用于泥浆脱水及从废液中回收固体，常用于间歇操作。

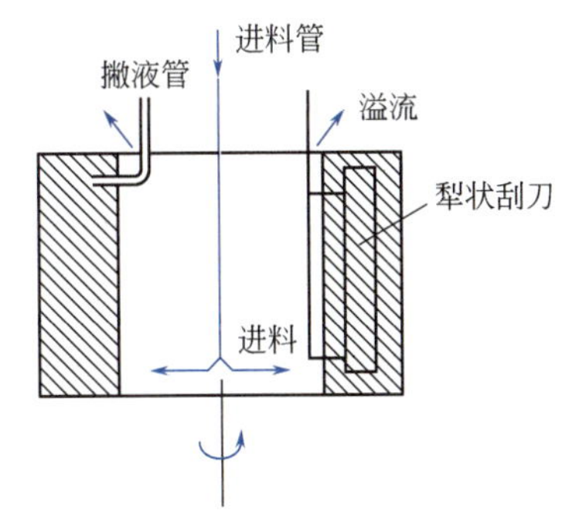

图2-19　立式无孔转鼓沉降离心机

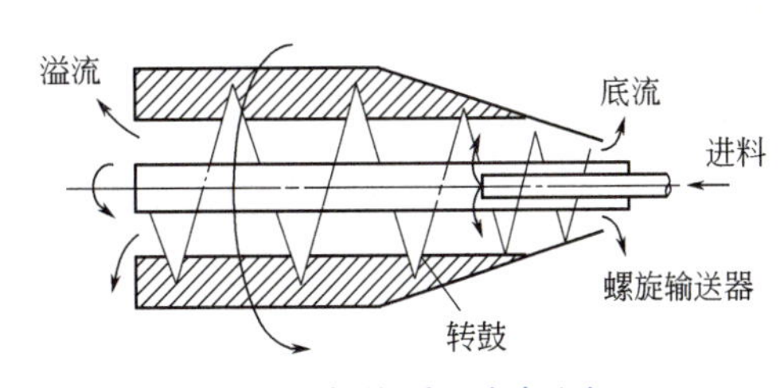

图2-20　螺旋型沉降离心机

（3）螺旋型沉降离心机 螺旋型沉降离心机的特点是可连续操作，如图2-20所示，转鼓可分为柱锥形或圆锥形，长度与直径比1.5～3.5。悬浮液由轴心进料管连续进入，鼓中螺旋卸料器的转动方向与转鼓旋转方向相同，但转速相差5～100r/min。当固体颗粒在离心机作用下甩向转鼓内壁并沉积下来后，被螺旋卸料器推至锥端排渣口排出。

螺旋型沉降离心机转速可达 1600～6000r/min，可从固体浓度 2%～50% 的悬浮液中分离中等和较粗颗粒。它广泛用于工业上回收晶体和聚合物、城市污泥及工业污泥脱水等方面。

二、过滤式离心机

过滤式离心机即离心过滤机，其主要部件是转鼓，与转鼓沉降离心机相似，不同的是过滤式离心机转鼓上开有许多小孔，内壁附有过滤介质，在离心力作用下进行过滤。过滤式离心机有间歇操作的三足式过滤离心机和连续操作的刮刀卸料式过滤离心机、活塞往复式卸料过滤离心机等。

1. 三足式过滤离心机

（1）三足式过滤离心机结构与工作原理 三足式离心机是一台间歇操作、人工卸料的立式离心机，在工业上采用较早，目前仍是国内应用最广、制造数目最多的一种离心机，图2-21为其结构示意。离心机的主要部件是一篮式转鼓，壁面钻有许多小孔，内壁衬有金属丝网及滤布。整个机座和外罩借三根拉杆弹簧悬挂于三足支柱上，以减轻运转时的振动。料液加入转鼓后，滤液穿过转鼓后汇集于机座下部排出，滤渣沉积于转鼓内壁，待一批料液过滤完毕，或转鼓内的滤渣量达到设备允许的最大值时，可停止加料并继续运转一段时间以沥干滤液。必要时，也可于滤饼表面洒以清水进行洗涤，然后停车卸料，清洗设备。

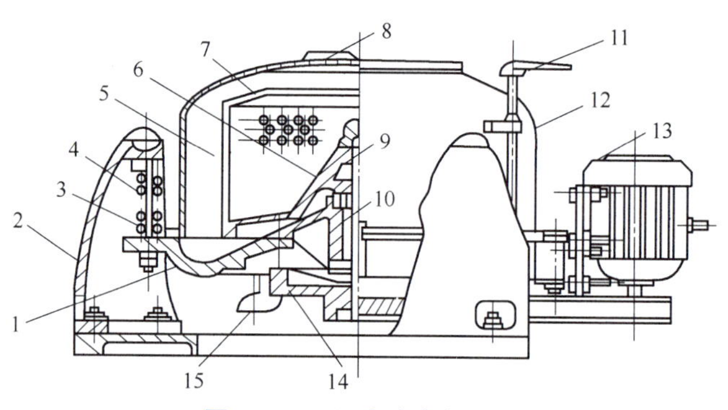

图2-21 三足式过滤离心机

1—底盘；2—支柱；3—缓冲弹簧；4—摆杆；5—鼓壁；6—转鼓底；7—拦液板；8—机盖；9—主轴；10—轴承座；11—制动器手柄；12—外壳；13—电动机；14—制动轮；15—滤液出口

三足式离心机的转鼓直径一般较大，转速不高（<2000r/min），过滤面积为 0.6～2.7m^2。它与其他形式的离心机相比，具有构造简单，运转周期可灵活掌握等优点，一般用于间歇生产过程中的小批量物料的处理，尤其适用于各种盐类结晶的过滤和脱水，过滤时晶体很少受到破损。它的缺点是卸料劳动条件较差，转动部件位于机座下部，检修不方便。

（2）三足式过滤离心机操作 开车前检查准备如下。

① 检查机内外有无异物，主轴螺母有无松动，制动装置是否灵敏可靠，滤液出口是否通畅。

② 试空车 3～5min，检查转动是否均匀正常，转鼓转动方向是否正确，转动的声音有无异常，不能有冲击声和摩擦声。

③ 检查确无问题，将洗净备用的滤布均匀铺在转鼓内壁上。

开车操作如下。

① 将物料要放置均匀，不能超过额定体积和质量。

② 启动前，检查制动装置是否拉开。

③ 接通电源启动，要站在侧面，不要面对离心机。

④ 密切注意电流变化，待电流稳定在正常参数范围内，转鼓转动正常时，进入正常运行。

正常运行操作如下。

① 注意转动是否正常，有无杂声和振动，注意电流是否正常。

② 保持滤液出口通畅。

③ 严禁用手接触外壳或脚踏外壳，机壳上不得放置任何杂物。

④ 当滤液停止排出后 3～5min，可进行洗涤。洗涤时，加洗涤水要缓慢均匀，取滤液分析合格后停止洗涤。待洗涤水出口停止排液后 3～5min 方可以停机。

停车操作如下。

① 停机，先切断电源，待转鼓减速后再使用制动装置，经多次制动，到转鼓转动缓慢时，再拉紧制动装置，完全停车。使用制动装置时不可面对离心机。

② 完全停车后，方可卸料，卸料时注意保护滤布。

③ 卸料后，将机内外检查、清理，准备进行下一次操作。

（3）三足式过滤离心机的常见故障与处理方法　三足式过滤离心机的常见故障、产生原因与处理方法见表2-3。

表2-3　三足式过滤离心机的常见故障、产生原因与处理方法

常见故障	产生原因	处理方法
滤液中常有滤渣或外观浑浊	滤布损坏	及时更换滤布
离心机电流过高	① 滤液出口管堵塞 ② 加料过多，负荷过大	① 检查处理 ② 减少加料
轴承温度过高	① 回流小，前后轴回流量不均 ② 机械故障，轴承磨损或安装不正确	① 调节回流量 ② 维修检查
电机温度过高	① 加料负荷过大 ② 轴承故障 ③ 电机故障 ④ 外界气温过高	① 减少加料 ② 维修检查 ③ 电工检查 ④ 采取降温措施
振动大	① 供料不均匀 ② 螺栓松动或机械故障	① 调整使之均匀 ② 停机检查、维修

（4）三足式过滤离心机维护

① 运转时主要检查有无杂声和振动，轴承温度是否低于 65℃，电机温度是否低于 90℃，密封状况是否良好，地脚螺丝有无松动。

② 严格执行润滑规定，经常检查油箱、油位、油质，润滑是否正常，是否按“三过滤”的要求注油。

③ 转鼓要按时清洗，清洗时先停止进料，将自动改为手动；打开冲洗水阀门，至将整个转鼓洗净；不要停机冲洗，以免水漏进轴承室。

④ 卧式自动离心机停车时，让其自然停止，不得轻易使用紧急制动装置。不要频繁启动离心机。

2. 刮刀卸料式过滤离心机

图 2-22 为卧式刮刀卸料过滤离心机的示意，悬浮液从加料管进入连续运转的卧式转鼓，机内设有耙齿以使沉积的滤渣均布于转鼓壁。待滤饼达到一定厚度时，停止加料，进行洗涤、沥干。然后，液压传动的刮刀逐渐向上移动，将滤饼刮入卸料斗以卸出机外，继而清洗转鼓。整个操作周期均在连续运转中完成，每一步均采用自动控制的液压操作。

刮刀卸料式离心机每一操作周期为 35～90s，连续运转，生产能力较大，劳动条件好，适宜于过滤连续生产过程中>0.1mm 的颗粒。但对于细、黏颗粒的过滤往往需要较长的操作周期，而且刮刀卸渣也不够彻底，颗粒破碎严重，对于必须保持晶粒完整的物料不宜采用。

3. 活塞往复式卸料过滤离心机

这种离心机的加料、过滤、洗涤、沥干、卸料等操作同时在转鼓内的不同部位进行，图 2-23 为其结构示意。料液加入旋转的锥形料斗后被洒在近转鼓底部的一小段范围内，形成 25～75mm 厚的滤渣层。转鼓底部装有与转鼓一起旋转的推料活塞，其直径稍小于转鼓内壁。活塞与料斗一起做往复运动，将滤渣逐步推向加料斗的右边。该处的滤渣经洗涤、沥干后被卸出转鼓外。活塞的冲程约为转鼓全长的 1/10，往复次数约 30 次 /min。

活塞卸料离心机有哪些应用?

2.10 活塞推料离心机工作过程

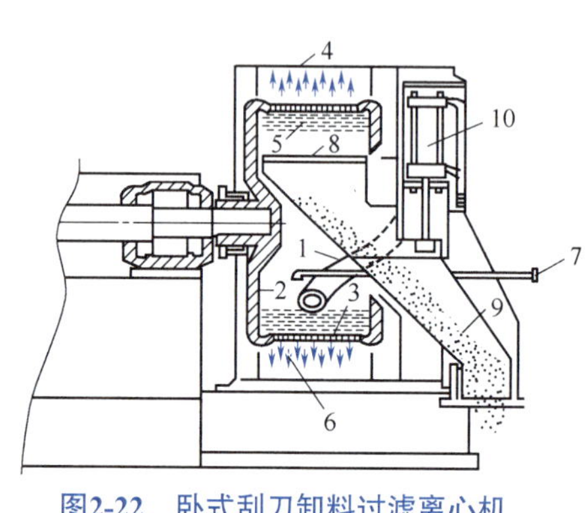

图2-22 卧式刮刀卸料过滤离心机

1—进料管；2—转鼓；3—滤网；4—外壳；5—滤饼；6—滤液；7—冲洗管；8—刮刀；9—溜槽；10—液压缸

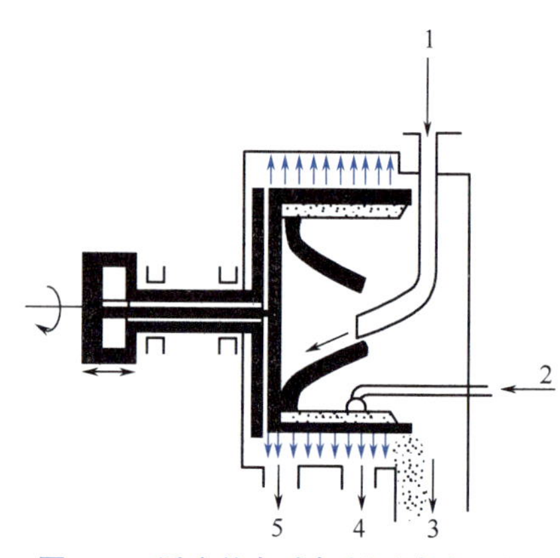

图2-23 活塞往复式卸料过滤离心机

1—原料液；2—洗涤液；3—脱液固体；4—洗出液；5—滤液

活塞往复式卸料离心机每小时可处理 0.3～25t 的固体，对过滤含固量小于 10%、粒径大于 0.15mm 的悬浮液比较合适，在卸料时晶体也较少受到破损。

任务四

静电分离操作

静电分离是利用两相带电性的差异，借助于电场的作用，使其得以分离。属于此类的操作有静电除尘、静电除雾等。

一、静电除尘器

1. 静电除尘器的结构与工作原理

静电除尘器的工业应用有哪些?

（1）静电除尘器的结构 用于气体电除尘的设备称为静电除尘器，大多数电厂废气采用静电除尘器消除粉尘后排放。卧式板式静电除尘器应用较广。

图 2-24 为卧式板式静电除尘器的组成结构示意，它是由本体和供电源两部分组成。本体包括除尘器壳体、灰斗、放电极、集尘极、气流分布装置、振打清灰装置、绝缘子及保温箱等。集尘极带正电，带负电的放电极悬在集尘极中间，并充有约 70kV 的电压，这种布置在集尘极和放电极之间产生了电场。当烟气通过静电除尘器时，粉尘碰撞来自放电极的负离子，并带负电。这些带负电的粉尘在电场的作用下接近带正电的集尘极，并附着在上面。集尘板定期振打清灰，粉尘就落入灰斗。

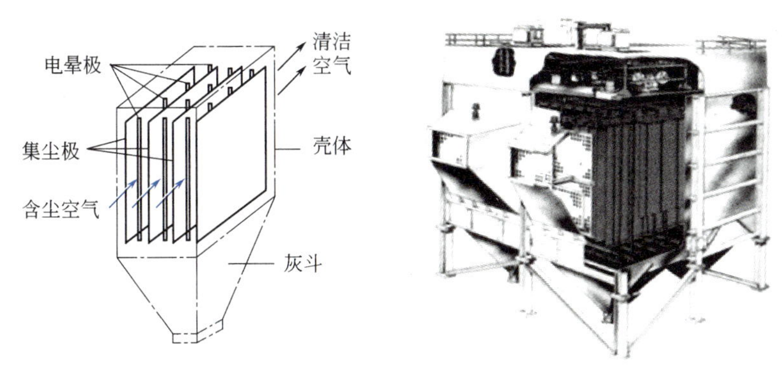

图2-24 卧式板式静电除尘器的组成及外观

（2）静电除尘器的工作原理 如图2-25所示，气体的电除尘是利用高压直流静电场的电离作用使通过电场的含尘气体中的尘粒带电，带电尘粒被带相反电荷的电极板吸附，将尘粒从气体中分离出来，使气体得以净制的方法。

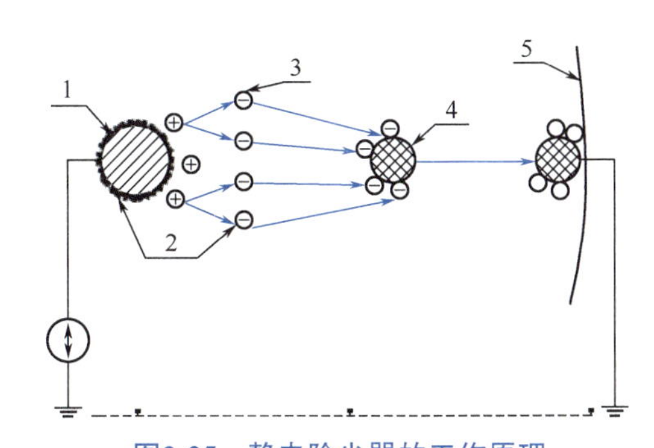

图2-25 静电除尘器的工作原理

1—电晕线；2—电子；3—离子；4—粉尘颗粒；5—阳极板

电除尘的工作过程可分为四个阶段，如图 2-26 所示。

① 气体电离而产生大量电子和离子；

② 粉尘获得离子而带荷电；

③ 荷电粉尘沉积于异性电极上而放出电荷；

④ 回收电极上的粉尘。

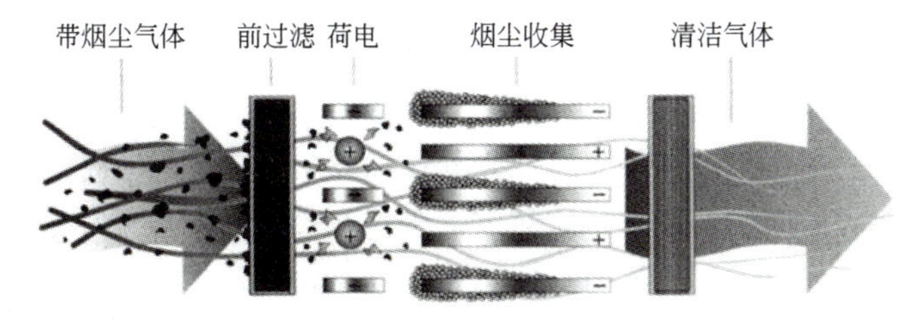

图2-26 电除尘的工作过程

2. 静电除尘装置特点及应用

（1）静电除尘装置特点

① 收尘效率高可达 99% 以上。

② 烟气阻力小，总的能耗低。阻力是其他除尘器的 1/8～1/5，其电源功率最大不超过 60kW，压力损失一般为 200Pa。

③ 适用范围广。适用 0.1μm 的颗粒，含尘浓度高达每立方米数十克至上百克，适应 400℃的高温烟气。

④ 可处理大容量烟气。处理烟气容量可达 1200000m^3/h。

⑤ 捕集到的粉尘干燥。

⑥ 自动化程度高，运行可靠，维护保养简单。

⑦ 一次投资较大。

（2）静电除尘装置应用　静电除尘器是工业中应用十分广泛的粒子（固体、液体）捕集设备，与其他除尘设备相比，耗能少，除尘效率高，静电除尘器能有效地捕集0.1μm甚至更小的尘粒或雾滴，分离效率可高达99.99%。气流在通过静电除尘器时阻力较小，而且可用于烟气温度高、压力大的场合。

实践表明，处理的烟气量越大，使用静电除尘器的投资和运行费用越经济。尤其是百万立方米每小时以上的烟气量除尘，更是非它莫属。

二、静电除雾器

电捕焦油器的结构及应用

静电除雾器也称湿式电除尘器。静电除雾器的工作原理与静电除尘器相同。除雾器是一种立式塔状设备。有立式、卧式、多管式和线板式等多种形式。静电除雾器是由供给高压直流电的电气设备和静电除雾器本体两大部分组成。静电除雾器的主体结构不相同，但按各部分结构所起的作用可分为壳体，气体分布装置、电晕极、沉淀极、冲洗装置等几个重要部分。

2.11 湿式电除尘器

由于静电除雾器一般处在酸性气氛中，所以必须使用防腐性能较好的材料制造。常用的材质有铅质、硬 PVC 和玻璃钢三种类型。其中铅制静电除雾器应用的历史最久。除雾器阴极电晕线的材质也有很多种，如镍铬钢丝外包铅、钛钯合金线、钛丝等。

静电除雾器工作时要在阴阳两极之间产生不均匀电场，所以需要两极都可以导电。一般玻璃钢或聚氯乙烯等非金属材料的静电除雾器采用借助液膜导电的方法；也有用玻璃钢和石墨混合压制而成的导电玻璃钢，或采用在玻璃钢阳极内层加一层碳纤维垫的方法来解决导电问题。

静电除雾器有以下优点：除雾效率高，如宝钢冷轧厂酸洗工段采用的静电除雾器除雾效率高达 99.55%；性能稳定。

任务五
气体的其他净制分离操作

重力沉降和离心沉降主要用于固体浓度较高的含尘气体的分离，而对分离效率要求较高的净制工艺或对含尘浓度较低且含微细尘粒气体的净制，需用其他气体的净制方法进行分离。

一、袋滤器

袋滤器是利用含尘气体穿过袋状由骨架支撑起来的滤布，以滤除气体中尘粒的设备。袋滤器可除去 1μm 以下的尘粒，除尘效率可达 99.9% 以上，常用作最后一级的除尘设备。

布袋除尘器的工业应用有哪些?

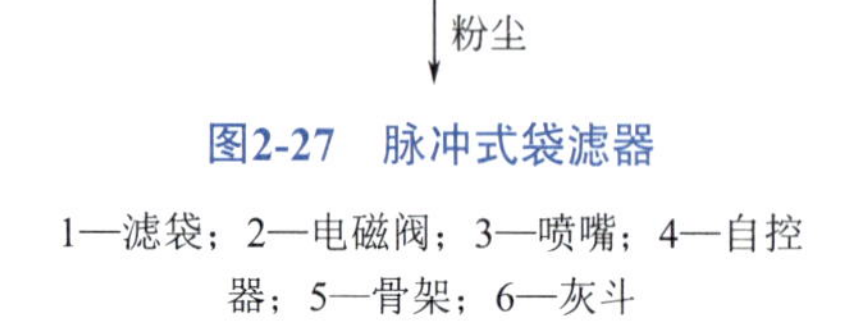

图2-27　脉冲式袋滤器

1—滤袋；2—电磁阀；3—喷嘴；4—自控器；5—骨架；6—灰斗

1. 袋式除尘器的结构及工作原理

图 2-27 为某种形式袋滤器的结构示意，由箱体、滤袋（含框架）、清灰装置、灰斗及除灰装置组成。含尘气体由下部进入袋滤器，气体由外向内穿过支撑于骨架上的滤袋，洁净气体

汇集于上部由出口管排出，尘粒被截留于滤袋外表面。清灰操作时，开启压缩空气反吹系统，脉冲气流从布袋内向外吹出，使尘粒落入灰斗。喷吹清灰由电磁阀控制，按各排滤袋顺序轮流进行。每次清灰时间很短，每分钟内有多排滤袋受到喷吹。

袋滤器中每个滤袋的长度为2～3.5m，直径为120～300mm，多数情况下气体的过滤速度为0.6～0.8m^3/min。滤布材料的选择十分重要，由物料性质、操作条件及净化要求而定。一般天然纤维只能在80℃以下使用，毛织品略高于此温度，化纤织物可用于135℃以下，玻璃纤维可用于150～300℃。

2. 袋式除尘器的分类

（1）按除尘结构形式分类

① 按滤袋断面形状分：圆形、扁形、异形；

② 按含尘气流通过滤袋的方向分：内滤式、外滤式；

③ 按进气口方式分：上进气、下进气；

④ 按除尘器内气体压力分：正压、负压。

（2）按清灰方式分类　除尘器按清灰方式分：人工拍打式、机械振打式、气环反吹式和脉冲式。

3. 袋式除尘器的特点及应用

袋滤器具有除尘效率高、适应性强、操作弹性大、结构简单工作稳定等优点，但占用空间较大，受滤布耐温、耐腐蚀的限制，不适宜于高温（＞300℃）气体，也不适宜带电荷的尘粒和黏结性、吸湿性强的尘粒的捕集。袋滤器处理风量大，占地面积大，造价高，清灰麻烦，用于处理湿度较高的气体时应注意气温需高于露点。

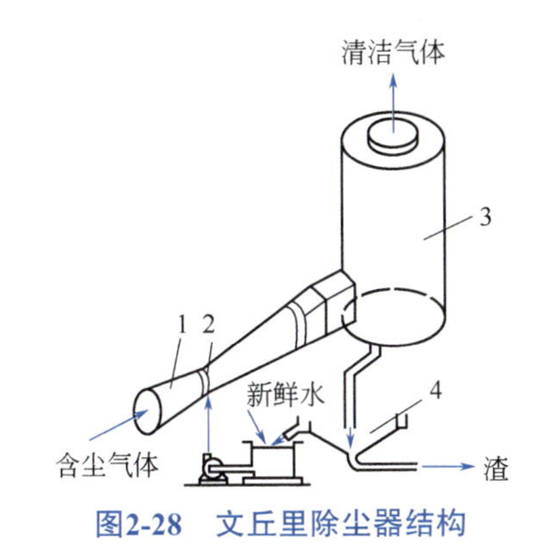

图2-28　文丘里除尘器结构

1—洗涤管；2—有孔的喉管；3—旋风分离器；4—沉降槽

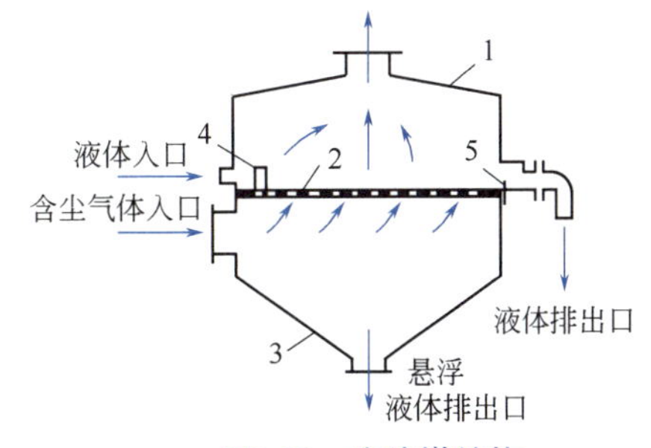

图2-29　泡沫塔结构

1—外壳；2—筛板；3—锥形底；4—进液室；5—液流挡板

湿洗分离设备及其应用

二、文丘里除尘器

文丘里除尘器由文氏管凝聚器和除雾器两部分组成，其结构如图2-28所示。文氏管凝聚器又由收缩管、喉管和扩散管组成。烟气进入收缩管时流速逐渐增加，进入喉管时流速达到最大值，同时在喉管处加入压力水。由于水在高速气流下迅速雾化，烟气中的尘粒被强制湿润和凝聚。在扩散管凝聚过程继续进行。最后，含尘的水在除雾器被分离出来，从而实现除尘的全过程。

文氏管后面的除雾器有多种，选用时，可以根据工作的可靠性、液体的雾化程度、是否需要吸收有害气体和经济性综合考虑。

文氏管除尘器的优点是结构简单，没有活动件，结实耐用，操作方便，可以处理含尘浓度高的烟气，且能除去0.05～100μm的粉尘，效率可达99%以上。然而由于其压力损失大，耗能多，所以一般只用于处理尘径细微或温度较高的烟气。

三、泡沫塔

泡沫塔结构如图2-29所示，筛板上有一定高度的液体，当含尘气流以高速由下而上通过筛孔进入液层时，形成大量强烈扰动的泡沫以扩大气液接触面，使气体中的尘粒被泡沫层吸附，由于气液两相的接触面积很大，因而除尘效率较高，若气体中所含的尘粒直径大于5μm，分离效率可达99%。泡沫塔除可用于除尘外，也可用于蒸馏等。

四、湍球塔

湍球塔是利用湍流（气-液-固三相流化床）技术强化塔内气液混合和传质，达到高效除尘脱硫的目的，可有效防止塔内结垢和堵塞。图2-30是湍球塔结构示意，湍球塔主要由塔体、喷水管、支撑筛板、轻质小球、挡网、除沫器等部分组成，工作时洗涤水自塔上部喷水管洒下，含尘气体自下部进风管送入塔内，当达到一定风速时，使筛板上面的小球剧烈翻腾形成水-气-小球三相湍动以增大气-液两相接触和碰撞的机会，使尘粒被水吸附而与气体分离。为防止快速上升气流中夹带雾沫，塔上部装有除沫装置。

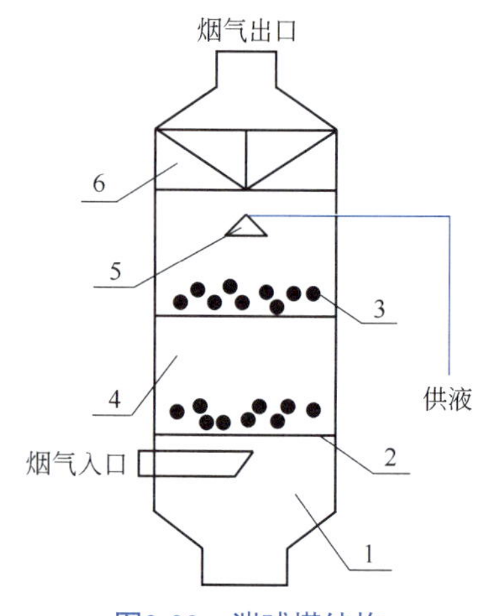

图2-30　湍球塔结构

1—风室；2—支撑筛板；3—湍球；4—塔体；5—喷头；6—除沫器

复习思考题

一、选择题

1.在混合物中，各处物料性质不均匀，且具有明显相界面存在的混合物称为（　　）。

A.均相混合物　　B.非均相混合物　　C.分散相

2.在外力的作用下，利用分散相和连续相之间密度的差异，使之发生相对运动而实现分离的操作称为（　　）。

A.过滤　　B.沉降　　C.静电

3.利用被分离的两相对多孔介质穿透性的差异，在某种推动力的作用下，使非均相混合物得以分离的操作称为（　　）。

A.过滤　　B.沉降　　C.静电

4.降尘室所处理的混合物是（　　）。

A.悬浮液　　B.含尘气体　　C.乳浊液

5.助滤剂的作用是（　　）。

A.帮助介质拦截固体颗粒　　B.形成疏松饼层

C.降低滤液的黏度，减少阻力　　D.增大阻力

6.下列不属于气体净制设备的是（　　）。

A.袋滤器　　B.静电除尘器　　C.离心机

7.下列哪种说法错误的是（　　）。

A.降尘室是分离气-固混合物的设备

B.离心沉降机是分离气-固混合物的设备

C.沉降槽是分离固-液混合物的设备

D.旋风分离器是分离气-固混合物的设备

8.离心机的分离因数越大，则分离能力（　　）。

A.越大　　B.越小　　C.相同

9.工业上通常将待分离的悬浮液称为（　　）。

A.滤液　　B.滤浆　　C.过滤介质

10. 利用沉淀分离废水中悬浮物的必备条件是（　　）。

A. 悬浮物颗粒大　　B. 悬浮物不易溶于水　　C. 悬浮物与水的相对密度不同

二、填空题

1. 沉降操作是指在某种力场中利用分散相和连续相之间的________差异，使之发生相对运动而实现分离的操作过程。

2. 沉降过程有________沉降和________沉降两种方式。

3. 降尘室通常只适用于分离粒度________的粗颗粒，一般作为预除尘使用。

4. 非均相混合物的分离常用的机械分离方法为________和________。

5. 过滤操作是分离____________________________的单元操作。

6. 非均相混合物的分离方法有____________________________等。

7. 工业上常用的过滤介质主要有________、________、________和________。

8. 转筒真空过滤机，转速越大，生产能力就越________，每转一周所获得的滤液量就越________，形成的滤饼厚度________，过滤阻力越________。

9. 通常，________混合物的离心沉降在旋风分离器中进行，________混合物的离心沉降一般可在旋液分离器或沉降离心机中进行。

10. 沉降槽是分离____________________________混合物的设备。

三、简答题

1. 影响沉降速度的因素有哪些？在介质一定的条件下，如何提高分离效率？

2. 沉降分离设备所必须满足的基本条件是什么？温度变化对颗粒在气体中的沉降和在液体中的沉降各有什么影响？

3. 如何提高离心分离设备的分离能力？

4. 说明旋风分离器的原理，并指出要分出细颗粒时应考虑的因素。

5. 现有两个降尘室，其底面积相等而高度相差一倍，若处理含尘情况相同、流量相等的气体，哪一个降尘室的生产能力大？

项目三

物料换热

物料换热是化工生产中最重要的单元操作之一，本项目以完成某一换热任务为引领，以某一换热系统为载体，设计了六个工作任务，结合具体的实践训练项目，使学生掌握物料换热设备的选择、换热系统的开停车操作和换热设备的故障判断及处理，以达到换热岗位的操作要求，为今后走上工作岗位打下基础。

思政目标

1. 培养积极进取、脚踏实地、甘于奉献、服务社会的职业道德。
2. 培养立足一线、专业素质过硬、动手能力较强的技能型人才。

学习目标

技能目标

1.能确定化工生产中换热的工艺方案。

2.能进行典型换热设备的开停车及正常运行操作。

3.会进行换热设备的保养与维护。

4.会分析判断和处理换热设备出现的异常故障。

知识目标

1.熟知物料换热原理和常用的换热设备的结构和主要技术性能。

2.熟知换热设备选型的一般原则。

3.熟知列管式换热器使用和维护的一般知识及安全防护措施。

4.自主探索传热的新方法和有关新技术。

生产案例

换热设备在工业生产中的应用

以焦炉煤气为原料采用ICI低中压法合成甲醇工艺为例，介绍传热在化工生产中的应用。ICI低中压法合成甲醇工艺在项目一流体输送的教学案例中详细介绍，本工艺中从焦炉煤气净化、粗甲醇合成、粗甲醇精馏等工段中都涉及热量传递，详见项目一生产案例。

传热即热量的传递，是自然界中普遍存在的物理现象，与动量传递、质量传递类似，是自然界与工程技术领域中最常见的传递现象。在化工生产中，无论是化学过程还是物理过程几乎都涉及传热或传热设备，蒸发、精馏、吸收、萃取、干燥等单元操作都与传热过程有关，例如，在化工生产中有近40%设备是换热器，同时热能的合理利用对降低产品成本和环境保护有重要意义。因此，传热是重要的单元操作过程之一，在自然界、工农业生产和人们的日常生活中，传热过程无处不在。在化工生产中传热的目的主要有以下几方面。

① 为化学反应创造必要的条件；

② 为单元操作创作必要的条件；

③ 提高热能的综合利用和余热的回收；

④ 减少设备的热量（或冷量）的损失，需要对设备和管道进行保温。

任务一 传热基础的认知

一、传热基本方式

根据传热机理的不同，热量传递分为以下三种方式。

1. 热传导

热传导又称导热。当物体内部存在温度差的情况下，热量会从温度高的一端传递到温度低的一端。热传导在固体、液体、气体中均可进行，在金属固体中，主要靠自由电子的运动进行导热；在导热性能不是很好的固体和大部分的液体中，主要靠物体内部晶格上的分子或者原子振动进行导热；气体则是靠分子不规则运动，造成分子间的相互碰撞进行导热。

举例说明传热的方式

2. 对流传热

对流传热也称热对流，是靠流体内部质点相对位移进行的热量传递。由于引起流体内部质点移动的作用力不同，对流传热分为自然对流和强制对流两种方式。

（1）自然对流传热 若由于运动是因流体内部各处温度不同引起局部密度差异所致，则称为自然对流。

（2）强制对流传热 若由于水泵、风机或其他外力作用引起流体运动，则称为强制对流。但实际上，热对流的同时，流体各部分之间还存在着导热，而形成一种复杂的热量传递过程。由于强制对流的质点移动速度快，传热速率大，所以在实际生产和日常生活中，强制对流传热应用非常广泛。

3. 热辐射

热辐射是一种以电磁波传递热能的方式。热辐射不需要任何物质作媒介，可以在真空中进行。任何物体只要在热力学零度以上，都能发射辐射能，但只有在高温下物体之间温度差很大时，辐射才成为主要传热方式。辐射传热的一大特点是不仅有能量的传递，还有能量形式的转换。

实际上，上述三种传热的基本方式，很少单独存在，而往往是相互伴随着同时出现的。如热交换器的传热是对流传热和热传导联合作用的结果，同时还存在着热辐射。

二、工业换热方法

举例说明换热的方式

在工业生产中，要实现两流体的热量的交换，需要用到一定的设备，这种用于交换热量的设备称为热量交换器，简称为换热器。根据换热器换热方法的不同，工业换热方法通常有如下三种类型。

1. 直接接触式换热

直接接触式换热是两种流体直接接触过程中，热流体将热量传递给冷流体。如图3-1所示是气体冷却塔，是一种热能回收装置，在混合并流冷凝器中，某种水溶液和废热蒸汽直接接触，蒸汽将冷凝热传递给水溶液，将水溶液加热，蒸汽自身被冷凝成水与该溶液混合。

2. 蓄热式换热

蓄热式传炉结构

蓄热式换热是先将某种蓄热器（热容量比较大的容器）加热，然后通入冷流体，蓄热器再将热量传给冷流体。如图3-2所示是交替切换逆流式蓄热换热器，该换热器有两个蓄热体，冷热流体交替通过两蓄热器，从而达到连续操作的目的。

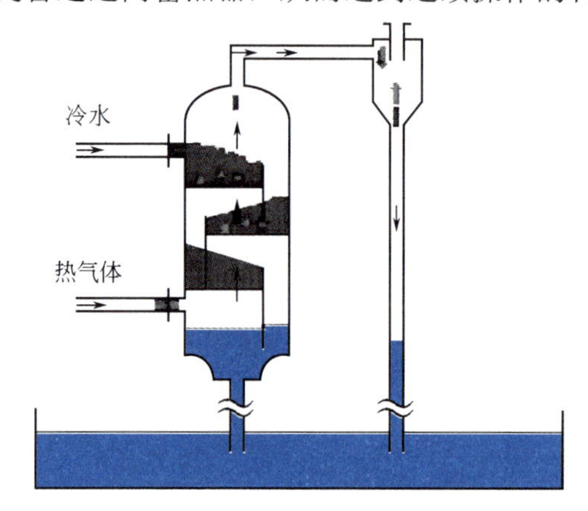

图3-1 直接接触式气体冷却塔

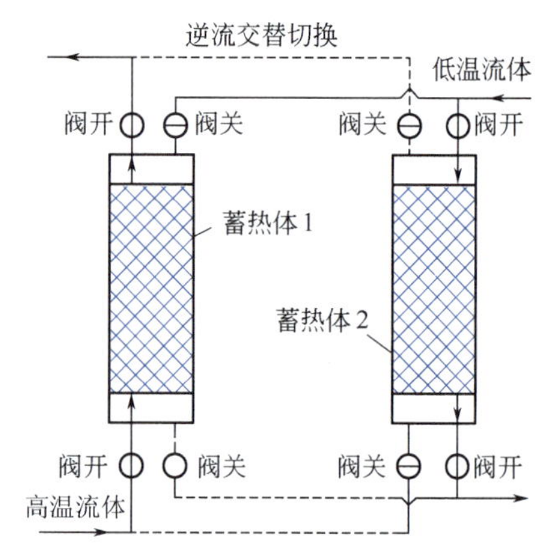

图3-2 交替切换逆流式蓄热换热器

3. 间壁式换热

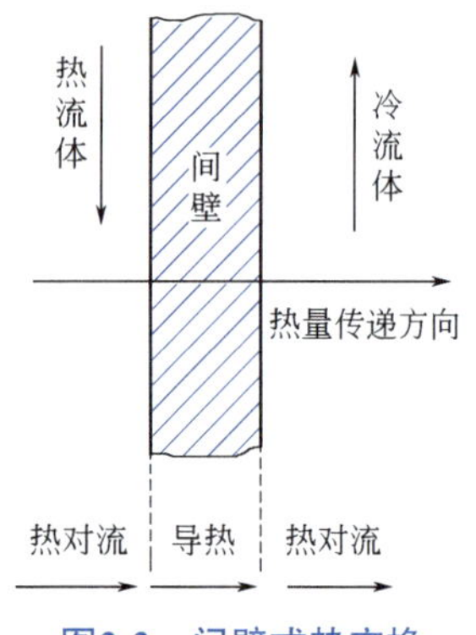

图3-3 间壁式热交换

间壁式换热是用导热性能好的金属固体壁面将冷、热两流体隔开，热流体把热量传递给金属壁，金属壁再把热量传递给冷流体，其热量传递过程如图3-3所示。工业上常用这种方法加热或冷却流体的设备有多种形式，如套管式换热器、列管式换热器、板式换热器等。

三、传热速率

传热过程中，热量传递的快慢程度用热流量或热通量来表示。单位时间内通过传热面传递的热量称为热流量，也称传热速率，用 Q 表示，单位是J/s或W。

传热速率方程是描述传热速率与传热面积及冷、热两流体的温度差之间的方程。且 Q 与传热面积及冷、热两流体温度差的乘积成正比即

$$Q \propto A\Delta t_m \tag{3-1}$$

在式（3-1）中引入正比例系数 K，即传热速率方程式为

$$Q=KA\Delta t_m \tag{3-2}$$

或

$$Q=\frac{\Delta t_m}{\frac{1}{KA}}=\frac{\Delta t_m}{R'} \tag{3-2a}$$

$$R'=\frac{1}{KA} \tag{3-3}$$

式中 A——传热面积，m^2；

K——传热系数，W/（$m^2 \cdot K$）或 W/（$m^2 \cdot ℃$）；

Δt_m——冷、热两流体的平均温度差，℃；

R'——单位传热面积上的传热热阻，（$m^2 \cdot K$）/W。

单位时间内，通过单位传热面所传递的热量称为热通量，也称热流密度，单位为 W/m^2。传热速率和热通量的关系如下。

热量q的定义

$$q=\frac{Q}{A} \tag{3-4}$$

式中 Q——传热速率，J/s或W；

A——传热面积，m^2；

q——热流密度，W/m^2。

四、载热体

化工生产中的热量交换通常发生在两流体之间，参与传热的流体称为载热体。温度较高放出热量的流体称为热载热体；温度较低吸收热量的流体称为冷载热体。

工业上常用的热载热体和冷载热体

若换热的目的是将冷流体加热，此时热载热体称为加热剂；若换热的目的是将热流体冷却或冷凝，此时冷载热体称为冷却剂或冷凝剂。

工业上常用的加热剂有热水、饱和蒸汽、矿物油、联苯混合物、熔盐和烟道气等。如果需要加热的温度很高，可以采用电加热。

工业上常用的冷却剂是水、空气和各种冷冻剂。水和空气可将物料冷却至环境的温度，一般为 20～30℃，随地区和季节而异。如果工艺要求将物料冷却到低于环境的温度时，需要使用冷冻过程制取的载冷剂，最常用是某些无机盐（如 NaCl、$CaCl_2$ 等）的水溶液，可将物料冷却至零下十几摄氏度甚至零下几十摄氏度的低温。更低的冷却温度可依靠某些低沸点液体的蒸发来达到目的。例如，在常压下液态氨蒸发可达到 -33.4℃，液态乙烷蒸发可达到 -88.6℃，而液态乙烯蒸发可达到 -103.7℃。但是，低沸点液体的制冷需经深度冷冻过程，要消耗大量的能量。

五、稳定传热和非稳定传热

稳定传热的特点

温度差是自发传热的必要条件，所以传热系统中，空间各位置点温度不同，随着传热过程的进行，各点的温度可能随时间的变化而变化。如果传热系统中各点温度不随时间而变化的传热过程称为稳定传热，稳定传热时各点的热流量不随时间而变，连续生产过程中的传热多为稳定传热。

如果传热系统中各点温度随时间而变化，则称为不稳定传热过程。这里讨论的是一维稳定传热过程。

任务二

导热过程的计算及其应用

一、傅里叶定律及热导率

3.1 传热及热传导

【傅里叶】让·巴普蒂斯·约瑟夫·傅里叶（Jean Baptiste Joseph Fourier，1768—1830），法国著名数学家、物理学家。傅里叶生于法国中部欧塞尔一个裁缝家庭，9 岁时沦为孤儿，就读于

地方军校，1795 年任巴黎综合工科大学助教，1798 年随拿破仑军队远征埃及，受到拿破仑器重，回国后被任命为格伦诺布尔省省长。

傅里叶早在 1807 年就写成关于热传导的基本论文《热的传播》，推导出著名的热传导方程，提出在导热现象中，单位时间内通过给定截面的热量，正比例于垂直于该界面方向上的温度变化率和截面面积，而热量传递的方向则与温度升高的方向相反，这一规律称为傅里叶定律。

1. 傅里叶定律

傅里叶定律为热传导的基本定律，该定律的内涵是通过等温面的导热速率与温度梯度和传热面积成正比。对于一维稳定传热系统，傅里叶定律的数学表达式为

$$dQ=-\lambda dA\frac{dt}{dx} \tag{3-5}$$

式中　Q——导热速率，W或J/s；

λ——热导率，W/（m·℃）；

A——传热面积，m^2。

式（3-5）中的负号表示热量传递方向和温度梯度方向相反。

传热系统中，温度相同点构成的面称为等温面，两相邻等温面间的温度差（Δt）与其垂直距离（Δx）之比的极限值称为温度梯度，其数学表达式为

$$温度梯度=\lim_{\Delta x\to 0}\frac{\Delta t}{\Delta x}=\frac{dt}{dx} \tag{3-6}$$

温度梯度是向量，正向指向温度增加的方向，通常在公式中并不注明。

2. 热导率

由傅里叶定律数学式可得到如下的关系：

$$\lambda=\frac{dQ}{dA\dfrac{dt}{dx}}=\frac{dq}{\dfrac{dt}{dx}} \tag{3-7}$$

由式（3-7）可知，热导率 λ 的物理意义是在数值上等于单位温度梯度下的热通量，是表征物质导热能力的一个物性参数，λ 越大，导热速率越快。热导率的大小与物质的组成、结构、温度和压强有关。金属的热导率最大，非金属固体次之，液体的较小，而气体的最小。表 3-1 给出了不同状态下物质热导率的大致范围，表 3-2 给出了常用材料的热导率。

固体、液体和气体的热导率比较

表3-1　不同状态下物质热导率的范围

物质种类	气体	液体	金属固体	不良导热固体	绝热材料
λ/[W/(m·℃)]	0.006~0.6	0.07~0.7	15~420	0.2~0.3	＜0.25

表3-2　常用材料的热导率

材料	温度/℃	热导率λ /[W/(m·℃)]	材料	温度/℃	热导率λ /[W/(m·℃)]	材料	温度/℃	热导率λ /[W/(m·℃)]
铝	300	230	熟铁	18	61	玻璃	30	1.09
镉	18	94	铸铁	53	48	云母	50	0.43
铜	100	377	石棉	0	0.16	硬橡胶	0	0.15
铅	100	33	石棉	100	0.19	氢	0	0.17
醋酸 50%	20	0.35	石棉	200	0.21	二氧化碳	0	0.015
丙酮	30	0.17	高铝砖	430	3.1	空气	0	0.024
苯	30	0.16	建筑砖	20	0.69	空气	100	0.031

（1）固体的热导率　金属是良好的导热体。纯金属的热导率一般随温度升高而降低，随纯度的增加而增大，纯金属的热导率大于金属合金的热导率；固体非金属的热导率随温度升高而增大，密度越大其热导率也就越大。

大多数固体热导率与温度的关系为

$$\lambda=\lambda_0(1+\alpha t) \tag{3-8}$$

式中　λ——固体在t℃时的热导率，W/（m·℃）或W/（m·K）；

λ_0——固体在 0℃时的热导率，W/（m·℃）或 W/（m·K）；

α——温度系数，1/℃。大多数金属材料为负值，而大多数非金属材料为正值。

（2）液体的热导率　非金属液体以水的热导率最大。除水和甘油外，绝大多数液体的热导率随温度升高而略有减小。一般纯液体的热导率比其溶液的热导率大。

（3）气体的热导率　气体的热导率比液体更小，约为液体热导率的1/10。气体热导率随温度的升高而增大，随压强的变化较小，在相当大的压力范围内，压力对热导率无明显影响，可以忽略不计。气体的热导率很小，对导热不利，但有利于绝热、保温。

二、平壁稳定热传导过程的计算

1. 单层平壁稳定热传导过程

单层平壁面导热过程如图 3-4 所示。假设热导率为常数，对于稳态的一维平壁热传导，由傅里叶定律得

$$Q=\lambda\frac{A}{b}(t_1-t_2)=\frac{\Delta t}{\frac{b}{\lambda A}}=\frac{\Delta t}{R} \tag{3-9}$$

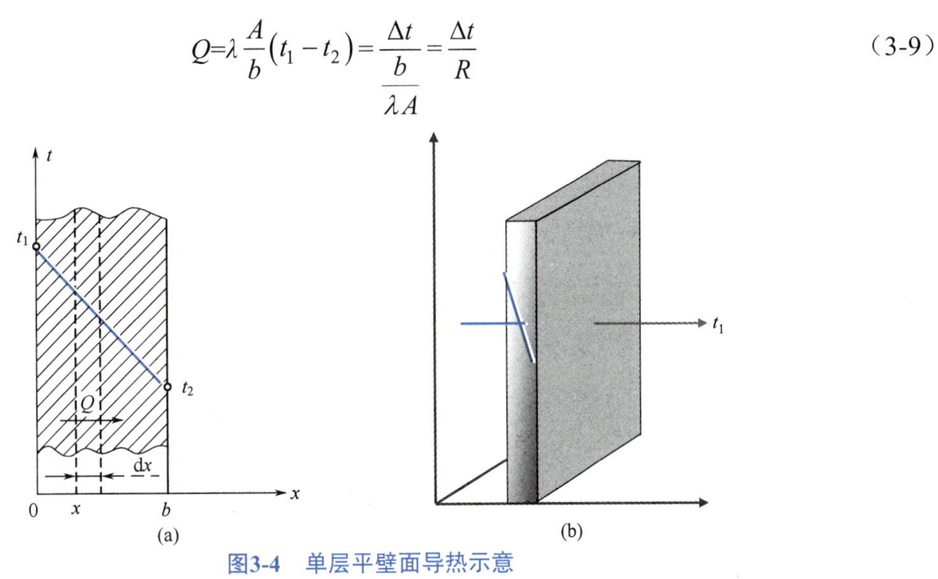

图3-4　单层平壁面导热示意

把式（3-9）改写成下面的形式

$$q=\frac{Q}{A}=\frac{t_1-t_2}{\frac{b}{\lambda}}=\frac{\Delta t}{R'} \tag{3-9a}$$

式中　b——平壁的厚度，m；

R——导热热阻，℃/m；

R'——单位传热面积上的导热热阻，m²·℃/W；

Δt——导热推动力（温度差），℃。

在进行导热速率公式推导之前，假设λ为常量，而实际上λ值是随温度而变化的。由于平面壁内各等温面的温度不相同，其热导率也随之而异。工程计算中，通常采用平均热导率进行计算。

【例 3-1】某平壁面厚度为 0.35m，一侧壁面温度为 1100℃，另一侧壁面温度为 400℃，平壁面材料的热导率与温度的关系为λ=0.815(1+0.00093t)，式中t的单位为℃，λ的单位为W/(m·℃)。试求：①导热热通量；②平壁内的温度分布。

解　① 导热热通量。平壁面的热导率按两壁面的平均温度计算

$$t_m=\frac{1}{2}(t_1+t_2)=\frac{1}{2}(1100+400)=750(℃)$$

则平均热导率为

$$\lambda_m=0.815(1+0.00093\times750)=1.383[\mathrm{W/(m\cdot℃)}]$$

导热热通量可按下式计算

$$q=\frac{\lambda_m}{b}(t_1-t_2)=\frac{1.383}{0.35}(1100-400)=2766(\mathrm{W/m^2})$$

② 平壁内的温度分布。设以x表示沿壁厚方向的距离，在x处壁面的温度为t，则导热热通量为

$$q=\frac{\lambda_m}{x}(t_2-t)$$

由上式可得

$$t=t_1-\frac{qx}{\lambda_m}=1100-\frac{2766}{1.383}x=1100-2000x$$

由以上分析可知，平壁传热壁面内温度与壁厚的关系是直线关系。

2. 多层平壁稳定热传导

导热体的材质不同，其温度分布也不相同。现以三层壁为例来讨论多层平壁面的热传导情况。各层平壁面的温度分布如图 3-5 所示。假设各层壁面完全贴合，也就是说相邻两层壁面温度相同，且 $t_1>t_2>t_3>t_4$。在稳定导热过程中，通过各层的导热速率应相等，即 $Q=Q_1=Q_2=Q_3$，由傅里叶定律得

$$Q=\frac{t_1-t_2}{b_1/(\lambda_1 A)}=\frac{t_2-t_3}{b_2/(\lambda_2 A)}=\frac{t_3-t_4}{b_3/(\lambda_3 A)} \tag{3-10}$$

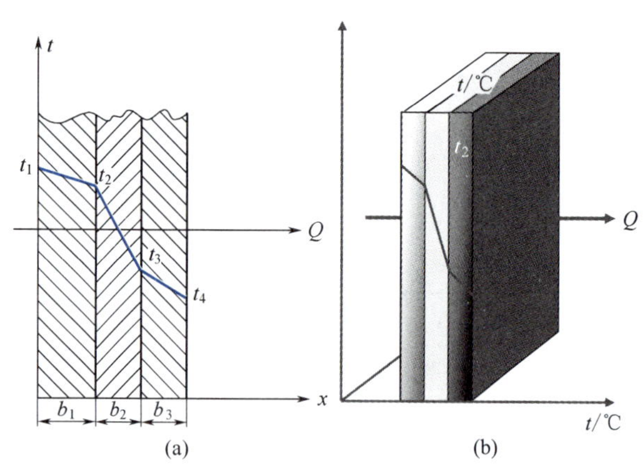

图3-5　三层平壁面导热示意

在实际应用中，t_1 和 t_4 易测量，则由式（3-9）得

界面温度求法

$$\begin{cases} t_1-t_2=Q\dfrac{b_1}{\lambda_1 A} \\ t_2-t_3=Q\dfrac{b_2}{\lambda_2 A} \\ t_3-t_4=Q\dfrac{b_3}{\lambda_3 A} \end{cases} \tag{3-11}$$

由式（3-11）中的三式相加整理得

$$Q=\frac{t_1-t_4}{\dfrac{b_1}{\lambda_1 A}+\dfrac{b_2}{\lambda_2 A}+\dfrac{b_3}{\lambda_3 A}}=\frac{t_1-t_4}{R'_1+R'_2+R'_3} \tag{3-12}$$

对于 n 层平壁面，其传热速率表达式为

$$Q=\frac{t_1-t_{n+1}}{\sum\limits_{i=1}^{n}\dfrac{b_i}{\lambda_i A}}=\frac{t_1-t_{n+1}}{\sum\limits_{i=1}^{n}R'_i} \tag{3-13}$$

$$q=\frac{Q}{A}=\frac{t_1-t_{n+1}}{\sum\limits_{i=1}^{n}\dfrac{b_i}{\lambda_i}}=\frac{t_1-t_{n+1}}{\sum\limits_{i=1}^{n}R_i} \tag{3-14}$$

【例 3-2】 有一燃烧平面壁炉，炉壁由三种材料构成。最内层为耐火砖，其厚度 0.15m，热导率为 1.05W/（m·℃）；中间层为保温砖，其厚度为 0.3m，热导率为 0.15W/（m·℃）；最外层为普通砖，其厚度为 0.25m，热导率为 0.7W/（m·℃）。现测得炉内壁温度为 1000℃，耐火砖和保温砖间界面温度为 945℃，试求：

① 单位面积的热损失，W/m^2；

② 保温砖和普通砖间界面温度，℃；

③ 普通砖外侧面的温度，℃。

解　① 单位面积的热损失。对稳定热传导过程，$q=q_1=q_2=q_3$。据已知条件，热损失应由耐火砖层的热传导速率方程求得，即：

$$q=q_1=\frac{\lambda_1}{b_1}(t_1-t_2)=\frac{1.05}{0.15}(1000-945)=385(W/m^2)$$

② 设保温砖与普通砖间界面温度 t_3。t_3 由保温砖层热传导速率方程求解，即

$$q=q_2=\frac{\lambda_2}{b_2}(t_2-t_3)$$

即

$$385=\frac{0.15}{0.3}(945-t_3)$$

解得

$$t_3=175℃$$

③ 设普通砖外侧面温度 t_4。t_4 可由三层平壁的热传导速率方程求解，即

$$q=\frac{t_1-t_4}{\dfrac{b_1}{\lambda_1}+\dfrac{b_2}{\lambda_2}+\dfrac{b_3}{\lambda_3}}$$

即

$$385=\frac{1000-t_4}{\dfrac{0.15}{1.05}+\dfrac{0.3}{0.15}+\dfrac{0.25}{0.7}}=\frac{1000-t_4}{0.143+2.0+0.357}$$

解得

$$t_4=37.5℃$$

t_3 也可由普通砖层热传导速率方程求得，两者结果应是一致的。

三、圆筒壁稳定热传导过程计算

1. 单层圆筒壁稳定热传导过程

在实际生产中，经常用到圆形管道，圆管道壁内的传热即属于圆筒壁面的热传导。圆筒壁面的导热与平壁面导热不同之处是：沿传热方向，平壁面传热面积是一定的，而圆筒壁面的传热不是一个定值，它随半径而变化。

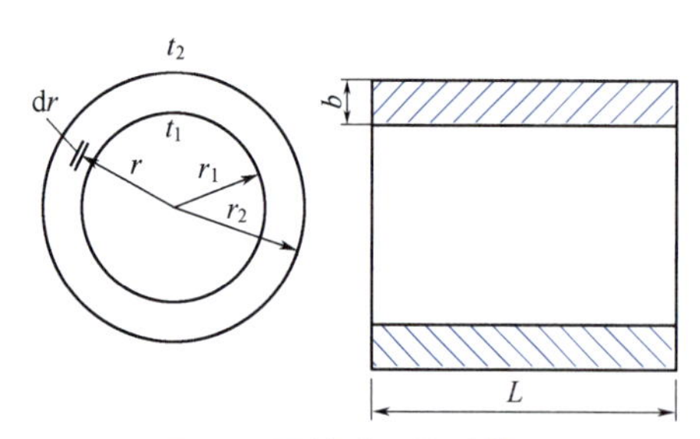

图3-6　圆筒壁导热计算图

如图 3-6 所示，假设圆筒壁很长，轴向散热可忽略不计；$t_1 > t_2$。在沿半径方向取厚度为 dr 的薄壁，将薄壁圆筒展开，可近似看成是平壁面，由傅里叶公式得

$$Q=-\lambda A\frac{\mathrm{d}t}{\mathrm{d}r}=-\lambda(2\pi rL)\frac{\mathrm{d}t}{\mathrm{d}r} \tag{3-15}$$

对式（3-15）分离变量积分得

$$Q\int_{r_1}^{r_2}\frac{\mathrm{d}r}{r}=-\lambda(2\pi L)\int_{t_1}^{t_2}\mathrm{d}t$$

$$Q(\ln r_2-\ln r_1)=-2\pi L\lambda(t_2-t_1) \tag{3-16}$$

将式（3-16）整理得

$$Q=\frac{t_1-t_2}{\dfrac{r_2-r_1}{2\pi r_m L\lambda}}=\frac{2\pi L(t_1-t_2)}{\dfrac{1}{\lambda}\ln\dfrac{r_2}{r_1}} \tag{3-17}$$

式中　r_m——对数平均半径，$r_m=\dfrac{r_2-r_1}{\ln\dfrac{r_2}{r_1}}$。

因圆筒壁内各层的导热面积不相等，所以通过各层的热通量不等，但各层的导热速率相等。

2. 多层圆筒壁稳定热传导过程

工业生产中保温管路

如图 3-7 所示，根据多层平壁导热速率计算的机理，多层圆筒壁的导热速率应等于总推动力（温度差）与总阻力之比，其数学表达式可写为

$$Q=\frac{推动力之和}{阻力之和}=\frac{\sum\Delta t}{\sum\Delta R'}$$

$$=\frac{t_1-t_4}{\dfrac{1}{2\pi L\lambda_1}\ln\dfrac{r_2}{r_1}+\dfrac{1}{2\pi L\lambda_2}\ln\dfrac{r_3}{r_2}+\dfrac{1}{2\pi L\lambda_3}\ln\dfrac{r_4}{r_3}}$$

$$=\frac{2\pi L(t_1-t_4)}{\sum\limits_{i=1}^{4}\dfrac{1}{\lambda_i}\ln\dfrac{r_{i+1}}{r_i}}$$

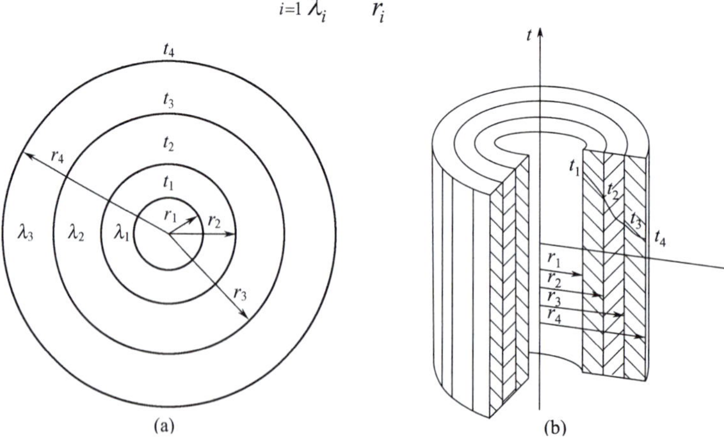

图3-7　多层圆筒壁导热计算

由此可以得到 n 层圆筒壁导热速率通式

$$Q=\frac{2\pi L(t_1-t_{n+1})}{\sum\limits_{i=1}^{n}\dfrac{1}{\lambda_i}\ln\dfrac{r_{i+1}}{r_i}} \tag{3-18}$$

【例 3-3】在直径为 ϕ140mm×5mm 的蒸汽管道外包扎保温层，保温层厚度为 0.07m，热导率为 0.15W/（m・℃）。若蒸汽管道内壁面温度为 180℃，保温层外表面温度为 40℃，试求每米管长的热损失及蒸汽管道和保温层间的界面温度。管壁材料热导率为 45W/（m・℃）。

解　由管内至管外，$r_1=\dfrac{1}{2}\times0.13=0.065\text{m}$，$r_2=0.07\text{m}$，$r_3=0.07+0.07=0.14\text{m}$。

两层圆筒壁的热传导速率方程为

$$\frac{Q}{L}=\frac{2\pi(t_1-t_3)}{\dfrac{1}{\lambda_1}\ln\dfrac{r_2}{r_1}+\dfrac{1}{\lambda_2}\ln\dfrac{r_3}{r_2}}$$

则

$$\frac{Q}{L}=\frac{2\pi\times(180-40)}{\dfrac{1}{45}\ln\dfrac{0.07}{0.065}+\dfrac{1}{0.15}\ln\dfrac{0.14}{0.07}}=190.2\text{（W/m）}$$

设蒸汽管道和保温层间界面温度为 t_2，单层圆筒壁热传导速率方程为

$$\frac{Q}{L}=\frac{2\pi\times(t_1-t_2)}{\dfrac{1}{\lambda_1}\ln\dfrac{r_2}{r_1}}=\frac{2\pi(180-t_2)}{\dfrac{1}{45}\ln\dfrac{0.07}{0.065}}=190.2$$

解得

$$t_2=179.95℃$$

任务三

对流传热过程分析及其应用

一、对流传热过程分析

对流传热是靠流体内部质点相对位移进行的热量传递，常借助导热性能好的金属壁面来实现两流体的热量交换过程。其传热过程是热流体在流动过程中将热量传递给金属壁面的一侧，金属固体通过导热方式将热量传递到金属壁面的另一侧，然后金属壁面再将热量传递给冷流体，如图 3-8（a）所示。对流传热过程共分为自然对流和强制对流传热。

自然对流：温差引起密度差，造成流体流动。

强制对流：流体靠外加动力流动，造成对流。

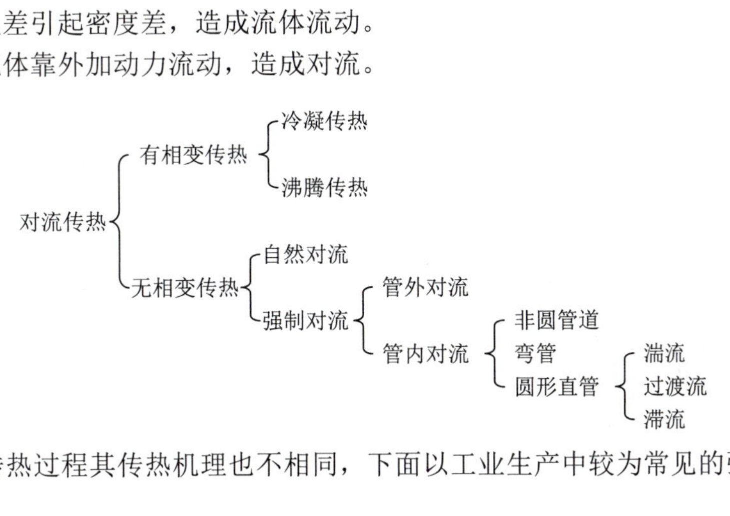

不同的对流传热过程其传热机理也不相同，下面以工业生产中较为常见的强制对流情况进行简单分析。

强制对流传热是借外力作用，使流体形成湍流，流体各质点在无规则的运动的过程中很快地

将高温质点的热量传递给低温质点，使湍流区的温度基本趋于一致。因此，对流传热与流体流动状况密切相关。当流体沿壁呈湍流流动，由于流体的黏性作用，在靠近管壁处总有一层流内层存在，在层流内层内流体呈层流流动。在湍流区和层流内层之间有一个小的过渡层，称缓冲层。如图 3-8（b）所示，在湍流主体中，由于流体质点的剧烈运动，热量传递主要以对流的方式进行，热传导所起的作用很小，因此湍流主体中各处的温度基本上相同。在缓冲层中，热传导和对流同时起作用，在该层内流体温度发生缓慢的变化。层流内层内热量传递主要以热传导的方式进行。由于流体的热导率很小，使层流内层中导热热阻很大，因此，该层内流体温度差很大。

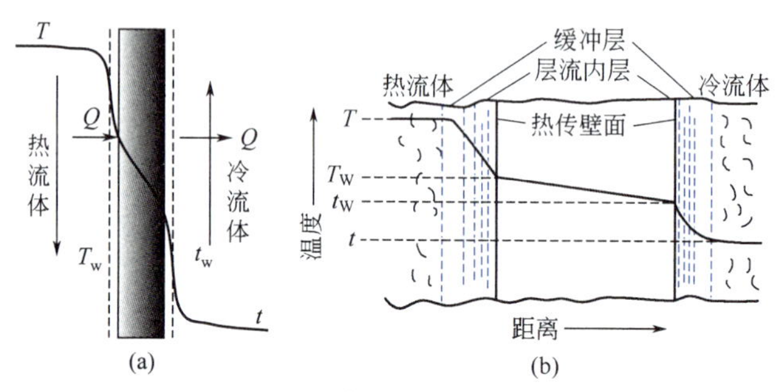

图3-8　对流传热的温度分布

由上述分析可知，对流传热的热阻主要集中在滞留层内，因此，降低层流内层厚度是强化对流传热的重要途径。

二、对流传热速率方程

流体对壁面的对流传热推动力在热流体一侧应该是该截面上湍流主体最高温度与壁面温度 T_W 的温度差；而冷流体一侧则应该是壁面温度 t_W 与湍流主体最低温度的温度差。但由于流动截面上的湍流主体的最高温度和最低温度不易测定，所以工程上通常用该截面处流体平均温度（热流体为 T，冷流体为 t）代替最高温度和最低温度。这种处理方法就是假设把过渡区和湍流主体的传热阻力全部叠加到层流底层的热阻中，在靠近壁面处构成一层厚度为 δ 的流体膜，称为有效膜。假设膜内为层流流动，而膜外为湍流，即把所有热阻都集中在有效膜中。这一模型称为对流传热的膜理论模型。当流体的湍动程度增大，则有效膜厚度 δ 会变薄，在相同的温差条件下，对流传热速率会增大。

由于对流传热与流体的流动情况、流体性质、对流状态及传热面的形状等有关，其影响因素较多，有效膜厚度 δ 难以测定，所以用 α 代替单层壁传热速率方程 $Q=\dfrac{\lambda}{\delta}A\Delta t$ 中的 $\dfrac{\lambda}{\delta}$ 得

$$Q=\alpha A\Delta t \tag{3-19}$$

式中　Q——对流传热速率，W；

α——对流传热系数，W/(m²·℃)；影响 α 因素很多，α 与流体的流动形态、导热性能、黏度、密度等均有关；

A——为传热面积，m²；

Δ——对流传热温度差，℃；对热流体，$\Delta t=T-T_W$；对冷流体，$\Delta t=t-t_W$。

式（3-19）称为对流传热速率方程，也称为牛顿冷却公式。

牛顿冷却公式是将复杂的对流传热过程的传热速率 Q 与推动力和热阻的关系，用一简单的关系式（3-19）表达出来。但如何求得各种具体传热条件下的对流传热系数 α 的值，成为解决对流传热问题的关键。这里还应指出，间壁两侧流体沿壁面流动过程中的传热，流体从进口到出口温度是不断变化的，或是升高或是降低。由于不同流动截面上的流体温度不同，α 值也就不同。因此，间壁换热器的计算中，需要求出传热管长的平均 α 值，这将在以后的 α 关联式中介绍。

对流传热速率方程是对流传热计算的重要方程之一，下面举例初步说明其用途。

【例 3-4】有一换热器，水在管径为 ϕ25mm×2.5mm、管长为 2m 的管内从 30℃被加热到 50℃。其对流传热系数 α 为 2000W/（m^2·K），传热量为 2500W，试求管内壁平均温度 t_W。

解　管内径 d=0.02m，管长 L=2m，管内表面积（即传热面积）

$$A=\pi dL=3.14\times0.02\times2=0.126(\text{m}^2)$$

水的温度：进口 t_1 =30℃，出口 t_2 =50℃，

平均温度
$$t=\frac{t_1+t_2}{2}=\frac{30+50}{2}=40(℃)$$

已知 α 为 2000 W/（m^2·K），传热量为 2500 W，代入对流传热速率方程：

$$Q=\alpha A\Delta t=\alpha A(t_w-t)$$

$$2500=2000\times0.126\times(t_w-40)$$

解得 t_W=49.9℃

同理，以热流体侧对流传热为例，可得出如下关系：

$$\mathrm{d}Q=\frac{T-T_W}{R'}=\frac{T-T_W}{\dfrac{1}{\alpha\mathrm{d}A}}=\alpha(T-T_W)\mathrm{d}A \tag{3-19a}$$

式中　dQ——局部对流传热速率，W；

α——局部对流传热系数，W/(m^2·℃)，影响 α 因素很多，α 与流体的流动形态、导热性能、黏度、密度等均有关；

T——热流体温度，℃；

T_W——高温侧壁面温度，℃；

dA——微元面积，m^2。

三、对流传热系数及影响因素

1. 对流传热系数

对流传热过程中，热边界层传热方式为导热，由傅里叶定律得

$$\mathrm{d}Q=-\lambda\mathrm{d}A\left(\frac{\mathrm{d}t}{\mathrm{d}x}\right)_W \tag{3-20}$$

式中　λ——流体热导率，W/（m·℃）；

$\left(\dfrac{\mathrm{d}t}{\mathrm{d}x}\right)_W$——热边界层内流体的温度梯度，℃/m。

由于讨论的传热过程为稳定传热，热边界层的导热速率应等于对流传热速率。由式（3-19）和式（3-20）得

$$\alpha=-\frac{\lambda}{\Delta t}\left(\frac{\mathrm{d}t}{\mathrm{d}x}\right)_W \tag{3-21}$$

当传热量一定时，流体与固体壁面的温度差 Δt 与对流传热系数 α 成反比；流体的热导率 λ 与对流传热系数 α 成正比；热边界层的温度梯度 dt/dx 越大，α 越大。增大热边界层温度梯度的方法是减小热边界层厚度，改变流体的流动状态是减小热边界层厚度的有效方法。因此，对流传热系数 α 不是物性参数，它是受多种因素影响的一个物理量。

2. 对流传热系数的影响因素

（1）流体的种类和相变化情况　流体的种类不同，其对流传热膜系数不同，流体有相变化时出现气泡，对内部流体产生扰动作用，导致对流传热膜系数比无相变时为大。

（2）流体的物性　流体的热导率、比热容、黏度、密度等物性对α的影响较大，其中μ增大，α减小；ρ、λ、C_p增大，α增大。

（3）流体的流动状态　滞流时，流体在热流方向上无附加的脉动，其传热形式主要是流体滞流内层的导热，故α值较小。湍流时，Re增大，滞流内层的厚度减薄，α增大。

（4）流体流动的原因　因形成流体流动的原因不同，对流传热分为自然对流和强制对流。自然对流是由于流体内部存在温度差引起密度差，使流体内部质点产生移动和混合，由于流速较小，α值不大。强制对流是在机械搅拌的外力作用下引起的流体流动，流速较大，α较大。故强制对流传热α大于自然对流传热α。

（5）传热面的形状、位置和大小　传热管、板、管束等不同的传热面形状；管子的排列方式；水平或垂直放置；管径、管长或管板的高度等都会影响流体在换热壁面的流动状况，因此影响α值。对于一种类型的传热面常用一个对α有决定性影响的特征尺寸L来表示其大小。

四、对流传热系数的获取

1. 对流传热系数经验关联式

由于α的影响因素非常多，目前从理论上还不能导出α的计算式，只能找出影响α的若干因素，通过量纲分析与传热实验相结合的方法，找出各种特征数之间的关系，建立起α的经验公式。表3-3中列出了几种常用的特征数。

Re、Pr、Nu表达式及含义

强制对流　$$Nu=f(Re, Pr) \quad (3\text{-}22)$$

自然对流　$$Nu=\varphi(Pr, Gr) \quad (3\text{-}23)$$

表3-3　几种常用的特征数

特征数名称	符号	特征数式	意义
努塞尔特数（给热数）	Nu	$\frac{\alpha l}{\lambda}$	表示对流传热系数的数
雷诺数（流型数）	Re	$\frac{lu\rho}{\mu}$	确定流动状态的数
普兰特数（物性数）	Pr	$\frac{c_p\mu}{\lambda}$	表示物性影响的数
格拉斯霍夫数（升力数）	Gr	$\frac{\beta g\Delta t l^3\rho^2}{\mu^2}$	表示自然对流影响的数

使用特征数关联式时应注意以下问题。

① 应用范围：关联式中Re、Pr、Gr的数值范围。

② 特征尺寸：Nu、Re、Gr等特征数中l如何选取。

③ 定性温度：各特征数中流体的物性应按什么温度确定。

2. 流体在圆形直管内无相变强制对流传热系数计算

适用于气体或低黏度（小于2倍常温水的黏度）液体在圆形直管内无相变强制湍流的特征数关联式

$$Nu=0.023Re^{0.8}Pr^{n} \quad (3\text{-}24)$$

或
$$\alpha=0.023\frac{\lambda}{d_{内}}\left(\frac{d_{内}u\rho}{\mu}\right)^{0.8}\left(\frac{\mu c}{\lambda}\right)^{n} \tag{3-24a}$$

当流体被加热时，式中 n=0.4；当流体被冷却时，n=0.3。

应用范围：$Re>10^4$，$0.7<Pr<120$，管长与管径之比 $L/d_{内}\geqslant60$，若 $L/d_{内}<60$ 的短管，则需进行修正，可将式（3-24a）求得的 α 值乘以大于 1 的短管修正系数 φ，即

$$\varphi=\left[1+(d_{内}/L)^{0.7}\right] \tag{3-25}$$

【例 3-5】在 200kPa、20℃下，流量为 60m³/h 空气进入套管换热器的内管，并被加热到 80℃，内管直径为 ϕ50mm×3.5mm，长度为 3m。试求管壁对空气的对流传热系数。

解　定性温度$=\frac{20+80}{2}$=50℃，查附录十得 50℃下空气的物理性质如下：

$$\mu=1.96\times10^{-5}\text{Pa}\cdot\text{s}，\lambda=2.83\times10^{-2}\text{W/(m}\cdot℃)，Pr=0.698$$

空气在进口处的速度为

$$u=\frac{V}{\frac{\pi}{4}d_i^2}=\frac{4\times60}{3600\times\pi\times0.05^2}=8.49(\text{m/s})$$

空气进口处的密度为

$$\rho=1.293\times\frac{273}{273+20}\times\frac{200}{101.3}=2.379(\text{kg/m}^3)$$

空气的质量流速为　$G=u\rho=8.49\times2.379=20.2(\text{kg/m}^2)$

所以
$$Re=\frac{dG}{\mu}=\frac{0.05\times20.2}{1.96\times10^{-5}}=51530（湍流）$$

又因
$$\frac{L}{d_i}=\frac{3}{0.05}=60$$

故 Re 和 Pr 值均在式（3-24a）的应用范围内，可用式（3-24a）求算 a，且气体被加热，取 n=0，则

$$\alpha=0.023\frac{\lambda}{d_{内}}\left(\frac{d_{内}u\rho}{\mu}\right)^{0.8}\left(\frac{\mu c}{\lambda}\right)^{n}$$
$$=0.023\times\frac{2.83\times10^{-2}}{0.05}\times51530^{0.8}\times0.698^{0.4}$$
$$=66.3\left[\text{W/(m}^2\cdot℃)\right]$$

计算结果表明，一般气体的对流传热系数都比较低。

五、流体有相变时的对流传热过程分析

1. 蒸气冷凝

当饱和蒸气与温度低于饱和温度的壁面相接触时，蒸气放出潜热、并在壁面上冷凝成液体。

（1）蒸气冷凝方式

① 膜状冷凝。若冷凝液能润湿壁面，则在壁面上形成一层完整的液膜。如图 3-9 所示。

② 滴状冷凝。如图 3-10 所示，若冷凝液不能润湿壁面，由于表面张力的作用，冷凝液在壁面上形成许多液滴，并沿壁面落下。滴状冷凝时，大部分壁面直接暴露在蒸气中，由于没有液膜阻碍热流，因此滴状冷凝的传热膜系数 α 大于膜状冷凝的传热膜系数 α，但在生产中滴状冷凝是不稳定的，冷凝器的设计常按膜状冷凝来考虑。

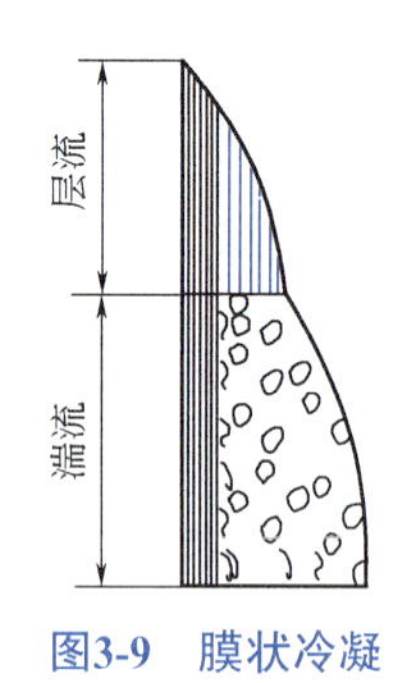

图3-9　膜状冷凝

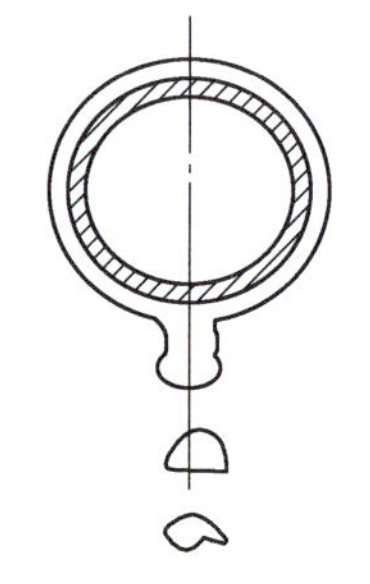

图3-10　滴状冷凝

(2) 影响冷凝传热的因素　影响冷凝传热的因素很多，主要有以下几点。

① 液膜两侧温度差的影响。液膜呈滞流流动时，Δt 增大，液膜厚度增大，α 减小。

② 流体物性的影响。液体的密度、黏度、热导率、汽化热等都影响 α 值。液体的密度 ρ 增加、黏度 μ 减小、对流传热系数 α 增大；热导率 λ 增大、汽化热 γ 增大、对流传热系数 α 增大。所有物质中，水蒸气的冷凝传热系数最大，一般为 10000W/（m^2·℃）左右。

③ 蒸气流速和流向的影响。蒸气运动时会与液膜间产生摩擦力，若蒸气和液膜同向流动，则摩擦力使液膜加速，厚度变薄，使 α 增大；若两者逆向流动，则 α 减小。如摩擦作用力超过液膜重力，液膜会被蒸气吹离壁面。此时随蒸气流速的增加 α 急剧增大。

④ 蒸气中不凝性气体含量的影响。蒸气冷凝时，不凝气体在液膜表面形成气膜，冷凝蒸气到达液膜表面冷凝前先要通过气膜，增加了一层附加热阻。由于气体 λ 很小，使 α 急剧下降。故必须考虑不凝性气体的排除。

⑤ 冷凝壁面的布置。水平放置的管束，冷凝液从上部各排管子流下，使下部管排液膜变厚，则 α 变小，垂直方向上管排数越多，α 下降也越多。为增大 α 值，可将管束由直列改为错列或减小垂直方向上管排数目。

2. 液体沸腾

液体与高温壁面接触被加热汽化并产生气泡的过程称为沸腾。

(1) 液体沸腾的方法　工业上液体沸腾的方法可分为两种：大容积沸腾是将加热壁面浸没在液体中，液体在壁面处受热沸腾；管内沸腾是液体在管内流动时受热沸腾。

液体沸腾曲线分析

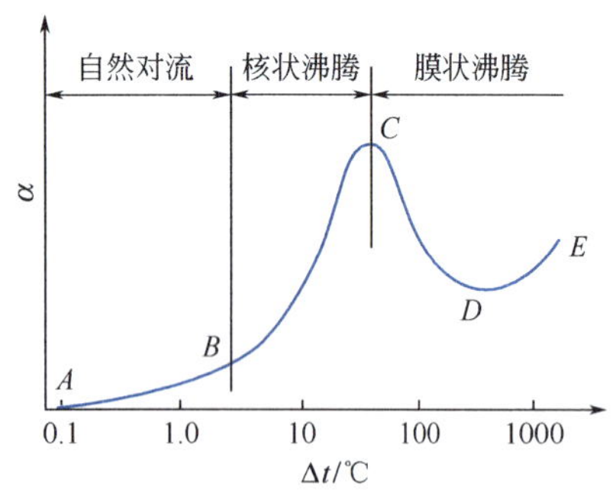

图3-11　水（1atm下）的沸腾曲线

(2) 液体沸腾曲线　液体沸腾曲线如图3-11所示，以常压下水在容器内沸腾传热为例，讨论 Δt 对 α 的影响。

***AB* 段**：$\Delta t \leqslant 5$℃时，加热表面上的液体轻微受热，使液体内部产生自然对流，没有气泡从液体中逸出液面，仅在液体表面上发生蒸发，α 较低。此阶段称为自然对流区。

***BC* 段**：Δt=5～25℃，在加热表面的局部位置上开始产生气泡，该局部位置称为汽化核心。气泡的产生、脱离和上升使液体受到强烈扰动，因此 α 急剧增大，此阶段称核状沸腾。

***CD* 段**：$\Delta t \geqslant 25$℃，加热面上气泡增多，气泡产生的速度大于它脱离表面的速度，表面上形成一层蒸汽膜，由于水蒸气的热导率低，气膜的附加热阻使 α 急剧下降。此阶段称为不稳定的膜状沸腾。

***DE* 段**：$\Delta t \geqslant 25$℃时，气膜稳定，由于加热面温度 t_W 高，热辐射影响较大，α 增大，此时为稳定膜状沸腾。

从核状沸腾到膜状沸腾的转折点 C 称为临界点。C 点的 Δt_C、α_C 分别称为临界温度差和临界沸腾传热系数。工业生产中总是设法使沸腾装置控制在核状沸腾下工作。因为此阶段 α 大，t_W 小。

(3) 影响沸腾传热的因素

① 流体的物性。流体的热导率 λ、密度 ρ、黏度 μ 和表面张力 σ 等对沸腾传热有重要影响。α 随 λ、ρ 增加而增大；随 μ、σ 增加而减小。

② 温度差 Δt。温度差 t_W-t_s 是控制沸腾传热的重要因素，应尽量控制在核状沸腾阶段进行操作。

③ 操作压强。提高沸腾压强，相当于提高液体的饱和温度，使液体的表面张力和黏度均减小，有利于气泡的形成和脱离，强化了沸腾传热。在相同温度差下，操作压强升高，α 增大。

④ 加热表面的状况。加热面越粗糙，气泡核心越多，越有利于沸腾传热。一般新的、清洁的、粗糙的加热面的 α 较大。当表面被油脂玷污后，α 急剧下降。

⑤ 加热面的布置情况。对沸腾传热也有明显的影响。例如，在水平管束外沸腾时，其上升气泡会覆盖上方管的一部分加热面，导致 α 下降。

任务四
间壁换热过程分析及计算

3.2 间壁换热过程计算

如图 3-12 所示，是热、冷流体在间壁式换热器内传热的过程：热流体以对流传热方式将热量传给壁面一侧，壁面以导热方式将热量传到壁面另一侧，再以对流传热方式传给冷流体。研究和探讨间壁式换热器内如何进行换热，受哪些因素的影响，怎样提高传热速率，是传热要解决的重点问题。

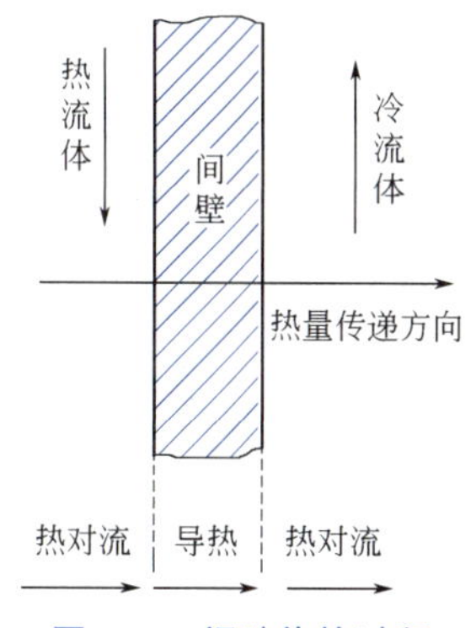

图3-12　间壁传热过程

一、热量衡算

在间壁传热过程中，若没有热量损失，热流体放出的热量应等于冷流体吸收的热量。由于流体在热交换过程中的状态不同，传热速率的计算也不同，现介绍常用的几种计算方法。

1. 恒温传热的热量衡算

传热量计算方法

间壁两侧流体在相变温度下的对流传热属恒温传热，如饱和蒸汽与沸腾液体间的传热就属于恒温传热。此时冷、热流体在流动过程中温度均不发生变化，即（$T-t$）是定值，则

$$Q=KA(T-t)=KA\Delta t \tag{3-26}$$

2. 变温传热时的热量衡算

许多情况是冷、热流体在热交换过程中温度不断变化，具体有以下几种情况。

① 间壁传热中，两种流体均无相变时的热量衡算。

$$Q=q_{mh}C_{ph}(T_1-T_2)=q_{mc}C_{pc}(t_2-t_1) \tag{3-27}$$

式中　q_m——流体质量流量，kg/s；

C_p——流体比热容，kJ/（kg·℃）。

下标："h"表示热流体，"c"表示冷流体，"1、2"分别表示流体的进口和出口。

② 间壁传热中，一种流体有相变，流体温度不变。若换热器中一侧流体有相变化，即一侧是饱和蒸汽且冷凝液在饱和蒸汽温度下离开换热器，则

$$Q=q_{mh}\gamma=q_{mc}C_{pc}(t_2-t_1) \tag{3-28}$$

式中　γ——饱和蒸汽的冷凝热，kJ/kg。

③ 间壁传热中，一种流体有相变，且流体温度发生变化。若换热器中流体有相变化且冷凝液

离开换热器的温度低于饱和蒸汽温度，则

$$Q=q_{mh}\left[\gamma+C_{ph}(T_1-T_2)\right]=q_{mc}C_{pc}(t_2-t_1) \tag{3-29}$$

【例 3-6】 将 0.417kg/s，353K 的硝基苯通过换热器用冷却水将其冷却到 313K。冷却水初温为 303K，终温不超过 308K。已知水的比热容为 4.187kJ/（kg·℃），试求换热器的热负荷及冷却水用量。

解　由附录十五查得硝基苯 $T_m=\dfrac{T_1+T_2}{2}=\dfrac{353+313}{2}$=333K 时的比热容为 1.6kJ/（kg·℃），则热负荷为

$$Q=W_hC_{ph}(T_1-T_2)=0.417\times1.6\times(353-313)=26.7(\text{kW})$$

冷却水用量为

$$W_c=\frac{Q}{C_{pc}(t_2-t_1)}=\frac{26700}{4.187\times10^3\times(308-303)}=1.275(\text{kg/s})$$

二、平均温度差计算

由于换热器中流体的温度、物性是变化的，故传热温度差和传热系数一般也会发生变化，在工程计算中通常用平均传热温度差代替。间壁两侧流体平均温度差的计算方法与换热器中两流体的相互流动方向有关，而两流体的温度变化情况，可分为恒温传热和变温传热。

1. 恒温传热时的平均温度差

换热器间壁两侧流体均有相变化时，例如在蒸发器中，间壁的一侧，液体保持在恒定的沸腾温度 t 下蒸发，间壁的另一侧，加热用的饱和蒸汽在一定的冷凝温度 T 下进行冷凝，属恒温传热，此时传热温度差（$T-t$）不变，即流体的流动方向对 Δt 无影响。

$$\Delta t_m=T-t \tag{3-30}$$

2. 变温传热时的平均温度差

变温传热时，两流体相互流动的方向不同，则对温度差的影响不同，分述如下。

（1）逆流和并流时的平均温度差　在换热器中，冷、热两流体平行而同向流动，称为并流；两者平行而反向流动，称为逆流，如图3-13所示。并流和逆流时的平均温度差经推导得

$$\Delta t_m=\frac{\Delta t_1-\Delta t_2}{\ln\dfrac{\Delta t_1}{\Delta t_2}} \tag{3-31}$$

如 $\Delta t_1/\Delta t_2<2$ 时，仍可用算术平均值计算，即 $\Delta t_m=\dfrac{\Delta t_1+\Delta t_2}{2}$，其误差<4%。对于同样的进出口温度，$\Delta t_{m逆}>\Delta t_{m并}$，并可以节省传热面积及加热剂或冷却剂的用量，所以工业上一般采用逆流操作。而对于一侧有温度变化，另一侧恒温，$\Delta t_{m逆}=\Delta t_{m并}$。

两流体热交换方向有N种

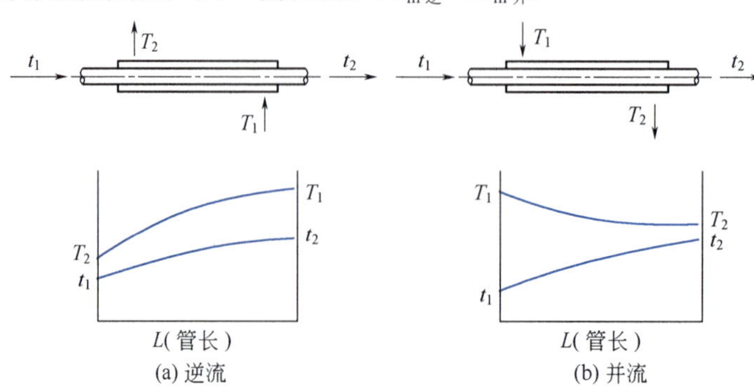

图3-13　逆流和并流示意

【例 3-7】在列管式换热器中，热流体由 180℃冷却至 140℃，冷流体由 60℃加热到 120℃，试计算并流操作 $\Delta t_{m并}$和逆流操作的 $\Delta t_{m逆}$。

解

并流操作

$$\begin{array}{l} 180℃ \rightarrow 140℃ \\ \underline{\ 60℃ \rightarrow 120℃} \\ 120℃ \quad\quad 20℃ \end{array}$$

$$\Delta t_{m并}=\frac{\Delta t_1-\Delta t_2}{\ln\dfrac{\Delta t_1}{t_2}}=\frac{120-20}{\ln\dfrac{120}{20}}=\frac{100}{4.09}=24.4(℃)$$

工业生产中传热为什么常采用逆流操作？

逆流操作

$$\begin{array}{l} 180℃ \rightarrow 140℃ \\ \underline{120℃ \leftarrow \ 60℃} \\ \ 60℃ \quad\quad 80℃ \end{array}$$

故

$$\Delta t_{m逆}=\frac{80-60}{\ln\dfrac{80}{60}}=\frac{20}{0.288}=69.5(℃)$$

由上例可知，逆流操作平均温度温差大于并流操作平均温度差，采用逆流操作可节省传热面积，可以节省加热剂或冷却剂的用量。但是在某些生产工艺有特殊要求时，如要求冷流体被加热时不能超过某一温度，或热流体被冷却时不能低于某一温度，则宜采用并流操作。

（2）错流和折流时的平均温度差 在大多数的列管换热器中，两流体并非简单的逆流或并流，因为传热的好坏，除考虑温度差的大小外，还要考虑到影响传热系数的多种因素以及换热器的结构是否紧凑合理等。所以实际上两流体的流向，是比较复杂的折流，或是相互垂直的错流。如图3-14（a）中两流体的流向互相垂直，称为错流；图3-14（b）中一种流体只沿一个方向流动，而另一种流体反复折流，称为简单折流。若两股流体均作折流，或既有折流又有错流，则称为复杂折流。

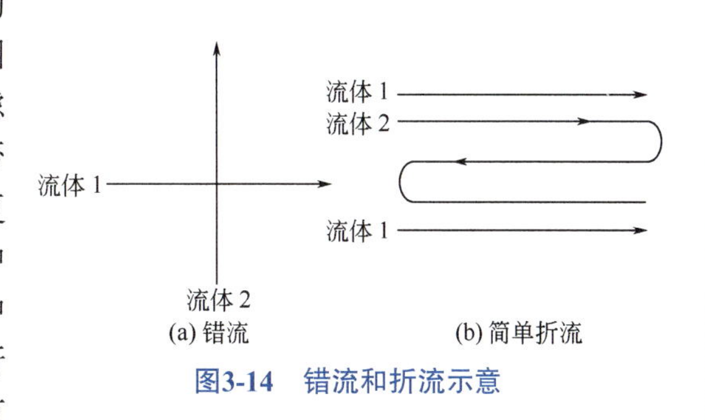

图3-14 错流和折流示意

错流或折流时的平均温度差是先按逆流计算对数平均温度差 $\Delta t_{m逆}$，再乘以温度差修正系数 φ_{Δ_t}，即

$$\Delta t_m=\varphi_{\Delta_t}\Delta t_{m逆} \tag{3-32}$$

各种流动情况下的温度差修正系数 φ_{Δ_t}，R 和 P 两个参数可根据换热器的形式由图 3-15 查取。

$$R=\frac{T_1-T_2}{t_2-t_1}=\frac{热流体的温降}{冷流体的温升}$$

$$P=\frac{t_2-t_1}{T_1-t_1}=\frac{冷流体的温升}{两流体的最初温差}$$

$\varphi\Delta_t$ 的值可根据换热器的形式，由图 3-15 查取。采用折流和其他复杂流动的目的是提高传热系数，其代价是使平均温度差相应减小。综合利弊，一般在设计时最好使 $\varphi\Delta_t>0.9$，至少也不应低于 0.8，否则经济上不合理。

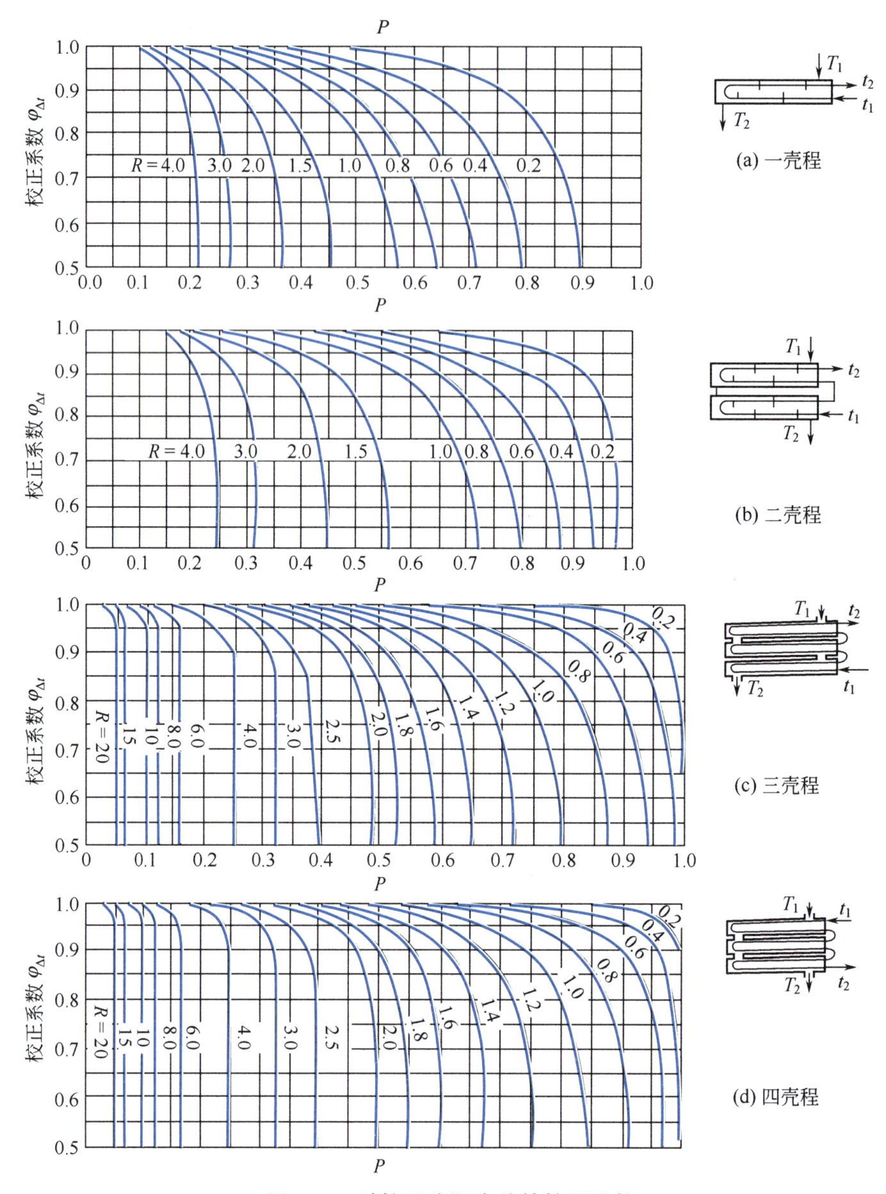

图3-15　对数平均温度差的校正系数

三、传热系数的获取

传热系数的获取有以下三种方式：取经验值、现场测定和传热系数计算。

1. 取传热系数的经验值

取经验值要选取工艺条件相仿、设备类似而又比较成熟的经验数据，表 3-4 中列出了列管式换热器中不同流体在不同情况下的传热系数的大致范围，必要时可从表中直接选取 K 值。

解释工业生产中常用水蒸气为加热剂

表3-4　列管式换热器 K 值的大致范围

热流体	冷流体	传热系数 K/[W/(m^2·K)]	热流体	冷流体	传热系数 K/[W/(m^2·K)]
水	水	850～1700	低沸点烃类蒸气冷凝（常压）	水	455～1140
轻油	水	340～910	高沸点烃类蒸气冷凝（常压）	水	60～170
气体	水	60～280	水蒸气冷凝	水沸腾	2000～4250
水蒸气冷凝	水	1420～4250	水蒸气冷凝	轻油沸腾	455～1020
水蒸气冷凝	气体	30～300	水蒸气冷凝	重油沸腾	140～425

2. 现场测定传热系数

现场测定对于已有的换热器，可以测定有关数据，如设备的尺寸、流体的流量和进出口温度等，然后求得传热速率 Q、传热温度差 Δt 和传热面积 A，再由传热基本方程计算 K 值。这样得到的 K 值可靠性较高，但是其使用范围受到限制，只有与所测情况相一致的场合（包括设备的类型、尺寸、流体性质、流动状况等）才准确。但若使用情况与测定情况相似，所测 K 值仍有一定参考价值。下面重点介绍公式计算法。

3. 传热系数的计算

（1）平壁的传热系数计算 以单层平壁间壁式换热器为例，热量由热流体传给冷流体的过程由热流体对壁面的对流传热、壁面内的导热和壁面对冷流体的对流传热三步完成。全过程可以看成三个热阻串联传热，则总热阻（$1/K$）等于三个分热阻之和。

$$R=R_1+R_{导}+R_2=\frac{1}{K}=\frac{1}{\alpha_1}+\frac{b}{\lambda}+\frac{1}{\alpha_2} \tag{3-33}$$

则

$$K=\frac{1}{\dfrac{1}{\alpha_1}+\dfrac{b}{\lambda}+\dfrac{1}{\alpha_2}} \tag{3-33a}$$

若平壁为多层，式（3-33a）分母中的 $\frac{b}{\lambda}$ 一项可以写 $\sum\limits_{i=1}^{n}\frac{b_i}{\lambda_i}=\frac{b_1}{\lambda_1}+\frac{b_2}{\lambda_2}+\cdots+\frac{b_n}{\lambda_n}$，则式（3-33a）可写成

$$K=\frac{1}{\dfrac{1}{\alpha_1}+\sum\limits_{i=1}^{n}\dfrac{b_i}{\lambda_i}+\dfrac{1}{\alpha_2}} \tag{3-33b}$$

若固体壁面为金属材料，金属的热导率较大，而壁厚又薄，$\sum\limits_{i=1}^{n}\frac{b_i}{\lambda_i}$ 一项与 $\frac{1}{\alpha_1}$ 和 $\frac{1}{\alpha_2}$ 相比可略去不计，则式（3-33b）还可写成

提高K的措施有哪些？

$$K=\frac{1}{\dfrac{1}{\alpha_1}+\dfrac{1}{\alpha_2}}=\frac{\alpha_1\alpha_2}{\alpha_1+\alpha_2} \tag{3-33c}$$

特别提示： 如果 $\alpha_1 \gg \alpha_2$，则 $K\approx\alpha_2$；$\alpha_1 \ll \alpha_2$，则 $K\approx\alpha_1$。所以，当两个 α 值相差悬殊时，则 K 值与小的 α 值很接近。

（2）圆筒壁的传热系数计算 当传热面为圆筒壁时，两侧的传热面积不相等。在换热器系列化标准中传热面积均指换热管的外表面积 A_0，若以 A_i 表示换热管的内表面积，A_m 表示换热管的平均面积，则

$$K_0=\frac{1}{\dfrac{A_0}{\alpha_1 A_i}+\dfrac{bA_0}{\lambda A_m}+\dfrac{1}{\alpha_2}} \tag{3-34}$$

式（3-34）中，K_0 称为以外表面积为基准的传热系数，$A_0=\pi d_0 L$。

同理可得

$$K_i=\frac{1}{\dfrac{1}{\alpha_1}+\dfrac{bA_i}{\lambda A_m}+\dfrac{A_i}{\alpha_2 A_0}} \tag{3-34a}$$

式（3-34a）中，K_i 称为以内表面积为基准的传热系数，$A_i=\pi d_iL$。同理还可得

$$K_m=\frac{1}{\frac{A_m}{\alpha_1 A_i}+\frac{b}{\lambda}+\frac{A_m}{\alpha_2 A_0}} \tag{3-34b}$$

式（3-34b）中，K_m 称为以平均面积为基准的传热系数，$A_m=\pi d_mL$。

特别提示：对于传热面为圆管壁的换热器，其传热系数必须注明是以哪个传热面为基准。一般在管壁较薄时，即$d_0/d_i<2$可取近似值：$A_i\approx A_m\approx A_0$，式（3-34）则可以简化为平壁计算式。

四、污垢热阻

换热器使用一段时间后，传热壁面往往积存一层污垢，对传热形成了附加热阻，称污垢热阻。污垢热阻的大小与流体的性质、流速、温度、设备结构及运行时间等因素有关。对于一定的流体，增加流速，可以减少污垢在壁面的沉积，降低污垢热阻。由于污垢层的厚度及其热导率难以准确测定，通常只能根据污垢热阻的经验值进行计算。污垢热阻的经验值可查阅有关手册。

若换热器内外均存在污垢热阻，分别用 R_i 和 R_0 表示，则单层平壁传热系数计算式可写为

$$K=\frac{1}{\frac{1}{\alpha_1}+R_i+\frac{b}{\lambda}+R_0+\frac{1}{\alpha_2}} \tag{3-35}$$

为了减少冷热流体壁面两侧的污垢热阻，换热器应定期清洗。

五、强化传热的途径

由总传热速率方程 $Q=KA\Delta t_m$ 知，增大 Δt_m、K 及 A 均可提高传热速率 Q。

1. 尽可能增大传热平均温度差 Δt_m

增大传热平均温度差，可提高换热器的传热速率。具体措施如下。

① 当两侧流体变温传热时，尽量采用逆流操作。

② 提高加热剂的温度（如采用蒸汽加热，可提高蒸汽的压力）；降低冷却剂的进口温度。

2. 尽可能增大总传热面积 A

强化传热最有效的途径

增大总传热面积，可提高换热器的传热速率。具体措施如下。

① 直接接触传热可采用增大两流体接触面积的方法，提高传热速率。

② 改进换热器的结构，采用高效新型换热器。各种高效新型换热器，结构紧凑，单位体积换热器的传热面积较大。

3. 尽可能增大传热系数 K

增大传热系数，可提高换热器传热速率，以式（3-35）平壁传热为例提高传热系数 K 的具体措施如下。

（1）提高流体的对流传热膜系数α 由前面讨论可知，K值与小的α值很接近，因此设法提高α较小的那一侧流体的α值，可提高传热系数，措施如下。

① 增加流速，改变流向，增大流体的湍动程度；

② 采用热导率较大的载热体；

③ 采用有相变的载热体。

（2）抑制污垢的生成或及时除垢

① 增加流速，改变流向，增大流体的湍动程度，以减少污垢的沉积；

② 控制冷却水的出口温度，加强水质处理，尽量采用软化水；

③ 加入阻垢剂，减缓和防止污垢的形成；

④ 及时除垢清洗设备。

【例 3-8】 热空气在冷却管管外流过，α_2=90W/（m^2・℃），冷却水在管内流过，α_1=1000W/（m^2・℃）。冷却管外径 d_0=16mm，壁厚 b=1.5mm，管壁的 λ=40W/（m・℃）。试求：

① 总传热系数 K_0；

② 管外对流传热系数 α_2 增加一倍，总传热系数有何变化？

③ 管内对流传热系数 α_1 增加一倍，总传热系数有何变化？

解 ① 由式（3-34）可知

$$K_0=\frac{1}{\dfrac{A_0}{\alpha_1 A_i}+\dfrac{bA_0}{\lambda A_m}+\dfrac{1}{\alpha_2}}=\frac{1}{\dfrac{1}{1000}\times\dfrac{16}{13}+\dfrac{0.0015}{40}\times\dfrac{16}{14.5}+\dfrac{1}{90}}$$

$$=\frac{1}{0.00123+0.00004+0.01111}=80.8\,[\mathrm{W/(m^2\cdot ℃)}]$$

可见管壁热阻很小，通常可以忽略不计。

② α_2 增加一倍

$$K_0'=\frac{1}{0.00123+\dfrac{1}{2\times 90}}=147.4\,[\mathrm{W/(m^2\cdot ℃)}]$$

传热系数增加了 82.4%，即 $\dfrac{K_0'-K_0}{K_0}=\dfrac{147.4-80.8}{80.8}=82.4\%$

③ α_1 增加一倍 $K_0=\dfrac{1}{\dfrac{1}{2\times 1000}\times\dfrac{16}{13}+0.01111}=85.3\,[\mathrm{W/(m^2\cdot ℃)}]$

传热系数只增加了 6%，即 $\dfrac{K_0'-K_0}{K_0}=\dfrac{85.3-80.8}{80.8}=5.6\%$。说明要提高 K 值，应提高较小的 α_2 值。

【例 3-9】 在某传热面积 A_0 为 15m^2 的管壳式换热器中，壳程通入饱和水蒸气以加热管内的空气。150℃的饱和水蒸气冷凝为同温度下的水排出。空气流量为 2.8kg/s，其进口温度为 30℃，比热容可取为 1kJ/（kg・℃），空气对流传热系数为 87W/（m^2・℃），换热器热损失可忽略，试计算空气的出口温度。

解 本题为一侧恒温传热，且 $\alpha_{蒸汽}\gg\alpha_{空气}$，故 $K\approx\alpha_{空气}$。空气的出口温度可联合空气的热量衡算与总传热速率方程由 Δt_m 中解得，即

$$Q=KA\Delta t_m=W_c C_{pc}(t_2-t_1)$$

其中

$$K\approx\alpha_{空气}=87\,[\mathrm{W/(m^2\cdot ℃)}]$$

$$\Delta t_m=\frac{(T-t_1)-(T-t_2)}{\ln\dfrac{T-t_1}{T-t_2}}=\frac{t_2-30}{\ln\dfrac{150-30}{150-t_2}}$$

则

$$87\times 15\times\frac{t_2-30}{\ln\dfrac{120}{150-t_2}}=2.8\times 1000\times(t_2-30)$$

$$\ln\frac{120}{150-t_2}=0.466,\qquad \frac{120}{150-t_2}=e^{0.466}=1.594$$

解得 t_2=74.7℃。

任务五

换热设备的选择

换热器是许多工业生产中重要的传热设备，换热器的类型很多，特点不一。前已述及工业上三种换热方法，即混合式、间壁式和蓄热式。其中以间壁式换热应用最为普遍，这里仅讨论间壁式换热器的类型、结构和选用。

一、间壁式换热器的分类

间壁式换热器按换热器的用途分为加热器、预热器、过热器、蒸发器、再沸器、冷却器和冷凝器；按换热器传热面形状和结构分为管式换热器、板式换热器。具体分类如下。

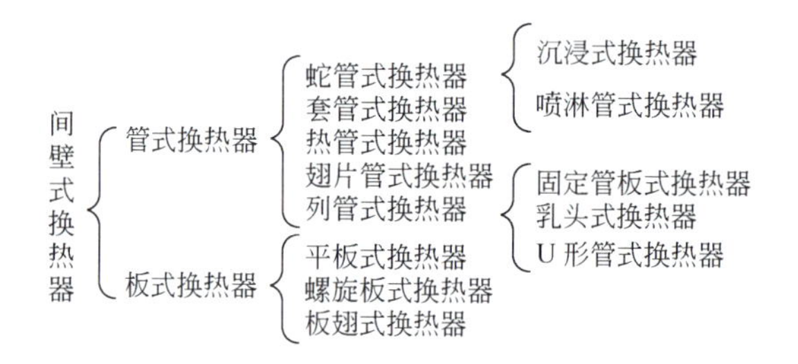

1. 管式换热器

（1）蛇管式换热器 换热管是用金属管弯制成蛇的形状，所以称蛇管，如图3-16所示。蛇管换热器有两种形式：沉浸式和喷淋管式。

① 沉浸式换热器。沉浸式换热器如图 3-17 所示，蛇管安装在容器中液面以下，容器中流动的液体与蛇管中的流体进行热量交换。其优点是结构简单，适用于管内流体为高压或腐蚀性流体；其主要缺点是蛇管外的对流传热系数 α 较小，为了提高管外流体的对流传热系数，常在容器中安装搅拌器，以增大管外液体的湍动程度。

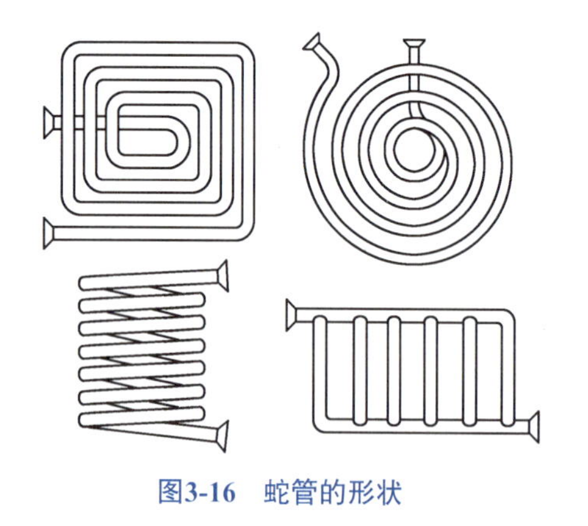

图3-16 蛇管的形状

热流体
冷流体

图3-17 沉浸式换热器

② 喷淋管式换热器。喷淋管式换热器如图 3-18 所示，喷淋管式换热器冷却用水进入排管上方的水槽，经水槽的齿形上沿均匀分布，向下依次流经各层管子表面，最后收集于水池中。管内热流体下进上出，与冷却水做逆流流动，进行热量交换。喷淋管式换热器用于管内高压流体的冷却。

喷淋管式换热器一般安装在室外，冷却水被加热时会有部分汽化，带走一部分汽化热，提高传热速率。其结构简单，管外清洗容易，但占用空间较大。

（2）套管式换热器 套管式换热器是由两种不同直径的直管套在一起，制成若干根同心套管。相邻两个外管用接管串联，相邻内管用U形弯头串联，如图3-19所示。一种流体在内管中流

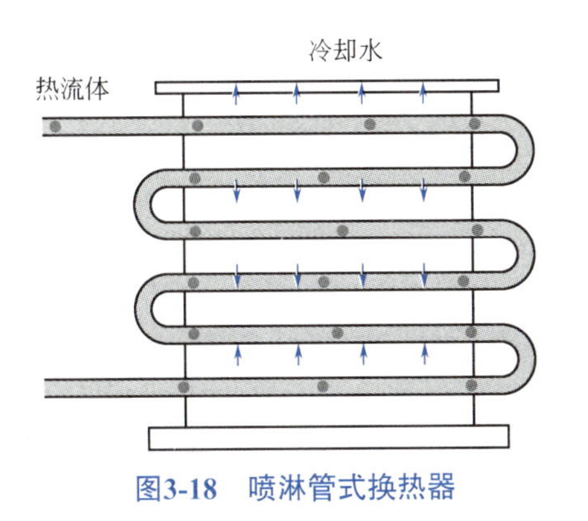

图3-18　喷淋管式换热器

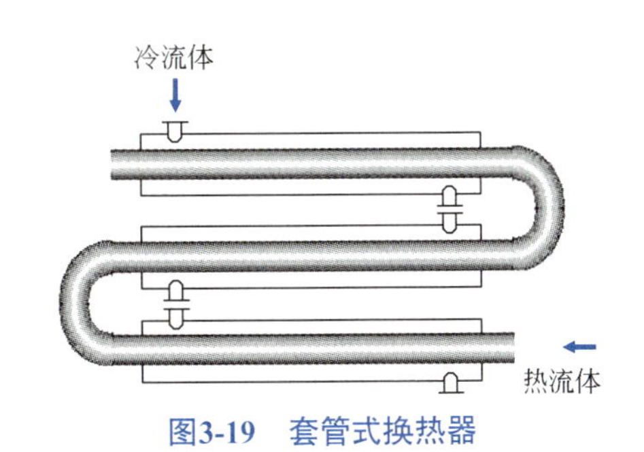

图3-19　套管式换热器

动；另一流体在内管与外管之间的环隙中流动。为提高传热速率，常将内管外表面或外管内表面加工成槽或翅翼，使环隙内的流体呈湍流状态，其传热系数较大。

套管式换热器结构简单，能耐高压。根据传热的需要，可以增减串联的套管数目。其缺点是单位传热面的金属消耗量较大。当流体压力较高流量不大时，采用套管式换热器较为合适。

（3）热管式换热器　热管式换热器是在长方形壳体中安装许多热管，壳体中间有隔板，使高温气体与低温气体隔开。在金属热管外表面装有翅片，以增加传热面积，其箱式结构如图3-20所示。

热管换热器的应用有哪些？

热管式换热器的工作原理如图 3-21 所示。在一根金属管内表面覆盖一层有毛细孔结构的吸液网，抽去管内空气，装入一定量载热液体（工作液体），载热液体渗透到吸液网中。热管的一端为蒸发端，另一端为冷凝端。载热液体在蒸发端从高温气体得到热量汽化为蒸气，蒸气在压力差的作用下流向冷凝端，向低温气体放出热量而冷凝为液体。此冷凝液在吸液网的毛细管作用下流回蒸发端，再次受热汽化，如此反复循环，不断地将热量从蒸发端传到冷凝端。

青藏铁路的高原冻土热管

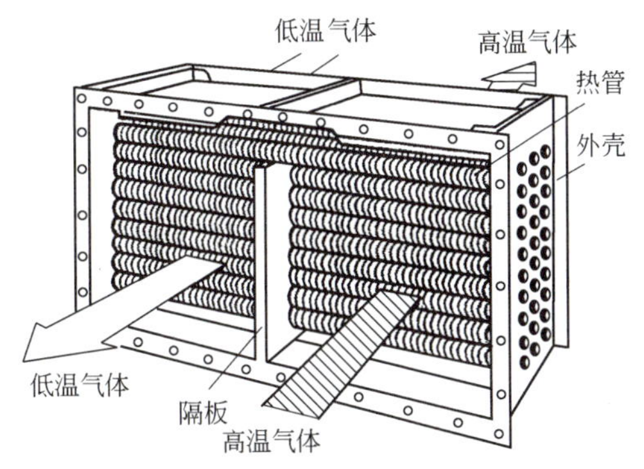

图3-20　热管箱式换热器结构

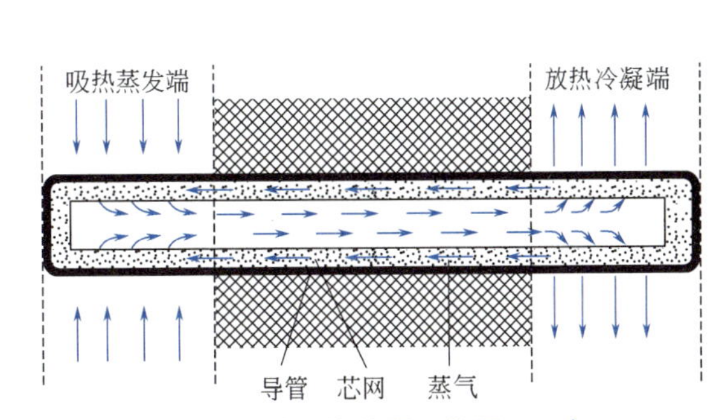

图3-21　热管式换热器工作原理示意

3.4 热管式换热器

热管式换热器的特点有：载热液体工作过程是沸腾与冷凝过程，其传热系数很大；热管外壁的翅片增大了热管与高、低温气体间的传热面积；载热体可用液氮、液氨、甲醇、水及液态金属钾、钠、水银等物质，应用的温度范围可达 200～2000℃；该装置传热量大，结构简单。如热管式废热锅炉。

（4）翅片管式换热器　翅片管式换热器是在普通的金属管的内表面或外表面安装各种翅片而制成。加装翅片既扩大了传热面积，又增强了流体的湍动程度，使流体的对流传热膜系数得以提高，可强化传热过程。常见的几种翅片管形式如图3-22所示。

（5）列管式换热器　列管式换热器又称管壳式换热器，其结构简单、坚固耐用、操作弹性较大，在工业生产中被广泛使用，尤其在高压、高温和大型装置中使用更为普遍。根据其结构不同，列管式换热器主要有以下几种类型。

3.5 列管式换热器的结构

① 固定管板式换热器。这种换热器主要由壳体、管束、管板（又称花板）、封头和折流挡板等部件组成。管束两端用胀接法或焊接法固定在管板上。单壳程、单管程列管式换热器结构如图3-23 所示。

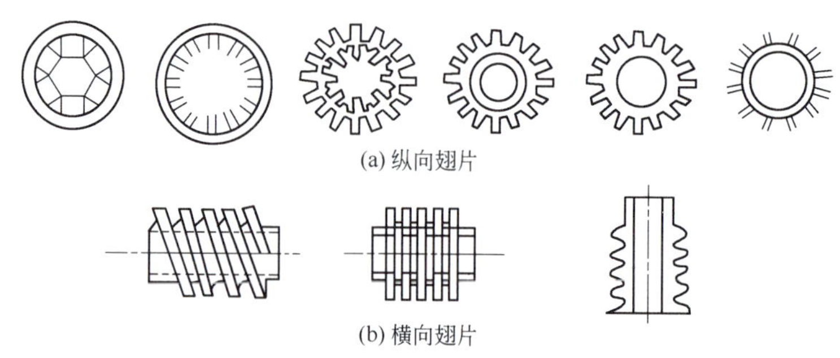

图3-22　常见几种翅片管的形式

壳体内的挡板一方面起支撑管束作用；另一方面可增大壳程流体的湍动程度，以提高壳程流体的对流传热系数。常用挡板结构有圆缺形（或称弓形）和圆盘形两种，流体在挡板中的流动形式如图 3-24 所示。

折流挡板类型及作用

3.6 固定管板换热器结构

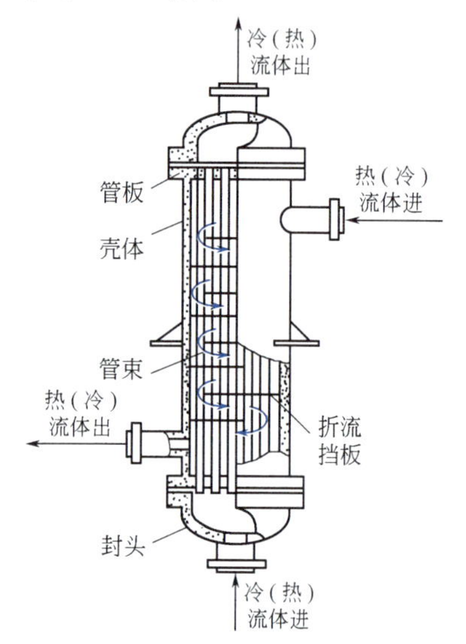

图3-23　列管式换热器结构

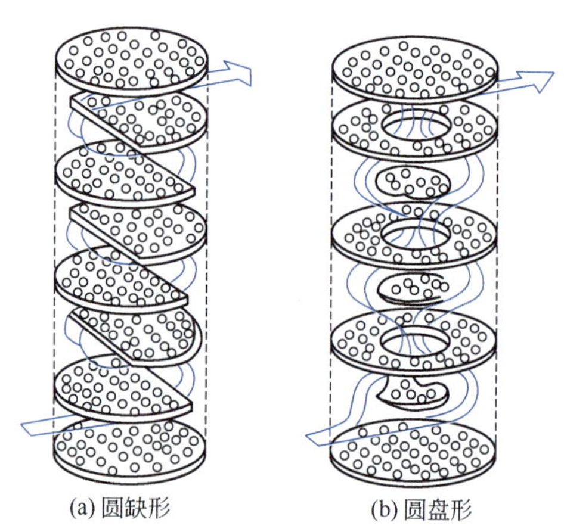

图3-24　流体在挡板中流动示意

为提高管程的流体流速，可采用多管程。即在两端封头内安装隔板，使管子分成若干组，流体依次通过每组管子，往返多次。管程数增多，可提高管内流速和对流传热系数，但流体的机械能损失相应增大，结构复杂，故管程数不宜太多，以 2 程、4 程、6 程较为常见。

换热器因管内、管外的流体温度不同，壳体和管束的温度不同，其热膨胀程度也不同。若两者温度相差较大（50℃以上），可引起很大的内应力，使设备变形，管子弯曲，甚至从管板上松脱。因此，必须采取消除或减小热应力的措施，称为热补偿。对固定管板式换热器，当温差稍大，而壳体内压力又不太高时，可在壳体上安装热补偿圈，以减小热应力。当温差较大时，通常采用浮头式或 U 形管式换热器。

② 浮头式换热器。浮头式换热器有一端管板不与壳体相连，可沿轴向自由伸缩，如图 3-25 所示。这种结构不仅可完全消除热应力，而且在清洗和检修时，整个管束可以从壳体中抽出，维修方便。虽然其结构较复杂，造价较高，应用仍然较普遍。

3.7 浮头式换热器

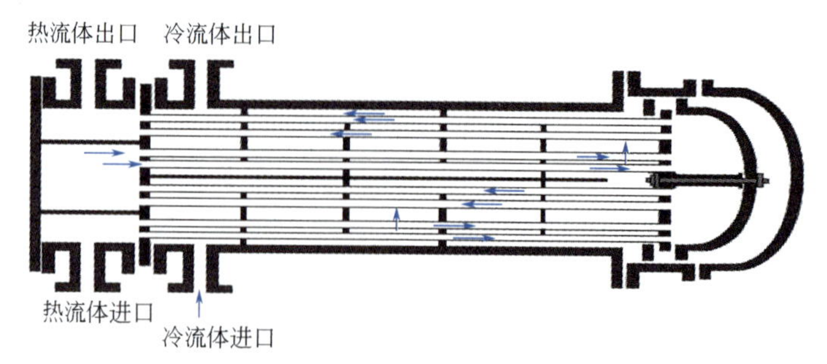

图3-25　浮头式换热器

③ U 形管式换热器。U 形管式换热器结构如图 3-26 所示。每根管子都弯成 U 形，U 形两端固定在同一块管板上，因此，每根管子皆可自由伸缩，从而解决热补偿问题。U 形管式换热器的优点是结构简单，只有一个管板，密封面少，运行可靠，造价低；管间清洗较方便。其缺点是管内清洗较困难；可排列的管子数目较少；管束最内层管间距大，壳程易短路。U 形管式换热器适用于管、壳程温差较大或壳程介质易结垢而管程介质不易结垢的场合。

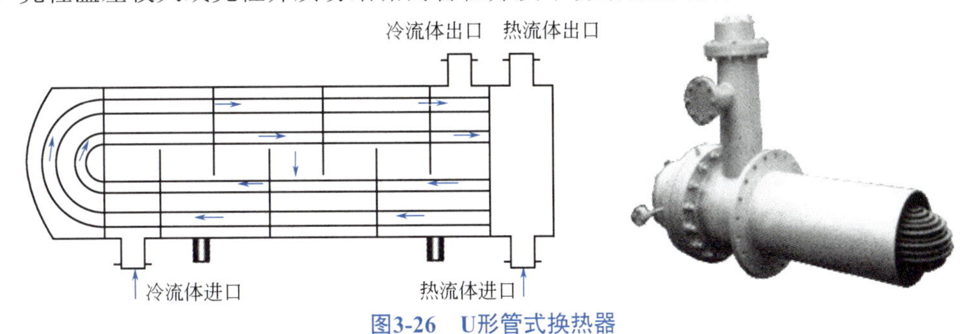

图3-26　U形管式换热器

2. 板式换热器

（1）螺旋板式换热器　螺旋板式换热器是由两张平行且保持一定间距的钢板卷制而成，其外形结构呈螺旋形状，如图3-27所示。在螺旋的中心处，焊有一块隔板，分成互不相通的两个流道，冷、热流体分别在两流道中逆流流动，钢板是间壁。螺旋板的两侧端焊有盖板，盖板中心处设有两流体的进或出口。

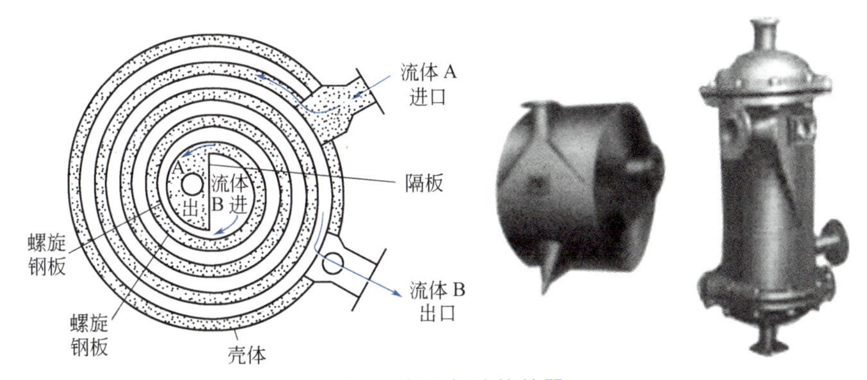

图3-27　螺旋板式换热器

螺旋钢板上焊有翅翼，以增大流体的湍动程度，加之螺旋板间流体流动产生的离心力作用，减小了流体的热边界层厚度，增大了流体的对流传热系数，所以螺旋板式换热器传热性能较好。正是由于这种结构，使流体阻力增大，输送传热介质消耗的动能也随之增加。

螺旋板式换热器的优点是结构紧凑，单位体积的传热面积较大，传热性能较好。但操作压力不能超过 2MPa，温度不能太高，一般在 350℃以下。

螺旋板换热器有哪些工业应用?

（2）平板式换热器　平板式换热器是由一组平行排列的长方形薄金属板构成，并用夹紧装置组装在支架上，其结构紧凑，如图3-28所示。

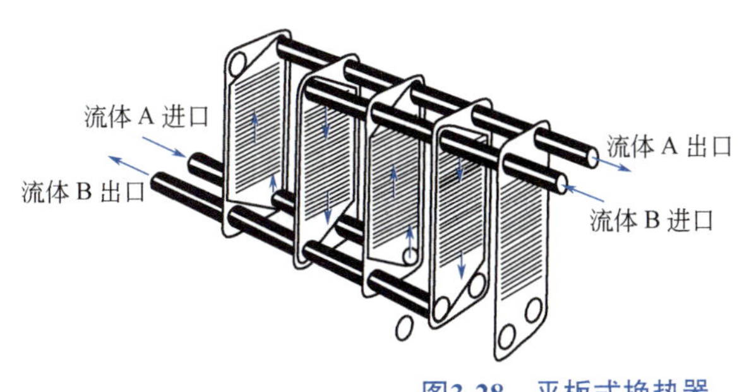

3.8 螺旋板式换热器

图3-28　平板式换热器

图3-29　平板波纹形式

两相邻板的边缘用垫片（橡胶或压缩石棉等）密封，板片四角有圆孔，在换热板叠合后形成流体通道。冷、热流体在板片的两侧流过，进行热量传递。可将传热板加工成多种形状的波纹，如图3-29所示，这样既可增加薄板的刚性和传热面积，同时也提高流体的湍动程度（在 Re=200 时就可达到湍流）和流体在流道内分布的均匀性。

平板换热器有哪些工业应用?

平板式换热器的主要优点是总传热系数大，如热水与冷水之间传热的总传热系数 K 值可达到 1500～5000W/（m^2·℃），为列管式换热器的 1.5～2 倍；结构紧凑，单位体积提供的传热面积可达 250～1000m^2，约为列管式换热器的 6 倍；操作灵活，通过调节板片数来增减传热面积；安装、检修及清洗方便。

主要缺点是允许的操作压力较低，最高不超过 2MPa；操作温度受板间的密封材料限制，若采用合成橡胶垫，流体温度不能超过 130℃，即使采用压缩石棉垫，流体温度也应低于 250℃。

（3）板翅式换热器　板翅式换热器是由若干个板翅单元体和焊到单元体板束上的进、出口的集流箱组成，一组波纹状翅片装在两块平板之间，平板两侧用密封条密封构成单元体，如图3-30所示。

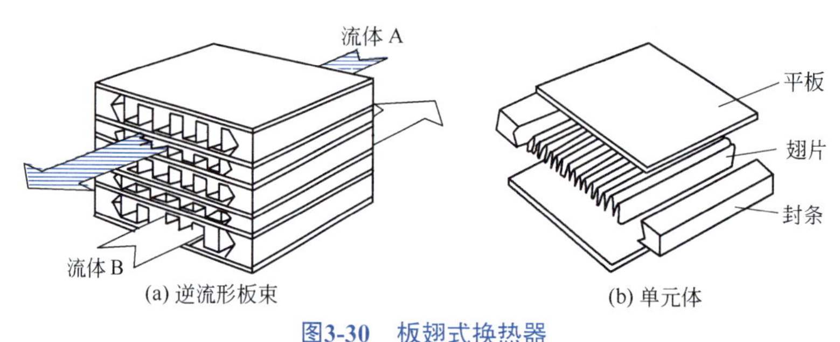

图3-30　板翅式换热器

板翅式换热器的主要优点是单位体积的传热面积大，通常能达到 2500m^2/m^3，最高可达 4300m^2/m^3，约为列管式换热器的 29 倍；传热效率高，板翅单元体中的平板和翅片均为传热面，同时翅片能增大流体的湍动程度，强化传热效果；轻巧牢固，板翅单元体通常是用质量轻的铝合金制造，在相同传热面下，其质量约为列管式换热器的 1/10，另外，翅片是两平板的有力支撑，强度较高，承受压力可达 5MPa。

其主要缺点是流道较小，易堵塞，清洗困难，故要求物料的清洁度高；构造较复杂，内漏后很难修复。

二、列管换热器的型号及选用

1. 列管换热器的型号

鉴于列管换热器应用较广，为便于制造和选用，有关部门已制定了列管换热器的系列标准。每种列管换热器的基本参数主要有公称换热面积 S、公称直径 DN、公称压力 PN、换热管规格、换热管长度 L、管子数量 n、管程数 N 等。

列管换热器的型号由五部分组成：换热器代号、公称直径、管程数、公称压力、公称换热面积。如 G600 Ⅱ -1.6-55 为公称直径为 600mm、公称压力为 1.6MPa、公称换热面积为 55m^2、双管程固定管板式换热器。

2. 列管换热器的选用

列管换热器选用首先从生产任务中获得冷、热流体的流量，进、出口温度，操作压力和冷、热流体的物化特性，如腐蚀性、悬浮物含量等，然后根据选用原则确定相关物理量，进行选型计算。

① 确定基本数据，流体的流量、进出口温度、定性温度下的有关物性、操作压强等。

② 确定流体在换热器内的流动途径。

③ 确定并计算热负荷。

④ 先按单壳程偶数管程计算平均温度差，确定壳程数或调整冷却剂（或加热剂）的出口温度。

⑤ 根据两流体的温度差和设计要求，确定换热器的形式。

⑥ 选取总传热系数，根据传热基本方程初算传热面积，以此选定换热器的型号或确定换热器的基本尺寸，并确定其实际换热面积 $A_{实}$，计算在 $A_{实}$下所需的传热系数 $K_{需}$。

⑦ 计算压降，若压降不符合要求，则需要重新调整管程数和折流板间距。

⑧ 核算总传热系数，计算管、壳程的对流传热系数，确定污垢热阻，再计算总传热系数 $K_{计}$，由传热基本方程求出所需传热面积 $A_{需}$，再与换热器的实际换热面积 $A_{实}$比较，若 $A_{实}/A_{需}$在 1.1～1.25 之间（也可用 $K_{计}/K_{需}$），则认为合理，否则需重选 $K_{选}$，重复上述计算步骤，直至符合要求。

任务六

列管换热器的操作与维护

一、列管换热器的基本操作

1. 加热

化工生产中所需的热能可由各种不同的热源，采用不同的加热方法获得。物料在换热器内被加热，必须由中间载热体通过传热面把热量传给物料，因此在加热的操作过程中，需要注意以下几点。

(1) 蒸汽加热　必须不断排除冷凝水，同时还必须经常排除不凝性气体，否则会大大降低蒸汽传热效果。

(2) 热水加热　一般加热温度不高，加热速度慢，操作稳定。只要定期排出不凝性气体，就能保证正常操作。

加热剂选用原则

(3) 烟道气加热　加热温度高，热源容易获得，但温度不易调节，大部分热量被废气带走，因此在操作过程中必须时时注意被加热物料的液位、流量和蒸汽产量，还必须做到定期排污。

(4) 导热油加热　由于蒸汽加热的温度受到一定的限制，当物料加热需要超过180℃时，一般采用导热油加热，其特点是温度高 （可达400℃），黏度较大，热稳定性差，易燃，温度调节困难。操作时必须严格控制进出口温度，定期检查进出口管及介质流道是否结垢，做到定期排污、定期放空、过滤或更换导热油。

2. 冷却

在化工生产过程中常用的冷却剂是水、空气、冷冻盐水等。

① 水和空气冷却。注意根据季节变化调节水和空气的用量，用水冷却时，还要注意定期清洗。

② 冷冻盐水冷却。当物料需要的温度用冷却水无法达到时，可采用冷冻盐水作为冷却剂。特点是温度低，腐蚀性较大，在操作时应严格控制进出口温度，防止结晶堵塞介质流道，要定期放空，应严格控制进出口温度，防止结晶堵塞介质通道，要定期放空和排污。

冷却剂选用原则

③ 要定期排放蒸汽侧的不凝性气体，特别是减压条件下不凝性气体的排放。

二、列管换热器的正确使用及注意事项

1. 列管换热器的正确使用

列管式换热器是化工生产中的主要设备之一，由于被加热流体和载热体不同及工艺条件上的千差万别，列管式换热器的结构有多种，只有正确使用，安全运行才能使其发挥较大的效能。

(1) 载热体选择　对一定的传热过程，被加热或冷却物料的初温与终温是由工艺条件决定，因而传热量一定。为了提高传热过程的经济性，必须根据具体情况选择适当载热体。在选择载热体时应参考以下几个方面。

① 允许的温度范围应能满足加热或冷却过程的工艺要求，载热体的温度易于调节。

② 在热交换过程的温度范围内，化学性质应稳定，不易燃、易爆。

③ 载热体毒性要小，使用安全，对设备无腐蚀或腐蚀性很小。

④ 传热性能好。

⑤ 载热体的价格低廉而且容易得到。

通常，在温度不超过 180℃的条件下，饱和蒸汽是最适宜的加热剂；而当温度不很低时，水和空气是最适宜的冷却剂。表 3-5 列出了常用载热体适用温度范围。

表3-5　常用载热体的温度范围　　单位：℃

加热载热体					冷却载热体		
烟道气	热水	饱和蒸汽	矿物油	熔融盐	冷却水	空气	冷冻盐水
200 ~ 1000	40 ~ 100	100 ~ 180	180 ~ 250	150 ~ 600	0 ~ 80	0 ~ 35	-15 ~ 0

换热器内流体通道的选择原则

(2) 换热器内流体通道的选择

① 不清洁或易结垢的流体应选择容易清洗的一侧流道。对于直管管束，宜走管程；对于 U 形管管束，宜走壳程。

② 腐蚀性流体宜走管程，以免壳体和管束同时被腐蚀。

③ 压力高的流体宜走管程，以避免制造较厚的壳体。

④ 两流体温差较大时，对于固定管板式换热器，宜将对流传热系数大的流体走壳程，以减小管壁与壳体的温差，减小热应力。

⑤ 为增大对流传热系数，需要提高流速的流体宜走管程，因管程流通截面积一般比壳程的小，也可通过增加管程数来提高流速。

⑥ 蒸汽冷凝宜在壳程，以利于排出冷凝液。

⑦ 需要冷却的流体宜选壳程，热量可散失到环境中，以减少冷却剂用量。但温度很高的流体，其热能可以利用，宜选管程，以减少热损失。

⑧ 黏度大或流量较小的流体宜走壳程，壳程中有折流挡板，在挡板的作用下流体易形成湍流（*Re* 约在 100 时即可形成湍流）。

在符合以上选用原则时，若选择的各点间出现矛盾，应关注主要点。

(3) 流体流速的选择　增大流体在壳程或管程中的流速，既可提高对流传热系数，也能减少结垢量，但流速增大，流体阻力也随之增大，所以在实际应用中应选择适宜的流速，表3-6列出了常用的流速范围，供选择时参考。

表3-6　列管换热器内常用的流速范围

液体种类	流速 / (m/s)	
	管　程	壳　程
低黏度液体	0.5 ~ 3	0.2 ~ 1.5
易结垢液体	>1	>0.5
气体	5 ~ 30	2 ~ 15

（4）流体两端温度的确定　通常情况下换热器中的冷、热流体温度由工艺条件所规定。如用冷水冷却热流体，冷水的进口温度可根据当地的气温条件作出估计，而其出口温度则可根据经济核算来确定：为了节省冷水量，可使出口温度提高一些，但是传热面积就需要增加；为了减小传热面积，则需要增加冷水量。两者是相互矛盾的。一般来说，水源丰富的地区选用较小的温差，缺水地区选用较大的温差。不过，工业冷却用水的出口温度一般不宜高于45℃，因为工业用水中所含的部分盐类（如$CaCO_3$、$CaSO_4$、$MgCO_3$和$MgSO_4$等）析出，将形成污垢，影响传热过程。如果是用加热介质加热冷流体，可按同样的原则选择加热介质的出口温度。

2. 列管换热器的使用注意事项

① 投产前应检查压力表、温度计、液位计以及有关阀门是否齐全好用。

② 输进蒸汽前先打开冷凝水排放阀门，排除积水和污垢；打开放空阀，排除空气和其他不凝性气体。

③ 换热器投产时，要先通入冷流体，缓慢或数次通入热流体，做到先预热后加热，切忌骤冷骤热。

④ 如果含有大颗粒固体杂质和纤维质，一定要提前过滤和清除，防止堵塞通道。

⑤ 经常检查两种流体的进出口温度和压力，发现温度、压力超出正常范围时，要立即查出原因，采取措施，使之恢复正常。

⑥ 定期分析流体的成分，以确定有无内漏，以便及时处理。

⑦ 定期检查换热器有无渗漏、外壳有无变形以及有无振动，若有应及时处理。

⑧ 定期排放不凝性气体和冷凝液，定期进行清洗，提高传热效率。

三、列管换热器常见故障及处理方法

列管换热器常见故障、产生原因与处理方法见表 3-7 所示。

四、换热器的维护与清洗

1. 列管换热器的维护

① 保持设备外部整洁、保温层和油漆完好。

② 保持压力表、温度计、安全阀和液位计等仪表和附件的齐全、灵敏和准确。

③ 发现阀门和法兰连接处渗漏时，应及时处理。

表3-7　列管换热器的常见故障、产生原因与处理方法

故　障	产生原因	处理方法
传热效率下降	①列管结垢 ②壳体内不凝气或冷凝液增多 ③列管、管路或阀门堵塞	①清洗管子 ②排放不凝气和冷凝液 ③检查清理
振动	①壳程介质流动过快 ②管路振动所致 ③管束与折流板的结构不合理 ④机座刚度不够	①调节流量 ②加固管路 ③改进设计 ④加固机座
管板与壳体连接处开裂	①焊接质量不好 ②外壳歪斜，连接管线拉力或推力过大 ③腐蚀严重，外壳壁厚减薄	①清除补焊 ②重新调整找正 ③鉴定后修补
管束、胀口渗漏	①管子被折流板磨破 ②壳体和管束温差过大 ③管口腐蚀或胀（焊）接质量差	①堵管或换管 ②补胀或焊接 ③换管或补胀（焊）

④ 开停换热器时，不要将阀门开得太猛，否则容易造成管子和壳体受到冲击，以及局部骤然胀缩，产生热应力，使局部焊缝开裂或管子连接口松弛。

⑤ 尽可能减少换热器的开停次数，停止使用时，应将换热器内的液体清洗放净，防止冻裂和腐蚀。

2. 换热器的清洗

换热器的清洗有化学清洗和机械清洗两种方法，对清洗方法的选定应根据换热器的形式、污垢的类型等情况而定。

换热器清扫方法

一般化学清洗适用于结构较复杂的情况，如列管换热器管间、U形管内的清洗，由于清洗剂一般呈酸性，对设备多少会有一些腐蚀。

机械清洗常用于坚硬的垢层、结焦或其他沉积物，但只能清洗清洗工具能够到达之处，如列管换热器的管内（卸下封头），喷淋式蛇管换热器的外壁、板式换热器（拆开后），常用的清洗工具有刮刀、竹板、钢丝刷、尼龙刷等。另外，还可以用高压水进行清洗。

复习思考题

一、选择题

1. 载热体只有物态变化时计算热负荷的最简单方法是（　　）。

A. 显热法　　B. 潜热法　　C. 焓差法

2. 为了节省载热体用量，宜采用（　　）。

A. 逆流　　B. 并流　　C. 错流

3. 提高对流传热膜系数最有效的方法是（　　）。

A. 增大管径　　B. 提高流速　　C. 增大黏度

4. 在下列过程中对流传热膜系数最大的是（　　）。

A. 蒸汽冷凝　　B. 水的加热　　C. 空气冷却

5. 列管式换热器传热面积主要是（　　）。

A. 管束表面积　　B. 外壳表面积　　C. 管板表面积

6. 工业上采用多程列管换热器可直接提高（　　）。

A. 传热面积　　B. 传热温差　　C. 传热系数

7. 空气、水、金属固体的热导率分别为λ_1，λ_2，λ_3，其大小顺序为（　　）。

A. $\lambda_1>\lambda_2>\lambda_3$　　B. $\lambda_1<\lambda_2<\lambda_3$　　C. $\lambda_2>\lambda_3>\lambda_1$

8. 在列管换热器中，用饱和蒸汽加热空气，下面两项判断是否合理（　　）。

甲：传热管的壁温将接近加热蒸汽温度

乙：换热器总传热系数K将接近空气侧的对流传热系数

A. 甲、乙均合理　　B. 乙合理、甲无理　　C. 甲合理、乙无理

9. 换热器中任一截面上的对流传热速率=系数×推动力，其中推动力是指（　　）。

A. 两流体温度差（$T-t$）　　B. 冷流体进、出口温度差（t_2-t_1）

C. 液体温度和管壁温度差（$T-T_W$）或（t_W-t）

10. 在通常操作条件下的同类换热器中，设空气的对流传热系数为α_1，水的对流传热系数为α_2，蒸汽冷凝的传热系数为α_3，则（　　）。

A. $\alpha_1>\alpha_2>\alpha_3$　　B. $\alpha_2>\alpha_3>\alpha_1$　　C. $\alpha_3>\alpha_2>\alpha_1$

11. 双层平壁稳定热传导，壁厚相同，各层的热导率分别为λ_1和λ_2，其对应的温度差为Δt_1和Δt_2，若$\Delta t_1>\Delta t_2$，则λ_1和λ_2的关系为（　　）。

A. $\lambda_1<\lambda_2$　　B. $\lambda_1>\lambda_2$　　C. $\lambda_1=\lambda_2$

12. 工业生产中，沸腾传热操作应设法保持在（　　）。

A. 自然对流区　　B. 泡核沸腾区　　C. 膜状沸腾区

13. 多层平壁定态势传导时，各层的温度降与相应各层的热阻（　　）。

A. 成正比　　B. 成反比　　C. 没关系

14. 当间壁两侧对流传热膜系数相差很大时，传热系数K接近于（　　）。

A. 较大一侧α　　B. 较小一侧α　　C. 两侧平均值α

15. 间壁式换热的冷、热两种流体，当进、出口温度一定时，在同样传热量时，传热推动力（　　）。

A. 逆流大于并流　　B. 并流大于逆流　　C. 逆流与并流相等

二、填空题

1. 工业上常用的换热方法有__________、__________和__________。

2. 传热过程的推动力为____。

3. 热负荷计算的方法有三种：__________、__________和__________。

4. 在传热过程中放出热量的流体叫__________，吸收热量的流体叫__________。

5. 写出两种带有热补偿方式的列管式换热器的名称__________、__________。

6. 一单程列管换热器，列管管径为ϕ38mm×3mm，管长为4m，管数为127根，该换热器管程流通面积为__________m^2，以外表面积计的传热面积为__________m^2。

7. 一根未保温的蒸汽管道暴露在大气中以__________方式进行热量的损失。

8. 列管换热器隔板应安装在__________内，其作用为__________。

9. 强化传热的方法为__________、__________和__________，其中最有效的途径是__________。

10. 总传热速率方程式为_______________；对流传热方程为___________________。

11. 传热的基本方式__________、__________和__________。

12. 换热器内冷热两股流体的流向常采用逆流操作的原因__________和__________。

13. 一厚度相等的双层平板，平壁面积为A，内、中、外三个壁面温度分别为$t_1>t_2>t_3$，且$t_1-t_2>t_2-t_3$；热导率分别为λ_1、λ_2；厚度为$\delta_1=\delta_2$。则λ_1和λ_2关系为__________。

14. 在工业生产中，液体沸腾包括__________、__________和__________三个阶段；一般应控制在__________阶段。

15. 常见的板式换热器有____。

三、简答题

1. 传热的基本方式有哪些？工业上换热的方法有几种，各有何特点？

2. 传热的推动力是什么？什么叫稳定传热和非稳定传热？

3. 简述对流传热机理？对流传热系数的影响因素有哪些？

4. 试分析强化传热的途径。

5. 为了提高换热器的传热系数，可以采用哪些措施？

6. 常用的加热剂和冷却剂有哪些？各有何特点和使用场合？

7. 工业上常用的换热器类型有哪些？各有何特点？

8. 列管式换热器正常使用注意事项有哪些？

四、计算题

1. 普通砖平壁厚度为460mm，一侧壁面温度为200℃，另一侧壁面温度为30℃，已知砖的平均热导率为0.93W/(m·℃)，试求：

① 通过平壁的热传导通量，W/m^2；

② 平壁内距离高温侧300mm处的温度，℃。

[答　① q=343.7W/m^2；② t=89.1℃]

2. 设计一燃烧炉，拟用三层砖，即耐火砖、绝热砖和普通砖。耐火砖和普通砖的厚度为0.5m和0.25m。三种砖的热导率分别为1.02W/(m·℃)、0.14W/(m·℃)和0.92W/(m·℃)，已知耐火砖内侧为1000℃，普通砖外壁温度为35℃。试问绝热砖厚度至少为多少才能保证绝热砖温度不超过940℃，普通砖内壁不超过138℃。

[答　δ_2=0.25m]

3. 某燃烧炉的平壁由耐火砖、绝热砖和普通砖三种砌成，它们的热导率分别为1.2W/(m·℃)、0.16W/(m·℃)和0.92W/(m·℃)，耐火砖和绝热砖厚度都是0.5m，普通砖厚度为0.25m。已知炉内壁温为1000℃，外壁温度为

55℃，设各层砖间接触良好，求每平方米炉壁的散热速率。

[答 Q/A=247.81W/m^2]

4.在一套管换热器中，热流体由300℃降到200℃，冷流体由30℃升到150℃，试分别计算并流和逆流操作时的对数平均温度差。

[答 Δt_{m1}=130.5℃，Δt_{m2}=159.8℃]

5.有一列管换热器，热水走管内，冷水在管外，逆流操作。经测定热水的流量为200kg/h，热水进出口温度分别为323K、313K，冷水的进出口温度分别为283K、296K，换热器的传热面积为1.85m^2。试求该操作条件下的传热系数K值。

[答 K=440W/（m^2·℃）]

6.利用管外的水蒸气冷凝来加热管内的轻油，已知水蒸气冷凝侧的对流传热系数α_1=10000W/（m^2·K），轻油加热侧的对流传热系数α_2=200W/（m^2·K）。若钢管是ϕ57mm×2.5mm的无缝钢管，其热导率为46.5W/（m·K），求传热系数K。若考虑污垢热阻，已知水蒸气冷凝一侧的污垢热阻R_{S1}为0.09m^2·K/kW，轻油一侧的污垢热阻R_{S2}为1.06m^2·K/kW，求传热系数K。

7.在某内管为ϕ25mm×2.5mm的套管式换热器中，CO_2气体在管程流动，对流传热系数为40W/（m^2·℃）。壳程中冷却水的对流传热系数为3000W/（m^2·℃）。试求：①总传热系数；②若管内CO_2气体的对流传热系数增大一倍，总传热系数增加多少；③若管外水的对流传系数增大一倍，总传热系数增加多少（以外表面积计）。

[答 ①K_0=30.7W/（m^2·K）；②92.8%；③0.7%]

项目四

蒸发操作

蒸发操作是利用加热的方法，使溶液中挥发性溶剂与不挥发性溶质得到分离，即将待分离的溶液加热至沸腾，使其中一部分溶剂汽化为蒸气并移除，以提高溶液中不挥发溶质浓度的单元操作。本项目设计了四个工作任务，结合具体的实践训练，使学生掌握蒸发岗位操作的基本要求，为今后走上工作岗位打下基础。

思政目标

1.培养合格的“化工人”，践行“爱国、敬业、诚信、友善”的社会主义核心价值观。

2.树立技术创新意识、环境保护意识、绿色发展意识、节能减排意识。

学习目标

技能目标

1.会选择蒸发设备和安排蒸发流程。

2.能按操作规程对蒸发系统进行开停车操作。

3.会分析处理操作过程中出现的故障。

知识目标

1.熟知蒸发器及主要附属设备的结构。

2.熟知蒸发操作的基本原理、流程。

3.熟知影响蒸发器生产强度的因素和提高蒸发生产能力的方法。

4.熟知蒸发操作的节能措施。

生产案例

糖蜜乙醇废水蒸发浓缩工艺是立足于回收废水中固形物，达到综合利用的治理目的。其工艺路线如图 4-1 所示。废水在蒸发器中浓缩，得浓浆液，然后制成干粉，干粉用作饲料、肥料、水泥减水剂。废水在蒸发器中以蒸汽冷凝水的形式排放，而冷凝水回用于乙醇生产，从而实现乙醇生产闭路用水系统，无废弃物排放的清洁生产工艺。

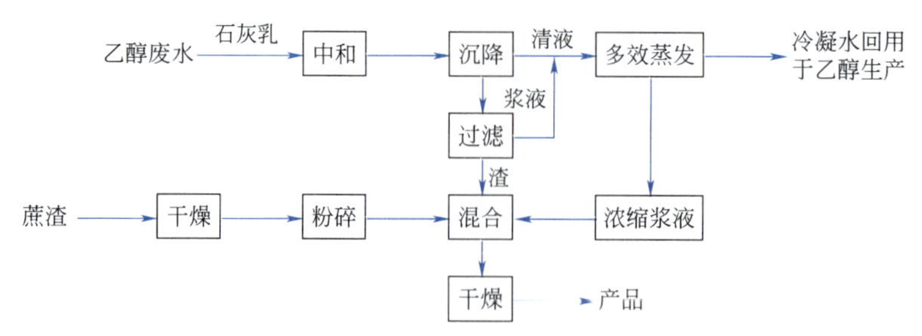

图4-1　糖蜜乙醇废水蒸发浓缩工艺

此工艺中采用了多效蒸发，蒸发器是糖蜜乙醇废水浓缩处理关键设备。蒸发器的选型及设计参数的确定是关系到浓缩处理成败的关键。由于废液中常含有易结垢、易发泡的物质，如钙、镁离子及胶体，结垢造成能耗增加，应选用外加热式管外沸腾自然循环式蒸发器。这种类型的蒸发器，物料循环速度接近强制循环，在加热管内不沸腾从而不产生气泡，这样不易结垢。

因此，蒸发操作在化工、医药、食品等工业生产中有着广泛的应用。如硝酸铵，烧碱，抗生素，制糖以及海水淡化等生产，常常需要将含有不挥发溶质的稀溶液加以浓缩，以便得到高浓度的溶液或析出固体产品。简单地说蒸发就是浓缩溶液的一种单元操作，其主要目的有以下几个方面。

（1）获得高浓度的溶液直接作为化工产品或半成品　例如，工业中用电解法制烧碱，其质量浓度一般只在10%左右，要得到高浓度符合生产工艺要求的浓烧碱，则需通过蒸发操作。又如食品工业中利用蒸发操作将一些果汁加热，使一部分水分汽化并除去，以得到浓缩的果汁产品。

（2）获取固体溶质脱除溶剂　将溶液增浓至饱和状态，随后加以冷却，析出固体产物，即采用蒸发、结晶的联合操作以获得固体溶质。如食糖的生产、医药工业中药物的生产都属于此类。

（3）除去杂质，获得纯净的溶剂　由于工业上被蒸发的溶液大多为水溶液，故这里仅讨论水溶液的蒸发。

任务一

蒸发操作及其流程的识读

一、蒸发操作及其分类

蒸发操作是通过加热的方式，使含有不挥发性溶质的溶液沸腾汽化并移除溶剂蒸气从而提高溶液浓度的过程。蒸发操作进行的条件是供给溶剂汽化所需的热量，并将产生的蒸气及时排除。

1. 蒸发操作的特点

蒸发操作的主要设备是蒸发器，蒸发器也是一种传热器，但是和一般的传热过程相比，蒸发操作又有某些不同于一般换热过程的特殊性，其特点如下。

（1）沸点升高　蒸发操作的物料是含有不挥发溶质的溶液。由拉乌尔定律可知：在相同温度下，其蒸气压比纯溶剂的为低，因此，在相同的压力下，溶液的沸点高于纯溶剂的沸点。故当加热蒸汽温度一定时，蒸发溶液时的传热温差就比蒸发纯溶剂时来得小，而溶液的浓度越大，这种影响就越显著。

蒸发操作的目的

（2）节约能源　蒸发时汽化的溶剂量往往较大，需要消耗大量的加热蒸汽。如何充分地利用热量，使单位质量的加热蒸汽除去较多的水分，亦即如何提高加热蒸汽的经济程度（如采用多效蒸发或者其他的措施）是蒸发操作要考虑的问题。

（3）物料的工艺特性　蒸发的溶液本身具有某些特性，例如有些物料在浓缩时可能结垢或者结晶析出；有些热敏性物料在高温下易分解变质（如牛奶）；有些则具有较大的黏度或者有较强的腐蚀性等。根据物料的这些性质和工艺要求，应选择适宜的蒸发方法和设备。

2. 蒸发操作的分类

蒸发操作的分类

（1）按操作压力可分为常压、加压和减压（真空）蒸发 很显然，对于热敏性物料，如抗生素溶液、果汁等应在减压下进行；而高黏度物料就应采用加压高温热源加热（如导热油、熔盐等）进行蒸发。

（2）按效数可分为单效蒸发与多效蒸发 若蒸发产生的二次蒸汽直接送冷凝器冷凝除去而不再利用的蒸发操作称为单效蒸发过程；若将产生的二次蒸汽通到另一压力较低的蒸发器作为加热蒸汽，以提高加热蒸汽的利用率，这种将多个蒸发器串联，使加热蒸汽在蒸发过程中得到多次利用的蒸发过程称为多效蒸发。

（3）根据操作方式的不同 蒸发操作可以是连续的，也可以是间歇的，工业上大量物料的蒸发通常采用的是连续的、定态的过程。

二、蒸发操作的流程

1. 单效蒸发原理及流程

图4-2为一典型的单效蒸发装置示意。图中蒸发器由加热室和分离室两部分组成。加热室为列管式换热器，加热蒸汽在加热室的管间冷凝，放出的热量通过管壁传给列管内的溶液，使其沸腾并汽化，气液混合物则在分离室中分离，其中液体又落回加热室。分离室分离出的蒸汽（又称二次蒸汽，以区别于加热蒸汽或生蒸汽），先经顶部除沫器除去夹带的液滴，再进入混合冷凝器与冷水相混，被直接冷凝后排出。不凝性气体经分离器和缓冲罐由真空泵抽出。当加热室内溶液浓缩到规定浓度后排出蒸发器作为产品。

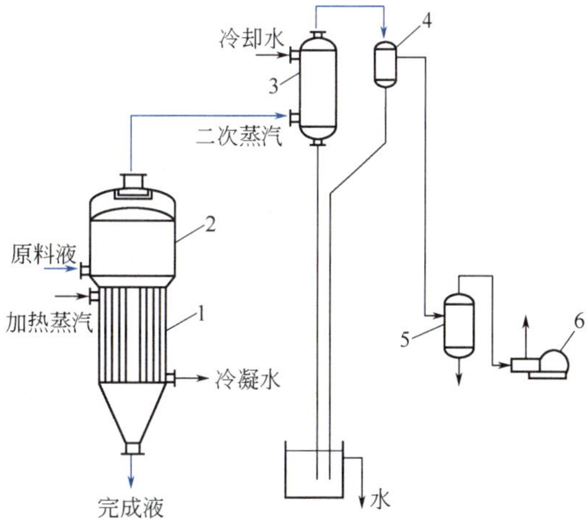

图4-2 单效蒸发的流程示意

1—加热室；2—分离室；3—混合冷凝器；4—气液分离器；5—缓冲罐；6—真空泵

加热蒸汽和二次蒸汽是不同的。蒸发需要不断的供给热能，工业上采用的热源通常为水蒸气，而蒸发的物料大多是水溶液，蒸发时产生的蒸汽也是水蒸气。为了区别，将加热的蒸汽称为加热蒸汽即生蒸汽，而由溶液蒸发出来的蒸汽称为二次蒸汽。

上述流程采用的是减压蒸发，该流程具有以下优点：

① 在加热蒸汽相同的情况下，减压蒸发时溶液的沸点低，传热温差可以增大，当传热量一定时，蒸发器的传热面积可以相应地减小；

② 可以蒸发不耐高温的溶液；

③ 可以用低压蒸汽或废气作为加热剂；

④ 操作温度低，使损失的热量相应地减小。

2. 多效蒸发的原理及操作流程

（1）多效蒸发的原理 在蒸发生产中，二次蒸汽的产生量一般较大，且含有大量的潜热，因此应将其回收并加以利用。若将二次蒸汽通入另一蒸发器的加热室，只要后者的操作压强和溶液沸点低于原蒸发器中的操作压强和溶液沸点，则通入的二次蒸汽仍可起到加热作用，这种操作方式即为多效蒸发。

在多效蒸发中，每一个蒸发器都称为一效，第一个生成二次蒸汽的蒸发器称为第一效，利用第一效的二次蒸汽来加热的蒸发器称为第二效，依此类推，最后一个蒸发器常称为末效。其中，

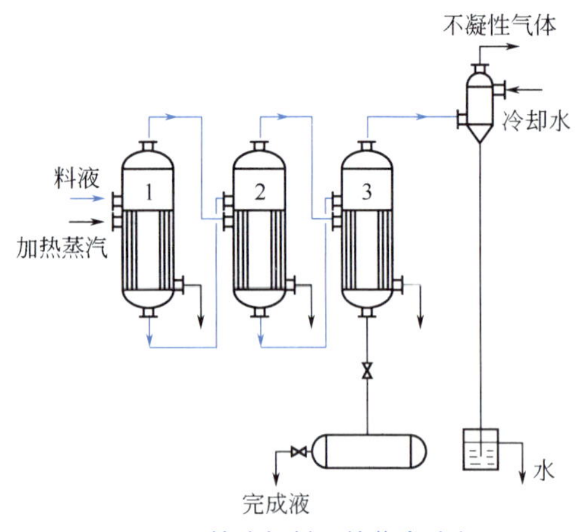

图4-3　并流加料三效蒸发流程

仅第一效需要从外界引入加热蒸汽即生蒸汽，此后的各效均是利用前一效的二次蒸汽作为热源。

可见，多效蒸发能显著提高蒸发过程的热利用率，提高生蒸汽的经济性。因而在工业上有着广泛的应用，尤其适用于浓缩程度较大的溶液蒸发。

（2）多效蒸发的操作流程　根据加料方式的不同，多效蒸发操作流程可分为三种，即并流、逆流和平流。下面以三效蒸发为例，分别介绍这三种操作流程。

①并流加料蒸发流程。如图4-3所示为并流加料三效蒸发流程。这种流程的优点是料液可凭借相邻两效的压强差自动流入后一效，而不需用泵输送，同时，由于前一效的沸点比后一效的高，因此当物料进入后一效时，会产生自蒸发，可多蒸出一部分水汽。这种流程的操作也较简便，易于稳定。但其缺点是传热系数会下降，这是因为后序各效的浓度会逐渐增高，但沸点反而逐渐降低，导致溶液黏度逐渐增大。

②逆流加料蒸发流程。如图4-4所示为逆流加料三效蒸发流程，该流程中溶液与二次蒸汽的流向相反。在溶液流向上，各效蒸发器中的压强和温度依次升高，溶液不能在蒸发器之间自动流动，只能采用泵输送，且各效中必须对流入的溶液再次加热才能使其沸腾。因此，逆流加料蒸发流程一般不适用于热敏性物料的蒸发。

逆流加料蒸发流程的优点是溶液浓度沿流动方向依次升高，相应地温度也随之升高，故各效浓度和温度对溶液黏度的影响大致相抵消，各效的传热条件大致相同，即传热系数大致相同。

缺点是料液输送必须用泵，另外，进料也没有自蒸发。一般这种流程只有在溶液黏度随温度变化较大的场合才被采用。

③平流加料蒸发流程。如图4-5为平流加料三效蒸发流程，其特点是蒸汽的走向与并流相同，但原料液和完成液则分别从各效加入和排出。这种流程适用于处理易结晶物料，例如食盐水溶液的蒸发等。

特别提示： 多效蒸发的三种加料流程都有各自的特点，在实际生产中，应根据被蒸发溶液的具体物性及浓缩要求，灵活选择，亦可将几种加料方式组合使用，以便发挥各自的优点。

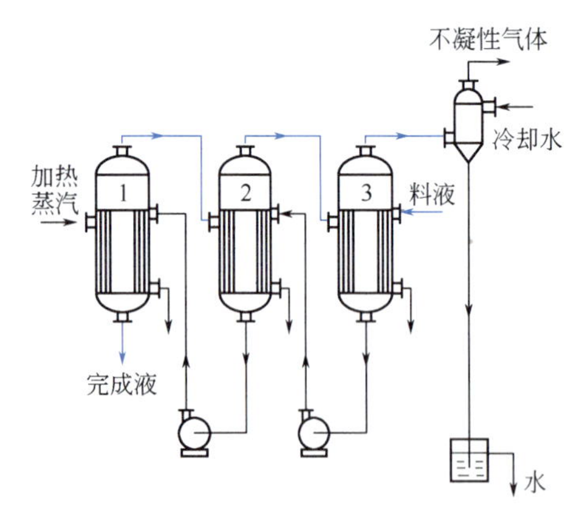

图4-4　逆流加料三效蒸发流程

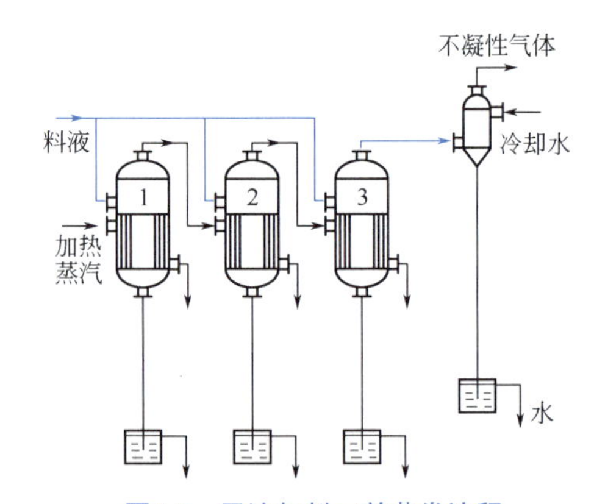

图4-5　平流加料三效蒸发流程

任务二

单效蒸发有关参数的计算

对于单效蒸发，在给定生产任务和确定操作条件以后，通常需要计算水分蒸发量、加热蒸汽消耗量、蒸发器传热面积等。要解决以上问题，要应用物料衡算方程、热量衡算方程和传热速率方程。

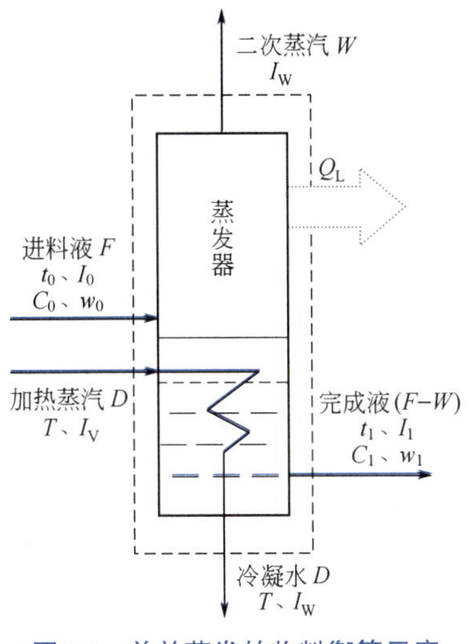

图4-6　单效蒸发的物料衡算示意

一、水分蒸发量

水分蒸发量W的计算

对于如图4-6所示的定态蒸发过程，由于溶质是不挥发物质，因此，溶液蒸发前后溶质质量不变，对其作物料衡算得水分蒸发量，即

$$Fw_0=(F-W)w_1 \tag{4-1}$$

水分蒸发量是单位时间内从溶液中蒸发出来的水量，以 W 表示，其单位为kg/h，即

$$W=F\left(1-\frac{w_0}{w_1}\right) \tag{4-2}$$

式中　F——原料液的量，kg/h；

w_0，w_1——原料液和完成液中溶质的质量分数；

W——水分蒸发量，kg/h。

二、加热蒸汽消耗量

加热蒸汽消耗量的计算

加热蒸汽用量可通过热量衡算求得，如图4-6所示，若加热蒸汽冷凝为同温度下的液体，则对蒸发器作热量衡算得

$$DI_V+FI_0=WI_W+(F-W)I_1+DI_L+Q_L \tag{4-3}$$

则

$$Q=D(I_V-I_L)=Dr=WI_W+(F-W)I_1-FI_0+Q_L \tag{4-4}$$

所以

$$D=\frac{WI_W+(F-W)I_1-FI_0+Q_L}{r} \tag{4-4a}$$

式中　I_0，I_1——原料液和完成液的焓，kJ/kg；

I_V，I_L——加热蒸汽及其冷凝液的焓，kJ/kg；

I_W——二次蒸汽的焓，kJ/kg；

D——加热蒸汽消耗量，kg/h；

r——加热蒸汽的汽化潜热，kJ/kg；

Q_L——蒸发器的热损失，kJ/h。

考虑溶液浓缩热不大，则式（4-4a）可写成

$$D=\frac{FC_0(t_1-t_0)+Wr'+Q_L}{r} \tag{4-5}$$

式中　C_0——原料液的比定压热容，kJ/(kg·℃)；

t_0，t_1——原料液和完成液的温度，℃；

r'——二次蒸汽的汽化潜热，kJ/kg。

若原料由预热器加热至沸点后进料（沸点进料），即 $t_0=t_1$，忽略热损失，则式（4-5）可写为

$$D=\frac{Wr'}{r} \tag{4-6}$$

或

$$\frac{D}{W}=\frac{r'}{r} \tag{4-6a}$$

式中，D/W 称为单位蒸汽消耗量，它表示加热蒸汽的利用程度，也称蒸汽的经济性。由于蒸汽的汽化潜热随压力变化不大，故 $r=r'$。对单效蒸发而言，$D/W=1$，即蒸发 1kg 水需要约 1kg 加热蒸汽，实际操作中由于存在热损失等原因，$D/W\approx1$。可见单效蒸发的能耗很大，很不经济。

三、蒸发器传热面积

蒸发器的热负荷

$$Q=Dr=KA\Delta t_m \tag{4-7}$$

蒸发器传热面积

$$A=\frac{Q}{K\Delta t_m} \tag{4-8}$$

式中　A——蒸发器传热面积，m^2；

Q——蒸发器的热负荷，W；

K——传热系数，$W/(m^2\cdot K)$；

Δt_m——平均传热温差，K。

1. 传热平均温度差 Δt_m 的确定

由于蒸发过程的蒸汽冷凝和溶液沸腾之间可认为是恒温差传热，即 $\Delta t_m=T-t_1$，其中 T 为加热蒸气的温度，若蒸发操作的热源为饱和水蒸气，则 T 可由水蒸气表查得；t_1 为溶液的沸点；蒸发器的热负荷 $Q=Dr_0$，所以有

$$A=\frac{Q}{K\Delta t_m}=\frac{Dr_0}{K(T-t_1)} \tag{4-8a}$$

2. 总传热系数 K 及影响因素

（1）总传热系数 K　蒸发器的总传热系数可按下式计算

$$K=\frac{1}{\dfrac{1}{\alpha_i}+R_i+\dfrac{b}{\lambda}+R_0+\dfrac{1}{\alpha_0}} \tag{4-9}$$

（2）影响 K 值的因素

① 管外蒸汽冷凝热阻 $\dfrac{1}{\alpha_0}$ 一般很小，但应注意及时排除加热室中不凝性气体，否则不凝性气体在加热室内不断积累，将使此项热阻明显增加。

② 管壁热阻 $\dfrac{b}{\lambda}$ 一般可以忽略。

③ 管内壁一侧溶液的垢层热阻 R_i 取决于溶液的性质及管内液体的运动状况。降低垢层热阻的方法是定期清理加热管，加快流体的循环速度，或加入微量阻垢剂以延缓形成垢层；在处理有结晶析出的物料时可加入少量晶种，使结晶尽可能地在溶液的主体中，而不是在加热面上析出。

④ 管内沸腾给热热阻 $\frac{1}{\alpha_0}$ 主要决定于沸腾液体的流动情况。

⑤ 影响 α_i 的因素很多，如溶液的性质，沸腾传热的状况，操作条件和蒸发器的结构等。提高 α_i 的有效办法是增加溶液的循环速度和湍动程度等。

通常总传热系数 K 仍主要靠现场实测确定，设计时也可查表取值估计。

【例 4-1】 用某单效蒸发器将 2500kg/h 的 NaOH 水溶液由 10% 浓缩到 25%（均为质量分数），已知加热蒸汽压力为 450kPa，蒸发室内压力为 101.3kPa，溶液的沸点为 115℃，比热容为 3.9kJ/（kg・℃），热损失为 20kW。试计算以下两种情况下加热所需蒸汽消耗量和单位蒸汽消耗量。

① 进料温度为 25℃；

② 沸点进料。

解 ① 进料温度为 25℃时，应用式（4-2）求水蒸发量 W

$$W=F\left(1-\frac{w_0}{w_1}\right)=2500\times\left(1-\frac{0.1}{0.25}\right)=1500(\text{kg/h})$$

加热蒸汽消耗量应用式（4-5）计算。由书附录九查得 450kPa 和附录八查得 115℃下饱和蒸汽的汽化潜热为 2747.8kJ/kg 和 2701.3kJ/kg。

则进料温度为 25℃时的蒸汽消耗量为

$$D=\frac{FC_0(t-t_0)+Wr'+Q_L}{r}$$
$$=\frac{2500\times3.9\times(115-25)+1500\times2701.3+20\times3600}{2747.8}$$
$$=\frac{8.78\times10^5+4.05\times10^6+7.2\times10^4}{2747.8}=1820(\text{kg/h})$$

单位蒸汽消耗量为

$$\frac{D}{W}=1.21$$

② 沸点进料，原料液温度为 115℃时

$$D=\frac{FC_0(t-t_0)+Wr'+Q_L}{r}=\frac{Wr'+Q_L}{r}$$
$$=\frac{1500\times2701.3+20\times3600}{2747.8}=1500(\text{kg/h})$$

单位蒸汽消耗量

$$\frac{D}{W}=1.0$$

由以上计算结果可知，原料液的温度愈高，蒸发 1kg 水所消耗的加热蒸汽量愈少。

任务三

蒸发设备的选择

工业生产中使用的蒸发设备实为传热设备，其主体是蒸发器，它是料液受热并形成蒸汽的场所。

一、蒸发器的结构及分类

蒸发器的分类

蒸发器有多种结构形式，但均由加热室（器）、流动（或循环）管道以及分离室（器）组成。根据溶液在加热室内的流动情况，蒸发器可分为循环型和非循环型两类，其加热方式有直接热源加热和间接热源加热，其中以间接热源加热方式最为常用。

1. 循环型蒸发器

常用的循环型蒸发器主要有以下几种。

4.1 中央循环管式蒸发器

（1）中央循环管式蒸发器 中央循环管式蒸发器为最常见的蒸发器，其结构如图4-7所示，它主要由加热室、蒸发室、中央循环管和除沫器组成。蒸发器的加热器由垂直管束构成，管束中央有一根直径较大的管子，称为中央循环管，其截面积一般为管束总截面积的40%～100%。当加热蒸汽（介质）在管间冷凝放热时，由于加热管束内单位体积溶液的受热面积远大于中央循环管内溶液的受热面积，因此，管束中溶液的相对汽化率就大于中央循环管溶液的汽化率，所以管束中的气液混合物的密度远小于中央循环管内气液混合物的密度。这样造成了混合液在管束中上升，而在中央循环管内下降的自然循环流动。混合液的循环速度与密度差和管长有关。密度差越大，加热管越长，循环速度越大。但这类蒸发器受总高限制，通常加热管为1～2m，直径为25～75mm，长径比为20～40。

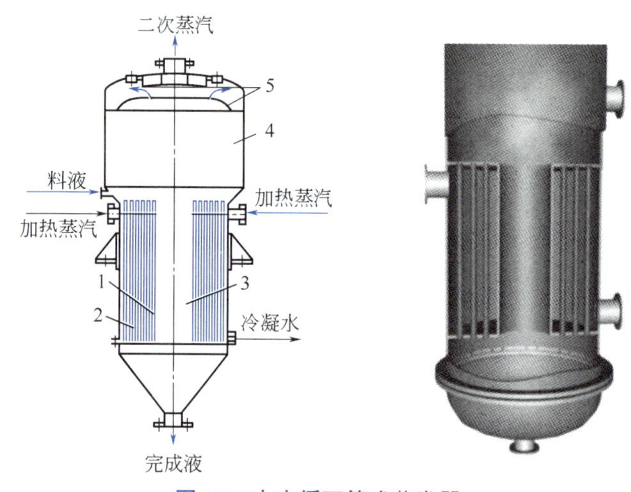

图4-7　中央循环管式蒸发器

1—外壳；2—加热室；3—中央循环管；4—蒸发室；5—除沫器

每种蒸发器结构及应用

中央循环管蒸发器的主要优点是结构简单、紧凑，制造方便，操作可靠，投资费用少。因此，中央循环管式蒸发器在工业上的应用较为广泛。

缺点是清理和检修麻烦，溶液循环速度较低，一般仅在0.5m/s以下，传热系数小。它适用于黏度适中，结垢不严重，有少量的结晶析出及腐蚀性不大的场合。

（2）外加热式蒸发器 外加热式蒸发器如图4-8所示。其主要特点是把加热器与分离室分开安装，这样不仅易于清洗、更换，同时还有利于降低蒸发器的总高度。这种蒸发器的加热管较长（管长与管径之比为50～100），且循环管又不被加热，故溶液的循环速度可达1.5m/s，它既利于提高传热系数，也利于减轻结垢。

图4-8　外加热式蒸发器

1—加热室；2—蒸发室；3—循环管

（3）强制循环型蒸发器 上述几种蒸发器均为自然循环型蒸发器，即靠加热管与循环管内溶液的密度差作为推动力，导致溶液的循环流动，因此循环速度一般较低，尤其在蒸发黏稠溶液（易结垢及有大量结晶析出）时就更低。为提高循环速度，可用循环泵进行强制循环，如图4-9所示。这种蒸发器的循环速度可达1.5～5m/s。其优点是，传热系数大，利于处理黏度较大、易结垢、易结晶的物料。但该蒸发器的动力消耗较大，每平方米传热面积消耗的功率为0.4～0.8kW。

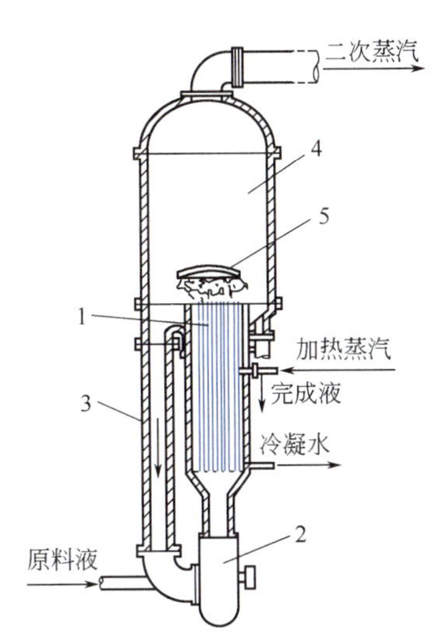

图4-9　强制循环型蒸发器

1—加热管；2—循环泵；3—循环管；4—蒸发室；5—除沫器

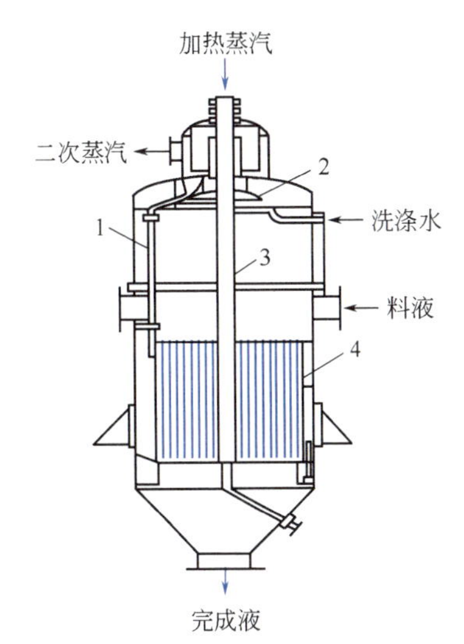

图4-10　悬筐式蒸发器

1—液沫回流管；2—除沫器；3—加热蒸气管；4—加热室

（4）悬筐式蒸发器　悬筐式蒸发器是标准式蒸发器的改进型，其加热室呈筐状，被悬挂在蒸发器壳体的下部，需要时可取出清洗，其结构如图4-10所示。在悬筐式蒸发器中，引起溶液循环的推动力与标准式蒸发器相似，都是因密度差而引起。但与后者不同的是悬筐式蒸发器中并没有装设中央循环管，溶液经过沸腾管上升后，将沿着加热室与蒸发器壳体之间的环形空隙而下降。由于环形空隙的截面积为沸腾管总截面积的1.0～1.5倍，因此与标准式蒸发器相比，溶液在管内的循环速度较大，可达1.0～1.5m/s。此外，由于与蒸发器壳壁接触的是温度较低的溶液，故蒸发器的热损失较低。但悬筐式蒸发器的设备耗材较多，加热管内溶液的滞留量较大。悬筐式蒸发器常用于易结晶或结垢的溶液蒸发过程。

2. 非循环型蒸发器

非循环型蒸发器为单程型蒸发器。由于循环型蒸发器内溶液的滞留量大，物料在高温下停留时间长，这对处理热敏性物料甚为不利。而单程型蒸发器的特点是物料沿加热管壁呈膜状流动，一次通过加热器即达浓缩要求，其停留时间仅数秒或十几秒。另外，离开加热器的物料又得到及时冷却，因此特别适用于热敏性物料的蒸发。但由于溶液一次通过加热器就要达到浓缩要求，因此对设计和操作的要求较高。由于这类蒸发器加热管上的物料呈膜状流动，故又称膜式蒸发器。根据物料在蒸发器内的流动方向和成膜原因不同，它可分为以下几种类型。

（1）升膜式蒸发器　升膜式蒸发器如图4-11所示，它的加热室由一根或数根垂直长管组成。通常加热管径为25～50mm，管长与管径之比为100～150。原料液预热后由蒸发器底部进入加热器管内，加热蒸汽在管外冷凝。当原料液受热后沸腾汽化，生成二次蒸汽在管内高速上升，带动料液沿管内壁成膜状向上流动，并不断地蒸发汽化，加速流动，气液混合物进入分离器后分离，浓缩后的完成液由分离器底部放出。

这种蒸发器需要精心设计与操作，即加热管内的二次蒸汽应具有较高速度，并获得较高的传热系数，使料液一次通过加热管即达到预定的浓缩要求。常压操作下，管上端出口处速度以保持20～50m/s 为宜，减压操作时，速度可达 100～160m/s。

升膜蒸发器适宜处理蒸发量较大，热敏性，黏度不大及易起沫的溶液，但不适于高黏度、有晶体析出和易结垢的溶液。

4.4 降膜式蒸发器

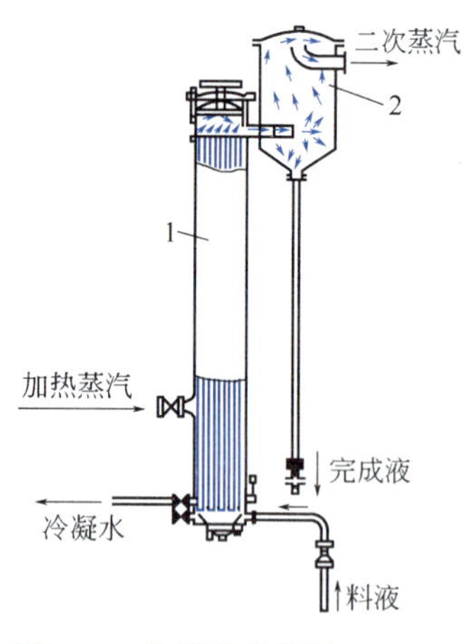

图4-11　升膜式蒸发器

1—加热器；2—蒸发室

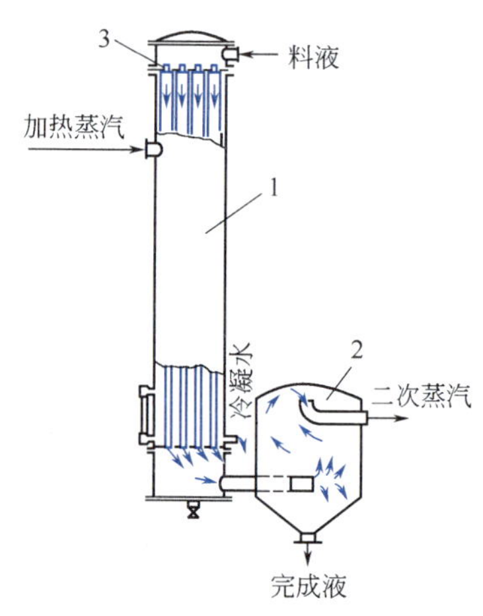

图4-12　降膜式蒸发器

1—加热室；2—蒸发室；3—液体分布器

（2）降膜式蒸发器　降膜式蒸发器如图4-12所示，原料液由加热室顶端加入，经分布器分布后，沿管壁呈膜状向下流动，气液混合物由加热管底部排出进入分离室，完成液由分离室底部排出。

设计和操作这种蒸发器的要点是尽力使料液在加热管内壁形成均匀液膜，并且不能让二次蒸汽由管上端窜出。

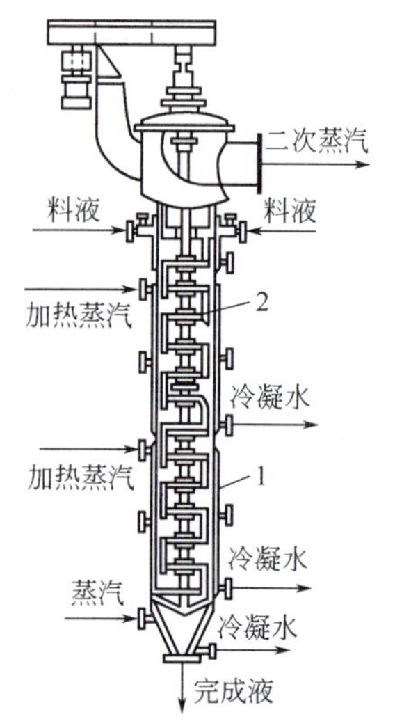

图4-13　刮板式薄膜蒸发器

1—夹套；2—刮板

降膜式蒸发器可用于蒸发黏度较大（0.05～0.45Pa·s），浓度较高的溶液，但不适于处理易结晶和易结垢的溶液，这是因为这种溶液形成均匀液膜较困难，传热系数也不高。

4.5 刮板式薄膜蒸发器

（3）刮板式薄膜蒸发器　刮板式薄膜蒸发器如图4-13所示，它是一种适应性很强的新型蒸发器，例如，对高黏度、热敏性和易结晶、结垢的物料都适用。它主要由加热夹套和刮板组成，夹套内通加热蒸汽，刮板装在可旋转的轴上，刮板和加热夹套内壁保持很小间隙，通常为0.5～1.5mm。料液经预热后由蒸发器上部沿切线方向加入，在重力和旋转刮板的作用下，分布在内壁形成下旋薄膜，并在下降过程中不断被蒸发浓缩，完成液由底部排出，二次蒸汽由顶部逸出。在某些场合下，这种蒸发器可将溶液蒸干，在底部直接得到固体产品。

这类蒸发器的缺点是结构复杂（制造、安装和维修工作量大）加热面积不大，且动力消耗大。

二、蒸发器的附属设备

蒸发装置的附属设备主要有除沫器、冷凝器和真空装置。

1. 除沫器

蒸发操作时产生的二次蒸汽，在分离室与液体分离后，仍夹带大量液滴，尤其是处理易产生泡沫的液体，夹带更为严重。为了防止产品损失或冷却水被污染，常在蒸发器内（或外）设除沫器。图 4-14 为几种除沫器的结构示意图。其中图4-14（a）～（e）直接安装在蒸发器顶部，图4-14（f）～（h）安装在蒸发器外部。

2. 冷凝器

由蒸发器排出的二次蒸汽，若其潜热不需再利用，则可将其通入冷凝器进行冷却。蒸发生产

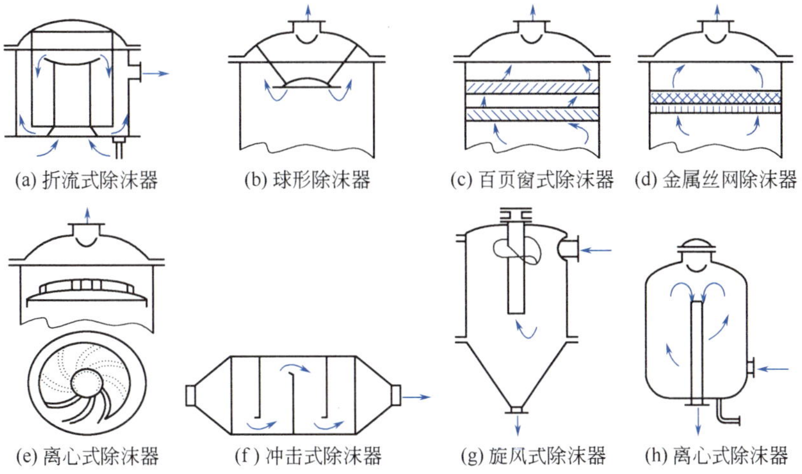

(a) 折流式除沫器　(b) 球形除沫器　(c) 百页窗式除沫器　(d) 金属丝网除沫器

(e) 离心式除沫器　(f) 冲击式除沫器　(g) 旋风式除沫器　(h) 离心式除沫器

图4-14　几种除沫器结构示意图

除沫器的作用

中的冷凝器通常有两种类型，即间壁式冷凝器和直接混合式冷凝器。若二次蒸汽含有有价值的组分或有毒有害的污染物，则应选择间壁式冷凝器来冷凝。反之，对于大多数工业蒸发过程，由于蒸发对象多为水溶液，水蒸气是二次蒸汽的主要成分，因此宜采取直接与冷却水相混合的方法冷凝二次蒸汽，即选择直接混合式冷凝器进行冷却。图 4-15 为干式逆流高位冷凝器的结构示意。干式逆流高位冷凝器是直接混合式冷凝器中的一种，其内设有若干块带孔的淋水板，板边缘设有凸起的溢流挡板，称为溢流堰。冷却水由顶部喷洒而下，依次穿过各淋水板，而二次蒸汽由下部引入，并自下而上与冷却水呈逆流流动，如此两者可充分地混合与传热，从而使二次蒸汽不断冷凝，冷凝水与冷却水一起沿气压管排走，而不凝性气体则经分离室分离出液滴后由真空泵抽出。由于气、液两相是经过不同的路径排出，故此种冷凝器称为干式。为使水分能够自动下流，此种冷凝器均设有气压管，其高度一般不低于 10m，故此种冷凝器又称为高位式冷凝器。

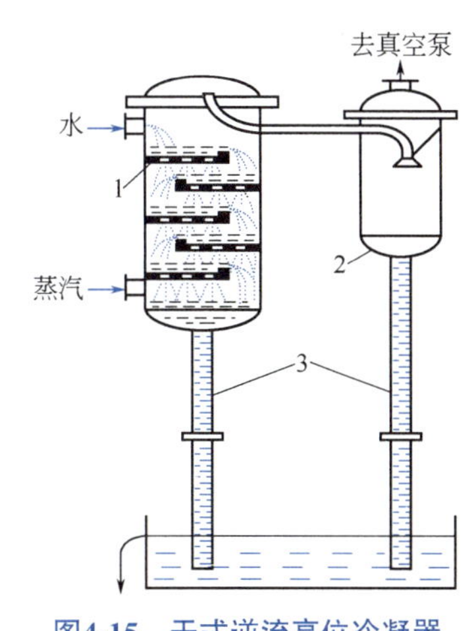

图4-15　干式逆流高位冷凝器

1—淋水板；2—分离室；3—气压管

3. 真空装置

当蒸发器在负压下操作时，无论采用哪一种冷凝器，均需在冷凝器后安装真空装置。需要指出的是，蒸发器中的负压主要是由于二次蒸汽冷凝所致，而真空装置仅是抽吸蒸发系统泄漏的空气、物料及冷却水中溶解的不凝性气体和冷却水饱和温度下的水蒸气等，冷凝器后必须安装真空装置才能维持蒸发操作的真空度。常用的真空装置有喷射泵、水环式真空泵、往复式或旋转式真空泵等。

三、蒸发器的选择

蒸发器的种类很多，形式各异，每种蒸发器均具有一定的适应性和局限性。因此，蒸发器的选择应考虑蒸发料液的性质，如料液的黏度、腐蚀性、热敏性、发泡性、易结晶成结垢性，以及是否容易结垢、结晶等情况。

1. 料液的黏度

蒸发过程中，随着料液的不断浓缩，其黏度也会相应增加。但对不同的料液或不同的浓缩要求，黏度的增加量存在很大的差异，因而对蒸发设备的动力及传热应有不同的要求。黏度是蒸发器选型时的一个重要依据，也可以说是首要依据。

2. 料液的腐蚀性

蒸发器选择原则

若被蒸发料液的腐蚀性较强，则应对蒸发器尤其是加热管的材质提出相应的要求。例如，氯碱厂为了将电解后所得的10%左右的NaOH稀溶液浓缩到42%，溶液的腐蚀性增强，浓缩过程中溶液黏度又不断增加，因此当溶液中NaOH的浓度大于40%时，无缝钢管的加热管要改用不锈钢管。溶液浓度在10%～30%段蒸发可采用自然循环型蒸发器，浓度在30%～40%蒸发时，由于晶体析出和结垢严重且溶液的黏度又较大，应采用强制循环型蒸发器，这样可提高传热系数，并节约钢材。

3. 料液的热敏性

具有热敏性的料液不宜进行长时间的高温蒸发，故在蒸发器选型时，应优先选择单程型蒸发器。如热敏性的食品物料蒸发，由于物料所承受的最高温度有一定极限，因此应尽量降低溶液在蒸发器中的沸点，缩短物料在蒸发器中的滞留时间，可选用膜式蒸发器。

4. 料液的发泡性

由于易起泡料液在蒸发过程中会产生大量的泡沫，以至充满整个分离室，使二次蒸汽和溶液的流动阻力增大，故需选择强制循环式蒸发器或升膜式蒸发器。

5. 料液的易结晶或结垢性

对于易结晶或结垢的料液，应优先选择溶液流速较高的蒸发器，如强制循环式蒸发器等。此外，料液处理量及初始浓度等均是蒸发器选型时应考虑的因素。

任务四

蒸发设备的运行与操作

蒸发操作的最终目的是将溶液中大量的水分蒸发出来，使溶液得到浓缩，而要提高蒸发器在单位时间内蒸出的水分量，为确保蒸发设备的安全操作，必须做到以下几点。

一、蒸发器的生产强度及影响因素

1. 蒸发器的生产强度

蒸发器的生产强度简称蒸发强度，指单位时间单位传热面积上所蒸发的水量，即

$$U=\frac{W}{A} \tag{4-10}$$

式中　U——蒸发器的生产强度，kg/(m^2·h)。

蒸发强度通常用于评价蒸发器的优劣，对于一定的蒸发任务而言，若蒸发强度越大，则所需的传热面积越小，即设备的投资就越低。

2. 蒸发器的生产强度的影响因素

(1) 提高传热温度差　提高传热温度差可从提高热源的温度或降低溶液的沸点等角度考虑，

工程上通常采用下列措施来实现。

① 真空蒸发。真空蒸发可以降低溶液沸点，增大传热推动力，提高蒸发器的生产强度，同时由于沸点较低，可减少或防止热敏性物料的分解。另外，真空蒸发可降低对加热热源的要求。但是，应该指出，溶液沸点降低，其黏度会增高，并使总传热系数 K 下降。而且真空蒸发需要增加真空设备并增加动力消耗。

② 高温热源。提高 Δt_m 的另一个措施就是提高加热蒸汽的压力，但对蒸发器的设计和操作需提出严格要求。一般加热蒸汽压力不超过 0.6～0.8MPa。对于某些物料若加压蒸汽仍不能满足要求时，则可选用高温导热油、熔盐或改用电加热，以增大传热推动力。

强化蒸发过程的途径

(2) 提高总传热系数 提高蒸发器蒸发能力的主要途径应是提高传热系数K。蒸发器的总传热系数主要取决于溶液的性质、沸腾状况、操作条件以及蒸发器的结构等。因此，合理设计蒸发器以实现良好的溶液循环流动，及时排除加热室中不凝性气体，定期清洗蒸发器（加热室内管），均是提高和保持蒸发器在高蒸发强度下操作的重要措施。

在蒸发操作中，管内壁出现结垢现象是不可避免的，尤其当处理易结晶和腐蚀性物料时，此时传热总系数 K 变小，使传热量下降。在这些蒸发操作中，一方面应定期停车清洗、除垢；另一方面改进蒸发器的结构，如把蒸发器的加热管加工光滑些，使污垢不易生成，即使生成污垢也易清洗，也可以提高溶液循环的速度，从而降低污垢生成的速度。

二、蒸发操作的经济性

蒸发操作是一个能耗较大的单元操作，其能耗高低直接影响着产品的生产成本，通常也把能耗作为评价蒸发设备优劣的另一个重要指标，或称为加热蒸汽的经济性。加热蒸汽的经济性定义为 1kg 蒸汽可蒸发的水的质量，即

提高加热蒸汽经济性的措施

$$E=\frac{W}{D} \tag{4-11}$$

因此，对于蒸发操作，如何节能尤其是如何利用二次蒸汽，提高加热蒸汽的经济性，历来都是一个十分重要的研究课题。

1. 采用多效蒸发

从多效蒸发的原理不难看出，采用多效蒸发，由于生产给定的总蒸发水量 W 分配于各个蒸发器中，而只有第一效才使用加热蒸汽，与单效蒸发相比，当生蒸汽量相同时，多效蒸发可蒸发出更多的溶剂。可见，多效蒸发可显著提高蒸发过程的热利用率，提高生蒸汽的经济性。

2. 额外蒸汽的引出

若将单效乃至多效蒸发中的二次蒸汽引出，用作其他加热设备的热源，同样能大大提高生蒸汽的热能利用率，同时还降低了冷凝器的负荷，减少了冷却水量。此种节能方法称为额外蒸汽的引出。

但多效蒸发与单效蒸发不同，多效蒸发中的各效均会产生二次蒸汽，但其中包含的汽化潜热各不相同，因此额外蒸汽的利用效果将与引出蒸汽的效数有关。在多效蒸发中，不论蒸汽由第几效引出，均需对第一效中的生蒸汽进行适当补充，以确保给定蒸发任务的顺利完成。

蒸发是蒸汽由高温向低温不断转化的过程。若额外蒸汽是从第 i 效引出，则当生蒸汽的热量传递至额外蒸汽时，已在前 i 效蒸发器中反复利用。因此，在引出蒸汽的温度能够满足加热设备需要的前提下，应尽可能从效数较高的蒸发器中引出额外蒸汽，从而保证蒸汽在引出前已得到充分利用，且此时需补充的生蒸汽量也较少。

3. 热泵蒸发

在蒸发操作中，虽然二次蒸汽含有较高的热能，其焓值一般并不比加热蒸汽低太多，但由于

二次蒸汽的压力和温度不及加热蒸汽，故限制了二次蒸汽的用途。为此，工业上常采用热泵蒸发的处理方法。

热泵蒸发是将蒸发器蒸出的二次蒸汽用压缩机压缩，提高它的压力，倘若压力又达到加热蒸汽压力时，则可送回入口，循环使用。

热泵蒸发的流程如图 4-16 所示。热泵蒸发可大幅节约生蒸汽的用量，操作时仅需在蒸发的启动阶段通入一定量的加热生蒸汽，一旦操作达到稳态，就无需再补充生蒸汽。故加热蒸汽（或生蒸汽）只作为启动或补充泄漏、损失等。

因此，对于沸点升高较小的溶液蒸发，即所需传热温度差不大的蒸发过程，采用热泵蒸发的节能方法是较为经济的。反之，若溶液的沸点升高较大，而压缩机的压缩比又不宜太高，即热泵蒸发中二次蒸汽的温升有限，则容易引起传热推动力偏小，甚至不能满足操作要求。

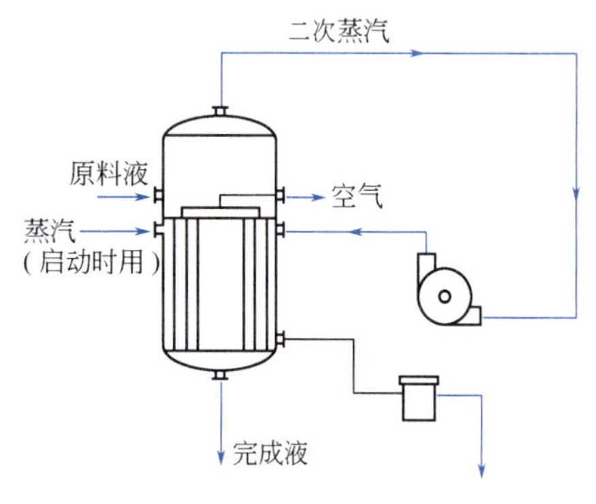

图4-16　热泵蒸发的流程

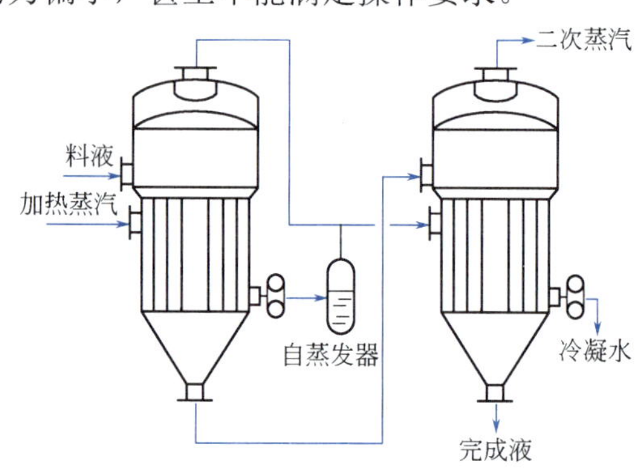

图4-17　冷凝水显热与自蒸发的利用

4. 冷凝水显热与自蒸发的利用

蒸发器加热室排出大量高温冷凝水，这些水理应返回锅炉重新使用，这样既节省能源又节省水源。但应用这种方法时应注意水质监测，避免因蒸发器损坏或阀门泄漏污染锅炉补充水系统。当然高温冷凝水还可用于其他加热或蒸发料液的预热。

此外，也可将冷凝水减压，使其饱和温度低于现有温度，此时冷凝水会因过热而出现自蒸发，然后将汽化出的蒸汽与二次蒸汽混合并一起送入后一效的加热室，即用于后一效的蒸发加热，其操作流程如图 4-17 所示。

三、蒸发系统的日常运行及开停车操作

1. 开车操作

开车前要准备好泵、仪表、加料管路，根据物料、蒸发设备及所附带的自控装置的不同，按照事先设定好的程序，通过控制室依次按规定的开度、规定的顺序开启加料阀、蒸汽阀，并依次查看各效分离罐的液位显示，当液位达到规定值时再开启相关输送泵；设置有关仪表设定值；对需要抽真空的装置进行抽真空；监测各效温度，检查其蒸发情况；通过有关仪表观测产品浓度；然后增大有关蒸汽阀门开度以提高蒸汽流量；当蒸汽流量达到期望值时，调节加料流量以控制浓缩液浓度。一般来说，减小加料流量则产品浓度升高，而增大加料流量，浓度降低。

在开车过程中由于非正常操作常会出现许多故障。最常见的是蒸汽供给不稳定。这可能是因为管路冷或冷凝液管路内有空气所致。应注意检查阀、泵的密封及出口，当达到正常操作温度时，就不会出现这种问题。也可能是由于空气漏入二效、三效蒸发器所致。当一效分离罐工艺蒸汽压力升高超过一定值时，这种泄漏就会自行消失。

2. 设备运行

不同的蒸发装置都有自身的运行情况。通常情况下，操作人员应按规定的时间间隔检查该装

置的运行情况，并如实、准时填写运转记录。当装置处于稳定运行状态时，不要轻易变动性能参数，以免出现不良影响。

控制蒸发装置的液位是关键，目的是使装置运行平稳，一效到另一效的流量更趋合理、恒定。大多数泵输送的是沸腾液体，有效地控制液位也能避免泵的“汽蚀”现象，保证泵的使用寿命。

为确保故障条件下连续运转，所有的泵都应配有备用泵，并在启动泵之前，检查泵的工作情况，严格按照要求进行操作。按规定时间检查控制室仪表和现场仪表读数，如超出规定，应迅速查找原因。如果蒸发料液为腐蚀性溶液，应注意检查视镜玻璃，防止腐蚀。一旦视镜玻璃腐蚀严重，当液面传感器发生故障时，会造成危险。

3. 停车操作

一般可分为完全停车、短期停车和紧急停车。对于紧急停车，一般应遵循如下几点。

① 当事故发生时，首先用最快的方式切断蒸汽（或关闭控制室气动阀，或现场关闭手动截止阀），以避免料液温度继续升高。

② 考虑停止料液供给是否安全，如果安全，应用最快方式停止进料。

③ 考虑破坏真空会发生什么情况，如果判断出不会发生不利情况，应该打开靠近末效真空器的开关以打破真空状态，停止蒸发操作。

④ 要小心处理热料液，避免造成伤亡事故。

4. 蒸发系统常见的操作故障与防止

蒸发系统操作是在高温、高压蒸汽加热下进行的，所以要求蒸发设备及管路具有良好的外部保温和隔热措施，杜绝“跑、冒、滴、漏”现象。防止高温蒸汽外泄，发生人身烫伤事故。对于腐蚀性物料的蒸发，要避免触及皮肤和眼睛，以免造成身体损害。要预防此类事故，在开车前应严格进行设备检验，试压、试漏，并定期检查设备腐蚀情况。

对于蒸发易析晶的溶液，常会随物料增浓而出现结晶造成管路、阀门、加热器等堵塞，使物料不能流通，影响蒸发操作的正常进行。因此要及时分离盐泥，并定期洗效。一旦发生堵塞现象，则要用加压水冲洗，或采用真空抽吸补救。

要根据蒸发操作的生产特点，严格制定操作规程，并严格执行，以防止各类事故发生，确保操作人员的安全以及生产的顺利进行。

5. 蒸发器的日常维护

对蒸发器的维护通常采用洗效的方法。蒸发装置内易积存污垢，不同类型的蒸发器在不同的运转条件下结垢情况也不一样，因此要根据生产实际和经验积累定期进行洗效。洗效周期的长短直接和生产强度及蒸汽消耗紧密相关，因此要特别重视操作质量，延长洗效周期。

复习思考题

一、选择题

1. 在蒸发过程中，蒸发前后质量不变的量是（　　）。

A. 溶剂　　B. 溶液　　C. 溶质

2. 采用多效蒸发的目的是（　　）。

A. 增加溶液的蒸发水量　　B. 提高设备利用率　　C. 节省加热蒸汽消耗量

3. 原料流向与蒸汽流向相同的蒸发流程是（　　）。

A. 平流流程　　B. 并流流程　　C. 逆流流程

4. 多效蒸发中，各效的压力和沸点是（　　）。

A. 逐效升高　　B. 逐效降低　　C. 不变

5. 下面说法正确的是（　　）。

A. 减压蒸发操作使蒸发器的传热面积增大

B. 减压蒸发使溶液沸点降低，有利于对热敏性物质的蒸发

C. 多效蒸发的前效为减压蒸发操作

6. 多效蒸发操作中，在处理黏度随浓度的增加而迅速加大的溶液时，不宜采用的加料方式是（　　）。

A. 逆流　　B. 并流　　C. 平流

7. 在蒸发过程中有晶体析出时采用的加料法是（　　）。

A. 逆流　　B. 并流　　C. 平流

8. 由于实际生产中总存在热损失，单位蒸汽消耗量 D/W（即每蒸发1kg溶剂所需加热蒸汽的消耗量）总是（　　）。

A. 小于1　　B. 等于1　　C. 大于1

9. 中央循环管式（标准式）蒸发器为（　　）。

A. 外热式蒸发器　　B. 自然循环型蒸发器　　C. 强制循环蒸发器

二、填空题

1. 蒸发操作方式按二次蒸汽的利用情况可以分为______和______；按操作压力可以分为________、________和________。

2. 衡量蒸发装置经济性的指标是________________。

3. 多效蒸发操作的流程可分为三种，即__________、__________和__________。

4. 蒸发装置辅助设备主要包括__________、__________和__________。

5. 工业生产中应用的蒸发器按溶液在蒸发器中的运动情况，大致可分为__________和__________两大类。

6. 对蒸发器的维护通常采用__________方法清除蒸发装置内积存的污垢。

7. 提高蒸发器生产强度的主要途径，应从提高__________着手。

8. 单效蒸发时，可将二次蒸汽绝热压缩以提高其温度，然后送回加热室作为加热蒸汽重新利用。这种方法常称为______________________。

三、简答题

1. 什么是单效蒸发和多效蒸发？多效蒸发有什么特点？

2. 试比较各种蒸发流程的优缺点。

3. 蒸发器由哪几个基本部分组成？各部分的作用是什么？

4. 蒸发器选型时应考虑哪些因素？

5. 蒸发操作在化工生产中的应用有哪些？

6. 试比较各种蒸发器的结构及特点。

7. 强化蒸发过程的途径有哪些？

四、计算题

1. 在单效蒸发中，每小时将20000kg的 $CaCl_2$ 水溶液从15%连续浓缩到25%（均为质量分数），原料液的温度为75℃。蒸发操作的压力为50kPa，溶液的沸点为87.5℃。加热蒸汽绝对压强为200kPa，原料液的比热容为3.56kJ/（kg·℃），蒸发器的热损失为蒸发器传热量的5%。试求：①蒸发量；②加热蒸汽消耗量。

[答　①8000kg/h；②8160kg/h]

2. 一蒸发器每小时将1000kg/h的NaCl水溶液由质量分数为0.05浓缩至0.30，加热蒸汽压力为118kPa（绝压），蒸发室内操作压力为19.6kPa（绝压），溶液的平均沸点为75℃。已知进料温度为30℃，NaCl的比热容为0.95kJ/（kg·K），若浓缩热与热损失忽略，试求浓缩液量及加热蒸汽消耗量。

3. 用一单效蒸发器将浓度为20%的NaOH水溶液浓缩至50%，料液温度为35℃，进料流量为3000kg/h，蒸发室操作压力为19.6kPa，加热蒸汽的绝对压力为294.2kPa，溶液的沸点为100℃，蒸发器总传热系数为1200W/（m^2·℃），料液的比热容为3.35kJ/（kg·℃），蒸发器的热损失约为总传热量的5%。试求加热蒸汽消耗量和蒸发器的传热面积。

[答　2369kg/h；36.2m^2]

项目五

蒸馏操作

蒸馏就是利用各组分挥发能力的差异分离均相液体混合物的典型单元操作之一。本项目以完成某一蒸馏任务为引领，从蒸馏岗位的实际需求出发，围绕化工企业对蒸馏岗位操作人员的具体要求，设计了五个工作任务，为完成这些工作任务安排了分离乙醇 - 水物系的技能训练，通过训练使学生达到本岗位的教学目标，以满足化工企业对蒸馏岗位操作人员的要求。

思政目标

1. 培养行业认同感、企业归属感、个人尊严感与荣誉感。
2. 培养规范意识、纪律意识、责任意识、团队协作意识、服务意识。
3. 培养诚实守信、严谨负责、精益求精的职业道德。

学习目标

技能目标

1.能进行精馏操作工艺参数的简单计算。

2.能正确识读精馏流程。

3.会分析精馏操作的影响因素变化时对产品质量和产量的影响。

4.会进行精馏塔的开停车及正常操作。

5.会分析和处理连续精馏系统中常见的故障。

知识目标

1.熟知精馏操作的原理、双组分理想体系的气液相平衡关系、回流比的选择及回流比对蒸馏操作的影响。

2.熟知蒸馏设备的操作规程及有关注意事项。

3.熟知精馏操作的主要影响因素变化时，对精馏产品质量和产量的影响。

4.熟知精馏系统中常见设备的结构和性能。

生产案例

在项目一教学案例中提到以焦炉煤气为原料采用ICI低中压法合成甲醇的工艺，其流程的后半部分就是粗甲醇的精制工艺，即采用精馏的方法将粗甲醇精制为精甲醇，如图5-1所示。将合成送来的粗甲醇由粗甲醇槽10经预精馏塔11、加压精馏塔12和常压精馏塔13，经过多次的汽化和冷凝脱除粗甲醇中的二甲醚等轻组分以及水、乙醇等重组分。高纯度精甲醇经中间罐区送到甲醇罐区，同时副产杂醇，废水送到生化处理工段。

图5-1　粗甲醇的精制

再如，将原油分离成汽油、柴油和煤油等不同的油品；石油裂解气分离成纯度较高的乙烯、丙烯和丁二烯；将粗苯分离成苯、甲苯和二甲苯等。精馏操作是化工生产中最重要的单元操作之一。

蒸馏分离的依据

蒸馏操作依据的是混合物中各组分挥发性或沸点的差异。蒸馏过程的实质是气液相的相际间的传质传热过程，沸点低、易挥发的组分吸收热量，从液体混合物中汽化，向气相中扩散；同时沸点高、难挥发的组分释放热量，由蒸气冷凝成液体，从气相向液相扩散，最终实现气液分离。

蒸馏分类

蒸馏操作的分类方法很多，按操作方式分可分为：简单蒸馏、精馏和特殊精馏；按操作压力分为常压、加压和减压蒸馏；按组分数目分为双组分和多组分蒸馏；按操作方式分为连续精馏和间歇精馏。

5.1 蒸馏概述及气液相平衡

任务一

双组分气-液相平衡关系分析

蒸馏是气、液两相间的传质过程，传质过程是以两相达到相平衡为极限的，由此可见，气-液相平衡关系是分析蒸馏原理和进行设备计算的理论基础，故在讨论精馏过程计算前，首先分析一下双组分溶液的气-液相平衡。

一、蒸馏的理论基础

1. 液体的饱和蒸气压

一定温度下与液体成平衡的饱和蒸气的压力称为该温度下液体的饱和蒸气压，简称蒸气压。

p^*的计算方法

饱和蒸气压是液体的一种属性，它是温度的函数，随着温度的升高而急剧增大，与温度的关系可通过安托万方程表示，即

$$\lg p^* = A - \frac{B}{t+C} \tag{5-1}$$

式中　p^*——液体的饱和蒸气压，Pa；

t——温度，℃。

A、B、C是与物质有关的常数，可由手册查找。

在一定温度下，当蒸气的压力等于该温度下液体的饱和蒸气压时，蒸气与液体处于平衡，气、液两相的组成不变。若蒸气的压力大于饱和蒸气压（此时的蒸气称为过饱和蒸气）时，将有

蒸气凝结成液体，直到蒸气的压力降到饱和蒸气压达到新的平衡为止。若蒸气的压力小于饱和蒸气压（此时的蒸气称为不饱和蒸气）时，将有液体蒸发成蒸气。

2. 拉乌尔定律及其应用

由 A、B 组成混合液，如果 A-A、B-B、A-B 分子间的作用力都相等，此混合液就称为理想溶液，反之，就是非理想溶液。1880 年，法国人拉乌尔根据实验提出：在一定温度下，当气、液两相达到平衡时，理想溶液中某组分的饱和蒸气压等于该组分在纯态时的饱和蒸气压与该组分在溶液中的摩尔分数的乘积。即

拉乌尔定律的应用

$$p_A = p_A^0 x_A \tag{5-2}$$

$$p_B = p_B^0 x_B = p_B^0 (1 - x_A) \tag{5-3}$$

式中　p_A，p_B——溶液上方A、B组分的平衡分压，Pa；

p_A^0，p_B^0——同温度下纯组分 A、B 的饱和蒸气压，Pa；

x_A，x_B——溶液中组分 A、B 的摩尔分数。

对于理想物系，气相服从道尔顿定律，即溶液上方的总压等于各组分分压之和。对双组分物系，即

$$p = p_A + p_B \tag{5-4}$$

式中　p——气相的总压，Pa；

p_A，p_B——A、B组分的气相分压，Pa。

将式（5-2）、式（5-3）代入式（5-4），得

$$p = p_A^0 x_A + p_B^0 (1 - x_A) \tag{5-5}$$

在一定总压下，对于某指定的温度 t，可根据式（5-1）计算饱和蒸气压 p_A^0、p_B^0，再通过式（5-5）可算出液相组成 x_A：

泡点方程式的含义

$$x_A = \frac{p - p_B^0}{p_A^0 - p_B^0} \tag{5-6}$$

式（5-6）称为泡点方程式。该方程式描述了平衡物系的温度与液相组成的关系。

在一定压力下，液体混合物开始沸腾产生气泡的温度，称为该液体在该压力下的泡点温度。

又由分压定律知，气相组成可用分压表示为：

$$y_A = \frac{p_A}{p} = \frac{p_A^0 x_A}{p} \quad 或 \quad y_B = \frac{p_B}{p} = \frac{p_B^0 x_B}{p}$$

将式（5-6）代入上式，得

$$y_A = \frac{p_A^0}{p} \times \frac{p - p_B^0}{p_A^0 - p_B^0} \tag{5-7}$$

式（5-7）称为露点方程式。该方程描述平衡物系的温度与气相组成的关系。

在一定压力下，某混合蒸气开始冷凝出现液滴时的温度，称为该蒸气在该压力下的露点。

露点方程式的含义

严格地说，理想溶液实际上不存在。但是，对于那些由性质极相似、分子结构极相似的组分所组成的溶液，例如苯 - 甲苯、甲醇 - 乙醇、烃类同系物等都可视为理想溶液。

【例 5-1】苯（A）与甲苯（B）的饱和蒸气压和温度的关系数据如表 5-1 所示。试利用拉乌尔定律计算苯 - 甲苯混合液在总压 p=101.33kPa 下的气、液相平衡数据。该溶液可视为理想溶液。

表5-1　苯 - 甲苯在某些温度下的饱和蒸气压

温度/℃	80.1	85	90	95	100	105	110.6
p_A^0/kPa	101.33	116.9	135.5	155.7	179.2	204.2	240.0
p_B^0/kPa	40.0	46.0	54.0	63.3	74.3	86.0	101.33

解　在某一温度下由表5-1可查得该温度下纯组分苯与甲苯的饱和蒸气压 p_A^0 与 p_B^0，由于总压 p 为定值，即 p=101.33kPa，则应用式（5-6）求液相组成 x，再应用式（5-7）求平衡的气相组成 y，即可得到一组 t-x-y 的数据。

例如对 t=100℃，计算过程如下：

$$x=\frac{p-p_B^0}{p_A^0-p_B^0}=\frac{101.33-74.3}{179.2-74.3}=0.258$$

和

$$y=\frac{p_A^0}{p}x=\frac{179.2}{101.33}\times 0.258=0.456$$

对表5-1中其他数据按照上述方法计算其他温度下的气、液两相组成，计算结果列于表5-2中。

表5-2　苯-甲苯物系在总压101.33kPa下的 t-x-y 数据

t/℃	80.1	85	90	95	100	105	110.6
x	1.000	0.780	0.581	0.412	0.258	0.130	0
y	1.000	0.900	0.777	0.633	0.456	0.262	0

3. 相律及其应用

相律是研究相平衡的基本规律，1875年由吉布斯推导出来，又称吉布斯相律。它表示了平衡物系中的自由度数、相数及独立组分数间的关系，即

相律的应用

$$F=C-\phi+2 \tag{5-8}$$

式中　F——自由度数；

C——独立组分数；

ϕ——相数。

式中的数字2是假定外界只有温度和压强这两个条件可以影响物系的平衡状态。

对双组分的气、液相平衡物系，其中组分数为2，相数为2，可以变化的参数有4个，即温度 t、压强 p、一组分在液相和气相中的组成 x 和 y，根据相律知，自由度数 F=2−2+2=2。因此，对于双组分气、液相平衡物系中的 t、p、x 和 y 四个变量中，任意确定其中的两个变量，此物系的状态也就确定了。假若固定某个变量（例如外压），则仅有一个独立变量，而其他变量都是它的函数。当 t、x（或 y）二变量中，若再确定一个，另一个即已确定。因此双组分气、液相平衡关系可以用一定压强下的 t-x（或 y）或 x-y 的函数关系或相图来表示。

二、双组分理想溶液气-液相图分析

1. 气-液相平衡

在一封闭容器中，如图5-2所示。在一定条件下，液相中各组分均有部分分子从界面逸出进入液面上方气相空间，而气相也有部分分子返回液面进入液相内。经长时间接触，当每个组分的分子从液相逸出与气相返回的速度相同，或达到动平衡时，即该过程达到了相平衡。

2. 气-液相图分析

气-液相平衡关系用相图来表示比较直观、清晰，而且影响蒸馏的因素可在相图上直接反映出来。因此相图广泛应用于双组分蒸馏分析和计算。蒸馏中常用的相图为恒压下的温度-组成图即 t-x-y 图和气-液组成图即 x-y 图。

（1）t-x-y图　蒸馏操作通常在一定的压力下进行，溶液的平衡温度随组成的改变而改变。图5-3为在总压101.33kPa下，苯-甲苯混合液的平衡温度-组成图。该图纵坐标为温度，横坐标为液相（或气相）的组成。

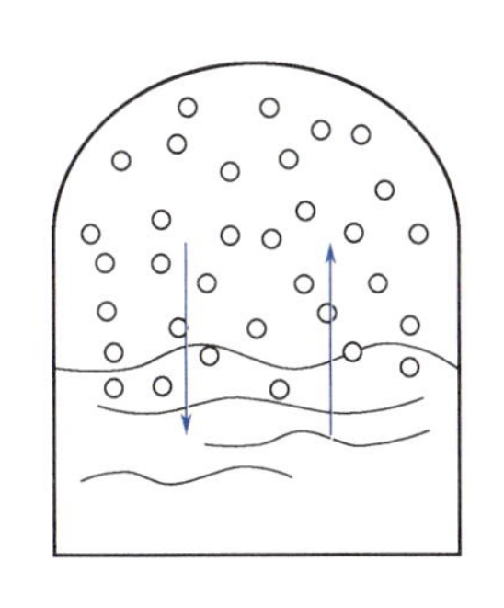
图5-2　气-液相平衡

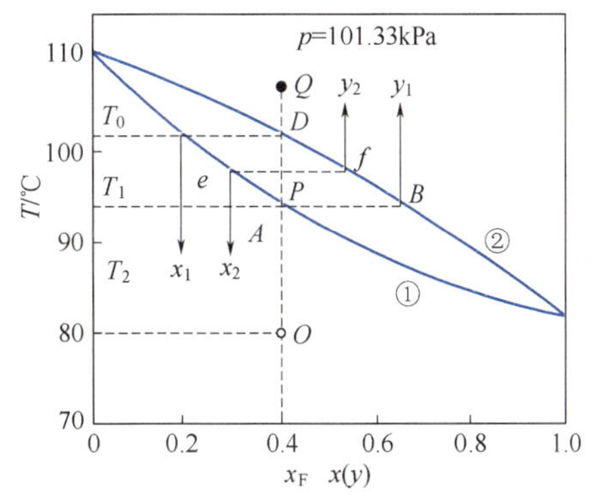

图5-3　苯-甲苯体系t-x-y图

t-x-y相图绘制

t-x-y相图分析

曲线①为 t-x 曲线，表示平衡温度 t 与液相组成 x 之间的关系，称为泡点线或饱和液体线。

曲线②为 t-y 曲线，表示平衡温度 t 与气相组成 y 之间的关系，称为露点线或饱和蒸气线。

这两条曲线将图形分成三个区域：

曲线①以下的区域，表示溶液尚未沸腾，称为液相区；

曲线②以上区域，表示溶液全部气化成蒸气，称为过热蒸气区；

两曲线之间的区域，表示气、液两相同时存在，称为气、液平衡共存区。

若将组成为x_F、温度为T_2（图中O点表示）的混合液加热至T_1，即A点时，溶液开始沸腾，产生第一个气泡，相应的温度T_1称为泡点温度，对应的气相组成为y_1。当继续加热至P点时，此混合液必分成互成平衡的气、液两相，气相组成为y_2，液相组成为x_2。从图可见，气、液两相的温度虽然相同，但气相组成大于液相组成。

若将组成为x_F（图中Q点表示）的过热蒸气冷却至温度T_0（图中D点）时，开始冷凝，产生第一滴液体，组成为x_1，相应的温度称为露点温度T_0。继续冷却至P点，与加热时相同，产生互成平衡的气、液两相，再冷却至A点，则全部冷凝成组成为x_F的液体。

对于理想溶液，t-x-y 图可通过式（5-6）、式（5-7）绘出。

（2）x-y图　x-y图表示在一定外压下，气、液相平衡时的液相组成x与气相组成y之间的关系图，如图5-4所示，图中以液相组成x为横坐标，以气相组成y为纵坐标。曲线上任意点A表示组成为x_1的液相与组成为y_1的气相互成平衡，且表示点A有一确定的状态。该曲线又称气液相平衡曲线。

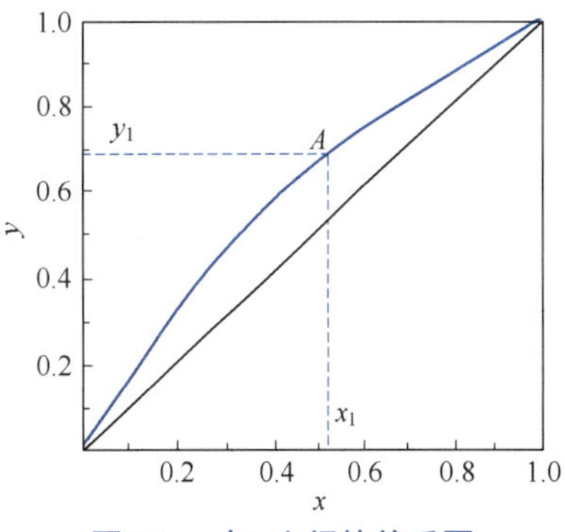

图5-4　x与y之间的关系图

对于理想溶液，由于平衡时气相组成 y 恒大于液相组成 x，故平衡曲线在对角线上方。苯-甲苯混合液的 x-y 图如图 5-4 所示，相平衡曲线偏离对角线愈远，表示该溶液愈易分离。

x-y 图可以通过查找相对应的 x 和 y 数据标绘而成，也可通过相应的 t-x-y 图做出。

三、双组分非理想溶液气-液相图分析

非理想溶液即与拉乌尔定律有偏差的溶液，可分为两大类，即对拉乌尔定律具有正偏差的溶液和对拉乌尔定律具有负偏差的溶液。

1. 具有正偏差的非理想溶液

具有正偏差的溶液中，相异分子间的吸引力较相同分子间的吸引力小，异分子间的排斥倾向起了主导作用，分子易汽化，因此溶液上方各组分的蒸气分压亦较理想情况时大。当异分子间的排斥倾向大到一定程度时，会出现最高蒸气压和相应的最低恒沸点。例如，乙醇-水溶液是具有正偏差的非理想溶液，在p=101.33kPa 时乙醇-水溶液的相平衡曲线，如图 5-5 所示，图中相平

衡曲线与对角线相交于点 M，x_M=0.894，此时 t_M=78.15℃，此点称为恒沸点。由于该点处温度 t_M 既低于水的沸点 100℃，又低于乙醇的沸点 78.3℃，所以该恒沸点为最低恒沸点。恒沸点时，气液两相组成相等。因此，用普通精馏的方法分离乙醇 - 水溶液最多只能得到接近于恒沸组成的产品，这就是工业酒精浓度为 95% 的原因。要得到无水酒精，需要用特殊精馏的方法。

2. 具有负偏差的非理想溶液

具有负偏差的溶液中，相异分子间的吸引力较相同分子间的吸引力大，分子不易汽化，故溶液上方各组分的蒸气分压较理想情况时小。与具有正偏差的溶液情况相反，当异分子间的吸引倾向大到一定程度时，会出现最低蒸气压和相应的最高恒沸点。如硝酸 - 水溶液是具有负偏差的非理想溶液，在 p=101.33kPa 时，它的 x-y 图如图 5-6 所示。

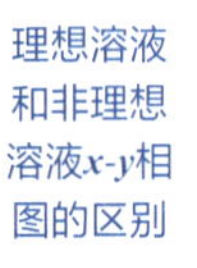

理想溶液和非理想溶液x-y相图的区别

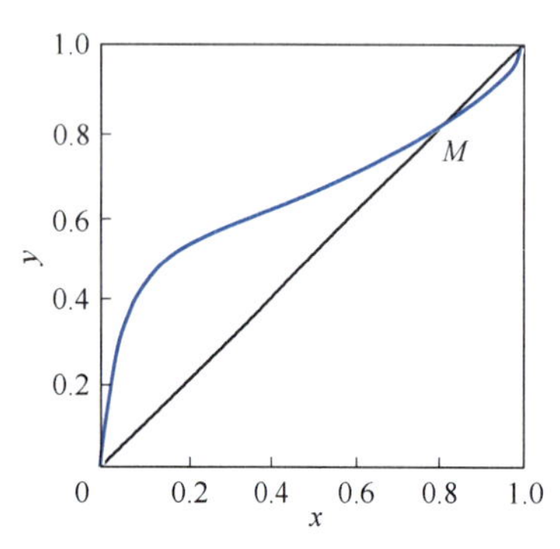

图5-5　在p=101.33kPa时乙醇-水溶液的x-y图

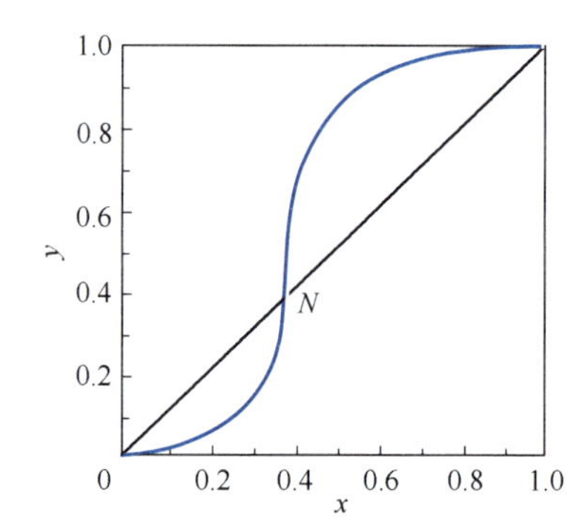

图5-6　在p=101.33kPa时硝酸-水溶液的x-y图

由图可见，恒沸点组成 x_N=0.383，最高恒沸点 t_N=121.9℃，比水的沸点 100℃，硝酸的沸点 86℃都高。不能用普通精馏方法对具有最高恒沸点的恒沸物中的两个组分加以分离。

四、气液相平衡方程

1. 挥发度

为了表示物质挥发的难易程度，引入了挥发度的概念。纯物质的挥发度可用该物质在一定温度下的饱和蒸气压来表示。显然，液体的饱和蒸气压越大，越容易挥发；蒸气压越小，就越难以挥发。对于混合液，各组分的挥发度定义为气相中某组分的平衡分压与平衡时该组分液相中的摩尔分数之比，以符号 υ 表示。

$$\upsilon_A=\frac{p_A}{x_A} \quad 或 \quad \upsilon_B=\frac{p_B}{x_B} \tag{5-9}$$

式中　p_A，p_B——气、液相平衡时，A、B组分在气相中的分压，Pa；

x_A，x_B——气、液相平衡时，A、B 组分在液相中的摩尔分数；

υ_A，υ_B——A、B 组分的挥发度。

对于理想溶液，因符合拉乌尔定律，则有

$$\upsilon_A=p_A^0 \quad 或 \quad \upsilon_B=p_B^0 \tag{5-10}$$

由此可见，理想溶液各组分的挥发度随温度而变，其大小与饱和蒸气压数据相同。

2. 相对挥发度及相平衡方程

相对挥发度α的物理意义

纯组分的饱和蒸气压 p^0 只能反映纯组分液体挥发性的大小，在蒸馏分离中起决定作用的是两组分挥发难易程度。对二元溶液，习惯上将溶液中易挥发组分的挥发度与难挥发组分的挥发度之比，称为相对挥发度，以符号 α 表示。

$$\alpha=\frac{\upsilon_A}{\upsilon_B} \tag{5-11}$$

将式（5-9）代入式（5-11）得

$$\alpha=\frac{p_A x_B}{p_B x_A} \tag{5-11a}$$

当操作压力不高时，气相服从道尔顿定律，气相中分压之比等于摩尔分数之比，故上式可改写为：

$$\alpha=\frac{py_A/x_A}{py_B/x_B}=\frac{y_A x_B}{y_B x_A} \tag{5-11b}$$

对双组分体系，将 $y_B=1-y_A$，$x_B=1-x_A$ 代入式（5-11b），并略去下标，得

平均值的计算方法

$$y=\frac{\alpha x}{1+(\alpha-1)x} \tag{5-12}$$

式（5-12）表示互成平衡的气、液两相组成间的关系，称为相平衡方程。如果已知相对挥发度 α 值，便可求得气、液两相平衡时易挥发组分浓度 x-y 的对应关系。

对理想溶液，将拉乌尔定律代入 α 的定义式（5-11）可得

$$\alpha=\frac{\upsilon_A}{\upsilon_B}=\frac{p_A/x_A}{p_B/x_B}=\frac{p_A^0}{p_B^0} \tag{5-13}$$

即理想溶液的 α 值仅依赖于各纯组分的性质，数值上等于同温度下两纯组分的饱和蒸气压之比。纯组分的饱和蒸气压 p_A^0、p_B^0 均系温度 t 的函数，且随温度的升高而加大，因此 α 原则上随温度而变化。但 p_A^0/p_B^0 与温度的关系较 p_A^0 或 p_B^0 单独与温度的关系小得多，因而可在操作温度范围内取一平均的相对挥发度 α_m 并将其视为常数，这样利用相平衡方程就可方便地算出 y-x 平衡关系。换句话说相平衡方程仅适用于 α_m 为常数的理想溶液。

平均相对挥发度 α_m 的计算方法有许多种，一般用算术平均值，即

$$\alpha_m=\frac{1}{n}(\alpha_1+\cdots+\alpha_n) \tag{5-14}$$

在精馏塔的计算中，当塔内压力和温度变化不大时，可用塔顶和塔底相对挥发度的几何平均值计算全塔的平均相对挥发度，即

α_m为几何平均值

$$\alpha_m=\sqrt[3]{\alpha_{顶}\alpha_{进料}\alpha_{底}} \tag{5-15}$$

式中 $\alpha_{顶}$——塔顶的相对挥发度；

$\alpha_{底}$——塔底的相对挥发度；

$\alpha_{进料}$——进料处的相对挥发度。

特别提示：根据相对挥发度α_m的大小可以判断采用蒸馏方法分离某混合物的难易程度。

当 $\alpha_m=1$ 时，由式（5-12）知 $y=x$，即气相组成和液相组成相等，此时不能用普通精馏的方法分离液体混合物；

当 $\alpha_m>1$ 时，$\upsilon_A>\upsilon_B$，A 组分较 B 组分易挥发，且 α_m 值越大，气相组成 y 与液相组成 x 相差越大，混合液就越容易分离；

当 $0<\alpha_m<1$ 时，$\upsilon_A<\upsilon_B$，说明 B 组分较 A 组分易挥发，混合液也可以分离。因此，α_m 的大小可作为用蒸馏分离某物系的难易程度的判定依据之一。

【例 5-2】利用表 5-1 所列数据，采用相对挥发度计算苯 - 甲苯体系的 t-x-y 数据，并与表 5-2 中已算出的 y 值作比较。

解　由于苯-甲苯体系可视为理想溶液，根据式（5-13），从表5-1中的饱和蒸气压数据，可算得各温度下的α值，如表5-3所示。

表5-3　苯-甲苯在某些温度下的α值

温度/℃	80.1	85	90	95	100	105	110.6
α	2.60	2.54	2.51	2.46	2.41	2.37	2.35
x	1.00	0.780	0.581	0.412	0.258	0.130	0

可见随着温度的增高，α略有减小，但变化不大。

利用式（5-12），从x计算y值，需要α的平均值，在本题条件下，表5-3中两端温度下的α数据应除外（因对应的是纯组分，其y值已定），且α的变化不大，利用式（5-15）取温度为85℃和105℃下的α平均值，即：

$$\alpha_m=\frac{2.54+2.37}{2}=2.46$$

将平均相对挥发度代入式（5-12）中，即

$$y=\frac{\alpha x}{1+(\alpha-1)x}=\frac{2.46x}{1+1.46x}$$

按表5-3中的各x值，由上式即可算出相应的气相平衡组成y，计算结果列于表5-4中。

表5-4　利用α_m计算的y值

温度/℃	80.1	85	90	95	100	105	110.6
y（1）	1.000	0.900	0.777	0.633	0.456	0.262	0
y（2）	1.000	0.897	0.773	0.633	0.461	0.269	0

比较表5-2和表5-4，可以看出两种方法求得的y-x数据基本一致。对两组分溶液，利用平均相对挥发度表示气液相平衡关系比较简单。

任务二

蒸馏过程分析

一、简单蒸馏

蒸馏按操作方式可分为简单蒸馏、平衡蒸馏和精馏等。简单蒸馏装置是由蒸馏釜、冷凝冷却器和若干个馏出液贮槽组成，如图5-7所示。操作时将待分离的混合液加入蒸馏釜1中，使溶液逐渐汽化，产生的蒸气随即引出并进入冷凝冷却器2中，冷凝冷却到一定的温度的馏出液，即可按不同组成范围导入馏出液贮槽3中。当釜液的浓度下降到规定的要求时，即停止操作，将釜中残液排出后，再加入新的混合液于釜中进行蒸馏。

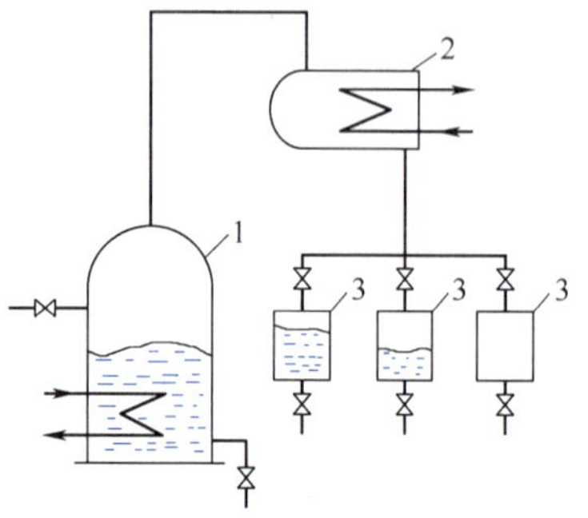

图5-7　简单蒸馏装置

简单蒸馏的特点

由于是一次简单蒸馏，达到的分离效果是有限的。所以，该蒸馏方式只适用于分离沸点差较大，或者分离要求不高的二元组分混合液体系。如蒸馏发酵醪液以得到饮用酒精，原油或煤焦油的粗分离等。

简单蒸馏的显著特点是过程不稳定，相当于分批多次采用

一个理论塔板进行蒸馏。

二、平衡蒸馏

平衡蒸馏装置如图 5-8 所示。原料液用泵送入加热器，加热后经减压阀喷入分离器。原料液从加热器流到分离器过程中，压力逐渐减小，绝热蒸发。气液两相充分接触而达到平衡状态。气液混合物以切线方向闪蒸进入分离器，使气液相分离。含量较多的易挥发组分的气相从顶部排出后，在冷凝器中冷凝为液体，成为顶部产品。含量较少的易挥发组分液相在离心力作用下沿器壁向下流到分离器底部而排出，成为底部产品。

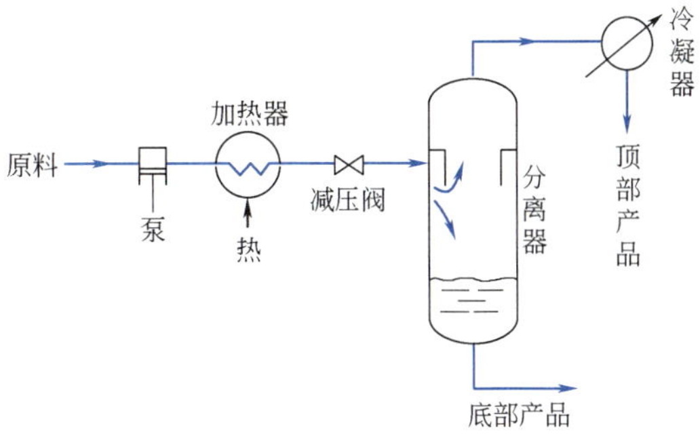

图5-8　平衡蒸馏装置

平衡蒸馏的特点

平衡蒸馏相当于总进料一次通过一个理论板，进行一次分离。平衡蒸馏为稳定连续过程，生产能力大，但分离要求也不高，适用于原料液的初步分离，如原油的粗略分离。

三、精馏

1. 连续精馏流程的选择

简单蒸馏、平衡蒸馏是仅进行一次部分汽化和部分冷凝的过程，故只能部分地分离液体混合物；而精馏则是对液体混合物进行多次部分汽化和部分冷凝，使混合物分离达到所要求的组成。如含乙醇不到 10° 的醪液经一次简单蒸馏可得到 50° 的烧酒，再蒸一次可到 65°，依次重复蒸馏，乙醇含量还可继续提高；同样也可用多次平衡蒸馏来逐次分离、提高纯度。理论上多次部分汽化在液相中可获得高纯度的难挥发组分，多次部分冷凝在气相中可获得高纯度的易挥发组分。如果将上述多次部分汽化、多次部分冷凝分别在若干个加热釜和若干个冷凝器内进行，如图 5-9 所示，一是蒸馏装置将非常庞大，二是能量消耗非常大。

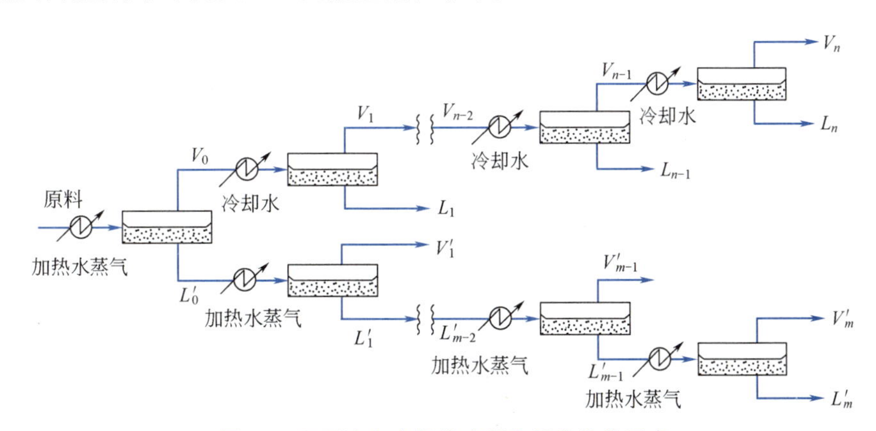

图5-9　无回流多次部分冷凝和部分汽化示意

不难看出，如图 5-9 所示的流程，工业上是不可能采用的。如果将图 5-9 所示的流程变为图 5-10 所示的流程，最上一级装置中，气、液两相经过分离后，气相可以作为产品排出，液相返回至下一级，这部分液体称为回流液；最下一级装置中，气液两相经分离后，液相可以作为产品排出，气相则返回至上一级，这部分上升蒸气称为气相回流。当上一级所产生的冷液回流与下一级的热气进行混合时，由于液相温度低于气相温度，因此高温蒸气将加热低温的液体，使液体部分

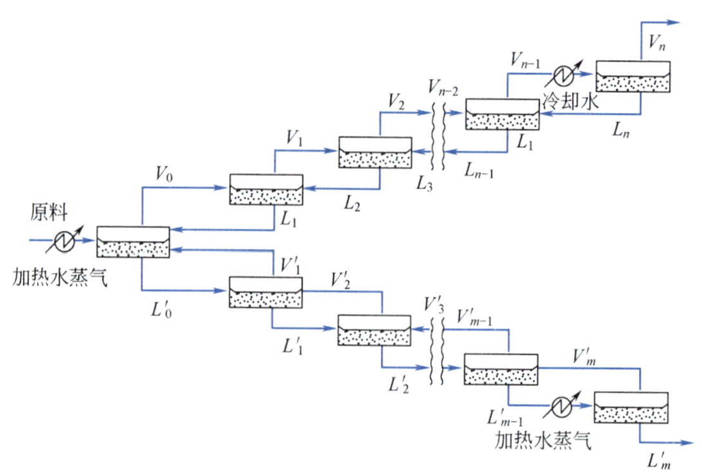

图5-10　有回流多次部分冷凝和部分汽化示意

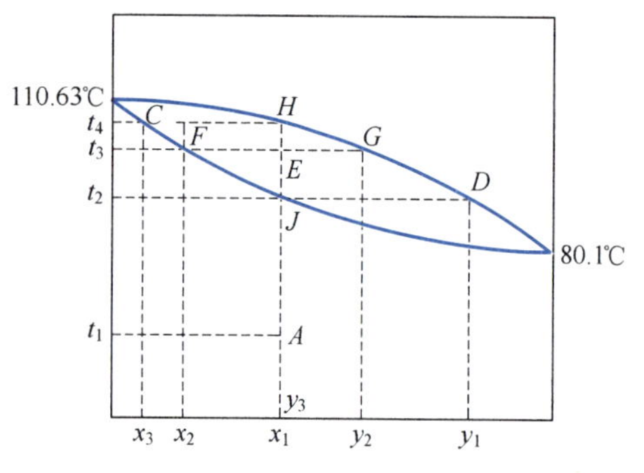

图5-11　苯-甲苯精馏相图

5.3 精馏原理分析

汽化，蒸气自身被部分冷凝，起到了传热和传质的双重作用。同时，中间既无产品生成，又不设置加热器和冷凝器。

由上分析，将每一级的液相产品返回到下一级，气相产品上升至上一级，不仅可以提高产品的收率，而且是精馏过程进行必不可少的条件。因此，两相回流是保证精馏过程连续稳定操作的必要条件之一。

2. 精馏原理分析

工业生产中的精馏过程是在精馏塔中将多次部分汽化和冷凝过程巧妙有机结合实现的。

连续精馏是指连续进料和连续出料，是一个稳定的操作过程。如图5-11所示，设在总压为101.33kPa下，苯-甲苯混合液的温度为t_1，组成为x_1，其状况以A点表示，若将此混合液自A点加热到温度为t_3的E点，由于E点处于两相区，这时混合液将部分汽化，分成互成平衡的气、液两相，气相浓度为y_2，液相浓度为x_2（$x_2<x_1$）。气、液两相分开后，再将浓度为x_2的饱和液体单独加热到温度为t_4的F点，这时又出现新的平衡，得液相的组成x_3（$x_3<x_2$）及与之平衡的气相y_3，依此类推，最终可得易挥发组分苯含量很低的液相，即可获得近似于纯净的甲苯。

将上述气相y_2冷凝至t_2，也可以分成互为平衡的气、液两相，如图中D点和J点得到气相的浓度为y_1，$y_1>y_2$，依次类推，最后可得到近于纯净的苯。

图5-12　连续精馏装置流程

5.4 连续精馏装置

3. 连续精馏装置的组成

图5-12为典型的连续精馏装置流程。其主要设备有精馏塔、冷凝冷却器、再沸器，有时还配有原料预热器和回流液泵等辅助设备。原料液经预热器预热到指定的温度后，于加料板位置加入塔内。在进料板处与精馏段下降的液体汇合后，再逐板溢流，最后流入塔釜再沸器中。在每层塔板上，回流的液体与上升的蒸气相互接触，进行传热和传质。正常操作时，连续地从塔釜中取出部分的液体（残液），而剩余的部分液体汽化后产生的上升蒸气依次通过所有塔板，而后进入冷凝器被全部冷凝，并将一部分冷凝液作为回流液送回塔中；另一部分再经冷却器降温后作为塔顶产品（馏出液）取出。

连续精馏操作中，原料液从塔的中部通过加料管连续送入精馏塔内，同时从塔顶和塔底连续得到产品，所以精馏是一种稳定的操作过程。

通常，将原料液进入管处的那层板称为加料板，精馏塔以加料板为界分为上下两段，加料板以上的塔段称为精馏段，加料板以下的塔段称为提馏段。

连续精馏装置组成及其作用

（1）精馏段的作用　是从下到上逐板增浓上升气相中易挥发组分的浓度。

（2）提馏段的作用　是从上到下逐板提升下降的液相中难挥发组分的浓度。

（3）塔板的作用　是提供气、液两相进行传质和传热的场所。

塔板上设置有许多小孔，从下一层板上升的气流与从上一层板下降的液流，由于存在温度差和浓度差，气相就要进行部分冷凝，使其中部分难挥发组分转入到液相中；而气相冷凝时放出的热量传给液相，使液相部分汽化，使其中易挥发组分转入气相。总之，使离开塔板上升的气相中易挥发组分的浓度得到了提升，下降的液相中难挥发组分的浓度较进入该板时增高。每一块塔板上气、液两相都进行双向传质，因此，每一块塔板是一个混合分离器，足够多的塔板数可使各组分较完全分离。

（4）再沸器　多数为一间壁换热器，通常以饱和水蒸气为热源加热釜内溶液。溶液受热后部分汽化，气相进入塔内，使塔内有一定流量的上升蒸气流，液相作为釜残液排出。

（5）冷凝器　为一间壁换热器，使进入冷凝器的塔顶蒸气被全部或部分冷凝，部分冷凝液送回塔顶回流，其余作为液相产品排出。

5.5 连续精馏过程的计算

任务三　连续精馏过程的计算

一、全塔物料衡算

1. 理论板和恒摩尔流假设

理论板含义

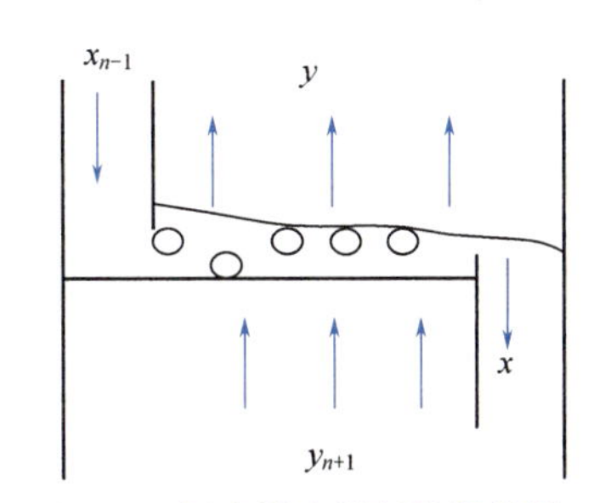

图5-13　板式塔内塔板的操作情况

（1）理论板的概念　如图5-13所示，对任意层塔板n而言，不论进入该板的气相组成y_{n+1}和液相组成x_{n-1}如何，如果在该板上气、液两相进行了充分混合并发生传质和传热，都会使离开该板的液相组成x_n与气相组成y_n符合气-液相平衡关系，且板上的液相无浓度差和温度差，则该板称为理论板。

实际上，在塔板上气 - 液两相进行传质的过程十分复杂，影响因素很多，况且气、液两相在塔板上的接触面积和接触时间是有限的，因此在任何形式的塔板上，气、液两相都难以到达平衡状态，也就是说理论板是不存在的。理论板仅用作衡量实际塔板分离效率的一个标准，它是一种人为理想化的塔板。通常在精馏塔的设计计算中，首先求得理论塔板数，然后用实际塔板效率予以校正，即可求得实际塔板数。引入理论板的概念，主要是简化精馏过程的分析和计算。

（2）恒摩尔流假设　影响精馏操作的因素很多，既涉及传质过程又涉及传热过程，也与各组分的物性、组成、操作条件、塔板结构等因素有关，而且相互影响。为了简化计算，通常假定塔内的气液两相为恒摩尔流动。

恒摩尔流动应具备的假定条件：包括各组分的摩尔汽化潜热相等；气、液两相接触时因温度不同而交换的显热不计；精馏塔设备的热损失不计。此条件下各层塔板上虽有物质交换，但气相和液相通过塔板前后的摩尔流量并不变。

① 恒摩尔气流。精馏操作中，在没有进料和出料的精馏段内，每层板上的上升蒸气摩尔流量

都相等，即

$$V_1=V_2=V_3=\cdots=V_n=V$$

同理，在提馏段内，每层板上的上升蒸气摩尔流量也都相等，即

$$V_1'=V_2'=V_3'=\cdots=V_n'=V'$$

式中　V——精馏段内每层塔板上上升的蒸气摩尔流量，kmol/h；

V'——提馏段内每层塔板上上升的蒸气摩尔流量，kmol/h。

式中下标表示塔板序号。

但两段上升的蒸气摩尔流量不一定相等，与进料量和进料热状况有关。

② 恒摩尔液流。精馏操作中，在没有进料和出料的塔段内，每层塔板下降的液体摩尔流量相等。

在精馏塔内精馏段每层板流下的液体摩尔流量都相等，即

$$L_1=L_2=L_3=\cdots=L_n=L$$

同理，在提馏段每层板流下的液体摩尔流量都相等，即

$$L_1'=L_2'=L_3'=\cdots=L_n'=L'$$

式中　L——精馏段内下降的液体摩尔流量，kmol/h；

L'——提馏段内下降的液体摩尔流量，kmol/h。

式中下标表示塔板序号。

但两段下降的液体摩尔流量并不一定相等，与进料量和进料热状况有关。

精馏操作时，恒摩尔流虽是一种假设，但与实际情况出入不大，因此，可将精馏塔内的气、液两相视为恒摩尔流动。

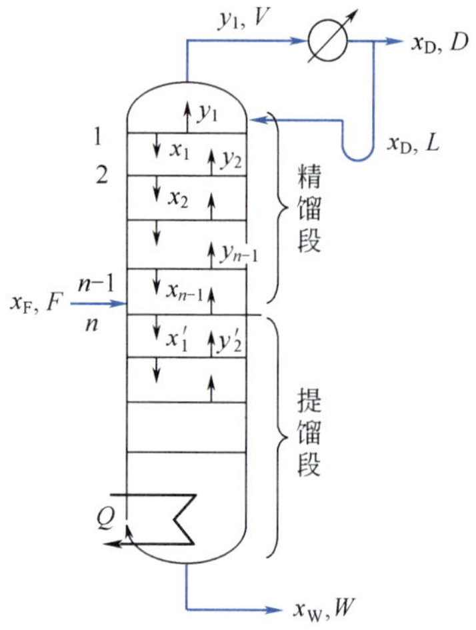

图5-14　连续精馏塔的物料衡算

2. 全塔物料衡算

应用全塔物料衡算，可以求出精馏塔塔顶、塔底的产量与进料量及各组成之间的关系。

对图5-14所示的连续精馏装置作物料衡算，并以单位时间为基准，则

总物料衡算

F、D、W 单位换算

$$F=D+W \tag{5-16}$$

易挥发组分的物料衡算

$$Fx_F=Dx_D+Wx_W \tag{5-17}$$

式中　F——原料液流量，kmol/h；

D——塔顶产品（馏出液）流量，kmol/h；

W——塔底产品（釜残液）流量，kmol/h；

x_F——原料液中易挥发组分的摩尔分数；

x_D——塔顶产品中易挥发组分的摩尔分数；

x_W——塔底产品中易挥发组分的摩尔分数。

x_D、x_F、x_W 单位换算

应该指出，在精馏计算中，分离要求除用产品的摩尔分数表示外，还可以用采出率或回收率等不同的形式表示。

馏出液的采出率

$$\frac{D}{F}=\frac{x_F-x_W}{x_D-x_W} \tag{5-18}$$

釜残液的采出率

$$\frac{W}{F}=\frac{x_D-x_F}{x_D-x_W} \tag{5-19}$$

塔顶易挥发组分的回收率

$$\eta_D=\frac{Dx_D}{Fx_F}\times100\% \tag{5-20}$$

采出率和回收率含义

塔釜难挥发组分的回收率

$$\eta_W=\frac{W(1-x_W)}{F(1-x_F)}\times100\% \tag{5-21}$$

特别提示： 若F、D、W表示质量流量，单位为kg/h，相应的x_F、x_D、x_W则表示质量分数，上述各式均成立。

通常给出 F、x_F、x_D、x_W，求解塔顶、塔底产品流量 D、W。

【例 5-3】 在连续精馏塔内分离二硫化碳 - 四氯化碳混合液。原料液处理量为 5000kg/h，原料液中二硫化碳含量为 0.35（质量分数，下同），若要求釜液中二硫化碳含量不大于 0.06，二硫化碳的回收率为 90%。试求塔顶产品量及组成，分别以摩尔流量和摩尔分数表示。

解　二硫化碳的摩尔质量为 76kg/kmol，四氯化碳的摩尔质量为 154kg/kmol。

原料液摩尔组成

$$x_F=\frac{0.35/76}{0.35/76+0.65/154}=0.52$$

釜液摩尔组成

$$x_W=\frac{0.06/76}{0.06/76+0.94/154}=0.114$$

原料液的平均摩尔质量

$$M_m=0.52\times76+0.48\times154=113.44\ (\text{kg/kmol})$$

原料液摩尔流量

$$F=5000/113.44=44.08\ (\text{kmol/h})$$

由全塔物料衡算，$F=D+W$ 可得

$$D=F-W=44.08-W$$

塔顶易挥发组分的回收率，$\eta_D=\frac{Dx_D}{Fx_F}\times100\%$ 知

$$Dx_D=\eta_D Fx_F=0.9\times44.08\times0.52=20.63$$

代入有关数据得

$$0.114W=(1-\eta_D)Fx_F=(1-0.9)\times44.08\times0.52=2.292$$

$$W=20.1\text{kmol/h}$$

$$D=44.08-20.1=23.98\ (\text{kmol/h})$$

$$x_D=20.63/D=20.63/23.98=0.86$$

二、操作线方程

1. 精馏段操作线方程

在恒摩尔流假定成立的情况下，对图 5-15 所示虚线范围（包括精馏段第 n+1 板和冷凝器在内）作物料衡算，以单位时间的摩尔流量为基准，即

总物料衡算

$$V=L+D \tag{5-22}$$

易挥发组分物料衡算

$$Vy_{n+1}=Lx_n+Dx_D \tag{5-23}$$

式中　V，L——精馏段内每块塔板上升蒸气的摩尔流量和下降液体的摩尔流量，kmol/h；

y_{n+1}——精馏段中第 n+1 层板上升的蒸气组成，摩尔分数；

x_n——精馏段中第 n 层板下降的液体组成，摩尔分数。

将式（5-22）代入式（5-23），并整理得

R的含义

$$y_{n+1}=\frac{L}{L+D}x_n+\frac{D}{L+D}x_D$$

将上式等号右边各项的分子和分母同时除以 D，则

$$y_{n+1}=\frac{L/D}{L/D+1}x_n+\frac{1}{L/D+1}x_D$$

令 $L/D=R$，R 称为回流比，并代入上式得

精馏段操作线含义

$$y_{n+1}=\frac{R}{R+1}x_n+\frac{x_D}{R+1} \tag{5-24}$$

式（5-24）称为精馏段操作线方程。该方程的物理意义是指在一定的操作条件下，精馏段内自任意第 n 层塔板下降的液相组成 x_n 与其相邻的下一层第 $n+1$ 层塔板上升的蒸气组成 y_{n+1} 之间的关系。

在连续精馏操作中，根据恒摩尔流的假设，L 为定值，且由于 D、x_D 均为定值，故 R 也是常量，所以该方程为直线方程，其斜率为 $R/(R+1)$，截距为 $x_D/(R+1)$，在 y-x 相图中为一条直线。

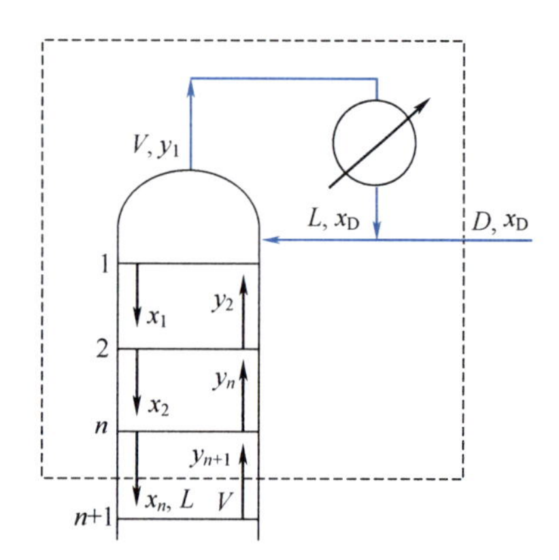

图5-15 精馏段操作线方程的推导

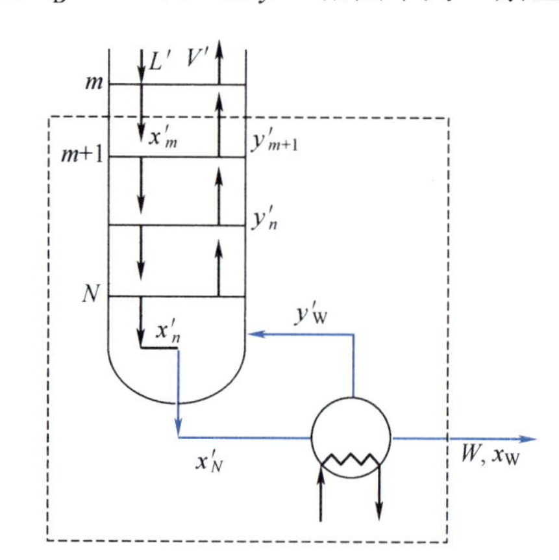

图5-16 提馏段操作线方程的推导

2. 提馏段操作线方程

在恒摩尔流假定成立的情况下，对图 5-16 虚线范围（包括自提馏段第 m 板以下塔段和塔釜再沸器内）作物料衡算，即

总物料衡算

$$L'=V'+W \tag{5-25}$$

易挥发组分物料衡算

$$L'x'_m=V'y'_{m+1}+Wx_W \tag{5-25a}$$

式中 V'，L'——提馏段内每块塔板上升蒸气的摩尔流量和下降液体的摩尔流量，kmol/h；

x'_m——提馏段中任意第 m 层板下降的液体组成，摩尔分数；

y'_{m+1}——提馏段中任意第 $m+1$ 层板上升的蒸气组成，摩尔分数。

将式（5-25）代入式（5-25a）并整理得

$$y'_{m+1}=\frac{L'}{L'-W}x'_m-\frac{Wx_W}{L'-W} \tag{5-26}$$

根据进料参数 $q=\dfrac{L'-L}{F}$，即 $L'=L+qF$ 代入式（5-26）可化为

q定义

$$y'_{m+1}=\frac{L+qF}{L+qF-W}x'_m-\frac{Wx_W}{L+qF-W} \tag{5-26a}$$

式（5-26a）为提馏段操作线方程。该方程的物理意义是指在一定的操作条件下，提馏段内自任意第 m 板下降的液相组成 x'_m 与其相邻的下一层第 m+1 层塔板上升的蒸气组成 y'_{m+1} 之间的关系。

提馏段操作线含义

在连续精馏操作中，根据恒摩尔流的假设，L' 为定值，且由于 W、x_W 均为定值，所以该方程也为直线方程，其斜率为（$L+qF$）/（$L+qF-W$），截距为 $-W'x_W$/（$L+qF-W$），在 y-x 相图中为一条直线。

应该指出，提馏段内液体摩尔流量 L' 不仅与 L 的大小有关，而且还受进料量及进料热状况的影响。

【例 5-4】在某双组分连续精馏塔中，精馏段内第 3 层理论板下降的液相组成 x_3 为 0.70（易挥发组分摩尔分数，下同）。进入该板的气相组成 y_4 为 0.80，塔内的气、液摩尔流量比 V/L 为 2，物系的相对挥发度为 2.4，试求：①回流比 R；②从该板上升的气相组成 y_3 和进入该板的液相组成 x_2。

解　① 回流比。由回流比的定义知：$L/D=R$，其中 $D=V-L$，则

$$R=\frac{L}{V-L}=\frac{1}{\frac{V}{L}-1}=\frac{1}{2-1}=1$$

② 气相组成 y_3。离开第 3 层理论板的气、液相组成符合平衡关系，即

$$y_3=\frac{\alpha x_3}{1+(\alpha-1)x_3}=\frac{2.4\times0.7}{1+(2.4-1)\times0.7}=0.85$$

③ 液相组成 x_2。

$$y_4=\frac{R}{R+1}x_3+\frac{x_D}{R+1}$$

$$0.8=\frac{1}{1+1}\times0.7+\frac{x_D}{1+1}$$

解得 x_D=0.9

又据：

$$y_3=\frac{R}{R+1}x_2+\frac{x_D}{R+1}$$

$$0.85=\frac{1}{1+1}x_2+\frac{0.9}{1+1}$$

解得 x_2=0.8。

三、进料状况对操作线的影响

1. 进料热状况及进料参数

（1）进料热状况　在实际生产中，进入精馏塔内的原料可能有五种不同状况，即：

① 低于泡点温度的冷液体；

② 泡点温度下的饱和液体；

③ 温度介于泡点温度和露点温度之间的气、液混合物；

④ 露点温度下的饱和蒸气；

⑤ 高于露点温度的过热蒸气。

（2）进料参数　由于原料的进料状况不同，导致精馏塔内两段上升蒸气和下降液体量均会发生变化。图5-17表示了在不同进料热状况下，进料板上升的蒸气量和下降的液体量的变化情况。

在t-x-y图上标出五种进料状况

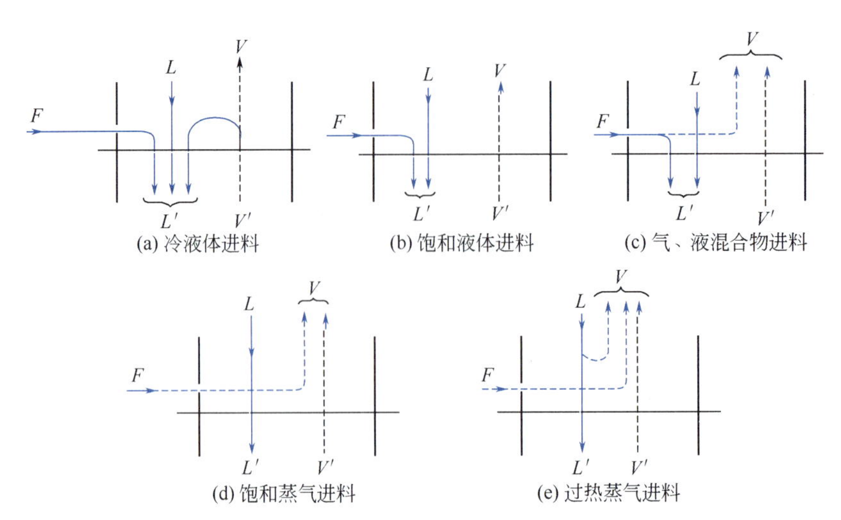

图5-17　进料状况对进料板上、下各股物流的影响

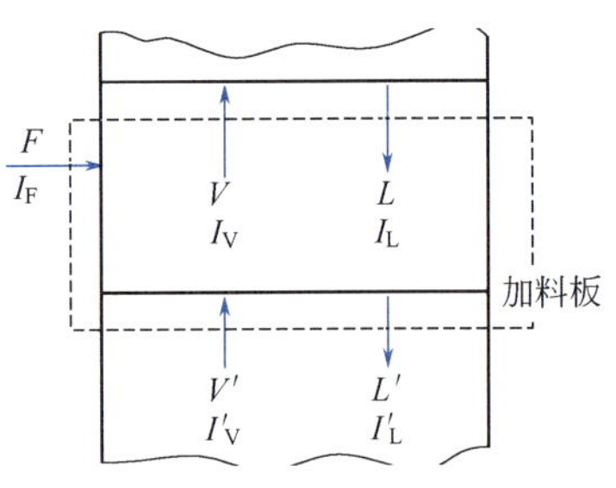

图5-18　进料板上的物料衡算和热量衡算

现对第3种情况气液混合物进料做一分析，令进料中液相所占分率为q，则气相所占分率为$1-q$。进料的液相分率与进料状况的关系，可通过物料衡算和热量衡算确定。对图5-18所示虚线范围的进料板分别作物料衡算和热量衡算，以单位时间的摩尔流量为基准，即

物料衡算　$$F+V'+L=V+L' \tag{5-27}$$

热量衡算　$$FI_F+V'I'_V+LI_L=VI_V+L'I'_L \tag{5-28}$$

式中　I_F——原料液的焓，kJ/kmol；

I_V，I'_V——进料板上、下处饱和蒸气的焓，kJ/kmol；

I_L，I'_L——进料板上、下处饱和液体的焓，kJ/kmol。

由于进料板上、下处的温度及气、液相组成都比较接近，故可假设：

$$I_V=I'_V,\quad I_L=I'_L \tag{5-29}$$

将式（5-29）代入式（5-28）整理得

$$(V-V')I_V=FI_F-(L'-L)I_L$$

将式（5-27）代入上式整理得

$$\frac{I_V-I_F}{I_V-I_L}=\frac{L'-L}{F} \tag{5-30}$$

q定义式

令　$$q=\frac{I_V-I_F}{I_V-I_L}\approx\frac{\text{1kmol原料变为饱和蒸气所需热量}}{\text{原料液的千摩尔汽化潜热}}=1+\frac{\bar{c}_p(t_s-t_F)}{r_m} \tag{5-31}$$

式中　t_s——进料组成时的泡点温度，℃；

t_F——进料温度，℃；

$\bar{c}_p$——原料液的平均比热容，kJ/（kmol・℃）；

r_m——原料液的平均汽化潜热，kJ/kmol。

q计算式

q称为进料热状况参数。对各种进料热状况都可用上式计算q值。因此可得出精馏塔内两段的气、液相流量与进料量及进料热状况参数之间的基本关系为

L、L'、V、V'含义

$$L'=L+qF \tag{5-32}$$

$$V'=V-(1-q)F \tag{5-33}$$

对于低于泡点温度的冷液体进料，因$I_F<I_L$，故$q>1$，则$L'>L+F$，$V'>V$。

对于泡点温度下的饱和液体进料，因$I_F=I_L$，故$q=1$，则$L'=L+F$，$V'=V$。

对于温度介于泡点温度和露点温度的气、液相混合物进料，$I_F>I_L$，显然 $0<q<1$，则 $L'<L+F$，$V'<V$。

对于露点温度下的饱和蒸气进料，因 $I_F=I_V$，故 $q=0$，则 $L'=L$，$V'=V-F$。

对于高于露点温度的过热蒸气进料，因 $I_F>I_L$，故 $q<0$，则 $L'<L$，$V'<V-F$。

2. 进料方程

进料方程又称 q 线方程，是精馏段操作线和提馏段操作线交点的轨迹方程。因在交点处两操作线方程中的变量相同，因此精馏段操作线方程和提馏段操作线方程在分别用式（5-23）和式（5-25a）表示时，可略去方程式中变量上、下标，即

q线的含义

精馏段操作线方程　　$Vy=Lx+Dx_D$

提馏段操作线方程　　$V'y=L'x-Wx_W$

结合式（5-32）、式（5-33）及式（5-17），整理得

$$(q-1)Fy=qFx-Fx_F$$

即

$$y=\frac{q}{q-1}x-\frac{x_F}{q-1} \tag{5-34}$$

式（5-34）称为 q 线方程。在连续稳定操作条件下，q 为定值，该式亦为直线方程，其斜率为 $q/(q-1)$，截距为 $-x_F/(q-1)$。在 y-x 图上为一条直线且与两操作线相交于一点。

此线在 y-x 图上的作法：q 线方程与对角线方程联解得交点 $e(x_F，x_F)$，过点 e 作斜率为 $q/(q-1)$ 的直线 ef，即为 q 线。q 线与精馏段操作线 ab 相交于点 d，连接 c、d 两点即得到提馏段操作线，如图 5-19 所示。

3. 操作线的绘制

精馏段操作线可以根据式（5-24）来确定，当 R、D 及 x_D 为定值时，该直线可通过一定点和直线斜率绘出，也可通过一定点和坐标轴上的截距绘出。

精馏段操作线绘制

定点的确定：当 $x_n=x_D$ 时，解出 $y_{n+1}=x_D$，即点 a（x_D，x_D），如图 5-19 所示的精馏段操作线 ab 为通过一定点及精馏段操作线斜率所绘，是精馏段操作线常用的绘制方法。

提馏段操作线根据式（5-26a）来确定。

当 L、F、W、x_W、q 为已知值，该直线也可通过一定点和直线斜率绘出，亦可通过定点和坐标轴上的截距绘出，或通过 q 线绘出。

q线绘制

定点的确定：当 $x'_m=x_W$ 时，解出 $y'_{m+1}=x_W$，即点 c（x_W，x_W）。

如图 5-19 所示的提馏段操作线 cd 为通过一定点及通过 q 线所绘，是常用的绘制方法。

提馏段操作线绘制

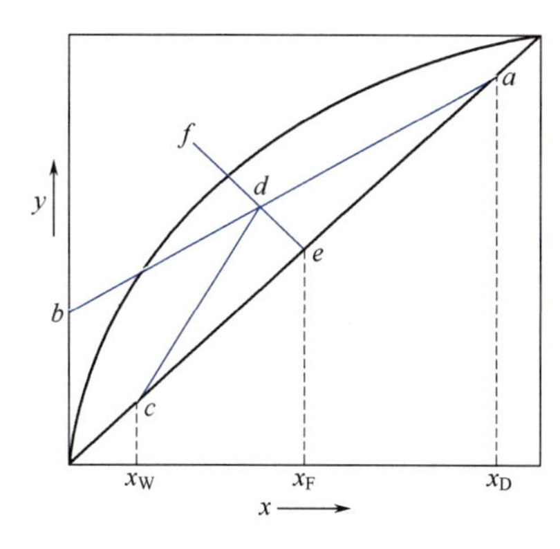

图5-19　操作线与q线

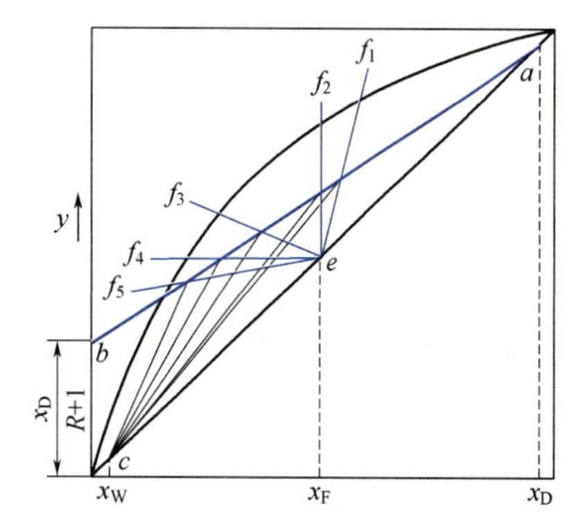

图5-20　进料热状况对q线及操作线的影响

4. 进料热状况对操作线影响

进料热状况不同，q 值便不同，q 线的位置也不同，故 q 线和精馏段操作线的交点随之而变，

从而提馏段操作线的位置也相应变动。当进料组成、回流比和分离要求一定时，五种不同进料热状况对 q 线及操作线的影响如图 5-20 所示。

不同进料热状况对 q 线的影响情况列于表 5-5 中。

q值范围和q线位置

表5-5　进料热状况对q线的影响

进料热状况	q 值	q 线的斜率 $q/(q-1)$	q 线的位置
冷液体	>1	+	ef_1（↗）
饱和液体	1	∞	ef_2（↑）
气、液混合物	$0<q<1$	—	ef_3（↖）
饱和蒸气	0	0	ef_4（←）
过热蒸气	<0	+	ef_5（↙）

【例 5-5】一常压操作的精馏塔，分离进料组成为 0.44（苯的摩尔分数）的苯 - 甲苯混合液，求在下述进料状况下的 q 值及 q 线斜率。已知在 p=101.33kPa 条件下，苯的汽化潜热为 390kJ/kg，甲苯汽化潜热为 360kJ/kg；在涉及的温度范围内，苯和甲苯液体的比热容为 1.84kJ/(kg·℃)，其蒸气的比热容为 1.25kJ/(kg·℃)。

① 气、液摩尔流量各占一半；

② 20℃的冷液体；

③ 180℃的过热蒸气。

解　① 根据 q 为进料液相分率的定义，可知 q=0.5；或

$$q=\frac{I_V-I_F}{I_V-I_L}=\frac{I_V-(I_V+I_L)/2}{I_V-I_L}=\frac{1}{2}=0.5$$

q 线斜率为 $q/(q-1)=0.5/(0.5-1)=-1$

② 由图 5-3 查得进料为 x_F=0.44 时的泡点温度为 93℃，露点温度为 100.5℃。

苯的摩尔质量为 78kg/mol，甲苯的摩尔质量为 92kg/mol。原料液的平均摩尔质量为

$$M_m=0.44\times78+0.56\times92=85.84\ (\text{kg/kmol})$$

$$I_L-I_F=1.84\times85.84\times(93-20)=11530\ (\text{kJ/kmol})$$

$$I_V-I_L=0.44\times390\times78+0.56\times360\times92=31932\ (\text{kJ/kmol})$$

故
$$q=\frac{I_V-I_F}{I_V-I_L}=\frac{(I_V-I_L)+(I_L-I_F)}{I_V-I_L}=1+\frac{I_L-I_F}{I_V-I_L}=1+\frac{11530}{31932}=1.36$$

q 线斜率为 $q/(q-1)=1.36/(1.36-1)=3.78$

③ 将进料的过热蒸气转化为饱和蒸气需移走的热量为

$$I_F-I_V=1.25\times85.84\times(180-100.5)=8530\ (\text{kJ/kmol})$$

因此
$$q=\frac{I_V-I_F}{I_V-I_L}=\frac{-8530}{31932}=-0.267$$

q线斜率为
$$q/(q-1)=-0.267/(-0.267-1)=0.21$$

5.6 理论塔板数的计算

四、塔板数的计算

1. 理论塔板数的计算

对双组分连续精馏塔，理论板数的计算需要交替地利用相平衡方程和操作线方程，常采用逐板计算法和图解法。

（1）逐板计算法　计算中常假设塔顶采用全凝器；回流液在泡点状态下回流入塔；再沸器采用间接蒸汽加热。如图5-21所示，因塔顶采用全凝器，即

$$y_1 = x_D$$

由于离开每层理论板气、液组成互成平衡，因此 x_1 可利用气 - 液相平衡方程求得，即

$$x_1 = \frac{y_1}{\alpha - (\alpha - 1)y_1}$$

从第 2 层塔板上升蒸气组成 y_2 与 x_1 符合精馏段操作线关系，即

$$y_2 = \frac{R}{R+1}x_1 + \frac{x_D}{R+1}$$

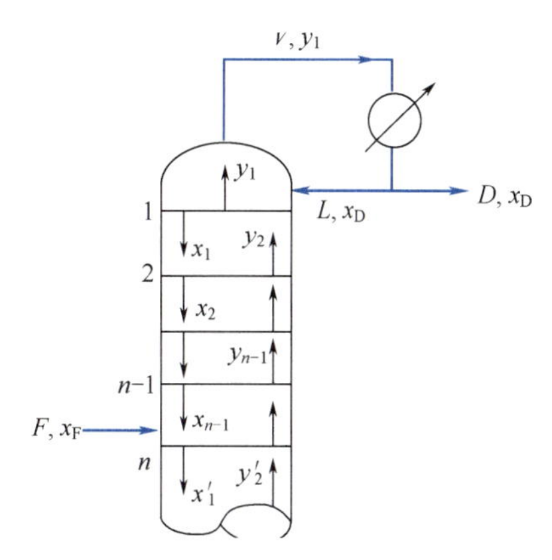

图5-21　逐板计算法示意图

同理，与 y_2 成平衡的 x_2 由相平衡方程求取，而 y_3 与 x_2 符合精馏段操作线关系。如此交替使用相平衡方程和精馏段操作线方程重复计算，直至计算到 $x_n \leqslant x_F$（仅指饱和液体进料情况）时，表示第 n 层理论板是进料板（属于提馏段的塔板），此后，可改用提馏段操作线方程和相平衡方程，求提馏段理论板数，直至计算到 $x'_m \leqslant x_W$ 为止。在计算过程中使用了 N 次相平衡方程即为求得的理论板数 N（包括再沸器在内）。

特别提示：

① 精馏段所需理论板数为 $n-1$ 块，提馏段所需的理论板数为 $m-1$（不包括再沸器），精馏塔所需的理论板数为 $n+m-2$（不包括再沸器）。

② 若为其他进料热状况，应计算到 $x_n \leqslant x_q$（x_q 为两操作线交点下的液相组成）。

利用逐板计算法求所需理论板数较准确，但计算过程烦琐，特别是理论板数较多时更为突出。若采用计算机计算，既方便快捷，又可提高精确度。

【例 5-6】 某苯与甲苯混合物中含苯的摩尔分数为 0.4，流量为 100kmol/h，拟采用精馏操作，在常压下加以分离，要求塔顶产品苯的摩尔分数为 0.9，苯的回收率不低于 90%，原料预热至泡点加入塔内，塔顶设有全凝器，液体在泡点下进行回流，回流比为 1.875。已知在操作条件下，物系的相对挥发度为 2.47，试采用逐板计算法求理论塔板数。

解　由苯的回收率可求出塔顶产品的流量为

$$D = \frac{\eta_D F x_F}{x_D} = \frac{0.9 \times 100 \times 0.4}{0.9} = 40\text{（kmol/h）}$$

由物料衡算式可得塔底产品的流量与组成为

$$W = F - D = 100 - 40 = 60\text{（kmol/h）}$$

$$x_W = \frac{F x_F - D x_D}{W} = \frac{100 \times 0.4 - 40 \times 0.9}{60} = 0.0667$$

相平衡方程式

$$y = \frac{\alpha x}{1 + (\alpha - 1)x}$$

$$x = \frac{y}{\alpha - (\alpha - 1)y} = \frac{y}{2.47 - 1.47y}$$

精馏段操作线方程

$$y = \frac{R}{R+1}x + \frac{x_D}{R+1} = \frac{1.875}{1.875+1}x + \frac{0.9}{1.875+1} = 0.652x + 0.313$$

提馏段操作线方程

对于泡点进料，$q=1$，则 $L=RD$ 代入提馏段操作线方程式

$$y'=\frac{L+qF}{L+qF-W}x'-\frac{Wx_W}{L+qF-W}=\frac{RD+F}{RD+F-W}x'-\frac{Wx_W}{RD+F-W}$$

$$=\frac{1.875\times40+100}{1.875\times40+100-60}x'-\frac{60\times0.0667}{1.875\times40+40}$$

$$=1.522x'-0.0348$$

第一块板上升蒸气组成 y_1 为

$$y_1=x_D=0.9$$

第一块板下降的液体组成 x_1 为

$$x_1=\frac{0.9}{2.47-1.47\times0.9}=0.785$$

第二块上升的蒸气组成 y_2 由精馏段操作线方程求出

$$y_2=0.652\times0.785+0.313=0.825$$

交替使用相平衡方程和精馏段操作线方程可得

$x_2=0.656$　　$y_3=0.74$　　$x_3=0.536$　　$y_4=0.648$

$x_4=0.427$　　$y_5=0.58$　　$x_5=0.359$

因 $x_5<0.4$，所以原料由第五块板加入。下面计算要改用提馏段操作线方程代替精馏段操作线方程，即

$y_6=1.522\times0.359-0.0359=0.51$　　$x_6=0.296$

$y_7=0.415$　　$x_7=0.186$

$y_8=0.247$　　$x_8=0.117$

$y_9=0.142$　　$x_9=0.0629<0.0667$

因 $x_9<x_W$，故总理论板数为 9 块（包括再沸器），其中精馏段为 4 块，加料板为第 5 块。

（2）梯级图解法　图解法求理论板数的基本原理与逐板计算法基本相同，只不过由作图过程代替计算过程，由于作图误差，其准确性比逐板计算法稍差，但由于图解法求理论板数过程简单，故在双组分精馏塔的计算中运用很多。

N_T绘制方法

5.7 理论塔板数的绘制

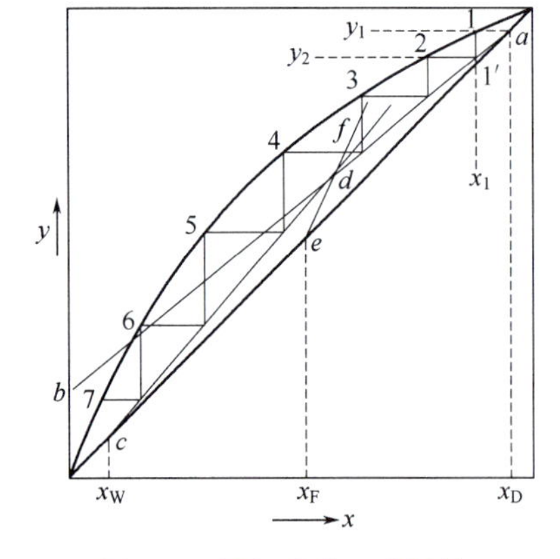

图5-22　图解法求理论板数

图解法的计算过程改在 x-y 图上图解进行。它的基本步骤可参照图 5-22，归纳如下。

① 在 x-y 坐标图上作出相平衡曲线和对角线。

② 在 x 轴上定出 $x=x_D$、x_F、x_W 的点，从三点分别作垂线交对角线于点 a、e、c。

③ 在 y 轴上定出 $y_b=x_D/(R+1)$ 的点 b，连 a、b 作精馏段操作线。或通过精馏段操作线的斜率 $R/(R+1)$ 绘精馏段操作线。

④ 由进料热状况求出斜率 $q/(q-1)$，通过点 e 作 q 线 ef。

⑤ 将 ab 和 ef 的交点 d 与 e 相连得提馏段操作线 cd。

⑥ 从 a 点开始，在精馏段操作线与平衡线之间作直角梯级，当梯级跨过两操作线交点 d 点时，则改在提馏段操作线与平衡线之间作直角梯级，直至梯级的垂线达到或跨过 c 点为止。数梯级的数目，可以分别得出精馏段和提馏段的理论板数，同时也确定了加料板的位置。

特别提示： *跨过两操作线交点d的梯级为适宜的进料位置。在图5-22中，梯级总数为7，第4级跨过d点，即第4级为加料板，故精馏段理论板数为3；因再沸器相当于一层理论板，故提馏段理论板数为3。全塔共有6层理论板（不包括再沸器）。*

【例 5-7】用一常压操作的连续精馏塔，分离含苯为 0.44（摩尔分数，以下同）的苯 - 甲苯混合液，要求塔顶产品中含苯 0.975 以上，塔底产品中含苯 0.0235 以下。操作回流比为 3.5。试用图解法求以下两种进料情况时的理论板数及加料板位置。

（1）原料液为20℃的冷液体。

（2）液相分率为1/3的气、液混合物。

已知数据如下：操作条件下苯的气化潜热为390kJ/kg；甲苯的汽化热为360kJ/kg。苯 - 甲苯混合液的气、液相平衡数据及 t-x-y 图见附图和图5-3。

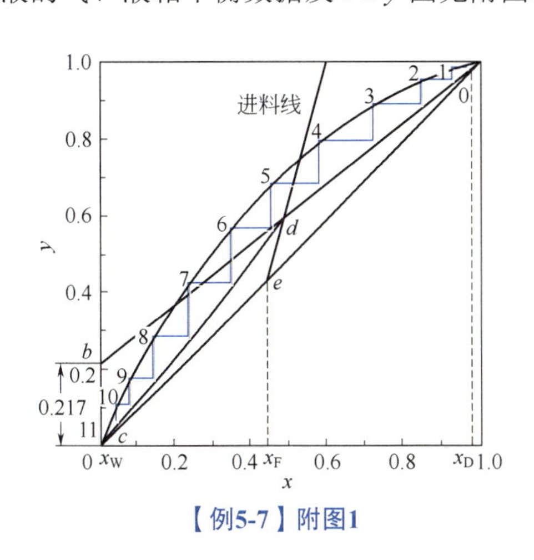

【例5-7】附图1

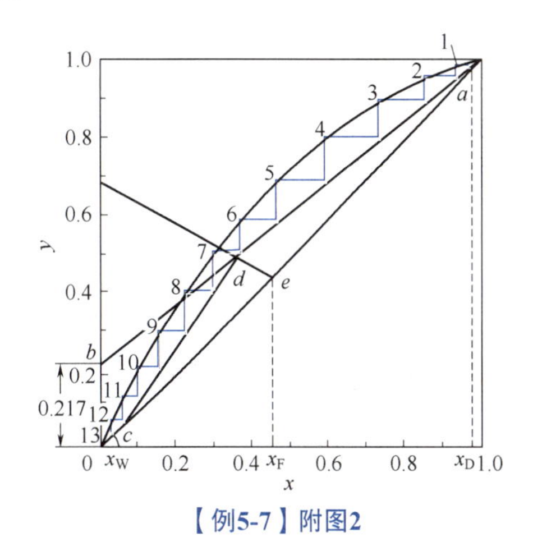

【例5-7】附图2

解　（1）温度为20℃的冷液体进料

① 利用平衡数据，在直角坐标图上绘相平衡曲线及对角线，如本例附图1所示。在图上定出点 a（x_D，x_D）、点 e（x_F，x_F）和点 c（x_W，x_W）三点。

② 精馏段操作线截距为 $x_D/(R+1)=0.975/(3.5+1)=0.217$，在 y 轴上定出点 b。连 ab，即得到精馏段操作线。

③ 根据【例5-5】知，$q=1.36$ 时，q 线斜率为3.78。再从点 e 作斜率为3.78的直线，即得 q 线。q 线与精馏段操作线交于点 d。

④ 连 cd，即为提馏段操作线。

⑤ 自点 a 开始在操作线和平衡线之间绘制直角梯级，图解得理论板数为11（包括再沸器），自塔顶往下数第五层为加料板，如本题附图1所示。

（2）气、液混合物进料

①、②与上述的①、②项相同，两项的结果如本题附图2所示。

③ 由 q 值定义知，$q=1/3$，故

q 线斜率为
$$\frac{q}{q-1}=\frac{1/3}{1/3-1}=-0.5$$

过点 e 作斜率为 -0.5 的直线，即得 q 线，q 线与精馏段操作线交于点 d。

④ 连 cd，即为提馏段操作线。

⑤ 按上法图解得理论板数为13（包括再沸器），自塔顶往下的第7层为加料板，如本题附图2所示。

由计算结果可知，对一定的分离任务和要求，若进料热状况不同，所需的理论板数和加料板的位置均不相同。冷液体进料较气、液混合进料所需的理论板层数为少。这是因为精馏段和提馏段内循环量增大的缘故，使分离程度增高或理论板数减少。

2. 实际塔板数的计算

理论板即离开该板的气液两相达到了气液平衡状态。但实际情况是除了塔釜的再沸器相当于一块理论板外，塔内其余各板，由于气液接触时间短暂以及接触面积有限等原因，使得离开塔板的气液两相很难达到气液平衡，即每一层塔板起不到一块理论板的作用。因此，在指定的条件下进行精馏操作所需的实际塔板数（N）较理论塔板数（N_T）为多，N_T 与 N 的比值称之为塔板效率 E_T。实际塔板数可用下式计算：

E_T求法

$$N=\frac{N_T}{E_T} \tag{5-35}$$

式中　E_T——全塔效率；

N_T——理论板数（不包括再沸器）；

N——实际板数。

塔板效率 E_T 的高低与待分离物料的组成和物性以及塔板结构和类型有关。一般在实际工作中，塔板效率由实验测定，在缺乏实验数据时也可以选择某些经验公式进行计算。用求出的理论塔板数除以塔板效率即得要求的实际塔板数。

特别提示： 理论塔板数可以是整数也可以不是整数，但实际塔板数必须是整数，当求出的不是整数时必须进行圆整。

五、适宜回流比的选择

在前面的分析和计算中，回流比是作为给定值。而在实际精馏过程中，回流比是保证精馏过程能连续定态操作的基本条件，是精馏过程的重要变量，它的大小直接影响精馏的操作费用和投资费用，对一个产品的质量和产量也有重大影响，而且是一个便于调节的参数。

1. 全回流操作

若精馏塔塔顶上升蒸气经全凝器冷凝后，冷凝液全部回流至塔内，此种回流方式称为全回流操作。

在全回流操作下，原料量 F、塔顶产品 D、塔底产品 W 皆为零。

全回流操作的含义

全回流时回流比为　$R=\dfrac{L}{D}=\infty$

精馏段操作线斜率为　$\dfrac{R}{R+1}=1$

在 y 轴上的截距为　$\dfrac{x_D}{R+1}=0$

全回流时的操作线方程式为

$$y_{n+1}=x_n \tag{5-36}$$

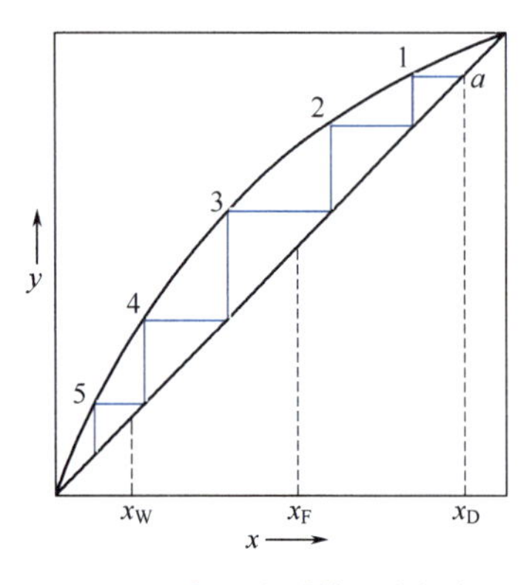

图5-23　全回流时的理论板数

特别提示： 全回流时精馏段和提馏段操作线与对角线重合，无精馏段和提馏段之分，如图5-23所示，显然操作线和平衡线之间的距离最远，说明塔内气、液两相间的传质推动力最大，对完成同样的分离任务，所需的理论板数为最少，以 N_{min} 表示。

N_{min} 的确定可在 x-y 图上画直角梯级，根据平衡线与操作线之间的梯级数即得。

全回流时的理论板数除可用如前介绍的逐板计算法和图解法外，还可用芬斯克方程计算，即

若用x_F代替x_W芬斯克方程含义

$$N_{min}=\frac{\lg\left(\dfrac{x_D}{1-x_D}\right)\left(\dfrac{1-x_W}{x_W}\right)}{\lg\alpha_m}-1 \tag{5-37}$$

式中　N_{min}——全回流时的最少理论板数（不包括再沸器）；

α_m——全塔平均相对挥发度。

特别提示： 全回流是回流比的操作上限，在正常精馏过程中是不采用的，只是在精馏塔的开工阶段和对精馏塔性能研究的实验过程中才使用。有时操作过程出现异常时，也可以临时改为全回流以便稳定操作，便于进行问题分析和过程的调节、控制，待操作稳定后，慢慢调整到正常回流比操作。

2. 最小回流比的确定

当回流从全回流逐渐减少时，精馏段的操作线的截距随之逐渐增大，操作线的位置逐渐向平衡线靠近，为了达到规定的分离任务所需的理论板数也逐渐增多，特别是回流比减少到两段操作线的交点逼近平衡线时，理论板的层数的增加就更为明显。而当回流比减少到使两操作线交点正好落在平衡线上时，如图 5-24（a）所示，这时所需的塔板数为无穷多，相应的回流比称为最小回流比，以 R_{min} 表示。

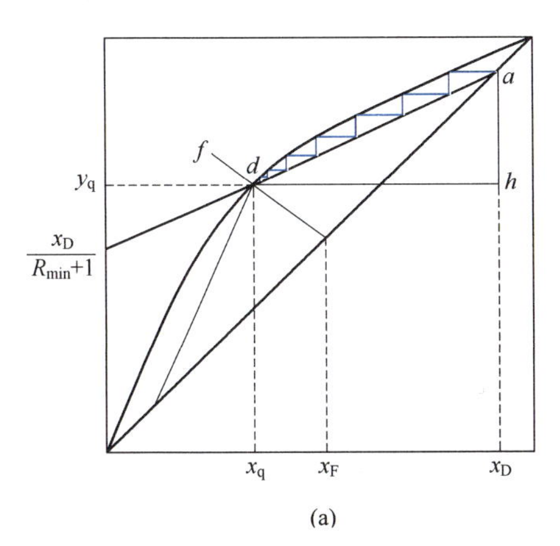

(a)

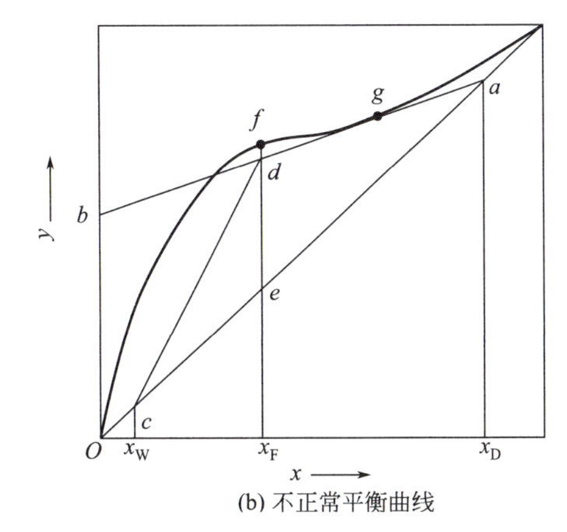

(b) 不正常平衡曲线

图5-24　最小回流比的确定

如果回流再小，精馏段的操作线与进料状态线的交点就会落在平衡线的以上区域，显然，此时精馏操作是无法进行的。反之，当回流比比最小回流比稍大一点，精馏操作就成为可能。

最小回流比可由进料状况、x_F、x_D 及相平衡关系确定，常利用作图法求得。见图 5-24，当精馏段操作线与 q 线相交于相平衡线上点 d 时，此时精馏段操作线的斜率为

$$\frac{R_{min}}{R_{min}+1}=\frac{x_D-y_q}{x_D-x_q} \tag{5-38}$$

整理上式得

$$R_{min}=\frac{x_D-y_q}{y_q-x_q} \tag{5-38a}$$

式中，x_q、y_q 为 q 线与平衡线交点 d 的坐标，可在图中读得，也可由 q 线方程与相平衡方程联立确定。

若对于某些特殊的相平衡曲线，如乙醇 - 水物系，直线 ad 可能已穿过平衡线，如图 5-24（b）所示，这时应从 a 点作平衡曲线的切线来决定 R_{min}。

3. 适宜回流比的选择

根据上述讨论可知，对于一定的分离任务，全回流时所需的理论塔板数最少，但得不到产品，实际生产不能采用。而在最小回流比下进行操作，所需的理论塔板数又无穷多，生产中亦不可采用。因此，实际的回流比应在全回流和最小回流比之间。适宜的回流比是指操作费用和投资费用之和为最低时的回流比。

精馏的操作费用包括冷凝器冷却介质和再沸器加热介质的消耗量及动力消耗的费用等，而

适宜R选择原则

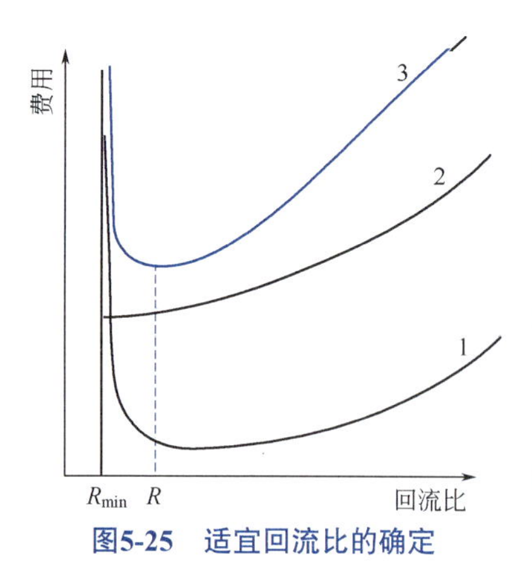

图5-25 适宜回流比的确定

这两项取决于塔内上升的蒸气量。当回流比增大时，根据 $V=(R+1)D$、$V'=V+(q-1)F$，这些费用将显著地增加，操作费和回流比的大致关系如图5-25中曲线2所示。

设备折旧费主要指精馏塔、再沸器、冷凝器等费用。如设备类型和材料已选定，此项费用主要取决于设备尺寸。当 $R=R_{min}$ 时，塔板数为无穷多，相应的设备费亦为无限大；当 R 稍稍增大，N 即从无限大急剧减少；R 继续增大，塔板数仍可减少，但速度缓慢；再继续增大 R，由于塔内上升蒸气量增加，使得塔径、再沸器、冷凝器等的尺寸相应增大，导致设备费有所上升。设备费和回流比的大致关系如图5-25中曲线1所示。

总费用（操作费用和设备费用之和）和 R 的大致关系如图5-25中曲线3所示。其最低点所对应的回流比为最适宜回流比。

在精馏设计计算中，一般不进行经济核算，操作回流比常采用经验值。根据生产数据统计，适宜回流比的数值范围一般取为

$$R=(1.1\sim2.0)R_{min}$$

应予指出，在精馏操作中，回流比是重要的调控参数，R 值的选择与产品质量及生产能力密切相关。

【例5-8】 在常压连续精馏塔中分离苯-甲苯混合液。原料液含苯为0.44（摩尔分数，下同），馏出液含苯为0.98，釜残液含甲苯为0.976。操作条件下物系的平均相对挥发度为2.47。试求饱和液体进料和饱和蒸气进料时的最小回流比。

解 ① 饱和液体进料。

$$x_q=x_F=0.44$$

$$y_q=\frac{\alpha x_q}{1+(\alpha-1)x_q}=\frac{2.47\times0.44}{1+(2.47-1)\times0.44}=0.66$$

故

$$R_{min}=\frac{x_D-y_q}{y_q-x_q}=\frac{0.98-0.66}{0.66-0.44}=1.45$$

② 饱和蒸气进料。

$$y_q=x_F=0.44$$

$$x_q=\frac{y_q}{\alpha-(\alpha-1)y_q}=\frac{0.44}{2.47-(2.47-1)\times0.44}=0.24$$

故

$$R_{min}=\frac{x_D-y_q}{y_q-x_q}=\frac{0.98-0.44}{0.44-0.24}=2.7$$

由计算结果可知，不同进料热状况下，R_{min} 值是不同的。

5.8 蒸馏设备及其操作

任务四

蒸馏设备及其选择

一、板式塔的结构及气液传质过程分析

工业上常用的蒸馏设备通常称为塔设备，包括板式塔和填料塔，这里重点介绍板式塔。

1. 板式塔的结构

板式塔是一种应用极为广泛的气、液传质设备，它的外形为一个呈圆柱形的壳体，内部按一定间距设置若干的塔板（或称塔盘）和溢流装置。

现以如图 5-26 所示筛板塔为例说明板式塔的结构和功能。塔板上设有溢流堰和降液管。溢流堰的作用是使板上维持一定深度的液层，降液管是板上液体流至下一层塔板的液体通道。

液体从筛板塔上一层板经降液管流到板面，气体从下层板经筛孔进入板面，穿过液层鼓泡而出，离开液面时带出一些小液滴，一部分可能随气流进到上一层板，称为雾（液）沫夹带。严重的雾沫夹带将导致板效率下降。

出气
回流
进料
进气
出料

图5-26　板式塔结构简图

1—塔壳；2—塔板；3—出口溢流堰；4—受液盘；5—降液管

5.9 板式塔结构

2. 板式塔的传质过程分析

如图 5-27 所示，以筛板塔为例。板式塔正常工作时，塔内液体依靠重力作用，由上层塔板的降液管流到下层塔板的受液盘，并在各块板面上形成流动的液层，然后从另一侧的降液管流至下一层塔板。气体则靠压强差推动，由塔底向上依次穿过各塔板上的液层而流向塔顶。在每块塔板上由于设置有溢流堰，使板上保持一定厚度的液层，气体穿过板上液层时，两相接触进行传热和传质。塔内气、液两相的组成沿塔高呈阶梯式变化。

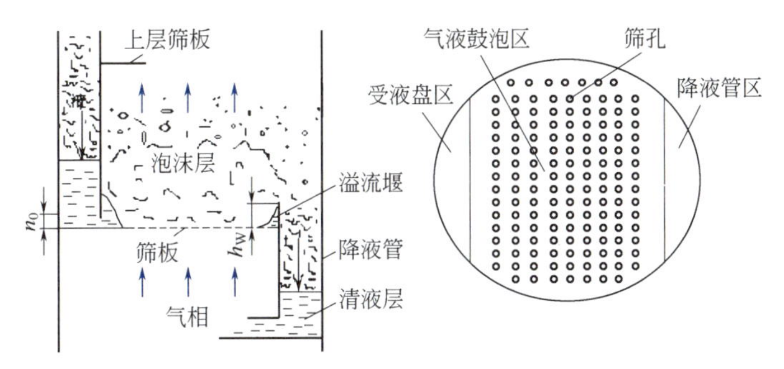

图5-27　筛板塔的操作状况及工作区

5.10 板式塔操作状态

为有效地实现气、液两相之间的传质，板式塔应具有以下两方面的功能：

① 每块塔板上气、液两相必须保持充分的接触，为传质过程提供足够大而且不断更新的相际接触表面，减小传质阻力；

② 气、液两相在塔内应尽可能呈逆流流动，以提供最大的传质推动力。

3. 气液传质方式

按照塔板上气、液两相的流动方式，可将塔板分为错流塔板与逆流塔板两类。

错流塔板是气体自下而上垂直穿过液层，液体在塔板上横向流过，经降液管流至下层塔板。降液管的设置方式及溢流堰高可以控制板上液体流径与液层厚度，以期获得较高的效率。但是降液管占去一部分塔板面积，影响塔的生产能力；而且，流体横过塔板时要克服各种阻力，因而使板上液层出现位差，此位差称为液面落差。液面落差大时，能引起板上气体分布不均，降低塔板分离效率。错流塔板广泛用于蒸馏、吸收等传质操作中。

逆流塔板亦称穿流板，塔板间没有可供液体流下的降液管，气、液两相同时由板上孔道逆向穿流而过。多孔板、穿流栅孔塔板等都属于逆流塔板。这种塔板结构虽简单，板面利用率也高，但需要较高的气速才能维持板上液层，操作弹性较小，分离效率也低，工业上应用较少。

塔板上气、液两相的接触状态是决定两相流体力学、传质和传热规律的重要因素。如图 5-28 所示，当液体流量一定时，随着气速的增加，可以出现四种不同的接触状态。

塔板上气液接触常采用的状态

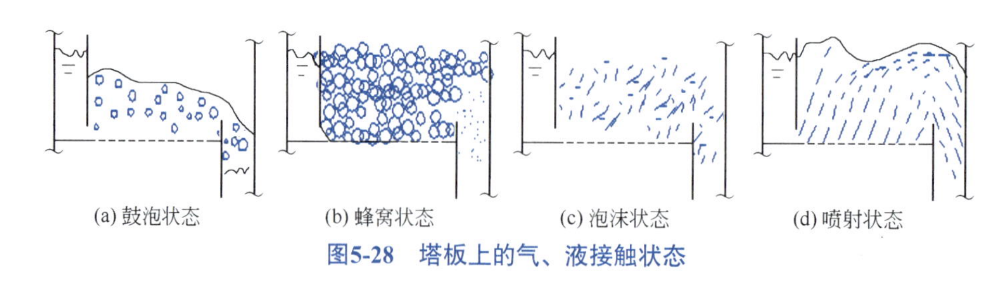

图5-28　塔板上的气、液接触状态

（1）鼓泡接触状态　当气速较低时，塔板上有明显的清液层，气体以鼓泡形式通过液层，两相在气泡表面进行传质。由于气泡的数量不多，气泡表面的湍动程度也较低，故传质阻力较大，传质效率很低。

（2）蜂窝接触状态　随着气速的增加，气泡的数量不断增加。当气泡的形成速度大于气泡的浮升速度时，气泡在液层中累积。气泡之间相互碰撞，形成各种多面体的大气泡，板上为以气体为主的气、液混合物。由于气泡不易破裂，表面得不到更新，所以此种状态不利于传热和传质。

（3）泡沫接触状态　当气速继续增加，气泡数量急剧增多，气泡不断发生碰撞和破裂，此时板上液体大部分以液膜的形式存在于气泡之间，形成一些直径较小，扰动十分剧烈的动态泡沫，在板上只能看到较薄的一层液体。由于泡沫接触状态的表面积大，并不断更新，为两相传热与传质提供了良好的条件，是一种较好的接触状态。

（4）喷射接触状态　当气速很大时，由于气体动能很大，把板上的液体破碎成许多大大小小的液滴并被抛到塔板上方的空间，当液滴受重力作用回落到塔板上，又再次被破碎、抛出，从而使液体以不断更新的液滴形态分散在气相中，气液两相在液滴表面进行传质。由于液滴回到塔板上又被分散，这种液滴的反复形成和聚集，使传质面积大大增加，而且表面不断更新，有利于传质与传热进行，也是一种较好的接触状态。

特别提示： 泡沫接触状态和喷射状态均是优良的塔板接触状态。因喷射接触状态的气速高于泡沫接触状态，故喷射接触状态有较大的生产能力，但喷射状态液沫夹带较多，若控制不好，会破坏传质过程，所以多数板式塔均控制在泡沫接触状态下工作。

二、工业上常用的板式塔

1. 泡罩塔

泡罩塔是一种很早就在工业上应用的塔设备，塔板上的主要部件是泡罩，如图 5-29 所示。它有一个钟形的罩，支在塔板上，沿周边开有长条形或圆形小孔，或做成齿缝状，与板面保持一定的距离。罩内设有供蒸气通过的升气管，升气管与泡罩之间形成环形通道。操作时，气体沿升气管上升，经升气管与泡罩间的环隙，通过齿缝被分散成许多细小的气泡，气泡穿过液层使之成为泡沫层，以加大两相间的接触面积。液体由上层塔板降液管流到该层塔板的一侧，横过板上的泡罩后，开始分离所夹带的气泡，再越过溢流堰进入另一侧降液管，在管中气、液两相进一步分离，分离出的蒸气返回塔板上方，液体流到下层塔板。

5.11 泡罩塔结构

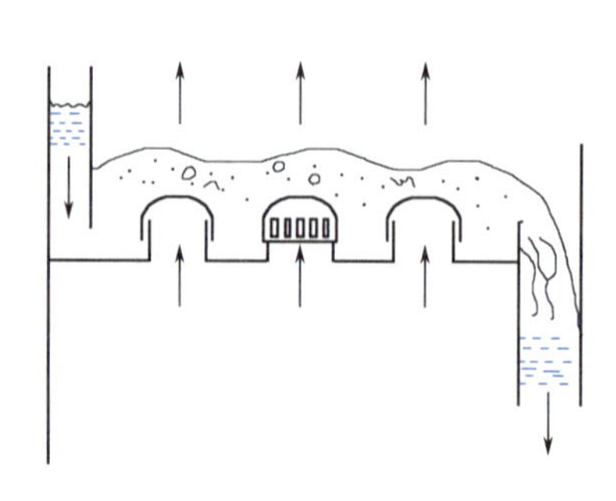

图5-29　泡罩塔板

泡罩的制造材料有：碳钢、不锈钢、合金钢、铜、铝等，特殊情况下亦可用陶瓷以便防腐蚀。

泡罩塔的优点是不易发生漏液现象；操作弹性较大，塔板不易堵塞；对各种物料的适应性强。缺点是结构复杂，材料耗量大，板上液层厚，塔板压降大，生产能力及板效率较低。泡罩塔已逐渐被筛板、浮阀塔所取代，在新建塔设备中已很少采用。

2. 筛板塔

筛孔塔板简称筛板，其结构如图 5-30 所示。塔板上开有许多均匀的小孔（筛孔），孔径一般为 3～8mm，以 4～5mm 较常用。筛孔在塔板上为正三角形排列。塔板上设置溢流堰，使板上能保持一定厚度的液层。液体流程与泡罩塔相同，蒸气通过筛孔将板上液体吹成泡沫层。筛板上没有突起的气、液接触组件，因此板上液面落差很小，一般可以忽略不计，只有在塔径较大或液体流量较高时才考虑液面落差的影响。

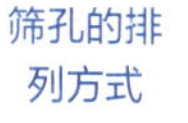

5.12 筛板塔结构

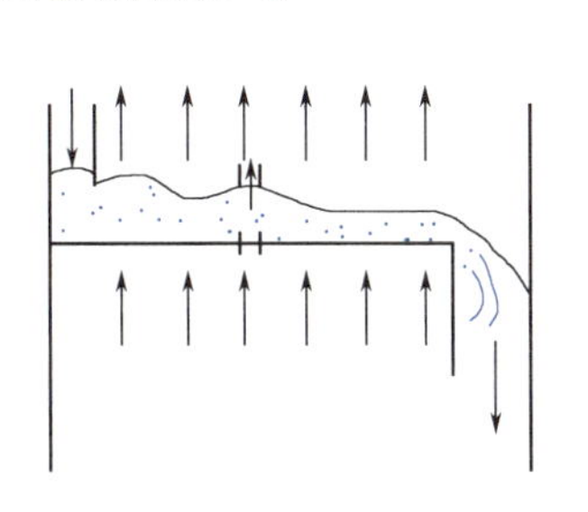

图5-30　筛板

操作时，气体经筛孔分散成小股气流，鼓泡通过液层，气、液两相间密切接触而进行传热和传质。在正常的操作条件下，通过筛孔上升的气流，应能阻止液体经筛孔向下泄漏。

筛板多用不锈钢或合金钢板制成，使用碳钢者较少。

筛板塔的优点是结构简单，金属耗量低，造价低，板上液面落差小，气体压降低，生产能力比泡罩塔高 10%～15%，板效率亦高 10%～15%，而板压力降则低 30% 左右。其缺点是操作弹性小，易发生漏液；筛孔易堵塞，不适宜处理易结焦、黏度大的物料。

3. 浮阀塔

浮阀塔是 20 世纪 50 年代开发的一种较好的塔型。浮阀塔板的结构是在塔板上开有若干个阀孔，每个阀孔装有一个可在一定范围内自由活动的阀片，称为浮阀。浮阀形式很多，常用的有如图 5-31 所示的 F1 型浮阀、条形浮阀、双流喷射型浮阀等。

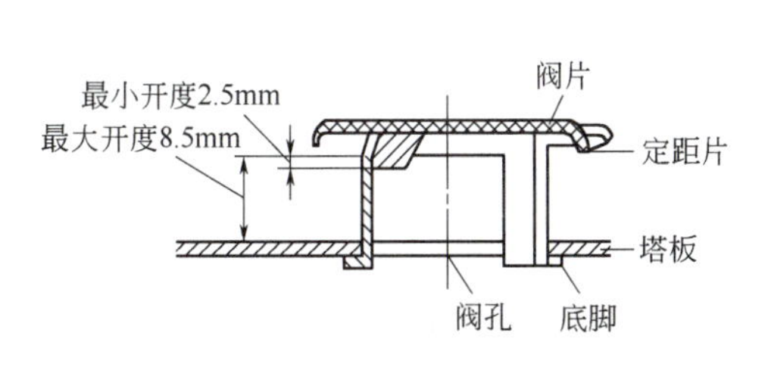

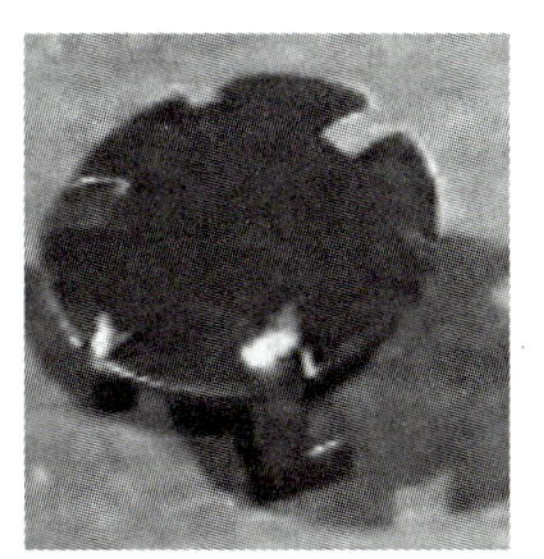

(a) F1型浮阀

(b) 条形浮阀

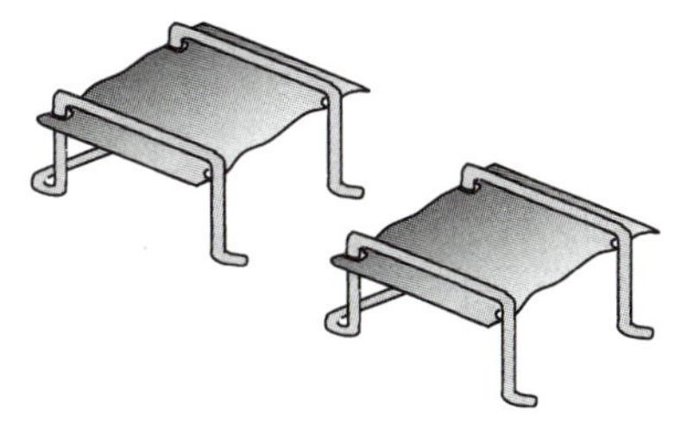

(c) 方形浮阀

图5-31　浮阀的主要形式

5.13 浮阀塔板操作状态

阀片下有三条带脚钩的阀腿，插入阀孔后将阀腿底脚钩拨转 90°，以限制阀片升起的最大高度，并防止阀片被气体吹走。阀片周边冲出几个略向下弯的定距片，当气速很低时，由于定距片的作用，阀片与塔板呈点接触而坐落在阀孔上，仍与板面保持约 2.5mm 的距离，可防止阀片与板面的黏结。浮阀的标准重量有两种，轻阀重约 25g，重阀 33g。一般情况下用重阀，只在处理量大并且要求压强很低的系统（如减压塔）中才用轻阀。

操作时，气、液两相流程和前面介绍的泡罩塔一样，气流经阀孔上升顶开阀片，穿过环形缝隙，再以水平方向吹入液层形成泡沫。浮阀开度随气量而变，在低气量时，开度较小，气体仍能以足够的气速通过缝隙，避免过多的漏液；在高气量时，阀片自动浮起，开度增大，使气速不致过大。因此获得较广泛的应用。

浮阀塔的优点：生产能力大，比泡罩塔板大 20%～40%，与筛板相近；操作弹性大，塔板效率高，气体压强降与液体液面落差较小；造价低，为相同生产能力泡罩塔的 60%～80%，为筛板塔的 120%～130%。缺点是对浮阀材料的抗腐蚀性要求高，一般采用不锈钢制造。

三、板式塔的选择

板式塔是化工、石油生产中最重要的传质设备之一，它可使气液或液液两相之间进行紧密接触，达到相际传热和传质的目的。在塔内可完成精馏、吸收与解吸和萃取等单元操作。板式塔的类型很多，性能各异，这里仅介绍板式塔一般的选用要求和原则。

1. 板式塔选择的一般要求

① 操作稳定，操作弹性大。当气、液负荷在较大范围内变动时，要求塔仍能在较高的传质传热效率下进行操作，并能保证长期操作所必须具有的可靠性。

② 流体流动的阻力小，即流体流经塔设备的压力降小。这将大大节省动力消耗，从而降低操作费用。对于减压精馏操作，过大的压力降会使整个系统无法维持必要的真空度，最终破坏操作。

③ 结构简单，材料耗用量小，制造和安装容易。

④ 耐腐蚀，不易堵塞，操作、调节和检修方便。

⑤ 塔内的流体滞留量小。

实际上，任何塔型都难以满足上述所有要求，不同的塔型各有某些独特的优点，选型时应根据物系的性质和具体要求，抓住主要方面进行选用。

2. 板式塔选择的原则

塔型的合理选择是做好板式塔设计的首要环节。选择时，除考虑不同结构的塔性能不同外，还应考虑物料性质、操作条件以及塔的制造、安装、运转和维修等因素。

（1）物性因素　易起泡物料易引起液泛；腐蚀性的介质宜选用结构简单、造价便宜的筛板塔盘、穿流式塔盘或舌形塔盘便于及时更换；热敏性的物料需减压操作，宜选用压力降较小的筛板塔、浮阀塔；含有悬浮物的物料，应选择液流通道较大的塔型，如浮阀塔、栅板塔、舌形塔和孔径较大的筛板塔。

（2）操作条件　液体负荷较大的宜选用气液并流的塔形，如喷射型塔盘、筛板和浮阀；塔的生产能力以筛板塔最大，浮阀塔次之，泡罩塔最小；操作弹性，以浮阀塔为最大，泡罩塔次之，筛板塔最小；对于真空塔或塔压降要求较低的场合，宜选用筛板塔，其次是浮阀塔。

（3）其他因素　当被分离物系及分离要求一定时，宜选用造价最低的筛板塔，泡罩塔的价格最高；从塔板效率考虑，浮阀塔、筛板塔相当，泡罩塔最低。

任务五

板式精馏塔的操作与控制

从精馏原理可知，精馏操作是同时进行传质与传热的过程。要保持精馏操作的稳定必须维持精馏塔的物料平衡和热量平衡。凡是影响物料和热量平衡的因素，如塔的温度和压力、进料状态、进料量、进料组分、进料温度、塔内上升蒸气速度和蒸发釜的加热量、回流量、塔顶冷剂量、采出量等发生变化，都会不同程度地影响精馏塔的操作。无论哪种因素变化，其结果都是塔内气、液两相负荷的改变，进而改变了精馏操作。

一、气-液相负荷对精馏操作的影响

1. 气相负荷的影响

(1) 雾沫夹带现象　气流通过每层塔板时，必然穿过塔板上的液层才能继续上升。气流离开液层时，往往会带出一部分小液滴，小液滴随气流进入上一层塔板的现象称为雾沫夹带。

板式塔不正常的操作现象

雾沫夹带与气相负荷的大小有关，气相负荷越大，雾沫夹带越严重。过量雾沫夹带使各层塔板的分离效果变差，塔板效率降低，操作不稳定。为了保持精馏塔的正常操作，一般控制雾沫夹带量在 0.1kg 液体 /kg 气体下操作。影响雾沫夹带的主要因素是操作的气速和塔板的间距。

(2) 漏液和干板现象　当塔内气速降低时，雾沫夹带减少了。当气相负荷过低时气速也过低，气流不足以托住塔板上的液流，使塔板上的液体漏到下一层塔板的现象称为漏液。

5.14 板式塔漏液状态

气相负荷越小，漏液越严重，随着漏液的增大，塔板上不能形成足够的液层高度，最后将液体全部漏光的现象称为干板现象。

显然，气相负荷过小，精馏操作也不会稳定。实际操作中，为了保持精馏塔的正常操作，漏液量应小于液体流量的 10%，此时的气速是精馏塔操作气速的下限，称为漏液速度，塔的操作气速应控制在漏液速度以上。

2. 液相负荷的影响

液相负荷过大或过小时，精馏塔也不能正常操作。液相负荷过小，塔板上不能建立足够高的液层，气、液两相接触时间短，传质效果变差；液相负荷过大，降液管的截面积有限，液体流不下去，使塔板上液层增高，气体阻力加大，延长了液体在塔板上的停留时间，使再沸器负荷增加。

3. “液泛”的影响

当气量或液量增大到使降液管内液面升至顶部时，塔板上液体不能顺利流下，使两板间充满液体，不能进行正常操作，这种现象称为“液泛”，也称为淹塔。影响液泛的主要因素是气液两相的流量和塔板的间距。

4. 塔板的负荷性能图及其应用

(1) 塔板的负荷性能图　当物性及塔板结构已定时，维持塔正常运行的操作参数即气、液负荷范围用图的形式表示出来，称为负荷性能图，如图5-32所示。

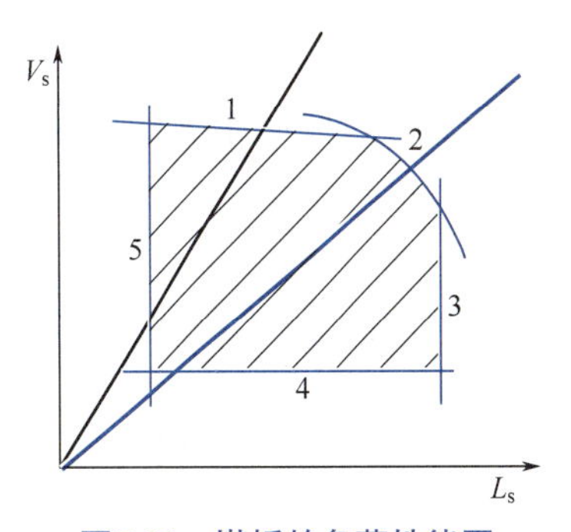

图5-32　塔板的负荷性能图

负荷性能图由五条线组成，分别为液沫夹带线 1、液泛线 2、液相负荷上限线 3、漏液线 4 和液相负荷下限线 5。上述各线所包围的区域为塔板正常操作范围。在此范围内，气液两相流量的变化对板效率影响不大。塔板的设计点和操作点都必须位于上述范围内，方能获得较高的板效率。

特别提示：板型不同，负荷性能图中的各极限线也有所不同；即使是同一板型由于设计不同，线的相对位置也会不同。

操作弹性

上、下限操作极限的气体流量之比称为塔的操作弹性，操作弹性越大，说明该塔的操作范围大，特别适用于生产能力变化较大的生产过程。

（2）负荷性能图应用　塔板负荷性能图描述了精馏塔的液泛、漏液、干板、雾沫夹带现象与气液相负荷之间的关系，对精馏塔的设计操作、技术改造都有重要作用。

一座精馏塔建好后塔板负荷性能图就基本确定了，无论操作条件如何改变，都要求在5条线围成的区间内操作，否则不可能正常运行。要运行得经济、稳定，就需要操作点在操作区的中部，离5条线越远越好。

二、板式精馏塔的操作

精馏塔开停车操作是生产中十分重要的环节，目标是缩短开车时间，节省费用，避免可能发生的事故，尽快取得合格产品。

1. 板式精馏塔开车的一般步骤

① 制定出合理的开车步骤、时间表和必需的预防措施；准备好必要的原材料和水、电、汽供应；配备好人员编制，并完成相应的培训工作等。

② 塔结构必须符合设计要求；塔中整洁、无固体杂物、无堵塞，并清除了一切不应存在的物质；塔中含氧量和水分含量必须符合规定；机泵和仪表调试正常；安全措施到位。

③ 对塔进行加压和减压，达到正常操作压力。

④ 对塔进行加热和冷却，使其接近操作温度。

⑤ 向塔中加入原料。

⑥ 开启塔顶冷凝器、再沸器和各种加热器的热源及各种冷却器的冷源。

⑦ 对塔的操作条件和参数逐步调整，使塔的负荷、产品质量逐步又尽快地达到正常操作值，转入正常操作。

由于各精馏塔处理的物系性质，操作条件的差异，必须重视具体塔的特点，确定开车步骤。

2. 板式精馏塔停车步骤

① 制订一个降负荷计划，逐步降低塔的负荷，相应地减少加热剂和冷却剂用量，直至完全停止。如果塔中有直接蒸汽，为避免塔板漏液，多产合格产品，降量时可适当增加直接蒸汽量。

② 停止加料。

③ 排放塔中存液。

④ 实施塔的降压或升压，降温或升温，用惰性气清扫或冲洗等，使塔接近常温或常压，打开人孔通大气，为检修做好准备。

3. 板式精馏塔的正常操作

板式精馏塔正常操作时，气体穿过塔板上的孔道上升，液体则错流经过板面，越过溢流堰进入降液管到下一层塔板。在刚开车时，蒸气则倾向于通过降液管和塔板上蒸气孔道上升，液体趋向于经塔上孔道泄漏，而不是横流过塔板进入降液管。只有当汽液两相流率适当，在降液管中建立起液封时才逐渐变成正常流动状况。建立液封的条件如下。

① 气体通过塔板上孔道的流速需足够大，能阻止液体从孔道中泄漏，使液体横流过塔板，越过溢流堰到达降液管。

② 气体一开始流经降液管的气速需足够小，使液体越过溢流堰后能降落并通过降液管。

③ 降液管必须被液体封住，即降液管中液层高度必需大于降液管的底隙高度。

4. 全回流操作及应用

全回流操作在精馏塔开车中常被采用，在短期停料时往往也用全回流操作来保持塔的良好操作状况，全回流操作还是脱除塔中水分的一种方法。全回流开车一般既简单又有效，因为塔不受上游设备操作干扰，有比较充裕的时间对塔的操作进行调整，全回流下塔中容易建立起浓度分布，达到产品组成的规定值，并能节省料液用量和减少不合格产品量。全回流操作时可应用料液，也可用合格的或不合格的产品，这用塔中建立的状况与正常操作时的较接近，一旦正式加料运转，容易调整得到合格产品。

全回流的工业应用

对回流比大的高纯度塔，全回流开车有很大吸引力。如乙烯精馏塔和丙烯精馏塔开车常采用全回流开车，因为这类塔从开车到操作稳定需较长时间，全回流时塔中状况与操作状况比较接近。对于回流比小或很易开车的塔，则无需采取全回流开车办法。

全回流操作开车对于下属两种情况不合适，或需采取一些措施。

① 物料在较长时期全回流操作中，特别是在塔釜较高温度区内可能发生不希望的反应。

② 物料中含有微量危险物质，如丁二烯精馏塔中的微量乙烯基乙炔，丙烯精馏塔中的微量丙二烯和甲基乙炔。它们在正常操作中不会引出麻烦，但在长期全回流操作中遇到塔顶馏出物管线的阀门渗漏时，这些有害物质随时间的延长在塔中逐渐达到浓集，从而导致爆炸或其他事故。

三、板式精馏塔的操作控制

精馏塔一般控制参数有塔（顶）压力、塔压差、塔顶温度、回流比、回流温度、塔釜温度、进料温度、进料量、进料组成、塔釜液位、回流罐液位等。控制目标是塔顶、塔釜馏分符合规定要求。

1. 操作压力

精馏塔的设计和操作都是在一定的压力下进行的，应保证在恒压下操作。压力的波动对塔的操作将产生如下影响。

精馏塔控制参数

（1）影响相平衡关系　改变操作压力，将使气液相平衡关系发生变化。压力升高，组分间的相对挥发度降低，分离效率将下降。反之亦然。

（2）影响产品的质量和数量　压力升高，液体汽化更困难，气相中难挥发组分减少，同时改变了气液的密度比，使气相量降低。其结果是馏出液中易挥发组分浓度增大，但产量却相对减少；残液中易挥发组分含量增加，残液量增多。

（3）影响操作温度　温度与气液相的组成有严格的对应关系，生产中常以温度作为衡量产品质量的标准。当塔压改变时，混合物的泡点和露点发生变化，引起全塔温度的改变和产品质量的改变。

（4）改变生产能力　塔压升高，气相的密度增大，气相量减少，可以处理更多的料液而不会造成液泛。对真空操作，压强的少量波动也会给精馏操作带来显著的影响，更应精心操作，控制好压力。

在生产中，进料量、进料组成、进料温度、回流量、回流温度、加热剂和冷却剂的压强与流量以及塔板堵塞等都将会引起塔压力的波动，应查明原因，及时调整，使操作恢复正常。

2. 进料状况

（1）进料量对操作的影响　若进料量发生变动时，加热剂和冷却剂均能做相应调整时，对塔顶温度和塔釜温度不会有显著的影响，只影响塔内蒸气上升的速度。进料量增大，上升气速接近液泛时，传质效果最好；超过液泛速度会破坏塔的正常操作。进料量降低，气速降低，对传质不利，严重时易漏液，分离效率降低。若进料量的变化范围超过了塔釜和冷凝器的负荷范围，温度的改变引起气液平衡组成的变化，将造成塔顶与塔底产品质量不合格，增加了物料的损失。因此，应尽量使进料量保持平稳，需要时，应缓慢地调节。

(2) 进料组成对操作的影响 原料中易挥发组分含量增大，提馏段所需塔板增多。对固定塔板数的精馏塔而言，提馏段的负荷加重，釜液中易挥发组分含量增多，使物料损失加大。同时引起全塔物料平衡的变化，塔温下降，塔压升高。原料中难挥发组分含量增大，情况相反。

进料组成的变化：一是改变进料口位置，组成变轻，进料口往上移；二是改变回流比，组成变轻，减小回流比；三是调加热剂和冷却剂的量，维持产品质量不变。

(3) 进料热状态对操作的影响 进料有五种热状态，进料热状况发生变化时，若x_D和R一定，因q值不同，使加料板位置改变，引起两段塔板数的变化；对固定进料的塔，进料热状态的改变，将影响产品的质量及物料损失情况。

3. 回流比的调节

R调节的意义

回流比是影响产品质量和塔分离效果的重要因素，调整回流比是控制精馏塔操作中重要的和有效的手段。对一定塔板数的精馏塔，在进料热状态等参数不变的情况下，回流比变化必将引起产品质量的改变。一般情况下，回流比增大，将提高产品纯度，同时也会使塔内气液相负荷加大，塔压差增大，冷却剂和加热蒸汽消耗量增加。当回流比过大时，则可能发生淹塔现象，破坏塔的正常生产。回流比过小，塔内气液两相接触不充分，分离效果差。在实际操作中，常用调节回流比的方法使产品质量合格，同时，适当地调节塔顶冷却剂量和塔釜加热剂量，会使调节效果更好。

4. 采出量

(1) 塔顶产品采出量 在冷凝器的冷凝负荷不变的情况下，减小塔顶产品采出量，使得回流量增加，塔压差增加，可以提高塔顶产品的纯度，但产品量减少。对一定的进料量，塔底产品量增多，由于操作压力的升高，塔底产品中易挥发组分含量升高，因此易挥发组分的回收率降低。若塔顶采出量增加，会造成回流量减少，塔压因此降低，结果是难挥发组分被带到塔顶，塔顶产品质量不合格。采出量只有随进料量变化时，才能保持回流比不变，维持正常操作。

(2) 塔底产品采出量 在正常操作中，若进料量、塔顶采出量一定时，塔底采出量应符合塔的总物料平衡。若采出量太小，会造成塔釜内液位逐渐上升，以致充满整个加热釜的空间，使釜内液体由于没有蒸发空间而难于汽化，使釜内汽化温度升高，甚至将液体带回塔内，这样将会引起产品质量的下降。若采出量太大，致使釜内液面较低，加热面积不能充分利用，则上升蒸气量减少，漏液严重，使塔板上传质条件变差，板效率下降，必须及时处理。

特别提示： *塔底采出量应以控制塔釜内液面保持一定高度并维持恒定为原则。另外，维持一定的釜液面还起到液封作用，以确保安全生产。*

四、精馏设备常见的操作故障与处理

1. 板式精馏塔常见的操作故障与处理

精馏塔常见故障

(1) “液泛” “液泛”的结果是塔顶产品不合格，塔压差超高，釜液减少，回流罐液面上涨。主要原因是气液相负荷过高，进入了液泛区；降液管局部垢物堵塞，液体下流不畅；加热过于猛烈，气相负荷过高；塔板及其他流道冻堵等都能形成液泛。需要弄清造成液泛的原因，对症处理。

如果由操作不当所致，及时调整气液相负荷、加热量等就会恢复正常。塔顶凝液的回流不能过大，以免引起恶性循环，可以通过加大采出量来维持液面。如果由于冻堵引起压差升高时釜温并不高，只有加解冻剂才有效。先要用分段测压差等办法判断冻堵位置，再注入适量解冻剂，观察压差变化，若压差下降，说明有效，否则要改位置重来；若解冻剂不起作用，就可能是垢物堵塞，只有减负荷运行或停车检修。

（2）加热故障 加热故障主要是加热剂和再沸器两方面的原因。用蒸汽加热时，可能是蒸汽压力低、减温减压器发生故障、有不凝性气体、凝液排出不畅等。用其他气体热介质加热时的故障与此类似。用液体热介质加热时，多数是因为堵塞、温差不够等。再沸器故障主要有泄漏、液面不准（过高或过低）、堵塞、虹吸遭破坏、强制循环量不足等，需要对症处理。

（3）泵不上量 回流泵的过滤器堵塞、液面太低、出口阀开得过小、轻组分浓度过高等情况都有可能造成泵不上量。泵在启动时不上量，往往是预冷效果不好，物料在泵内汽化所致，应找出原因针对处理。釜液泵不上量大多数是因为液面太低、过滤器堵塞、轻组分没有脱净所致，应就其原因对症处理。

（4）塔压力超高 加热过猛、冷却剂中断、压力表失灵、调节阀堵塞、调节阀开度漂移、排气管冻堵等，都是塔压力超高的原因，找出原因，及时调整。不管什么原因，首先应加大排出气量，同时减少加热剂量，把压力控制住再作进一步的处理。

（5）塔压差升高 精馏塔压差升高有两方面原因：一方面可能是负荷升高，可从进料量判断；另一方面，则要分段测压差，找出压差集中部位。若压差集中在精馏段，再看回流量是否正常，正常回流量下压差还高，很可能是冻塔，应用解冻剂处理；若压差集中在进料口以下附近，塔身温度分布偏低，可能也是冻塔；若各塔板温度比正常高些，可能是液泛，应按液泛处理；若塔处理的是易结垢物料，要考虑堵塞造成气或液流动不畅而增加阻力，同时观察釜温及灵敏板温度是否高，在釜温不高时的高压差，多数是由于堵塞引起，压差集中点也不规律，可在任何位置，最多发生在降液管和最后一块板下的受液盘处。弄清原因就要根据具体情况或降低负荷运行或停车处理。

2. 精馏系统常见设备的操作故障及处理

精馏系统常见设备故障

（1）泵密封泄漏 回流泵或釜液泵密封在操作过程中有可能出现泄漏的情况，发现后要尽快切换到备用泵，备用泵应处于备用状态，以便及时切换。

（2）换热器泄漏 塔顶冷凝器或再沸器常有内部泄漏现象，严重时造成产品污染，使运行周期缩短。除可用工艺参数的改变来判断外，一般靠分析产品组成来发现。处理方法视具体情况而定，当泄漏污染了塔内物料，影响到产品质量或正常操作时，停车检修是最简单的方法。

（3）塔内件损坏 精馏塔易损坏的内件有阀片、降液管、填料、填料支撑件、分布器等，损坏形式大多为松动、移位、变形，严重时构件脱落、填料吹翻等。这类情况可从工艺参数的变化反映出来，如负荷下降，板效率下降，产品不合格，工艺参数偏离正常值，特别是塔顶与塔底压差异常等。设备安装质量不高，操作不当是主要原因，特别是超负荷、超压差运行很可能造成内件损坏，应尽量避免。处理方法是减小操作负荷或停车检修。

（4）安全阀启跳 安全阀在超压时启跳属于正常动作，未达到规定的启跳压力就启跳属不正常启跳，应该重定安全阀。

（5）仪表失灵 精馏塔上仪表失灵比较常见。某块仪表出现故障可根据相关的其他仪表来遥控操作。

（6）电机故障 运行中电机常见的故障现象有振动、轴承温度高、漏油、跳闸等，处理方法是切换下来检修或更换。

复习思考题

一、选择题

1.连续精馏塔中，原料入塔位置为（　　）。

A.塔底部　　　　B.塔中部　　　　C.塔顶部

2. 工程上通常将加料板视为（　　）。

A. 精馏段　B. 提馏段　C. 全塔之外

3. 精馏分离中能准确地判断分离液体的难易程度的参数是（　　）。

A. 温度差　B. 浓度差　C. 相对挥发度

4. 下列互溶液体混合物中能用一般蒸馏方法分离较容易的是（　　）。

A. 沸点相差较大的　B. 沸点相近的　C. 相对挥发度为1的

5. 空气中氧的体积分数为0.21，其摩尔分数为（　　）。

A. 0.21　B. 0.79　C. 0.68

6. 在操作压力和组成一定时，互溶液体混合物的泡点温度和露点温度的关系是（　　）。

A. 泡点高于露点　B. 泡点低于露点　C. 泡点等于露点

7. 回流的主要目的是（　　）。

A. 降低塔内操作温度　B. 控制塔顶产品的产量　C. 使精馏操作稳定进行

8. 精馏段的作用是（　　）。

A. 浓缩气相中的轻组分　B. 浓缩液相中的重组分　C. 轻重组分都浓缩

9. 要提高精馏塔塔顶产品的组成可以采用的方法是（　　）。

A. 增大回流比　B. 减小回流比　C. 提高塔顶温度

10. 在塔设备和进料状况一定时，增加回流比，塔顶产品的组成（　　）。

A. 减少　B. 不变　C. 提高

11. 在下列塔盘中，结构最简单的是（　　）。

A. 泡罩塔　B. 浮阀塔　C. 筛板塔

12. 精馏操作的作用是分离（　　）。

A. 气体混合物　B. 液体混合物　C. 均相液体混合物

13. 二元连续精馏计算中，进料热状态q的变化将引起x-y图上变化的线有（　　）。

A. 平衡线和对角线　B. 平衡线和q线　C. 操作线和q线

14. 某连续精馏塔，原料量为F、组成为x_F，馏出液流量为D、组成为x_D。现F不变而x_F减小，欲保持x_D和x_W不变，则D将（　　）。

A. 增加　B. 减少　C. 不变

15. 在精馏设计中，对一定的物系，其x_F、q、x_D和x_W不变，若回流比R增加，则所需理论板数N_T将（　　）。

A. 减小　B. 增加　C. 不变

16. 精馏塔操作时，其温度从塔顶到塔底的变化趋势为（　　）。

A. 温度逐渐增大　B. 温度逐渐减小　C. 温度不变

17. 某二元理想溶液，其组成x=0.6（摩尔分数，下同），相应的泡点为t_1，与之相平衡的气相组成y=0.7，相应的露点为t_2，则（　　）。

A. $t_1=t_2$　B. $t_1>t_2$　C. $t_1<t_2$

18. 引发“液泛”现象的原因是（　　）。

A. 板间距过大　B. 严重漏液　C. 气液负荷过大

19. 精馏塔在全回流操作时，塔顶产品（　　）。

A. 最大　B. 最小　C. 没有

20. 精馏塔塔板的作用是（　　）。

A. 热量传递　B. 质量传递　C. 热量和质量传递

二、填空题

1. 实现精馏操作的必要条件是__________和____________________。

2. 写出用相对挥发度α表示的相平衡关系式____________________。

3. 精馏设计中，当选料为气液混合物，且气液摩尔比为2∶3，则进料热状态q值等于________。

4. q线方程的表达式为________；该表达式的几何意义是________________。

5. 精馏实验中，通常在塔顶安装一个温度计，以测量塔顶的气相温度，其目的是判断________和________。

6.已知357.0K时苯的饱和蒸气压p_A^0=113.6kN/m²，甲苯的饱和蒸气压p_B^0=44.4kN/m²，故此温度下的相对挥发度为________。

7.回流装置的作用为________和________。

8.在实际生产中，引入塔内的原料有五种不同的进料方式：________；当泡点进料时，q=________。

9.求理论塔板数必须利用________方程和________方程。

10.当混合液中组分的相对挥发度很小或者是恒沸混合物，为了经济合理获得目的产物，就必须采用________蒸馏，它包括________、________和________蒸馏。

11.筛板塔的塔板主要由________、________和________组成。

12.分离均相液体混合物的方法是采用________单元操作，其分离的依据为________。

13.精馏操作线方程为________，其表示________之间的组成关系。

14.简单蒸馏所得溜出液的组成随时间延长而________，连续精馏所得溜出液的组成随时间延长而________。（填变大、变小或不变）

15.板式塔主要由________、________、________、________和________组成。

16.液化分率为________；当冷液体进料时其液化分率的范围为________。

17.若进料状况发生变化，试问q值________，精馏段操作线在x-y图位置________，q线在x-y图上的位置________，提溜段在x-y图上的位置________。（变或不变）

18.雾沫夹带和气沫夹带均属于气液________现象，其结果均使传质推动力________。（增大或减小）

19.板式塔不正常的操作现象为________、________和________，其结果使板效率________。（增大或减小）

20.全回流主要是应用于________________________________。

三、简答题

1.挥发度与相对挥发度有何不同，相对挥发度在精馏计算中有何重要意义？

2.为什么说理论板是一种假定，理论板的引入在精馏计算中有何重要意义？

3.将加料口向上移动两层塔板，此时塔顶和塔底产品组成将有何变化？为什么？

4.用图解法求理论板数时，为什么一个直角梯级代表一块理论板？

5.全回流没有出料，它的操作意义是什么？

6.简述精馏段操作线、提馏段操作线、q线的做法和图解理论板的步骤。

四、计算题

1.正戊烷（A）和正己烷（B）在55℃时的饱和蒸气压分别为185.18kPa和64.44kPa。试求组成为0.35的正戊烷和0.65的正己烷（均为摩尔分数）的混合液在55℃时各组分的平衡分压、系统总压及平衡蒸气组成（假设正戊烷-正己烷溶液为理想溶液）。

[答　p_A=64.81kPa；p_B=41.89kPa；p=106.7kPa；y_A=0.61；y_B=0.39]

2.甲醇和乙醇形成的混合液可认为是理想物系，20℃时乙醇的饱和蒸气压为5.93kPa，甲醇为11.83kPa。试求：

(1)两者各用100g液体，混合而成的溶液中甲醇和乙醇的摩尔分数各为多少？

(2)气液平衡时系统的总压和各自的分压为多少？气相组成为多少？

[答　(1) 甲醇0.59；乙醇0.41　(2) p=9.41kPa；甲醇、乙醇的分压分别为6.98kPa、2.43kPa；气相组成分别为0.74、0.26]

3.在连续精馏塔中分离苯和甲苯混合液。已知原料液流量为12000kg/h，苯的组成为0.4（质量分数，下同）。要求馏出液组成为0.97，釜残液组成为0.02。试求馏出液和釜残液的流量；馏出液中易挥发组分的回收率和釜残液中难挥发组分的回收率。

[答　D=61.3kmol/h；W=78.7kmol/h；η_D=97%；η_W=98%]

4.每小时将15000kg含苯0.40（质量分数，下同）和甲苯0.60的溶液，在连续精馏塔中进行分离，要求釜残液中含苯不高于0.02，塔顶馏出液中苯的回收率为97.1%。试求馏出液和釜残液的流量及组成，以摩尔流量和摩尔分数表示。

[答　D=80.0kmol/h；W=95.0kmol/h；x_D=0.935；x_W=0.0235]

5.在连续精馏塔中，精馏段操作线方程y=0.75x+0.2075，q线方程式为y=−0.5x+1.5x_F，试求：(1) 回流比R；(2) 馏出液组成x_D；(3) 进料液的q值；(4) 当进料组成x_F=0.5时，精馏段操作线与提馏段操作线交点处x_q值为多少？

（5）判断进料状态。

［答　（1）3　（2）0.83　（3）0.333　（4）0.434　（5）气、液混合物］

6. 已知某精馏塔操作以饱和蒸气进料，操作线方程分别如下。

精馏段操作线：$y=0.7143x+0.2714$

提馏段操作线：$y=1.25x-0.01$

试求该塔操作的回流比、进料组成及塔顶、塔底产品中易挥发组分的摩尔分数。

［答　$R=2.5$；$x_F=0.6466$；$x_D=0.9499$；$x_W=0.04$］

7. 某精馏塔用于分离苯-甲苯混合液，泡点进料，进料量30kmol/h，进料中苯的摩尔分数为0.5，塔顶、底产品中苯的摩尔分数分别为0.95和0.10，采用回流比为最小回流比的1.5倍，操作条件下可取系统的平均相对挥发度$\alpha=2.40$。求：（1）塔顶、底的产品量；（2）若塔顶设全凝器，各塔板可视为理论板，求离开第二块板的蒸气和液体组成。

［答　（1）$D=14.1$kmol/h；$W=15.9$kmol/h　（2）$y_2=0.910$；$x_2=0.808$］

8. 在常压连续提馏塔中，分离双组分理想溶液，该物系平均相对挥发度为2.0。原料液流量为100kmol/h，进料热状态参数q为0.8，馏出液流量为60kmol/h，釜残液组成为0.01（易挥发组分摩尔分数），试求：

(1)操作线方程；(2)由塔内最下一层理论板下流的液相组成x_N。

［答　（1）$y=2x-0.01$　（2）0.0149］

9. 在一连续精馏塔内分离某理想二元混合物。已知进料量为100kmol/h，进料组成为0.5（易挥发组分的摩尔分数，下同），泡点进料；釜残液组成为0.05；塔顶采用全凝器；操作条件下物系的平均相对挥发度为2.303；精馏段操作线方程为$y=0.72x+0.275$。试计算：

(1)塔顶易挥发组分的回收率；

(2)所需的理论板数。

［答　（1）94.82%　（2）15］

项目六

气体吸收与解吸

吸收是依据混合物各组分在某种溶剂中溶解度的差异分离气体混合物的方法，是化工生产中最重要的单元操作之一。本项目以完成某一吸收任务为引领，设计一个完整的吸收系统。通过具体的吸收操作训练，使学生掌握化工吸收岗位的操作技能，为今后走上工作岗位打下基础。

吸收依据

思政目标

1. 培养工程意识、质量意识、标准意识、责任意识和客户至上的服务意识。
2. 培养信念坚定、专业素质过硬、国际视野开阔的职业素质。
3. 培养“创造、奋斗、团结、梦想”的民族精神。

学习目标

技能目标

1.能根据给定的吸收任务完成吸收系统主要设备的选型、布置等。

2.能识读带控制点的吸收流程图。

3.能在建成的吸收系统上进行吸收操作，并会分析吸收塔操作的控制因素。

4.会分析和处理吸收系统中常见的故障。

知识目标

1.熟知吸收操作的基本原理及温度、压力对吸收操作的影响。

2.熟知吸收剂用量对吸收操作的影响。

3.熟知吸收塔的操作控制及提高产品质量和产量的措施。

4.熟知吸收装置的组成及吸收系统中常用设备的结构、性能、选择及操作。

生产案例

以煤气脱苯为例，介绍吸收与解吸操作。在炼焦及制取城市煤气的生产过程中，焦炉煤气内含有少量的苯、甲苯系等低烃类化合物的蒸气（约 35g/m^3）应分离回收。所用的吸收溶剂为该生产过程的副产物，即煤焦油的精制品洗油。回收苯系物质的流程如图 6-1 所示，包括吸收和解吸两大部分。含苯煤气在常温下由塔底部进入吸收塔，洗油从塔顶喷淋入塔，塔内装有木栅等填充物，在煤气与洗油的接触过程中，煤气中的苯蒸气溶解于洗油，使塔顶离去的煤气苯含量降至允许值（小于 $2g/m^3$），而溶有较多苯系溶质的洗油称富油，由吸收塔底排出送入解吸系统。解吸是为取出富油中的苯并使洗油能够再次循环使用（称溶剂的再生），在解吸塔的设备中进行与吸收相反的操作。为此，先将富油预热至 170℃左右由解吸塔顶喷淋而下，塔底通入过热水蒸气，洗油中的苯在高温下逸出而被水蒸气带走，经冷凝分层将水除去，最终可得苯类液体（粗苯），而脱除溶质的洗油（称贫油）经冷却后可作为吸收溶剂再次送入吸收塔顶部循环使用。

6.1 吸收与解吸流程

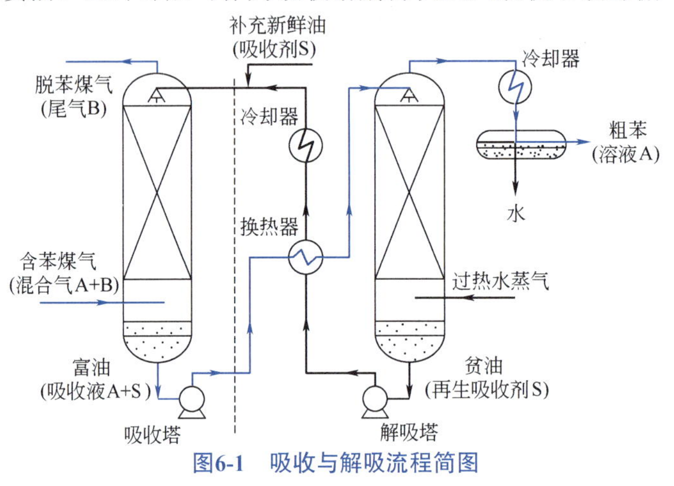

图6-1　吸收与解吸流程简图

吸收操作在工业生产中应用广泛，并同时兼有净化和回收的双重目的，吸收操作的目的如下。

（1）回收有价值的组分　例如，用硫酸吸收焦炉气中的氨；用液态烃回收裂解气中的乙烯和丙烯；用洗油吸收焦炉气中的苯、甲苯蒸气。

吸收操作应用

（2）制备某种气体的溶液　例如，用水分别吸收氯化氢、二氧化硫、甲醛气体可制备盐酸、硝酸和福尔马林溶液等。

（3）分离气体混合物　石油化工中用油吸收精制裂解原料气；用水吸收丙烯胺氧化法反应器中的丙烯腈等。

（4）除去有害组分以净化气体或环境　例如，用水或碱液脱出合成氨原料气中的二氧化碳；用氨水吸收磺化反应中的二氧化硫；用碳酸钠吸收甲醇合成原料气中的硫化氢等。

吸收操作按被吸收组分数目可分为单组分吸收和多组分吸收；按吸收剂的温度是否发生显著变化，可分为等温吸收和非等温吸收；按溶质和吸收剂之间是否发生显著的化学反应，可分为物理吸收和化学吸收；按被吸收的物质数量多少，可分为高浓度吸收和低浓度吸收。这里重点研究低浓度、单组分、等温的物理吸收操作过程。

任务一

吸收流程与装置的认识

一、吸收的基本流程及其选择

1. 一步吸收流程和两步吸收流程

一步吸收流程如图 6-2 所示，一般用于混合气体溶质浓度较低，同时过程的分离要求不高，选用一种吸收剂即可完成吸收任务的情况。若混合气体中溶质浓度较高且吸收要求也高，难以用一步吸收达到规定的吸收要求，或虽能达到分离要求，但过程的操作费用较高，从经济性的角度分析不够合适时，可以考虑采用两步吸收流程，如图6-3所示。

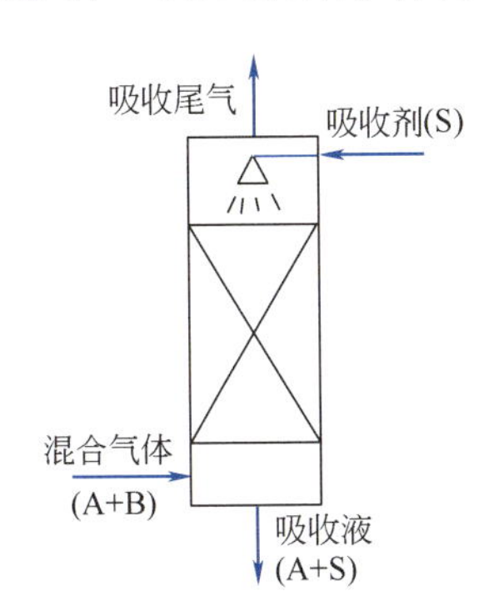

图6-2　一步吸收流程

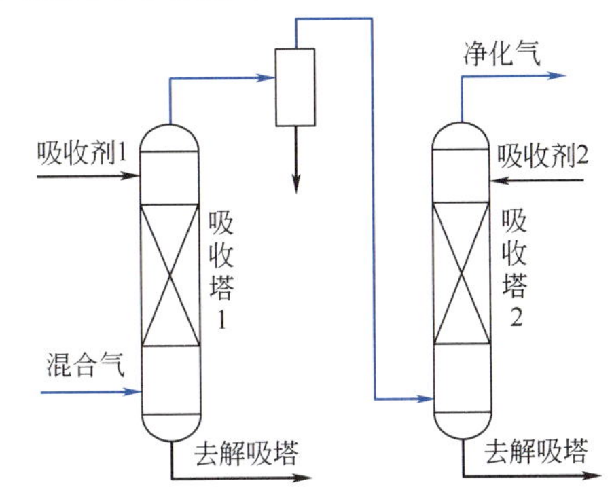

图6-3　两步吸收流程

2. 并流和逆流吸收流程

吸收塔或解吸塔内气液相可以逆流操作也可以并流操作，如图6-4所示。气、液两相的流向是吸收设备布置中首要考虑的问题。在逆流操作时，气、液两相传质的平均推动力往往最大，可以减小设备尺寸。此外，流出的溶剂与浓度最大的入塔气体接触，溶液的最终浓度可达到最大值，而出塔气体与新鲜的或浓度较低的溶剂接触，出塔气中溶质的浓度可降到最低，即逆流吸收可提高吸收效率和降低溶剂用量。在一般的吸收中大多采用逆流操作。

3. 部分吸收剂循环流程

当吸收剂量很小，不能保证填料表面的完全润湿，或者塔中需要排除的热量很大时，工业上可采用部分吸收剂循环的吸收流程，如图6-5所示。用泵从吸收塔底抽出吸收剂，经过冷却器后再打回同一塔顶；从塔底取出其中一部分作为产品，同时加入新鲜吸收剂，其流量等于引出产品中的溶剂量，与循环量无关。吸收剂的抽出和新吸收剂的加入，应先抽出而后补充。由于部分吸收剂循环使用，使吸收剂入塔组分含量较高，吸收平均推动力减小，也降低了气体混合物中吸收质的吸收率。另外，部分吸收剂的循环还需要额外的动力消耗，故可以在不增加吸收剂用量的情况下增大喷淋密度，可由循环的吸收剂将塔内的热量带入冷却器中移去，降低塔内温度，可保证在吸收剂耗用量较小的情况下使吸收操作正常进行。

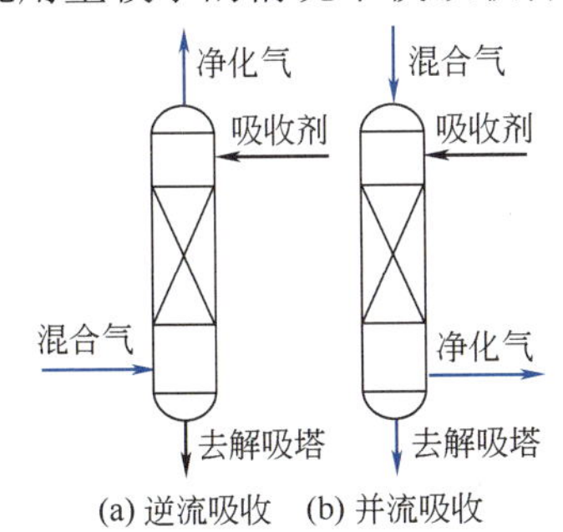

图6-4　逆流和并流流程

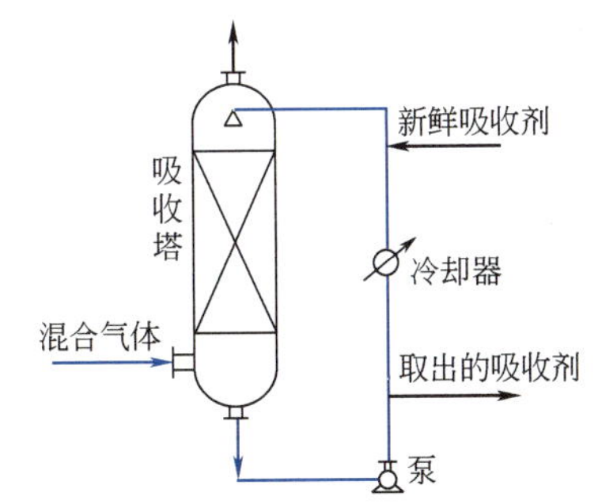

图6-5　部分吸收剂循环流程

4. 单塔吸收流程和多塔吸收流程

单塔吸收流程是吸收过程中最常用的流程，若过程无特别需要，一般采用单塔吸收流程。若过程的分离要求较高，使用单塔操作所需塔体过高，或需要采用两步吸收流程，或从塔底流出的溶液温度过高，不能保证塔在适宜的温度下操作时，需采用多塔吸收流程。如图6-6所示为一串联的多塔逆流吸收流程。操作时，用泵将液体从一个吸收塔抽送至另一个吸收塔，气体和液体互成逆流流动，在吸收塔串联流程中，可根据操作的需要，在塔间的液体（有时也在气体）管路上设置冷却器，或使吸收塔系的全部或一部分采取吸收剂部分循环的操作。在生产上，如果处理的气量较多，或所需塔径过大，还可考虑由几个较小的塔并联操作，有时将气体通路作串联，液体通路作并联，或者将气体通路作并联，液体通路作串联，以满足生产要求。

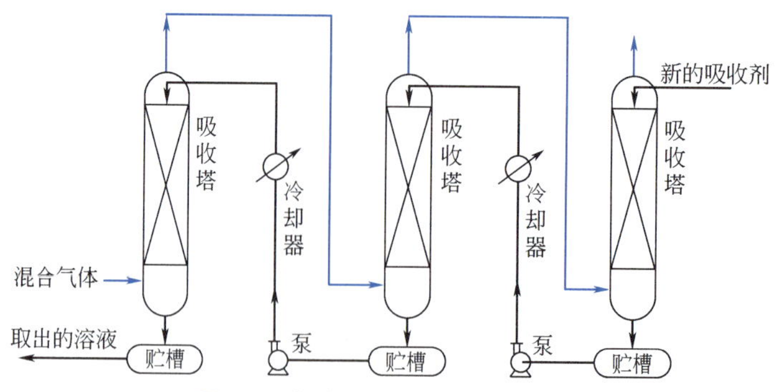

图6-6 串联的多塔逆流吸收流程

5. 吸收与解吸联合流程

在工业生产中，吸收与解吸常常联合进行，既可得较纯净的吸收质气体，同时可回收吸收剂，如图 6-7 所示。在此吸收塔系中，每一吸收塔都带部分吸收剂的循环，由吸收塔出来的液体由泵抽送，经冷却器再打回原吸收塔中。由第一塔的循环系统所引出的部分吸收剂，则进入下一吸收塔的吸收剂循环系统。按照液体流程，吸收剂从最后的吸收塔经换热器而进入解吸塔，在这里释出所溶解的组分气体。经解吸后的吸收剂从解吸塔出来，通过换热器和即将解吸的溶液进行换热后，再经冷却器而回到第一个吸收塔的循环系统中。

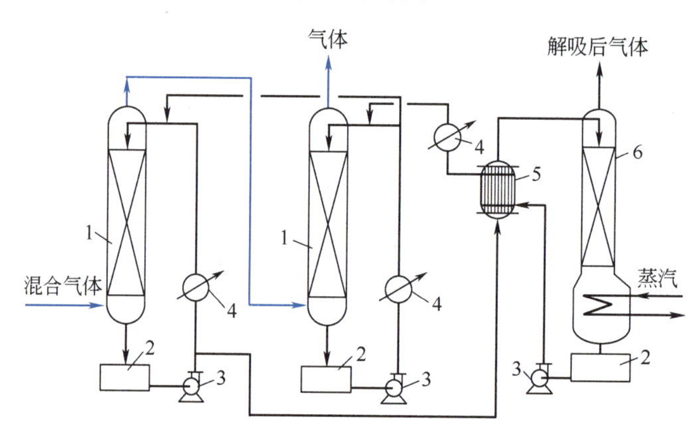

图6-7 部分吸收剂循环的吸收和解吸联合流程

1—吸收塔；2—贮槽；3—泵；4—冷却器；5—换热器；6—解吸塔

二、用水吸收空气中CO_2流程的识读

1. 用水吸收空气中 CO_2 流程识读

以用水吸收空气中的 CO_2 流程为例。如图 6-8 所示，钢瓶内二氧化碳经减压后和风机出口空气混合后进入吸收塔下部，混合气体在塔内和吸收液体逆向接触，混合气体中的二氧化碳被水吸收由塔顶排出。出吸收塔富液进入富液槽，经富液泵进入二氧化碳解吸塔上部，和解吸塔抽风风机抽进塔里的空气在塔内逆向接触，溶液中二氧化碳被解吸出来，随大量空气由塔顶排出，溶液由下部进入贫液槽，解吸液经贫液泵打入吸收塔上部循环使用，继续进行二氧化碳气体吸收操作。

2. 吸收和解吸装置的认识

如图 6-8 所示的整个装置的组成有吸收塔、解吸塔、二氧化碳钢瓶、稳压罐、富液和贫液储槽、液封槽、分离槽、吸收液和解吸液离心泵、漩涡气泵、吸收管路及主要阀门和仪表等；认知这些设备的类型、构造、工作原理、正常操作及维护；认知吸收塔与解吸塔底液位；认知仪表与阀门的位号、功能、工作原理和使用方法等。

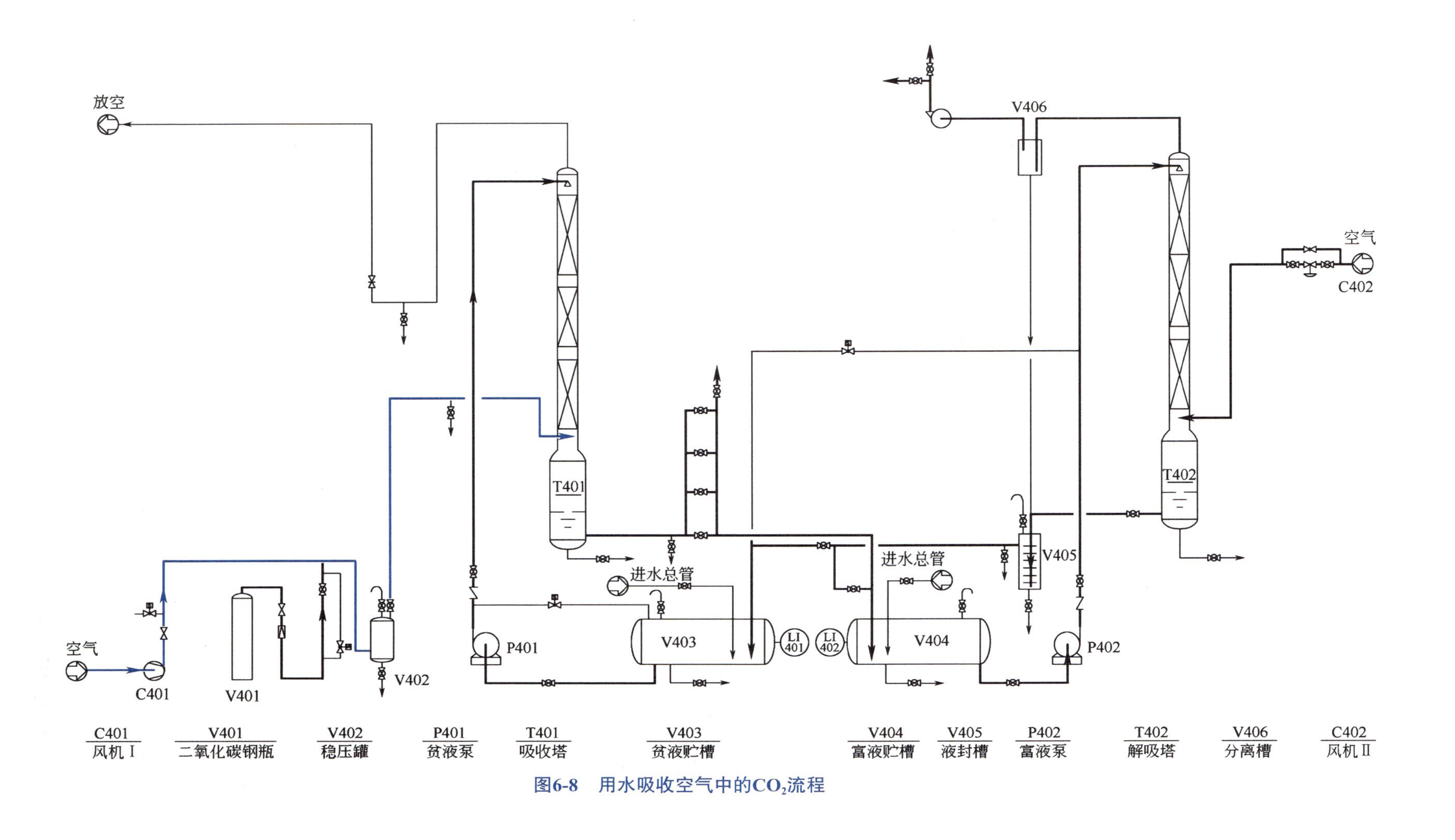

图6-8 用水吸收空气中的CO_2流程

任务二

吸收剂的选择

吸收操作是气液两相之间的接触传质过程，吸收操作的成功与否与吸收剂的性质有关，特别是吸收剂与气体混合物之间的相平衡关系。

一、吸收剂选择的依据

根据物理化学中有关相平衡的知识可知，评价吸收剂优劣的主要依据应包括以下几点。

吸收剂的选择原则

（1）溶解度要大　吸收剂应对混合气中被分离组分（称溶质）有较大的溶解度。

（2）选择性要高　如果溶剂的选择性不高，它将同时吸收气体混合物中的其他组分，这样的吸收操作只能实现组分间某种程度的增浓而不能实现较为完全的分离。

（3）蒸气压要低　吸收剂的蒸气压要低以减少吸收和再生过程中溶剂的挥发损失。

（4）吸收剂易于再生　以减少解吸的设备费用和操作费用。

（5）吸收剂应有较高的化学稳定性　以免使用过程中发生变质。

（6）吸收剂应有较低的黏度，且不易产生泡沫　以实现吸收塔内良好的气液接触和塔顶的气液分离。在必要时，可在溶剂中加入少量消泡剂。

（7）其他　吸收剂应尽可能满足价廉、易得、无毒、不易燃烧等经济和安全条件。

二、工业上常用的吸收剂

实际上很难找到一种理想的溶剂能够满足所有这些要求，因此，应对可供选用的溶剂作全面的评价以做出经济合理的选择。常用吸收剂见表 6-1。

表6-1　常用吸收剂汇总表

污染物	适宜的吸收剂	污染物	适宜的吸收剂
氯化氢	水、氢氧化钙	氯气	氢氧化钠、亚硫酸钠
氟化氢	水、碳酸钠	氨	水、硫酸、硝酸
二氧化硫	氢氧化钠、亚硫酸铵、氢氧化钙	苯酚	氢氧化钠
氧化氢氧化物	氢氧化钠、硝酸＋亚硫酸钠	有机酸	氢氧化钠
硫化氢	二乙醇胺、氨水、碳酸钠	硫醇	次氯酸钠

任务三

吸收过程分析

6.2 吸收概述及气液相平衡

吸收过程的实质为溶质在气液两相间的传递过程，溶质传递的方向与限度都是以相平衡为基础，所以首先分析吸收过程的气液相平衡。

一、气液相平衡分析

1. 气－液相组成的表示方法

溶质在气相或液相中的浓度有多种表示方法，除了用前面基础课程中介绍过的质量分数、体积分数、摩尔分数、质量浓度与摩尔浓度外，在吸收计算中，对于双组分物系（A+B），常用质量比 $\bar{Y}$ 或 $\bar{X}$ 和摩尔比 Y 或 X 分别表示气液两相的组成。

（1）质量比　质量比是指混合物中某组分A的质量与惰性组分B（不参加传质的组分）的质量之比，即

$$\bar{Y}=\frac{m_A}{m_B} \quad 或 \quad \bar{X}=\frac{m_A}{m_B} \tag{6-1}$$

质量分数与质量比的关系为

$$w_A=\frac{\bar{Y}}{1+\bar{Y}} \quad 或 \quad w_A=\frac{\bar{Y}}{1+\bar{Y}} \tag{6-2}$$

$$\bar{Y}=\frac{w_A}{1-w_A} \quad 或 \quad \bar{X}=\frac{w_A}{1-w_A} \tag{6-2a}$$

（2）摩尔比　摩尔比是指混合物中某组分A物质的量与惰性组分B（不参加传质的组分）物质的量之比。

摩尔比和摩尔分数换算

$$Y=\frac{n_A}{n_B} \quad 或 \quad X=\frac{n_A}{n_B} \tag{6-3}$$

气相摩尔分数与气相摩尔比的关系为

$$Y=\frac{y}{1-y} \quad 或 \quad X=\frac{x}{1-x} \tag{6-4}$$

$$y=\frac{Y}{1+Y} \quad 或 \quad x=\frac{X}{1+X} \tag{6-4a}$$

【例 6-1】氨水中氨的质量分数为0.25，求氨水中氨的摩尔分数和摩尔比。

解　已知氨水中氨的质量分数为0.25。氨的摩尔质量为17kg/kmol，水的摩尔质量为18kg/kmol，液相中氨的摩尔分数为

$$x=\frac{w_A/M_A}{w_A/M_A+w_B/M_B+\cdots+w_N/M_N}$$

$$=\frac{0.25/17}{0.25/17+0.75/18}=0.261$$

液相中氨的摩尔比为　$X=\frac{x}{1-x}=\frac{0.261}{1-0.261}=0.353$

2. 气体在液体中的溶解度曲线分析

（1）溶解度　在一定温度和压强下，当气体混合物与一定量的液体吸收剂接触时，溶质组分便不断进入液相中，这一过程称为溶解即吸收。而同时已被溶解的溶质也将不断摆脱液相的束缚重新回到气相，该过程称为解吸。这两个过程互为逆过程并具有各自的速率，当气液两相经过长时间的接触后，溶质的溶解速率与解吸速率达到相等时，气液两相中溶质的浓度就不再因两相间的接触而变化，这种状态称为相际动平衡，简称相平衡或平衡。平衡状态下气相中的溶质分压称为平衡分压，液相中的溶质浓度称为平衡浓度。

溶解度的定义

气体在液体中的溶解度，是指气体在液体中的平衡浓度，常以单位质量或单位体积溶剂中所含溶质的量来表示。气体的溶解度标明一定条件下吸收过程可能达到的极限程度。

（2）溶解度曲线　溶解度不仅与气体和液体的性质有关，而且与吸收体系的温度、总压和平衡分压有关。在总压为几个大气压的范围内，它对溶解度的影响可以忽略，而温度的影响则比

较显著，若体系的温度已定，则气体的溶解度仅为平衡分压的函数。由此可将溶解度与平衡分压之间的关系用曲线关联起来，所得曲线称为溶解度曲线。NH_3和SO_2在水中的溶解度曲线，如图6-9和图6-10所示。

由图分析可知：

① 不同性质的气体在同一温度和分压条件下，溶解度各不相同；

② 气体的溶解度与温度有关，一般说来，随着温度升高，溶解度下降；

③ 温度一定时，溶解度随溶质分压升高而增大，在吸收系统中，增大气相总压，组分的分压会升高，溶解度也随之加大。

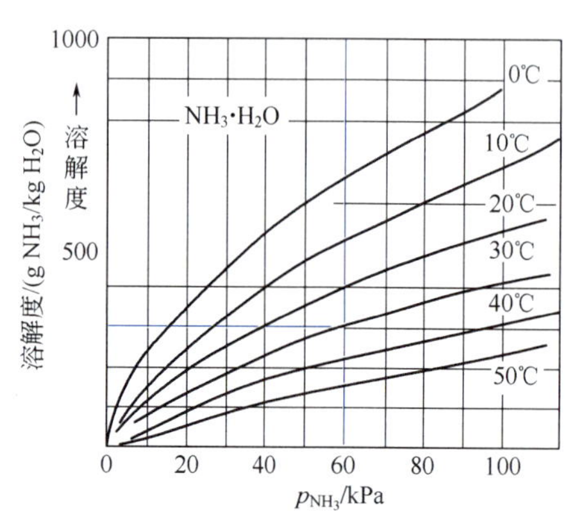

图6-9　NH_3在水中的溶解度曲线

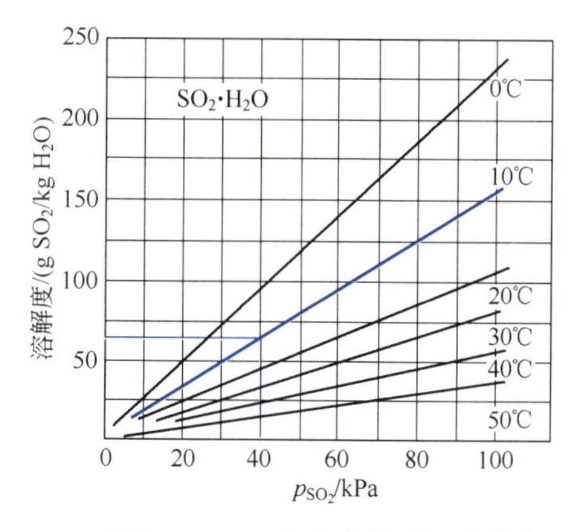

图6-10　SO_2在水中的溶解度曲线

3. 气液相平衡关系分析

(1) 亨利定律　对于大多数吸收过程，溶液中的溶质浓度一般不会太高，因此下面重点讨论稀溶液的气液平衡关系。

亨利定律的五种表达式

亨利定律表明，当总压不高（$<5\times10^5$Pa）温度一定时，稀溶液中溶质的溶解度与气相中溶质的平衡分压成正比，其比例系数为亨利系数。即

$$p_A^* = Ex \tag{6-5}$$

式中　p_A^*——溶质在气相中的平衡分压，kPa；

x——平衡状态下，溶质在溶液中的摩尔分数；

E——亨利系数，kPa。

当气体混合物和溶剂一定时，亨利系数仅随温度而改变，对于大多数物系，温度上升，E值增大，气体溶解度减少。在同一种溶剂中，难溶气体的E值很大，溶解度很小；而易溶气体的E值则很小，溶解度很大。

E的数值一般由实验测定，某些常见体系的亨利系数也可从手册或资料中查到，表6-2中列出了某些气体在水中的亨利系数。

(2) 亨利定律的其他表达式

m、*Z*、*H* 含义及影响因素

① 用摩尔分数表示。若溶质在气相与液相中的组成分别用摩尔分数y及x表示时，亨利定律又可以写成如下形式，即

$$y^* = mx \tag{6-6}$$

式中　y^*——与液相成平衡的气相中溶质的摩尔分数，量纲为1；

m——相平衡常数，量纲为1。

相平衡常数m随温度、压力和物系而变化，m数值通过实验测定，其值的大小可以判断不同气体溶解度的大小，m值愈小，表明该气体的溶解度愈大，越有利于吸收操作。对一定的物系，

m 值是温度和压力的函数。

相平衡常数 m 与亨利系数 E 的关系可表示为

$$m=\frac{E}{p} \tag{6-7}$$

② 用量浓度表示。若用量浓度 c 表示溶质在液相中的组成，亨利定律可写成如下形式，即

$$p_A^*=\frac{c}{H} \tag{6-8}$$

式中 c——液相中溶质的摩尔浓度，即单位体积溶液中溶质的量，$kmol/m^3$；

H——溶解度系数，$kmol/(m^3 \cdot kPa)$。

表6-2 某些气体在水中的亨利系数

气体	0℃	5℃	10℃	15℃	20℃	25℃	30℃	35℃	40℃	45℃	50℃	55℃
						$E/10^6$kPa						
H_2	5.87	6.16	6.44	6.70	6.92	7.16	7.39	7.52	7.61	7.70	7.75	7.75
O_2	2.58	2.95	3.31	3.69	4.06	4.44	4.81	5.41	5.42	5.70	5.96	6.37
CO	3.57	4.01	4.48	4.95	5.43	5.88	6.28	6.68	7.05	7.39	7.71	8.32
空气	4.38	4.94	5.56	6.15	6.73	7.3	7.81	8.34	8.82	9.23	9.59	10.2
NO	1.71	1.96	2.21	2.45	2.67	2.91	3.14	3.35	3.57	3.77	3.95	4.24
N_2	5.35	6.05	6.77	7.48	8.15	8.76	9.36	9.98	10.5	11.0	11.4	12.2
C_2H_6	1.28	1.57	1.92	2.90	2.66	3.06	3.47	3.88	4.29	4.69	5.07	5.72
						$E/10^5$kPa						
CO_2	0.738	0.888	1.05	1.24	1.44	1.66	1.88	2.12	2.36	2.60	2.87	3.46
H_2S	0.272	0.319	0.372	0.418	0.489	0.552	0.617	0.686	0.755	0.825	0.689	1.04
Cl_2	0.272	0.334	0.339	0.461	0.537	0.604	0.669	0.740	0.800	0.860	0.900	0.970
N_2O		1.19	1.43	1.68	2.01	2.28	2.62	3.06				
C_2H_2	0.730	0.850	0.970	1.09	1.23	1.35	1.48					
C_2H_4	5.59	6.62	7.78	9.07	10.3	11.6	12.9					
						$E/10^4$kPa						
SO_2	0.167	0.203	0.245	0.294	0.355	0.413	0.485	0.567	0.661	0.763	0.871	1.11

溶解度系数 H 也是温度、溶质和溶剂的函数，但 H 随温度的升高而降低，易溶气体 H 值较大，难溶气体 H 值较小。

溶解度系数 H 与亨利系数 E 的关系为

$$\frac{1}{H}\approx\frac{EM_s}{\rho_s} \tag{6-9}$$

式中 M_s——吸收剂的摩尔质量，kg/kmol；

ρ_s——吸收剂的密度，kg/m^3。

③ 用摩尔比表示。若将式（6-4）代入式（6-6），整理得亨利定律的另一种表达形式，即

$$Y^*=\frac{mX}{1+(1-m)X} \tag{6-10}$$

对于溶质浓度很低的稀溶液，式（6-10）可简化为

$$Y^*=mX \tag{6-11}$$

（3）吸收平衡线 吸收平衡线表示吸收过程中气液相平衡关系的图线，在吸收过程中通常用X-Y图表示，将式（6-10）的关系绘在X-Y图上，为通过原点的一条曲线；对于稀溶液式（6-10）所表示的吸收平衡线是通过原点的一条直线，如图6-11所示。

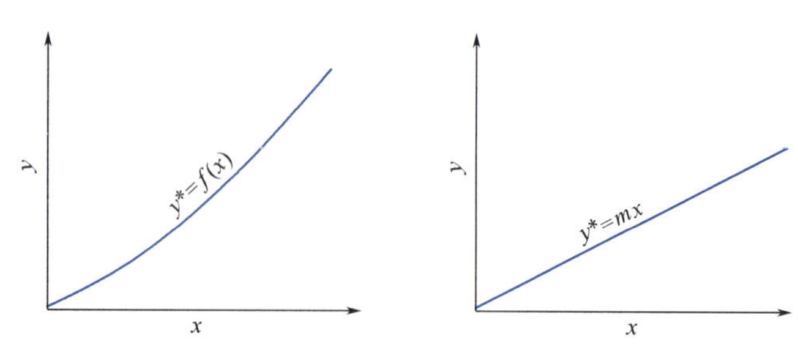

图6-11　吸收平衡线

（4）影响溶解度的因素

影响溶解度的因素

① 吸收剂性质。吸收剂的类型对溶质的溶解度有很大影响。不同气体在同一种液体中的溶解度有很大差异。比如氨在水中溶解度很大，属于易溶气体；而氧在水中的溶解度却很小，属于难溶气体；二氧化硫在水中的溶解度居中，属于中等溶解度气体。

② 温度。对于一定的物系，E随系统的温度变化而变化。通常，温度升高时，E值和m值都增大，即气体的溶解度随温度升高而减小，不利于吸收操作。

③ 总压强。试验结果表明，当总压不太高时（低于500kPa）气体混合物可以看作是理想气体，总压变化并不会影响到气相分压与溶解度的关系，也就是说E不变。但是，当用摩尔分数和摩尔比表示气液两相组成时，压强变化相平衡常数m也变化。一般情况下，在一定温度条件下，随着压强增大，m值减小，也就是说，随着总压强增加，相同温度条件下，气体在液体中的溶解度增大。

总之，采用溶解度大、选择性好的吸收剂，提高操作压强，降低操作温度，对吸收操作有利。但是总压不是很高时，只有几十万帕时，可以不考虑总压对溶解度的影响。

【例6-2】用水来吸收含有CO_2 30%（摩尔分数）的某混合气体。吸收温度为30℃，总压为1.013×10^5Pa时，试求CO_2在水中的最大浓度（用摩尔分数表示）。

解　CO_2的平衡分压为

$$p_A=py=101.3\times10^3\times0.3=30.39(\text{kPa})$$

根据亨利定律，液相中CO_2浓度为

$$x^*=\frac{p_A}{E}$$

由表6-2查得，30℃时CO_2在水中的亨利系数为1.88×10^5kPa，则

$$x^*=\frac{30.39}{188000}=1.62\times10^{-4}$$

【例6-3】向盛有一定量水的鼓泡吸收器中通入纯的CO_2气体，经充分接触后，测得水中的CO_2平衡浓度为2.875×10^{-2}kmol/m³，鼓泡器内总压为101.3kPa，水温30℃，溶液密度为1000kg/m³。试求亨利系数E、溶解度系数H及相平衡常数m。

解　查得30℃，水的p_s=4.2kPa

$$p_A^*=p-p_s=101.3-4.2=97.1(\text{kPa})$$

稀溶液

$$c\approx\frac{\rho}{M_s}=\frac{1000}{18}=55.56(\text{kmol/m}^3)$$

$$x=\frac{c_A}{c}=\frac{2.875\times10^{-2}}{55.56}=5.17\times10^{-4}$$

$$E=\frac{p_A^*}{x}=\frac{97.1}{5.17\times10^{-4}}=1.876\times10^5\ (\text{kPa})$$

$$H=\frac{c_A}{p_A^*}=\frac{2.875\times10^{-2}}{97.1}=2.96\times10^{-4}\ [\text{kmol/(kPa}\cdot\text{m}^3)]$$

$$m=\frac{E}{p}=\frac{1.876\times10^5}{101.3}=1852$$

二、气-液相平衡关系在吸收过程中的应用

1. 判别过程进行的方向和限度

气体吸收是物质自气相到液相的转移过程，属于传质过程。混合气体中某一组分能否进入溶剂里，由气体中该组分的分压 p_A 和与液相平衡的该组分的平衡分压 p_A^* 来决定，如图 6-12 所示。

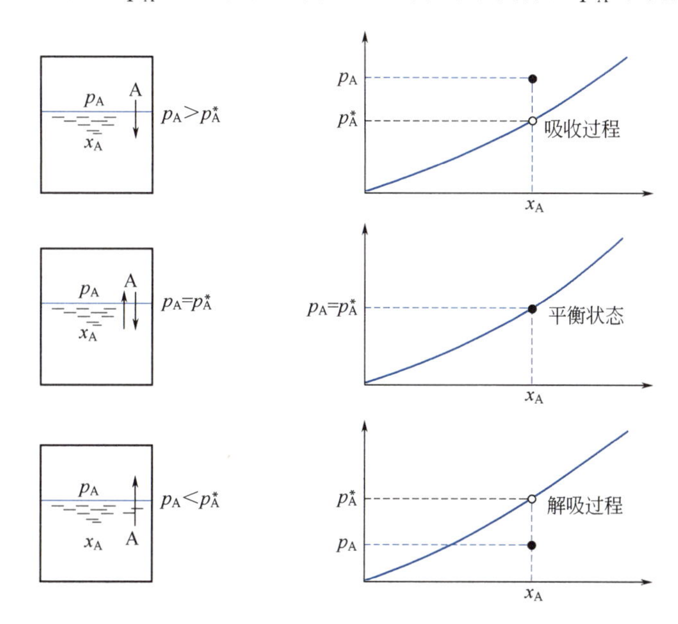

图6-12　传质过程的方向和限度

如果 $p_A>p_A^*$ 这个组分便可自气相转移到液相，此过程称为吸收过程。转移的结果是溶液里溶质的浓度增高，其平衡分压 p_A^* 也随着增高；

当 $p_A=p_A^*$ 时，宏观传质过程就停止，这时气液两相达到相平衡；

若 $p_A<p_A^*$ 时，则溶质便要从溶液中释放出来，即从液相转移到气相，这种过程称为解吸。

因此，根据两相的平衡关系就可判断传质过程的方向与极限。

2. 确定吸收过程的推动力

在吸收过程中，通常以实际含量与平衡含量的偏离程度来表示吸收的推动力。显然，当 $p_A>p_A^*$ 或 $Y>Y^*$ 时，状态点处于平衡线的上方，它是吸收过程进行的必要条件，如图 6-12 所示。状态点距平衡线的距离越远，气液接触的实际状态偏离平衡状态的程度越大，其吸收过程中的推动力 $\Delta p=p_A-p_A^*$ 或 $\Delta Y=Y-Y^*$ 就越大，吸收速率也就越大。在其他条件相同的条件下，吸收越容易进行；反之，吸收越难进行。

【例 6-4】用清水逆流吸收混合气中的氨，进入常压吸收塔的气体含氨 6%（体积分数），吸收后气体出口中含氨 0.4%（体积分数），溶液出口浓度为 0.012（摩尔比），操作条件下相平衡关系为 $Y^*=2.52X$。试用气相摩尔比表示塔顶和塔底处吸收的推动力。

解 $Y_1=\dfrac{y_1}{1-y_1}=\dfrac{0.06}{1-0.06}=0.064$

$Y_1^*=2.52X_1=2.52\times 0.012=0.03024$

$Y_2=\dfrac{y_2}{1-y_2}=\dfrac{0.004}{1-0.004}=0.00402$　$Y_2^*=2.52X_2=2.52\times 0=0$

塔顶吸收推动力为　$\Delta Y_2=Y_2-Y_2^*=0.00402=0.00402$

塔底吸收推动力为　$\Delta Y_1=Y_1-Y_1^*=0.064-0.03024=0.034$

三、吸收机理分析

1. 传质的基本方式

吸收过程涉及两相间的物质传递，即溶质由气相传递到液相的过程。无论是气相内传质还是液相内传质，物质传递的方式包括两种基本方式，分子扩散和对流扩散。

传质基本方式

（1）分子扩散　当流体内部某一组分存在浓度差时，因微观的分子热运动使组分从浓度高处传递到较低处，这种现象称为分子扩散。分子扩散发生在静止或层流流体里。将一勺砂糖投于杯水中，片刻后整杯的水都会变甜，这就是分子扩散的结果。

（2）对流扩散　分子扩散现象只存在于静止流体或层流流体中。但工业生产中常见的是物质在湍流流体中的对流传质现象。与对流传热类似，对流传质通常指流体与某一界面之间的传质。当流体流动或搅拌时，由于流体质点的宏观运动（湍流或涡流），使组分从浓度高处向低处移动，这种现象称为涡流扩散或湍流扩散。而在湍流流体中，对流传质则是分子扩散和涡流扩散共同作用的结果。

2. 吸收机理

吸收过程即传质过程，它包括三个步骤：溶质由气相主体传递到两相界面，即气相内的物质传递；溶质在相界面上的溶解，由气相转入液相，即界面上发生的溶解过程；溶质自界面被传递至液相主体，即液相内的物质传递。

通常，第二步即界面上发生的溶解过程很容易进行，其阻力很小，故认为相界面上的溶解推动力亦很小，小至可认为其推动力为零，则相界面上气、液组成满足相平衡关系，这样总过程的速率将由两个单相即第一步气相传质和第三步液相内的传质速率所决定。

描述两相之间传质过程的理论很多，许多学者对吸收机理提出了不同的简化模型，其中双膜理论一直占有很重要的地位。它不仅适用于物理吸收，也适用于伴有化学反应的化学吸收过程。双膜理论示意如图 6-13 所示。双膜理论的基本论点如下。

① 相互接触的气液两流体间存在着稳定的相界面，在界面上，气液两相浓度互呈平衡态，相界面上无扩散阻力，相界面上两相处于平衡状态，即 p_{Ai} 与 c_{Ai} 符合平衡关系。

双膜理论要点

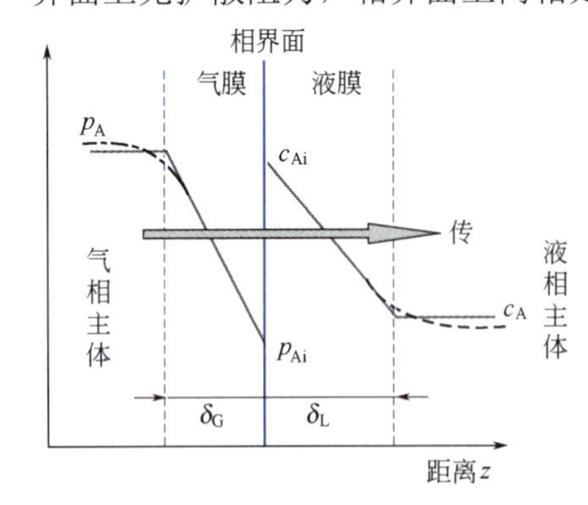

图6-13　双膜理论示意图

6.3 双膜理论

② 在相界面附近两侧分别存在一层稳定的滞留膜层称为气膜和液膜。气膜和液膜集中了吸收的全部阻力。

③ 在两相主体中吸收质的浓度均匀一致，因而不存在传质阻力，仅在薄膜层中存在分子扩散阻力。

吸收质通过气相主体以分压差 p_A-p_{Ai} 为推动力克服气膜的阻力，从气相主体以分子扩散的方式通过气膜相界面上，相界面上吸收质在液相中的浓度 c_{Ai} 与 p_{Ai} 平衡，吸收质又以浓度差 $c_{Ai}-c_A$ 为推动力克服液膜的阻力，以分子扩散的方式通过液膜，从相界面扩散到液相主体中去，完成整个吸收过程。

通过上述分析可以看出，传质的推动力来自吸收质组分的分压差和在溶液中该组分的浓度差，而传质阻力主要来自气膜和液膜内。

四、吸收速率方程

吸收速率指单位时间内单位相际传质面积上吸收的溶质的量。表明吸收速率与吸收推动力之间关系的数学表达式称为吸收传质速率方程。吸收速率用 N_A 表示，单位是 kmol/（m^2·s）。

由于吸收系数及其相应的推动力的表达方式多种多样，因此出现了多种形式的吸收速率方程式。

1. 相内吸收速率方程

（1）液相膜内传质速率方程

相内传质推动力形式

$$N_A=k_x(x_i-x) \tag{6-12}$$

$$N_A=k_L(c_i-c) \tag{6-13}$$

$$N_A=k_X(X_i-X) \tag{6-14}$$

式中　N_A——吸收速率，kmol/（m^2·s）；

k_L——以液相摩尔浓度差（c_i-c）表示推动力的液相传质系数，m/s；

k_x——以液相摩尔分数差（x_i-x）表示推动力的液相传质系数，kmol/（m^2·s）；

k_X——以液相摩尔比差（X_i-X）表示推动力的液相传质系数，kmol/（m^2·s）。

*K*与*k*的含义

（2）气相膜内吸收速率方程

$$N_A=k_y(y-y_i) \tag{6-15}$$

$$N_A=k_G(p-p_i) \tag{6-16}$$

$$N_A=k_Y(Y-Y_i) \tag{6-17}$$

式中　k_G——以分压差（$p-p_i$）表示推动力的气相传质系数，kmol/（m^2·s·kPa）；

k_y——以摩尔分数差（$y-y_i$）表示推动力的液相传质系数，kmol/（m^2·s）；

k_Y——以摩尔比之差（$Y-Y_i$）表示推动力的气相传质系数，kmol/（m^2·s）。

2. 相际传质速率方程

（1） 以气相推动力（$Y-Y^*$）表示的总传质速率方程式　对于气液相平衡关系为直线，$Y^*=mX+b$则有

$$X_i=\frac{Y_I-b}{m} \qquad X=\frac{Y^*-b}{m}$$

相际推动力形式

代入液相传质速率方程式（6-14），并将其写成移动力/阻力的形式，得

$$N_A=k_X(X_i-X)=\frac{X_i-X}{\frac{1}{k_X}}=\frac{\frac{Y_i-b}{m}-\frac{Y^*-b}{m}}{\frac{1}{k_x}}=\frac{Y_i-Y^*}{\frac{m}{k_x}}$$

将气相传质速率方程式（6-17），写成推动力/阻力的形式，得

$$N_A=k_Y(Y-Y_i)=\frac{Y-Y_i}{\frac{1}{k_Y}}$$

在稳态的传质过程中，溶质通过气相的传质速率与通过液相的传质速率恒等，则有

$$N_A = \frac{Y - Y_i}{\frac{1}{k_Y}} = \frac{Y_i - Y^*}{\frac{m}{k_x}}$$

根据串联过程的加和性原则，将上式的 Y_i 消去得

$$N_A = \frac{Y - Y^*}{\frac{1}{k_Y} + \frac{m}{k_x}}$$

令

$$\frac{1}{K_Y} = \frac{1}{k_Y} + \frac{m}{k_X} \tag{6-18}$$

式（6-18）表明

相际传质总阻力＝气膜阻力+液膜阻力

得到以气相推动力（$Y-Y^*$）表示的总传质速率方程式为

$$N_A = K_Y(Y - Y^*) \tag{6-19}$$

式中　K_Y——以气相推动力（$Y-Y^*$）表示的气相总传质系数，kmol /（m^2·s）。

（2） 以液相推动力（X^*-X）表示的总传质速率方程式　对于气液相平衡关系为直线 $Y^*=mX+b$，则有

$$Y_i = mX_i + b \quad Y = mX^* + b$$

代入气相传质速率方程式（6-17），并将其写成移动力 / 阻力的形式，得

$$N_A = k_Y(Y - Y_i) = \frac{Y - Y_i}{\frac{1}{k_Y}} = \frac{(mX^* + b) - (mX_i + b)}{\frac{1}{k_Y}} = \frac{m(X^* - X_i)}{\frac{1}{k_Y}} = \frac{X^* - X_i}{\frac{1}{mk_Y}}$$

将液相传质速率方程式（6-14）写成推动力 / 阻力的形式，得

$$N_A = k_X(X_i - X) = \frac{X_i - X}{\frac{1}{k_X}}$$

在稳态的传质过程中，溶质通过气相的传质速率与通过液相的传质速率恒等，则有

$$N_A = \frac{X^* - X_i}{\frac{1}{mk_Y}} = \frac{X_i - X}{\frac{1}{k_X}}$$

根据串联过程的加和性原则，将上式的 Y_i 消去得

$$N_A = \frac{X^* - X}{\frac{1}{mk_Y} + \frac{1}{k_x}}$$

令

$$\frac{1}{K_X} = \frac{1}{mk_Y} + \frac{1}{k_x} \tag{6-20}$$

式（6-20）表明

相际传质总阻力＝气膜阻力+液膜阻力

得到以液相推动力（X^*-X）表示的总传质速率方程式为

$$N_A = K_X(X^* - X) \tag{6-21}$$

式中　K_X——以液相推动力（X^*-X）表示的液相总传质系数，kmol/（m^2·s）。

将式（6-18）和式（6-20）比较

$$K_X = mK_Y$$

根据推动力的表示方法不同，对于稳态吸收过程的几种总传质速率方程汇总如下：

以气相组成表示的总传质速率方程

$$N_A = K_y\left(y - y^*\right) = K_x(x^* - x) \tag{6-22}$$

$$N_A = K_G\left(p - p^*\right) = K_L(C^* - C) \tag{6-23}$$

$$N_A = K_Y(Y - Y^*) = K_X(X^* - X) \tag{6-24}$$

式中　K_y——以气相推动力（$y-y^*$）表示的气相总传质系数，kmol/(m²·s)；

K_x——以液相推动力（x^*-x）表示的液相传质系数，kmol/(m²·s)；

K_G——以气相推动力（$P-P^*$）表示的气相总传质系数，kmol/(m²·s·kPa)；

K_L——以液相推动力（C^*-C）表示的液相传质系数，kmol/(m²·s)；

K_Y——以气相推动力（$Y-Y^*$）表示的气相总传质系数，kmol/(m²·s)；

K_X——以液相推动力（X^*-X）表示的液相传质系数，kmol/(m²·s)。

传质系数之间关系：

$$K_Y = pK_G \quad K_X = cK_L \quad k_Y = pk_G \quad k_X = ck_L$$

特别提示：由于传质速率方程式形式多种多样，使用时应该注意以下几点。

① 传质系数与传质推动力表示方式必须对应。如总传质系数与总传质推动力对应，膜内传质系数要与膜内传质推动力相对应。

② 掌握各传质系数的单位与所对应的传质推动力的表达形式。能够根据已知条件的单位判断出推动力的表达形式类型。

③ 注意不同传质系数之间的换算关系。K_Y 与 K_X 尽管其数值大小接近，但并不相等，因为它们所对应的传质推动力不相同。

五、吸收过程的控制

这里对式（6-18）和式（6-20）进一步讨论。吸收过程中传质阻力和传质速率的控制因素。由于

$$吸收速率=\frac{传质推动力}{传质阻力}=传质系数\times吸收推动力$$

显然

$$传质系数=\frac{1}{传质阻力}$$

由吸收速率方程知，吸收过程总阻力等于气膜阻力和液膜阻力之和，即气膜传质系数的倒数和液膜传质系数的倒数之和，两相的传质系数应与传质推动力的形式相对应。

1. 气膜控制

对于溶解度较大的易溶气体，即相平衡常数 m 很小时，式（6-18）可简化为 $K_Y=k_Y$，传质阻力主要集中在气膜中，说明此吸收过程由气膜阻力控制，称为气膜控制。如用水吸收氯化氢、氨气等过程。对于气膜控制的吸收过程，若要提高其传质速率，在选择设备形式和操作条件时，应特别注意减少气膜的阻力。

2. 液膜控制

对于溶解度较小的难溶气体，即相平衡常数 m 很大时，式（6-20）可简化为 $K_X=k_X$，传质阻力主要集中在液膜中，说明此吸收过程由液膜阻力控制，称为液膜控制。如用水吸收二氧化碳、氧气、氢气、氯气等过程。对于液膜控制的吸收过程，若要提高其传质速率，在选择设备形式和

操作条件时，应特别注意减少液膜的阻力。

3. 双膜控制

对于中等溶解度的气体吸收过程，吸收过程受气膜和液膜的双膜控制，气膜和液膜阻力都要同时考虑。用水吸收二氧化硫及丙酮蒸汽，气膜阻力和液膜阻力各占一定比例，此时应同时设法减小气膜阻力和液膜阻力，传质速率才会有明显提高，称这种情况为“双膜控制”。

特别提示： 当$m<1$时，可以认为是易溶气体；当$m>100$时，可以认为是难溶气体；当$m=1\sim100$时，可以认为是中等溶解度。

表 6-3 列出了常见吸收过程的控制因素。

表6-3　常见吸收过程的控制因素举例

气膜控制	液膜控制	双膜控制
H_2O 吸收 NH_3	H_2O 或弱碱吸收 CO_2	H_2O 吸收 SO_2
H_2O 吸收 HCl	H_2O 吸收 Cl_2	H_2O 吸收丙酮
碱液或氨水吸收 SO_2	H_2O 吸收 O_2	浓硫酸吸收 NO_2
浓硫酸吸收 SO_2	H_2O 吸收 H_2	
弱碱吸收 H_2S		

六、提高吸收速率的途径

吸收速率是计算吸收设备的重要参数，吸收速率高，吸收设备单位时间内吸收的量也随之提高，根据前面的分析，可以采取以下措施来提高吸收效果。

工业中提高吸收效果的措施

① 提高气、液两相相对运动速度，降低气膜、液膜的厚度以减小阻力；

② 选用对吸收质溶解度大的溶液作吸收剂；

③ 适当提高供液量，降低液相主体中溶质浓度以增大吸收推动力；

④ 增大气液相接触面积。

6.4 吸收剂消耗量的计算

任务四

吸收剂消耗量的确定

通过物料衡算及操作线方程，确定吸收剂用量和塔设备的主要尺寸。吸收操作既可以采用板式塔又可以采用填料塔。通常吸收操作选用连续接触的填料塔。

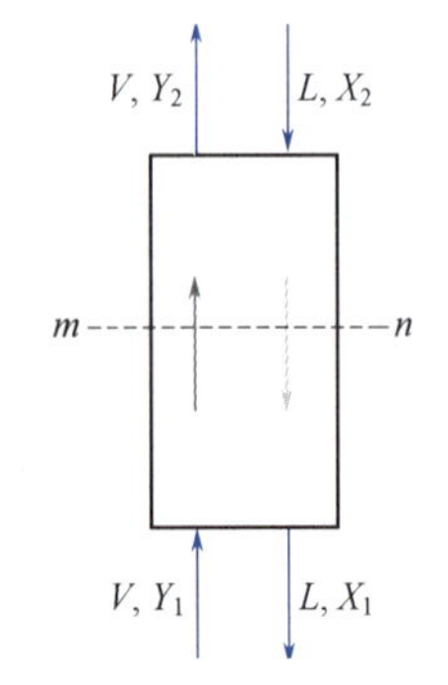

图6-14　逆流吸收塔操作示意图

一、全塔物料衡算和操作线方程

V、L、Y_1、Y_2、X、X_2含义

在填料塔内气液两相可作逆流也可作并流流动，在两相进出口浓度一定的情况下，逆流的平衡推动力大于并流。同时，逆流操作时下降至塔底的液体与进塔的气体相接触，有利于提高出塔的液体浓度，而且可减小吸收剂用量；上升至塔顶的气体与进塔的新鲜吸收剂接触，有利于降低出塔气体的浓度，可提高溶质的吸收率。图 6-14 所示的吸收操作就是逆流操作的填料塔。

为使低浓度气体的吸收计算大大简化，吸收塔进行物料衡算限于如下假设条件。

① 由于在许多工业吸收过程中，进塔混合气体中的溶质浓度不高，所以吸收为低浓度等温物理吸收，总吸收系数为常数。

② 惰性组分 B 在吸收剂中完全不溶解，吸收剂在操作条件下完全不挥发，惰性气体和吸收剂在整个吸收塔中均为常量。

1. 全塔物料衡算

进入吸收塔的气体混合物中含有溶质 A 和不被吸收的惰性组分 B，而液体中含有吸收剂 S 和微量的溶质 A。在吸收过程中，气相中的溶质不断转移到液相中来，使气体混合物中 A 的量不断减少，而在溶液中 A 的量不断增多。但气相中惰性气体量 B 和液相中吸收剂 S 的量始终是不变的。因此，在进行物料衡算时，以不变的惰性气体流量 V 和吸收剂 L 的流量作为计算基准，并用摩尔比表示气液相的组成最为方便。

如图 6-14 所示，由物料守恒，即气体混合物经过吸收塔后，气相中溶质 A 的减少量应等于液相中溶质 A 的增加量，即

全塔物料衡算式

$$VY_1+LX_2=VY_2+LX_1 \tag{6-25}$$

或

$$V(Y_1-Y_2)=L(X_1-X_2) \tag{6-25a}$$

式中　V——惰性气体的摩尔流量，kmol（B）/h;

L——吸收剂的摩尔流量，kmol（S）/h；

Y——塔内任一截面 m—n 处气相中溶质的摩尔比，kmol（A）/kmol（B）;

X——塔内任一截面 m—n 处液相中溶质的摩尔比，kmol（A）/kmol（S）;

Y_1，Y_2——进塔和出塔气相中溶质的摩尔比，kmol（A）/kmol（B）；

X_1，X_2——进塔和出塔液相中溶质的摩尔比，kmol（A）/kmol（S）。

在式（6-25）中，出塔气体的组成 Y_2 一般由进塔气体的组成 Y_1 和溶质的回收率来决定，即

$$Y_2=Y_1(1-\eta) \tag{6-26}$$

或

$$\eta=\frac{Y_1-Y_2}{Y_1} \tag{6-26a}$$

式中　η——被吸收的溶质的回收率或吸收率，$\eta<1$，量纲为1。

η 表示气体混合物的分离程度。Y_2 越小，η 越接近于 1，所以分离要求也就越高。

2. 操作线方程

吸收塔内气、液组成沿塔高的变化受物料衡算的约束，为求得逆流吸收塔任一截面上相互接触的气液组成之间的关系，可在塔底与塔中任一截面 m—n 间作溶质 A 的物料衡算，得操作线方程为

操作线斜率含义

$$V(Y_1-Y)=L(X_1-X) \tag{6-27}$$

或

$$Y=\frac{L}{V}X+\left(Y_1-\frac{L}{V}X_1\right) \tag{6-27a}$$

同理，在塔顶与塔中任一截面 m—n 间作溶质 A 的物料衡算，得操作线方程为

$$V(Y-Y_2)=L(X-X_2) \tag{6-28}$$

或

$$Y=\frac{L}{V}X+\left(Y_2-\frac{L}{V}X_2\right) \tag{6-28a}$$

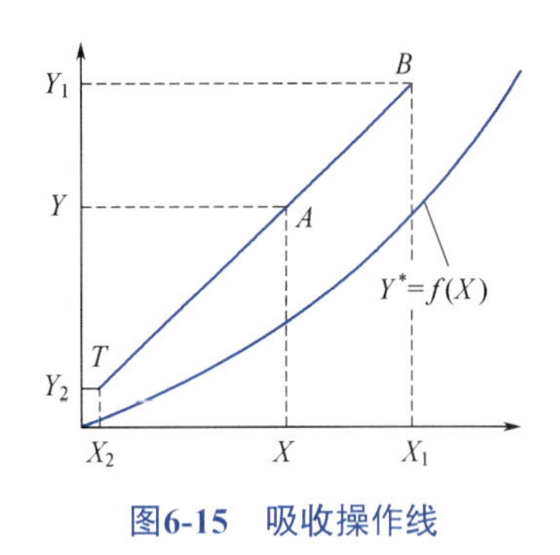

图6-15　吸收操作线

式（6-27a）和式（6-28a）均称为逆流吸收操作的操作线方程。故式（6-27a）和式（6-28a）是等效的。在稳定吸收的条件下，L、V、X_2、Y_1 均为定值，由操作线方程可知，逆流吸收的操作线是一条通过（X_1，Y_1）和（X_2，Y_2）两点且斜率为 $\frac{L}{V}$ 的直线，即图 6-15 所示的 TB 线。

吸收操作线方程表明了塔内任意截面上的气液相组成 Y 与 X 之间的关系，给定任意一个液相组成 X（$X_1>X>X_2$）值，均可利用操作线方程，计算出与之在相同高度处，进行接触传质的气相组成。同理，给定任意一个气相摩尔比 Y（$Y_1>Y>Y_2$）值，均可利用操作线方程，计算出与之在相同高度处，能进行接触传质的液相组成。

二、吸收剂用量的确定

在吸收塔计算中，通常所处理的气体流量、气体初始和最终组成及吸收剂的初始组成由吸收任务决定。如果吸收液的浓度也已规定，则可以通过物料衡算求出吸收剂用量，否则，必须综合考虑吸收剂对吸收过程的影响，合理选择吸收剂的用量。

例如，在图 6-15 中，T 点的坐标（X_2，Y_2），纵坐标为出塔气体摩尔比 Y_2，如果溶质是有害气体，一般直接规定 Y_2 的值为定值，一般是排污标准。如果吸收的目的是回收有用物质，则以回收率的形式给出，即 $Y_2=Y_1(1-\eta)$。不论是上述哪种情况，Y_2 均为定值。

X_2 是吸收剂进塔浓度，X_2 的大小取决于吸收剂再生塔的再生能力，也是固定值，而不是吸收塔设计人员可以随意确定的。因此，T 点固定不变。

B 点的坐标（X_1，Y_1），Y_1 是处理混合气体中溶质 A 的含量，是污染源产生污染物的浓度，是吸收塔的生产任务，不可更改，为定值。而 X_1 则是塔底吸收液的浓度即摩尔比，它随着吸收剂量的改变而改变，故操作线的点 B 沿着直线 $Y=Y_1$ 左右滑动，向左滑动，操作线斜率增加；向右滑动，操作线斜率减小，操作线的斜率 L/V 的变化取决于吸收剂用量 L 的大小。

1. 液气比及最小液气比

（1）液气比　操作线TB的斜率L/V称为液气比，它是吸收剂与惰性气体摩尔流量之比，反映了单位气体处理量的吸收剂消耗量的大小。当气体处理量一定时，液气比L/V取决于吸收剂用量的大小。液气比的大小是影响吸收操作的重要因素之一，它直接影响吸收的分离效果、设备尺寸的大小和操作费用的高低，它是吸收操作设计时的一个重要参数。

（2）最小液气比　如图6-16（a）所示，由于X_2，Y_2是给定的，所以操作线的端点T固定，另一端点B则可在$Y=Y_1$的直线上左右移动。若增大吸收剂用量，操作线向远离平衡线方向偏移由TB变TB'，吸收推动力增大，传质速率增加，在单位时间内吸收同量溶质时设备尺寸可以减小，但溶液浓度变稀，溶剂再生所需设备费和操作费增大。若减小吸收剂用量则情况正相反，当吸收剂用量减小到使操作线由TB变TB^*，此时传质的推动力为零，所需的相际接触面积为无穷，此时吸收剂用量为最小，用L_{min}表示。

最小液汽比确定

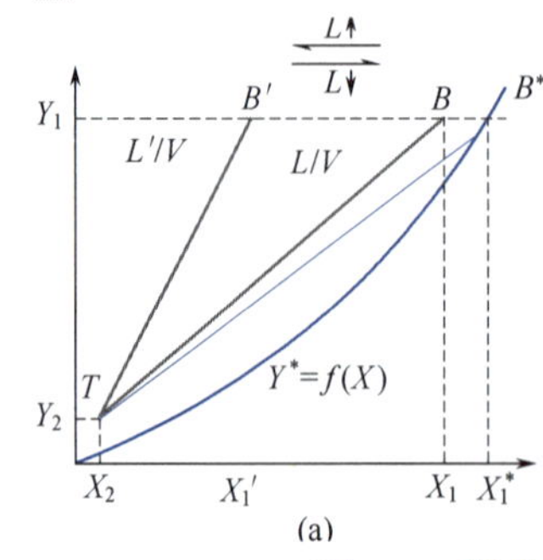

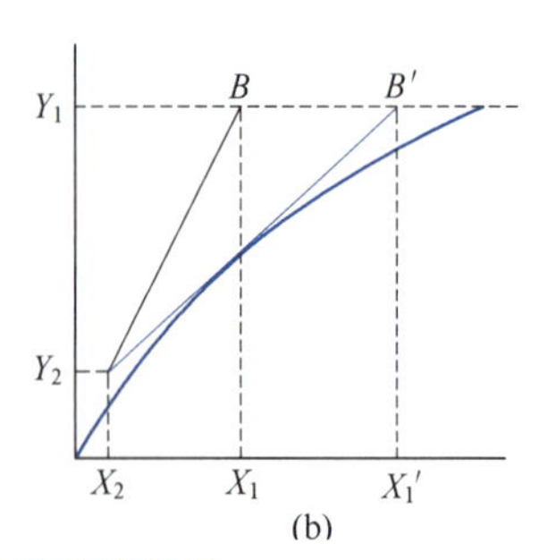

图6-16　吸收塔的最小液气比

最小液气比 L_{min} 可由图解法求得，若吸收平衡曲线符合亨利定律，如图 6-16（a）所示的一般情况，则可由图定出 $Y=Y_1$ 与平衡线的交点 B^* 所对应的横坐标 X_1^* 的值，由下式计算出最小的液气比，即

$$\left(\frac{L}{V}\right)_{min}=\frac{Y_1-Y_2}{X_1^*-X_2}=\frac{Y_1-Y_2}{\frac{Y_1}{m}-X_2} \tag{6-29}$$

则

$$L_{min}=\frac{V(Y_1-Y_2)}{X_1^*-X_2}=\frac{V(Y_1-Y_2)}{\frac{Y_1}{m}-X_2} \tag{6-29a}$$

L_{min}求法

式中　L_{min}——吸收剂最小用量，kmol/h；

X_1^*——操作线与平衡线相交时液相的浓度，kmol（A）/kmol（S）。X_1^* 也可按 $X_1^*=Y_1/m$ 求出，或直接读 B^* 点的横坐标。

如果吸收平衡曲线的形状使操作线与平衡线相切，如图 6-16（b）所示，此时最小液气比的计算式仍用式（6-29）求出，只是式中 X_1^* 的数值只能读 B' 的横坐标，不能用 $Y^*=mX$ 求得。

2. 吸收剂用量控制

吸收剂用量的选择是一个安全的优化问题，当 V 值一定时，吸收剂用量减少，液气比减少，操作线靠近平衡线，吸收过程的推动力减小，传质速率降低，在完成同样生产任务的情况下，吸收塔必须增高，设备费用增多；吸收剂用量增大，操作线远离平衡线，吸收过程的推动力增大，传质速率越大，在完成同样生产任务的情况下，设备尺寸可以减小。但吸收剂的用量并不是越大越好，因为吸收剂用量越大，其输送等操作费用也越大。而且，造成塔底吸收液浓度降低，将会增加回收过程的处理量。

在工业生产中，对实际吸收操作的吸收剂用量或液气比的选择、调节和控制主要从以下几方面考虑：

① 为了完成指定的分离任务，液气比应大于最小液气比，但也不应过高；

② 为了确保填料层的充分润湿，喷淋密度（单位时间单位塔截面上所接受的吸收剂的量）不能太小；

③ 当操作条件发生变化时，为达到预期的吸收目的，应及时调整液气比；

④ 适宜的液气比应根据经济衡算来确定，使设备的折旧费用及操作费用之和最小（如图 6-17 所示），即控制一个适宜的液气比。

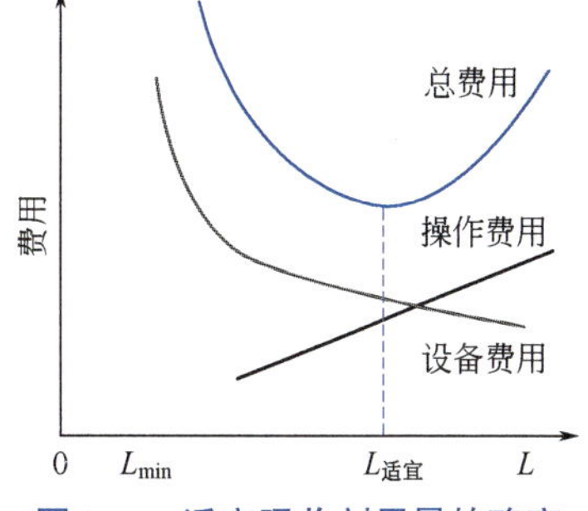

图6-17　适宜吸收剂用量的确定

根据生产实践经验，通常，实际吸收操作的适宜液气比取最小液气比的 1.1～2.0 倍，即

$$\frac{L}{V}=(1.1\sim2.0)\left(\frac{L}{V}\right)_{min} \tag{6-30}$$

【例 6-5】 在逆流吸收塔中，用洗油吸收焦炉气中的芳烃。吸收塔压强为 105kPa，温度为 300K，焦炉气流量为 1000m^3/h，其中所含芳烃组成为 0.02（摩尔分数，下同），吸收率为 95%，进塔洗油中所含芳烃组成为 0.005。若取吸收剂用量为最小用量的 1.5 倍，操作条件下气液平衡关系为 $Y^*=0.125X$。试求进入塔顶的洗油摩尔流量及出塔吸收液组成。

解　先求进入吸收塔的惰性气体摩尔流量：

$$V=\frac{1000}{22.4}\times\frac{273}{300}\times\frac{105}{101.3}\times(1-0.02)=41.27\ (\text{kmol/h})$$

进塔气体中芳烃的摩尔比　$Y_1=\dfrac{y_1}{1-y_1}=\dfrac{0.02}{1-0.02}=0.0204$

出塔气体中芳烃的摩尔比　$Y_2=Y_1(1-\eta)=0.0204(1-0.95)=0.00102$

进塔洗油中芳烃摩尔比　$X_2=\dfrac{x_2}{1-x_2}=\dfrac{0.005}{1-0.005}=0.00503$

$$L_{min}=V\frac{Y_1-Y_2}{\dfrac{Y_1}{m}-X_2}=41.27\times\frac{0.0204-0.00102}{\dfrac{0.0204}{0.125}-0.00503}=5.06\ (\text{kmol/h})$$

故 $L=1.5L_{min}=1.5\times5.06=7.59\text{kmol/h}$。

L 为每小时进塔纯溶剂用量。由于入塔洗油中含有少量芳烃，则每小时入塔的洗油量应为

$$L'=L(1+X_2)=7.59(1+0.00503)=7.63\text{kmol/h}$$

$$X_1=X_2+\frac{V(Y_1-Y_2)}{L}=0.00503+\frac{41.27\times(0.0204-0.00102)}{7.59}=0.11$$

【例 6-6】在一填料吸收塔内，用清水逆流吸收混合气体中的有害组分 A，已知进塔混合气体中组分 A 的浓度为 0.04（摩尔分数，下同），出塔尾气中 A 的浓度为 0.005，出塔水溶液中组分 A 的浓度为 0.012，操作条件下气液平衡关系为 $Y^*=2.5X$。试求操作液气比是最小液气比的倍数？

解　$Y_1=\dfrac{y_1}{1-y_1}=\dfrac{0.04}{1-0.04}=0.0417$

$Y_2=\dfrac{y_2}{1-y_2}=\dfrac{0.005}{1-0.005}=0.005$，$X_1=\dfrac{x_1}{1-x_1}=\dfrac{0.012}{1-0.012}=0.0121$

$$\left(\frac{L}{V}\right)_{min}=\frac{Y_1-Y_2}{X_1^*-X_2}=\frac{Y_1-Y_2}{\dfrac{Y_1}{m}}=m\left(1-\frac{Y_2}{Y_1}\right)=2.5\left(1-\frac{0.005}{0.0417}\right)=2.2$$

$$\frac{L}{V}=\frac{Y_1-Y_2}{X_1-X_2}=\frac{0.0417-0.005}{0.0121-0}=3.03$$

$$\frac{L}{V}\Big/\left(\frac{L}{V}\right)_{min}=\frac{3.03}{2.2}=1.38$$

任务五

填料吸收塔直径和填料层高度的确定

6.5 塔径和填料层高度的计算

一、填料吸收塔直径的确定

1. 填料吸收塔直径

填料吸收塔直径可根据圆形管道内的流量与流速关系式计算，即

塔直径D圆整的含义

$$V_s=\frac{\pi}{4}D^2u \tag{6-31}$$

故

$$D=\sqrt{\frac{4V_s}{\pi u}} \tag{6-31a}$$

式中　D——吸收塔的直径，m；

V_s——操作条件下混合气体的体积流量，m^3/s；

u——空塔气速，m/s。

特别提示： 设计塔径时通常取全塔中气量最大值，即以进塔气量为计算依据；按式（6-31a）计算出的塔径，还应根据国家压力容器公称直径的标准进行圆整。

2. 空塔气速选取

空塔气速是按空塔截面计算的混合气体的线速度（m/s），其值为0.2～0.3m/s到1～1.5m/s不等，适宜的数值由实验或经验式求得。通常先查阅《化学工程手册》确定液泛气速 u_f，然后根据填料类型确定安全系数。

一般散装填料，空塔气速按下式取值，即

$$u=(0.5\sim0.85)u_f \tag{6-32}$$

u_f含义

对于规整填料，空塔气速按下式取值，即

$$u=(0.6\sim0.95)u_f \tag{6-33}$$

液泛气速 u_f 的选择主要考虑两个因素：一是物系的发泡情况，易起泡沫的物系，液泛气速 u_f 取下限，反之取上限；二是吸收塔的操作压力，加压时液泛气速 u_f 取上限，反之取下限。

二、填料层高度的确定

为了达到指定的分离要求，吸收塔必须提供足够的气液两相接触面积。因此，填料塔塔内的填料装填量或一定直径的塔内填料层的高度将直接影响吸收的效果。

1. 填料层高度的基本计算式

前已述及，填料塔是一个连续接触式设备，气液两相的组成均沿填料层高度而变化，故塔内各横截面积上的吸收速率并不相同，因此需采用微积分的方法计算填料层高度。

如图6-18所示，分析填料层内某一微元dZ内的溶质吸收过程，厚度为dZ微元的填料层的传质面积为

$$dA=a\Omega dZ \tag{6-34}$$

稳定吸收时，由物料衡算可知，气相中溶质减少的量等于液相中溶质增加的量，即单位时间由气相转移到液相溶质A的量可用下式表达，即

$$dG_A=VdY=LdX \tag{6-35}$$

$$dG_A=N_A dA=N_A a\Omega dZ \tag{6-36}$$

式中　dG_A——微元填料层中单位时间内由气相转移到液相中溶质的量，kmol/h；

dA——微元填料层所提供的传质面积，m^2；

Ω——塔的截面积，m^2；

a——单位体积的填料层所提供的有效传质比表面积，m^2/m^3。

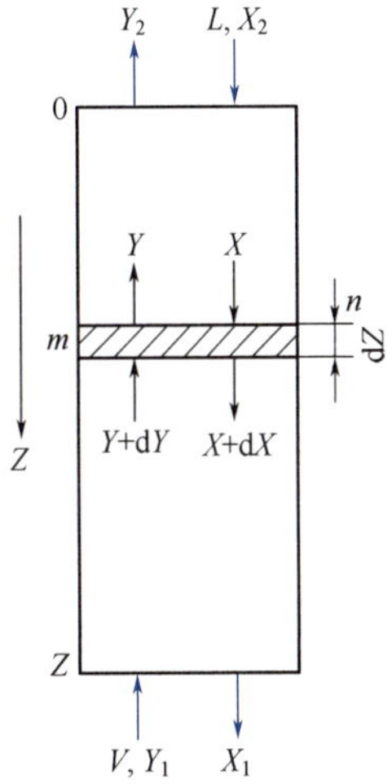

图6-18　填料层高度计算示意图

将吸收速率方程 $N_A=K_Y(Y-Y^*)$ 和式 $N_A=K_X(X^*-X)$ 分别代入式（6-36）得

$$dG_A=K_Y(Y-Y^*)a\Omega dZ \tag{6-37}$$

$$dG_A=K_X(X^*-X)a\Omega dZ \tag{6-38}$$

将式（6-35）、式（6-36）与式（6-37）和式（6-38）分别联立得

$$dZ=\frac{V}{K_Y a\Omega}\times\frac{dY}{Y-Y^*}\tag{6-39}$$

$$dZ=\frac{L}{K_X a\Omega}\times\frac{dX}{X^*-X}\tag{6-40}$$

有效吸收面积 a 的数值总小于填料的比表面积，而且与填料的类型、形状、尺寸、填充情况有关，还随流体物性、流动状况而变化。其数值不易直接测定，通常将它与传质系数的乘积作为一个物理量，称为体积传质系数。如 $K_Y a$ 为气相总体积传质系数，单位为 $kmol/(m^3 \cdot s)$；$K_X a$ 为液相总体积传质系数，单位为 $kmol/(m^3 \cdot s)$。

体积传质系数的物理意义：在单位推动力下，单位时间单位体积填料层内吸收的溶质量。

当吸收塔定态操作时，V、L、Ω、a 皆不随时间而变化，也不随截面位置变化。对于低浓度吸收，在全塔范围内气液相的物性变化都较小，通常体积传质系数在全塔范围内为常数或用平均值代替。

将式（6-39）和式（6-40）分别积分得

$$Z=\int_{Y_2}^{Y_1}\frac{V\,dY}{K_Y a\Omega(Y-Y^*)}=\frac{V}{K_Y a\Omega}\int_{Y_2}^{Y_1}\frac{dY}{Y-Y^*}\tag{6-41}$$

$$Z=\int_{X_2}^{X_1}\frac{L\,dX}{K_X a\Omega(X^*-X)}=\frac{L}{K_X a\Omega}\int_{X_2}^{X_1}\frac{dX}{X^*-X}\tag{6-42}$$

则式（6-41）和式（6-42）为稳定态吸收填料层高度基本计算式。

2. 传质单元高度与传质单元数

令

$$H_{OG}=\frac{V}{K_Y a\Omega}\tag{6-43}$$

$$N_{OG}=\int_{Y_2}^{Y_1}\frac{dY}{Y-Y^*}\tag{6-44}$$

$$H_{OL}=\frac{L}{K_X a\Omega}\tag{6-45}$$

$$N_{OL}=\int_{X_2}^{X_1}\frac{dX}{X^*-X}\tag{6-46}$$

式（6-41）和式（6-42）可表示为

$$Z=N_{OG}H_{OG}\tag{6-47}$$

$$Z=N_{OL}H_{OL}\tag{6-48}$$

式中　H_{OG}、H_{OL}——气相和液相的总传质单元高度，m；

N_{OG}、N_{OL}——气相和液相的总传质单元数，量纲为 1。

总传质单元高度的物理意义是为完成一个传质单元分离效果所需的填料层高度。其数值反映了吸收设备传质效能的高低，H_{OG} 或 H_{OL} 越小，吸收设备传质效能越高，完成一定分离任务所需填料层高度愈小。常用吸收设备传质单元高度为 0.15～1.5m，具体数值需由实验测定。

总传质单元数 N_{OG} 或 N_{OL} 与物系的相平衡关系及进出口浓度有关，但与填料的特性无关，其值可反映吸收传质的难易程度。吸收的推动力越小，分离的难度越大，传质单元数 N_{OG} 或 N_{OL} 就越大。反之，吸收的推动力越大，分离的难度越小，传质单元数 N_{OG} 或 N_{OL} 就越小。所以，当吸收要求一定时，为减小传质单元数 N_{OG} 或 N_{OL} 的值，应设法增大吸收推动力。

3. 传质单元数的计算

传质单元数的求法

求填料层高度的关键问题就是如何求总传质单元数，即 $N_{OG}=\int_{Y_2}^{Y_1}\frac{dY}{Y-Y^*}$ 或 $N_{OL}=\int_{X_2}^{X_1}\frac{dX}{X^*-X}$。而传质单元数的计算方法很多，根据吸收物系相平衡关系的不同，这里主要介绍对数平均推动力法和吸收因数法。

（1）对数平均推动力法　在考察的浓度范围内，若吸收物系的气液相平衡关系可用直线 $Y=mX+b$ 来表示，则传质单元数 N_{OG} 或 N_{OL} 可用对数平均推动力法计算。

由积分中值定理得知：

$$N_{OG}=\int_{Y_2}^{Y_1}\frac{dY}{Y-Y^*}=\frac{Y_1-Y_2}{(Y-Y^*)_m}=\frac{Y_1-Y_2}{\Delta Y_m} \tag{6-49}$$

同理

$$N_{OL}=\int_{X_2}^{X_1}\frac{dX}{X^*-X}=\frac{X_1-X_2}{(X^*-X)_m}=\frac{X_1-X_2}{\Delta X_m} \tag{6-50}$$

而相应的对数平均推动力为

$$\Delta Y_m=\frac{\Delta Y_1-\Delta Y_2}{\ln\frac{\Delta Y_1}{\Delta Y_2}} \tag{6-51}$$

$$\Delta X_m=\frac{\Delta X_1-\Delta X_2}{\ln\frac{\Delta X_1}{\Delta X_2}} \tag{6-52}$$

式中　ΔY_m——气相对数平均推动力，量纲为1；

　　ΔX_m——液相对数平均推动力，量纲为 1。

当 $\frac{1}{2}<\frac{\Delta Y_1}{\Delta Y_2}<2$ 或 $\frac{1}{2}<\frac{\Delta X_1}{\Delta X_2}<2$ 时，相应的对数平均推动力 ΔY_m 或 ΔX_m 也可近似用算术平均推动力来代替，产生的误差小于 4%，这是工程上允许的。

式（6-51）和式（6-52）中，ΔY_1、ΔY_2、ΔX_1、ΔX_2 分别为 $\Delta Y_1=Y_1-Y_1^*$、$\Delta Y_2=Y_2-Y_2^*$、$\Delta X_1=X_1^*-X_1$、$\Delta X_2=X_2^*-X_2$。

N_{OG}与S含义

$$N_{OG}=\frac{Y_1-Y_2}{\Delta Y_m}=\frac{Y_1-Y_2}{\frac{\Delta Y_1-\Delta Y_2}{\ln\frac{\Delta Y_1}{\Delta Y_2}}}=\frac{Y_1-Y_2}{\frac{(Y_1-Y_1^*)-(Y_2-Y_2^*)}{\ln\frac{Y_1-Y_1^*}{Y_2-Y_2^*}}} \tag{6-53}$$

$$N_{OL}=\frac{X_1-X_2}{\Delta X_m}=\frac{X_1-X_2}{\frac{\Delta X_1-\Delta X_2}{\ln\frac{\Delta X_1}{\Delta X_2}}}=\frac{X_1^*-X_2}{\frac{(X_1^*-X_1)-(X_2^*-X_2)}{\ln\frac{X_1^*-X_1}{X_2^*-X_2}}} \tag{6-54}$$

式中　Y_1^*——与 X_1 相平衡的气相组成；

　　Y_2^*——与 X_2 相平衡的气相组成；

X_1^*——与 Y_1 相平衡的液相组成；

X_2^*——与 Y_2 相平衡的液相组成。

（2）吸收因数法 若气液平衡关系在吸收过程中服从亨利定律，则利用平衡线$Y^*=mX$及操作关系就可对传质单元数的定义式（6-44）求出分析解。

$$N_{OG}=\frac{1}{1-S}\ln\left[(1-S)\frac{Y_1-mX_2}{Y_2-mX_2}+S\right] \tag{6-55}$$

式中，$S=\frac{mV}{L}$ 称为解吸因数或脱吸因数。由式（6-55）可以看出，N_{OG} 的数值与解吸因数 S 及 $\frac{Y_1-mX_2}{Y_2-mX_2}$ 有关。为方便计算，以 S 为参数，$\frac{Y_1-mX_2}{Y_2-mX_2}$ 为横坐标，N_{OG} 为纵坐标，在半对数坐标上标绘式（6-55）的函数关系，得到如图 6-19 所示的曲线，此图可方便地查出 N_{OG} 值。但当 $\frac{Y_1-mX_2}{Y_2-mX_2}<20$ 或 $S>0.75$ 时，读数误差较大。

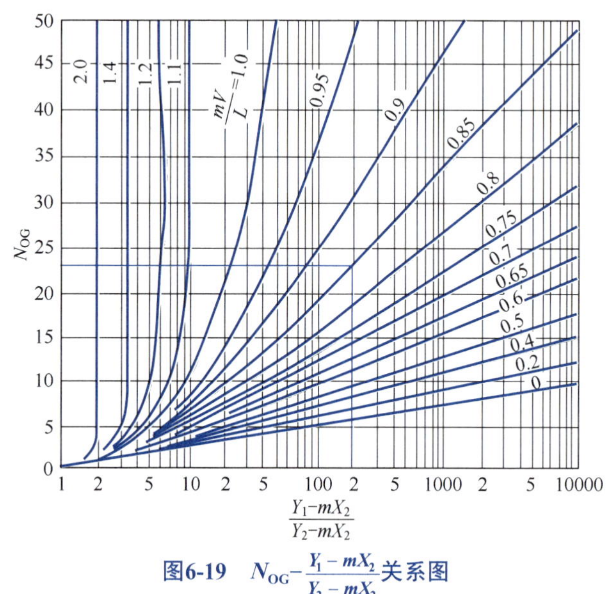

图6-19 $N_{OG}-\frac{Y_1-mX_2}{Y_2-mX_2}$关系图

在吸收操作过程中，由于填料层高度已确定，且总传质单元高度一般也变化不大，故总传质单元数也基本不变。因此，欲提高溶质的回收率，通常需要增大吸收液气比，即减小解吸因数 S 的值，故工业操作的 S 值一般小于 1，通常取 0.7～0.8 是经济合适的。与 N_{OG} 一样，液相总传质单元数 N_{OL} 也可采用类似的解析法计算，即

$$N_{OL}=\frac{1}{1-\frac{1}{S}}\ln\left[\left(1-\frac{1}{S}\right)\frac{Y_1-mX_2}{Y_1-mX_1}+\frac{1}{S}\right] \tag{6-56}$$

【例 6-7】在一塔径为 0.8m 的填料塔内，用清水逆流吸收空气中的氨，要求氨的吸收率为 99.5%。已知空气和氨的混合气质量流量为 1400kg/h，气体总压为 101.3kPa，其中氨的分压为 1.333kPa。若实际吸收剂用量为最小用量的 1.4 倍，操作温度 293K，气液相平衡关系为 $Y^*=0.75X$，气相总体积吸收系数为 0.088kmol/（m³·s），试求：

① 每小时吸收剂水的用量；

② 用平均推动力法求出所需填料层高度。

解 ① 吸收剂水的用量。

先计算混合气体的组成　$y_1=\dfrac{1.333}{101.3}=0.0132$，$Y_1=\dfrac{y_1}{1-y_1}=\dfrac{0.0132}{1-0.0132}=0.0134$

$Y_2=Y_1(1-\eta)=0.0134(1-0.995)=0.0000669$，$X_2=0$

因混合气中氨含量很少，故 $\overline{M}\approx29\text{kg/kmol}$

$$V=\frac{1400}{29}(1-0.0132)=47.7\text{kmol/h},\quad \Omega=0.785\times0.8^2=0.5(\text{m}^2)$$

$$L_{\min}=V\frac{Y_1-Y_2}{X_1^*-X_2}=47.7\times\frac{0.0134-0.0000669}{\dfrac{0.0134}{0.75}-0}=35.6(\text{kmol/h})$$

实际吸收剂用量

$$L=1.4L_{\min}=1.4\times35.6=49.84(\text{kmol/h})$$

吸收剂出塔浓度 X_1

$$X_1=X_2+\frac{V}{L}(Y_1-Y_2)=0+\frac{47.7}{49.8}\times(0.0134-0.0000669)=0.0128$$

② 对数平均推动力。

$$Y_1^*=0.75X_1=0.75\times0.0128=0.00953$$

$$Y_2^*=0$$

$$\Delta Y_1=Y_1-Y_1^*=0.0134-0.00953=0.00387$$

$$\Delta Y_2=Y_2-Y_2^*=0.0000669-0=0.0000669$$

$$\Delta Y_m=\frac{\Delta Y_1-\Delta Y_2}{\ln\dfrac{\Delta Y_1}{\Delta Y_2}}=\frac{0.00387-0.0000669}{\ln\dfrac{0.00387}{0.0000669}}=0.000936$$

传质单元数

$$N_{OG}=\frac{Y_1-Y_2}{\Delta Y_m}=\frac{0.0134-0.0000669}{0.000936}=14.24$$

传质单元高度

$$H_{OG}=\frac{V}{K_Ya\Omega}=\frac{47.7/3600}{0.088\times0.5}=0.30(\text{m})$$

填料层高度

$$Z=N_{OG}H_{OG}=14.24\times0.30=4.27(\text{m})$$

【例 6-8】用清水逆流吸收混合气体中的 CO_2，已知混合气体的流量为 $300\text{m}^3/\text{h}$，进塔气体中 CO_2 含量为 0.06（摩尔分数），操作液气比为最小液气比的 1.6 倍，传质单元高度为 0.8m。操作条件下物系的平衡关系为 $Y^*=1200X$。要求 CO_2 吸收率为 95%，试求：①吸收液组成及吸收剂流量；②写出操作线方程；③填料层高度。

解　① 由题可知惰性气体流量

$$V=\frac{300}{22.4}(1-0.06)=12.59(\text{kmol/h})$$

$$Y_1=\frac{y_1}{1-y_1}=\frac{0.06}{1-0.06}=0.064$$

$$X_2=0$$

$$Y_2=Y_1(1-\eta)$$

最小液气比 $\left(\frac{L}{V}\right)_{min}=\frac{Y_1-Y_2}{X_1^*-X_2}=\frac{Y_1-Y_2}{Y_2/m}=m\eta$

操作液气比 $\frac{L}{V}=1.6\left(\frac{L}{V}\right)_{min}=1.6m\eta=1.6\times0.95\times1200=1824$

吸收剂流量 $L=\left(\frac{L}{V}\right)V=1824\times12.59=22963$（kmol/h）

吸收液组成 $X_1=X_2+\frac{V}{L}(Y_1-Y_2)=X_2+\frac{V}{L}Y_1\eta$

$=0.064\times0.95/1824=3.33\times10^{-5}$

② 操作线方程 $Y=\frac{L}{V}X+\left(Y_1-\frac{L}{V}X_1\right)=1824X+(0.064-1824\times3.33\times10^{-5})$

整理得 $Y=1824X+3.26\times10^{-3}$

③ 脱吸因数 $S=\frac{mV}{L}=\frac{1200}{1824}=0.658$

$$N_{OG}=\frac{1}{1-S}\ln\left[(1-S)\frac{Y_1-mX_2}{Y_2-mX_2}+S\right]$$

$$=\frac{1}{1-0.658}\ln\left[(1-0.658)\frac{1}{1-0.95}+0.658\right]=5.89$$

故 $Z=N_{OG}H_{OG}=5.89\times0.8=4.71$（m）

任务六 解吸及其他类型的吸收操作

一、解吸操作

1. 解吸的目的

解吸目的

解吸又称脱吸，即使溶质从吸收剂中溢出到气相的过程。在工业生产中，解吸过程有两个目的：

① 获得较纯的气体溶质；

② 使溶剂得以再生，以便返回吸收塔循环使用，从经济上更合理。

在工业生产中，按逆流方式操作的解吸过程类似于逆流吸收。吸收液从解吸塔的塔顶喷淋而下，惰性气体（空气、水蒸气或其他气体）从底部通入自下而上流动。气液两相在逆流接触的过程中，溶质将不断地由液相转移到气相并混于惰性气体中从塔顶送出，经解吸后的溶液从塔底引出。若溶质为不凝性气体或溶质冷凝液不溶于水，则可通过蒸气冷凝的方法获得纯度较高的溶质组分。

如图6-1所示，用水蒸气解吸溶解了苯与甲苯的洗油溶液，便可把苯与甲苯从冷凝液中分离出来。

2. 解吸的基本方法

（1）加热解吸 加热使溶液升温或增大溶液中溶质的平衡分压，减小溶质的溶解度，则必有部分溶质从液相中释放出来，从而有利于溶质与溶剂的分离。如采用“热力脱氧”法处理锅炉用水，就是通过加热使溶解氧从水中逸出。

（2）减压解吸　若将原来处于较高压力的溶液进行减压，则因总压降低，气相中溶质的分压也相应降低，而使溶质从吸收液中释放出来。溶质被解吸的程度取决于解吸的最终压力和温度。

解吸方法

（3）气提解吸　气提解吸法也称载气解吸法。其过程为吸收液从解吸塔顶喷淋而下，载气从解吸塔底靠压差自下而上与吸收液逆流接触，载气中不含溶质或含溶质量极少，因此溶质从液相向气相转移，最后气体溶质从塔顶排出。载气解吸是在解吸塔中引入与吸收液不平衡的气相。作为气提载气的气体一般有空气、氮气、二氧化碳、水蒸气等。根据工艺要求及分离过程的特点，可选用不同的载气。由于入塔惰性气体中溶质的分压p=0，有利于解吸过程进行。

（4）采用精馏方法　溶质溶于溶剂中，所得的溶液可通过精馏的方法将溶质与溶剂分开，达到回收溶质、又得新鲜的吸收剂循环使用的目的。

二、其他类型的吸收

1. 化学吸收

（1）化学吸收过程分析　多数工业吸收过程都伴有化学反应，但只有化学反应较为显著的吸收过程才称为化学吸收。对于化学吸收，溶质从气相主体到气液界面的传质机理与物理吸收完全相同，其复杂之处在于液相内的传质。溶质由界面向液相主体扩散的过程中，将与吸收剂或液相中的其他活泼组分发生化学反应，因此溶液中溶质的组成沿扩散途径的变化情况不仅与其自身的扩散速率有关，而且与液相中活泼组分的反向扩散速率、化学反应速率以及反应产物的扩散速率等因素有关。

如用硫酸吸收氨气、用碱液吸收二氧化碳等均属于化学吸收。在化学吸收过程中：一方面由于反应消耗了液相中的溶质，导致液相中溶质的浓度下降，相应的平衡分压亦下降，从而增大了吸收过程的传质推动力；另一方面，由于溶质在液膜扩散的中途即被反应所消耗，故吸收阻力有所减小，吸收系数有所增大。因此，化学吸收速率一般要大于相应的物理吸收速率。

（2）化学吸收过程的特点　工业吸收操作多数是化学吸收，这是因为：

化学吸收的特点

① 溶质与吸收剂的化学反应提高了吸收的选择性；

② 吸收中的化学反应增大了吸收的推动力，提高了吸收速率，从而减少了设备的体积；

③ 化学反应增加了溶质在液相的溶解度，减少了吸收剂的用量；

④ 化学反应降低了溶质在气相中的平衡分压，可较彻底地除去气相中很少量的有害气体。

如图6-20所示的流程为合成氨原料气（含CO_2 30%左右）的净化过程，在原料气精制过程中需要除去CO_2，而得到的CO_2气体又是制取尿素、碳酸氢铵和干冰的原料，为此，采用醇胺法的吸收与解吸联合流程。将合成氨原料气从底部引入吸收塔，塔顶喷乙醇胺液体，乙醇胺吸收了CO_2后从塔底排出，从塔顶排出的气体中CO_2含量可降到0.2%～0.5%。将吸收塔底排出的含CO_2乙醇胺溶液用泵送至加热器，加热（130℃左右）后从解吸塔顶喷淋下来，塔底通入水蒸气，CO_2在高温、低压（约300kPa）下自溶液中解吸。从解吸塔顶排出的气体经冷却、冷凝后得

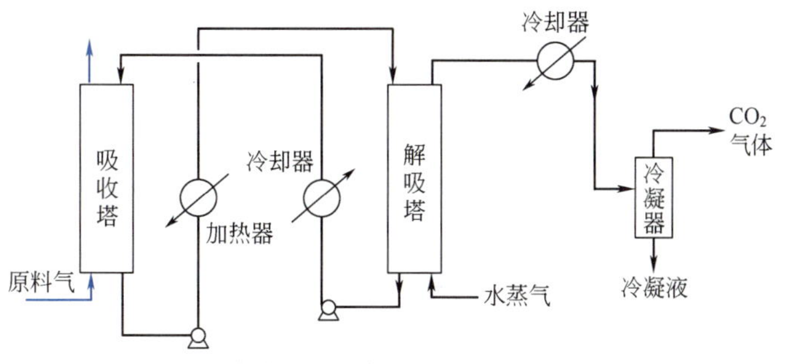

图6-20　合成氨原料气中CO_2吸收与解吸流程

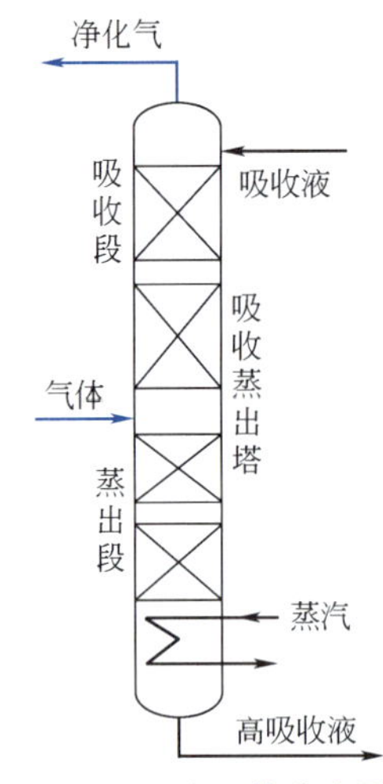

图6-21　用油吸收分离裂解气的蒸出流程

到可用的 CO_2。解吸塔底排出的溶液经冷却降温（约 50℃）、加压（约 1800kPa）后仍作为吸收剂，返回吸收塔循环使用，溶质气体则用于制取尿素。

2. 多组分吸收

多组分吸收过程中，由于其他组分的存在，使得吸收质在气液两相中的平衡关系发生了变化，所以，多组分吸收的计算较单组分吸收过程复杂。但对于喷淋量很大的低含量气体吸收，可以忽略吸收质间的相互干扰，其平衡关系仍可认为服从亨利定律，因而可分别对各吸收质组分进行单独计算。不同吸收质组分的相平衡常数不相同，在进、出吸收设备的气体中各组分的含量也不相同，因此，每一吸收质组分都有平衡线和操作线。

关键组分是指在吸收操作中必须首先保证其吸收率达到预定指标的组分。如处理石油裂解气中的油吸收塔，其主要目的是回收裂解气中的乙烯，乙烯即为此过程的关键组分，生产上一般要求乙烯的回收率达 98%～99%，这是必须保证达到的。因此，此过程虽属多组分吸收，但在计算时，则可视为用油吸收混合气中乙烯的单组分吸收过程。

在多组分吸收过程中，为了提高吸收液中溶质的含量，可以采用吸收蒸出流程。如图 6-21 所示为用油吸收分离裂解气的蒸出流程。该塔的上部是吸收段，下部是蒸出段，裂解气由塔的中部进入，用 C_4 馏分作吸收液，吸收裂解气中的 C_1～C_3 馏分，吸收液通过下塔段蒸出甲烷、氢等气体，使塔釜得到纯度较高的 C_2～C_3 馏分。

6.6 吸收设备及操作

任务七

吸收设备及其选型

吸收设备是完成吸收操作的设备，其主要作用是为气液两相提供充分的接触面积，使两相间的传质与传热过程能够充分有效地进行，并能使接触之后的气液两相及时分开，互不夹带。所以，吸收设备性能的好坏直接影响到产品质量、生产能力、吸收率及消耗定额等。

一、吸收设备的一般要求

目前，工业生产中使用的吸收设备种类很多，主要有板式吸收塔、填料吸收塔、湍球塔、喷洒吸收塔、喷射式吸收器和文丘里吸收器等。而每种类型的吸收设备都有着各自的长处和不足之处，一个高效的吸收设备应该具备以下要求：

① 能提供足够大的气液两相接触面积和一定的接触时间；

② 气液间的扰动强烈，吸收阻力小，吸收效率高；

③ 气流压力损失小；

④ 结构简单，操作维修方便，造价低，具有一定的抗腐蚀和防堵塞能力。

二、常见吸收设备的结构和特点

常见吸收设备的结构和特点如表 6-4 所示，这里重点介绍填料吸收塔设备。

工业上常用的吸收设备

表6-4　常见吸收设备的结构及特点

类型	设备结构	特点
喷射式吸收器	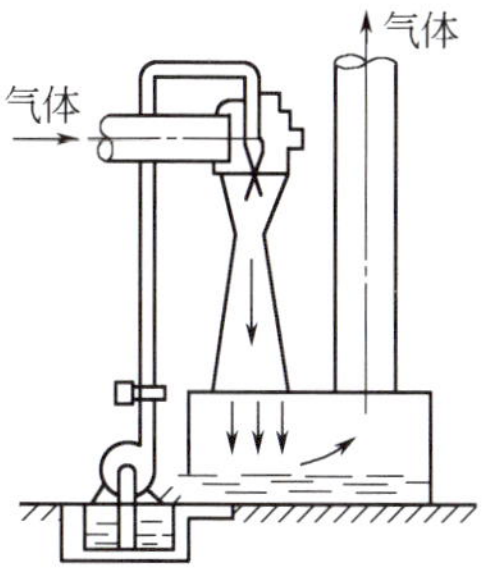	吸收剂靠泵的动力送到喉头处，由喷嘴喷成细雾或极细的液滴，在喉管处由于吸收剂流速的急剧变化，使部分静压能转化为动能，在气体进口处形成真空，从而使气体吸入。其特点为 ① 吸收剂喷成雾状后与气相接触，增加了两相接触面积，吸收速率高，处理能力大 ② 吸收剂利用压力流过喉管雾化而吸气，因此不需要加设送风机，效率较高 ③ 吸收剂用量较大，但循环使用时可以节省吸收剂用量并提高吸收液中吸收质的浓度
文丘里吸收器		文丘里吸收器有多种形式，左图为液体引射式文丘里吸收器，其特点为 ① 液体吸收剂借高压由喷嘴喷出，分散成液滴与抽吸过来的气体接触，气液接触效果良好 ② 可省去气体送风机，但液体吸收剂用量大，耗能大，仅适用于气量较小的情况，气量大时，需几个文丘里管并联使用
喷洒吸收塔	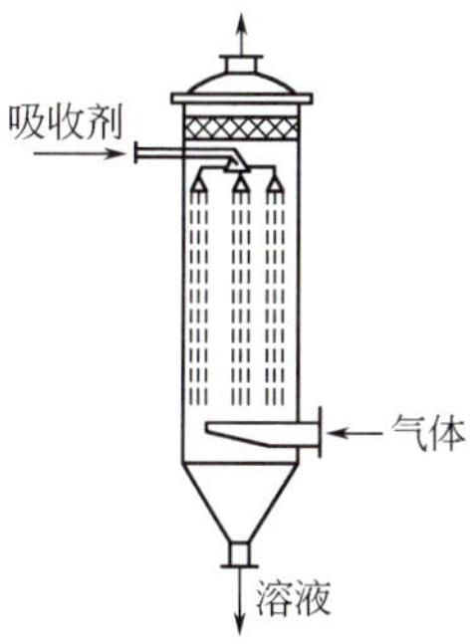	喷洒吸收塔有空心式和机械式两种，左图为空心式喷洒吸收塔，当塔体较高时，常将喷嘴或喷洒器分层布置，其特点为 ① 结构简单、造价低、气体压降小，净化效率不高 ② 可兼作气体冷却，除尘设备 ③ 喷嘴易堵塞，不适于用污浊液体作吸收剂 ④ 气液接触面积与喷淋密度成正比，喷淋液可循环使用
板式吸收塔	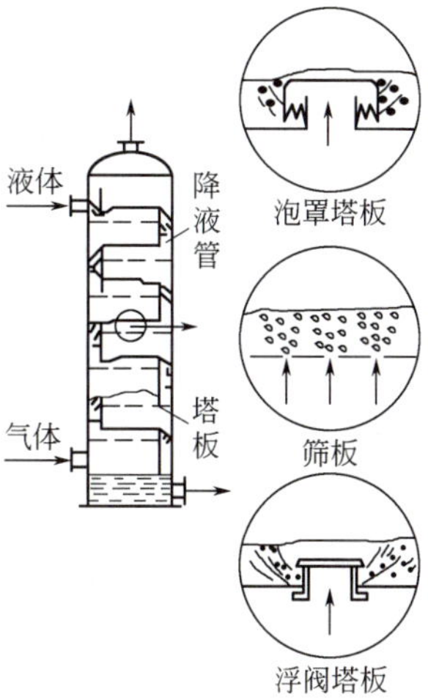	常见的板式塔有泡罩塔、筛板塔和浮阀塔，其特点如下。 泡罩塔的特点： ① 气液接触良好，吸收速率大 ② 操作稳定性好，气液流量可以在较大范围内变动 ③ 结构较复杂，制造加工较困难，造价高 ④ 压降大 筛板塔的特点： ① 塔板上开 3～6mm 的筛孔，结构简单，造价低 ② 处理能力大 浮阀塔的特点： ① 浮阀塔的结构比泡罩塔简单，处理能力大 ② 操作稳定性良好

续表

类型	设备结构	特点
填料吸收塔	布液器 拉西环 来辛环 填料 鲍尔环 液体再分布器 弧鞍填料 矩鞍填料 栅板 阶梯环	在填料吸收塔内，气体和液体的运动常采用逆流操作，很少采用并流操作，其特点为 ①结构简单，填料可以用金属材料和陶瓷、塑料等耐腐蚀材料制造 ②气液接触面积大，效果良好 ③压降小，操作稳定性较好，空塔气速一般为0.3～1.0m/s ④要有足够的液体喷淋量以保证填料表面被液体湿润，一般液体的喷淋密度不小于$10m^3/(m^2·h)$ ⑤不适于含尘量大的气体的吸收，堵塞后不易清扫
湍球吸收塔	液体吸收剂 除沫层 栅板 塑料球 气体 溶液	湍球塔是填料吸收塔的一种特殊情况，它是以一定数量的轻质小球作为气液两相接触的媒体，气、液、固三相接触，增大了吸收推动力，提高了吸收效率，其特点为 ①在栅板上放置空心塑料球，塑料球在气流吹动下湍动 ②由于球的湍动，使球表面上的液面不断更新，其气液接触良好，吸收效率高，塔型小而生产能力大，空塔气速达2.5～5m/s ③不易堵塞，可用于处理含尘的气体及生成沉淀的气体吸收过程，也可用于气体的湿法除尘

6.7 填料塔操作状态

三、填料吸收塔

1. 填料吸收塔组成

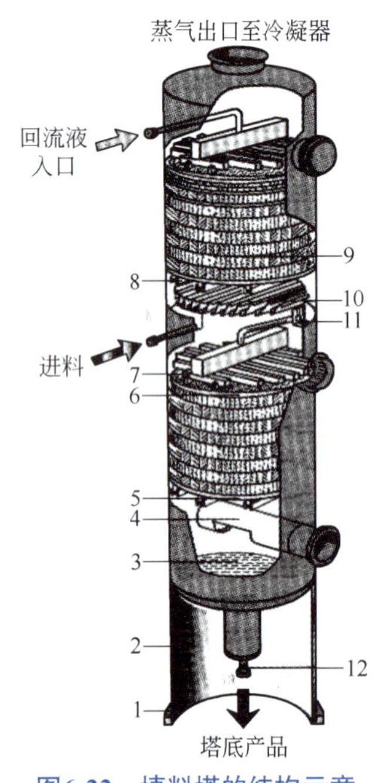

图6-22　填料塔的结构示意

1—底座圈；2—裙座；3—塔底；4—蒸汽进口管；5—支撑栅；6—填料压栅；7—液体分布器；8—支撑架；9—填料；10—液体收集器；11—排放孔；12—接再沸器循环管

填料塔是一种非常重要的气液传质设备，在化工生产中有着广泛的应用。填料吸收塔结构比较简单，如图6-22所示，主要由塔体、填料、填料支撑架和液体分布装置组成。塔体内装有一定高度的填料层，填料层的下面为支撑板，上面为填料压板及液体分布装置。必要时需要将填料层分段，在段与段之间设置液体再分布装置。操作时，液体经过顶部液体分布装置分散后，沿填料表面流下，气液两相主要在填料的润湿表面上接触。气体自塔底向上与液体做逆向流动，气、液两相的传质通过填料表面上的液层与气相间的界面进行。

填料塔属于连续接触式的气液传质设备，气液两相组成沿塔高呈连续变化，在正常操作状态下，气相为连续相，液相为分散相。

填料塔的优点是生产能力大、分离效率高、阻力小、操作弹性大、结构简单、易用耐腐蚀材料制作、造价低。

6.8 填料塔结构

2. 填料的类型及选择

填料塔的操作性能，关键在于填料。填料的种类很多，大致可以分为实体填料与网体填料两大类。实体填料包括环形填料，如拉西环、鲍尔环和阶梯环；鞍形填料，如弧鞍填料、矩鞍填料；栅板填料和波纹填料等。网体填料主要是由金属丝网制成的各种填料，如鞍形网、多孔网、波纹网等，各种常用填料及新型填料如图 6-23 所示。

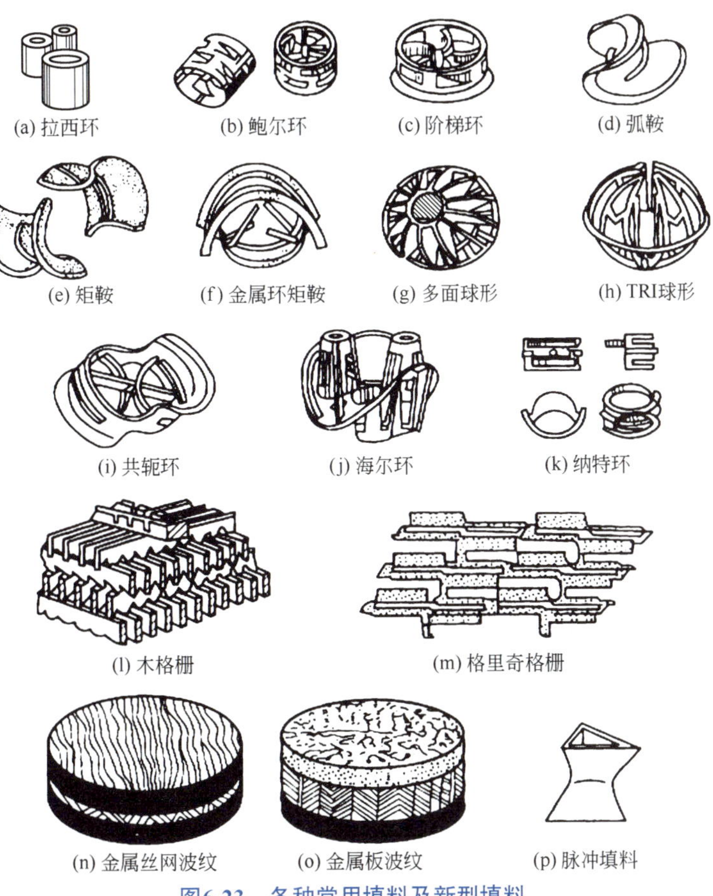

图6-23　各种常用填料及新型填料

填料类型

（1）实体填料　拉西环是开发最早应用最广泛的环形填料，常用的拉西环为外径与高相等的圆筒，拉西环的主要优点是结构简单、制造方便、造价低廉，缺点是气液接触面小，液体的沟流及塔壁效应较严重，气体阻力大，操作弹性范围窄等。对拉西环加以改进后，开发了鲍尔环、阶梯环、共轭环等填料，这些填料在增大传质表面、提高传质通量、降低传质阻力等方面都有所改善。

鞍形（弧鞍和矩鞍）填料，是一种像马鞍形的敞开填料，在塔内不易形成大量的局部不均匀区域，空隙率大，气流阻力小，是一种性能较好的工业填料。

鞍环填料综合了鞍形填料液体再分布性能较好和环形填料通量较大的优点，是目前性能最优良的散装填料。

波纹填料由许多层高度相同但长短不等的波纹薄板组成，波纹薄板搭配排列成圆饼状，各饼竖直叠放于塔内，波纹与水平方向成 45° 倾角，相邻两饼反向叠靠，组成 90° 交错。这种填料属于整砌结构，流体阻力小，通量大、分离效率高，但不适合有沉淀物、易结焦和黏度大的物料，且装卸、清洗较困难，造价也高。

（2）网体填料　网体填料是用金属丝网制造的填料，这类填料有θ网环、鞍形网、波纹网、三角线圈等。这种填料的特点是网质轻，填料尺寸小，比表面积和空隙率都大，液体分布能力强。因此，网体填料的气流阻力小，传质效率高。

3. 填料的选择

填料的选择包括确定填料的种类、规格及材质等。选用时应从分离要求、通量要求、场地条件、物料性质及设备投资、操作费用等方面综合考虑，使所选填料既能满足生产工艺的要求，又要使设备投资和操作费用最低，具有经济合理性。

(1) 填料选择的安全原则　填料是填料塔的核心构件，它提供了气液两相接触传质的相界面，是决定填料塔性能的主要因素。为了使填料塔高效率地操作，可按以下原则选择填料。

填料作用

① 有较大的比表面积。单位体积填料层所具有的表面积称为比表面积，用符号 α 表示，单位为 m^2/m^3。在吸收塔中，填料的表面只有被流动的液相所润湿，才可能构成有效的传质面积。填料的比表面积越大，所提供的气液传质面积越大，对吸收越有利。因此应选择比表面积大的填料，此外还要求填料有良好的润湿性能及有利于液体均匀分布的形状。

② 有较高的空隙率。单位体积填料具有的空隙体积称为空隙率，用符号 ε 表示，单位为 m^3/m^3。当填料的空隙率较高时，气流阻力小，气体通过能力大，气液两相接触的机会多，对吸收有利；同时，填料层质量轻，对支撑板要求低，也是有利的。

③ 具有适宜的填料尺寸和堆积密度。单位体积填料的质量为填料的堆积密度。单位体积内堆积填料的数目与填料的尺寸大小有关。对同一种填料而言，填料尺寸小，堆积的填料数目多，比表面积大，空隙率小，则气体流动阻力大；反之填料尺寸过大，在靠近塔壁处，由于填料与塔壁之间的空隙大，易造成气体短路通过或液体沿壁下流，使气液两相沿塔截面分布不均匀，为此，填料的尺寸不应大于塔径的 1/10～1/8。

④ 有足够的机械强度。为使填料在堆砌过程及操作中不被压碎，要求填料具有足够的机械强度。

⑤ 对于液体和气体均须具有化学稳定性。

总之，选择填料要符合填料的安全性能，在相同的操作条件下，填料的比表面积越大，气液分布越均匀，表面的润湿性能越优良，则传质效率越高；填料的空隙率越大，结构越开敞，则流量越大，压降亦越低。

应予指出，一座填料塔可以选用同种类型，同一规格的填料，也可选用同种类型不同规格的填料；有的塔段可选用规整填料，而有的塔段可选用散装填料。设计时应灵活掌握，根据技术经济统一的原则来选择填料的规格。

(2) 填料材质的选择　填料的材质分为陶瓷、金属和塑料三大类。

① 陶瓷填料。具有很好的耐腐蚀性及耐热性，价格便宜，表面润湿性能好，质脆、易碎是其最大缺点。在气体吸收、气体洗涤、液体萃取等过程中应用较为普遍。如图 6-24 所示是常见的陶瓷散装填料。

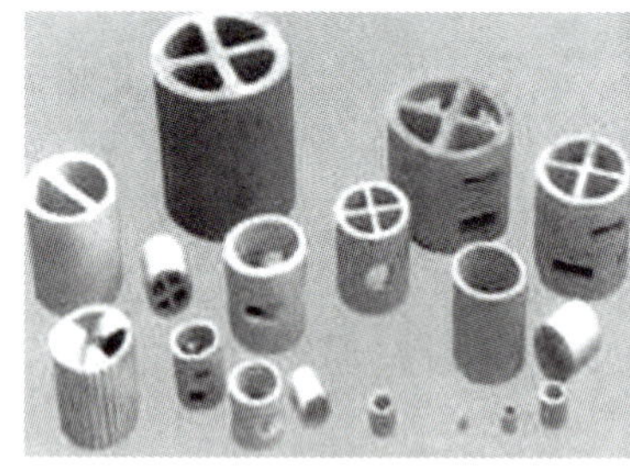
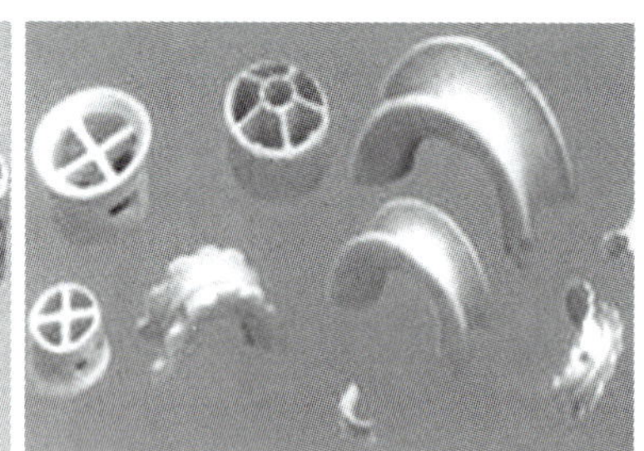

图6-24　陶瓷散装填料

② 金属填料。可用多种金属材质制成，如图 6-25 所示，选择时主要考虑腐蚀问题。碳钢填料造价低，且具有良好的表面润湿性能，对于无腐蚀或低腐蚀性物系应优先考虑使用；不锈钢填料虽耐腐蚀性强，但表面润湿性能较差、造价较高，在某些特殊场合，如极低喷淋密度下的减压精馏过程，需对其表面进行处理，才能取得良好的使用效果；钛材、特种合金钢等材质制成的填料造价很高，一般只在某些腐蚀性极强的物系下使用。

图6-25　金属散装填料

一般来说，金属填料可制成薄壁结构，它的通量大、气体阻力小，且具有很高的抗冲击性能，能在高温、高压、高冲击强度下使用，应用范围最为广泛。

③ 塑料填料。材质主要包括聚丙烯、聚乙烯及聚氯乙烯（PVC）等，国内一般多采用聚丙烯材质，如图 6-26 所示。塑料填料的耐腐蚀性能较好，可耐一般的无机酸、碱和有机溶剂的腐蚀，其耐温性良好，可长期在 100℃以下使用。

(a) 聚丙烯半软性填料

(b) 聚丙烯鲍尔环

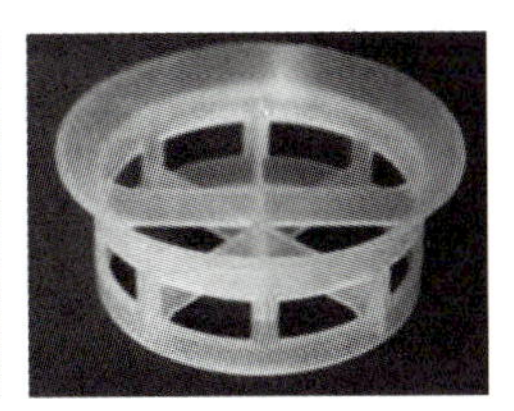
(c) 聚丙烯阶

(d) 聚丙烯花环

(e) 聚丙烯共轭环

图6-26　塑料散装填料

塑料填料质轻、价廉，具有良好的韧性，耐冲击、不易碎，可以制成薄壁结构。它的通量大、压降低，多用于吸收、解吸、萃取、除尘等装置中。塑料填料的缺点是表面润湿性能差，但可通过适当的表面处理来改善其表面润湿性能。

4. 填料塔的附属设备

（1）填料支撑板　对于填料塔，无论是使用散装填料还是规整填料，都要设置填料支撑装置，其作用是支撑塔内的填料重量及操作中填料所含液体的重量。填料支撑板不仅要有足够的机械强度，而且通道面积不能小于填料层的自由截面积，否则会增大气体的流动阻力，降低塔的处理能力。

填料支撑板的作用

常用的填料支撑装置有栅板式、升气管式、驼峰形式等，如图 6-27 所示。栅板型支撑板是常用的支撑装置，结构简单，如图 6-27（a）、（b）所示。此外，具有升气管式的支撑装置，其优点是机械强度大，通道截面积大，如图 6-27（d）所示。气体从升气管的管壁小孔或齿缝中流出，而液体则由板上的筛孔流下。

(a) 栅板式(小塔径)　(b) 整体式栅板型

(c) 散装填料气液分流式

(d) 升气管式

(e) 驼峰形式

图6-27　填料支撑板的形式

填料支撑装置的选择，主要依据塔径、填料种类及型号、塔体及填料的材质、气液流率等确定。

液体分布器的作用

（2）液体分布器 由于填料塔的气液接触是在润湿的填料表面上进行的，所以液体在填料塔内的分布情况直接影响到填料表面的利用率。如果液体分布不均匀，填料表面不能充分润湿，塔内填料层的气液接触面积就降低，致使塔的效率下降。因此，要求填料层上方的液体分布器能为填料层提供良好的初始分布，即提供足够多的均匀喷淋点，且各喷淋点的喷淋液体量相等。一般要求每30～60cm^2塔截面上有一个喷淋点，大直径塔的喷淋密度可以小些。另外，液体分布装置应不易堵塞，以免产生过细的雾滴，被上升气体带走。

液体分布器的种类很多，常见的液体分布装置有多孔管式分布器、莲蓬头式分布器、盘式分布器及槽式分布器，如图6-28所示。其中莲蓬式分布器和盘式分布器一般用于塔径小于0.6m的小塔中，而多孔管液体分布器用于直径大于0.8m的较大塔中。

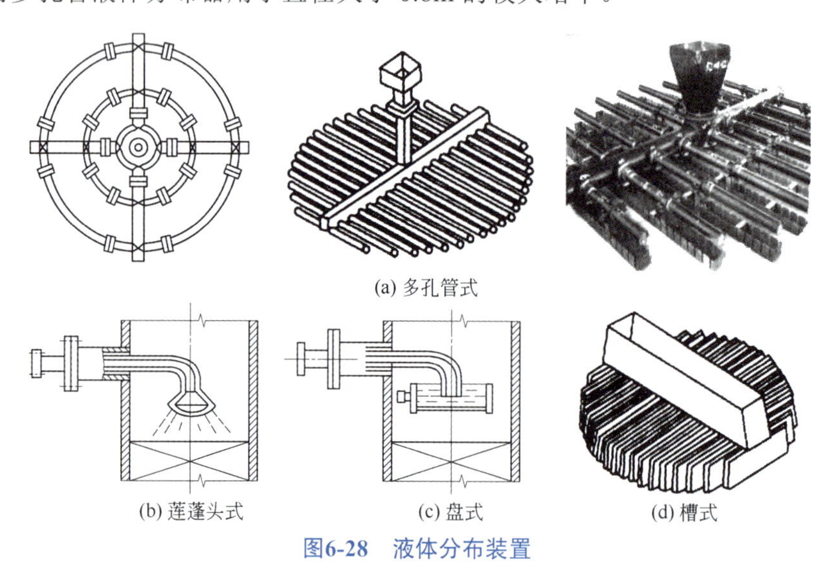
(a) 多孔管式
(b) 莲蓬头式 (c) 盘式 (d) 槽式

图6-28 液体分布装置

液体再分布器的作用

（3）液体再分布器 填料塔操作时，由于塔壁面处填料密度小，液体阻力小，因此液体沿填料层向下流动的过程中有逐渐离开中心向塔壁集中的趋势。这样，沿填料层向下距离愈远，填料层中心的润湿程度就愈差，形成了所谓“干锥体”的不正常现象，减小了气、液相有效接触面积。当填料层较高时，克服“干锥体”现象的措施是沿填料层高度每隔一定距离装设液体再分布器，将沿塔壁流下的液体导向填料层中心。常用的液体再分布器有截锥式、槽式及斜板式，如图6-29所示。

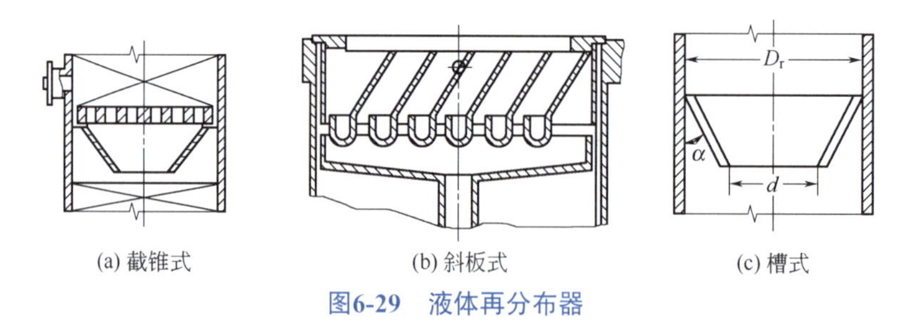

(a) 截锥式 (b) 斜板式 (c) 槽式

图6-29 液体再分布器

（4）气体进口装置 填料塔的气体进口装置应能防止淋下的液体进入进气管，同时又能使气体分布均匀。如图6-30所示，对于直径500mm以下的小塔，可使进气管伸到塔的中心，管端切成45°向下的斜口。对于大塔可采用喇叭形扩大口或多孔盘管式分布器。进气口应向下开使气流折转向上。

（5）液体出口装置 液体的出口装置应保证形成塔内气体的液封，并能防止液体夹带气体，以免有价值气体的流失，且应保证流体的通畅排出。常压操作的吸收塔，排出液体的装置可采用结构图6-31（a）所示的液封装置。若塔内外压差较大，可采用图6-31（b）所示的倒U形管密封装置。

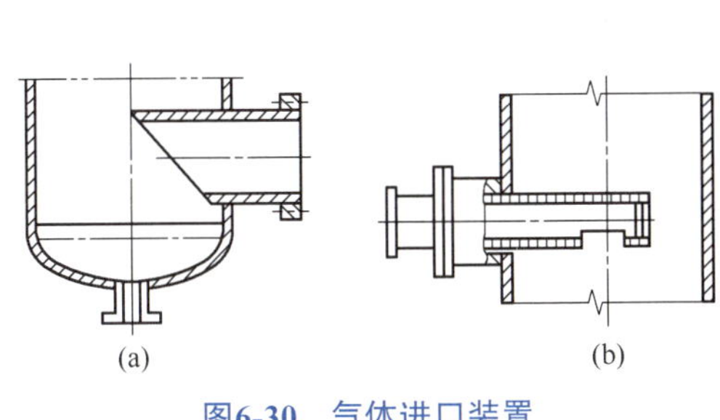

图6-30　气体进口装置

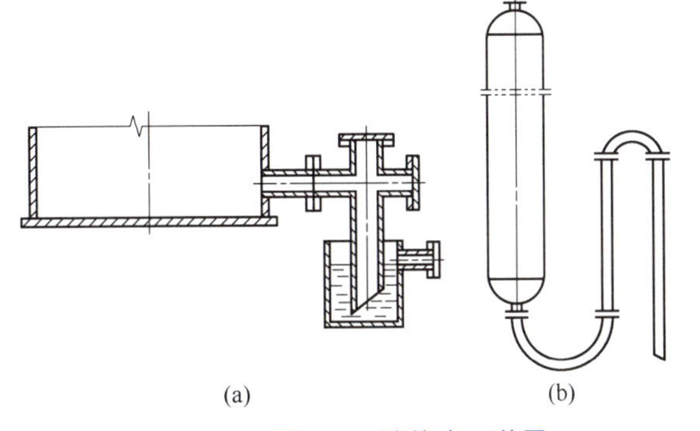

图6-31　液体出口装置

气体进口类型

（6）气体出口装置　气体的出口装置既要保证气体流动通畅，又应能除去被夹带的液体雾滴。若经吸收处理后的气体为下一工序的原料，或吸收剂价昂、毒性较大时，要求塔顶排出的气体应尽量少夹带吸收剂雾沫，因此需在塔顶安装除雾器。常用的除雾器有折板除雾器、填料除雾器及丝网除雾器，如图6-32所示。

除雾器的作用

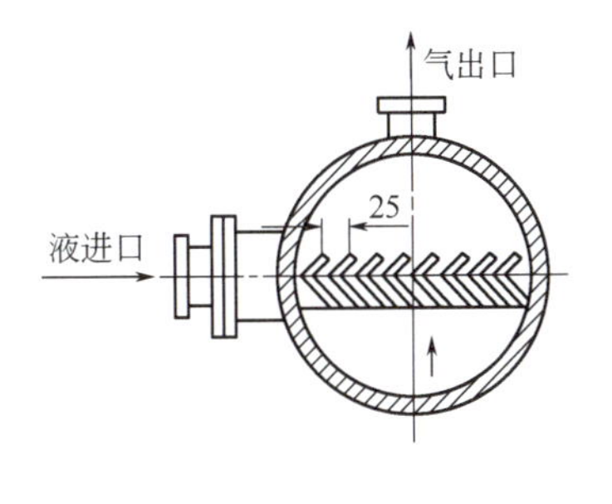

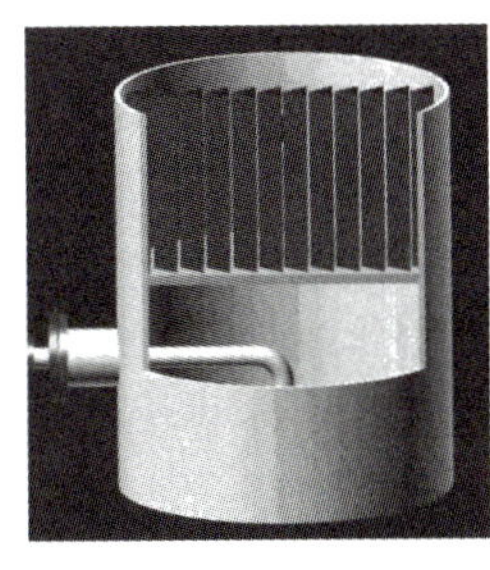

(a) 折板除雾器

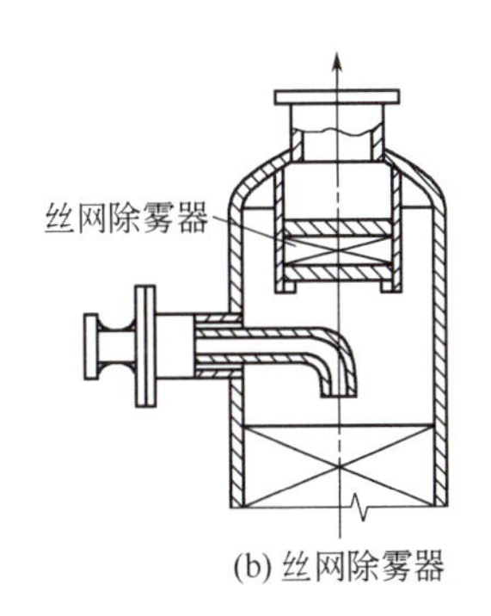

(b) 丝网除雾器

图6-32　除雾器

折板除雾器是最简单有效的除雾器，除雾板由50mm×50mm×3mm的角钢组成，板间横向距离为25mm。除雾板阻力为5～10mmH_2O，能除去最小雾滴直径为5μm。丝网除雾器效率高，可除去大于5μm的液滴。

通过以上分析，填料吸收塔有很多优点，如结构简单、没有复杂部件；适应性强，填料可根据净化要求增减高度；气流阻力小，能耗低，气液接触效果好等，因此是目前应用最广泛的吸收设备。填料吸收塔的缺点是当烟气中含尘浓度较高时，填料易堵塞，清理时填料损耗较大。

5. 填料塔的流体力学特性

填料塔传质性能的好坏、负荷的大小及操作的稳定性很大程度取决于流体通过填料的流体力学性能。填料塔的流体力学性能通常用填料层的持液量、填料层压降、液泛及气液两相流体的分布等参数描述。

（1）填料层的持液量　填料层的持液量是指单位体积填料所持有的液体体积，以m^3液体/m^3填料表示。持液量小则阻力亦小，但要使操作平稳，则一定的持液量还是必要的，它是填料塔流体力学性能的重要参数之一。

持液量与填料类型、规格、液体性质、气液负荷等有关。持液量太大，气体流通截面积减少，气体通过填料层的压降增加，则生产能力下降；但持液量太小，操作不稳定。一般认为持液量以能提供较大的气液传质面积且操作稳定为宜。

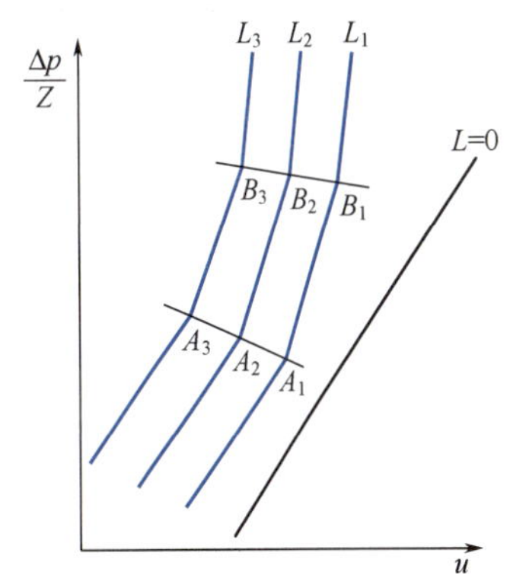

图6-33　填料塔压降与空塔气速的关系

两点三区的含义

（2）气体通过填料层的压降　图6-33为双对数坐标系内不同液体喷淋量下，单位填料层高度的压降与空塔气速的定性关系。

空塔气速是气体体积流量与塔截面积之比，用u表示，单位为

m/s。图中最右边的直线为无液体喷淋时的干填料，即喷淋密度 L=0 时的情形；其余三条线为不同的液体喷淋量喷淋到填料表面时的情形，并且从左至右喷淋密度递减，即 $L_3>L_2>L_1$。由于填料层内的部分空隙被液体占据，使气体流动的通道截面减小，同一气速下，喷淋密度越大，压降也越大。对于不同的液体喷淋密度，其各线所在位置虽不相同但其走向是一致的，线上各有两个转折点，即图中 A_1、A_2、A_3 点称为“载点”，B_1、B_2、B_3 点称为“泛点”。这两个转折点将曲线分成三个区域。

① 恒持液量区。此区域位于“载点”点以下，当液体喷淋量一定时，气速较小，压降与气速的关系线与干填料层时的压降与气速关系线几乎平行，斜率仍为 1.8～2。此时，气液两相几乎没有互相干扰，填料表面的持液量不随气速而变。

② 载液区。此区域位于 A_1 与 B_1 点之间。在喷淋量一定，当气速增加到某一数值 A_1 点时，上升气流与下降液体间的摩擦力开始阻碍液体顺畅下流，致使填料层中的持液量开始随气速的增大而增加，此种现象称为拦液现象。开始发生拦液现象时的空塔气速称为载点气速。此时，压降随气速变化关系线的斜率大于 2。试验表明，当操作处在载液区时，流体湍动加剧，传质效果提高。

③ 液泛区。此区域位于 B_1 点以上，当气速继续增大到这一点后，填料层内持液量增加至充满整个填料层的空隙，使液体由分散相变为连续相，气相则由连续相变为分散相，气体以鼓泡的形式通过液体，气体的压强降骤然增大，而液体很难下流，塔内液体迅速积累而达到泛滥，即发生了液泛。此时压降与气速近似成垂直线关系，出现第二个转折点，该点称为泛点。泛点是填料塔操作的上限，泛点对应的气速为泛点气速。

(3) 泛点气速　在液泛情况下，含有气泡的液体几乎充满填料层空隙，使气体通过时的阻力剧增，流体出现脉动现象，顶端填料往往在液体的腾涌中翻上摔下被打碎，操作平衡基本遭破坏。作为填料塔，液泛时的气速也是最大的极限气速，并由其确定适宜的操作气速。

一般认为，要使塔的操作正常及压强降不致过大，气流速度必须低于液泛气速，故经验认为实际操作气速通常应取在泛点气速的 50%～80% 范围内。

泛点气速受到多种因素的影响，如填料性质、气液负荷、液体物性等。人们根据大量的实验数据得到了一些关联图和经验关联式，以此获得泛点气速，然后根据泛点气速确定操作气速，作为设计填料塔塔径的依据。

任务八

吸收塔的操作与调节

一、吸收塔操作的主要控制因素

吸收操作往往是以吸收后的尾气浓度或出塔溶液中溶质的浓度作为控制指标。当以净化气体为操作目的时，吸收后的尾气浓度为主要控制对象；当以吸收液作为产品时，出塔溶液的浓度为主要控制对象。

1. 操作温度

吸收塔的操作温度对吸收速率有很大影响。温度越低，气体溶解度越大，吸收率越高；反之，温度越高，吸收率下降，容易造成尾气中溶质浓度升高。同时，由于有些吸收剂容易发泡，温度越高，造成气体出口处液体夹带量增加，增大了出口气液分离负荷。

对有明显热效应的吸收过程，通常要在塔内或塔外设置中间冷却装置，及时移出热量。必要时，用加大冷却水用量的方法来降低塔温。当冷却水温度较高时，冷却效果会变差，在冷却水用量不能再增加的情况下，增加吸收剂用量也可以降低塔温。对吸收液有外循环且有冷却装置的吸收流程，采用加大吸收液的循环量的方法也可以降低塔温。

2. 操作压力

提高操作压力有利于吸收操作，一方面可以增加吸收推动力，提高气体吸收率，减少吸收设备尺寸；另一方面能增加溶液的吸收能力，减少溶液的循环量。吸收塔实际操作压力主要由原料气组成、工艺要求的气体净化程度和前后工序的操作压力来决定。

吸收塔操作控制参数

对解吸操作，一方面提高压力会降低解吸推动力，使解吸进行得不彻底，同时增加了解吸的能耗和溶液对设备的腐蚀性；另一方面由于操作温度是操作压力的函数，压力升高，温度相应升高，又会加快被吸收溶质的解吸速度，因此为了简化流程、方便操作，通常保持解吸操作压力略高于大气压力。

3. 吸收剂用量

实际操作中，若吸收剂用量过小，填料表面润湿不充分，气液两相接触不充分，出塔溶液的浓度不会因吸收剂用量小而有明显提高，还会造成尾气中溶质浓度的增加，吸收率下降。吸收剂用量越大，塔内喷淋量大，气液接触面积大；由于液气比的增大，吸收推动力增大；对于一定的分离任务，增大吸收剂用量还可以降低吸收温度，使吸收速率提高，增大吸收率。当吸收液浓度已远低于平衡浓度时，继续增加吸收剂用量已不能明显提高吸收推动力，相反会造成塔内积液过多，压差变大，使得塔内操作恶化，反而使吸收推动力减小，尾气中溶质浓度增大。吸收剂用量的增加，还会加重溶剂再生的负荷。因此，在调节吸收剂用量时，应根据实际操作情况具体处理。

4. 吸收剂中溶质浓度

对于吸收剂循环使用的吸收过程，入塔吸收剂中总是含有少量的溶质，吸收剂中溶质浓度越低，吸收推动力越大，在吸收剂用量足够的情况下，尾气中溶质的浓度也越低。相反，吸收剂中溶质浓度增大，吸收推动力减小，尾气中溶质的浓度增大，严重时达不到分离要求。因此，当发现入塔吸收剂中溶质浓度升高时，需要对解吸系统进行必要的调整，以保证解吸后循环使用的吸收剂符合工艺要求。

5. 气流速度

气流速度会直接影响吸收过程，气流速度大使气、液膜变薄，减少了气体向液体扩散的阻力，有利于气体的吸收，也提高了单位时间内吸收塔的生产效率。但气流速度过大时，会造成液泛、雾沫夹带或气液接触不良等现象，因此，要选择一个最佳的气流速度，保证吸收操作高效稳定进行。

6. 液位

液位是吸收系统重要的控制因素，无论是吸收塔还是解吸塔，都必须保持液位稳定。液位过低，会造成气体窜到后面低压设备引起超压，或发生溶液泵抽空现象；液位过高，则会造成出口气体带液，影响后工序安全运行。

总之，在操作过程中根据原料组分的变化和生产负荷的波动，及时进行工艺调整，发现问题及时解决，是吸收操作不可缺少的工作。

二、强化吸收过程的措施

1. 采用逆流吸收操作

在气、液两相进口组成相等及操作条件相同的情况下，逆流操作可获得较高的吸收液浓度及较大的吸收推动力。

2. 提高吸收剂的流量

一般混合气入口的气体流量、气体入塔浓度一定，如果提高吸收剂的用量，则吸收的操作线上扬，吸收推动力提高，气体出口浓度下降，因而提高了吸收速率。但吸收剂流量过大会造成操作费用提高，因此吸收剂用量应适当。

3. 降低吸收剂入口温度

当吸收过程其他条件不变时，吸收剂温度降低，相平衡常数将增加，吸收的操作线远离平衡线，吸收推动力增加，从而使吸收速率加快。

强化吸收过程措施

4. 降低吸收剂入口溶质的浓度

当吸收剂入口浓度降低时，液相入口处吸收的推动力增加，从而使全塔的吸收推动力增加。

5. 选择适宜的气体流速

经常检查出口气体的雾沫夹带情况，气速太小（低于载点气速），对传质不利。若太大，达到液泛气速，液体被气体大量带出，操作不稳定，同时大量的雾沫夹带造成吸收塔的分离效率降低及吸收剂的损失。

6. 选择吸收速率较高的塔设备

根据处理物料的性质来选择吸收速率较高的塔设备，如果选用填料塔，在装填填料时应尽可能使填料分布比较均匀，否则液体通过时会出现沟流和壁流现象，使有效传质面积减少，塔的分离效率降低。填料塔使用一段时间后，应对填料进行清洗，以避免填料被液体黏结和堵塞。

7. 控制塔内的操作温度

低温有利于吸收，温度过高时必须移走热量或进行冷却，以维持吸收塔在低温下操作。

8. 提高流体流动的湍动程度

流体湍动程度越剧烈，气膜和液膜厚度越薄，传质阻力越小。通常分两种情况：一是若气相传质阻力大，提高气相的湍动程度，如加大气体的流速，可有效地降低吸收阻力；二是若液相传质阻力大，提高液相的湍动程度，如加大液体的流速，可有效地降低吸收阻力。

三、吸收塔的调节

在 *X-Y* 图上，操作线与平衡线的相对位置决定了过程推动力的大小，直接影响过程进行的好坏。因此，影响操作线、平衡线位置的因素均为影响吸收过程的因素。然而，在实际工业生产中，吸收塔的气体入口条件往往是由前一工序决定的，不能随意改变。因此，吸收塔在操作时的调节手段只能是改变吸收剂的入口条件。吸收剂的人口条件包括流量、温度、组成三大要素。

吸收塔调节参数

特别提示： 适当增大吸收剂用量，有利于改善两相的接触状况，并提高塔内的平均吸收推动力。降低吸收剂温度，气体溶解度增大，平衡常数减小，平衡线下移，平均推动力增大。降低吸收剂入口的溶质浓度，液相入口处推动力增大，全塔平均推动力亦随之增大。

四、吸收系统常见设备的操作故障与处理

1. 塔体腐蚀

塔体腐蚀主要是吸收塔或解吸塔内壁的表面因腐蚀出现凹痕，主要产生原因如下：

① 塔体的制造材质选择不当；

② 原始开车时钝化效果不理想；

③ 溶液中缓蚀剂浓度与吸收剂浓度不对应；

④ 溶液偏流，塔壁四周气液分布不均匀。

一般在腐蚀发生的初始阶段，塔壁先是变得粗糙，钝化膜附着力变弱，当受到冲刷、撞击时出现局部脱落，使腐蚀范围扩大，腐蚀速率加快。对于已发生腐蚀的塔壁要立即进行修复，即对所有被腐蚀处先补焊、堆焊后再衬以耐腐蚀钢带（如不锈钢板）。在日常操作过程中应严格控制工艺指标，确保良好的钝化质量，要适当增加对吸收溶液的分析次数，及时、准确、有效地监控溶液组分的变化，并及时清除溶液中的污物，保持溶液的洁净，减少系统污染。

2. 液体分布器和液体再分布器损坏

液体分布器和液体再分布器损坏在吸收系统中比较常见，其主要原因如下：

① 由于设计不合理，受到液体高流速冲刷造成腐蚀；

② 选择材料不当所致；

③ 填料的摩擦作用使分布器、再分布器上的保护层被破坏产生的腐蚀；

④ 经过多次开、停车，钝化控制不好。

当系统发现液体分布器、再分布器损坏后，应及时找出原因，并立即进行修复。同时采取相应的措施，防止事故重复发生。

3. 填料损坏

对于填料塔，由于所选用填料的材质不同，损坏的原因也各不相同。

（1）瓷质填料　由于瓷质填料耐压性能较差，受压后产生破碎，也可能由于发生腐蚀而使填料损坏，瓷质填料损坏后，设备、管道严重堵塞，系统无法继续运转。

（2）塑料填料　塑料填料损坏的主要表现为变形，由于其耐热性不好，在高温下容易变形，变形后填料层高度下降，空隙率下降，阻力明显增加，使传质、传热效果变差，易引起拦液泛塔事故。

（3）普通碳钢填料　具有较好的耐热、耐压特性，其损坏的方式主要是被溶液腐蚀，被腐蚀后的填料性能变差，影响吸收或再生效果，降低溶液的吸收性能，同时由于溶液中铁离子大幅度升高，与溶液中的缓蚀剂形成沉淀，缓蚀剂的浓度快速降低，失去缓蚀作用，使其他设备的腐蚀加快。

（4）不锈钢填料　一般不太容易损坏，在条件允许的情况下最好采用不锈钢填料。

4. 溶液循环泵的腐蚀

吸收系统溶液循环离心泵被腐蚀的主要原因是发生“汽蚀现象”。“汽蚀现象”的发生使离心泵的叶轮出现蜂窝状的蚀坑，严重时变薄甚至穿孔，密封面和泵壳也会发生腐蚀。当溶液泵入口压力、温度和流量达到汽蚀的临界条件后即发生“汽蚀”，因此严格控制溶液的温度、压力和流量，避免“汽蚀现象”的发生，是防止溶液循环泵被腐蚀的关键。

5. 塔体振动

吸收塔体振动的主要原因可能是系统气液相负荷产生了突然波动，塔体受到溶液流量突变的剧烈冲击所致。这种现象通常发生在再生塔，吸收塔比较少见，因为再生塔顶部溶液的流通量一般比较大，如果溶液进口分布不合理，就会出现塔体及管线振动。采取以下措施可以减轻或消除塔体振动的问题。

① 设置限流孔板，控制塔体两侧溶液流量，尽量保持两侧分配均匀。

② 在溶液总管上设减振装置，如减振弹簧等，减轻管线的振动幅度，防止塔体和管线发生共振。

③ 调整溶液入口角度，减小旋转力对塔体的影响。

④ 控制系统波动范围，尽量保持操作平稳。

6.9 填料塔液泛

五、吸收系统常见操作故障与处理

1. 拦液和液泛

对于一定的吸收系统，在设计时已经充分考虑了避免液泛的主要因素，因此按正常条件进行操作一般不会发生液泛，但当操作负荷（特别是气体负荷）大幅度波动或溶液起泡后，气体夹带雾沫过多，就会形成拦液乃至液泛。操作中判断液泛的方法通常是观察塔体的液位。如果操作中溶液循环量正常而塔体液位下降，或者气体流量未变而塔的压差增加，都可能是液泛发生的前兆。防止拦液和液泛发生的措施是严格控制工艺参数，保持系统操作平稳，尽量减轻负荷波动，使工艺变化在装置许可的范围内，及时发现、正确判断、及时解决生产中出现的问题。

2. 溶液起泡

吸收塔操作常见故障

吸收溶液随着运转时间的增加，由于一些表面活性剂的作用，会生成一种稳定的泡沫，这种泡沫不像非稳定性泡沫那样能够迅速地生成又迅速地消失，为气、液两相提供较大的接触面积，提高传质速率。由于稳定性泡沫不易破碎而逐步积累，当积累到一定量时就会影响吸收和再生效果，严重时气体的带液量增大，甚至发生“液泛”，使系统不能正常运行。对于溶液起泡常采取以下方式进行处理。

（1）高效过滤 使用高效的机械过滤器，辅以活性炭过滤器，可以有效地除去溶液中的泡沫、油污及细小的固体杂质微粒。

（2）向溶液中加入消泡剂 良好的消泡剂可以减少泡沫的形成，通常选择消泡能力强、难溶于吸收溶液、化学稳定性和热稳定性好、无明显积累性副作用的消泡剂。消泡剂的使用量要适度，过量的消泡剂会在溶液中积累、变质、沉淀，使溶液黏度增加，表面张力加大，反而成为发泡剂，产生稳定性的泡沫，造成恶性循环。使用消泡剂的基本原则是因地制宜，择优使用，少用慎用，用除结合。

（3）加强化学药品的管理 加强药品采购、运输、储存等环节的管理，保证化学药品质量，严格控制杂质含量，新配制的溶液要将其静置几天，待“熟化”后再进入系统。

3. 系统水平衡失调

吸收系统的水平衡是指进入系统的水量和带出系统的水量大致相等，系统基本达到平衡。系统水平衡失调，会造成溶液浓度过稀或过浓，对于系统的稳定运行和降低化学药品消耗是非常不利的。

系统进水主要是原料气带入的，当一定温度的原料气体进入吸收塔后，水汽也随之带入，其次是溶液泵的机械密封水和仪表冲洗水；系统出水主要是再生塔顶冷凝水。原料气带入的水在吸收塔内大部分凝结在溶液中进入再生塔，溶液再生时在塔顶有一部分水被排出系统，其余作为塔顶回流循环使用。调整水平衡的主要手段是控制再生塔顶的回流水量，操作过程中保持适度的回流水量，并注意调节好溶液泵的密封水和仪表冲洗水，可以避免发生系统水平衡失调。

4. 塔阻力升高

吸收塔的阻力在正常的操作条件下是基本稳定的，通常在一个很小的范围内波动，当溶液起泡或填料层被破碎、腐蚀的填料或其他机械杂质、脏物堵塞等，会影响溶液流通，引起塔阻力升高，对吸收塔的操作非常不利，日常操作中应尽量避免。针对引起塔阻力升高的不同原因，采用相应的处理方式，溶液起泡的处理前面已经讨论过。对于填料破裂或机械杂质引起堵塞的处理是降低负荷，通过调整操作参数可维持生产，如有必要可停车进行清理及更换耐腐蚀的优质填料。

实际运行时吸收系统可能发生的操作事故远不止以上几种，处理事故的方式也不能一概而论，必须根据实际情况酌情处理。为减少操作事故的发生，主动防范是吸收系统操作的关键所在。

复习思考题

一、选择题

1.吸收操作的依据是（　　）。

A.挥发度差异　　B.溶解度差异　　C.温度差异

2.气体物质的溶解度一般随温度升高而（　　）。

A.增加　　B.减小　　C.不变

3.用水吸收下列气体时，属于液膜控制的是（　　）。

A.氯化氢　　B.氨　　C.氯气

4.相平衡常数的值越大，表明气体的溶解度（　　）。

A.越大　　B.越小　　C.适中

5.吸收塔的操作线是直线，主要基于如下原因（　　）。

A.物理吸收　　B.化学吸收　　C.低浓度物理吸收

6.某吸收过程，已知气相传质分系数$K_y=4\times10^{-4}$kmol/（$m^2\cdot s$），液相传质分系数$K_x=8\times10^{-4}$kmol/（$m^2\cdot s$），由此可判断该过程为（　　）。

A.液膜控制　　B.气膜控制　　C.双膜控制

7.吸收操作分离的是（　　）。

A.均相气体混合物　　B.均相液体混合物　　C.非均相液体混合物

8.在一符合亨利定律的平衡系统中，溶质在气相中的摩尔浓度与在液相中的摩尔浓度的差值为（　　）。

A.正值　　B.负值　　C.零

9.在吸收操作中，吸收塔某一截面上总推动力（以气相浓度差表示）为（　　）。

A. $Y-Y^*$　　B. Y^*-Y　　C. $Y-Y_i$

（Y——气相溶质组分的浓度；Y^*——与液相平衡的气相浓度；Y_i——气-液界面上的气相平衡浓度）

10.亨利定律适用于（　　）。

A.溶解度大的溶液　　B.理想溶液　　C.稀溶液

11.为了防止出现沟流和壁流现象，通常在填料塔内装设（　　）。

A.除沫器　　B.液体再分布器　　C.液体分布器

二、填空题

1.吸收操作是用____________________以除去其中一种或多种组分的操作。

2.工业生产中吸收操作应用于以下几个方面____。

3.吸收操作是将可溶性组分从________相转移至________相的________过程。

4.在吸收操作中，气体混合物中不被吸收的组分称________；被吸收的组分称为________。

5.氨水的浓度（质量分数）25%，则氨水的比质量分数为______________________________。

6.依双膜理论，在吸收过程中，吸收质从气相主体以________的方式到达气膜边界，又以________方式通过气膜到达气液界面，在相界面上吸收质不受任何________从气相进入液相，在液相中以________方式穿过液膜到液膜边界，最后以________方式转移到液相主体。

7.在填料塔中，填料的堆放方式有________和________两种。

8.减少吸收剂用量，将使出口溶液的浓度________，吸收推动力相应地________，吸收变得困难。为达到同样的吸收效果，吸收塔高必须________，以增加两相的接触时间。

9.在一逆流吸收塔中，若吸收剂入塔浓度下降，其他操作条件不变，此时该塔的吸收率________，塔顶气体出口浓度____________________。

10.气体的溶解度一般随温度的升高而________。

11.解吸操作是指________________；在生产中解吸过程的目的是________________。

12.工业中常用的解吸方法为________、________、________和________。

三、简答题

1.吸收分离气体混合物的依据是什么？选择吸收剂的原则是什么？

2.何谓平衡分压和溶解度？对一定的物系，气体溶解度与哪些因素有关？

3.化学吸收与物理吸收的本质区别是什么？化学吸收有何特点？

4.双膜理论的要点是什么？何谓气膜控制和液膜控制？

5.用水吸收混合气体中的CO_2是属于什么控制过程？提高其吸收速率的有效措施是什么？

6.比较温度、压力对亨利系数、溶解度常数及相平衡常数的影响。

7.什么是最小液气比？简述液气比的大小对吸收操作的影响。

8.填料的作用是什么？对填料有哪些基本要求？

9.吸收塔内为什么有时要装有液体再分布器？

四、计算题

1.总压100kPa，温度25℃的空气与水长时间接触，空气中氮气的体积分数为0.79，则水中的氮气的浓度为多少？分别用摩尔浓度和摩尔分数表示。

[答案　5.01×10^{-4}kmol/m^3；9.01×10^{-5}]

2.在101.3kPa、20℃下，100kg水中含氨1kg时，液面上方氨的平衡分压为0.80kPa，求气、液相组成（以摩尔分数、摩尔比表示）。

[答案　气相7.9×10^{-3}kmol/m^3；7.96×10^{-3}kmol/m^3；3.28×10^{-4}kmol/m^3；液相0.0106kmol/m^3；0.0107kmol/m^3；0.582kmol/m^3]

3.空气和氨的混合气总压为101.3kPa，其中含氨的体积分数为5%，试求以摩尔比和质量比表示的混合气组成。

[答案　5.26×10^{-2}；3.08×10^{-2}]

4.含NH_3 3%（体积分数）的混合气体，在填料塔中吸收。试求氨溶液的最大浓度。已知塔内绝压为202.6kPa，操作条件下气液平衡关系为$p^*=267x$。

[答案　0.0228]

5.在一逆流吸收塔中，用清水吸收混合气体中的CO_2。惰性气体处理量为300m^3/h，进塔气体中含CO_2 8%（体积分数），要求吸收率95%，操作条件下$Y^*=1600X$，操作液气比为最小液气比的1.5倍。求：①水用量和出塔液体的组成；②写出操作线方程式。

[答案　①$3.053\times10^4$kmol/h；3.625×10^{-5}；②$Y=2280X+4.35\times10^{-3}$]

6.某吸收塔每小时从混合气中吸收200kg SO_2，已知该塔的实际用水量比最小用水量大65%，试计算每小时实际用水量是多少立方米？进塔气体中含SO_2 18%（质量分数），其余是惰性组分，相对分子质量取为28。在操作温度293K和压力101.3kPa下SO_2的平衡关系用直线方程式表示：$Y^*=26.7X$。

[答案　25.8m^3/h]

7.用清水吸收混合气体中的SO_2，已知混合气量为5000m^3/h，其中SO_2含量为10%（体积分数），其余是惰性组分，相对分子质量取为28。要求SO_2吸收率为95%。在操作温度293K和压力101.3kPa下SO_2的平衡关系用直线方程式表示：$Y^*=26.7X$。现设取水用量为最小水用量的1.5倍，试求：水的用量及吸收后水中SO_2的浓度。

[答案　7637kmol/h；2.77×10^{-3}]

8.在293K和101.3kPa下用清水分离氨和空气的混合气体。混合气中氨的分压是13.3kPa，经吸收后氨的分压下降到0.0068kPa。混合气的流量是1020kg/h，操作条件下的平衡关系是$Y^*=0.755X$。试计算吸收剂最小用量；如果适宜吸收剂用量是最小用量的1.5倍，试求吸收剂实际用量。

[答案　24.4kmol/h；36.6kmol/h]

9.在常压填料吸收塔中，以清水吸收焦炉气中的氨气。标准状况下，焦炉气中氨的浓度为0.01kg/m^3，流量为5000m^3/h。要求回收率不低于99%，吸收剂用量为最小用量的1.5倍。混合气体进塔的温度为30℃，塔径为1.4m，操作条件下平衡关系为$Y^*=1.2X$，气相体积吸收总系数$K_Y\alpha$=200kmol/（m^3·h）。试求该塔填料层高度。

[答案　6.75m]

10.以清水在填料塔内逆流吸收空气和氨混合气中的氨，进塔气中含氨4.0%（体积分数），要求回收率η为0.96，气相流率G为0.35kg/（m^2·s）。采用的液气比为最小液气比的1.6倍，平衡关系为$Y^*=0.92X$，总传质系数$K_Y\alpha$为0.043kmol/（m^3·s）。试求：①塔底液相浓度x_1；②所需填料层高度H。

[答案　x_1=0.0272；H=1.83m]

项目七

液-液萃取

萃取就是利用液体混合物中各组分在某种溶剂中溶解度不同的特性，使混合物中欲分离的组分溶解于该溶剂中，以达到分离液体混合物的目的。本项目以完成某一萃取任务为引领，设计了四个工作任务，结合具体的实践训练项目，使学生掌握萃取岗位的操作要求，为今后走上工作岗位打下基础。

萃取分离依据

思政目标

1. 培养立足一线、吃苦耐劳、埋头苦干、不计得失的奉献精神。
2. 树立环境保护意识、节能减排意识、绿色生产意识。
3. 培养信念坚定、专业素质过硬、不甘落后、奋勇争先、追求进步的精神状态。

学习目标

技能目标

1.能运用三角形相图进行单级萃取操作的有关计算。

2.会选择萃取剂，并能进行填料萃取塔性能的测定。

3.能处理单级萃取操作中出现的一般问题。

知识目标

1.熟知萃取操作的基本原理及萃取剂的选择原则。

2.熟知单级萃取流程及多级萃取流程。

3.了解常用萃取设备的结构和特点。

4.了解超临界萃取的基本原理和特点。

生产案例

以用水作萃取剂分离煤油和苯甲酸溶液为例介绍萃取操作。萃取流程如图 7-1 所示。轻相罐内加入煤油 - 苯甲酸溶液至罐正常液位，重相罐内加入清水至罐正常液位，启动重相泵将清水加入萃取塔内，建立萃取剂循环，然后再启动轻相泵将煤油 - 苯甲酸溶液加入萃取塔，控制合适的塔底采出流量，控制塔底重相液位正常，塔顶相界面正常，启动压缩机往萃取塔内加入空气，加快轻 - 重相传质速度，逐渐加大塔底采出量，控制各工艺参数在正常范围内，分相器内轻相采出至萃余相罐，重相采出至萃取相罐。

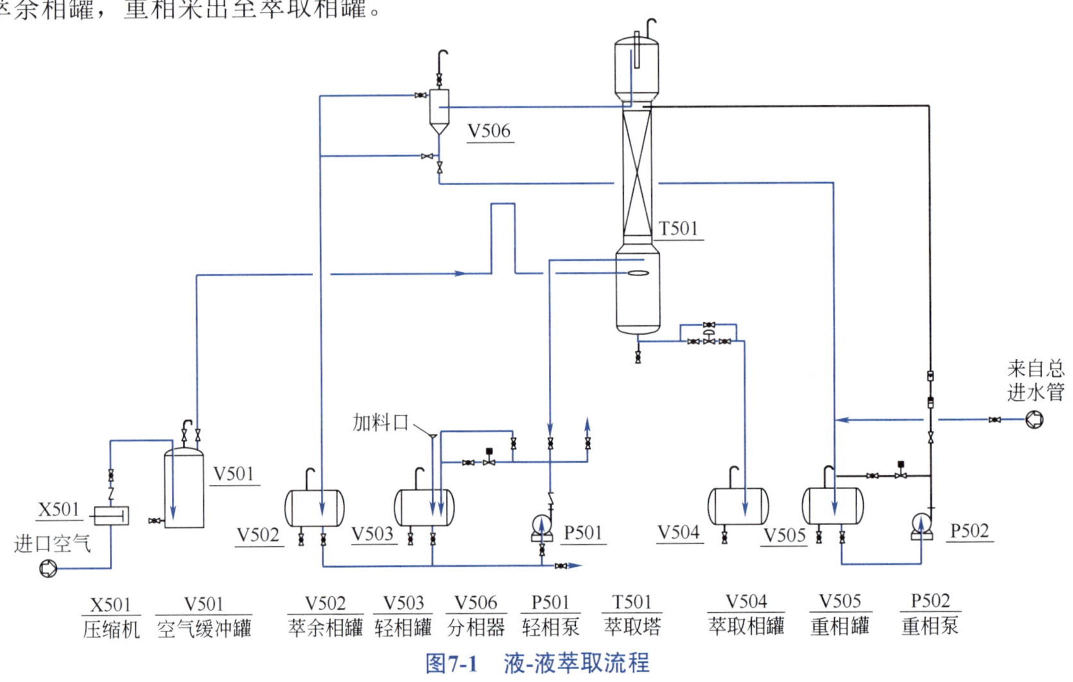

图7-1　液-液萃取流程

萃取和蒸馏都是分离均相液体混合物的单元操作，但采用萃取操作要比蒸馏操作复杂得多，且大多数情况下没有蒸馏操作经济，有时萃取剂脱出不完全而导致产品成分增加，使萃取操作的应用受到较大限制。通常，用蒸馏操作分离效果较好时，一般不采用萃取操作，但在遇到下列情况时，采用萃取方法比蒸馏操作更为经济合理。

萃取方法的应用

① 原料液中各组分间的沸点非常接近，即组分间的相对挥发度接近于 1，或在蒸馏时形成恒沸物，若采用蒸馏方法很不经济或不能分离。

② 液相混合物中欲分离的重组分浓度很低，或沸点高，采用蒸馏操作不经济。

③ 混合液为热敏性物料，或蒸馏时易分解、聚合或发生其他变化。

④ 提取稀溶液中有价值的组分，或分离极难分离的金属，如稀有元素的提取、钽 - 铌、钴 - 镍等的分离。

近年来，由于能源短缺，萃取操作在生产上应用越来越广泛，如多种金属物质的分离、核工业原料的制取等。

任务一

液-液萃取过程分析

一、液-液萃取的基本原理

萃取原理

液 - 液萃取操作的基本过程如图 7-2 所示。将一定量溶剂加入被分离的原料液 F 中，所选溶剂称为萃取剂 S，要求它与原料液中被分离的组分（溶质）A 的溶解能力越大越好，而与原溶剂（或称稀释剂）B 的相互溶解度越小越好。然后加以搅拌使原料液 F 与萃取剂 S 充分混合，溶质 A 通过相界面由原料液向萃取剂中扩散，因此萃取操作也属于两相间的传质过程。搅拌停止后，将混合液注入澄清槽，两液相因密度不同而分层：一层以萃取剂 S 为主，并溶有较多的溶质 A，

称为萃取相 E；另一层以原溶剂（稀释剂）B 为主，且含有未被萃取完全的溶质 A，称为萃余相 R。若萃取剂 S 和原溶剂 B 为部分互溶，则萃取相中还含有少量的 B，萃余相中亦含有少量的 S。

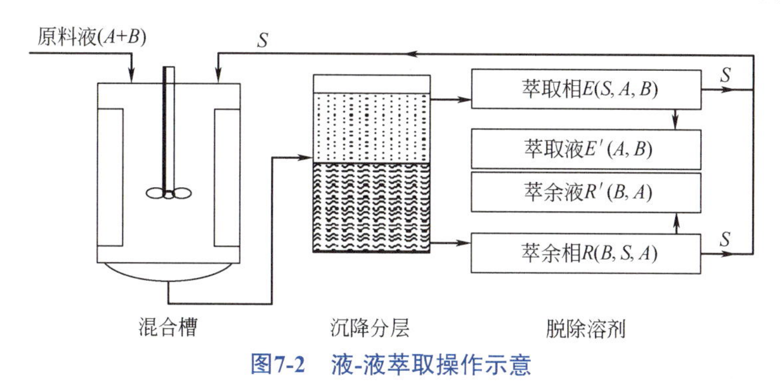

图7-2　液-液萃取操作示意

特别提示： 萃取操作并没有得到纯净的组分，而是新的混合液：萃取相E和萃余相R。为了得到产品A，并回收溶剂以供循环使用，尚需对这两相分别进行分离。通常采用蒸馏或蒸发的方法，有时也可采用结晶等其他方法。脱除溶剂后的萃取相和萃余相分别称为萃取液E'和萃余液R'。

二、液-液相平衡

萃取与蒸馏、吸收一样，其基础是相平衡关系。萃取过程是两液相之间的传质过程，其极限是相平衡。常见的萃取操作发生在三元混合物组分间，溶质 A 完全溶于萃取剂 S 和稀释剂 B，而 B 与 S 部分互溶或完全不互溶，则萃取相和萃余相都是一个三元混合物，因此，要表示萃取相和萃余相之间的平衡关系，通常不采用直角坐标系，而是采用三角形坐标图，如等腰三角形、不等腰三角形、等边三角形等。混合液的组成以在等腰直角三角形坐标图上表示最方便，因此萃取计算中常采用等腰直角三角形坐标图。在三角形坐标图中常用质量分数表示混合物的组成，有时也采用体积分数或摩尔分数表示，这里均采用质量分数。

1. 组成在三角形坐标图中的表示方法

如图 7-3 所示，三角形的三个顶点分别代表三个纯组分，即点 A 为纯溶质 A，点 B 为纯稀释剂 B 和点 S 为纯萃取剂 S。三角形的三条边分别表示相应的两个组分，即边 AB 表示组分 A 和 B，如点 F 表示组分 A 的含量为 40% 和组分 B 的含量为 60%。其他两个边类推之。三角形内的任一点 M 表示三组分混合物，过点 M 作边 AB 和 BS 的平行线，截得的线段长分别为 $\overline{BG}$ 和 $\overline{BE}$，则线段 $\overline{BG}$ 和 $\overline{BE}$ 的长度分别表示组分 S 和 A 的含量 $w(\mathrm{S})$ 和 $w(\mathrm{A})$。组分 B 的含量 $w(\mathrm{B})$ 可通过点 M 作边 AS 的平行线截得的线段长 HS 表示。显然，三个组分的含量之和应符合下式。

$$w(\mathrm{A})+w(\mathrm{S})+w(\mathrm{B})=100\%$$

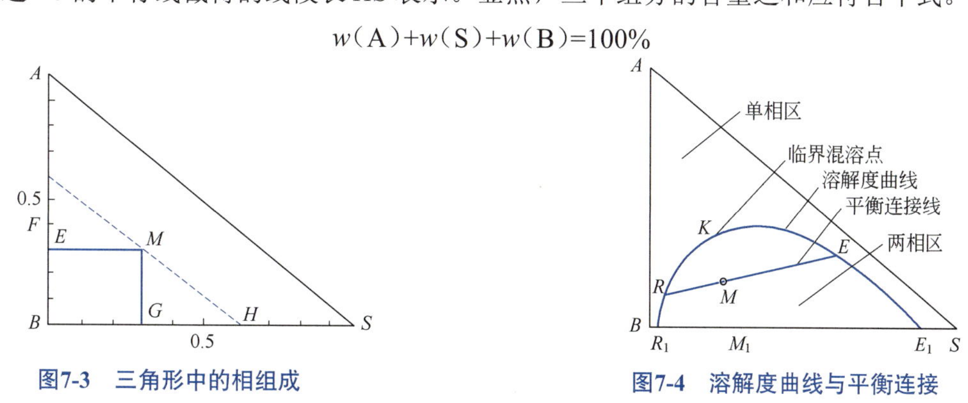

图7-3　三角形中的相组成

图7-4　溶解度曲线与平衡连接

2. 溶解度曲线

设溶质 A 完全溶于组分 B 和 S 中，而 B 与 S 为一对部分互溶组分。在一定温度下，将一定量

的 B 和 S 相混合，此混合物组成如图 7-4 中点 M_1 所示。经过充分接触和静置后，得到两个平衡的液相，两层的组成如点 E_1 和 R_1 所示。在此混合液中加入适量溶质 A 后混合物状态点由 M_1 点移至 M 点，经充分混合达到两相平衡后静置分层，分析两相的组成，得到点 E 和 R。互成平衡的两相称为共轭相，E、R 的连线称为平衡连接线。改变 A 的加入量，可测得一组平衡数据，连接这些点成一平滑曲线，称溶解度曲线。该曲线下所围成的区域为两相区或分层区，以外为均相区或单相区。显然。萃取操作只能在两相区内进行。在溶解度曲线上的点 K，连接线变成一个点，即 E 相和 R 相合为一个相，称此点 K 为临界混溶点。

溶解度曲线随温度不同而变化，一般温度升高，两相区相应缩小。

三、萃取剂的选择

萃取剂选择原则

萃取剂的选择是利用萃取操作分离原料液有效成分的关键因素，同时也要考虑萃取剂是否容易回收及经济是否合理。现将这些要求归纳为以下几个方面。

1. 选择性系数

萃取剂的选择性是指萃取剂 S 对原料液中两个组分溶解能力的不同，即对溶质 A 是优良溶剂，对原溶剂 B 是不良溶剂。即使萃取相中溶质 A 的浓度 y_A 要比原溶剂 B 的浓度 y_B 大得多，而萃余相中原溶剂 B 的浓度 x_B 比溶质 A 的浓度 x_A 大得多，那么这种萃取剂的选择性就好。

萃取剂的选择性可用选择性系数 β 表示，其定义式为

$$\beta=\frac{y_A/y_B}{x_A/x_B}=\frac{y_A}{x_A}\Big/\frac{y_B}{x_B}=\frac{k_A}{k_B} \tag{7-1}$$

式中　β——选择性系数；

y——组分在萃取相中的质量分数；

x——组分在萃余相中的质量分数；

k——组分的分配系数。

下标 A 表示组分 A，B 表示组分 B。

β大小表示了什么?

选择性系数 β 颇似蒸馏中的相对挥发度 α。若 $\beta=1$，则由式（7-1）可知萃取相和萃余相在脱除溶剂 S 后将具有相同的组成，并且等于原料液的组成，说明 A、B 两组分不能用此萃取剂分离，换言之，所选择的萃取剂是不适宜的。若 $\beta>1$，说明组分 A 在萃取相中的相对含量比萃余相中的高，即组分 A、B 得到了一定程度的分离，显然选择性系数 β 越大，组分 A、B 的分离也就越容易，相应的萃取剂的选择性也就越高。萃取剂的选择性越高，对溶质 A 的溶解能力越大，而对于一定的分离任务，可减少萃取剂用量，从而降低回收溶剂的操作费用，并且获得的产品纯度越高。

2. 影响分层的因素

为使萃取相与萃余相能较快的分层，要求萃取剂与原溶剂有较大的密度差。此外，萃取剂与原溶剂之间的界面张力对分层也有重要影响。界面张力太大，两相分散较困难，单位体积内的相界面积缩小，不利于界面的更新，对传质不利。反之，若界面张力过小，则分散相的液滴很细，不易合并、集聚，严重时会产生乳化现象，因而难于分层。因此，界面张力要适中，其中首要的还是满足易于分层的要求，即通常选择界面张力较大的萃取剂。

3. 萃取剂回收的难易

萃取相和萃余相中的溶剂，通常以蒸馏的方法进行分离，萃取剂回收的难易直接影响萃取操作经济性。因此，要求萃取剂 S 与原料液组分的相对挥发度要大，不应形成恒沸物；为节约回收所耗的热量，最好是组成低的组分为易挥发组分。若被萃取的溶质不挥发或挥发度很低，而萃取

剂 S 为易挥发组分时，则希望萃取剂 S 具有较低的汽化潜热，以节约热能。

4. 萃取剂的物性要求

选择萃取剂时还应考虑其他一些因素，诸如，萃取剂应具有比较低的黏度，以利于输送及传质；具有化学稳定性和热稳定性，对设备腐蚀性小，无毒；不易燃易爆，来源充分，价格低廉等。

一般来说，很难找到满足上述所有要求的萃取剂，在选用萃取剂时要充分了解其主要限制因素，根据实际情况加以权衡，以满足必须要求。

任务二

萃取流程的识读

一、单级萃取流程

单级萃取包括三个过程：混合传质过程、沉降分离过程和溶剂脱出过程。其流程如图 7-5 所示，原料 F 和萃取剂 S 在混合器中通过搅拌使两相充分接触传质，然后将混合液在分层器中静止分层。若分层后的萃取相和萃余相达相平衡，则称此分离效果为一个理论级。萃取相和萃余相脱除萃取剂后的两个液相分别称萃取液和萃余液。

操作过程可以连续，也可以间歇。间歇操作时，单级萃取操作所得的萃余相中往往还含有部分溶质，为了进一步提取溶质，可采用多级萃取操作流程。

二、多级萃取流程

多级萃取操作即将多个单级萃取设备串联起来，可分为多级错流萃取和多级逆流萃取。

常用的萃取流程

1. 多级错流萃取流程

经过单级萃取后的萃余相中往往仍含有较多的溶质 A，为了进一步降低萃余相中溶质 A 的含量，可采用多级错流萃取，其流程如图 7-6 所示。料液在第 1 级进行萃取后的萃余相 R_1 继续在第 2 级用新鲜溶剂萃取，依次直到第 N 级的萃余相 R_N 的浓度符合要求为止。多级错流萃取实际上是多个单级萃取的组合。

7.1 单级萃取

7.2 多级错流萃取

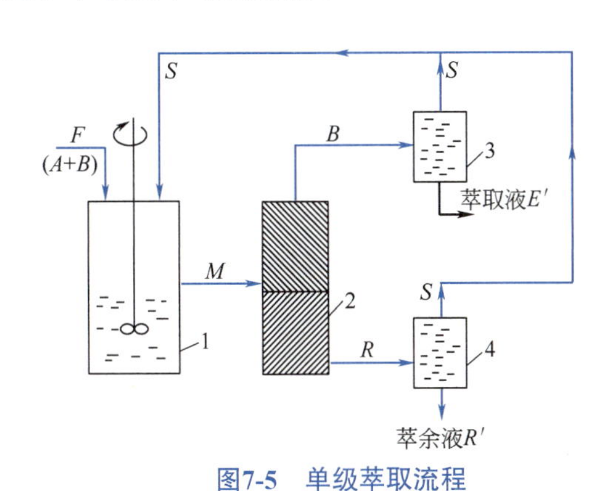

图7-5　单级萃取流程

1—混合器；2—分层器；3，4—分离器

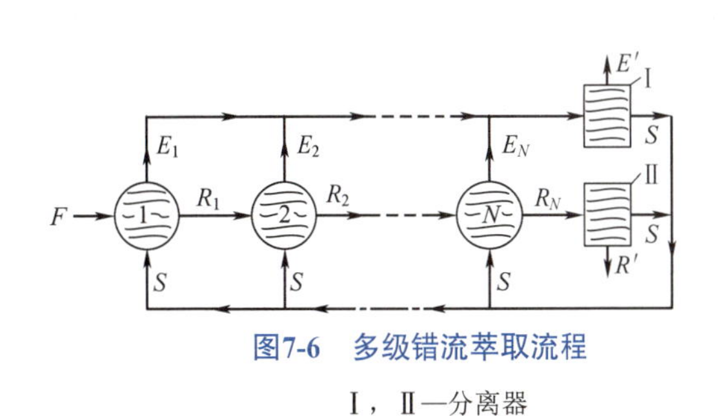

图7-6　多级错流萃取流程

Ⅰ，Ⅱ—分离器

多级错流萃取操作传质推动力大，只要级数足够多，最终可得到溶质组成很低的萃余相，但溶剂的用量很多。这一流程，可用于间歇操作，也可用于连续操作。

2. 多级逆流萃取流程

用一定量的溶剂萃取原料液时，单级或多级错流萃取因受相平衡关系限制，有时要使萃余相中的溶质含量达到规定要求，则需要级数多，萃取剂的消耗量大，而萃取相中溶质浓度又较低，为克服此缺点，可以采用多级逆流萃取的方法。如图 7-7 所示，多级逆流萃取是原料液和溶剂逆向接触依次通过各级的连续操作，其分离效率高，溶剂用量少，故在工业中得到广泛的应用。图 7-7 为多级逆流萃取操作流程示意。

7.3 多级逆流萃取

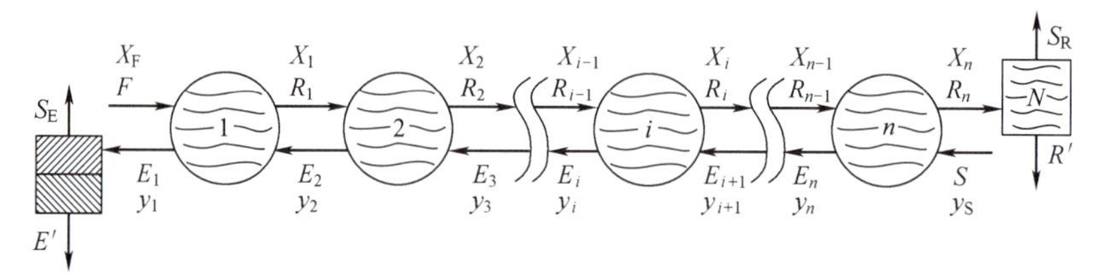

图7-7 多级逆流萃取操作流程示意

原料液自第一级加入，逐次通过第二、第三……第 n 各级，得萃余相 R。萃取剂（或循环溶剂）从第 n 级加入，依次通过第 n–1……第二、第一级，得萃取相 E。萃取剂一般是循环使用的，其中常含有少量的组分 A 和 B，故最终萃余相中可达到的溶质最低组成受溶剂中溶质组成限制，最终萃取相中溶质的最高组成受原料液中溶质组成的制约。

3. 微分接触式逆流萃取

微分接触式逆流萃取通常在塔设备内进行，料液与溶剂中的重相自塔顶加入，轻相自塔底加入，萃取相与萃余相呈逆流微分接触，两相中的溶质组成沿塔高连续变化。这类塔设备的操作过程将在“萃取设备”中介绍。

任务三

萃取设备的操作

一、萃取设备的类型

萃取设备分类

萃取设备要求在液 - 液萃取过程中，既能使两相密切接触并伴有较高程度的湍动，以实现两相之间的质量传递，又能较快地完成两相分离。为了满足上述要求，出现了多种结构形式的萃取设备。目前，工业上所采用的各种类型的萃取设备已超过 30 种，而且还不断开发出新型萃取设备。

萃取设备的分类方法很多，如按两相的接触方式可分为逐级接触式和连续接触式；按操作方式可分为间歇式和连续式；按构造特点和形状可分为组件式和塔式；按萃取级可分为单级和多级；按有无外功输入又可分有外能量和无外能量两种。这里简要介绍一些典型的萃取设备及其操作特性。

1. 混合 – 澄清槽

混合 - 澄清槽是一种目前仍在工业生产中广泛应用的逐级接触式萃取设备。它可单级操作，也可多级组合操作。每一级均包括混合槽和澄清槽两个主要部分。

混合槽中通常安装搅拌装置，有时也可将压缩气体通入室底进行气流式搅拌，目的是使不互溶液体中的一相被分散成液滴而均匀分散到另一相中，以加大相际接触面积并提高传质速率。澄清槽的作用是借密度差将萃取相和萃余相进行有效的分离。

典型的单级混合 - 澄清槽如图 7-8 所示。操作时，被处理的原料液和萃取剂首先在混合槽中借搅拌浆的作用使两相充分混合，密切接触，进行传质。然后进入澄清槽中进行澄清分层。为了达到萃取的工艺要求，混合时要有足够的接触时间，以保证分散相液滴尽可能均匀地分散于另一相之中；澄清时要有足够的停留时间，以保证两相完成分层分离。

有时，对于生产能力小的间歇萃取操作，据生产需要，可以将多个混合 - 澄清槽串联起来，组成多级逆流或多级错流的流程。图 7-9 为水平排列的三级逆流混合 - 澄清槽萃取装置示意。

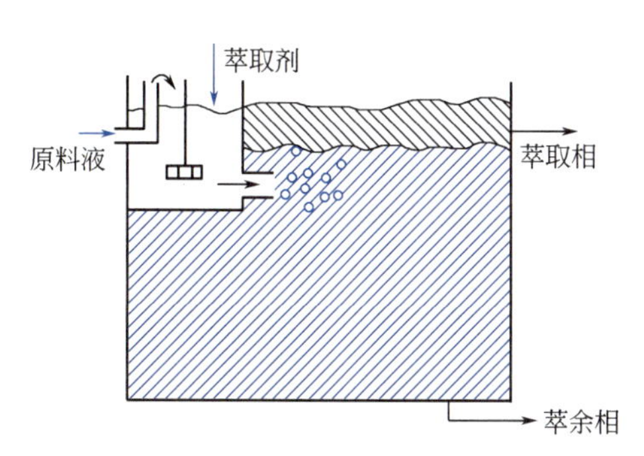

图7-8　混合-澄清槽组合装置

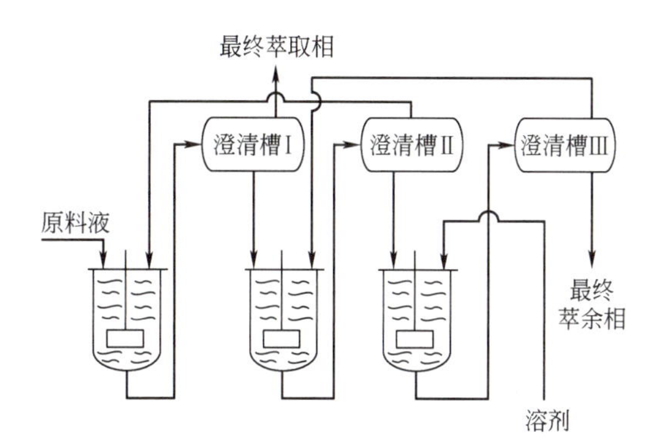

图7-9　三级逆流混合-澄清槽萃取装置

混合 - 澄清槽的优点：两相接触好，一般级效率为 80% 以上；结构简单，设备运转可靠，对物系适应性好，对含有少量悬浮固体的物料也能处理；操作方便，易实现多级连续操作，便于调节级数，能适用于两种液体的流量在较大范围内变化等情况，因此应用比较广泛。

其缺点是设备占地面积大；每级内都设搅拌装置，液体在级间流动需要泵输送，动力消耗较大，设备费及操作费较高；每一级均设有澄清槽，所以持液量大，溶剂投资大。

2. 塔式萃取设备

常用的塔式萃取设备有哪些?

(1) 填料萃取塔　如图7-10所示，填料萃取塔是在塔体内支撑板上充填一定高度的填料层。萃取操作时，重相和轻相分别从塔的上、下部加入，两相在塔内呈逆流流动。连续相充满整个塔中，分散相以液滴状通过连续相。为防止液滴在入口处聚结和出现液泛，轻相入口管应在支撑器之上25～50mm处。

常用的填料为拉西环、鲍尔环、弧鞍等。选择填料材质时，除考虑料液的腐蚀性外，还应考虑填料只能被连续相润湿而不能被分散相润湿，这样才利于液滴的形成和稳定。一般陶瓷填料易被水相润湿，塑料和石墨易被大部分有机相润湿，金属材料对水溶液和有机溶液均可能润湿，需通过实验确定。

填料塔结构简单，造价低廉，操作方便，特别适用于腐蚀性料液，但不能处理含有固体颗粒的料液。尽管传质效率较低，在工业上仍有一定应用。

(2) 喷洒塔　喷洒塔又称喷淋塔，是最简单的萃取设备，如图7-11所示，塔内无任何内件及液体引入和移出装置。喷洒塔操作时，重相由塔顶进入，从塔底流出；轻相由塔底加入。由于两相存在密度差，使得两相逆向流动。分散装置将其中一相分散成液滴群，在另一连续相中浮升或沉降，进行两相接触，发生传质过程。

喷洒塔结构简单，投资费用少，易维护。缺点是分散相在塔内只有一次分散，无凝聚和再分散作用，因此提供的理论级数不超过 1～2 级，分散相液滴在运动中一旦合并很难再分散，导致沉降或浮升速度加大，相际接触面积和时间减少，传质效率低。另外，分散相液滴在缓慢的运动中表面更新慢，液滴内部湍流程度低，因此塔内传质效率较低，仅用于水洗、中和或处理含有固体颗粒的料液。

图7-10　填料萃取塔结构示意　　图7-11　喷洒塔结构示意

(3) 筛板萃取塔　筛板萃取塔是逐级接触式萃取设备，依靠两相的密度差，在重力的作用下，使得两相进行分散和逆向流动。塔盘上不设出口堰。筛板塔内，轻、重两相均可作为分散相。若以轻相为分散相，如图7-12所示，则轻相从塔下部进入。轻相穿过筛板分散成细小的液滴，与塔板上的连续相充分接触。液滴在重相内浮升过程中进行液-液传质过程。穿过重相层的轻相液滴开始合并凝聚，聚集在上层筛板的下侧，实现轻、重两相的分离，并进行轻相的自身混合。当轻相再一次穿过筛板时，轻相再次分散，液滴表面得到更新。这样分散、凝聚交替进行，直至塔顶澄清、分层、排出。而连续相重相进入塔内，则横向流过塔板，在筛板上与分散相即轻相液滴接触和萃取后，由降液管流至下一层板。这样重复以上过程，直至塔底与轻相分离形成重相层排出。

(4) 往复筛板萃取塔　往复筛板萃取塔的结构如图7-13所示。将若干层筛板按一定间距固定在中心轴上，由塔顶的传动机构驱动而作往复运动。当筛板向上运动时，迫使筛板上侧的液体经筛孔向下喷射；反之，又迫使筛板下侧的液体向上喷射。为防止液体沿筛板与塔壁间的缝隙走短路，应每隔若干块筛板，在塔内壁设置一块环形挡板。

7.4 筛板萃取塔

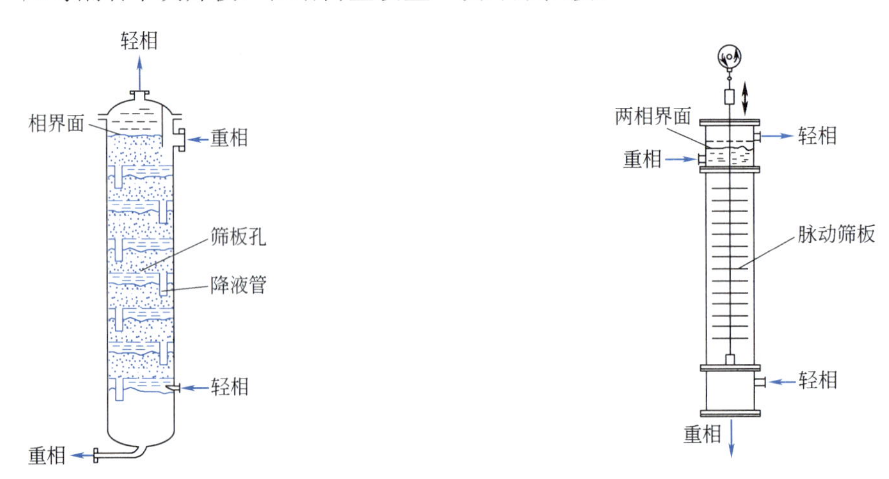

图7-12　筛板萃取塔结构示意　　图7-13　往复筛板萃取塔结构示意

往复筛板萃取塔的效率与塔板的往复频率密切相关。当振幅一定时，在不发生液泛的前提下，效率随频率的增大而提高。

往复筛板萃取塔可较大幅度地增加相际接触面积和提高液体的湍动程度，传质效率高，生产能力大，在石油化工、食品、制药等工业中应用广泛。

（5）脉冲萃取塔 如图7-14所示，在塔的底部设置脉冲发生器，以脉冲形式向萃取塔输入机械能，使液体在塔内产生脉冲运动，这种塔统称为脉冲萃取塔。填料式、筛板式萃取塔均可装上脉冲发生器而改善其传质效果。筛板塔输入脉冲后，轻、重液皆穿过筛板并被分散，筛板上不需要通液管，并可使两相流体之间获得比一般填料塔和筛板塔更大的相对速度，同时使液滴尺寸减小，湍动程度增加，使传质效率大幅度提高，但其生产能力一般有所下降。

脉冲萃取塔的效率与脉动的振幅和频率密切相关，脉动过分激烈，会导致严重的轴向返混，传质效率反而降低。根据研究结果和实践证明，较高频率和较小振幅的萃取效果较好。

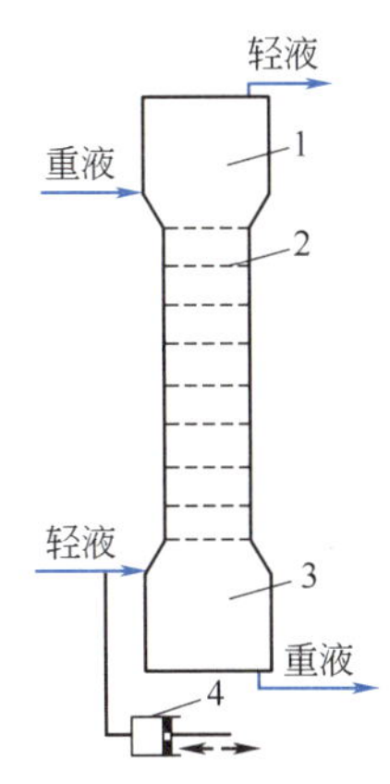

图7-14 脉冲萃取塔

1—塔顶分层段；2—无溢流筛板；3—塔底分层段；4—脉冲发生器

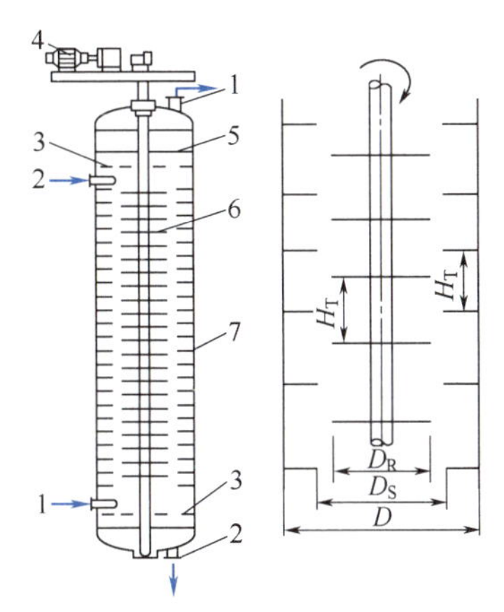

图7-15 转盘萃取塔

1—轻液；2—重液；3—格栅；4—驱动区；5—界面；6—转盘；7—定环

（6）转盘萃取塔 于两液相界面张力较大的物系，为改善塔内的传质状况，需要从外界输入机械能量来增大传质面积和传质系数。转盘萃取塔为其中之一，如图7-15所示。在圆柱形塔体内，相间装有多层环形固体挡板（定环）和同轴的圆盘（转盘）。定环将塔分成多个小空间。圆形转盘固定在中心轴上，由塔顶电动机驱动。当中心轴转动时，因剪切应力的作用：一方面使连续相产生旋涡运动；另一方面促使分散相液滴变形、破裂更新，有效地增大传质面积和提高传质系数。

转盘萃取塔既能连续操作，又能间歇操作；既能逆流操作，又能并流操作。逆流操作时，重相从塔上部加入，轻相从塔底加入；并流操作时，两相从塔的同一端加入，借助输入能量在塔内流动。

由于转盘塔结构简单，造价低廉，维修方便，操作弹性和通量较大，在工业生产中得到较广泛的应用。该塔还可作为化学反应器。另外，由于操作中很少堵塞，因此也适用于处理含有固体物料的场合。

3. 离心萃取器

离心萃取器是利用离心力使两相快速充分混合并快速分离的萃取装置，目前已经开发出多种类型的离心萃取器，广泛应用于各种生产过程中。如图7-16所示为转筒式离心萃取器的结构示意。操作时，重相和轻相由底部的三通管并流进入混合室，在搅拌桨的剧烈搅拌下，两相充分混合进行传质，然后共同进入高速旋转的转筒。在转筒中，混合液在离心力的作用下，重相被甩向转鼓外缘，而轻相则被挤向转鼓的中心，两相分别经轻相堰、重相堰，流至相应的收集室，并经各自的排出口排出。

离心萃取器的优点是结构紧凑，效率高，易于控制，运行可靠。缺点是造价及维修费高，能耗大。

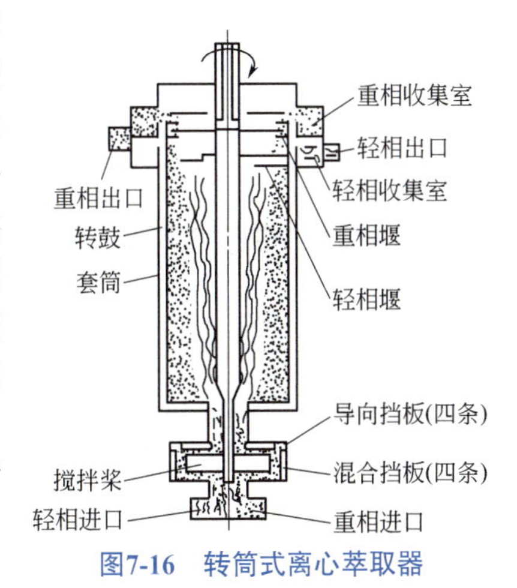

图7-16 转筒式离心萃取器

离心萃取器工业应用

7.5 单级转筒式离心萃取器

二、萃取设备的选用

1. 萃取设备的选择应考虑的因素

萃取设备选择原则

（1）物系的物理性质　对界面张力较小，密度差较大的物系，可选用无外加能量的设备。对密度差小，界面张力小，易乳化的难分层物系，应选用离心萃取器。对有较强腐蚀性的物系，宜选用结构简单的填料塔。对于放射性元素的提取，混合澄清槽用得较多。若物系中有固体悬浮物，为避免设备堵塞，需周期停工清洗，一般可用混合-澄清槽。另外，往复筛板塔有一定的清洗能力，在某些场合也可考虑选用。

（2）生产能力　生产能力较小时，可选用填料塔、脉冲塔。对于处理量较大时，可选用筛板塔、混合-澄清槽。

（3）物系的稳定性和液体在设备内的停留时间　对生产要考虑物料的稳定性，要求在萃取设备内停留时间短的物系，如抗生素的生产，用离心萃取器合适。反之，要求有足够的停留时间，宜选用混合-澄清槽。

（4）其他　在选用设备时，还需考虑其他一些因素，如能源供应状况，在缺电的地区应尽可能选用依重力流动的设备；当厂房平面面积受到限制时，宜选用塔式设备，而当厂房高度受到限制时，应选用混合澄清槽。

2. 萃取设备选用的原则

萃取设备的选择原则是：首先满足生产的工艺条件和要求，然后进行经济核算，使成本趋于最低。表 7-1 列出了萃取设备的选用原则，供参考。

表7-1　萃取设备的选用原则

比较项目		设备名称						
		喷洒塔	填料塔	筛板塔	转盘塔	脉冲筛板塔 振动筛板塔	离心萃取器	混合－澄清槽
工艺条件	需理论级数多	C	B	B	A	A	B	B
	处理量大	C	C	B	A	C	C	B
	两相流量比大	C	C	C	B	B	A	A
系统费用	密度差小	C	C	C	B	B	A	B
	黏度高	C	C	C	B	B	A	B
	界面张力大	C	C	C	B	B	A	B
	腐蚀性强	A	A	B	B	B	C	C
	有固体悬浮物	A	C	C	A	B	C	A
设备费用	制造成本	A	B	B	B	B	C	B
	操作费用	A	A	A	B	B	C	C
	维修费用	A	A	B	B	B	C	B
安装场地	面积有限	A	A	A	A	A	A	C
	高度有限	C	C	C	B	B	A	A

注：A表示适宜；B表示可以；C表示不适宜。

三、影响萃取操作的主要因素

萃取操作影响因素

1. 萃取剂的选择

萃取剂的选择是萃取操作分离效果和经济性的关键，有关内容详见任务一中萃取剂的选择。

2. 萃取操作的温度

操作温度对萃取相平衡的影响，在前面已讨论过。对同一物系，温度升高，两相区变小，且

S与B的互溶度增大；反之，温度降低，两相区变大。萃取只能在两相区内进行。所以，操作温度低，分离效果好。但操作温度过低，会导致液体黏度增大，扩散系数减小，传质阻力增加，传质速率降低，对萃取不利。工业生产中的萃取操作一般在常温下进行。

3. 分散相的选择

正确地选择作为分散相的液体，能使萃取操作有较大的相际接触面积，并且强化传质过程。分散相的选择通常遵循以下原则。

① 宜选体积流量较小的一相为分散相。

② 宜选不易润湿填料、塔板等内部构件的一相作分散相。这样，可以保持分散相更好地形成液滴状而分散于连续相中，以增大相际接触面积。

③ 宜选黏度较大的一相作分散相。这样，液滴的流动阻力较小，而增大液滴运动速度，强化传质过程。

4. 萃取剂的用量

当其他操作条件不变时，增加萃取剂的用量，则萃余相中溶质A的浓度将减小，萃取分离效率提高，但萃取回收设备负荷加重，导致回收时分离效果不好，从而使循环萃取剂中溶质A的含量增加，萃取效率反而下降。

在实际生产中，必须特别注意萃取剂回收操作的不完善对萃取过程的不良影响。

四、萃取塔的操作

在萃取塔操作中，两相的流速和塔内滞留量对萃取有很大的影响。

（1）液泛　当萃取塔内两液相的速度增大至某一极限值时，会因阻力的增大而产生两个液相互相夹带的现象，称为液泛。液泛现象是萃取操作中流量达到了负荷的最大极限值的标志。萃取塔正常操作时，两相的速度必须低于液泛速度。在填料萃取塔中，连续相的适宜操作速度一般为液泛速度的50%～60%。

（2）塔内两相滞留量　若分散相在塔内的滞留量过大，则导致液滴相互碰撞聚集的机会增多，两相的传质面积减小，甚至出现分散相转化为连续相的情况。因此，连续相在塔内的滞留量应较大，分散相滞留量应较小。

在萃取塔开车时，要注意控制好两相的滞留量。首先将连续相注满塔中，然后开启分散相进口阀，逐渐加大流量至分散相在分层段聚集，两相界面至规定的高度后，才开启分散相的出口阀，并调节流量以使界面高度稳定。若以轻相为分散相，则控制塔顶分层段内两相界面高度；若以重相为分散相，则控制塔底两相界面高度。

任务四

超临界萃取

超临界萃取原理

一、超临界萃取的基本原理

超临界萃取是利用超过临界温度、临界压力下的气体作为溶剂以萃取待分离的溶质，然后通过等温变压或等压变温的方法，使萃取物得到分离。

如果某种气体处于临界温度之上，则无论压力增至多高，该气体也不能被液化，称此状态的气体为超临界流体。超临界流体通常兼有液体和气体的性质，既有接近气体的黏度和渗透能力，又有接近液体的密度和溶解能力，这意味着超临界流体作为萃取剂，可以在较快的传质速率和有利的相平衡条件下进行萃取。

表 7-2 给出了超临界流体与常温、常压下气体和液体的物性比较。常用的超临界流体有二氧化碳、乙烯、乙烷、丙烯、丙烷和氨等。二氧化碳的临界温度比较接近于常温，加之安全易得，价廉且能分离多种物质，故二氧化碳是最常用的超临界流体。

表7-2 超临界流体与常温、常压下气体和液体的物性比较

流体	相对密度	黏度 /Pa · s	扩散系数 / (m^2/s)
气体，15～30℃，常压	0.0006～0.002	$(1\sim3)\times10^{-5}$	$(1\sim4)\times10^{-5}$
超临界流体	0.4～0.9	$(3\sim9)\times10^{-5}$	2×10^{-8}
液体，15～30℃，常压	0.6～1.6	$(0.2\sim3)\times10^{-3}$	$(0.2\sim2)\times10^{-9}$

二、超临界萃取的流程

超临界流体萃取过程按所采用分离方法的不同，有三种典型流程。

1. 变压萃取分离（等温法、绝热法）

这是应用最方便的一种流程，如图 7-17（a）所示。萃取了溶质的超临界流体（萃取相）从萃取槽抽出，经膨胀阀后，由于压力下降、溶解度降低而析出溶质，经分离后的溶质从分离槽下部取出，气体萃取剂由压缩机送回萃取槽循环使用。

2. 变温萃取分离（等压法）

如图 7-17（b）所示，该流程中采用加热升温的方法使气体和溶质分离，萃取物从分离槽下方取出，气体经冷却压缩后返回萃取槽循环使用。

3. 吸附萃取分离（吸附法）

如图 7-17（c）所示，在分离槽中放置着只吸附溶质的吸附剂，不吸收的气体压缩后循环回萃取槽。

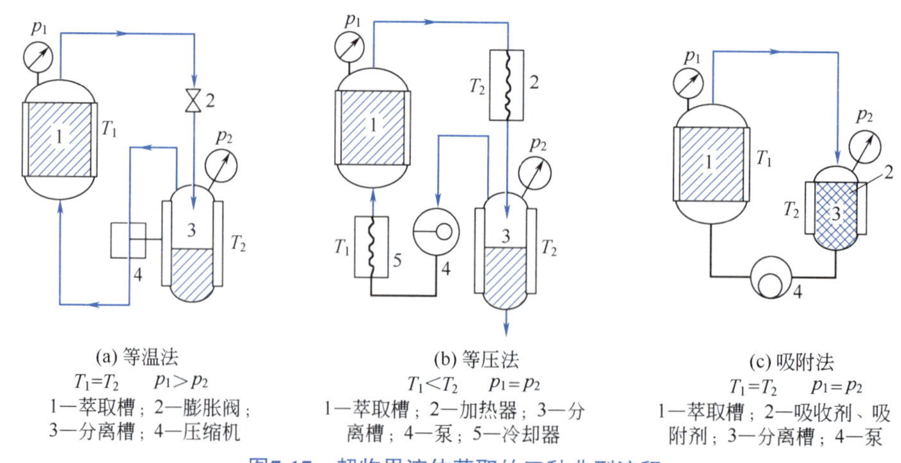

(a) 等温法
$T_1=T_2$ $p_1>p_2$
1—萃取槽；2—膨胀阀；3—分离槽；4—压缩机

(b) 等压法
$T_1<T_2$ $p_1=p_2$
1—萃取槽；2—加热器；3—分离槽；4—泵；5—冷却器

(c) 吸附法
$T_1=T_2$ $p_1=p_2$
1—萃取槽；2—吸收剂、吸附剂；3—分离槽；4—泵

图7-17 超临界流体萃取的三种典型流程

当萃取相中的溶质为需要的精制产品时，主要采用变压萃取分离、变温萃取分离两种流程；当萃取质为需要除去的有害成分时，多采用吸附法流程。此时萃取槽中留下的萃余物为所需要的提纯组分。

三、超临界萃取的特点及其工业应用

1. 超临界流体萃取的特点

超临界萃取特点

① 超临界流体萃取常在较低温度下进行。可以有效地防止热敏性成分的氧化和逸散，特别适合于那些对热敏感性强、容易氧化分解的物质的分离提取。

② 超临界流体具有与液体溶剂基本相同的溶解能力。流体的溶解能力与其密度的大小相关，而温度、压力的微小变化都会引起超临界流体密度的大幅度变化，并相应地表现为溶解度的变化。因此，可以利用压力、温度的变化来实现萃取和分离的过程。超临界流体保持了气体所具有的传递特性，具有更高的传质速率，能更快地达到萃取平衡。

③ 具有萃取和精馏的双重特性，有益分离一些难分离的物系。

④ 超临界萃取一般选用化学性质稳定、无毒、无腐蚀性、临界温度不太高或不太低的物质（如二氧化碳）作萃取剂。因此，当超临界流体与萃取成分分离后，完全没有溶剂的残留，有效地解决了传统提取方法的溶剂残留问题。常用于医药、食品等工业，特别适合于热敏性、易氧化物质的分离或提纯。

⑤ 萃取工艺流程简单。超临界萃取只由萃取槽和分离槽两部分组成，不需要溶剂回收设备，操作方便，节省劳动力和大量有机溶剂，减少污染，而且操作参数容易控制，使有效成分及产品质量稳定可控。

表 7-3 为超临界萃取与一般的液 - 液萃取的比较。

表7-3　超临界萃取与液－液萃取的比较

项目	超临界萃取	液－液萃取
原理	利用难挥发组分在超临界流体中的选择性溶解，或者利用超临界流体能提高液态烃的溶解能力等性质，进行组分的分离	在分离混合物中加入溶剂后形成两个液相，利用组分在两个液相溶解度的不同进行组分的分离
影响萃取能力的因素	超临界流体的萃取能力主要决定于它的密度，一般温度选定后，压力需由溶解度来确定	溶剂的萃取能力主要决定于温度与溶剂的性质，压力的影响不大
操作条件	一般在高压低温下操作，适用于热敏性物质的分离	在低温常压下操作
溶剂的再生分离	萃取相中溶质溶剂的分离，可采用等温下减压或定压下加温等简单的方法	萃取相中萃取剂和萃取质的分离通常需采用精馏等方法来进行，不适用于热敏性物质，且能耗大
溶剂的传递性质	超临界流体具有液体和气体的性质，它的黏度比液体小，而扩散系数却比液体大，这对传递分离很有利	当液相的黏度比较大时，扩散系数就很小，对传递分离不利
萃取能力	萃取相是超临界流体；在大多数情况下，萃取质在其中的溶解度比在液相中小	萃取相是液体，因此萃取质在单位体积溶剂中的含量比超临界流体大

超临界萃取要求在高压下进行，设备投资较大。另外，超临界流体萃取的研究起步较晚，目前对超临界萃取热力学及传质过程的研究还远不如传统的分离技术成熟，有待于进一步研究。但作为一种新分离技术，正越来越受到人们的重视，将在各领域中得到广泛的应用。

2. 超临界萃取的工业应用

举例说明超临界萃取的工业应用

超临界萃取是具有特殊优势的分离技术，与精馏相比，超临界萃取过程可以大幅度地降低能耗和投资费用。在石油残渣中油品的回收、咖啡豆中脱除咖啡因、啤酒花中有效成分的提取等工业生产领域，超临界萃取技术已成功获得应用。在此简要介绍几个应用示例。

（1）利用超临界CO_2提取天然产物中的有效成分　例如从咖啡豆中脱除咖啡因。咖啡因存在于咖啡、茶等天然产物中，医药上用作利尿剂和强心剂。传统的脱除工艺是用二氯乙烷萃取咖啡因，但选择性较差且残存的溶剂不易除尽。利用超临界CO_2从咖啡豆中脱除咖啡因可以很好地解决上述问题。CO_2是一种理想的萃取剂，对咖啡因具有极好的选择性，经CO_2处理后的咖啡豆，咖啡因的含量可以从最初的0.7%～3%降到0.02%，而其他芳香成分并不损失，CO_2也不会残留于咖啡豆中。

此外，超临界流体还可以从烟草中脱出尼古丁、从植物中提取调味品、植物种子油、香精和药物等。

（2）稀水溶液中有机物的分离 由于超临界流体具有较强的溶解能力，工业上可以用它从生产酒精、醋酸等的发酵液中萃取乙醇、醋酸，比通常采用精馏或蒸发的方法进行浓缩分离能耗小。同样，也可以利用超临界萃取工艺从废水中提取多种有机物，从而达到节能的目的。

（3）超临界萃取在生化工程中的应用 由于超临界萃取具有毒性低、温度低、溶解性好等优点，因此特别适合于生化产品的分离提取。利用超临界CO_2萃取还可以进行活性炭的再生；利用超临界CO_2萃取氨基酸、在生产链霉素时利用超临界CO_2萃取去除甲醇等有机溶剂以及从单细胞蛋白游离物中提取脂类等研究均显示了超临界萃取技术的优势。

超临界萃取是一种正在研究开发的新型萃取分离技术，尽管目前处于工业规模的应用还不是很多，但这一领域的基础研究、应用基础研究却异常活跃。随着研究的深入，超临界萃取技术将获得更大的发展和更多的应用。

复习思考题

一、选择题

1.进行萃取操作时应使选择性系数（　　）。

A.大于1　　B.等于1　　C.小于1

2.溶解度曲线随温度不同而变化，一般温度升高，两相区（　　）。

A.缩小　　B.增大　　C.不变

3.萃取操作应该在（　　）内进行。

A.单相区　　B.两相区　　C.溶解度曲线

4.萃取后的萃取相与萃余相应易于分层，对此，要求萃取剂与稀释剂之间有较大的（　　）。

A.温度差　　B.溶解度差　　C.密度差

5.分配系数K_A的值越大，表示萃取分离效果（　　）。

A.越差　　B.无法判断　　C.越好

6.萃取剂的选择性系数β值越大，说明萃取剂S与稀释剂B的互溶度（　　），（　　）萃取分离。

A.小，有利于　　B.大，有利于　　C.小，不利于

7.萃取操作所选择的萃取剂S（或溶剂）应对溶质A的溶解度愈（　　）愈好，对稀释剂B的溶解度则愈（　　）愈好。

A.大，大　　B.大，小　　C.小，大

8.下列哪种情况适宜进行萃取操作？（　　）

A.液相混合物中各组分挥发能力差异大

B.混合液蒸馏时形成恒沸物

C.原料液中各组分的溶解度的差异小

9.萃取操作通常选择（　　）作为分散相，使其有较大的相际接触面积，强化传质过程。

A.宜选体积流量较大的一相　　B.宜选黏度较大的一相

C.宜选易润湿填料、塔板等内部构件的一相

10.为了节省能耗，萃取剂应回收使用，因此，要求萃取剂应（　　）。

A.为易挥发组分　　B.为难挥发组分　　C.可与其他组分形成恒沸物

二、填空题

1.萃取过程是两液相之间的传质过程，其极限是________。

2.溶解度曲线将三角形相图分为两个区域，曲线内为________区，曲线外为________区。萃取操作只能在________进行。

3. 在一定温度下，________称为分配系数，K_A的值愈________，表示萃取分离效果愈好。

4. 由于萃取剂和稀释剂部分互溶，作为萃取分离，应该使溶质A在萃取剂中的溶解度尽可能________，同时使稀释剂在萃取剂中的溶解度尽可能________，这就是萃取剂的________。

5. 萃取设备的类型很多，按照构造特点大体上可分为三类：________、________和________。

6. 提高萃取操作分离效果和经济性的关键因素是________。

7. 萃取是利用原料液中各组分在适当溶剂中________的差异而实现混合液中组分的分离。

8. 超临界流体既具有接近________的黏度和渗透能力，又具有接近________的密度和溶解能力，具有优异的溶剂性质。

9. 目前研究和应用较多的超临界流体是________。

三、简答题

1. 萃取操作的分离依据是什么？萃取操作在化工生产中有哪些应用？
2. 如何保证萃取操作的经济性？
3. 试讨论温度、两相密度差对萃取操作的影响。
4. 何谓萃取相、萃余相、萃取液、萃余液？
5. 如何确定三角形相图上各点的组成？杠杆定律在萃取操作中有哪些应用？
6. 何谓分配系数？萃取操作中分配系数的意义是什么？
7. 何谓选择性系数？选择性系数的大小对萃取操作有何影响？
8. 萃取剂选择原则是什么？
9. 常用的萃取设备有哪些？萃取设备选择的原则是什么？

项目八

溶液结晶

结晶是固体物质以晶体状态从蒸气、溶液或熔融的物质中析出的过程。由于它是获得纯净固态物质的一种基本单元操作，且能耗也较低，故在化工、轻工、医药生产中得到广泛应用。本项目围绕结晶岗位的具体要求，设计了三个具体的工作任务，结合具体的实践训练项目，使学生达到了结晶岗位的教学目标，以满足化工企业对本岗位操作人员的要求。

思政目标

1. 树立“厚基础，强能力，高标准，严要求”的学习理念。
2. 培养创新创造、向上向前、勇于变革、永不僵化、永不停滞的精神动力。
3. 培养怀揣个人梦想，为实现中华民族伟大复兴的中国梦而不懈奋斗的精神。

学习目标

技能目标

1.会选用结晶方法及结晶器。

2.能操作与控制结晶过程。

3.会分析结晶操作的影响因素。

知识目标

1.熟知结晶的原理、方法及其应用。

2.熟知结晶器的结构及其操作的基本要求。

生产案例

结晶操作的工业应用

以焦化厂喷淋式饱和器生产硫酸铵工艺为例，介绍溶液结晶过程。焦化厂生产的硫酸铵，是用硫酸吸收焦炉煤气中的氨制得的，其反应式为

$$2NH_3+H_2SO_4 \longrightarrow (NH_4)_2SO_4$$

此反应是放热过程。在饱和器内硫酸铵从母液中结晶出来，经历两个阶段：首先是形成硫酸

铵的过饱和溶液，然后自发地形成晶核。只有溶液过饱和后才有晶核形成和晶核逐步长大，成为大颗粒。喷淋式饱和器生产硫酸铵的工艺流程如图 8-1 所示。

由上个工段来的煤气经煤气预热器进入饱和器。在饱和器的上段分两股入环形室经循环母液喷洒，其中煤气中的氨被母液中的硫酸吸收，然后煤气合并成一股进入后室经母液最后一次喷淋进饱和器内旋风式除酸器，以便分离煤气所夹带的酸雾，最后送至终冷洗苯工段。

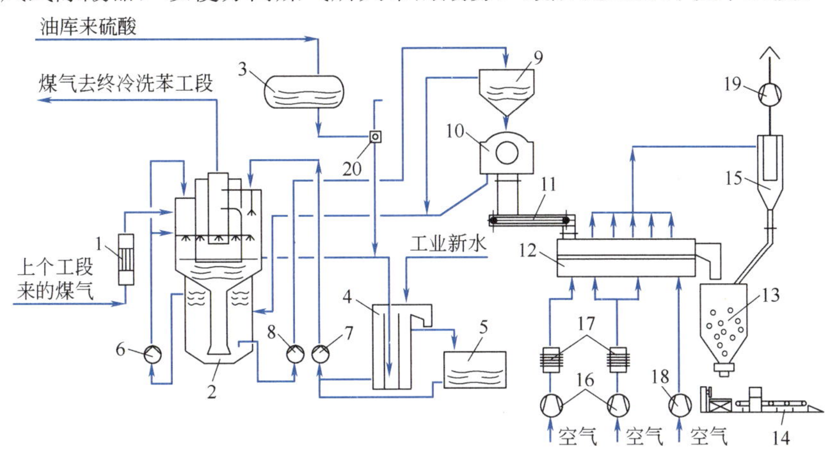

图8-1　喷淋式饱和器生产硫酸铵的工艺流程

1—煤气预热器；2—喷淋式饱和器；3—硫酸高置槽；4—满流槽；5—母液贮槽；6—母液循环泵；7—小母液泵；8—结晶泵；9—结晶槽；10—离心机；11—输送机；12—振动干燥机；13—硫酸铵贮斗；14—称量包装机；15—旋风分离器；16—热风机；17—空气加热器；18—冷风机；19—抽风机；20—视镜

饱和器下段上部的母液经母液循环泵连续抽出送至环形室喷洒，吸收了氨的循环母液由中心下降管流至饱和器下段的底部，在此晶核通过饱和介质向上运动，使晶体长大，并使颗粒分级。用结晶泵将其底部的浆液送至结晶槽。饱和器满流口溢出的母液流入满流槽内液封槽，再溢流到满流槽，然后用小母液泵送入饱和器的后室喷淋。补水和大加酸时，多余的母液经满流槽至母液贮槽，再用小母液泵送至饱和器。结晶槽的浆液排放到离心机，经分离的硫酸铵晶体由输送机送至振动流化床干燥机，并用被热风器加热的空气干燥，再经冷风冷却后进入硫酸铵贮斗，然后称量、包装送入成品库。

结晶的单元操作广泛应用于化肥工业中，如尿素、硝酸铵、氯化钾的生产；轻工行业中，如盐、糖、味精的生产；医药行业中，如青霉素、链霉素等药品的生产。近年来，精细化工、冶金工业、材料工业，特别是在高新技术领域，如生物技术中蛋白质的制造、材料工业中超细粉的生产以及新材料工业中超纯物质的净化等，都离不开结晶技术。

结晶过程可分为溶液结晶、熔融结晶、升华结晶和沉淀结晶。由于溶液结晶是工业中最常采用的结晶方法，故这里仅讨论溶液结晶。

任务一

结晶过程分析及计算

一、结晶过程的基本原理

结晶是固体物质以晶体状态从蒸气、溶液或熔融的物质中析出，以达到溶质与溶剂分离的单元操作。在工业生产中，大多数结晶是在溶液中产生的。

1. 结晶过程的基本特点

结晶是一个重要的单元操作过程，主要用于混合物中溶质和溶剂的分离，与其他单元操作相比，结晶过程有其相应的特点。

① 结晶操作可从含杂质量较多的溶液中分离出高纯度的晶体（形成混晶的情况除外）。

② 因沸点相近的组分其熔点可能有显著区别，故高熔点混合物、相对挥发度小的物系及共沸物、热敏性物质等难分离物系，可考虑采用结晶操作加以分离。

③ 结晶操作能耗低，对设备要求不高。一般无“三废”排放。

此外，结晶产品的外观优美，生产操作弹性较大，是很多产品进行大规模生产的最好、最经济的方法，也是小规模制备某些纯净物质的最方便的方法。

2. 溶解与结晶

一种物质溶解在另一种物质中的能力叫溶解性，溶解性的大小与溶质和溶剂的性质有关。相似相溶理论认为，溶质能溶解在与它结构相似的溶剂中，如油脂分子和有机溶剂的分子都属于非极性分子，两种物质分子结构相似，因此可以互溶；而水分子是极性分子，大多数无机物分子也是极性分子，因此这些无机物一般溶于水。在一定条件下，一种晶体作为溶质可以溶解在某种溶剂之中而形成溶液。在固体溶质溶解的同时，溶液中同时进行着一个相反的过程，即已溶解的溶质粒子撞击到固体溶质表面时，又重新变成固体而从溶剂中析出，这个过程叫做结晶。溶解与结晶是可逆过程。当固体物质与其溶液接触时，如溶液尚未饱和，则固体溶解；当溶液恰好达到饱和时，固体与溶液达到相平衡状态，溶解速度与结晶速度相等，此时溶质在溶剂中的溶解量达到最大限度；如果溶质量超过此极限，则有晶体析出。

二、结晶过程的相平衡

结晶过程是溶质由液相转移到固相的传质过程，因此遵循传质的一般规律。

1. 溶解度

在一定条件下，一种晶体作为溶质可以溶解在某种溶剂之中，而形成溶液。溶液中的溶质也可以从溶液中析出而成为晶体。溶解与结晶是可逆过程。

$$\text{固体物质} \underset{\text{结晶}}{\overset{\text{溶解}}{\rightleftharpoons}} \text{溶液}$$

一定条件下，若溶解与结晶的速率相等，该过程即处于动态相平衡状态。这时，溶解在溶剂中的溶质数达到最大限度。一定条件下，溶质在某溶剂中可以溶解的最大数量称为溶质的溶解度。溶质的浓度达到溶解度的溶液称为饱和溶液。浓度超过溶解度的溶液称为过饱和溶液。显然，溶质可以继续溶解于未饱和溶液中，至其浓度达到溶解度为止。过饱和溶液析出过多的溶质后成为饱和液，即结晶只能在过饱和溶液中进行。

2. 溶解度常用的表示方法

溶解度常用的表示方法有：溶质在溶液中的质量分数；100kg 溶剂中溶解的溶质数，即 kg 溶质 /100kg 溶剂；或体积质量浓度，即 kg/L 等。例如，在 293K 时，KNO_3 在水里的溶解度是 31.6g，这是该温度下 100g 水里所能溶有的 KNO_3 的最大值。

在同样条件下，不同物质的溶解度是不同的，一种物质在一定溶剂中的溶解度主要随温度而变化。

3. 溶解度曲线

一种物质在一定溶剂中的溶解度主要随温度而变化。以溶解度为纵坐标，温度为横坐标，绘制出溶解度与温度的变化关系曲线，即为溶解度曲线。图 8-2 表示几种常见盐类在水中的溶解度曲线。从图 8-2 可以看出，大多数固体物质的溶解度随温度的升高而明显增大，有些物质的溶解度受温度变化的影响较小，曲线比较平坦，还有一部分物质的溶解度曲线中间有折点，折点表明物质的组成发生变化，如 Na_2SO_4 在 305.2K 以下为含 10 个结晶水的盐，305.2K 以上时则转变为无水盐。溶解度曲线上各点表示溶液里溶质的量达到了对应温度下的溶解度，这种溶液不能再溶解更多的溶质，是饱和溶液。在曲线下方的区域，表示在某一温度时，溶液里溶质的质量小于此温度下的溶解度，还能继续溶解更多的溶质，这种溶液叫做不饱和溶液。

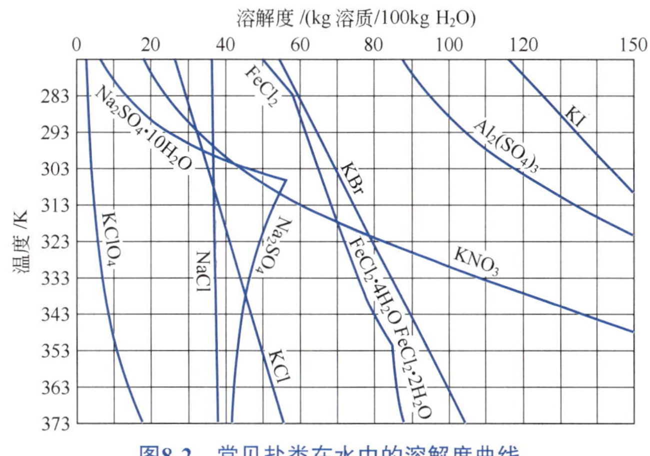

图8-2　常见盐类在水中的溶解度曲线

各种物质的溶解度数据均由实验测定，可从有关手册中查得。

4. 过饱和曲线

(1) 过饱和溶液和过饱和度　不饱和溶液经过冷却降温而达到饱和时的温度称为饱和温度。当溶液很纯净，未被杂质或尘埃所污染，盛溶液的容器很清洁，且在无搅拌和震荡等刺激的特殊条件下，使溶液缓慢地降温，则溶液降到饱和温度时，即成为饱和溶液，但不会有晶体析出，要降到更低的温度成为过饱和溶液，甚至要降到饱和温度以下若干度才有晶体析出。

饱和溶液的饱和温度与过饱和溶液的温度差称为过冷度。常以过冷度表示过饱和度。不同物质结晶时所需的过冷度各不相同，例如硫酸镁在上述条件下，过冷度达 17℃左右；尿素在 40～80℃，其冷度为 1.2～1.8℃；某些分子较大的有机物如蔗糖的过冷度大于 25℃。

常直接以过饱和溶液的浓度与同温度的饱和溶液的浓度差表示过饱和度。

(2) 过饱和曲线　研究表明，溶液的过饱和状态是有一定限度的，当过饱和度超过一定限度之后，就要自发地大量析出结晶。

表示能自发地析出结晶的过饱和液的浓度与温度的关系曲线称为过饱和曲线，也称过溶解度曲线，标绘在溶解度曲线图上，过饱和曲线与溶解度曲线大致相平行。如图 8-3 所示这两条曲线把图形分成三个区域。

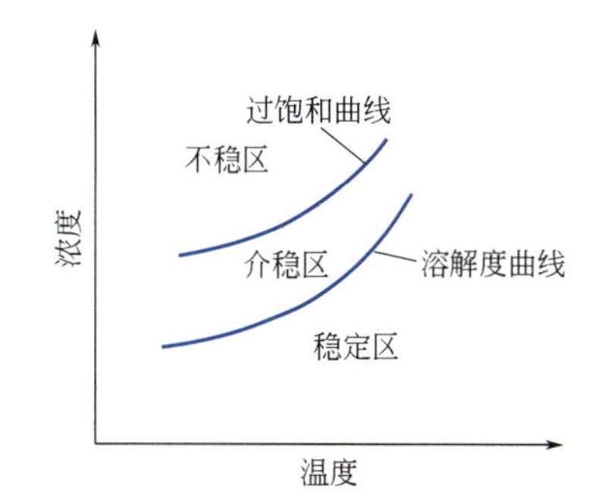

图8-3　过饱和曲线与介稳区

① 稳定区。溶解度曲线下方为稳定区。在这个区域内不可能析出晶体。

② 介稳区。两曲线之间为介稳区。在这个区域不能自发地析出晶体，如果有称为晶种的微小粒加入溶液，或受某些外部因素的诱发，会析出晶核且逐渐长大。

③ 不稳区。过饱和曲线以上为不稳定区。溶液一旦处于这个区域内，将自发地析出大量细小晶体。

通常，结晶操作都在介稳区内进行。

三、结晶生成过程

结晶生成过程包括晶核的形成阶段和晶体成长阶段。单个晶体当晶核形成后即进入成长阶段。在溶液中，许多晶核形成进入成长阶段后，还有新晶核继续形成，所以，在结晶操作过程中这两个阶段通常是同时进行的。

1. 晶核的形成

晶核形成的情况有两种：一种是过饱和溶液达到不稳区后自发形成晶核，称为一次成核；另一种是过饱和溶液在介稳区内受到搅拌、尘埃、电磁波辐射等外界因素诱发而形成晶核，称为“二次成核”。结晶操作中，通常加入一定数量的晶种以诱发晶核形成。

成核速率随溶液的过饱和度的增大而增大，在生产中常常不希望产生过量的晶核，所以在晶核形成时，过饱和度应较低。

2. 晶体的成长

晶核在过饱和溶液中，将继续不断地成长。晶体长大的过程，实质上是溶液中过剩溶质向晶核表面黏附，而使晶体扩大的过程。

晶体成长的机理可由两方面来说明。首先溶液中过剩的溶质从溶液主体向晶体表面扩散，属扩散过程，即溶液主体同溶液与晶体界面之间有浓度差存在，溶质以浓度差为推动力，穿过紧邻晶面的层流液层而扩散到晶体表面；其次是到达晶面的溶质的分子或离子以某种方式嵌入晶体格子中，而组成有规则的结构，使晶体增大，同时放出结晶热，这个过程称为表面反应过程。

综上所述，晶体成长过程是溶质的扩散过程和表面反应过程串联的联合过程。表面反应过程的速率一般较快，所以晶体成长速率主要为扩散过程所控制，通常，晶体成长速率随溶液的过饱和度或过冷度的增加而增大。

四、结晶过程的物料衡算

在结晶操作中，为了确定结晶的产量以及应移出或加入的热量，可通过物料衡算和热量衡算求得。

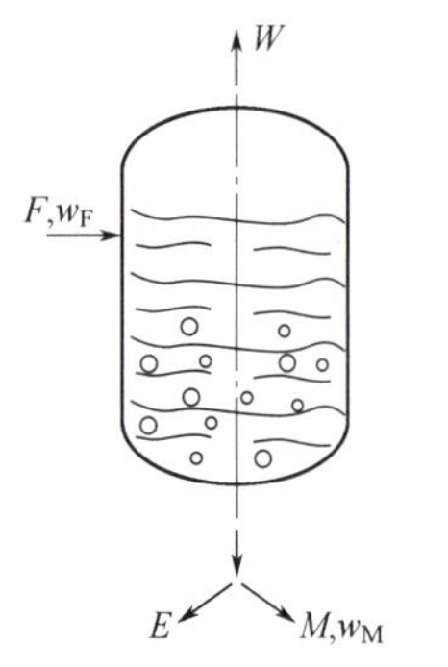

图8-4　结晶操作的物料衡算

结晶操作的物料衡算与蒸发的物料衡算类似，只是结晶器底部输出的物料包括两部分：一部分为结晶产品；另一部分为仍含有一定溶质的完成液，习惯上称为母液。在结晶过程中，原料液的浓度常为已知。母液的浓度为最终操作温度时该溶质的溶解度。因此，可根据母液的最终温度，由溶解度曲线查得其溶解度，即母液浓度。结晶操作的物料衡算如图 8-4 所示。

对总量进行物料衡算，则

$$F=E+M+W \tag{8-1}$$

对溶质进行物料衡算，则

$$Fw_F=E/R+Mw_M \tag{8-2}$$

联解上述两方程，得

$$E=\frac{F(w_F-w_M)+Ww_M}{\frac{1}{R}-w_M} \tag{8-3}$$

式中 F——加入原料量，kg/h；

E——获得的结晶量，kg/h；

W——蒸发的溶剂量，kg/h；

M——母液的量，kg/h；

w_F——原料液的质量分数；

w_M——母液的质量分数；

R——结晶水含量的特性系数，kg 含水晶体 /kg 无水晶体（无结晶水时 $R=1$）。

【例 8-1】某厂欲生产 $Na_2SO_4 \cdot 10H_2O$ 结晶产品，已知原料液量 6000kg/h，其浓度为 15.8%，结晶终止时的温度为238 K，此温度下的溶解度为9kg，约蒸发出全部含水量的2.5%，计算结晶产量。

解　已知 F=6000kg/h，w_F=0.158，w_M=0.09

根据分子式可得出　$R=\dfrac{NaSO_4\cdot 10H_2O}{NaSO_4}=\dfrac{142+10\times 18}{142}\approx 2.27$

蒸发出水量

$$W=F(1-w_F)\times 0.025=6000(1-0.158)\times 0.025=126.3(kg/h)$$

将以上各值代入式（8-3）

$$E=\frac{F(\omega_F-\omega_M)+W\omega_M}{\dfrac{1}{R}-\omega_M}=\frac{6000(0.158-0.09)+126.3\times 0.09}{\dfrac{1}{2.27}-0.09}=1196.4(kg/h)$$

任务二

结晶过程的操作与控制

一、结晶操作的影响因素

如前所述，在结晶操作中，晶核的生成和晶体的成长同时进行，这两过程的速率大小，对结晶产品的质量有很大的影响。同时，晶体颗粒本身的质量也受到这两种速率的影响。如果晶体成长速率过快，有可能导致若干晶体颗粒聚结，形成晶簇，将杂质包藏其中，严重影响了产品的纯度。

结晶操作的影响因素有哪些?

因此，结晶操作的影响因素主要考虑晶核形成速率和晶体成长速率的影响因素，包括过饱和度、搅拌、冷却（蒸发）速度、杂质、加入的晶种等方面。

1. 过饱和度的影响

晶核生成速率和晶体成长速率均随过饱和度的增加而增大。在不稳区，溶液会产生大量晶核，不利于晶体成长。所以，过饱和度值应大致使操作控制在介稳区内，又保持较高的晶体成长速率，使结晶操作高产而优质。适宜的过饱和度值一般由实验确定。

2. 搅拌的影响

结晶操作中，通常需要使用搅拌装置，其目的：一是使溶液的温度均匀，防止溶液局部浓度不均、结垢等弊病；二是提高溶质扩散的速率，使晶核散布均匀，有利于晶体成长，防止晶体粘连在一起形成晶簇，降低产品质量。

使用搅拌器时，应注意下列两个方面。

① 选择适宜形式的搅拌器，可以减少晶体在壁上的沉积。

② 适当的搅拌强度，可以降低过饱和度，减少大量晶核析出的可能。但要避免搅拌强度过大，否则会导致超越“介稳区”而产生细晶，同时会使大粒晶体摩擦撞击而破碎。

3. 冷却（蒸发）速度的影响

在实际生产中，冷却是使溶液产生过饱和度的重要手段之一。冷却或蒸发速度的大小影响到操作时过饱和度的大小。冷却速度快，过饱和度增长就快，容易超越“介稳区”极限，到达不稳定区时将析出大量晶核，影响结晶粒度。因此，结晶操作过程的冷却速度不宜太快。

4. 杂质的影响

物系中杂质的存在对晶体的生长有很大的影响。不同的杂质产生的影响效果和影响途径也各不相同，因此应该尽量去除杂质，以保证产品的质量。

5. 晶种的影响

工业生产中的结晶操作一般都是在人为加入晶种的情况下进行的。晶种的作用主要是用来控制晶核的数量，以得到较大而均匀的结晶产品。加晶种时应掌握好时机，在溶液进入介稳区内适当温度时加入。如果溶液温度高于饱和温度，加入晶种可能部分或全部被溶化；如温度过低已进入不稳区，溶液中已自发产生大量晶核，再加晶种已不起作用。此外，在加晶种时，应当轻微地搅动，以使其均匀地散布在溶液之中。

二、结晶过程的操作控制

1. 结晶操作方式的选择

常用的结晶方式

在结晶生产过程中，可采用间歇结晶和连续结晶两种不同的操作方式进行。大规模生产时，一般都采用连续操作。连续操作具有操作费用低、生产能力强、占地面积小、操作参数相对稳定、母液能充分利用、节约劳动量等优点。但连续操作与控制良好的间歇结晶操作相比，得到的产品平均粒度较小，操作难度大，对操作人员的水平和经验有较高的要求，结晶器的器壁上易结晶垢，需定期停机清理。

因此，应根据料液处理量和结晶物质的特性以及生产的具体条件来确定结晶生产的操作方式。如晶体的生长速率较慢，用间歇操作相对较易控制；如果料液处理量较大，则最好选用连续结晶操作。

2. 结晶操作的控制因素

结晶操作控制因素

对结晶操作的基本要求是使结晶器稳定运行，提高生产强度，降低能耗，减少细晶与结垢，延长设备的正常运行周期。一般通过控制以下环节，以生产出符合粒度、纯度要求的晶体产品。

（1）控制过饱和度　对影响过饱和度的相关工艺参数要严格控制。如在连续结晶操作中，当有细晶出现时，要将过饱和度调低些，以防止再产生晶核；当细晶除去后，可调至规定范围的高限，尽可能提高结晶收率。

（2）控制温度　冷却结晶溶液的过饱和度主要靠温度控制，要使溶液温度经常沿着最佳条件稳定运行。溶液温度用冷却剂调节，所以应对冷却剂温度严格控制。

（3）控制压力　真空结晶器的操作压力直接影响温度，要严格控制操作压力。蒸发结晶溶液的过饱和度主要由加热蒸汽的压力控制，加热蒸汽的流量是这类结晶器的重要控制指标。

（4）控制晶浆固液比　当通过汽化移去溶剂时，真空结晶器和蒸发结晶器里的母液的过饱和度很快升高，必须补充含颗粒的晶浆，使升高的过饱和度尽快消失。母液过饱和度的消失需要一定的结晶表面积。晶浆固液比高，结晶表面积大，过饱和度消失得比较完全，不仅能使已有的晶体长大，而且可以减少细晶，防止结疤。

（5）缓慢控制，平稳运行　这是结晶操作的显著特点，是防止成核的重要条件。

（6）其他　防止结垢、结疤。

任务三

结晶方法与设备的选择

在化工生产中，为了使结晶操作达到预期的经济指标，深入了解设备的类型，正确、合理地选择、操作结晶设备非常重要。结晶器的形式很多，各有其特点，主要取决于采用的结晶方法。

一、结晶方法的选择

结晶方法的选择

1. 冷却结晶

通过降低溶液的温度使溶液达到过饱和。常适用于溶解度随温度降低而显著减小的盐类的结晶操作。

2. 蒸发结晶

将溶剂部分汽化，使溶液达到过饱和，这是最早采用的一种结晶方法。适用于溶解度随温度升高变化不大的盐类的结晶操作，例如食盐的生产。

3. 真空结晶

使热溶液在真空状态下绝热蒸发，除去一部分溶剂，使部分热量以汽化热的形式被带走，降低溶液温度，实际上是同时用蒸发和冷却方法使溶液达到过饱和。这种方法适用于属于中等溶解度的盐类，如硫酸铵、氯化钾等。

4. 喷雾结晶

即喷雾干燥。将高度浓缩的悬浮液或膏糊状物料通过喷雾器，使其成为雾状的微滴，在设备内通以热风使其中的溶剂迅速蒸发，从而得到粉末状或粒状的产品。这一过程实际上把蒸发、结晶、干燥、分离等操作融为一体。适用于热敏性物质的生产，已广泛用于食品、医药、染料、化肥、合成洗涤剂等方面。

5. 盐析结晶

将某种盐类加入溶液中，使原有溶质的溶解度减小而造成过饱和的方法称为盐析结晶。例如联合制碱生产中加入氯化钠使氯化铵析出，就是这一方法的典型代表。

6. 升华结晶

将升华之后的气态物质冷凝以得到结晶的固体产品的方法。适用于含量要求较高的产品，如碘、萘、蒽醌、氯化铁、水杨酸等都是通过这一方法生产的。

二、常用的结晶设备

根据结晶方法，可将常用的结晶器分为四大类：冷却型结晶器、蒸发型结晶器、真空蒸发冷却结晶器和盐析结晶器。

8.1 冷却式连续结晶器

1. 冷却型结晶器

这类结晶器目前常用的有下列几种。

（1）桶管式结晶器 此种类型的结晶器相当于一个夹套式换热器，如图8-5所示。其中装有锚式或框式搅拌器，有些结晶器在夹套冷却的内壁装有毛刷，可起到搅拌及减缓结垢速度的作用。结晶器的操作可连续，可间歇，也可以将几个设备串联使用。这种设备结构简单，制造容易，但传热系数不高，晶体易在器壁积结。

（2）夹套螺旋带式结晶器 如图8-6所示。它是一个长的半筒形容器，其中装有一个长螺距的带式搅拌器，外部装有夹套冷却器。溶液从一端进入，从另一端流出，溶液在流动中被降温，实现过饱和而析出晶体。此类型结晶器使用很早，无法控制过饱和度，受到冷却面积的限制而无法大型化，机械传动部分结构烦琐，设备费用高，但对一些高黏度、高塑性、高固液比的

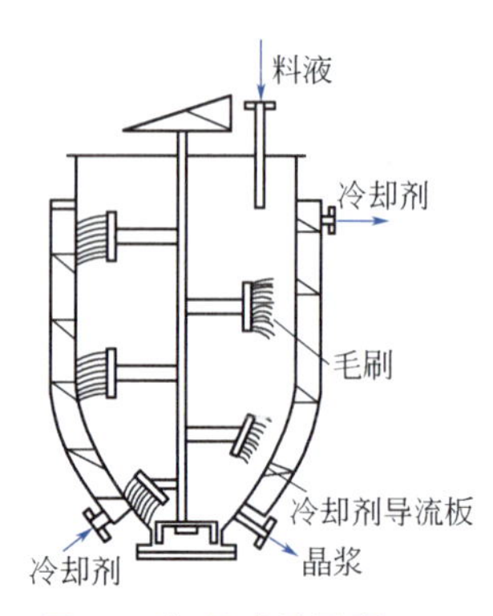

图8-5　桶管式结晶器

图8-6　夹套螺旋带式结晶器

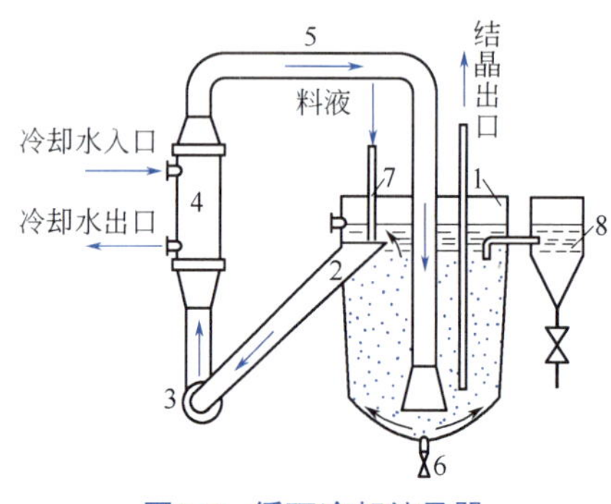

图8-7　循环冷却结晶器

1—结晶器；2—循环管；3—循环泵；4—冷却器；5—中心管；6—出口管；7—料液进口管；8—结晶消灭器

8.2 外循环式冷却结晶器

特殊结晶十分有效，如石油化工中高分子树脂和石蜡的处理以及一些老的糖厂的糖膏处理等。

（3）循环冷却结晶器　循环冷却结晶器的基本结构如图8-7所示，循环冷却结晶器连续操作，浓溶液经过反复循环，在器内某处形成过饱和溶液；当循环至另一处时，则进行结晶而消除过饱和，使晶体长大；符合粒度要求的晶体，从结晶器底部出口管排出；未达到所需粒度的晶体继续循环，使其成长至所需粒度再排出。这样，可控制结晶成长，使其大小均匀。

2. 蒸发型结晶器

通过蒸发使溶液浓缩而结晶是一种古老的方法，例如，在沿海地区，将海水引入盐田中析出盐粒的操作，即为一种自然蒸发结晶，盐田即是一种最简单的结晶槽。

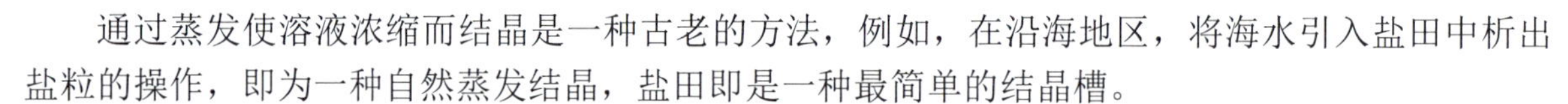

（1）自然蒸发结晶槽　自然蒸发结晶槽是一敞槽式设备，为结晶器中最简单的一种。槽中的溶液表面溶剂部分汽化溶液冷却并缓慢浓缩而达到过饱和。在这种结晶槽中，通常不进行搅拌，不加入晶种，也不控制晶核形成速率和晶体成长速率，故所得的晶体较大而粒度参差不齐，易形成晶簇。

结晶槽的操作是分批进行的，操作周期长，生产能力低，体力劳动强度大，此外，操作过程受气候的影响较大。但结晶槽结构简单，造价低廉，一般在处理物料量较小、对结构产品的纯度和粒度要求不高时使用。

各种结晶器结构及应用

蒸发结晶器也常在减压下操作，其操作真空度不是很高，可称之为减压蒸发结晶器。采用减压的目的在于增大传热温差，利用低能阶的热能，并组成多效蒸发装置。

蒸发结晶器的一个重要用途是用于 NaCl 的生产，它们一般具有较大的生产规模，效数多采用四效或五效，年产量可达百万吨。

（2）循环真空蒸发结晶器　它的基本结构与前面介绍的循环冷却结晶器相似，如图8-8所示，只是以加热器代替了冷却器。在加热器与结晶器之间增加一个蒸发室，其蒸汽出口与真空设备连接。在这种结晶器中，溶液的过饱和度是靠溶剂的绝热蒸发和溶液的冷却两个作用造成的，其粒析作用与循环冷却结晶器相同。

这种结晶器是连续操作的，正常运行时，蒸发室维持一定的真空度，使室内溶液的沸点低于回流管内溶液的温度；溶液进入蒸发室即闪急绝热蒸发，同时温度下降，使溶液迅速进入介稳区，在结晶器内析出晶体。这种结晶器的加热内管内壁易发生晶体积结，且使传热系数下降。

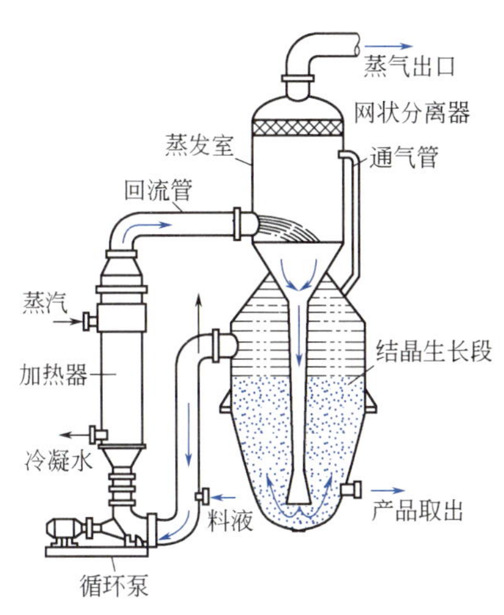

图8-8　循环真空蒸发结晶器

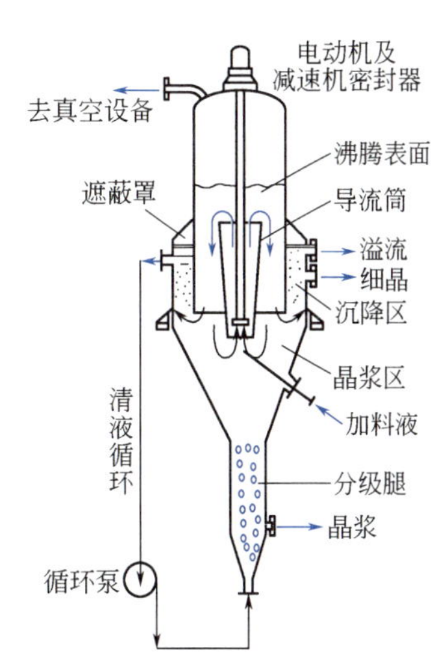

图8-9　双循环真空蒸发结晶器

（3）双循环真空蒸发结晶器　双循环真空蒸发结晶器如图8-9所示，此结晶器避免了循环真空蒸发结晶器的加热内管内壁易发生晶体积结，且使传热系数下降的这个缺点。它的结构特点是，结晶室与蒸发室连为一体，室内有一个导流筒，筒内装有螺旋桨式搅拌器，它推动带有细小晶体的饱和溶液在筒内由下而上流向蒸发室液面，在筒外向下循环流动。

在正常运转时，系统处于真空状态，连续加入的饱和溶液，在套筒内与带细小晶体的循环溶液混合至液面产生闪蒸而造成轻度过饱和度，然后沿着套筒外侧下降，同时释放其过饱和度，使晶体得以长大。在套筒底部，这些晶浆一部分再与料液混合，继续作室内循环；另一部分进入沉降区，其中的悬浮液由该区中部流出，清液沿外循环管流经分级腿，形成器外循环。长大到一定大小的晶体沉降至分级腿内，受向上流动的循环溶液淘洗分级。

这种结晶器的主要优点是：无加热器器壁晶体积结问题，过饱和度的产生与消失在一个容器内完成，结晶能较快地成长，因而产率大；具有单独的分级腿，分级作用更好。

其主要缺点是：搅拌对晶体有破碎作用；操作在真空下进行，结构比较复杂等。

3. 盐析结晶器

如图 8-10 所示为联碱生产用的盐析结晶器。它的溶液循环、晶粒分级的工作原理与循环冷却结晶器相似。操作时，原料液与循环液混合，从中央降液管下端流出；与此同时，从套筒中不断地加入食盐使 NH_4Cl 溶解度减小，形成一定的过饱和度并析出晶体。在盐析结晶操作中，加入盐量的多少是影响产品质量的主要因素。

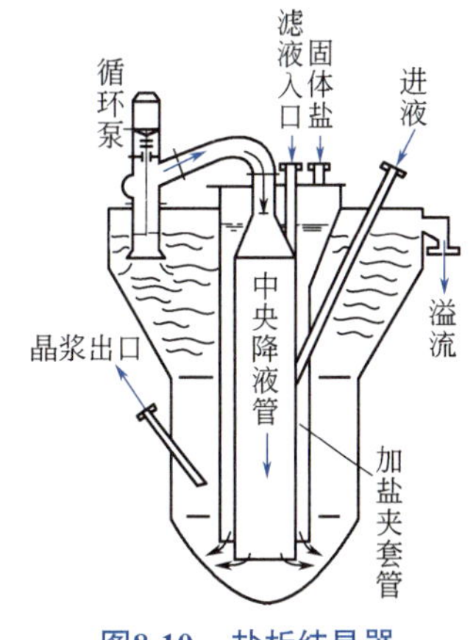

图8-10　盐析结晶器

复习思考题

一、选择题

1.溶解度曲线下方区域的各点，表示在某一温度时溶液里溶质的质量（　　）此温度下的溶解度，还能继续溶解更多的溶质，这种溶液叫不饱和溶液。

A.大于　　B.等于　　C.小于

2.晶体析出是以（　　）为推动力进行的。

A.温度　　B.过饱和度　　C.湿度

3. 通常，结晶操作都在（　　）内进行。

A. 稳定区　　B. 介稳区　　C. 不稳区

4. 结晶操作中，成核速率随溶液过饱和度的增大而（　　）。

A. 增大　　B. 减小　　C. 不变

5. 通常，晶体成长速率随溶液的过饱和度或过冷度的增加而（　　）。

A. 增大　　B. 减小　　C. 不变

6. 结晶过程中使用冷却法适用于（　　）的物质。

A. 溶解度随温度升高而下降　　B. 溶解度随温度升高而升高　　C. 热敏性较强

7. 在饱和溶液中加入晶种，可以（　　）。

A. 减少晶核形成　　B. 加速晶种增大　　C. 提高晶核形成速率

8. 在结晶过程中搅拌溶液，可以（　　）。

A. 减少晶簇的生成　　B. 减少结晶量　　C. 增加结晶量

9. 若结晶过程中晶核的形成速度远大于晶体的成长速度，则产品中晶体的形态及数量（　　）。

A. 大而多　　B. 大而少　　C. 小而多

10. 决定晶体产品粒度分布的首要因素是（　　）。

A. 过饱和溶液的形成　　B. 晶体的成核速率　　C. 晶体的成长速率

二、填空题

1. 当溶解速度与结晶速度相等时，两者达成动态的平衡，这时的溶液叫________。

2. 物质溶解性的大小可用________来表示。在一定条件下，某种物质在水（或其他溶剂）里达到________状态时所溶解的数量，叫这种物质的溶解度。

3. 一种物质在一定溶剂中的溶解度主要随________而变化，绘制出________与________的变化关系曲线，即为溶解度曲线。

4. 溶解度曲线上各点，表示溶液里溶质的量达到了对应温度下的________，这种溶液不能再溶解更多的溶质，是________。

5. 常以________的浓度与同温度的________的浓度差表示过饱和度。

6. 过饱和曲线与溶解度曲线把平面图形分成三个区域，即________、________、________，通常，结晶操作都在________进行。

7. 晶体从溶液中析出一般可分为三个阶段：________、________和________。

8. 晶种的作用主要是用来________，以得到较大而均匀的结晶产品。

9. 根据结晶方法，可将常用的结晶器分为四大类：________、________、________和________。

10. 将海水引入盐田中析出盐粒的操作属于________结晶过程。

三、简答题

1. 结晶操作有哪些特点？

2. 工业上常用的结晶方法有几种？各用于什么场合？

3. 结晶的操作有哪些主要的影响因素？

4. 结晶的操作有哪些基本控制方法？

5. 晶体的成核速率和晶体的成长速率对结晶产品的质量有哪些影响？

6. 常用的结晶设备有哪些类型？各有哪些优缺点？

四、计算题

1. 每小时含600kg水和200kg硫酸铜的溶液进入结晶器，使此溶液冷却到283K，这时溶液的溶解度为17.4kg，结晶产品为无水硫酸铜（$CuSO_4 \cdot 5H_2O$）。假设冷却过程中有2.5%的水分蒸发，计算结晶产量。

［答案　170.1kg/h］

2. 某厂利用冷却式结晶器生产$K_2CO_3 \cdot 2H_2O$的结晶产品，原料液的温度为350K，浓度（质量分数）为60%，处理量1000kg/h，母液的温度为308K，浓度（质量分数）为53%。结晶过程中水分的汽化量忽略不计，试求结晶产量。

［答案　266.1kg/h］

项目九

物料干燥

干燥通常是利用热能从湿物料中除去水分或其他湿分的单元操作。本项目从干燥岗位的实际需求出发，围绕化工企业对岗位操作人员的具体要求，设计了五个具体的工作任务，为完成这些工作任务安排实践训练，通过实践训练，使学生达到本岗位的教学目标，以满足化工企业对分离岗位操作人员的要求。

思政目标

1. 培养执着专注、精益求精、一丝不苟、追求卓越的工匠精神。
2. 培养合格的“化工人”，践行“爱国、敬业、诚信、友善”的社会主义核心价值观。
3. 树立工程意识、标准意识、质量意识、法律意识、绿色生产意识。

学习目标

技能目标

1.能利用所学知识分析热空气温度、流速对干燥速率的影响。

2.会操作干燥设备，并能测定流化床干燥速率曲线。

知识目标

1.熟知湿空气的性质、湿度图及其应用。

2.熟知干燥过程的基本原理及干燥过程。

3.了解固体物料的物料衡算和热量衡算。

4.了解常用干燥器的结构、性能及选用。

生产案例

以工业上碳酸氢铵的干燥为例，见项目二非均相混合物的分离中图 2-1 所示的流程，从碳化塔引出的碳酸氢铵通过离心过滤机将液体和固体分离，固体碳酸氢铵通过气流干燥器将水分进一步除去，干燥后的气固混合物由旋风分离器和袋滤器进行分离，最终得到产品。

工业上物料去湿的方法

由此，化工生产中的固体原料、产品或半成品为便于进一步的加工、运输、贮存和使用，常常需要将其中所含的湿分（水或有机溶剂）去除至规定指标，这种操作简称为“去湿”。“去湿”的方法可分为以下三类。

（1）机械去湿　当物料带水较多时，可利用固体与湿分之间的密度差，借助重力、离心力或压力等外力的作用，使固体与液体（湿分）产生相对运动，从而达到固液分离的目的。过滤、压榨、沉降、离心分离等都是常用的机械去湿方法。

机械法的特点是设备简单、能耗较低，但去湿后物料的湿含量较大，往往达不到规定的标准。因此该法常用于湿含量较大的湿物料的初步去湿或溶剂不需要完全除尽的场合。

（2）化学去湿　化学去湿法是利用吸湿性很强的物料即干燥剂或吸附剂，如生石灰、浓硫酸、无水$CaCl_2$、硅胶等，当干燥剂与湿物料并存时，使物料中的水分相继经气相而转入干燥剂内，以达到去湿的目的。

化学法湿的特点是去湿后物料的湿含量一般能达到规定的标准，但干燥剂或吸附剂再生比较困难，操作费用较高，故该法一般适用于含湿量较大的小批量物料的去湿。

（3）热能去湿　热能去湿即干燥法，向湿物料供热以汽化其中的水分，借助于抽吸或气流将蒸汽移走而达到去湿的目的。

一般情况下，干燥操作费用比机械去湿法高，比化学去湿法低。因此为使去湿过程更为经济有效，常采用机械去湿法与热能去湿法相组合的联合操作。即先采用机械去湿法去除物料中的大部分水分，然后再用干燥达标。

任务一

干燥过程的分析

一、干燥操作的分类

在非均相物系分离一章已讨论了液-固分离方法，即离心分离、重力分离和过滤分离，这些方法只能从物料中去除大部分的液相，得到的固体物料液体含量仍较高，不便于贮存、运输，甚至达不到后序工段的工艺要求，需要进一步去除固体中的液相。加热干燥是去除固体中液相的常用方法。

干燥是利用热能将固-液两相物系中的液相汽化，并将蒸发的液相蒸气排出物系的非均相分离。例如，将湿物料烘干、牛奶制成奶粉等。干燥过程的种类很多，但可按一定的方式进行分类。

1. 按操作压力分类

按操作压力的不同干燥可分为常压干燥和真空干燥两种。真空干燥具有操作温度低、干燥速度快、热效率高等优点，适用于热敏性、易氧化以及要求最终含水量极低的物料的干燥。

2. 按操作方式分类

干燥过程的分类

按操作方式的不同，干燥可分为连续式和间歇式两种。连续式具有生产能力强、热效率高、产品质量均匀、劳动条件好等优点，缺点是适应性较差。而间歇式具有投资少、操作控制方便、适应性强等优点，缺点是生产能力小、干燥时间长、产品质量不均匀、劳动条件差等。

3. 按传热方式分类

按热能传给湿物料的方式不同，干燥可分为传导干燥、对流干燥、辐射干燥、高频干燥和冷冻干燥等。

（1）传导干燥　热量通过金属壁面以热传导方式传递给湿物料，湿物料中的湿分吸收热量后汽化，产生的蒸气被抽走。该法的热效率较高，可达70%～89%，但物料与金属壁面接触处常因过热而焦化，造成变质。

(2) 对流干燥　载热体（热空气、烟道气等）将热量以对流传热方式传递给与其直接接触的湿物料，物料中的湿分吸收热量后汽化为蒸气并扩散至载热体中被带走。在对流干燥过程中，热空气既起着载热体的作用，又起着载湿体的作用。但干燥后干燥介质带走大量的热量，故热效率较低，一般仅为30%～50%。

(3) 辐射干燥　当辐射器发射的电磁波传播至湿物料表面时，有部分被反射和透过，部分被湿物料吸收并转化为热能而使湿分汽化，产生的蒸气被抽走。

在辐射干燥过程中，电磁波（通常为红外线）将能量直接传递给湿物料，因而不需要干燥介质，从而可避免空气带走大量的热量，故热效率较高。此外，辐射干燥还具有干燥速度快、产品均匀洁净、设备紧凑、使用灵活等特点，常用于表面积较大而厚度较薄的物料的干燥。

(4) 高频干燥　高频干燥又称介电干燥，是将被干燥物料置于高频电场内，在高频电场的交变作用下，物料内部的极性分子运动振幅将增大，其振动能量使物料发热，从而使湿分汽化而达到干燥的目的。

通常将电场频率低于 300MHz 的介电加热称为高频加热，在 300MHz～300GHz 之间的介电加热称为超高频加热，又称为微波加热。由于设备投资大，能耗高，故大规模工业化生产应用较少。目前，介电加热常用于科研和日常生活中，如家用微波炉等。

(5) 冷冻干燥　冷冻干燥也称升华干燥，是将湿物料冷冻至冰点以下，然后将其置于高真空中加热，使其中的水分由固态冰直接升华为气态，再经冷凝而除去，从而达到干燥的目的。

冷冻干燥可以保持物料原有的物理和化学性质与水接触后又可恢复到原有的性质和状态，同时热消耗较小，干燥设备不需要保暖及采用良导热材料制造，此法多用于医药、蔬菜、食品等方面的干燥。

特别提示：在众多的干燥方法中，以对流干燥的应用最为广泛。对流干燥是用热的气体（未达到该温度下某种液体的饱和蒸气压）流过被干燥物料的表面，使物料中的液体吸收热量而汽化成蒸气随干燥介质气流带走，从而使湿物料转变成干物料。在实际生产中，最常用的干燥介质是热空气。只要被干燥的湿物料不与空气中的O_2和N_2起化学反应，用热空气干燥后的物料能满足产品质量要求。

二、对流干燥过程分析

这里主要讨论以热空气为干燥介质、湿分为水的对流干燥过程。如图 9-1 所示，湿空气经风机送入预热器，加热到一定温度后送入干燥器与湿物料直接接触，进行传质、传热，最后废气自干燥器另一端排出。

干燥若为连续过程，物料被连续地加入与排出，物料与气流接触可以是并流、逆流或其他方式。干燥若为间歇过程，湿物料被成批放入干燥器内，达到一定的要求后再取出。

1. 传热、传质过程

在对流干燥过程中，经预热的高温热空气与低温湿物料接触时，热空气传热给固体物料，若气流的水汽分压低于固体表面水的分压时，水分汽化并进入气相，湿物料内部的水分以液态或水汽的形式扩散至表面，再汽化进入气相，被空气带走。所以，干燥是传热、传质同时进行的过程，但传递方向相反，如图 9-1 所示。

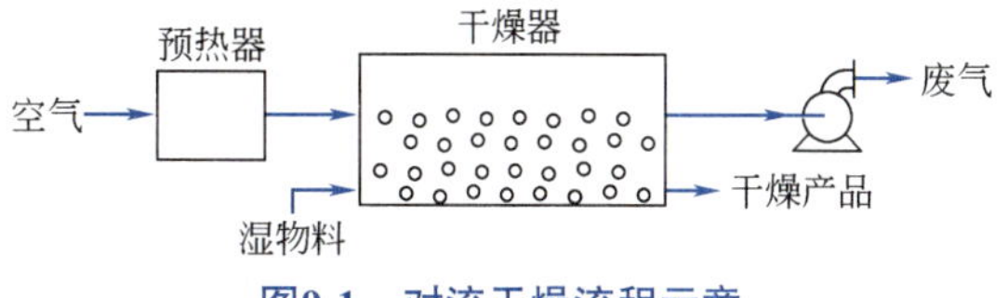

图9-1　对流干燥流程示意

2. 干燥过程进行的必要条件

① 湿物料表面水汽压力大于干燥介质水汽分压，压差愈大，干燥过程进行得愈迅速。

② 干燥介质将汽化的水汽及时带走，以保持一定的汽化水分的推动力。

干燥过程所需空气用量、热量消耗及干燥时间的确定均与湿空气的性质有关，为此，需了解湿空气的物理性质及相互关系。

任务二

湿空气的性质及湿焓图的应用

一、湿空气的性质

湿空气的状态参数除总压 p、温度 t 之外，与干燥过程有关的主要是水分在空气中的含量。根据不同的测量原理，水蒸气在空气中的含量有不同的定义或不同的表示方法。

1. 湿度 H

湿度是一定量的湿空气中，水蒸气的质量与干空气的质量之比，即

湿空气的组成是什么?

$$H=\frac{M_W n_W}{M_g n_g}=\frac{18p_W}{29(p-p_W)}=0.622\frac{p_W}{p-p_W} \tag{9-1}$$

式中　H——空气湿度，kg水汽/kg绝干空气；

M_W——水蒸气的摩尔质量，kg/kmol；

M_g——绝干空气的摩尔质量，kg/kmol；

n_W，n_g——水蒸气、绝干空气的物质的量，mol；

p_W——水蒸气的分压，kPa；

p——湿空气总压，kPa。

2. 相对湿度 φ

相对湿度是在压力一定的情况下，空气中水蒸气的分压 p_W 与该温度下水的饱和蒸气压 p_S 比值的百分数，其数学表达式为

$$\varphi=\frac{p_W}{p_S}\times 100\% \tag{9-2}$$

式中　p_S——湿空气温度下水的饱和蒸气压，kPa。

由式（9-1）和式（9-2）可得到 H 与 φ 关系为

$$H=0.622\frac{\varphi p_S}{p-\varphi p_S} \tag{9-3}$$

湿空气有哪些性质?

则

$$\varphi=\frac{pH}{(0.622+H)p_S} \tag{9-3a}$$

3. 比容 v_H

1kg 绝干空气和 H kg 水汽所具有的总体积称为比容，用 v_H 表示，单位为 m^3/kg。常压下，温度为 t、湿度为 H 的湿空气的比容为 v_g 与 v_W 之和，即

1kg 绝干空气的分体积为

$$v_g=\frac{1}{29}\times 22.4\times\frac{t+273}{273}$$

Hkg 水蒸气的分体积为

$$v_W=\frac{H}{18}\times 22.4\times\frac{t+273}{273}$$

二者总体积为

$$v_H=\left(\frac{1}{29}+\frac{H}{18}\right)\times 22.4\times\frac{t+273}{273} \tag{9-4}$$

式中　v_H——湿空气的比容，m^3/kg；

t——湿空气的温度，℃。

若以 1kg 绝干空气为基准，则湿空气所具有的体积为 v_H，质量为（$1+H$）kg，故湿空气的密度为

$$\rho_H=\frac{1+H}{v_H} \tag{9-5}$$

式中　ρ_H——湿空气的密度，kg/m^3。

4. 湿空气比热容 C_H

常压下，将 1kg 绝干空气及其所带有的 H kg 水汽每升高 1℃时所需的热量，称为湿空气的比热容，以 C_H 表示，单位为 kJ/（kg・℃），即

$$C_H=1\times C_g\times 1+H\times C_W\times 1\approx 1.01+1.88H \tag{9-6}$$

式中　C_H——湿空气比热容，kJ/（kg绝干空气・℃）；

C_g——绝干空气的比热容，可取 1.01kJ/（kg・℃）；

C_W——水汽的比热容，可取 1.88kJ/（kg・℃）。

由式（9-6）可知，湿空气比热仅随湿度 H 而变化。

5. 湿空气的焓 I

含有 1kg 绝干空气的湿空气所具有的焓，称为湿空气的焓，以 I 表示，单位为 kJ/kg 绝干空气，即

$$I=1\times I_g+HI_W \tag{9-7}$$

式中　I——湿空气的焓，kJ/kg绝干空气；

I_g——绝干空气的焓，kJ/kg 绝干空气；

I_W——水汽的焓，kJ/kg 绝干空气。

在干燥计算中，常规定绝干空气及液态水在 0℃时的焓值为零，则温度为 t 的绝干空气的焓为

$$I_g=C_gt=1.01t \tag{9-8}$$

$$I_W=r_0+C_Wt=2491+1.88t \tag{9-9}$$

式中　r_0——0℃时水的汽化潜热，其值为2491kJ/kg。

将式（9-8）和式（9-9）代入式（9-7）得

$$I=(1.01+1.88H)t+2491H \tag{9-10}$$

可见，湿空气所具有的焓可分为两部分：一部分是湿空气的所具有的显热；另一部分是湿空气所具有的潜热。在干燥过程中，只能利用湿空气所具有的显热，而潜热是不能利用的。

6. 干球温度 t 和湿球温度 t_W

① 干球温度。是大气环境的真实温度，即普通温度计的读数。

② 湿球温度。是在普通温度计的感温部位包上纱布，纱布下端浸入水中，使之始终保持湿润，即成为湿球温度计，如图 9-2 所示。湿球温度计在空气中达到稳定时的温度称为湿球温度，

以 t_W 表示，单位为℃或K。

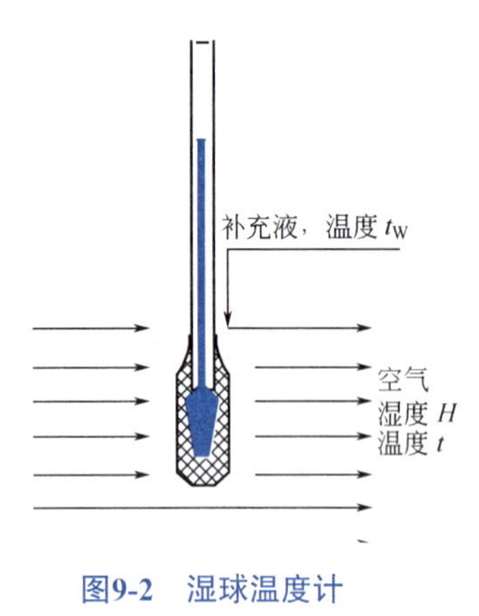

图9-2　湿球温度计

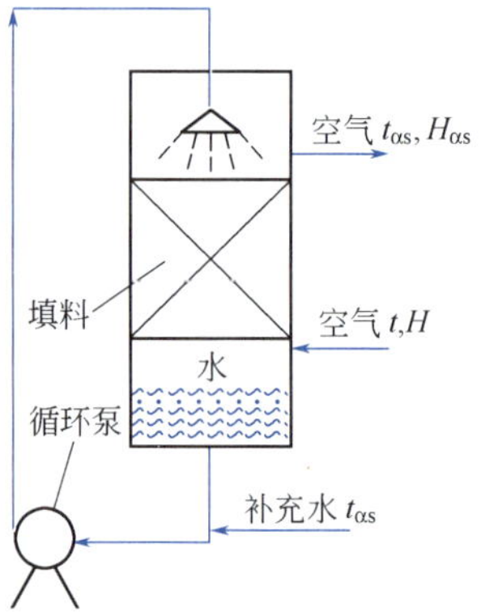

图9-3　绝热饱和温度测量系统

特别提示： 湿球温度并非湿空气的真实温度，而是当湿纱布中的水与湿空气达到动态平衡时纱布中水的温度。湿球温度取决于湿空气的干球温度和湿度，是湿空气性质和重要参数之一。对于饱和空气，湿球温度与干球温度相等；对不饱和空气，湿球温度小于干球温度。

7. 绝热饱和温度 t_{as}

在绝热条件下，使湿空气增湿冷却并达到饱和时的温度，称为绝热饱和温度，以 t_{as} 表示，单位为℃或K。

绝热饱和温度可在如图9-3所示的绝热饱和冷却塔中测得。将一定量的湿空气与大量的温度为 t_{as} 的循环水充分接触。由于循环水量大，而空气的流量是一定的（与湿球温度测量时的情况正好相反），因此水温可视为恒定。冷却塔与外界绝热，故热量传递只在气、液两相间进行。由于水温恒定，因此水分汽化所需的潜热只能来自空气。这样，空气的温度将逐渐下降，同时放出显热；但水汽化后又将这部分热量以潜热（忽略水汽的显热变化）的形式带回到空气中，所以空气的温度不断下降，但焓却维持不变，即空气的绝热降压增湿过程为等焓过程。

若两相有足够长的接触时间，最终空气将为水汽所饱和，温度降至循环水温 t_{as}，该过程成为湿空气的绝热饱和冷却过程或等焓过程，达到稳定状态时的温度称为初始湿空气的绝热饱和温度，以 t_{as} 表示。与之相对应的湿度称为绝热饱和湿度，以 H_{as} 表示。

特别提示： 绝热饱和温度取决于湿空气的干球温度和湿度，也是湿空气的性质或状态参数之一。研究表明，对于空气-水汽体系，温度为t、湿度为H的湿空气，其绝热饱和温度与湿球温度近似相等。在工程计算中，常取$t_W \approx t_{as}$。

8. 露点温度

在一定的总压下，将不饱和湿空气（$\varphi<100\%$）等湿冷却至饱和状态（$\varphi=100\%$）时的温度，称为该湿空气的露点，以 t_d 表示，单位为℃或K。

t、t_W、t_{as}、t_d含义及之间关系

将不饱和湿空气等湿冷却至饱和状态时，空气的湿度变为饱和湿度，但数值仍等于原湿空气的湿度；而水汽分压变为露点温度下的饱和蒸气压，数值仍等于原湿空气中水汽分压。由式（9-3）得

$$p_{std}=\frac{pH}{(0.622+H)\varphi}=\frac{pH}{0.622+H} \tag{9-11}$$

式中　p_{std}——露点温度下水的饱和蒸气压，Pa。

将湿空气的总压和湿度代入式（9-11）可求出 p_{std}，再从饱和水蒸气表中查出与 p_{std} 相对应的温度，即为该湿空气的露点 t_d。将露点 t_d 与干球温度 t 进行比较，可确定湿空气所处的状态。

若 $t>t_d$，则湿空气处于不饱和状态，可作为干燥介质使用；若 $t=t_d$，则湿空气处于饱和状态，

不能作为干燥介质使用；若 $t<t_d$，则湿空气处于过饱和状态，与湿物料接触时会析出露水。

空气在进入干燥器之前先进行预热可使过程在远离露点下操作，以免湿空气在干燥过程中析出露水，这是湿空气需预热的又一主要原因。

特别提示： 对于空气-水汽体系，干球温度t、湿球温度t_W、绝热饱和温度t_{as}及露点t_d之间的关系为

不饱和空气　$t>t_W=t_{as}>t_d$

饱和空气　$t=t_W=t_{as}=t_d$

【例 9-1】 常压（101.3kPa）下，空气的干球温度为50℃，湿度为0.01468kg 水汽 /kg 绝干空气，试计算：

① 空气的相对湿度 φ；

② 空气的比容 v_H；

③ 空气的比热容 C_H；

④ 空气的焓 I；

⑤ 空气的露点温度 t_d。

解　① 空气的相对湿度 φ。由附录八查得 p_S=12.34kPa，由式（9-3a）得

$$\varphi=\frac{pH}{(0.622+H)p_S}=\frac{101.3\times0.01468}{(0.622+0.01468)\times12.34}=18.93\%$$

② 空气的比容 v_H。由式（9-4）得

$$v_H=\left(\frac{1}{29}+\frac{H}{18}\right)\times22.4\times\frac{t+273}{273}=(0.772+1.244\times0.01468)\times\frac{50+273}{273}$$

$$=0.935\ (\text{m}^3/\text{kg绝干空气})$$

③ 空气的比热容 C_H。由式（9-6）得

$$C_H=1.01+1.88H=1.01+1.88\times0.01468=1.038\ [\text{kJ/(kg}\cdot℃)]$$

④ 空气的焓 I。由式（9-10）得

$$I=(1.01+1.88H)t+2491H=(1.01+1.88\times0.01468)\times50+2491\times0.01468$$

$$=88.45\ (\text{kJ/kg 绝干空气})$$

⑤ 空气的露点温度 t_d。由式（9-11）得

$$p_{std}=\frac{pH}{(0.622+H)\varphi}=\frac{pH}{0.622+H}=\frac{101.3\times0.01468}{0.622+0.01468}=2.336\ (\text{kPa})$$

查资料得空气的露点 t_d=19.6℃。

【例 9-2】 常压下湿空气的温度为70℃、相对湿度为10%。试求该湿空气中水汽的分压 p_W、湿度 H、比容 v_H、比热容 C_H 及焓 I。

解　查附录八得70℃水的饱和蒸气压为 p_S=31.16kPa，则湿空气中水汽的分压 p_W 为

$$p_W=0.1p_S=0.1\times31.16=3.116\text{kPa}$$

$$H=0.622\frac{p_W}{p-p_W}=0.622\times\frac{3.116}{101.33-3.116}=0.01973\text{kg}\ (\text{水汽/kg绝干空气})$$

$$v_H=(0.772+1.244H)\frac{273+t}{273}$$

$$=(0.772+1.244\times0.01973)\frac{273+70}{273}$$

$$=1.001(\text{m}^3/\text{kg 绝干空气})$$

$$C_H=1.01+1.88H=1.01+1.88\times0.01973$$

$$=1.047\text{kJ/(kg 干空气}\cdot℃)$$

$$I=(1.01+1.88H)t+2491H$$

$$=(1.01+1.88\times0.01973)\times70+2491\times0.01973$$
$$=122.4(\text{kJ/kg 干空气})$$

二、湿焓图的识读及其应用

1. 湿焓图的识读

从上述讨论可知，湿空气各物性参数之间存在一定关系，如湿空气的焓与湿度之间存在一定关系，如果要从一个参数计算出另一个参数，通常用试差法计算，这种计算方式比较麻烦，如果将其关系做成图，由已知参数查未知参数则变得非常容易。图 9-4 是工程上常用的空气湿焓图。

*I-H*图中各线含义

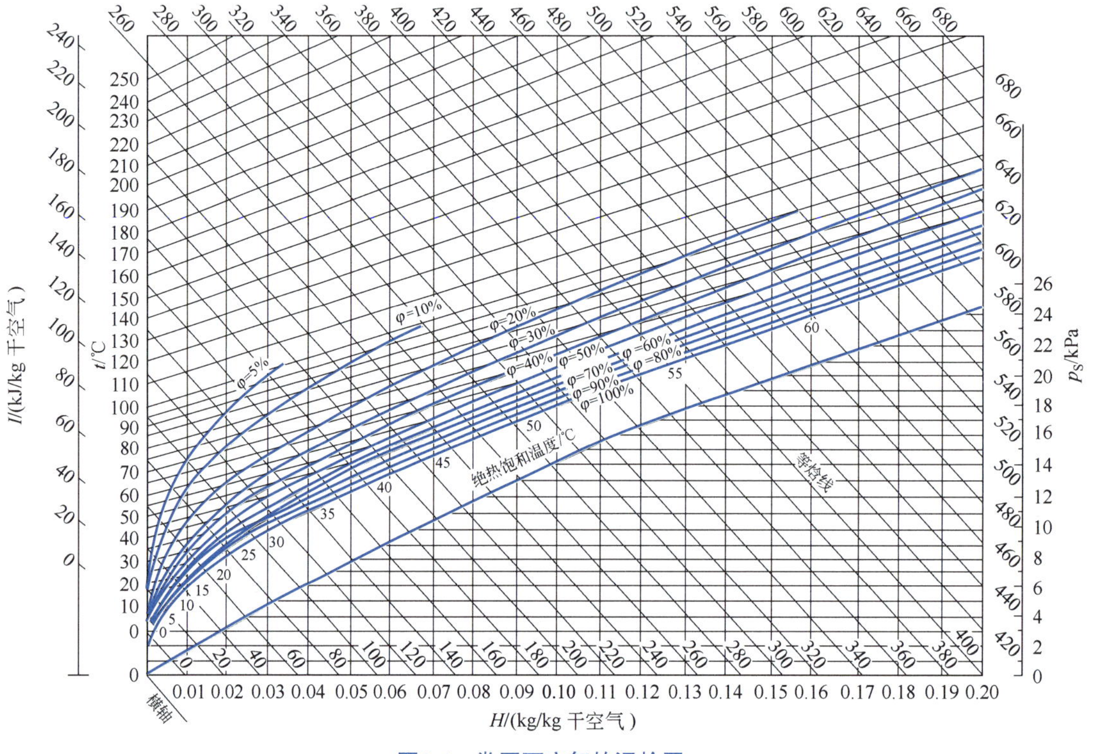

图9-4　常压下空气的湿焓图

在总压 p 一定时，湿空气的各个参数（t、p_S、H、φ、I、t_W 等）中，只有两个参数是独立的，即规定两个互相独立的参数，湿空气的状态即被唯一地确定。工程上为方便起见，将诸参数之间的关系在平面坐标上绘制成湿度图。目前，常用的湿度图有两种，即 *H-T* 图和 *I-H* 图，本教材主要介绍 *I-H* 图。

I-H 图是以总压 p=100kPa 画出的，p 偏离较大时此图不适用。纵坐标为 I（kJ/kg 绝干气），横坐标为 H（kg 水汽 /kg 绝干空气），注意两坐标的交角为 135° 而不是 90°，目的是使图中各种曲线群不至于拥挤在一起，从而提高读图的准确度。水平轴（辅助坐标）的作用是将横轴上的湿度值 H 投影到辅助坐标上便于读图，而真正的横坐标 H 在图中并没有完全画出。

I-H 图由等湿线群、等焓线群、等温线群、等相对湿度线群和湿空气中水蒸气分压 p_W 线组成。

（1）等*H*线（等湿线）　等H线为一系列平行于纵轴的直线。同一等H线上不同点的H值相同，但湿空气的状态不同（在一定p下必须有两个独立参数才能确定空气的状态）；根据露点t_d的定义，H相同的湿空气具有相等的t_d，因此在同一条等H线上湿空气的t_d是不变的，换句话说H、t_d不是彼此独立的参数。

（2）等*I*线（等焓线）　等I线为一系列平行于横轴（不是水平辅助轴）的直线。同一等I线上不同点的I值相同，但湿空气状态不同。前已述及湿空气的绝热增湿过程近似为等I过程，因此等I线也就是绝热增湿过程线。

（3）等t线（等温线） 将式（9-10）$I=(1.01+1.88H)t+2491H$改写为$I=1.01t+(1.88t+2491)H$，当t一定时，I-H为直线。各直线的斜率为$1.88t+2491$，t升高，斜率增大，因此各等t线不是平行的直线。

（4）等φ线（等相对湿度线）

$$H=0.622\frac{\varphi p_S}{p-\varphi p_S}$$

p一定时，当φ一定，$p_S=f(t)$，假设一个t，求出p_S，可算出一个相应的H，将若干个（t，H）点连接起来，即为一条等φ线。

注意，φ=100%的线称为饱和曲线，线上各点空气为水蒸气所饱和，此线上方为未饱和区（$\varphi<1$），在这个区域的空气可以作为干燥介质。此线下方为过饱和区域，空气中含雾状水滴，不能用于干燥物料。

（5）p_W线（水蒸气分压线） 由式（9-2）和式（9-3）整理得

$$p_W=p_{std}=\frac{pH}{(0.622+H)\varphi}=\frac{pH}{0.622+H} \quad (9\text{-}12)$$

可见，当总压一定时，水蒸气分压p_W是湿度H的函数。当$H\ll0.622$时，p_W与H可视为线性关系。在总压为101.3kPa的条件下，根据式（9-12）在湿焓图上标绘出p_W与H之间的关系曲线，即为水蒸气分压线。为保持图面清晰，将水蒸气分压线标绘于线标于饱和空气线φ=100%的下方，其水汽分压p_W可从右端的纵轴上读出。

2. 湿焓图的应用

*I-H*图的应用

根据已知湿空气的物性参数，不需计算，利用湿-焓图可以方便地查到其他物性参数，方便快捷。查图方法如下。

根据空气中任意两个独立参数确定状态点，独立参数可以是湿度H、焓I、温度t、相对湿度φ中任意两个参数。例如，若已知H和t两个参数，在湿-焓图中确定湿空气状态点，如图9-5所示的A点。现以A点为基准查空气其他物性参数。

图9-5 湿焓图的应用

① 求湿空气的焓I，则以A点作平行于H轴的线（不是水平线！），该平行线即为等I线，该等焓线所对应的焓值，即为湿空气的焓。

② 求空气的相对φ，过A点的等相对湿度线所对应的值，即为空气的相对湿度。

③ 求空气的露点温度t_d，过A点的等湿度线与φ=100%的等相对湿度线交于B点，过B点等温线所对应的温度值，即为空气的露点温度。

④ 求绝热饱和温度t_{as}或湿球温度t_W（$t_{as}\approx t_W$），过A点的等焓线与φ=100%的相对湿度线相交于D点，过D点等温线所对应的温度值，即为空气的绝热饱和温度t_{as}或湿球温度t_W。

⑤ 求空气中水蒸气分压p_S，过A点的等湿线与水蒸气分压线交于C点，C点对应右侧纵坐标的值为空气中水蒸气的分压。

【例9-3】已知湿空气的总压为101.325kPa，相对湿度为50%，干球温度为20℃。试用I-H图作以下计算：

① 求湿空气其他参数：水汽分压p_S、湿度H、焓I、露点温度t_d、湿球温度t_W；

② 如果将上述含500kg/h绝干空气的湿空气预热至117℃，求所需的热量Q。

解 ① 由已知条件

p=101.325kPa、φ=50%、t=20℃，在I-H图上定出湿

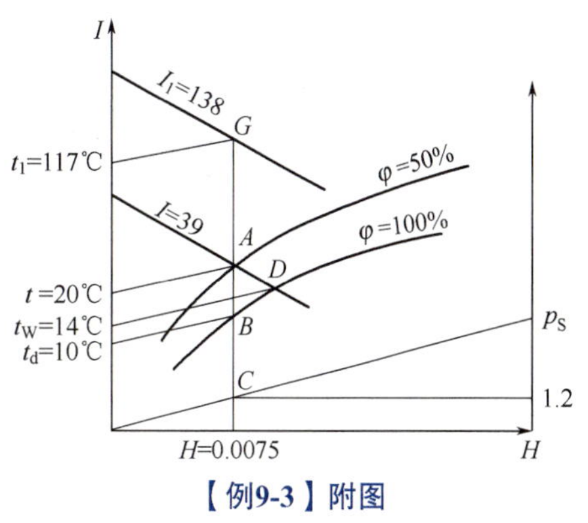

【例9-3】附图

空气状态点 A（如附图所示）。

- 由 A 点沿等 H 线向下交水蒸气分压线于 C 点，对应图右端纵坐标上读得 p_S=1.2kPa。
- 由 A 点沿等 H 线向下，与水平轴交点的读数为 H=0.0075kg/kg 干空气。
- 沿 A 点作等 I 线，与纵轴交点的读数为 I=39kJ/kg 干空气。
- 由 A 点沿等 H 线与 φ=100% 饱和线相交于 B 点，由等 t 线读得 t_d=10℃。
- 由 A 点沿等 I 线与 φ=100% 饱和线相交于 D 点，由等 t 线读得 $t_W=t_{as}$=14℃。

② 因湿空气通过预热器加热时其湿度不变，所以可由 A 点沿等 H 线向上与 t_1=117℃线相交于 G 点，读得 I_1=138kJ/kg 干空气（湿空气离开预热器的焓值）。

1kg 干空气的湿空气通过预热器吸收的热量为

$$Q'=I_1-I_0=138-39=99\ (\text{kJ/kg干空气})$$

500kg/h 干空气的湿空气通过预热器所需要的热量为

$$Q=500Q'=500\times99=49500\ (\text{kJ/h})=13.8\ (\text{kW})$$

任务三

湿物料的性质分析

一、物料含水量的表示方法

1. 湿基含水量

在干燥操作中，水分在湿物料中的质量分数为湿基含水量，以 w 表示，即

$$w=\frac{\text{水分质量}}{\text{湿物料总质量}}\times100\% \tag{9-13}$$

2. 干基含水量

湿物料中含水量的表示方法

干基含水量的定义为以 1kg 绝干物料为基准时湿物料中水分的含量，以 X 表示，单位为 kg 水 /kg 绝干物料，其表达式为

$$X=\frac{\text{湿物料中水分的质量}}{\text{湿物料中绝干物料的质量}} \tag{9-14}$$

3. 两种含水量的关系

$$w=\frac{X}{1+X} \quad \text{或} \quad X=\frac{w}{1-w} \tag{9-15}$$

二、物料中水分的性质

固体物料中所含的水分与固体物料结合的形式不同，对干燥速率影响很大，有时需要改变干燥方式。在干燥中，一般将物料中的水分按其性质或干燥情况予以区分。

1. 水分与物料的结合方式

根据水分与物料的结合方式，可分为附着水分、毛细管水分、溶胀水分和化学结合水分。

（1）附着水分 指湿物料表面机械附着的水分，它的存在方式与液体水相同。因此，在任何温度下，湿物料表面上附着水分的蒸气压p_M等于同温度下纯水的饱和蒸气压p_S，即$p_M=p_S$。

（2）毛细管水分 指湿物料内毛细管中所含的水分。由于物料的毛细管孔道大小不一，孔道在物料表面上开口的大小也各不相同。根据物理化学表面现象知识可知，直径较小的毛细管中的水分，由于凹表面曲率的影响，其平衡蒸气压p_e低于同温度下纯水的饱和蒸气压p_S即$p_e<p_S$，而且水的蒸气压将随着干燥过程的进行而下降。因为此时已逐渐减少的水分仍存留于更小的毛细管中，这类物料称为吸水性物料。

（3）溶胀水分 指物料细胞壁或纤维皮壁内的水分，是物料组成的一部分。其蒸气压低于同温度下纯水的蒸气压$p_e<p_S$。

（4）化学结合水分 如结晶水等，是靠化学结合力与物料结合在一起，因此其蒸气压低于同温度下纯水的蒸气压，$p_e<p_S$。这种水分的去除不属于干燥的范围。

2. 平衡水分与自由水分

（1）平衡水分 在一定的空气状态下（t、H或φ一定），物料与空气接触时间足够长，使物料含水量不因接触时间的延长而改变，此时物料所含的水分称为该物料在固定空气状态下的平衡水分，简称平衡含水量，在图9-6中以X^*表示。平衡含水量是湿物料在该固定空气状态下的干燥极限。不同的空气状态，平衡含水量不一样。

（2）自由水分 物料中超过平衡水分的那部分水分为自由水分，即能被一定状态的空气干燥去除的水分。

总水分=平衡水分+自由水分

3. 结合水分与非结合水分

物料中水分的划分

根据物料中水分除去的难易程度可分为结合水分和非结合水分。

总水分 = 结合水分 + 非结合水分

（1）结合水分 结合水分是存在于物料细胞壁内及细毛细管内的水分，这部分水分与水的结合力较强，所产生的蒸气压低于同温度下水的饱和蒸气压，因此，在干燥过程中不宜被汽化而除去。

（2）非结合水分 非结合水分是指物料中吸附着的水分及存在于粗毛细管中的水分，这部分水分与水的结合力较弱，所产生的蒸气压等于同温度下水的饱和蒸气压，因此，在干燥过程中宜被汽化而除去。

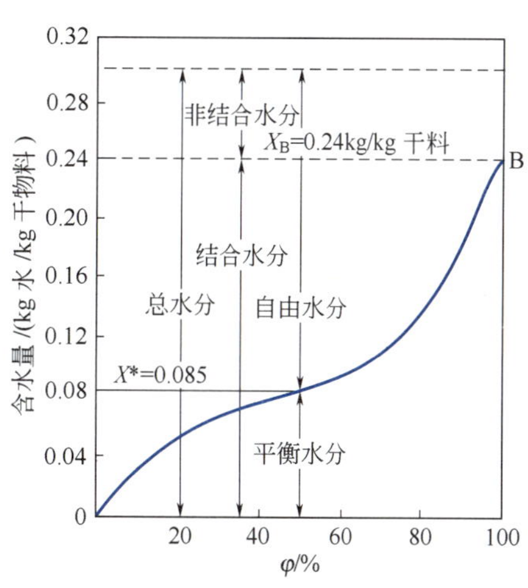

图9-6 物料所含水分示意

任务四 干燥过程的计算

一、物料衡算

在对流连续干燥过程中，物料不会在干燥系统中累积，根据质量守恒定律，进入干燥系统物质的质量应等于流出该干燥系统物质的质量，即

$$LH_1+GX_1=LH_2+GX_2 \tag{9-16}$$

下标“1”表示进口，“2”表示出口，式（9-16）可变换为

$$L=\frac{G(X_1-X_2)}{H_2-H_1}=\frac{W}{H_2-H_1} \tag{9-16a}$$

式中　L——干空气的质量流量，kg/s；

G——干基物料的质量流量，kg/s；

H——湿空气的湿度，kg 水汽 /kg 干空气；

X——干基含水量，kg 水 /kg 绝干物料；

W——单位时间内从物料内蒸发的水量，kg/s。

在实际生产过程中，通常以湿基含水量 w 表示，物料衡算时注意将湿基含水量换算为干基含水量。

二、热量衡算

如图 9-7 所示，在对流连续干燥系统中，外界向干燥系统提供热量总和应等于新鲜空气从 t_0 上升到 t_2 吸收的热量、出干燥器物料从 t'_1 上升至 t'_2 吸收的热量、干燥过程水汽化吸收的热量及系统热损失之和。即

$$\begin{aligned}Q_{总}&=Q_P+Q_D\\&=L(I_2-I_0)+G_2(I'_2-I'_1)+W(2490+1.88t_2-4.187t'_1)+Q_L\end{aligned} \tag{9-17}$$

式中　$Q_{总}$——外界向需向干燥系统提供的总热量，kW；

Q_P——干燥器向干燥系统提供的热量，kW；

Q_D——预热器向干燥系统提供的热量，kW；

Q_L——干燥系统热损失，kW；

G_2——干燥器出口物料的质量流量，kg/s；

I'_1——干燥后的物料在进口温度 t'_1 下的焓，kJ/kg；

I'_2——干燥后的物料在出口温度 t'_2 下的焓，kJ/kg。

干燥系统的热量衡算

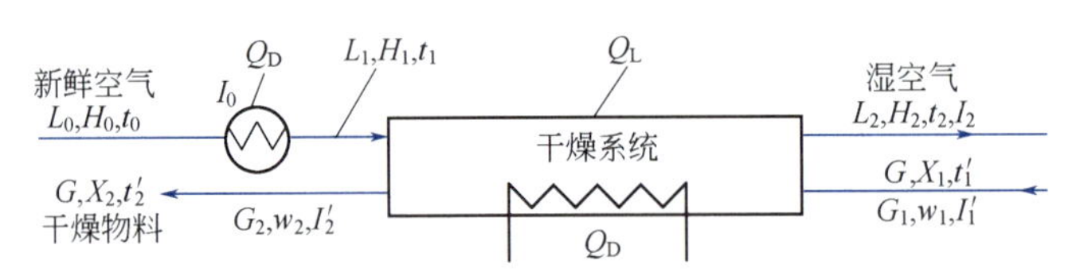

图9-7　干燥系统热量衡算图

因为

$$I=(1.01+1.88H)t+2490H$$

$$I'_2-I'_1=C_{Hm}(t'_2-t'_1)$$

$$W=L(H_2-H_1)=L(H_2-H_0)$$

分别代入式（9-17）整理得

$$Q_{总}=L(1.01+1.88H_0)(t_2-t_0)+W(1.88t_2+2490-4.187t'_1)+G_2C_{Hm}(t'_2-t'_1)+Q_L \tag{9-18}$$

若忽略新鲜空气中水蒸气在干燥系统中吸收的热量（正值）、被蒸发水分带入干燥系统的焓（负值）和干燥器出口物料中水分从 t'_1 升至 t'_2 所吸收的热量（正值），则式（9-18）可改写为

$$Q_{总}=1.01L(t_2-t_0)+W(1.88t_2+2490)+GC_m(t'_2-t'_1)+Q_L \tag{9-19}$$

式中　C_{Hm}——干燥器出口物料的比热容，kJ/(kg绝干物料·℃)；

C_m——干基物料的比热容，kJ/(kg 绝干物料·℃)。

用式（9-19）计算出干燥系统所需的总热量，误差很小，能满足要求。

三、干燥器的热效率

通常将干燥系统的热效率定义为水分蒸发消耗的热量占总消耗热量的百分数，其计算式为

$$\eta=\frac{\text{蒸发水分所需的热量}}{\text{向干燥系统输入的总热量}}\times100\%$$

即

$$\eta\approx\frac{W(2490+1.88t_2)}{Q_{\text{总}}}\times100\% \tag{9-20}$$

【例 9-4】在常压干燥器中，用新鲜空气干燥某种湿物料。已知条件为：温度 t_0=15℃、焓 I_0=33.5kJ/kg 干空气的新鲜空气，在预热器中加热到 t_1=90℃后送入干燥器，空气离开干燥器时的温度为 50℃。预热器的热损失可以忽略，干燥器的热损失为 11520kJ/h，没有向干燥器补充热量。每小时处理 280kg 湿物料，湿物料进干燥器时温度 t_1'=15℃、干基含水率 X_1=0.15，离开干燥器时物料温度 t_2'=40℃、X_2=0.01。干基物料比热容 C_m=1.16kJ/（kg·℃）。试求：

① 干燥产品质量流量；

② 水分蒸发量；

③ 新鲜空气消耗量；

④ 干燥器的热效率。

解 干基物料的质量流量为

$$G=\frac{G_1}{1+X_1}=\frac{280}{1+0.15}=243.5\ (\text{kg/h})$$

新鲜空气焓与空气湿度的关系为

$$I_0=(1.01+1.88H_0)t_0+2490H_0=33.5\ (\text{kJ/kg干空气})$$

将 t_0=15℃代入该式解得

$$H_0=0.00729\ (\text{kg/kg干空气})$$

① 干燥产品质量流量 $G_2=G(1+X_2)=243.5\times(1+0.01)=245.9\ (\text{kg/h})$

② 水分蒸发量 $W=G(X_1-X_2)=243.5\times(0.15-0.01)=34.1\ (\text{kg/h})$

③ 新鲜空气消耗量 $L_w=L(1+H_0)$

$$L=\frac{W}{H_2-H_0}=\frac{34.1}{H_2-0.00729} \tag{1}$$

对干燥器进行热量衡量（Q_D=0）：$L(I_1-I_2)=G(I'_2-I'_1)+Q_L$

因为 $I_1=(1.01+1.88\times0.00729)\times90+2490\times0.00729=110.3$kJ/kg 干空气

$I'_1=(c_s+4.187X_1)t'_1=(1.16+4.187\times0.015)\times15=26.8$kJ/kg 绝干物料

$I'_2=(1.16+4.187\times0.01)\times40=48.1$kJ/kg 绝干物料

则

$$L(110.3-I_2)=243.5\times(48.1-26.8)+11520$$

经整理得

$$L=\frac{16707}{110.3-I_2} \tag{2}$$

$$I_2=(1.01+1.88H_2)\times50+2490H_2=50.5+2584H_2 \tag{3}$$

式（1）～式（3）联立解得

$$H_2=0.02062\ (\text{kg/kg干空气})$$

故

$$L=\frac{34.1}{0.02062-0.00729}=2558\ (\text{kg干空气/h})$$

$$L_w=L(1+H_0)=2558(1+0.00729)=2576(\text{kg湿空气/h})$$

④ 干燥器的热效率

$$\eta=\frac{W(2490+1.88t_2)}{Q_p}\times 100\%$$
$$=\frac{34.1\times(2490+1.88\times 50)}{2558\times(110.3-33.5)}\times 100\%$$
$$=44.85\%$$

四、干燥速率及影响因素分析

1. 干燥速率

单位时间内，单位干燥面积上汽化的水分量称为干燥速率，其数学表达式为

$$U=\frac{dW}{Sd\tau}=-\frac{GdX}{Sd\tau}=-\frac{G}{S}\times\frac{\Delta X}{\Delta\tau} \tag{9-21}$$

式中　U——干燥速率，kg水/（$m^2\cdot s$）；

S——干燥面积，m^2；

τ——干燥时间，s。

2. 干燥实验及干燥实验曲线

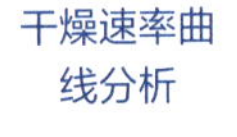

干燥速率曲线分析

干燥实验装置如图 9-8 所示，是在恒定条件下（即空气的温度、湿度、流速及其与物料的接触状态等保持恒定）的大量空气中将少量的湿物料试样悬挂在天平上，定时测量不同时刻湿物料的质量 G'，直到物料的质量恒定为止。然后将物料放入电烘箱烘干到质量恒定，即可得到绝干物料的质量 G。并求得干基含水量 $X=(G'-G)/G$，则物料的干基含水量 X 与干燥时间 τ 关系曲线称为物料的干燥实验曲线。如图 9-9 所示。从实验曲线上可以看出，物料的干燥过程分为 AB、BC 及 CDE 三个阶段。

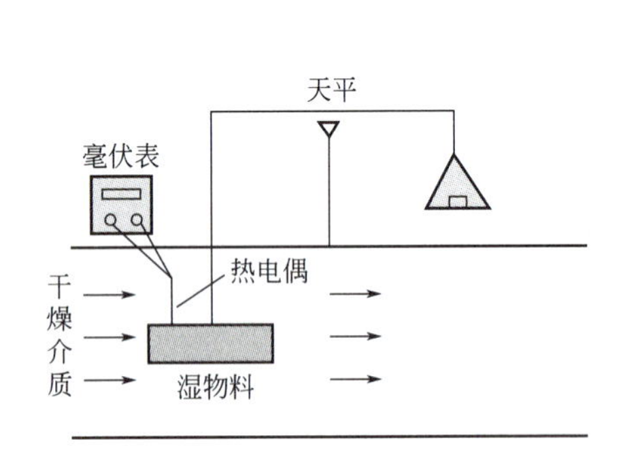

图9-8　干燥实验装置

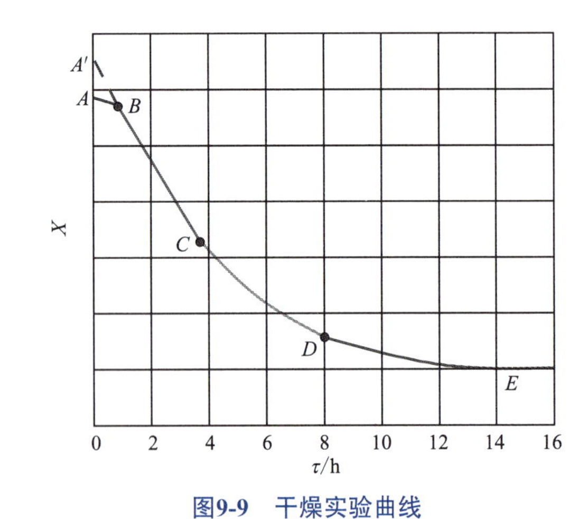

图9-9　干燥实验曲线

3. 干燥速率曲线

由实验测得的实验数据计算$\frac{\Delta X}{\Delta\tau}$，然后用式（9-21）计算出不同干燥时刻的干燥速率 U，绘制物料的干基含水量 X 与不同干燥时刻的干燥速率 U 的关系曲线，得到如图9-10所示的干燥速率曲线。

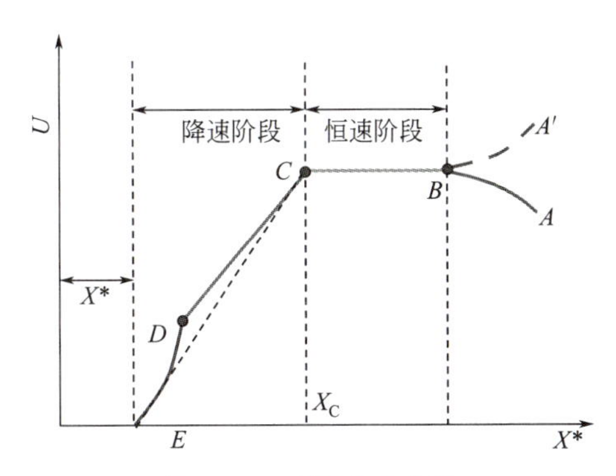

图9-10　干燥速率曲线

典型的干燥速率曲线（恒定干燥条件）

（1）恒速干燥阶段*BC*　图9-10干燥速率曲线分三段，由于干燥过程刚开始，被干燥物料温度较低，外部向系统提供热量的一部分用于物料升高温度，所以*AB*段为物料升温并伴随干燥；当被干燥物料温度上升至一定程度时，外部向系统提供的热量全部用于被干燥物料中水的汽化，在外部向系统提供的热量是恒速时，干燥速率也应恒速，即图中*BC*段为恒速干燥阶段。由于*AB*段所用的时间短，通常划归到恒速干燥阶段。

（2）降速干燥阶段*CDE*　当物料内部的水分不能很快向表面迁移时，此时转入降速干燥阶段，所以图中*CDE*段为降速干燥阶段。

不同类型物料结构不同，降速阶段速率曲线的形状也不同。但均可以划分为两个阶段，即恒速干燥和降速干燥阶段。在从恒速干燥阶段转到降速干燥阶段时，有一转折点称为临界点，即图9-10中的*C*点，在计算干燥时间时，以临界点为分界线，对恒速干燥时间和降速干燥时间分别进行计算。临界点对应的干燥参数有临界干燥速率 U_c 和临界含水量 X_c。

临界含水量 X_c 可通过实验求得，也可查有关资料获得。X_c 值对干燥时间影响较大，X_c 值大，物料便会较早地转入降速干燥阶段，使相同干燥任务所需的干燥时间加长。

E 点：*E* 点的干燥速率为零，X^* 即为操作条件下的平衡含水量。

特别提示： 干燥曲线或干燥速率曲线是在恒定的空气条件下获得的，对指定的物料，空气的温度、湿度不同，速率曲线的位置也不同。

4. 干燥速率的影响因素分析

影响干燥速率的因素主要有三个方面：湿物料、干燥介质和干燥设备，这三者相互关联。现就其中较为重要的影响因素讨论如下。

（1）物料的性质和形状　包括湿物料的物理结构、化学组成、形状和大小、物料层的厚薄以及水分的结合方式等。在等速干燥阶段，主要受干燥介质条件的影响。但物料的形状、大小和物料层的厚薄影响物料的临界含水量。在降速干燥阶段，物料的性质和形状对干燥速率起决定性影响。

（2）物料的温度　物料的温度越高，则干燥速率越大。物料的温度与干燥介质的温度和湿度有关。

影响干燥速率的因素

（3）物料的含水量　物料的最初、最终以及临界含水量决定干燥各阶段所需时间的长短。

（4）干燥介质的温度和湿度　干燥介质（空气）的温度越高、湿度越低，则等速阶段的干燥速率越大，但是以不损害物料为原则。有些干燥设备采用分段中间加热方式可以避免过高的介质温度。

（5）干燥介质的流速和流向　在等速干燥阶段，提高气速可以提高干燥速率。介质的流动方向垂直于物料表面时的干燥速率比平行时要大。在降速干燥阶段，气速和流向对干速率影响很小。

（6）干燥器的构造　上述各项因素都和干燥器的构造有关。许多新型干燥器就是针对某些有关因素设计的。

由于影响干燥速率的因素很多，目前还不能从干燥机理得出计算干燥速率和干燥时间的公式，也没有统一的干燥方法来确定干燥器的主要尺寸。通常在小型实验装置中测定有关数据作为放大设计计算的依据。

9.1 干燥设备及其应用

任务五

干燥设备及其操作

一、干燥器的基本要求及分类

1. 干燥器的基本要求

在工业生产中，由于被干燥物料的形状和性质各不相同，要求干燥产品含湿率不相同，生产规模或生产能力差别也很大，所以，干燥方法和干燥器的形式也有多种。在设计或选择干燥器时应考虑以下几点。

① 选择的干燥器应能保证被干燥物料的工艺要求，如产品的含湿率、产品的形状等；

② 干燥系统的热效率高，以节约能耗；

③ 干燥速率快，以缩短干燥时间；

④ 干燥系统的流体阻力小，以降低输送干燥介质的能耗；

⑤ 操作方便，系统便于维修。

2. 干燥器的分类

干燥设备分类

由于干燥介质不同，干燥器的结构也多种多样，实际用于工业生产中的干燥器，通常按以下方法分类。

（1）按操作压力分　可分为常压干燥器和真空干燥器。

（2）按加热方式分　可分为对流干燥器、传导干燥器、辐射干燥器和介电加热干燥器。

（3）按干燥器的结构分　可分为转筒式干燥器、厢式干燥器、流化床式干燥器、气流输送式干燥器、喷雾式干燥器等。

（4）按操作方式分　可分为间歇式干燥器和连续式干燥器。

二、常用对流干燥器

1. 厢式干燥器

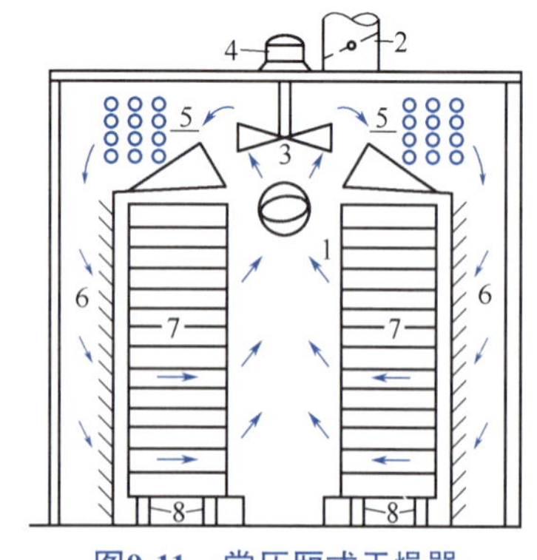

图9-11　常压厢式干燥器

1—空气入口；2—空气出口；3—风机；4—电动机；5—加热器；6—挡板；7—盘架；8—移动轮

厢式干燥器的优点及应用

9.2 箱式干燥器

图 9-11 为常压厢式干燥器，又称盘式干燥器。湿物料装在盘架上的浅盘中，盘架用小推车推进厢内。空气进入干燥厢，与废气混合后，经风机增压，少量混合气体由出口排出，其余经加热器预热后沿挡板均匀地进入各物料层，与湿物料表面接触，对物料进行干燥。增湿降温后的废气进入风机再循环。浅盘中的物料干燥一定时间后即达到产品含湿量要求，由器内取出。

厢式干燥器的优点是构造简单，设备费用低；对物料的适应性较强，可同时干燥几种物料，适合于小批量的粉粒状、片状、膏状、脆性物料等的干燥。其缺点是间歇操作，装卸料劳动强度大；热空气只与表面物料直接接触，获得的干燥产品含湿率不均匀，且干燥时间较长。对于粒状物料，若改用网式浅盘，热空气可穿过物料层从而增大气固接触面积、减小干燥时间，减小干燥产品的不均匀性。

2. 转筒干燥器

如图 9-12 所示为空气直接加热式转筒干燥器，干燥器的圆形干燥筒体稍有倾斜，慢速旋转，物料自干燥筒体高端加入，由低端排出；筒体内壁装有若干抄板，筒体旋转时能将物料抄起，然后由物料自重而落下，这样可以将内部湿料抄到表面，以增大物料与热空气的接触面积，提高干燥速率。干燥介质可用热空气、烟道气或其他气体，物料与干燥介质的流向可以是逆流，也可以是并流。

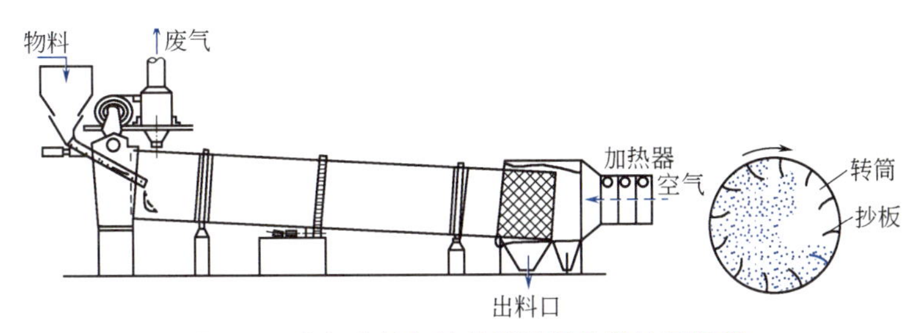

图9-12　空气直接加热的逆流操作转筒干燥器

9.3 转筒干燥器

若并流操作，高温气体与刚进入的湿物料接触，物料在水分表面汽化阶段保持湿球温度。当物料接近出口时，物料温度逐渐上升，此时气体温度已下降，物料温度不会升高很多，因此并流干燥适合于热敏性物料的干燥。

若逆流操作，刚进入干燥系统的高温、低湿气体与将要排出干燥器的物料接触，可提高降速干燥阶段的速率，降低物料的含水率，因此逆流操作适用于耐高温且在降速干燥阶段难以除去水分的物料。因排出的物料温度较高，热量消耗较大。

转筒干燥器适用于粉粒状、片状及块状物料的连续干燥。其主要优点是可连续操作，处理量大；与气流干燥器、流化床干燥器相比，对物料含水量、粒度等变动的适应性强；操作稳定可靠。缺点是设备笨重、占地面积大。

3. 流化床干燥器

如图 9-13 所示为单层流化床干燥器，如图 9-14 所示为卧式多室流化床干燥器。湿物料经进料器进入床层，热空气由下而上通过多孔气体分布板。在一定气速下，颗粒被气流吹起，呈悬浮状态（大部分颗粒不能被气流带出），气体和固体颗粒充分接触，进行干燥。干燥后的产品由床层侧面出料管溢流排出，气流由顶部排出，经旋风分离器回收其中夹带的物料微粒。

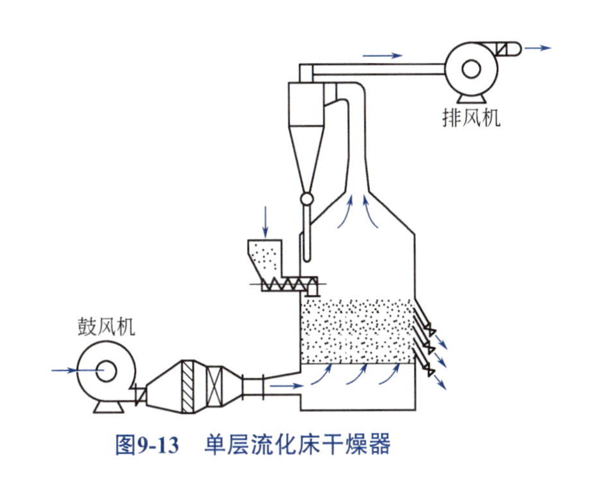

图9-13　单层流化床干燥器

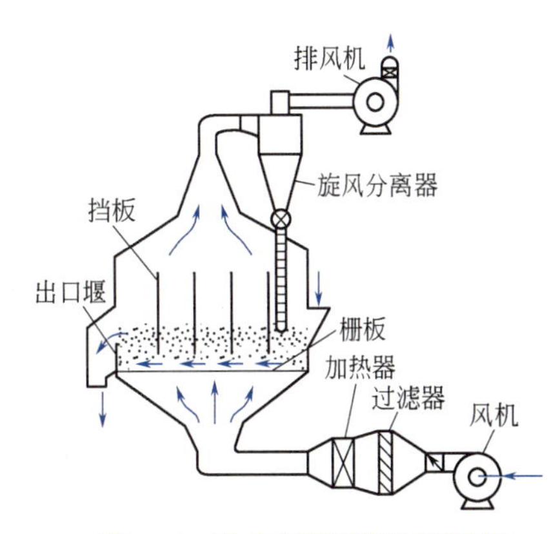

图9-14　卧式多室流化床干燥器

9.4 单层圆筒流化床干燥器

9.5 卧式多室流化床干燥器

在单层流化床中，有的颗粒因短路而在床层中的停留时间很短，未达到干燥要求即排出；有的颗粒因返混，停留时间较长；而多室流化床干燥器中装有多个挡板构成多室，在挡板的导向作用下，使颗粒逐室流动，以防止未干颗粒排出，提高了物料在干燥器中分布的均匀性。

流化床干燥器的主要优点是床层温度均匀，传热速度快，处理能力大，能使物料含水量降至很低；物料停留时间范围在几分钟到几小时，操作弹性大；物料依靠进、出口床层高度差自动流向出口，不需输送装置；结构简单，可动部件少，操作稳定。缺点是物料的形状和粒度有限制。

4. 气流输送式干燥器

气流干燥器的工业应用有哪些?

气流输送式干燥器也称气流干燥器，其结构如图9-15所示。直立干燥管直径为300～500mm，高为10～20m。干燥管下部有笼式破碎机，其作用是破碎饼状和块状湿物料，同时剧烈搅拌物料，增大物料与热空气接触面积。当进口湿物料含水量较多，加料有困难时，可送回部分干燥产品粉末与湿料混合，使湿料易破碎。

物料在干燥管中被高速上升的热气流分散，悬浮于气流中，边干燥，边随气流流动，当物料到达干燥管顶端时，即达到了规定的干燥产品含水量要求。这种形式的干燥器可除去总含水量的50%～80%。

气流干燥器的主要优点是粉粒状物料分散悬浮于热风中，气、固两相间扰动程度大，接触面积也大，所以干燥速度快，从湿物料投入到产品排出，通常只需1～2s时间，气流干燥也可称为“瞬间干燥”；可以干燥饼状和块状物料；干燥均匀；由于热风与物料并流操作，即使热风高达700～800℃，产品温度不超过70～90℃，适用于热敏性和低熔点物料；干燥器构造简单，占地面积小。

其缺点是因流速大导致流体输送能耗高；物料颗粒有一定磨损，不适用于对晶体有一定要求的物料。

5. 喷雾干燥器

喷雾干燥器原理是利用喷雾器将溶液、浆液或悬浮液的物料喷洒成直径为10～200μm的液滴后进行干燥，因分散于热气流中的液滴小，水分迅速汽化而达到干燥。

喷雾干燥器的工业应用有哪些?

图9-16是喷雾干燥流程示意，物料由高压泵送到干燥器顶部，经压力喷嘴喷成雾状液滴，与进入干燥器的热空气充分混合后，并流向干燥室下部流动，在流动过程中，液滴物料中水分迅速汽化，当流至气、固两相分离室内后，固体物料因重力作用落到分离室底部，空气经旋风分离器和排风机排出，干燥产品由分离室底部排出。喷雾干燥器也可逆流操作，即热空气从干燥室下部沿圆周分布进入。

9.6 气流干燥器

9.7 喷雾干燥器

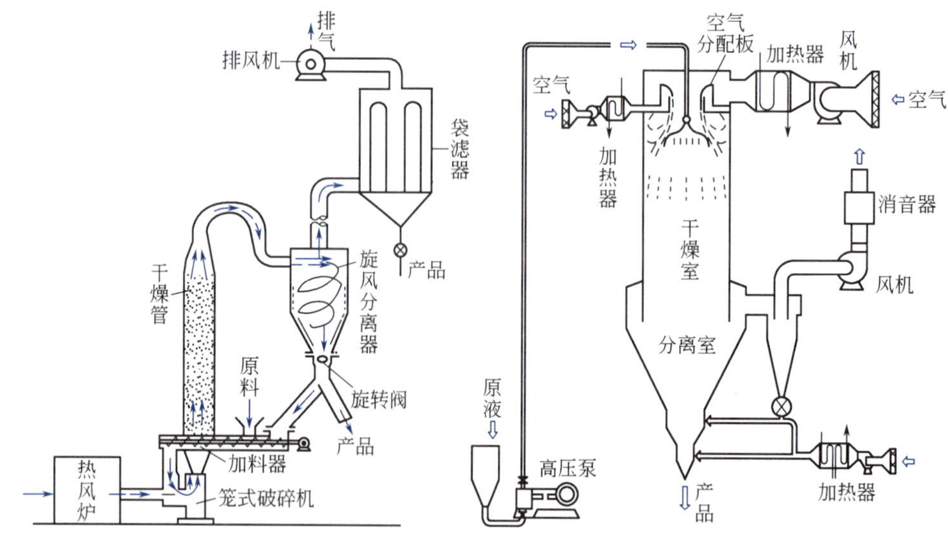

图9-15　气流干燥器　　图9-16　喷雾干燥流程示意

在喷雾干燥过程中，喷雾器质量优劣直接影响干燥产品的质量。喷雾器的工作过程是：悬浮液体在压力喷嘴式喷雾器的旋转室中剧烈旋转后，通过锐孔形成膜状，喷射出来成为泡状雾滴，雾滴的中心有空气，干燥后形成中空粉粒产品。例如，用这种喷雾干燥器生产的洗衣粉就是中空粉粒状，其溶解性能好。

喷雾干燥器的主要优点是液滴直径小，气液接触面积大，扰动剧烈，所以干燥速度快，干燥时间短，为20～30s；在恒速干燥阶段（即液滴水分多的阶段），物料表面温度接近湿球温度（当热风温度为180℃时，其温度约为45℃），因此，该干燥器适用于热敏性物料的生产。其缺点是空气用量大，排气温度高，导致干燥器体积较大，能耗较高。

三、非对流式干燥器

1. 冷冻干燥器

如图9-17所示，冷冻干燥器内设有若干层导热隔板，隔板内设有冷冻管和加热管，分别对物料进行冷冻和加热。冷凝器内设有若干组螺旋冷凝蛇管，其作用是对升华的水汽进行冷凝。工作时，首先对湿物料进行预冻，预冻温度比共熔点低10～15℃，保持1～2h以克服溶液的过冷现象。待物料完全冻结后，再开始抽真空，升华干燥时物料温度必须保持在共熔点以下。待物料内的冻结冰全部升华完毕，将隔板温度升高至30℃左右，当物料温度与隔板温度一致时，即达干燥终点。

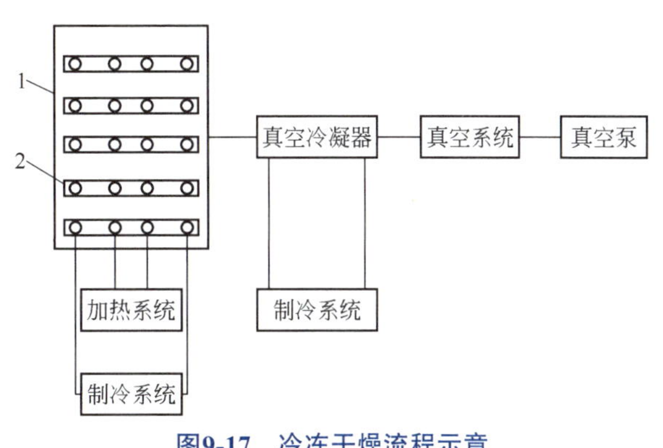

图9-17　冷冻干燥流程示意

1—冷冻干燥器；2—导热隔板

冷冻干燥的原理

冷冻干燥可保持物料原有的化学组成和物理性质（如多孔结构、胶体性质等），特别适用于热敏性物料的干燥。对抗生素、生物制剂等药物的干燥，冷冻干燥几乎是无可替代的干燥方法。但冷冻干燥的设备投资较大，干燥时间较长，能量消耗较高。

2. 红外干燥器

红外干燥器是利用红外辐射器发出的红外线被湿物料所吸收，引起分子激烈共振并迅速转变为热能，从而使物料中的水分汽化而达到干燥的目的。由于物料对红外辐射的吸收波段大部分位于远红外区域，如水、有机物等在远红外区域内具有很宽的吸收带，因此在实际应用中以远红外干燥技术最为常用。

红外干燥的原理及应用

如图9-18所示的隧道式远红外干燥器是一种连续式红外干燥设备，它主要由远红外发生器、物料传送装置和保温排气罩组成。远红外发生器由煤气燃烧系统和辐射源组成，其中辐射源是以铁铬铝丝制成的煤气燃烧网。当煤气与空气的混合气体在煤气燃烧网上燃烧时，铁铬铝丝网即发出远红外线。工作时，装有物料的浅盘由链条传送带连续输入和输出隧道，物料在通过隧道的过程中不断吸收辐射器发出的远红外线，从而使所含的水分不断汽化而除去。

红外干燥器是一种辐射干燥器，工作时不需要干燥介质，从而可避免废气带走大量的热量，故热效率较高。此外，红外干燥器具有结构简单、造价较低、维修方便、干燥速度快、控温方便迅速、产品均匀清净等优点，但红外干燥器一般仅限于薄层物料的干燥。

3. 微波干燥器

微波干燥器主要由直流电源、微波发生器（微波管）、连接波导、微波加热器（干燥室）和冷却系统组成，如图9-19所示。微波发生器的作用是将直流电源提供的高压电转换成微波能量。

微波炉是最常用的微波干燥器，其工作原理如图9-20所示。腔内被干燥物料受到来自各个

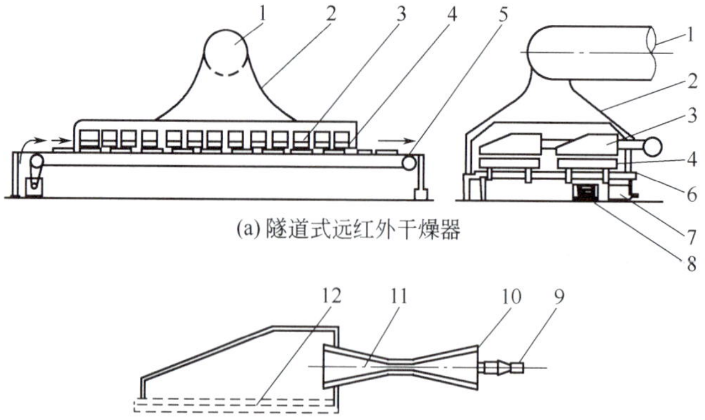

(a) 隧道式远红外干燥器

(b) 远红外发生器

图9-18　隧道式远红外干燥器

1—排风管；2—罩壳；3—远红外发生器；4—物料盘；5—传送链；6—隧道；7—变速箱；8—电动机；9—煤气管；10—调风板；11—喷射器；12—煤气燃烧网

方向的微波反射，使微波几乎全部用于湿物料的加热。微波干燥器是一种介电加热干燥器，水分汽化所需的热能并不依靠物料本身的热传导，而是依靠微波深入到物料内部，并在物料内部转化为热能，因此微波干燥的速度很快。微波加热是一种内部加热方式，且含水量较多的部位，吸收能量也较多，即具有自动平衡性能，从而可避免常规干燥过程中的表面硬化和内外干燥不均匀现象。微波干燥的热效率较高，并可避免操作环境的高温，劳动条件较好。缺点是设备投资大，能耗高，若安全防护措施欠妥，泄漏的微波会对人体造成伤害。

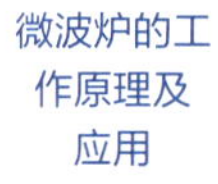

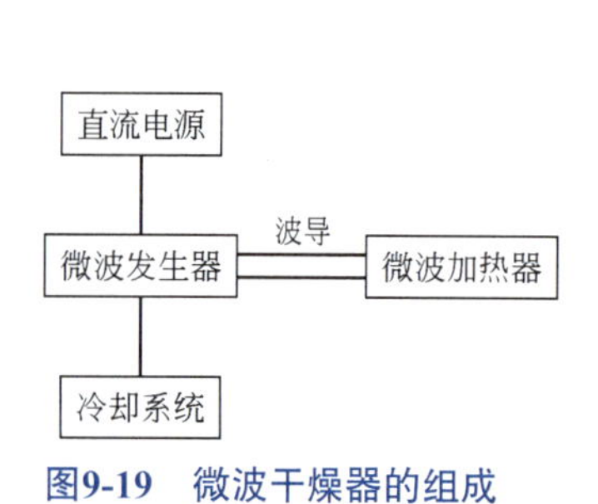

图9-19　微波干燥器的组成

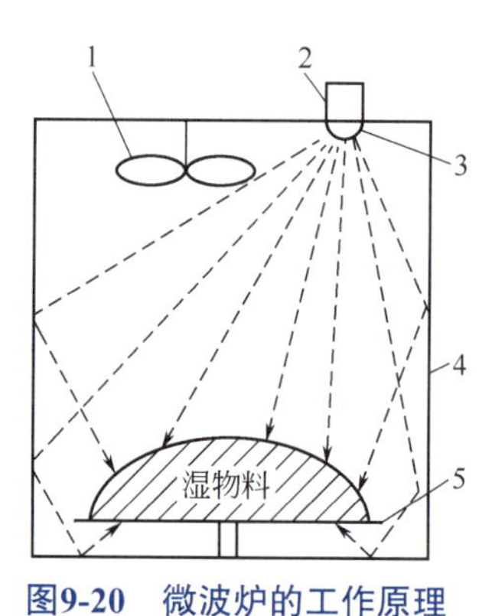

图9-20　微波炉的工作原理

1—排风扇；2—磁控管；3—反射板；4—腔体；5—塑料盘

四、干燥器的选用原则

干燥器的种类很多，特点各异，实际生产中应根据被干燥物料的性质、干燥要求和生产能力等具体情况选择适宜的干燥器。

1. 从操作方式的角度考虑

间歇操作的干燥器适用于小批量、多品种、干燥条件变化大、干燥时间长的物料的干燥；而连续操作的干燥器可缩短干燥时间，提高产品质量，适用于品种单一、大批量的物料的干燥。

2. 从物料的角度考虑

① 对于热敏性、易氧化及含水量要求较低的物料，宜选用真空干燥器；
② 对于生物制品等物料，宜选用冷冻干燥器；
③ 对于液状或悬浮液状物料，宜选用喷雾干燥器；
④ 对于形状有要求的物料，宜选用厢式、隧道式或微波干燥器；

⑤ 对于糊状物料，宜选用厢式干燥器、气流干燥器和沸腾床干燥器；
⑥ 对于颗粒状或块状物料，宜选用气流干燥器、沸腾床干燥器等。

五、常用干燥器的操作与维护

1. 流化干燥器的操作与维护

（1）流化干燥器的操作 流化干燥器开炉前首先检查送风机和引风机有无摩擦和碰撞声，轴承的润滑油是否充足，风压是否正常。投料前应先打开加热器疏水阀、风箱室的排水阀和炉体的放空阀，然后渐渐开大蒸汽阀门进行烤炉操作，除去炉内湿气，直到炉内达到规定的温度结束烤炉操作。停送风机和引风机，敞开人孔，向炉内铺撒物料。

再次开动送风机和引风机，关闭有关阀门，向炉内送热风，并开动给料机抛撒潮湿物料，要求进料量由少渐多，物料分布均匀。根据进料量，调节风量和热风温度，保证成品干湿度合格。

操作过程中要经常检查卸出的物料有无结块，观察炉内物料面的沸腾情况，调节各风箱室的进风量和风压大小；经常检查风机的轴承温度、机身有无振动以及风道有无漏风，发现问题及时解决；经常检查引风出口带料情况和尾气管线腐蚀程度，问题严重应及时解决。

（2）流化干燥器维护保养 干燥器停炉时应将炉内物料清理干净，并保持干燥。应保持保温层完好，有破裂时应及时修好。加热器停用时应打开疏水阀门，排净冷凝水，防止锈蚀。要经常清理引风机内部粘贴的物料和送风机进口防护网，经常检查并保持炉内分离器畅通和炉壁不锈蚀。

（3）流化干燥器常见故障与处理方法 流化干燥器的常见故障、产生原因与处理方法见表9-1。

表9-1 流化干燥器的常见故障、产生原因与处理方法

故障名称	产生原因	处理方法
发生死床	① 入炉物料太湿或块多 ② 热风量少或温度低 ③ 床面干料层高度不够 ④ 热风量分配不均匀	① 降低物料水分 ② 增加风量，提高温度 ③ 缓慢出料，增加干料层厚度 ④ 调整进风阀的开度
尾气含尘量大	① 分离器破损，效率下降 ② 用量大或炉内温度高 ③ 物料颗粒变细	① 检查、修理 ② 调整风量和温度 ③ 检查操作指标变化
沸腾床流动不好	① 风压低或物料多 ② 热风温度低 ③ 风量分布不合理	① 调节风量和物料 ② 加大加热器蒸汽量 ③ 调节进风板阀开度

2. 喷雾干燥设备的操作与维护

（1）喷雾干燥设备的操作 喷雾干燥设备包括数台不同的化工机械和设备，因此，在投产前应做好准备工作：检查供料泵、雾化器、送风机是否运转正常；检查蒸汽、溶液阀门是否灵活好用，各管路是否畅通；清理塔内积料和杂物，铲除壁挂疤；排除加热器和管路中积水，并进行预热，然后向塔内送热风；清洗雾化器，达到流道畅通。准备工作完成后，启动供料泵向雾化器输送溶液时，观察压力大小和输送量，以保证雾化器的需要。定期检查、调节雾化器喷嘴的位置和转速，确保雾化颗粒大小合格；定期查看和调节干燥塔负压数值；定时巡回检查各转动设备的轴承温度和润滑状况，检查其运转是否平稳，有无摩擦和撞击声，检查各种管路与阀门是否渗漏，各转动设备的密封装置是否泄漏，做到及时调整。

（2）喷雾干燥设备的维护保养 喷雾干燥设备的雾化器停止使用时，应清洗干净，输送溶液管路和阀门不用时也应放净溶液，防止凝固堵塞。经常清理塔内粘挂物料。要保持供料泵、风机、雾化器及出料机等转动设备的零部件齐全，并定时检修。注意进入塔内的热风湿度不可过

高，以防止塔壁表皮碎裂。

(3) 喷雾干燥设备常见故障与处理方法 喷雾干燥设备常见故障、产生原因与处理方法见表9-2。

表9-2 喷雾干燥设备常见故障、产生原因与处理方法

故障名称	产生原因	处理方法
产品水分含量高	① 溶液雾化不均匀，喷出颗粒大 ② 热风的相对湿度大 ③ 溶液供量大，雾化效果差	① 提高压力和雾化器转速 ② 提高送风温度 ③ 调节进料量或更换雾化器
塔壁粘有积粉	① 进料太多，蒸发不充分 ② 气流分布不均匀 ③ 个别喷嘴堵塞 ④ 塔壁预热温度不够	① 减少进料量 ② 调节热风分布器 ③ 清洗或更换喷嘴 ④ 提高热风温度
产品颗粒太细	① 溶液的浓度低 ② 喷嘴孔径太小 ③ 溶液压力太高 ④ 离心盘转速太大	① 提高溶液浓度 ② 换大孔喷嘴 ③ 适当降低压力 ④ 降低转速
尾气含粉尘太多	① 分离器堵塞或积料多 ② 过滤袋破裂 ③ 风速大，细粉含量大	① 清理物料 ② 修补破口 ③ 降低风速

六、干燥过程的节能措施

干燥是能量消耗较大的单元操作之一，无论是干燥液体物料、浆状物料，还是含湿的固体物料，都要将液态水分变成气态，因此需要供给较大的汽化潜热。因此，必须设法提高干燥设备的能量利用率，节约能源，改变干燥设备的操作条件，选择热效率高的干燥装置，回收排出的废气中部分热量等措施来降低生产成本。

1. 减少干燥过程的各项热量损失

一般说来，干燥器的热损失不会超过10%，大中型生产装置若保温适当，热损失约为5%。因此，要做好干燥系统的保温工作，求取一个最佳保温层厚度。

干燥过程节能措施有哪些

为防止干燥系统的渗漏，一般在干燥系统中采用主风机和副风机串联使用，经过合理调整使系统处于零表压操作状态，这样可以避免对流干燥器因干燥介质的泄漏造成干燥器热效率的下降。

2. 降低干燥器的蒸发负荷

物料进入干燥器前，通过过滤、离心分离或蒸发等预脱水方法，增加物料中固体含量，降低干燥器蒸发负荷，这是干燥器节能的最有效方法之一。对于液体物料（如溶液、悬浮液、乳浊液等），干燥前进行预热也可以节能，因为在对流式干燥器内加热物料利用的是空气显热，而预热则是利用水蒸气的潜热或废热等。对于喷雾干燥，料液预热还有利于雾化。

3. 提高干燥器入口空气温度、降低出口废气温度

由干燥器热效率定义可知，提高干燥器入口热空气温度有利于提高干燥器热效率。但是，入口温度受产品允许温度限制。在并流的颗粒悬浮干燥器中，颗粒表面温度比较低，因此，干燥器入口热空气温度可以比产品允许温度高得多。

一般来说，对流式干燥器的能耗主要由蒸发水分和废气带走这两部分组成，而后一部分占15%～40%，有的高达60%，因此，降低干燥器出口废气温度比提高进口热空气温度更经济，既可以提高干燥器热效率，又可增加生产能力。

4. 部分废气循环

部分废气循环的干燥系统，由于利用了部分废气中的部分余热，使干燥器的热效率有所提高，但随着废气循环量的增加而使热空气的湿含量增加，干燥速率将随之降低，使湿物料干燥时间增加而带来干燥装置费用的增加，因此，存在一个最佳废气循环量的问题。一般的废气循环量为总气量的 20%～30%。

复习思考题

一、选择题

1. 干燥过程是（　　）。

A. 传热过程　　B. 传质过程　　C. 传热和传质

2. 相对湿度越低，则距饱和程度越（　　），则该湿空气吸收水汽的能力越（　　）。

A. 远，弱　　B. 远，强　　C. 近，弱

3. 不饱和空气的干球温度（　　）湿球温度。

A. 低于　　B. 等于　　C. 高于

4. 和干燥速率有关的是（　　）。

A. 传热速率　　B. 传质速率　　C. 传热和传质速率

5. 干燥过程得以进行的条件是物料表面所产生的水蒸气压力与干燥介质中水蒸气分压的关系是（　　）。

A. 小于　　B. 等于　　C. 大于

6. 物料在干燥过程中容易除去的水分是（　　）。

A. 非结合水分　　B. 结合水分　　C. 平衡水分

7. 热能以对流方式由热气体传给予其接触的湿物料，使物料被加热而达到干燥目的的是（　　）。

A. 传导干燥　　B. 对流干燥　　C. 辐射干燥

8. 对于热敏性物料或易氧化物料的干燥，一般采用（　　）。

A. 传导干燥　　B. 真空干燥　　C. 常压干燥

9. 物料的平衡水分一定是（　　）。

A. 非结合水分　　B. 自由水分　　C. 结合水分

10. 空气的干球温度为t，湿球温度为t_W，露点为t_d，当空气的相对湿度为80%时，则t、t_W、t_d三者关系为（　　）

A. $t=t_W=t_d$　　B. $t>t_W>t_d$　　C. $t<t_W<t_d$

11. 湿空气的干球温度为t，湿球温度为t_W，露点为t_d，当空气的相对湿度为100%时，则t、t_W、t_d三者关系为（　　）

A. $t=t_W=t_d$　　B. $t>t_W>t_d$　　C. $t<t_W<t_d$

12. 湿空气通过换热器预热的过程为（　　）。

A. 等容过程　　B. 等湿度过程　　C. 等焓过程

二、填空题

1. 干燥通常是指____________________。

2. 按照热能传给湿物料的方式，干燥可分________、________、________、________和________。

3. 湿度是____________________；相对湿度是____________________。

4. 普通温度计在空气中所测得的温度为空气的________，它是空气的真实温度。

5. 对于不饱和湿空气的干球温度t、湿球温度t_W和露点温度t_d，三者大小关系为________；而对于已达到饱和的湿空气，三者大小关系为________。

6. 从干燥速率曲线可以看出，干燥过程分成两个阶段________和________。

7. 固体物料（如冰）不经融化而直接变为蒸汽的现象称为________。

8. 影响干燥速率的因素主要有三个方面：________、________和________。

9. 常压下对湿度H一定的湿空气，当气体温度t升高时，其露点t_d将________；而当总压p增大时，t_d将________。

10.在干燥过程中采用湿空气为干燥介质时，要求湿空气的相对湿度愈________愈好。

三、简答题

1.表示湿空气性质的参数有哪些？如何确定湿空气的状态？

2.如何区分结合水分和非结合水分？

3.用一定相对湿度φ的热空气干燥湿物料中的水分，能否将湿物料中的水分全部去除，为什么？

4.如何确定空气离开干燥器的状态？

5.简述常用干燥器的类型及结构特点。

四、计算题

1.湿空气（t_0=20℃，H_0=0.02kg水/kg干空气）经预热后送入常压干燥器。试求：①将空气预热到100℃所需热量；②将该空气预热到120℃时相应的相对湿度值。

［答案　①83.8kJ/kg干空气；②3.12%］

2.湿度为0.018kg水汽/kg干空气的湿空气在预热器中加热到128℃后进入常压等焓干燥器中，离开干燥器时空气的温度为49℃，求离开干燥器时空气的露点温度。

［答案　t_d=40℃］

3.在总压101.3kPa时，用干、湿球温度计测得湿空气的干球温度为20℃，湿球温度为14℃。试在I-H图中查取此湿空气的其他性质：(1) 湿度H；(2) 水汽分压p_S；(3) 相对湿度φ；(4) 焓I；(5) 露点温度t_d。

［答案　(1) H=0.0075kg水汽/kg干空气；(2) p_S=1.2kPa；(3) φ=50%；(4) I=39kJ/kg干气；(5) t_d=10℃］

4.在常压间歇操作的厢式干燥器内干燥某种湿物料。每批操作处理湿基含水量为15%的湿物料500kg，物料提供的总干燥面积为40m^2。经历4h后干燥产品中的含水量可达到要求。操作属于恒定干燥过程。由实验测得物料的临界含水量及平衡含水量分别为0.11kg水/kg绝干料及0.002kg水/kg绝干料。临界点的干燥速度为1kg水/(m^2·h)，降速阶段干燥速率曲线为直线。每批操作装卸物料时间为10min，求此干燥器的生产能力，以每天（24h）获得的干燥产品质量计。

［答案　2468kg干燥产品/d］

项目十

吸　附

吸附是利用某些固体能够从流体混合物中选择性地凝聚一定组分在其表面上的能力，使混合物中的组分彼此分离的单元操作过程。吸附是分离和纯化气体或液体混合物的重要单元操作之一。本项目围绕吸附岗位的具体要求设计了四个具体的工作任务，通过学习使学生达到本岗位的教学目标，以满足本岗位对操作人员的具体要求。

思政目标

1. 培养立足一线、脚踏实地、埋头实干、任劳任怨的奉献精神。
2. 树立法律意识、质量意识、环境意识、责任意识、服务意识。
3. 树立正确的幸福观、得失观、苦乐观、顺逆观、生死观、荣辱观。

学习目标

技能目标

1.能利用所学吸附知识去除废气、废水中对环境有害的物质，同时进行废物回收。

2.能处理吸附操作过程中常见的问题。

知识目标

1.熟练掌握吸附和解吸原理、吸附平衡和吸附速率及工业中常见的吸附分离工艺。

2.了解吸附分离在化工生产中的应用。

生产案例

以自来水厂水的净化流程为例介绍吸附的原理及其在工业生产中的应用。如图 10-1 所示，从水库取水依次经过反应沉淀池、过滤池、活性炭吸附池、清水池、配水泵等工序送至用户，其中活性炭吸附池就是利用吸附剂活性炭除去水中不溶性杂质、部分可溶性杂质、颜色、异味等，

吸附操作的工业应用

水得到净化。因此，吸附操作在工业生产和环保等领域均有着广泛的应用。

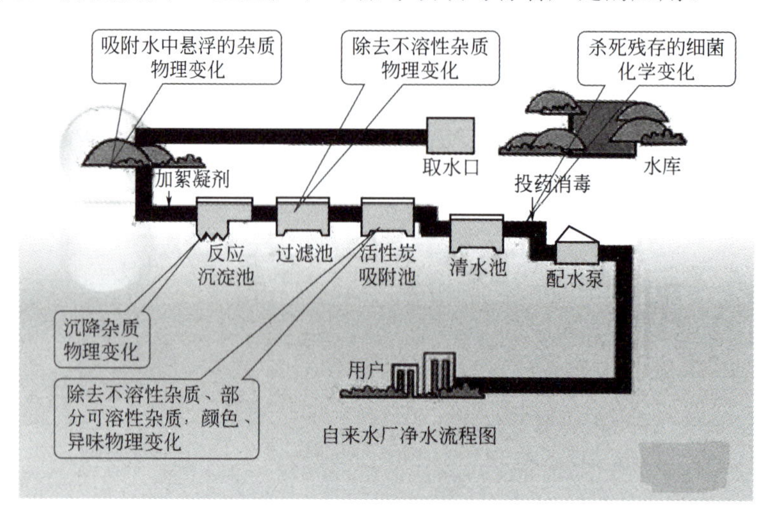

图10-1　自来水厂的净化流程图

1. 沉淀－吸附法除汞

活性炭有吸附汞和汞化合物的性能，但因其吸附能力有限，适用于处理含汞量低的废水或作为对含汞废水的最终处理。如图 10-2 所示为用沉淀 - 吸附法处理某厂含汞废水的流程。进水含汞浓度有时高达 30mg/L，用化学沉淀法处理后的废水含汞浓度通常在 1mg/L 左右，有时高达 2～3mg/L，达不到排放标准，后续用两个活性炭吸附池间歇处理，处理后的废水含汞量在 0.04mg/L 以下，达到排放要求。

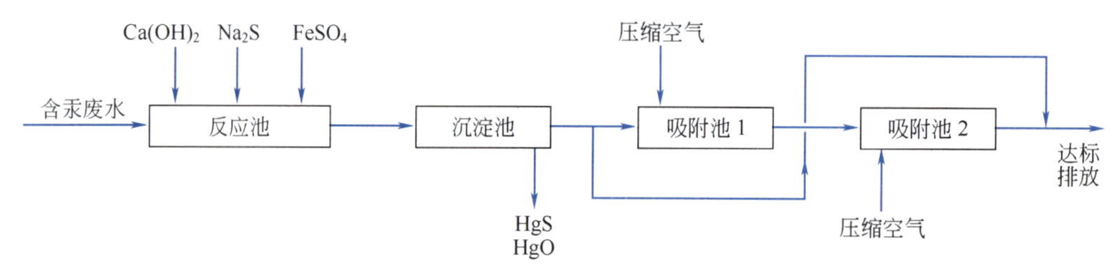

图10-2　沉淀-吸附法除汞流程

2. 含油废水、印染废水的深度处理

含油废水和印染废水中常含有苯环、杂环等难以生物降解的有机化合物，经沉淀、气浮、生化处理后的废水中有害物质难以达标排放，如果将生化后处理的废水进行沉淀、砂滤处理，然后再用活性炭深度处理，废水中的含酚量能从 0.1mg/L 降至 0.005mg/L，氰离子从 0.19mg/L 降到 0.048mg/L，COD 从 85mg/L 降至 18mg/L，处理效果较好。

3. 电镀液废水中重金属离子的回收

电镀液废水中常常含有有毒的重金属离子，如果用化学法去除，其沉淀物往往会造成二次污染，若将重金属离子回收再用，既避免了环境污染，又回收了贵重金属，节约了成本。

在废水处理工程中，常用离子交换树脂吸附电镀液废水中的重金属离子，然后再用无机酸对树脂进行再生。这种吸附属于化学吸附。

4. 处理废气中有毒的有机物

工业生产中，常有废气排出，若废气中含有毒的有机物，有时难以用普通的方法处理。若用活性炭进行吸附处理，既能去除气体中的有害物质，有时还能回收有机物质。活性炭吸附气体中有机物的能力很强，如果操作方式使用得当，气体中有机物的浓度能降到很低。

任务一

吸附过程分析

一、吸附现象

当气体混合物或液体混合物与某些固体接触时，在固体的表面上，气体或液体分子会不同程度地变浓变稠，这种固体表面对流体分子的吸着现象称为吸附，其中的固体物质称为吸附剂，而被吸附的物质称为吸附质。

为什么固体具有把气体或液体分子吸附到自己表面上来的能力呢？这是由于固体表面上的质点亦和液体的表面一样，处于力场不平衡状态，表面上具有过剩的能量即表面能。这种不平衡的力场由于吸附质的吸附而得到一定程度的补偿，从而降低了表面能（表面自由焓），故固体表面可以自动地吸附那些能够降低其表面自由焓的物质。吸附过程所放出的热量，称为该物质在此固体表面上的吸附热。

二、吸附分类

吸附分类

根据吸附质和吸附剂之间吸附力的不同，可将吸附操作分为物理吸附与化学吸附两大类。

1. 物理吸附

物理吸附是吸附剂分子与吸附质分子间吸引力作用的结果，这种吸引力称为范德华力，所以物理吸附也称范德华吸附。因物理吸附中分子间结合力较弱，只要外界施加部分能量，吸附质很容易脱离吸附剂，这种现象称为脱附（或脱吸）。例如，固体和气体接触时，若固体表面分子与气体分子间引力大于气体内部分子间的引力，气体就会凝结在固体表面上，当吸附过程达到平衡时，吸附在吸附剂上的吸附质的蒸气压应等于其在气相中的分压，这时若提高温度或降低吸附质在气相中的分压，部分气体分子脱离固体表面回到气相中，即“脱吸”。所以应用物理吸附容易实现气体或液体混合物的分离。

2. 化学吸附

化学吸附是由吸附质与吸附剂分子间化学键作用的结果。化学吸附中两种分子间结合力比物理吸附大得多，吸附放热量也大，吸附过程往往是不可逆。化学吸附在化学催化反应中起重要作用，但在分离过程中应用较少，这里主要讨论物理吸附。

三、物理吸附过程分析

1. 变温吸附

因物理吸附过程大都是放热过程，若降低物理吸附过程的操作温度，可增加吸附量，因此，物理吸附操作通常在低温下进行。若要将吸附剂再生，提高操作温度则可使吸附质脱离吸附剂。通常用水蒸气直接加热吸附剂使其升温解吸，解吸后的吸附质与水蒸气的混合物经冷凝分离，可回收吸附质。吸附剂经干燥降温后循环使用。变温吸附过程包括：低温吸附→高温再生→干燥降温→再次吸附。

2. 变压吸附

恒温下，升高系统的压力，吸附剂吸附容量增多，反之吸附容量相应减少，此时吸附剂解吸再生，得到气体产物，这个过程称为变压吸附。变压吸附过程中不进行热量交换，也称为无热源吸附。根据吸附过程中操作压力的变化情况，变压吸附循环可分为常压吸附、真空解吸；加压吸附、常压解吸；加压吸附、真空解吸等几种情况。对一定的吸附剂而言，操作压力变化范围愈大，吸附质脱除得愈多，吸附剂再生效果也愈好。变压吸附过程可概括为高压吸附→低压解吸→再次吸附。例如，在苯加氢生产中，利用 PSA 变压吸附原理使氢气和焦炉煤气中的其他杂质实现分离，氢组分得到浓缩和提纯，该工序是制氢单元的核心部分。

3. 溶剂置换吸附

吸附通常在常温常压下进行，当吸附接近平衡时，用溶剂将接近饱和的吸附剂中的吸附质冲洗出来，吸附剂同时再生。常用的溶剂有水、有机溶剂等各种极性或非极性液体。

任务二 吸附剂的选择

一、吸附剂的基本要求

固体通常都具有一定的吸附能力，但只有具有很高选择性和很大吸附容量的固体才能作为工业吸附剂。优良的吸附剂应满足以下条件：

吸收剂的选择原则

① 具有较大的平衡吸附量；
② 具有良好的吸附选择性；
③ 容易解吸；
④ 具有一定的机械强度和耐磨性；
⑤ 化学性能稳定；
⑥ 吸附剂床层压降低，价格便宜等。

二、工业上常用的吸附剂

目前工业上常用的吸附剂主要有活性炭、硅胶、活性氧化铝、沸石分子筛、有机树脂等，其外观是各种形状的多孔固体颗粒。

1. 活性炭吸附剂

举例说明工业上常用的吸附剂

活性炭的微观结构特征是具有非极性表面，非极性表面具有疏水亲有机物质，故又称为非极性吸附剂。活性炭的特点是吸附容量大、化学稳定性好，容易解吸、热稳定性高，在高温下解吸再生，其晶体结构不发生变化，经多次吸附和解吸操作，仍能保持原有的吸附性能。活性炭吸附剂常用于溶剂回收、脱色、水体的除臭净化、难降解有机废水的处理、有毒有机废气的处理等过程，是当前环境治理中最常用的吸附剂。

通常所有含碳的物料，如木材，果壳，褐煤等都可以加工成黑炭，经药品活化和气体活化后制成活性炭。

2. 硅胶吸附剂

硅胶吸附剂是一种坚硬、无定形的链状或网状结构硅酸聚合物颗粒，是亲水性吸附剂，即极性吸附剂。具有多孔结构，比表面积可达 $350m^2/g$ 左右，主要用于气体的干燥脱水，催化剂载体及烃类分离等过程。

3. 活性氧化铝吸附剂

活性氧化铝吸附剂是一种无定形的多孔结构颗粒，对水具有很强的吸附能力。活性氧化铝吸附剂一般由氧化铝的水合物（以三水合物为主）经加热、脱水后活化制得，其活化温度随氧化铝水合物种类不同而不同，一般为250～500℃，其孔径为2～5nm，比表面积一般为200～500m^2/g。活性氧化铝吸附剂颗粒的机械强度高，主要用于液体和气体的干燥。

4. 沸石分子筛吸附剂

沸石分子筛吸附剂（合成）的微观特征是具有均匀一致的微观孔径，比微孔直径小的分子才能进入微孔被吸附，比微孔大的分子则不能进入孔内被吸附，因此具有筛分分子作用，故又称为分子筛。

沸石分子筛是含有金属钠、钾、钙的硅酸盐晶体。通常用硅酸钠（钾）、铝酸钠（钾）与氢氧化钠（钾）水溶液反应制得胶体，再经干燥得到沸石分子筛。

根据原料配比、组成和制造方法不同，可以制成不同孔径（一般为0.3～0.8nm）和不同形状（圆形、椭圆形）的分子筛，其比表面积可达750m^2/g。分子筛是极性吸附剂，对极性分子，尤其对水具有很大的亲和力。由于分子筛有突出的吸附性能，使得它在吸附分离中有着广泛的应用。在工业生产中，主要用于各种气体和液体的干燥，芳烃或烷烃的分离以及用作催化剂及催化剂载体等。

5. 有机树脂吸附剂

有机树脂吸附剂是由高分子物质（如纤维素、淀粉）经聚合、交联反应制得。不同类型的吸附剂因其孔径、结构、极性不同，吸附性能也大不相同。

有机树脂吸附剂品种很多，从极性上分，有强极性、弱极性、非极性、中性。在工业生产中，常用于水的深度净化处理，维生素的分离、过氧化氢的精制等方面。在环境治理中，树脂吸附剂常用于废水中重金属离子的去除与回收。

三、吸附剂的性能

吸附剂的多孔结构和较大比表面积导致其具有较大的吸附量。所以吸附剂的基础性能与孔结构和比表面积有关。

1. 密度

（1）填充密度ρ_b 填充密度又称堆积密度，指单位填充体积的吸附剂质量。这里的单位填充体积包含了吸附剂颗粒间的空隙体积。

填充密度的测量方法通常是将烘干的吸附剂装入一定体积的容器中，摇实至体积不变，此时吸附剂的质量与其体积之比即为填充密度。

（2）表观密度ρ_P 表观密度是指单位体积的吸附剂质量。这里的单位体积未包含吸附剂颗粒间的空隙体积。真空下苯置换法可测量表观密度。

（3）真实密度ρ_t 真实密度是指扣除吸附剂孔隙体积后的单位体积的吸附剂质量。常用氦、氖及有机溶剂置换法来测定真实密度。

2. 空隙率

吸附剂床层的空隙率ε_b，指堆积的吸附剂颗粒间空隙体积与堆积体积之比。可用常压下汞置换法测量。

吸附剂颗粒的孔隙率ε_P，是指单个吸附剂颗粒内部的孔隙体积与颗粒体积之比。

吸附剂密度与孔隙间的关系为

$$\varepsilon_b=1-\frac{\rho_b}{\rho_P} \tag{10-1}$$

$$\varepsilon_P=\frac{\rho_t-\rho_P}{\rho_t} \tag{10-2}$$

3. 比表面积 a_p

吸附剂的比表面积是指单位质量的吸附剂所具有的吸附表面积，单位为m^2/g。通常采用气相吸附法测定。

吸附剂的比表面积与其孔径大小有关，孔径小，比表面积大。孔径的划分通常是，大孔径为200～10000nm，小孔径为10～200nm，微孔径为1～10nm。

4. 吸附剂的容量 q

吸附剂的容量是指吸附剂吸满吸附质时，单位质量的吸附剂所吸附的吸附质质量，它反映了吸附剂的吸附能力，是一个重要的性能参数。

常见的吸附剂性能可在相关书籍、手册和吸附剂的使用说明书中查到。

任务三

吸附平衡与吸附速率

一、吸附平衡

在一定温度和压力下，当气体或液体与固体吸附剂有足够接触时间，吸附剂吸附气体或液体分子的量与从吸附剂中解吸的量相等时，气相或液相中吸附质的浓度不再发生变化，这时吸附达到平衡状态，称为吸附平衡。

吸附平衡量 q 是吸附过程的极限量，单位质量吸附剂的平衡吸附量受到许多因素的影响，如吸附剂的化学组成和表面结构、吸附质在流体中的浓度、操作温度、压力等。

1. 气相吸附平衡

吸附平衡关系可以用不同的方法表示，通常用等温下单位质量吸附剂的吸附容量 q 与气相中吸附质的分压间的关系来表示，即 $q=f(p)$，表示 q 与 p 之间的关系曲线称为吸附等温线。由于吸附剂和吸附质分子间作用力的不同，形成了不同形状的吸附等温线。如图10-3所示是五种类型的吸附等温线，图中横坐标是相对压力 $\dfrac{p}{p^{\circ}}$，其中 p 是吸附平衡时吸附质分压，p° 为该温度下吸附质的饱和蒸气压，纵坐标是吸附量 q。

图10-3中Ⅰ、Ⅱ、Ⅳ型曲线对吸附量坐标方向凸出的吸附等温线，称为优惠等温线，从图中可以看出当吸附质的分压很低时，吸附剂的吸附量仍保持在较高水平，从而保证痕量吸附质的脱除；而Ⅲ、Ⅴ型曲线开始一段线对吸附量坐标方向下凹，属非优惠吸附等温线。

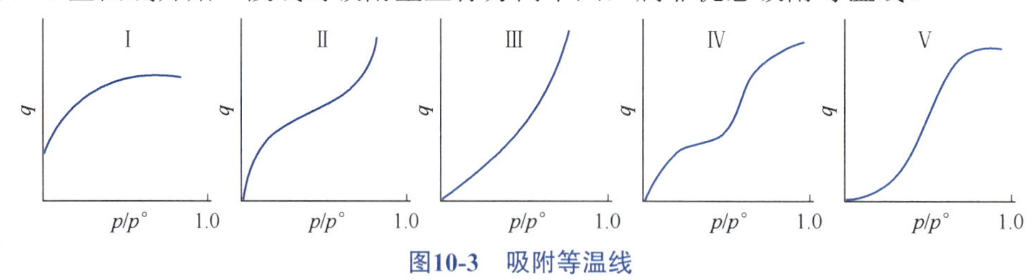

图10-3　吸附等温线

为了说明吸附作用，许多学者提出了多种假设或理论，但只能解释有限的吸附现象，可靠的吸附等温线只能依靠实验测定。

图10-4表示活性炭对三种物质在不同温度下的吸附等温线，由图10-4可知，对于同一种物质，如丙酮，在同一平衡分压下，平衡吸附量随着温度升高而降低，如图10-4所示。所以，工业生产中常用升温的方法使吸附剂脱附再生。同样，在一定温度下，随着气体压力的升高平衡吸附量增加。这也是工业生产中用改变压力使吸附剂脱附再生的方法之一。

从图10-4还可以看出，不同的气体（或蒸气）在相同条件下吸附程度差异较大，如在100℃和相同气体平衡分压下，苯的平衡吸附量比丙酮平衡吸附量大得多。一般相对分子质量较大而露点温度较高的气体（或蒸气）吸附平衡量较大，其次，化学性质的差异也影响平衡吸附量。

吸附剂在使用过程中经反复吸附与解吸，其微孔和表面结构会发生变化，随之其吸附性能也将发生变化，有时会出现吸附得到的吸附等温线与脱附得到的解吸等温线在一定区间内不能重合的现象，称为吸附的滞留现象。如图 10-5 所示，吸附的滞留现象如果出现滞留现象，则在相同的平衡吸附量下，吸附平衡压力一定高于脱附的平衡压力。

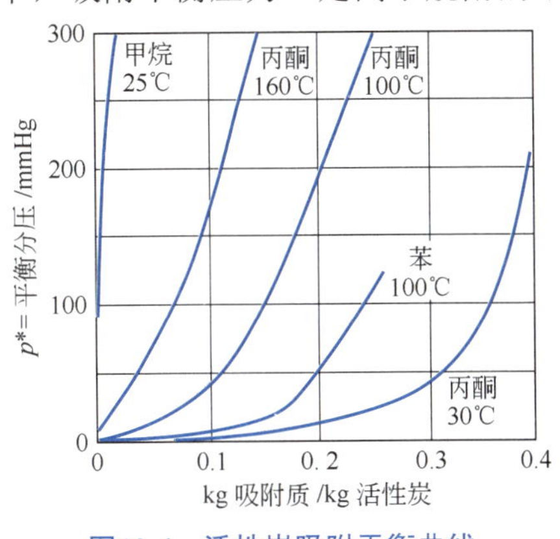

图10-4 活性炭吸附平衡曲线

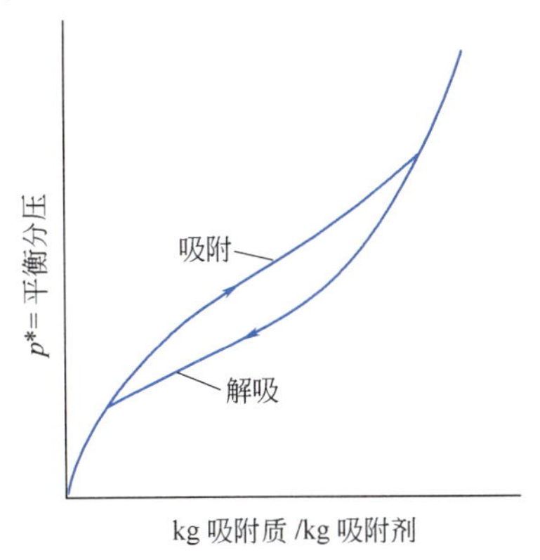

图10-5 吸附的滞留现象

2. 液相吸附平衡

液相吸附的机理比气相吸附复杂得多，这是因为溶剂的种类影响吸附剂对溶质（吸附质）的吸附。因为溶质在不同的溶剂中，分子大小不同，吸附剂对溶剂也有一定的吸附作用，不同的溶剂，吸附剂对溶剂的吸附量也是不同的，这种吸附必然影响吸附剂对溶质的吸附量。一般来说，吸附剂对溶质的吸附量随温度升高而降低，溶质的浓度越大，其吸附量亦越大。

二、吸附速率

1. 吸附机理

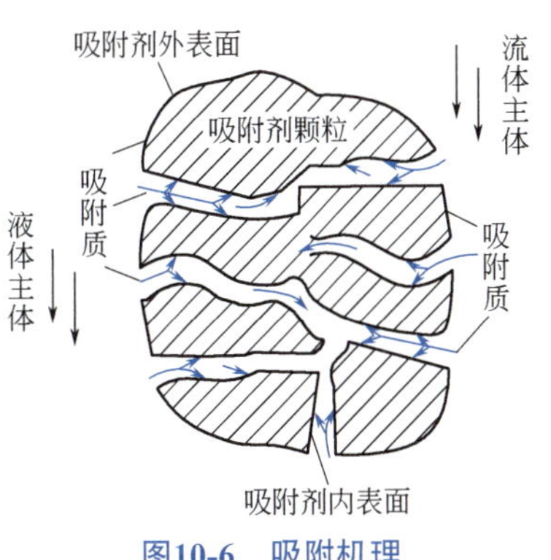

图10-6 吸附机理

吸附过程的描述

如图 10-6 所示，吸附质被吸附剂吸附的过程可分为以下三步。

① 外部扩散。吸附质从流体主体通过对流扩散和分子扩散到达吸附剂颗粒的外表面。质量传递速率主要取决于吸附质在吸附剂表面滞流膜中的分子扩散速率。

② 内部扩散。吸附质从吸附剂颗粒的外表面处通过微孔扩散进入颗粒内表面。

③ 吸附质被吸附剂吸附在颗粒的内、外表面上。

扩散过程往往较慢，吸附通常是瞬间完成的，所以吸附速率则由扩散速度控制。若外部扩散速率比内部扩散速率小得多，则吸附速率由外部扩散控制，反之则为内部扩散控制。

2. 吸附速率

当含有吸附质的流体与吸附剂接触时，吸附质将被吸附剂吸附，吸附质在单位时间单位质量吸附剂上被吸附的量称为吸附速率。吸附速率是吸附过程设计与生产操作的重要参数。吸附速率与吸附剂、吸附质及其混合物的物化性质有关，与温度、压力、两相接触状况等操作条件有关。

吸附速率影响因素

对于一定吸附系统，在操作条件一定的情况下，吸附速率的变化过程为：吸附过程开始时，吸附质在流体中浓度高，在吸附剂上的浓度低，传质推动力大，所以吸附速率高。随着过程的进行，流体中吸附质浓度逐渐降低，吸附剂上吸附质含量不断增高，传质推动力随之降低，吸附速率慢慢下降。经过足够长的时间，吸附达到动态平衡，净吸附速率为零。

上述吸附过程为非定态过程，吸附速率与吸附剂的类型、吸附剂上已吸附的吸附质浓度、流体中吸附质的浓度等参数有关。

任务四

吸附装置的操作

一、吸附方法的选择

工业吸附分离操作多包括两个步骤：吸附操作和解吸操作。先是使流体与吸附剂接触，使吸附剂吸附吸附质后，与流体混合物中不被吸附的部分进行分离，这一步为吸附操作；然后对吸附了吸附质的吸附剂进行处理，使吸附质脱附出来并使吸附剂重新获得吸附能力，这一步为吸附剂的脱附与再生操作。有时不用回收吸附质与吸附剂，则这一步骤改为更换新的吸附剂。

在多数工业吸附装置中，都要考虑吸附剂的多次使用问题，因而吸附操作流程中，除吸附设备外，还需具有脱附与再生设备。

按照原料流体中被吸附组分的含量的不同，可将吸附分类为纯化吸附过程和分离吸附过程。尽管在两者之间没有严格的界定，但通常认为当原料液中被吸附组分的质量分数>10%，则为分离吸附过程。工业上应用最广的吸附设备形式和操作方法见表 10-1。

表10-1　吸附分离常用的工业方法

进料相态	吸 附 装 置	吸附剂再生方法	主 要 应 用
液体	搅拌槽	吸附剂不再生	液体纯化
液体	固定床	加热解吸	液体纯化
液体	模拟移动床	置换解吸	液体混合物分离
气体	固定床	变温解吸	气体纯化
气体	流化床 - 移动床组合装置	变温解吸	气体纯化
气体	固定床	惰性介质解吸	气体纯化
气体	固定床	变压解吸	气体混合物分离
气体	固定床	真空解吸	气体混合物分离
气体	固定床	置换解吸	气体混合物分离

二、吸附装置的操作

按照要处理的流体浓度、性质及要求吸附的程度不同，吸附操作有多种形式，如接触过滤式吸附操作、固定床吸附操作、流化床吸附操作和移动床吸附操作等。

1. 固定床吸附装置

工业上应用最多的吸附设备是固定床吸附装置。固定床吸附装置是吸附剂堆积为固定床，流体流过吸附剂，流体中的吸附质被吸附。装吸附剂的容器一般为圆柱形，放置方式有立式和卧式。

如图 10-7 所示为卧式圆柱形固定床吸附装置，容器两端通常为球形封头，容器内部支撑吸附剂的部件有支撑栅条和金属网（也可用多孔板替代栅条），若吸附剂颗粒细小，可在金属网上堆放一层粒度较大的砾石再堆放吸附剂。如图 10-8 所示为圆柱形立式吸附装置，基本结构与卧式相同。

在连续生产过程中，往往要求吸附过程也要连续工作，因吸附剂在工作一段时间后需要再生，为保证生产过程连续性，通常吸附流程中安装两台以上的吸附装置，以便脱附时切换使用。图 10-9 是两个吸附装置切换操作流程的示意，当 A 吸附装置进行吸附时，阀 1、5 打开，阀 2、6 关闭，含吸附质流体由下方进口流入 A 吸附装置，吸附后的流体从顶部出口排出。与此同时，吸附装置 B 处于脱附再生阶段，阀 3、8 打开，阀 4、7 关闭，再生流体由加热器加热至所需温度，从顶部进入 B 吸附装置，再生流体进入吸附装置的流向与被吸附的流体流向相反，再生流体携带吸附质从 B 吸附装置底部排出。

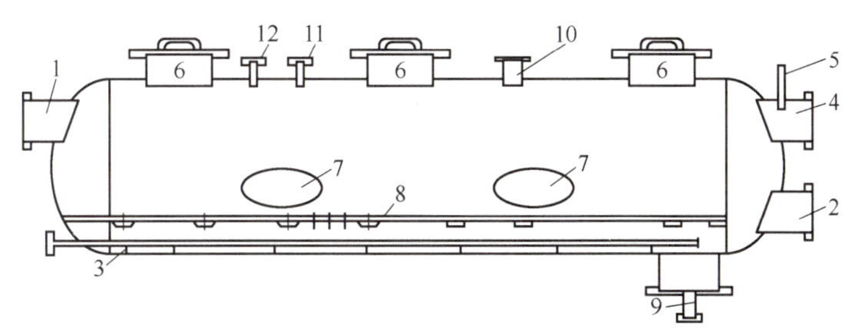

图10-7 卧式圆柱形固定床吸附装置

1—含吸附质流体入口；2—吸附后流体出口；3—解吸用热流体分布管；4—解吸流体排出管；
5—温度计插套；6—装吸附剂操作孔；7—吸附剂排出孔；8—吸附剂支撑网；9—排空口；
10—排气管；11—压力计接管；12—安全阀接管

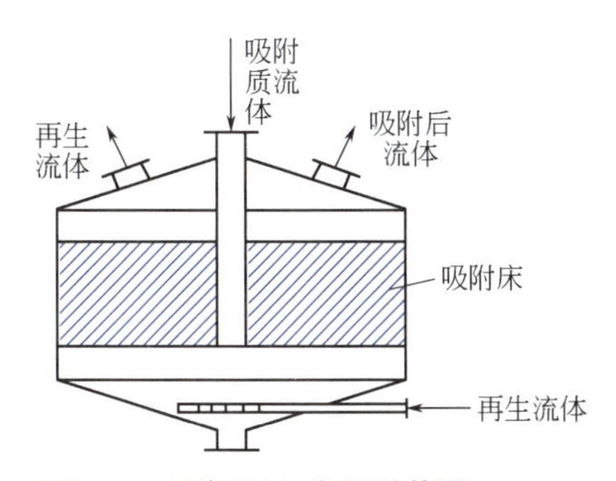

图10-8 圆柱形立式吸附装置

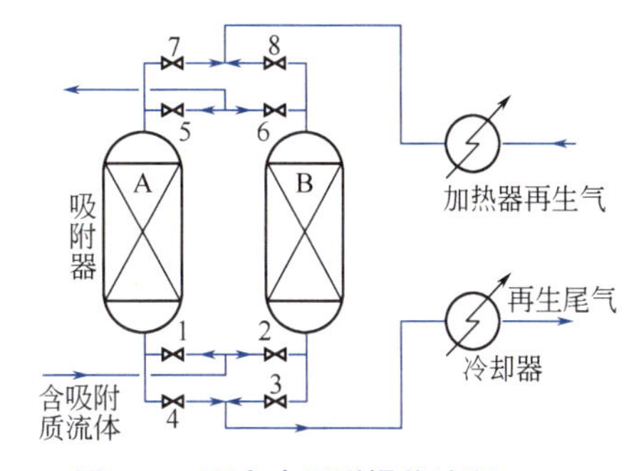

图10-9 固定床吸附操作流程

10.1 固定床吸附操作流程

固定床吸附装置优点是结构简单、造价低；吸附剂磨损小；操作方便灵活；物料的返混小；分离效率高，回收效果好。其缺点是两个吸附器需不断地周期性切换；备用设备处于非生产状态，单位吸附剂生产能力低；传热性能较差，床层传热不均匀；固定床吸附装置广泛用于工业用水的净化、气体中溶剂的回收、气体干燥和溶剂脱水等方面。

2. 移动床吸附操作

移动床吸附操作是指含吸附质的流体在塔内顶部与吸附剂混合，自上而下流动，流体在与吸附剂混合流动过程中完成吸附，达到饱和的吸附剂移动到塔下部，在塔的上部同时补充新鲜的或再生的吸附剂。移动床连续吸附分离的操作又称超吸附。移动床吸附是连续操作，吸附 - 再生过程在同一塔内完成，设备投资费用较少；在移动床吸附设备中，流体或固体可以连续而均匀地移动，稳定地输入和输出，同时使流体与固体两相接触良好，不致发生局部不均匀的现象；移动床操作方式对吸附剂要求较高，除要求吸附剂的吸附性能良好外，还要求吸附剂应具有较高的耐冲击强度和耐磨性。

移动床吸附过程描述

移动床连续吸附分离应用于糖液脱色、润滑油精制等过程中，特别适用于轻烃类气体混合物的提纯，如图 10-10 所示的是从甲烷氢混合气体中提取乙烯的移动床吸附流程。

吸附剂的流动路径是：从吸附装置底部出来的吸附剂由吸附剂气力输送管送往吸附器顶部的料斗，然后加入吸附塔内，吸附剂从吸附塔顶部以一定的速度向下移动，在向下移动过程中，依次经历冷却器、吸附段、第一和第二精馏段、解吸器，由吸附器底部排出的吸附剂已经过再生，可供循环使用。但是，若在活性炭吸附高级烯烃后，由于高级烯烃容易聚合，影响了活性炭的吸附性能，则需将

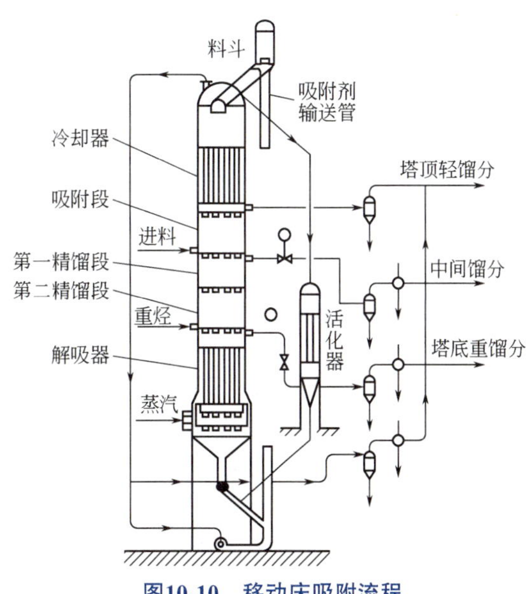

图10-10 移动床吸附流程

其送往活化器中进一步活化（用400～500℃蒸汽）后再继续使用。

烃类混合气体提纯分离过程是：气体原料导入吸附段中，与吸附剂（活性炭）逆流接触，吸附剂选择性吸附乙烯和其他重组分，未被吸附的甲烷气和氢气从塔顶排出口引到下一工段，已吸附乙烯和其他重组分的吸附剂继续向下移动，经分配器进入第一、二精馏段，在此段内与重烃气体逆流接触，由于吸附剂对重烃的吸附能力比乙烯等组分强，已被吸附的乙烯组分被重烃组分从吸附剂中置换出来，再次成为气相，由出口进入下一工段。混合的烃类组分在吸附塔中经反复吸附和置换脱附而被提纯分离，吸附剂中的重组分含量沿吸附塔高从上至下不断增大，最后经脱附分离，回流使用。

3. 模拟移动床的吸附操作

模拟移动床的操作特点是吸附塔内吸附质流体自下而上流动，吸附剂固体自上而下逆流流动；在各段塔节的进（或出）口未全部切断时间内，各段塔节如同固定床，但整个吸附塔在进（或出）口不断切换时，却是连续操作的“移动”床。模拟移动床兼顾固定床和移动床的优点，并保持吸附塔在等温下操作，便于自动控制。

（1）吸附原理　如图10-11（a）所示，模拟移动床由许多小段塔节组成。每一塔节均有进、出物料口，采用特制的多通道（如24通道）的旋转阀控制物料进和出。操作时，微机自动控制，定期（启闭）切换吸附塔的进、出料液和解吸剂的阀门，使各层料液进、出口依次连续变动与4个主管道相连，其中$A+B$为进料管、$A+D$为抽出液管、$B+D$为抽余液管、D为解吸剂管。

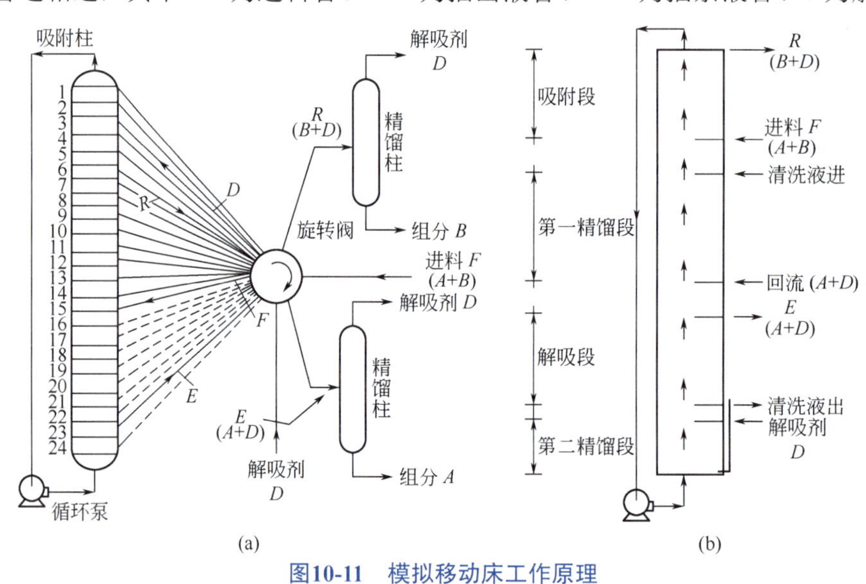

图10-11　模拟移动床工作原理

（2）模拟移动床的组成　如图10-11（b）所示，模拟移动床一般由4段组成：吸附段、第一精馏段、解吸段和第二精馏段。

① 吸附段。在吸附段内进行的是A组分的吸附。混合液从吸附塔的下部向上流动，与吸附剂（已吸附解吸剂D）逆流接触，A组分与解吸剂D进行置换吸附（少量B组分也进行吸附置换），吸附段出口溶液的主要组分为B和D。将吸附段出口溶液送至精馏柱中进一步分离，得到B组分和解吸剂D。

② 第一精馏段。在第一精馏段内完成A组分的精制和B组分的解吸。此段顶部下降的吸附剂再与新鲜物料液接触，再次进行置换吸附。在该段底部，已吸附大量A和少量B的吸附剂与解吸段上部回流的$A+D$流体逆流接触，由于吸附剂对A组分的吸附能力比对B组分强，故吸附剂上少量B组分被$A+D$流体中浓度高的A组分全部置换，吸附剂上的A组分再次被提纯。

③ 解吸段。在解吸段内将吸附剂上A组分脱附，使吸附剂再生。在该段内，已吸附大量纯净A组分的吸附剂与塔底通入的新鲜热解吸剂D逆流接触，A被解吸。获得的$A+D$流体少部分上升至第一精馏段提纯A组分，大部分由该段出口送至精馏柱分离，得到产品A及解吸剂D。

流化床移动床联合吸附应用

④ 第二精馏段。回收部分解吸剂 D。为减少解吸剂的用量，将吸附段得到的 B 组分从第二精馏段底部输入，与解吸段流入的只含解吸剂 D 的吸附剂逆流接触，B 组分和 D 组分在吸附剂上部分置换，被解吸出的 D 组分与新鲜解吸剂 D 一起进入吸附段形成连续循环操作。

总之，模拟移动床最早应用于混合二甲苯的分离，后来又用于从煤油馏分中分离正烷烃以及从 C_8 芳烃中分离乙基苯等，解决了用精馏或萃取等方法难分离的混合物。

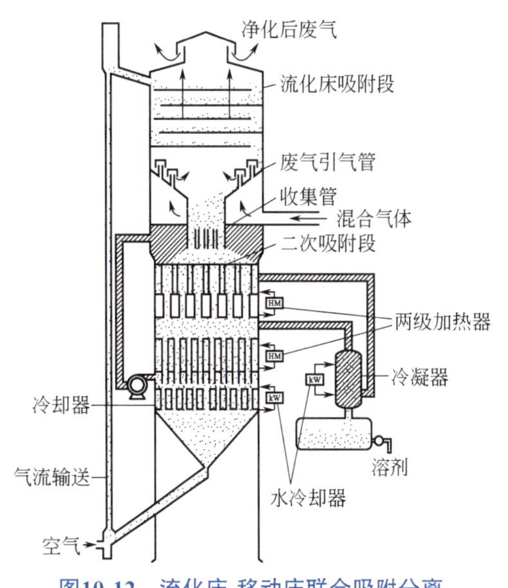

图10-12 流化床-移动床联合吸附分离

4. 流化床－移动床联合吸附操作

流化床吸附操作是含吸附质的流体在塔内自下而上流动，吸附剂颗粒由顶部向下移动，流体的流速控制在一定的范围内，使系统处于流态化状态的吸附操作。这种吸附操作方式优点是生产能力大、吸附效果好。缺点是吸附剂颗粒磨损严重，吸附 - 再生间歇操作，操作范围窄。

流化床 - 移动床联合吸附操作是利用流化床的优点，克服其缺点。如图 10-12 所示，流化床 - 移动床将吸附、再生集于同一塔中，塔的上部为多层流化床，在此处，原料与流态化的吸附剂充分接触，吸附后的吸附剂进入塔中部带有加热装置的移动床层，升温后进入塔下部的再生段。在再生段中，吸附剂与通入的惰性气体逆流接触得以再生。再生后的吸附剂流入设备底部，利用气流将其输送至塔上部循环吸附。再生后的流体可通过冷却分离，回收吸附质。

该操作具有连续性好、吸附效果好的特点。因吸附在流化床中进行。再生前需加热，所以此操作存在吸附剂磨损严重、吸附剂易老化变性的问题。流化床 - 移动床联合吸附常用于混合气中溶剂的回收、脱除 CO_2 和水蒸气等场合。

5. 接触过滤式吸附

接触过滤式吸附是把含吸附质的液体和吸附剂一起加入带有搅拌装置的吸附槽中，通过搅拌，使吸附剂与液体中的吸附质充分接触而被吸附到吸附剂上，经过一段时间后，吸附剂达到饱和，将含有吸附剂颗粒的液体输送到过滤机中，吸附剂从液体中分离出来，吸附剂中包含吸附质，这时液体中吸附质含量大大减少，从而达到分离提纯目的。用适当的方法使吸附剂上的吸附质解吸并回收利用，吸附剂可循环使用。

接触过滤式吸附有两种操作方式：一种是使吸附剂与原料溶液只进行一次接触，称为单程吸附；另一种是多段并流或多段逆流吸附，多段吸附主要用于处理吸附质浓度较高的情况。因接触式吸附操作用搅拌方式使溶液呈湍流状态，致使颗粒外表面的液膜层变薄，减小了液膜阻力，增大了吸附扩散速率，故该操作适用于液膜扩散控制的传质过程。接触过滤吸附操作所用设备主要有釜式或槽式，设备结构简单，操作容易，广泛用于活性炭脱色、活性炭对废水进行深度处理等方面。

三、吸附过程的强化与展望

虽然人们很早就对吸附现象进行了研究，但将其广泛应用于工业生产还是近几十年的事，随着吸附机理的深入研究，吸附已成为化工生产中必不可少的单元操作，目前，吸附操作在环境工程等领域正发挥着越来越大的作用，因此强化吸附过程将成为各个领域十分关心的问题。吸附速率与吸附剂的性能密切相关，吸附操作是否经济、大型并连续化等又与吸附工艺有关，所以强化吸附过程可从开发新型吸附剂、改进吸附剂性能和开发新的吸附工艺等方面入手。

吸附效果的好坏及吸附过程规模化与吸附剂性能的关系非常密切，尽管吸附剂的种类繁多，但实用的吸附剂却有限，通过改性或接枝的方法可得到各种性能不同的吸附剂，以推动吸附技术的发展。工业上希望开发出吸附容量大、选择性强、再生容易的吸附剂，目前大多数吸附剂吸附容量小，这就限制了吸附设备的处理能力，使得吸附设备庞大或吸附过程中频繁进行吸附和再生操作。近期开发的新型吸附剂很多，下面作简单的介绍。

1. 活性炭纤维

活性炭纤维是一种新型的吸附材料，它具有很大的比表面积，丰富的微孔，其孔径小且分布均匀，微孔直接暴露在纤维的表面。同时活性炭纤维有含氧官能团，对有机物蒸气具有很大的吸附容量，且吸附速率和解吸速率比其他吸附剂大得多。用活性炭纤维吸附有机废气已引起世界各国的重视，此技术已在美国、东欧等地迅速推广，北京化工大学开发的活性炭纤维也已成功地应用于二氯乙烯的吸附回收。我国近期又开发出活性炭纤维布袋除尘器，在处理有毒气体方面取得了进展。

2. 生物吸附剂

生物吸附剂是一种特殊的吸附剂，吸附过程中，微生物细胞起着主要作用，生物吸附剂的制备是将微生物通过一定的方式固定在载体上。研究发现，细菌、真菌、藻类等微生物能够吸附重金属，国外已有用微生物制成生物吸附剂处理水中重金属的专利。如利用死的芽孢杆菌制成球状生物吸附剂吸附水中的重金属离子。近几年，我国在此方面也有很多研究，如用大型海藻作为吸附剂，对废水中的 Pb^{2+}、Cu^{2+}、Cd^{2+} 等重金属离子进行吸附，吸附容量大，吸附速率快，解吸速率也快，可见海藻作为生物吸附剂适用于重金属离子的处理。

3. 其他新型吸附剂

有对价廉易得的农副产品进行处理得到的新型吸附剂，如用一定的引发剂对交联淀粉进行接枝共聚。有研制性能各异的吸附剂，如用棉花为原料，经碱化、老化和磺化等措施制得球形纤维素，再以铈盐为引发剂，将丙烯氰接枝到球形纤维素上，获得羧基纤维素吸附剂，此吸附剂用来吸附沥青烟气效果非常好。

由此可知，吸附剂的研究方向：一是开发性能良好、选择性强的优质吸附剂；二是研制价格低，充分利用废物制作的吸附剂。另外提高吸附和解吸速率的研究也不断深入，以满足各种需求。

复习思考题

一、选择题

1. 变压吸附过程可概括为（　　）。

A. 高压吸附　　B. 低压解吸　　C. 低压解吸→再次吸附

2. 活性炭是（　　）。

A. 非极性吸附剂　　B. 极性吸附剂　　C. 中性吸附剂

3. 对于分子筛的用途不正确的是（　　）。

A. 筛分分子　　B. 干燥气体和液体　　C. 分离芳烃或烷烃

4. 硅胶吸附剂是（　　）。

A. 非极性吸附剂　　B. 极性吸附剂　　C. 中性吸附剂

5. 常用氦、氖及有机溶剂置换法来测定的密度是（　　）。

A. 填充密度　　B. 表观密度　　C. 真实密度

二、填空题

1.吸附是____________________________的分离过程。

2.根据吸附质和吸附剂之间吸附力的不同，可将吸附操作分为________和________两大类。

3.变温吸附过程包括________、________、________和________四个过程。

4.根据操作压力的变化情况，变压吸附循环可分为________、________、________三种情况。

5.目前工业上常用的吸附剂主要有____________________________。

6.吸附剂的性能包括________、________、________和________。

7.吸附质被吸附剂吸附的过程可分为三步：________、________、________。

8.吸附分离过程包括________和________。

9.吸附操作主要包括________、________、________和________四种形式。

10.吸附剂的比表面积是指________，单位为m^2/g，通常采用________吸附法测定。

三、简答题

1.固体表面吸附力有哪些？常用的吸附剂有哪些？

2.依据吸附结合力来说明为什么不同的吸附剂要用不同的解吸方法再生？

3.固定床吸附装置有什么特点？它能用于水的深度处理吗？

4.说明移动床的特点及吸附分离提纯的工作原理？

5.用于环境保护的新型吸附剂有哪些？生物吸附剂可吸附哪些物质？

项目十一

膜分离技术

膜分离是以选择性透过膜为分离介质，在膜两侧一定推动力的作用下使原料中的某组分选择性地透过膜，从而使混合物得以分离，以达到提纯、浓缩等目的的分离过程。本项目围绕化工企业对膜分离岗位操作人员的具体要求，设计了六个工作任务，通过学习训练使学生达到本岗位的教学目标，以满足膜分离岗位对操作人员的基本要求。

思政目标

1. 增强改革创新的意识，锤炼改革创新的意志，提高改革创新的能力本领。
2. 树立正确的择业观、创业观，具有敢于创业、善于创业的勇气和能力。

学习目标

技能目标

1.会分析判断和处理膜分离过程中出现的问题。

2.能利用膜分离技术的基本知识分析解决实际生产问题。

知识目标

1.熟练掌握反渗透、超滤、电渗析、气体膜分离的基本原理、流程及其影响因素。

2.了解膜分离技术的特点和各种类型膜器结构及其优、缺点。

3.了解膜分离技术在工业生产中的典型应用和发展趋势。

生产案例

以超纯水的生产工艺为例介绍膜分离技术的应用，如图 11-1 所示。原水依次经砂滤器、炭滤器、软化过滤器、精密过滤器、二级反渗透、EDI 装置，得到超纯水。因此，膜分离技术在纯净水生产、海水淡化、制药和生物工程等工业的应用，高质量地解决了分离、浓缩和纯化的问题，为循环经济、清洁生产提供了技术依托。

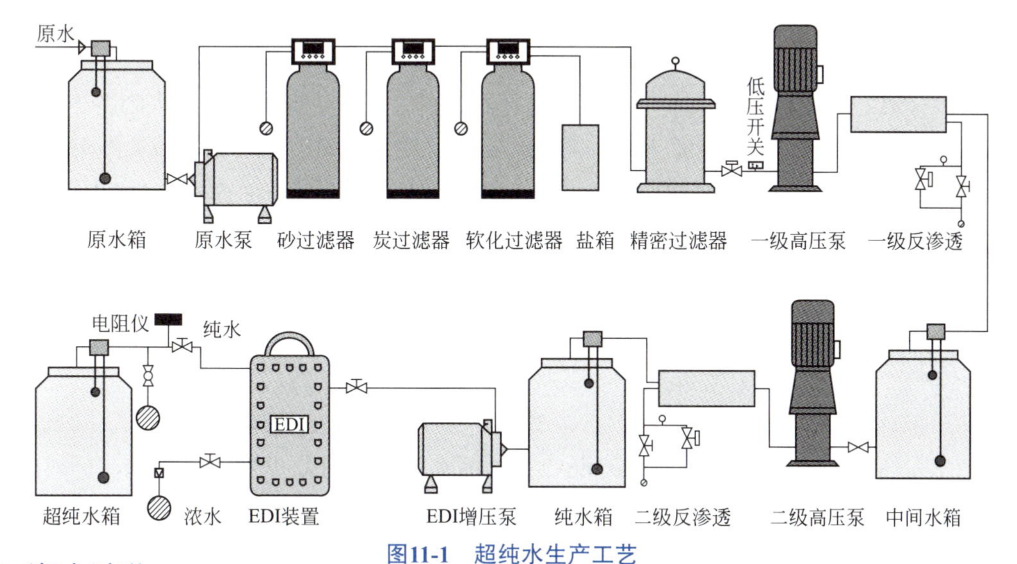

图11-1　超纯水生产工艺

1. 海水淡化

以日本某海水淡化系统为例，介绍膜分离技术。海水淡化主要是除去海水中所含的无机盐。常用的淡化技术有蒸发法和膜法（反渗透、电渗析）两大类。与蒸发法相比，膜法淡化技术具有投资费用少、能耗低、占地面积少、建造周期短、易于自动控制、运行简单等优点，已成为海水淡化的主要方法。早期的海水淡化采用二级反渗透系统，如日本某海水淡化系统产水量为每天800t，一级反渗透采用中空纤维聚酰胺膜，二级反渗透采用卷式膜，其工艺流程如图11-2所示。

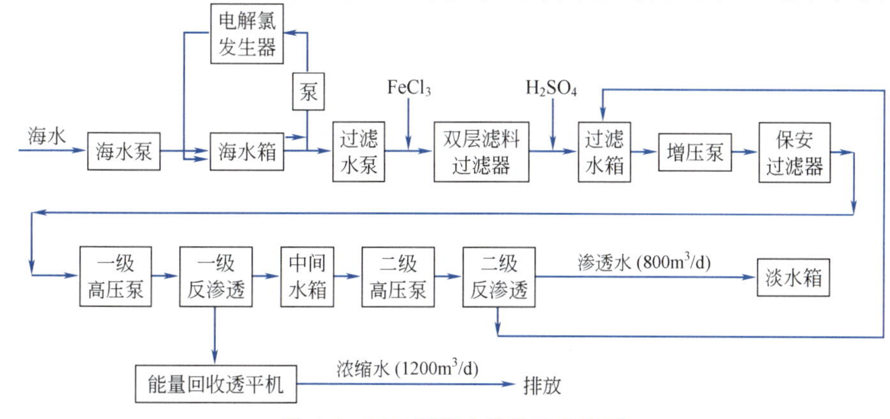

图11-2　日本某海水淡化工艺流程

随着反渗透技术水平的提高，近期海水淡化多采用一级淡化，即利用高脱盐率（>99%）的反渗透膜直接把含盐量35000mg/L的海水一次脱盐，制得含盐<500mg/L的可饮用淡水。例如，美国建在加利福尼亚州硅谷的海水淡化装置，产水量为每天1550t，采用芳香族聚酰胺复合膜一级反渗透，将含盐为34000mg/L海水脱盐制得含盐<500mg/L的饮用水。

分子级过滤技术是近40年来发展最迅速、应用最广泛的一种高新技术。膜作为分子级分离过滤的介质，当溶液或混合气体与膜接触时，在压力差、温度差或电场作用下，某些物质可以透过膜，而某些物质则被选择性地拦截，从而使溶液中不同组分或混合气体的不同组分被分离，这种分离是分子级的过滤分离。由于过滤介质是膜，故这种分离技术被称为膜分离技术。

2. 苦咸水淡化

苦咸水含盐量一般比海水低很多，通常是指含盐量在1500～5000mg/L的天然水、地表水和自流井水。在世界许多干燥贫瘠、水源匮乏的地区，苦咸水通常是可利用水的主要部分。反渗透膜法处理苦咸水发展迅速，已用于向居民区提供饮用水。在美国艾奥瓦州的Greenfield以及佛罗里达州的Rotonda West，反渗透膜法苦咸水淡化已经得到了应用，成本也较低。因此，研究、开发苦咸水淡化用膜及其组件，特别是低压、高通量膜的开发是反渗透的研究方向之一。

3. 超纯水生产

反渗透膜分离技术已被普遍用于电子工业纯水及医药工业无菌纯水等超纯水制备。采用反渗透膜装置可有效地去除水中的小分子有机物、可溶性盐类，可有效地控制水的硬度。半导体电子工业所用的高纯水，以往主要是采用化学凝集、过滤、离子交换等方法制备。这些方法的最大缺点是流程复杂、再生离子交换树脂的酸碱用量大、成本高。随着电子工业的发展，对生产中所用纯水水质提出了更高的要求。由膜技术与离子交换法组合过程所生产的纯水中杂质的含量已接近理论纯水值。

目前，美国电子工业已有90%以上采用了反渗透和离子交换相结合的装置。据报道，在原水进入离子交换系统以前，先通过反渗透装置进行预处理，可节约成本20%～50%。

4. 工业污水的处理

工业污水是水、化学药品以及能量的混合物，污水的各个组分可视作污染物，同时也可视作资源，其所含组分常常具有可利用价值，因此工业污水的处理在考虑降低排污量的同时，还要考虑资源的重复利用。在工业污水的处理过程中，不但可以回收有价值的物料，如镍、铬及氰化物，而且同时也解决了污水排放的问题。

任务一

膜分离过程分析

一、膜分离过程及特点

1. 膜分离过程

膜分离过程示意如图11-3所示。膜分离技术的核心是分离膜，其种类很多，主要包括反渗透膜（0.0001～0.005μm）、纳滤膜（0.001～0.005μm）、超滤膜（0.001～0.1μm）、微滤膜（0.1～1μm）、电渗析膜、渗透汽化膜、液体膜、气体分离膜、电极膜等。它们对应不同的分离机理，不同的分离设备，有不同的应用对象。

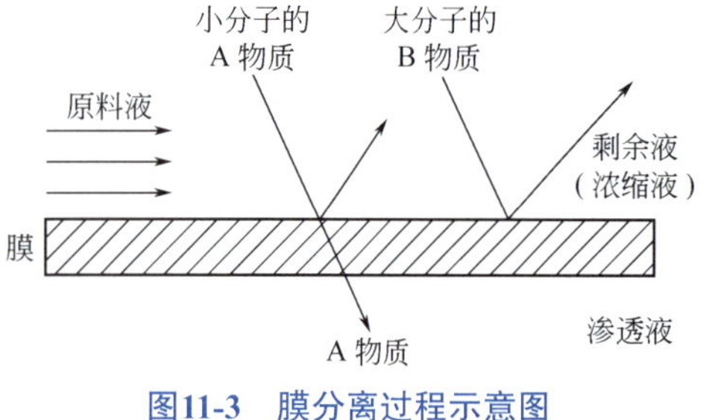

图11-3　膜分离过程示意图

膜的种类有哪些?

这里主要介绍微滤、超滤、反渗透、电渗析等几种常见的膜分离过程，见表11-1。

表11-1　膜分离过程

过程	示意图	膜类型	推动力	传递机理	透过物	截留物
微滤 MF	原料液；滤液	多孔膜	压力差（＜0.1MPa）	筛分	水、溶剂、溶解物	悬浮物液中各种微粒
超滤 UF	原料液；浓缩液；滤液	非对称膜	压力差（0.1～1MPa）	筛分	溶剂、离子、小分子	胶体及各类大分子
反渗透 RO	原料液；浓缩液；溶剂	非对称膜 复合膜	压力差（2～10MPa）	溶剂的溶解-扩散	水、溶剂	悬浮物、溶解物、胶体
电渗析 ED	浓电解液；溶剂；阳极；阴极；阴膜；阳膜；原料液	离子交换膜	电位差	离子在电场中的传递	离子和电解质	非电解质和大分子物质

续表

过程	示意图	膜类型	推动力	传递机理	透过物	截留物
气体分离 GS	混合气→（膜）→渗余气、渗透气	均质膜 复合膜 非对称膜	压力差 （1～15MPa）	气体的溶解 - 扩散	易渗透气体	难渗透气体或蒸气
渗透汽化 PVAP	原料液→（膜）→溶质或溶剂、渗透蒸气	均质膜 复合膜 非对称膜	浓度差 分压差	溶解 - 扩散	易溶解或易挥发组分	不易溶解或难挥发组分
膜蒸馏 MD	原料液→（膜）→浓缩液、渗透液	微孔膜	由于温度差而产生的蒸气压差	通过膜的扩散	高蒸气压的挥发组分	非挥发的小分子和溶剂

2. 膜分离过程的特点

膜分离过程与传统的化工分离方法，如过滤、蒸发、蒸馏、萃取、深冷分离等过程相比较，具有如下特点。

膜分离特点有哪些?

（1）膜分离过程的能耗比较低　大多数膜分离过程都不发生相态变化，避免了潜热很大的相变化，因此膜分离过程的能耗比较低。另外，膜分离过程通常在接近室温下进行，被分离物料加热或冷却的能耗很小。

（2）适合热敏性物质分离　膜分离过程通常在常温下进行，因而特别适合于热敏性物质和生物制品（如果汁、蛋白质、酶、药品等）的分离、分级、浓缩和富集。例如在抗生素生产中，采用膜分离过程脱水浓缩，可以避免减压蒸馏时因局部过热，而使抗生素受热破坏产生有毒物质。在食品工业中，采用膜分离过程替代传统的蒸馏除水，可以使很多产品在加工后仍保持原有的营养和风味。

（3）分离装置简单、操作方便　膜分离过程的主要推动力一般为压力，因此分离装置简单，占地面积小，操作方便，有利于连续化生产和自动化控制。

（4）分离系数大、应用范围广　膜分离不仅可以应用于从病毒、细菌到微粒的有机物和无机物的广泛分离范围，而且还适用于许多特殊溶液体系的分离，如溶液中大分子与无机盐的分离，共沸点物系或近沸点物系的分离等。

（5）工艺适应性强　膜分离的处理规模根据用户要求可大可小，工艺适应性强。

（6）便于回收　在膜分离过程中，分离与浓缩同时进行，便于回收有价值的物质。

（7）没有二次污染　膜分离过程中不需要从外界加入其他物质。既节省了原材料，又避免了二次污染。

二、膜及膜组件

分离膜是膜过程的核心部件，其性能直接影响着分离效果、操作能耗以及设备的大小。分离膜的性能常用透过速率、截留率、截留分子量等参数表示。

1. 膜性能

（1）透过速率　能够使被分离的混合物有选择的透过是分离膜的最基本条件。表征膜透过性能的参数是透过速率，是指单位时间、单位膜面积透过组分的通过量，以J表示。常用单位为kmol/（m^2·s）。

膜的透过速率与膜材料的化学特性和分离膜的形态结构有关，且随操作推动力的增加而增大。此参数直接决定分离设备的大小。

（2）截留率　对于反渗透过程，通常用截留率表示其分离性能。截留率反映膜对溶质的截留程度，对盐溶液又称为脱盐率，以R表示，定义为

$$R=\frac{c_F-c_P}{c_F}\times 100\% \qquad (11\text{-}1)$$

式中　c_F——原料中溶质的浓度，kg/m^3；

c_P——渗透物中溶质的浓度，kg/m^3。

100%截留率表示溶质全部被膜截留，此为理想的半渗透膜；0截留率则表示全部溶质透过膜，无分离作用。通常截留率在0～100%之间。

（3）截留分子量　在超滤和纳滤中，通常用截留分子量表示其分离性能。截留分子量是指截留率为90%时所对应的分子量。截留分子量的高低，在一定程度上反映了膜孔径的大小，通常可用一系列不同分子量的标准物质进行测定。

膜的分离性能主要取决于膜材料的化学特性和分离膜的形态结构，同时也与膜分离过程的一些操作条件有关。该性能对分离效果、操作能耗都有决定性的影响。

2. 膜的分类

膜分离技术的核心是分离膜，目前使用的固体分离膜大多数是高分子聚合物膜，近年来又开发了无机材料分离膜。高聚物膜通常是用纤维素类、聚砜类、聚酰胺类、聚酯类、含氟高聚物等材料制成。无机分离膜包括陶瓷膜、玻璃膜、金属膜和分子筛炭膜等。

膜的种类与功能较多，分类方法也较多，但普遍采用的是按膜的形态结构分类，将分离膜分为对称膜和非对称膜两类。

（1）对称膜　对称膜又称为均质膜，是一种内部结构均匀的薄膜，膜两侧截面的结构及形态完全相同，分致密的无孔膜和对称的多孔膜两种，如图11-4（a）所示。一般对称膜的厚度在10～200μm之间，传质阻力由膜的总厚度决定，降低膜的厚度可以提高透过速率。

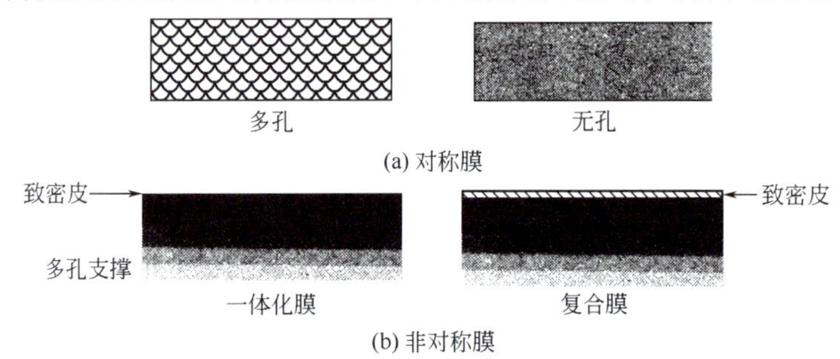

图11-4　不同类型膜横断面示意

（2）非对称膜　非对称膜的横断面具有不对称结构，如图11-4（b）所示。一体化非对称膜是用同种材料制备，由厚度为0.1～0.5μm的致密皮层和50～150μm的多孔支撑层构成，其支撑层结构具有一定的强度，在较高的压力下也不会引起很大的形变。此外，也可在多孔支撑层上覆盖一层不同材料的致密皮层构成复合膜。显然，复合膜也是一种非对称膜。非对称膜的分离主要或完全由很薄的皮层决定，传质阻力小，其透过速率较对称膜高得多，因此非对称膜在工业上应用十分广泛。

3. 膜组件

将一定面积的膜以某种形式组装在一起的器件，称为膜组件，在其中实现混合物的分离。

（1）板框式膜组件　板框式膜组件采用平板膜，其结构与板框过滤机类似，如图11-5所示为板框式膜组件进行海水淡化的装置。在多孔支撑板两侧覆以平板膜，采用密封环和两个端板密封、压紧。海水从上部进入组件后，沿膜表面逐层流动，其中纯水透过膜到达膜的另一侧，经支撑板上的小孔汇集在边缘的导流管后排出，而未透过的浓缩咸水从下部排出。

膜组件形式

（2）螺旋卷式膜组件　螺旋卷式膜组件也是采用平板膜，其结构与螺旋板式换热器类似，如图11-6所示。它是由中间为多孔支撑板、两侧是膜的“膜袋”装配而成，膜袋的三个边粘封，另一边与一根多孔中心管连接。组装时在膜袋上铺一层网状材料（隔网），绕中心管卷成柱状再放入压力容器内。原料进入组件后，在隔网中的流道沿平行于中心管方向流动，而透过物进入膜袋后旋转着沿螺旋方向流动，最后汇集在中心收集管中再排出。螺旋卷式膜组件结构紧凑，装填密度可达830～1660m^2/m^3。缺点是制作工艺复杂，膜清洗困难。

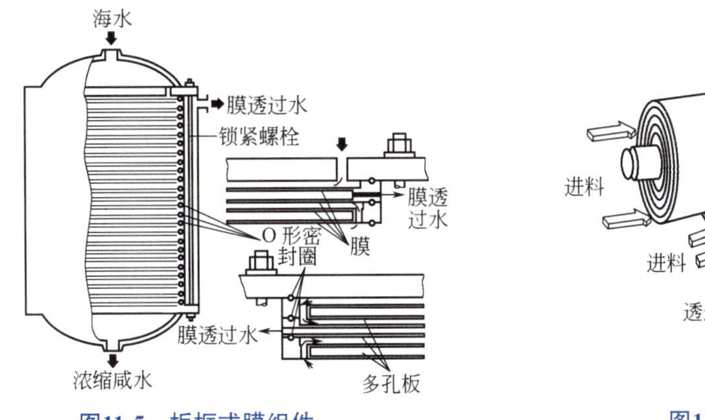

图11-5　板框式膜组件

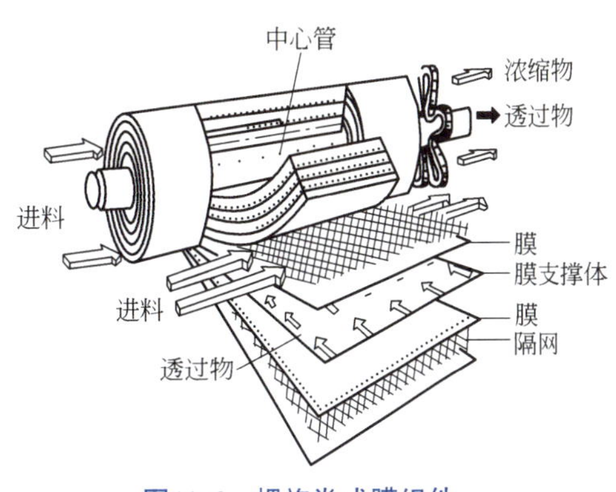

图11-6　螺旋卷式膜组件

11.1 螺旋卷式膜组件

（3）管式膜组件　管式膜组件是把膜和支撑体均制成管状，使两者组合，或者将膜直接刮制在支撑管的内侧或外侧，将数根膜管（直径10～20mm）组装在一起就构成了管式膜组件，与列管式换热器相类似。若膜刮在支撑管内侧，则为内压型，原料在管内流动，如图11-7所示；若膜刮在支撑管外侧，则为外压型，原料在管外流动。管式膜组件的结构简单，安装、操作方便，流动状态好，但装填密度较小，为33～330m^2/m^3。

（4）中空纤维膜　中空纤维膜是将膜材料制成外径为80～400μm、内径为40～100μm的空心管。将大量的中空纤维一端封死，另一端用环氧树脂浇注成管板，装在圆筒形压力容器中，就构成了中空纤维膜组件，也形如列管式换热器，如图11-8所示。大多数膜组件采用外压式，即高压原料在中空纤维膜外侧流过，透过物则进入中空纤维膜内侧。中空纤维膜组件装填密度极大（10000～30000m^2/m^3），且不需外加支撑材料；但膜易堵塞，清洗不容易。

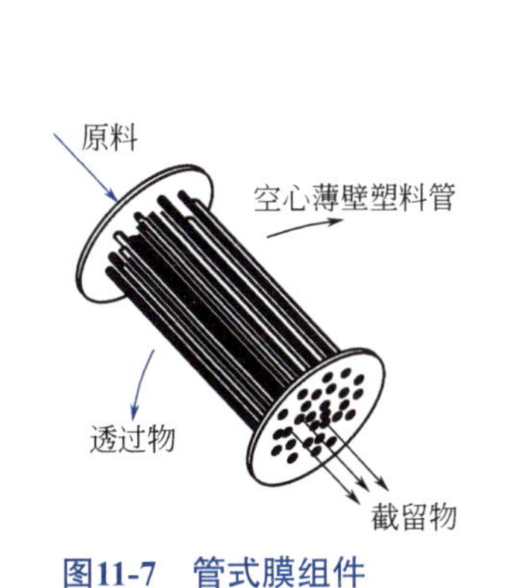

图11-7　管式膜组件

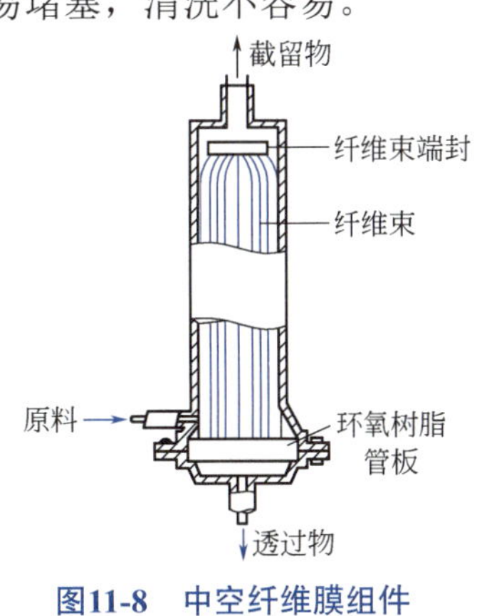

图11-8　中空纤维膜组件

任务二

反渗透过程分析

反渗透技术是当今最先进和最节能有效的分离技术。利用反渗透膜的分离特性，可以有效地去除水中的溶解盐、胶体、有机物、细菌、微生物等杂质。具有能耗低、无污染、工艺先进、操作维护简便等优点。其应用领域已从早期的海水脱盐和苦咸水淡化发展到化工、食品、制药、造纸等各个工业部门。

一、反渗透原理

如图 11-9 所示，能够让溶液中一种或几种组分通过而其他组分不能通过的选择性膜称为半透膜。当把溶剂和溶液（或两种不同浓度的溶液）分别置于半透膜的两侧时，纯溶剂将透过膜而自发地向溶液（或从低浓度溶液向高浓度溶液）一侧流动，这种现象称为渗透。当溶液的液位升高到所产生的压差恰好抵消溶剂向溶液方向流动的趋势，渗透过程达到平衡，此压力差称为该溶液的渗透压，以 $\Delta\pi$ 表示。若在溶液侧施加一个大于渗透压的压差 Δp 时，则溶剂将从溶液侧向溶剂侧反向流动，此过程称为反渗透，由此可利用反渗透过程从溶液中获得纯溶剂。

利用反渗透膜的半透性，即只透过水，不透过盐的原理，利用外加高压克服水中淡水透过膜后浓缩成盐水的渗透压，将水“挤过”膜。反渗透系统是利用高压作用通过反渗透膜分离出水中的无机盐，同时去除有机污染物和细菌，截留水污染物，从而制备纯溶剂的分离系统。

11.2 渗透与反渗透过程

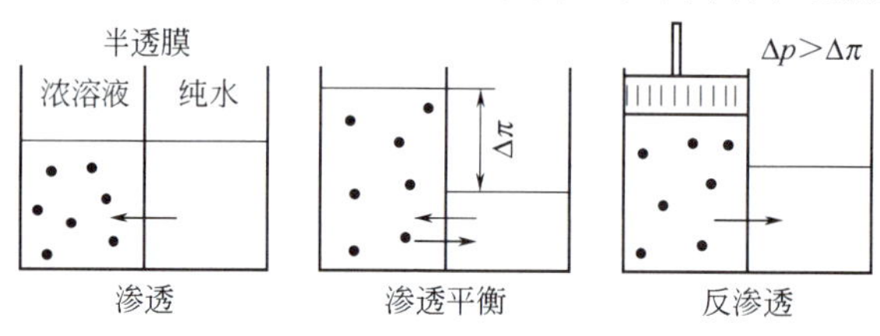

图11-9　渗透与反渗透示意图

反渗透过程必须满足两个条件：一是选择性高的透过膜；二是操作液压力必须高于溶液的渗透压。在实际反渗透过程中，膜两边的静压差还必须克服透过膜的阻力。

二、反渗透工艺流程

在整个反渗透处理系统中，除了反渗透器和高压泵等主体设备外，为了保证膜性能稳定，防止膜表面结垢和水流道堵塞，除设置合适的预处理装置外，还需配置必要的附加设备如 pH 调节、消毒和微孔过滤等，并选择合适的工艺流程。反渗透膜分离工艺设计中常见的流程有如下几种。

1. 一级一段法

（1）一级一段连续式工艺　如图11-10所示，当料液进入膜组件后，浓缩液和透过液被连续引出，这种方式透过液的回收率不高，工业应用较少。

（2）一级一段循环式工艺　如图11-11所示，它是将浓溶液一部分返回料液槽，这样浓溶液的浓度不断提高，因此透过液量大，但质量下降。

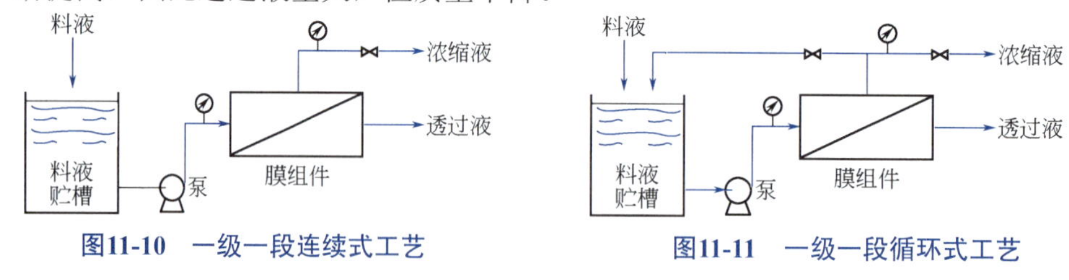

图11-10　一级一段连续式工艺　　图11-11　一级一段循环式工艺

2. 一级多段法

当用反渗透作为浓缩过程时，一次浓缩达不到要求时，可以采用如图 11-12 所示这种多段法，这种方式浓缩液体积可逐渐减少而浓度不断提高，透过液量相应加大。在反渗透应用过程中，最简单的是一级多段连续式流程。

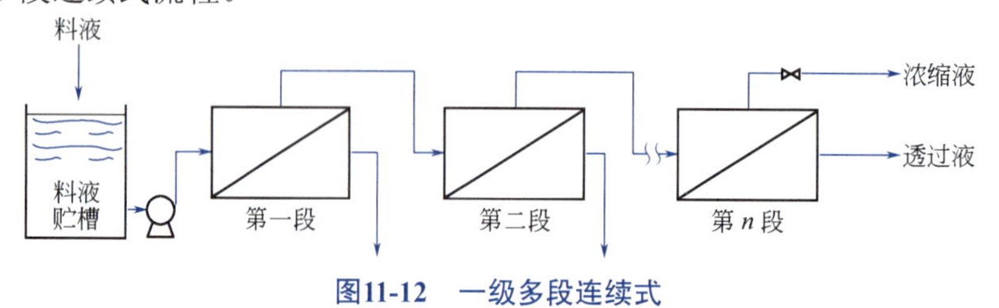

图11-12　一级多段连续式

3. 两级一段法

当海水除盐率要求把 NaCl 从 35000mg/L 降至 500mg/L 时，则要求除盐率高达 98.6%，如一级达不到时，可分为两步进行。即第一步先除去 NaCl 90%，而第二步再从第一步出水中去除 NaCl 89%，即可达到要求。如果膜的除盐率低，而水的渗透性又高时，采用两步法比较经济，同时在低压低浓度下运行，可提高膜的使用寿命。

4. 多级多段式

在此流程中，将第一级浓缩液作为第二级的供料液，而第二级浓缩液再作为下一级的供料液，此时由于各级透过水都向体外直接排出，所以随着级数增加水的回收率上升，浓缩液体积减小，浓度上升。为了保证液体的一定流速，同时控制浓差极化，膜组件数目应逐渐减少。

总之，在选择流程时，对装置的整体寿命、设备费、维护管理、技术可靠性等因素综合考虑。例如，需将高压一级流程改为两级时，就有可能在低压下运行，因而对膜、装置、密封、水泵等方面均有益处。

三、影响反渗透过程的因素

由于膜的选择透过性因素，在反渗透过程中，溶剂从高压侧透过膜到低压侧，大部分溶质被截留，溶质在膜表面附近积累，在膜表面和溶液主体之间形成具有浓度梯度的边界层，引起溶质从膜表面通过边界层向溶液主体扩散，这种现象称为浓差极化。浓差极化可对反渗透过程产生下列不良影响。

① 由于浓差极化，膜表面处溶质浓度升高，使溶液的渗透压升高，当操作压差一定时，反渗透过程的有效推动力下降，导致溶剂的渗透通量下降。

② 由于浓差极化，膜表面处溶质的浓度升高，使溶质通过膜孔的传质推动力增大，溶质的渗透通量升高，截留率降低，这说明浓差极化现象的存在对溶剂渗透通量的增加提出了限制。

③ 膜表面处溶质的浓度高于溶解度时，在膜表面上将形成沉淀，会堵塞膜孔并减少溶剂的渗透通量。

④ 由于浓差极化，会导致膜分离性能的改变。

⑤ 出现膜污染，膜污染严重时几乎等于在膜表面又形成一层二次薄膜，会导致反渗透膜透过性能的大幅度下降，甚至完全消失。

减轻浓差极化的有效途径是提高传质系数，可采取提高料液流速、增强料液湍动程度、提高操作温度、对膜面进行定期清洗和选用性能好的膜材料等措施。

任务三
电渗析过程分析

一、电渗析分离原理及特点

1. 基本原理

电渗析分离原理

电渗析是在直流电场作用下，以电位差为推动力，利用离子交换膜的选择透过性使溶液中的离子做定向移动以达到脱出或富集电解质的膜分离操作，主要用于溶液中电解质的分离。如图 11-13 所示，离子交换膜是电渗析的关键部件，有阳离子交换膜和阴离子交换膜两种类型。阳离子交换膜只允许阳离子通过，阻挡阴离子通过；阴离子交换膜只允许阴离子通过，阻挡阳离子通过。

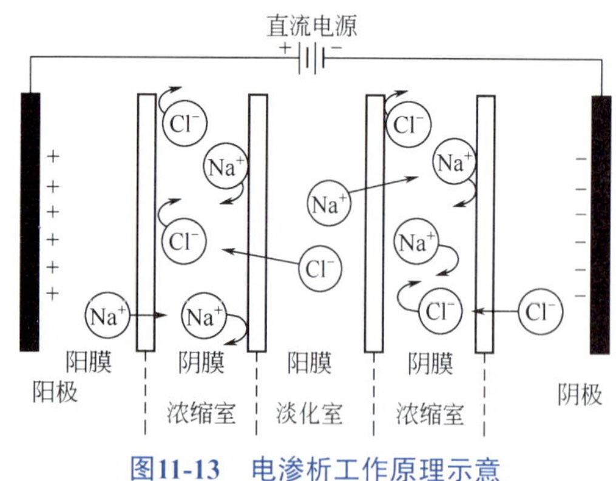

图11-13　电渗析工作原理示意

在淡化室中通入含盐水，接上电源，溶液中带正电的阳离子，在电场的作用下，向阴极方向移动到阳膜，受到膜上带负电荷的基团异性相吸的作用而穿过膜，进入右侧的浓缩室。带负电荷的阴离子，向阳极方向移动到阴膜，受到膜上带正电荷的基团异性相吸的作用而穿过膜，进入左侧的浓缩室。淡化室盐水中的氯化钠被不断除去，得到淡水，氯化钠在浓缩室中浓集。

(1) 电极反应　在电渗析的过程中，阳极和阴极上所发生的反应分别是氧化反应和还原反应。以NaCl水溶液为例，其电极反应为

阳极
$$2OH^- - 2e \longrightarrow [O] + H_2O$$
$$Cl^- - e \longrightarrow [Cl]$$
$$H^+ + Cl^- \longrightarrow HCl$$

阴极
$$2H^+ + 2e \longrightarrow H_2$$
$$Na^+ + OH^- \longrightarrow NaOH$$

结果是，在阳极产生 O_2、Cl_2，在阴极产生 H_2。新生成的 O_2 和 Cl_2 对阳极会产生强烈腐蚀，而且阳极室中水呈酸性，阴极室中水呈碱性。若水中有 Ca^{2+}、Mg^{2+} 等离子，会与 OH^- 形成沉淀，集积在阴极上。当溶液中有杂质时，还会发生副反应。为了移走气体和可能的反应产物，同时维持 pH 值，保护电极，引入一股水流冲洗电极，称为极水。

(2) 极化现象　在直流电场作用下，水中阴、阳离子分别在膜间进行定向迁移，各自传递着一定数量的电荷，形成电渗析的操作电流。当操作电流大到一定程度时，膜内离子迁移被强化，就会在膜附近造成离子的“真空”状态，在膜界面处将迫使水分子离解成H^+和OH^-来传递电流，使膜两侧的pH值发生很大的变化，这一现象称为极化。此时，电解出来的H^+和OH^-受电场作用分别穿过阳膜和阴膜，阳膜处将有OH^-积累，使膜表面呈碱性。当溶液中存在Ca^{2+}、Mg^{2+}等离子时将形成沉淀，这些沉淀物附在膜表面或渗到膜内，易堵塞通道，使膜电阻增大，使操作电压或电流下降，降低了分离效率。同时，由于溶液pH值发生很大变化，会使膜受到腐蚀。

防止极化现象的办法是控制电渗析器在极限电流以下操作，一般取操作电流密度为极限电流密度的 80%。

2. 离子交换膜

离子交换膜是一种具有离子交换性能的高分子材料制成的薄膜。它与离子交换树脂相似，但作用机理和方式、效果都有不同之处。当前市场上离子交换膜种类繁多，也没有统一的分类方法。一般按膜的宏观结构分为三大类。

(1) 均相离子交换膜　均相离子交换膜系将活性基团引入一惰性支持物中制成。它的化学结构均匀，孔隙小，膜电阻小，不易渗漏，电化学性能优良，在生产中应用广泛。但制作复杂，机械强度较低。

(2) 非均相离子交换膜　非均相离子交换膜由粉末状的离子交换树脂和黏合剂混合而成。树脂分散在黏合剂中，因而化学结构是不均匀的。由于黏合剂是绝缘材料，因此它的膜电阻大一些，选择透过性也差一些，但制作容易，机械强度较高，价格也较便宜。随着均相离子交换膜的推广，非均相离子交换膜的生产曾经大为减少，但近年来又趋活跃。

(3) 半均相离子交换膜　半均相离子交换膜也是将活性基团引入高分子支持物制成的，但两者不形成化学结合。其性能介于均相离子交换膜和非均相离子交换膜之间。

此外，还有一些特殊的离子交换膜，如两性离子交换膜、两极离子交换膜、蛇笼膜、镶嵌膜、表面涂层膜、螯合膜、中性膜、氧化还原膜等。

离子交换膜应符合以下要求：具有良好的选择透过性、膜电阻应小于溶液电阻、有良好的化学稳定性和机械强度、有适当的孔隙度，一般要求孔隙度为0.5～1μm。

3. 电渗析的特点

① 电渗析只对电解质的离子起选择迁移作用，而对非电解质不起作用；

② 电渗析过程中物质没有相的变化，因而能耗低；

③ 电渗析过程中不需要从外界向工作液体中加入任何物质，也不使用化学药剂，因而保证了工作液体原有的纯净程度，也没有对环境造成污染，属清洁工艺；

④ 电渗析过程在常温常压下进行的。

二、电渗析器构成与组装方式

1. 电渗析器构成

电渗析器由膜堆、极区和夹紧装置三部分组成。

(1) 膜堆　位于电渗析器的中部，由交替排列的浓、淡室隔板和阴膜及阳膜组成，是电渗析器除盐的主要部位。

(2) 极区　位于膜堆两侧，包括电极和极水隔板。极水隔板供传导电流和排除废气、废液之用，所以比较厚。

(3) 夹紧装置　电渗析器有两种锁紧方式：油压机锁紧和螺杆锁紧。大型电渗析器采用油压机锁紧，中小型多采用螺杆锁紧。

2. 电渗析器组装方式

电渗析器组装方式有串联、并联及串-并联。常用“级”和“段”来表示，“级”是指电极对的数目。“段”是指水流方向，水流通过一个膜堆后，改变方向进入后一个膜堆即增加一段。各种电渗析器的组合方式如图11-14所示。

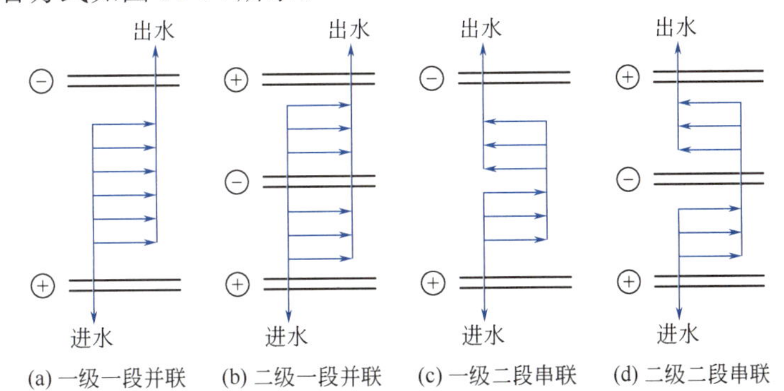

图11-14　各种电渗析器的组合方式示意

三、电渗析典型工艺流程

电渗析除盐的典型工艺流程如图11-15～图11-17所示。

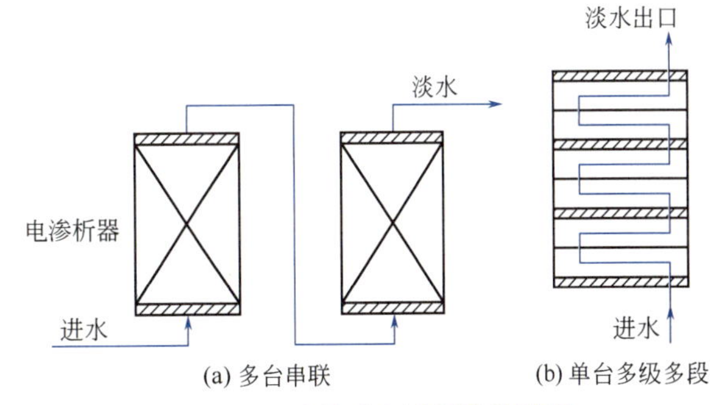

图11-15　直流式电渗析除盐流程

四、电渗析技术的工业应用

电渗析的研究始于20世纪初的德国。1952年美国Ionics公司制成了世界上第一台电渗析装置，用于苦咸水淡化。至今苦咸水淡化仍是电渗析最主要的应用领域。

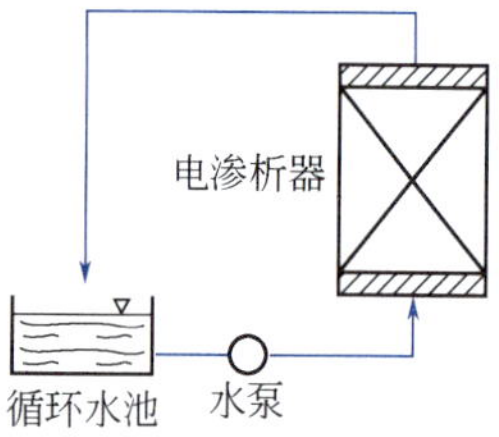

电渗析器
循环水池　水泵

图11-16　循环式电渗析除盐流程

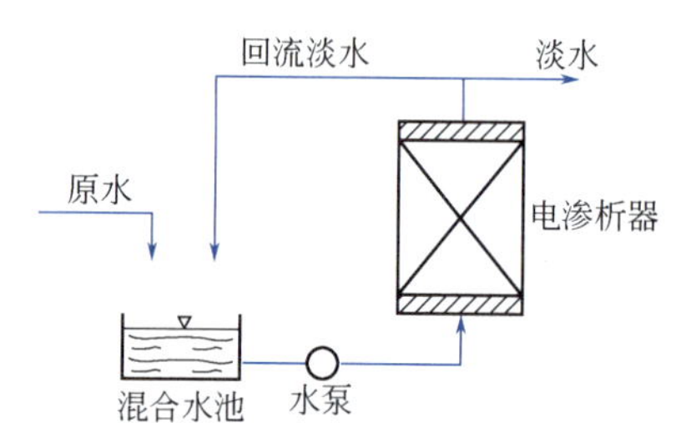

图11-17　部分循环式电渗析除盐流程

我国的电渗析技术的研究始于1958年。1965年在成昆铁路上安装了第一台电渗析法苦咸水淡化装置。1981年我国在西沙永兴岛建成日产200t饮用水的电渗析海水淡化装置。目前，电渗析以其能量消耗低，装置设计与系统应用灵活，操作维修方便，工艺过程洁净、无污染，原水回收率高，装置使用寿命长等明显优势而被越来越广泛地用于食品、医药、化工、工业及城市废水处理等领域。

1. 水的纯化

电渗析法是海水、苦咸水、自来水制备初级纯水和高级纯水的重要方法之一。由于能耗与脱盐量成正比，所以电渗析法更适合含盐低的苦咸水淡化。但当原水中盐浓度过低时，溶液电阻大，不够经济，因此一般采用电渗析与离子交换树脂组合工艺。电渗析在流程中起前级脱盐作用，离子交换树脂起保证水质作用。组合工艺与只采用离子交换树脂的工艺相比，不仅可以减少离子交换树脂的频繁再生，而且对原水浓度波动适应性强，出水水质稳定，同时投资少、占地面积小。但是要注意电渗析法不能除去非电解质杂质。

（1）制备初级纯水的几种典型流程

① 原水→预处理→电渗析→软化(或脱碱)→纯水（中、低压锅炉给水）

② 原水→预处理→电渗析→混合床→纯水（中、低压锅炉给水）

③ 原水→预处理→电渗析→阳离子交换→脱气→阴离子交换→混合床→纯水(中、高压锅炉给水)

（2）制备高级纯水的几种典型流程

举例说明电渗析技术的工业应用

① 原水→预处理→电渗析→阳离子交换→脱气→阴离子交换→杀菌→超滤→混合床→微滤→超纯水(电子行业用水)

② 原水→预处理→电渗析→蒸馏→微滤→医院纯水(针剂用水)

2. 海水、盐泉卤水制盐

电渗析浓缩海水蒸发结晶制取食盐，在电渗析应用中占第二位。与常规盐田法比较，该工艺占地面积少，基建投资省，节省劳动力，不受地理气候限制，易于实现自动化操作和工业化生产，且产品纯度高。日本是第一个采用此法制盐的国家，当前年产量为1.5×10^6t，其他国家为4.0×10^5t。随着技术的不断进步，卤水浓度已可达200g/L，每吨盐耗电量降至150kW·h。海水制盐的典型流程如下。

原水→过滤器→过滤海水→电渗析→卤水→预热器→真空蒸发器→离心机→干燥机→食盐

3. 废水处理

电渗析用于废水处理，兼有开发水源、防止环境污染、回收有用成分等多种意义。在电渗析应用中占第三位。电渗析用于废水处理，以处理电镀废水为代表的无机系废水为开端，并逐步向城市污水、造纸废水等无机系废水发展。如从电镀废水中回收铜、锌、镍、铬；从金属酸洗废水中回收酸与金属；从碱性溶液中回收NaOH等。

4. 脱除有机物中的盐分

电渗析在医药、食品工业领域脱除有机物中盐分方面也有较多应用。如医药工业中，葡萄糖、甘露醇、氨基酸、维生素 C 等溶液的脱盐；食品工业中，牛乳、乳清的脱盐；酒类产品中脱除酒石酸钾等。

另外，电渗析还可以脱除或中和有机物中的酸；可以从蛋白质水解液和发酵液中分离氨基酸等。

任务四

超滤与微滤过程分析

一、超滤与微滤的基本原理

超滤与微滤原理

超滤与微滤都是在压力差作用下根据膜孔径的大小进行筛分的分离过程，其基本原理如图 11-18 所示。在一定压力差作用下，当含有高分子溶质 A 和低分子 B 的混合溶液流过膜表面时，溶剂和小于膜孔的低分子溶质（如无机盐类）透过膜，作为透过液被收集起来，而大于膜孔的高分子溶质（如有机胶体等）则被截留，作为浓缩液被回收，从而达到溶液的净化、分离和浓缩的目的。通常，能截留分子量 500 以上、10^6 以下分子的膜分离过程称为超滤；截留更大分子（通常称为分散粒子）的膜分离过程称为微滤。

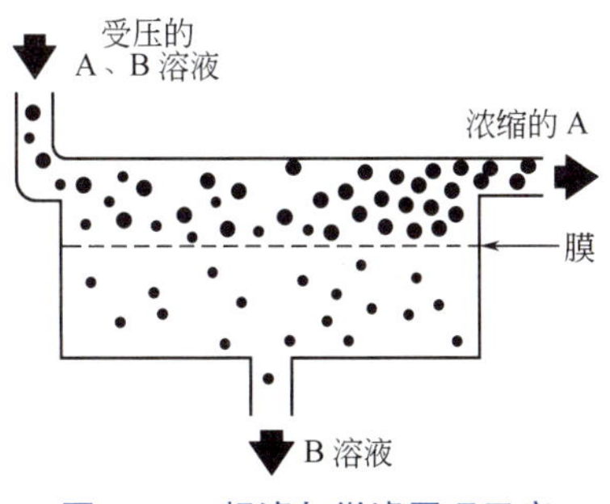

图11-18　超滤与微滤原理示意

1. 超滤过程分析

在超滤中，超滤膜对溶质的分离过程主要有：

① 在膜表面及微孔内吸附（一次吸附）；

② 在孔内停留而被去除（阻塞）；

③ 在膜面的机械截留（筛分）。

超滤膜选择性表面层的主要作用是形成具有一定大小和形状的孔，它的分离机理主要是靠物理筛分作用。原料液中的溶剂和小的溶质粒子从高压料液侧透过膜到低压侧，一般称滤液，而大分子及微粒组分被膜截留。

2. 微滤过程分析

微滤技术是深层过滤技术的发展，使过滤从一般的深层介质过滤发展到精密的绝对过滤。因此，微滤膜的物理结构和膜的截留机理对分离效果起决定性作用，此外，吸附和电性能等因素对截留也有一定的影响。

微孔滤膜的分离机理因为结构上的差异而不尽相同如图 11-19 所示，通过电镜观察，微滤膜的截留机理大体可分为以下四种。

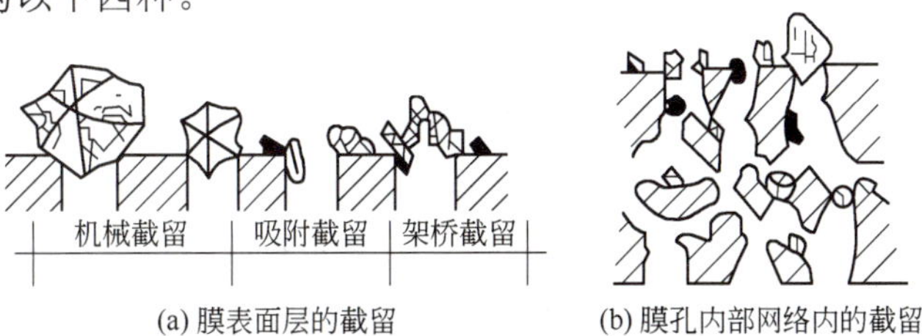

图11-19　微滤膜截留机理

（1）机械截留作用　微孔滤膜可截留比膜孔径大或与孔径相当的微粒，即筛分作用。

（2）物理作用或吸附截留作用　膜表面的吸附和电性能对截留起着重要的作用。

（3）架桥作用　通过电镜可以观察到，在微滤膜孔的入口处，微粒因架桥作用同样也可以被截留。

（4）网络型膜的网络内部截留作用　微粒截留在膜的内部而不是在膜的表面。

由以上截留机理可见，机械作用对微滤膜的截留性能起着重要作用，但微粒等杂质与孔壁间的相互作用也同样不可忽视。

二、超滤膜与微滤膜

微滤和超滤中使用的膜都是多孔膜。超滤膜多数为非对称结构，膜孔径范围为1nm～0.05μm，系由极薄的具有一定孔径的表皮层和一层较厚具有海绵状和指孔状结构的多孔层组成，前者起分离作用，后者起支撑作用。微滤膜有对称和非对称两种结构，孔径范围为0.05～10μm。如图11-20所示的是超滤膜与微滤膜的扫描电镜图片。

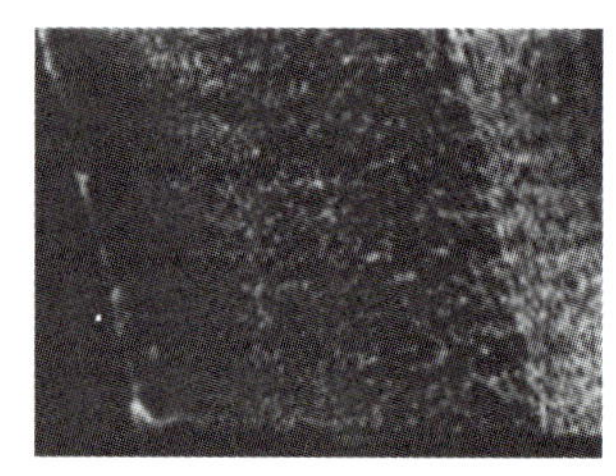

(a) 不对称聚合物超滤膜

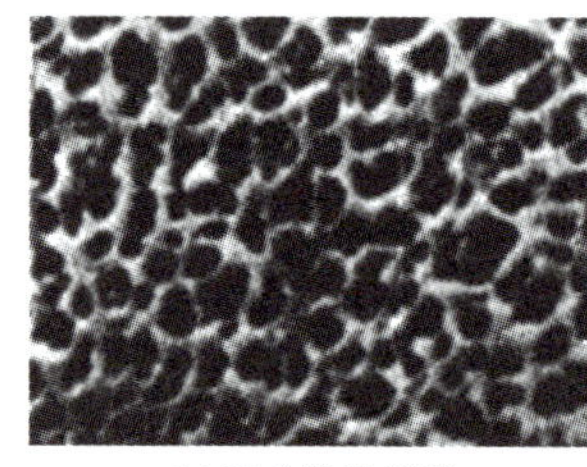

(b) 聚合物微滤膜

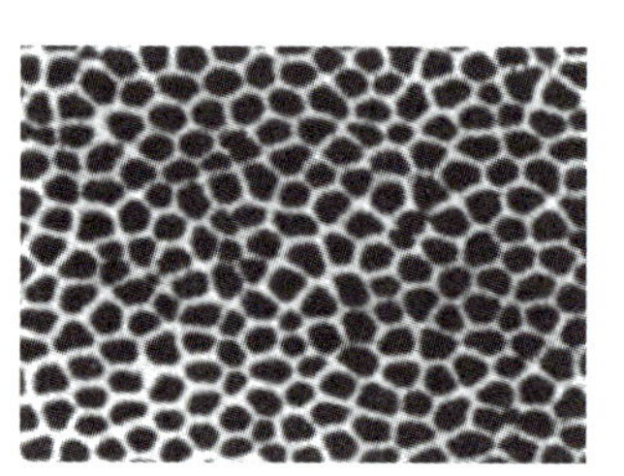

(c) 陶瓷微滤膜

图11-20　超滤膜与微滤膜结构

表征超滤膜性能的主要参数有渗透通量、截留分子量及截留率，而更多的是用截留分子量表征其分离能力。表征微滤膜性能的参数主要是渗透通量、膜孔径和空隙率，其中膜孔径反映微滤膜的截留能力，可通过电子显微镜扫描法或泡压法、压汞法等方法测定。孔隙率是指单位膜面积上孔面积所占的比例。

三、超滤与微滤操作流程

1. 超滤操作流程

超滤的操作方式可分为重过滤和错流过滤两大类。重过滤是靠料液的液柱压力为推动力，但这样操作浓差极化和膜污染严重，很少采用，而常采用的是错流操作。错流操作工艺流程又可分为间歇式和连续式。它们的特点和适用范围见表11-2。

（1）间歇操作　间歇操作适用于小规模生产，超滤工艺中工业污水处理及其溶液的浓缩过程多采用间歇工艺，间歇操作的主要特点是膜可以保持在一个最佳的浓度范围内运行，在低浓度时，可以得到最佳的渗透通量。

（2）连续式操作　连续式操作常用于大规模生产，连续式超滤过程是指料液连续不断加入贮槽和产品的不断产出，可分为单级和多级。单级连续式操作过程的效率较低，一般采用如表11-2中所示的多级连续式操作。将几个循环回路串联起来，每一个回路即为一级，每一级都在一个固定的浓度下操作，从第一级到最后一级浓度逐渐增加。最后一级的浓度是最大的，即为浓缩产品。多级操作只是在最后一级进行高浓度操作，渗透通量最低，其他级操作浓度均较低，渗透通量相应也较大，因此级效率高；而且多级操作所需的总膜面积较小。它适合在大规模生产中使用，特别适用于食品工业领域。

2. 微滤的操作流程

（1）无流动操作　如图11-21所示，原料液置于膜的上方，在压力的推动下，溶剂和小于膜孔径的颗粒透过膜，大于膜孔的颗粒则被膜截留，该压差可通过原料液侧加压或透过液侧抽真空产生。在这种无流动操作中，随着时间的延长，被截留颗粒会在膜表面形成污染层，使过滤阻力增加，随着过程的进行，污染层将不断增厚和压实，过滤阻力将进一步加大，如果操作压力不变，膜渗透流率将降低。因此无流动操作只能是间歇的，必须周期性地停下来清除膜表面的污染层或更换膜。

（2）错流操作　对于含固量高于0.5%的料液通常采用错流操作，这种操作类似于超滤和反渗透，如图11-22所示，料液以切线方向流过膜表面，在压力差作用下，溶剂和小分子溶质透过膜，料液中的颗粒则被膜截留而停留在膜表面形成一层污染层，与无流动操作不同的是料液流经膜表面时产生的高剪切力可以使沉积在膜表面的颗粒扩散返回主体流，从而被带出微滤组件，由于过滤导致的颗粒在膜表面的沉积速度与流体流经膜表面时由速度梯度产生的剪切力引发的颗粒返回主体流速度达到平衡，可以使该污染层不会无限增厚而保持在一个稳定的相对较薄的厚度。因此一旦污染层达到稳定，膜的渗透通量将在较长的时间内保持在相对高的水平上，当处理量大时，宜采用错流操作。

表11-2　各类超滤操作流程特点和适用范围

操作模式		图　示	特　点	适用范围
重过滤	间歇	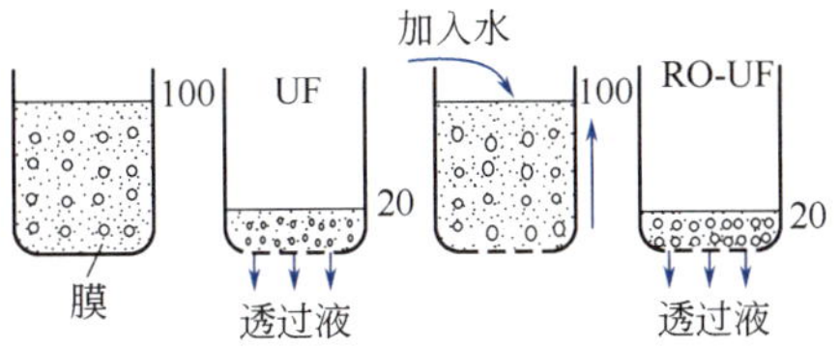 100　UF　20　膜　透过液　加入水　100　RO-UF　20　透过液	设备简单、小型；能耗低；可克服高浓度料液渗透通量低的缺点；能更好地去除渗透组分。但浓差极化和膜污染严重，尤其是在间歇操作中；要求膜对大分子的截留率高	通常用于蛋白质、酶类大分子的提纯
	连续	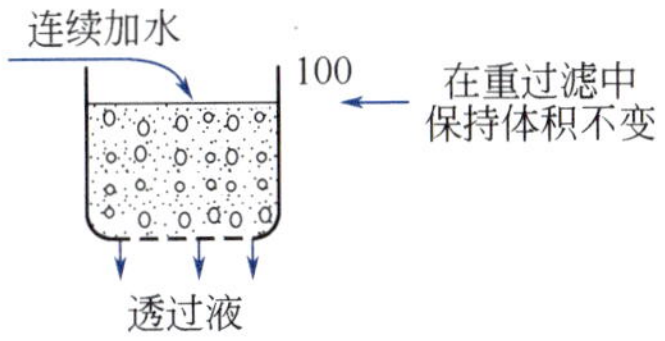 连续加水　100　在重过滤中保持体积不变　透过液		
间歇错流	截留液全循环	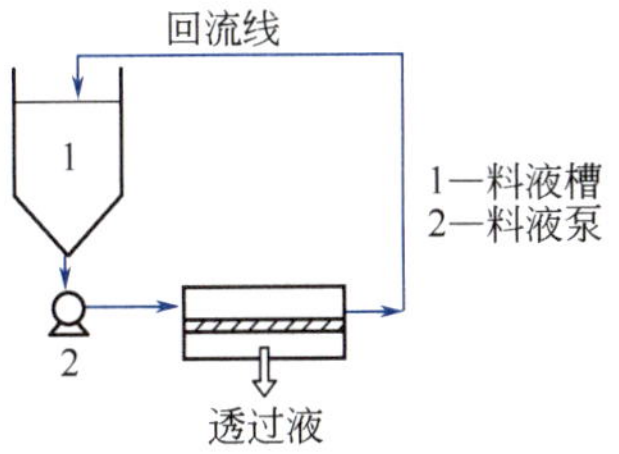 回流线　1　1—料液槽　2—料液泵　2　透过液	操作简单；浓缩速度快；所需膜面积小。但全循环时泵的能耗高，采用部分循环可适当降低能耗	通常被实验室和小型中试厂采用
	截留液部分循环	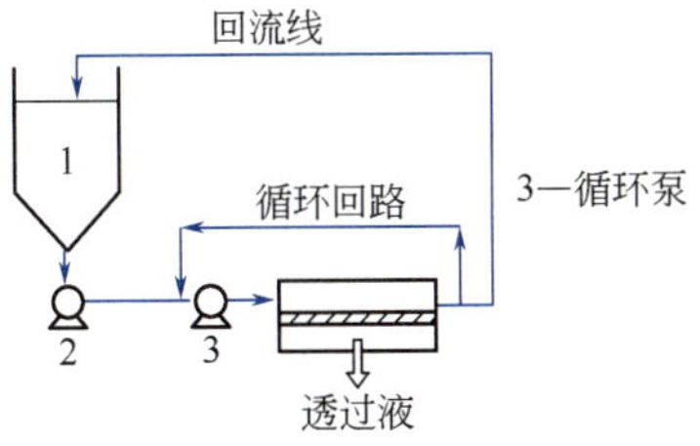 回流线　1　循环回路　3—循环泵　2　3　透过液		
连续错流	单级无循环	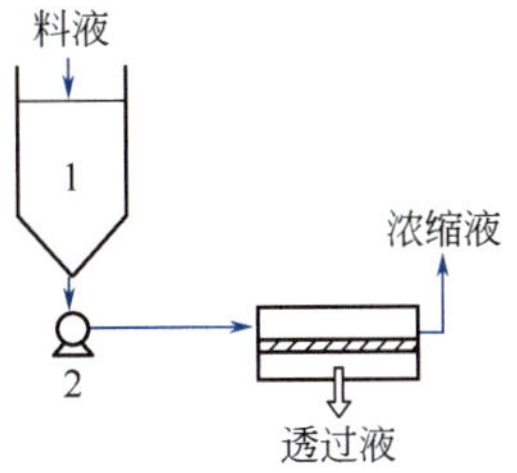 料液　1　浓缩液　2　透过液	渗透液流量低；浓缩比低；所需膜面积大。组分在系统中停留时间短	反渗透中普遍采用，超滤中应用不多，仅在中空纤维生物反应器、水处理中应用

续表

操作模式		图示	特点	适用范围
连续错流	单级截留液部分循环	料液(F)　1　2　循环回路　透过液(P)　浓缩液或截留液(R)	单级操作始终在高浓度下进行，渗透通量低。增加级数可提高效率，这是因为除最后一级在高浓度下操作、渗透通量最低外，其他级操作浓度均较低、渗透通量相应较大。多级操作所需总膜面积小于单级操作，接近于间歇操作，而停留时间、滞留时间、所需贮槽均少于相应的间歇操作	大规模生产中被普遍使用，特别是在食品工业领域
	多级	料液　1　2　3　3　3　渗透液　浓缩液		

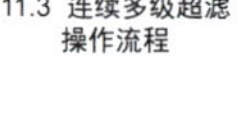
11.3 连续多级超滤操作流程

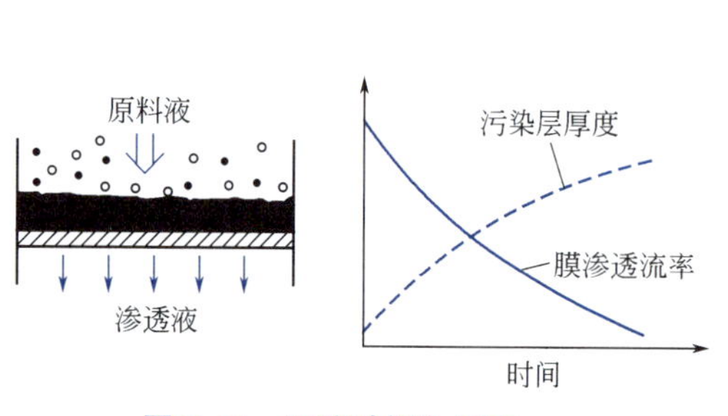

图11-21　无流动操作示意

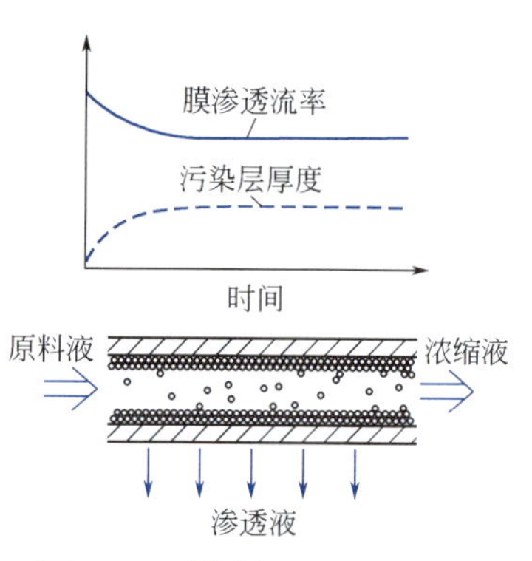

图11-22　错流操作示意

四、超滤与微滤的工业应用

1. 超滤的工业应用

（1）工业废水处理

举例说明超滤的工业应用

① 纺织印染废水处理。纺织印染废水具有色度高、化学耗氧量（COD）高和排放大的特点，尤其是在化纤生产、纺织、印染加工过程中，大量使用表面活性剂、助剂、油剂、浆料、树脂、染料等，使纺织废水的COD越来越高。且由于这些合成物质难以被微生物所降解，使通常的生化处理无能为力，而成为当前纺织废水治理中的一大难题。

超滤膜可有效去除废水中的有机分子，采用一套过滤面积 $10m^2/d$ 的超滤膜装置处理印染废水，一年可回收染料3.5t左右，约20万元。经回收染料后的染色废水，COD去除率达80%左右，色度去除率达90%以上。

② 造纸工业废水处理。在造纸工业中，每生产1t纸浆需 $100\sim400m^3$ 的水，其中80%是用作洗净和漂白过程的。由于造纸原料和工艺的不同，造纸废水的成分相差也较大。因此造纸废水的处理，至今尚属一大难题。用膜法处理造纸废水，主要是对某些成分进行浓缩并回收，而透过水又重新返回工艺中使用。主要回收的物质是磺化木质素，它可以再返回纸浆中被再利用，具有很大的环境效益和经济效益。为了防止废水中胶体粒子、大分子量的木质纤维、悬浮物以及钙盐在膜面的附着析出，产生浓差极化，要求水在膜表面具有较高的流速，一般要求在1m/s以上。当膜表面被污染时，可采取间歇降压运行、海绵球冲洗、酶洗涤剂及EDTA配合剂清洗等方法去除污染。

③ 电泳涂漆废水处理。在汽车、仪表、家具等行业的电泳涂漆过程中，涂料的胶体带正电荷，以涂件为负极，涂料以电泳方式在涂件表面移动，使电荷中和，形成不溶的均匀涂漆膜。然后在清洗过程中将黏附在涂件上的漆料洗掉，形成电泳涂漆废水。这种清洗液用超滤法处理后，可将涂料回收利用，膜透过液可返回作喷淋水用。为避免清洗水中盐分或其他杂质升高，滤液必须有一部分得到更新。

④ 含油废水的处理。含油废水来自钢铁、机械、石油精制、原油采集、运输及油品的使用过程中。含油废水包括三种：浮油、分散油和乳化油。前两种比较容易处理，经机械分离、凝聚沉淀、活性炭吸附等方法处理后，油分可降至几毫克每升以下。而乳化油含有表面活性剂、有机物，其油分以微米级大小的粒子存在于水中，重力分离和粗粒化法处理起来都比较困难。采用超滤技术，可以使油分浓缩，使水和低分子有机物透过膜，从而实现油水分离。

（2）食品工业中的应用　新榨取的果汁中往往含有单宁、果胶、苯酚等化合物而呈现浑浊，传统方法是采用酶、皂土和明胶使其沉淀，然后取其上清液得到澄清的果汁。目前，采用超滤技术来澄清果汁，只需先脱除部分果胶，可大大减少酶的用量，省去了皂土和明胶，降低了生产成本。浊度由传统方法的1.5～3.0NTU降低到膜法的0.4～0.6NTU。同时，还去除了液体中所含的菌体，延长了果汁的保质期。

在酿酒行业，经过硅藻土过滤后的成品酒中仍有少量的杂质，杂质的存在会使酒类失去光泽、浑浊、沉淀，口味变坏，以至于酸败。若对常规过滤的发酵液再进行超滤处理，则不仅能完全阻截全部菌类，而且使蛋白质、糖类、单宁降低到最低量，从而可以制得色泽清亮透明、泡沫性较好的优质啤酒。由于此法对啤酒进行“冷除菌”，不仅省时省工，而且节能，保存期可达两个月以上。

乳品工业生产过程中会产生大量的乳清。采用超滤技术可将脱脂牛奶浓缩 3～4 倍，浓缩液用于发酵生产奶酪，收率可提高 20% 以上，可节约 6% 的牛奶。

2. 微滤的工业应用

微滤是膜过程中应用最为普遍、销售额最大的一项技术，该技术在 20 世纪 20 年代末得到了快速发展，已在污水处理、饮用水净化、医药、电子、食品等行业达到广泛的应用。

（1）电子工业　自20世纪60年代以来，随着集成电路的开发，微滤技术一直用来从生产半导体的液体中去除粒子。微滤在电子工业纯水制备中主要有两方面的作用：第一，在反渗透或电渗析前作为保安过滤器，用以去除细小的悬浮物；第二，在阴、阳离子交换柱或混合交换柱后，作为最后一级终端过滤手段，滤除树脂碎片或细菌等杂质。

微孔滤膜作为绝对过滤在电子工业中制备高纯水通常采用的流程是：

原水→絮凝沉淀→砂、无烟煤过滤→加氯消毒杀菌→深层过滤→活性炭吸附→阳离子交换→阴离子交换→阳、阴混合床→微孔过滤→产品水

原水→絮凝沉淀→砂、无烟煤过滤→加氯消毒杀菌→预过滤→反渗透(或超滤)→阳、阴混合床→微孔过滤→产品水

（2）医药卫生　医药行业所用的药剂、溶液、注射用水必须是无菌的，采用微滤技术可经济方便地去除水中的细菌微生物和悬浮物，制备无菌液体。

举例说明微滤的工业应用

微滤的作用主要是分离病毒、细菌、胶体及悬浮微粒，以分离溶液中大于 0.05μm 的微细粒子为特征，在水的精制、药物中细菌和微粒的去除、生物和微生物的检测、化验以及医学诊断等方面都显示出其独特的功效，因此它的应用范围十分广泛。目前，应用微滤技术生产的药物品种主要有葡萄糖大输液、右旋糖酐注射液、维生素 C、维生素 B_1、维生素 B_2、维生素 B_6、维生素 B_{12} 等注射剂。此外，微滤技术还用于昆虫细胞的获取、大肠杆菌的分离、组织液培养以及多种溶液的灭菌处理。

（3）水处理　使用膜技术进行城市污水和工业废水处理，可生产出不同用途的再生水，如工业冷却水、绿化用水和城市杂用水，是解决水资源匮乏的重要途径。近年来，微滤作为水的深度处理技术开始得到了快速发展。

（4）海水淡化 由于水资源严重匮乏，许多国家和城市特别是沿海城市开始利用膜技术进行海水淡化：一方面取得了淡水资源；另一方面可对海水进行有效的综合利用。微滤用于海水的深度预处理，去除海水中的悬浮物、颗粒以及大分子有机物，为反渗透提供原料水。目前，天津市科委在塘沽建立了日产1000t海水淡化示范工程，其中一部分就是利用了天津工业大学的连续微滤技术作为海水的深度预处理，运行效果良好。

（5）食品、饮料工业 食品、酿酒业、麦芽酿造业及软饮料工业的生产过程需要大量水并产生大量的废水，最近几年最明显的趋势是重视啤酒生产废水的再利用。对于不涉及啤酒生产过程的清洁用水使用情况（如冲洗容器或卡车），使用砂滤已足以将大量的悬浮物去除即可回用，但作为瓶装冲洗水以及在生产过程中涉及原料的用水必须保证合格的水质，经厌氧生物处理后的出水再经过连续微滤处理和消毒，可有效地脱除酿造行业（如啤酒、白酒以及酱油等）中的酵母、霉菌以及其他微生物，得到的滤过液清澈、透明、保质期长，这是一个经济有效的解决方案，可实现零排放。另外，微滤技术还可用于食品中细菌等微生物的检验。

（6）油田采出水处理 国内大部分油井采出的表层原油大都是油水共存的（有的油水比为3∶7），经油水分离后，采出水要回灌到地层深处，以防地壳下沉。对回灌水的要求是除去0.5μm以上的悬浮物及细菌。SS小于1mg/L，含油量小于2mg/L。而采出水本身水质差，其中矿化度高，SS含量高，含黑色原油，水温又高，很难处理，因此采出水回灌问题一直未能解决。采用聚丙烯中空纤维微滤装置作为终端装置，其出口水完全达到回灌要求。

任务五

气体膜分离过程分析

一、气体膜分离原理

气体膜分离是在膜两侧压力差的作用下，利用气体混合物中各组分在膜中渗透速率的差异而实现分离的过程，其中渗透快的组分在渗透侧富集，相应渗透慢的组分则在原料侧富集，气体膜分离流程示意如图 11-23 所示。

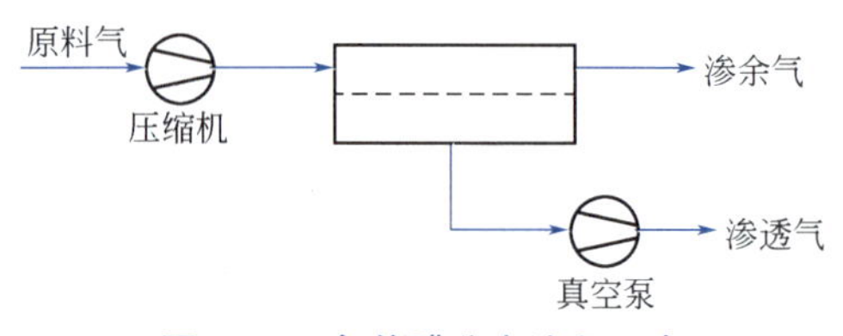

图11-23 气体膜分离流程示意

气体膜分离特点

气体分离膜可分为多孔膜和无孔（均质）膜两种。在实际应用中，多采用均质膜。气体在均质膜中的传递靠溶解 - 扩散作用，其传递过程由三步组成。

① 气体在膜上游表面吸附溶解；

② 气体在膜两侧分压差的作用下扩散通过膜；

③ 在膜下游表面脱附。此时渗透速率主要取决于气体在膜中的溶解度和扩散系数。

气体膜分离材料主要分为高分子材料、无机材料和金属材料三大类。目前工业化的气体膜分离技术主要是采用高分子膜。理想的膜材料应该同时具有高的渗透速率和良好的渗透选择性，同时还应具有高的机械强度。

气体膜分离的特点是：分离操作无相变化，不用加入分离剂，是一种节能的气体分离方法。它广泛应用于提取或浓缩各种混合气体中的有用成分，具有广阔的应用前景。

二、影响气体膜分离效果的因素

根据已有的研究结果，气体膜分离效果是由渗透系数决定的，渗透系数为溶解度与扩散系数的乘积，主要与下列因素有关。

1. 压力

气体膜分离的推动力为膜两侧的压力差，压力差增大，气体中各组分的渗透速率也随之升高。但实际操作的压差受能耗、膜强度、设备制造等条件的限制，需要综合考虑才能确定。

2. 膜厚度

膜分离的影响因素

膜的厚度越薄，渗透速率越大。减小膜厚度的方法是采用复合膜，此种膜是在非对称膜表面加一层超薄的致密活性层，可降低致密活性层的厚度，使渗透通量提高。

3. 膜材质

膜材料的性能是膜性能的决定性因素之一。气体通过高分子膜的渗透程度取决于高分子是“橡胶态”还是“玻璃态”。橡胶态聚合物具有高度的链迁移性和对透过物溶解的快速响应性。且气体与橡胶之间形成溶解平衡的过程，在时间上要比扩散过程快得多，因此，橡胶态膜比玻璃态膜渗透性能好，如氧在硅橡胶中的渗透性要比在玻璃态的聚丙烯腈中大几百万倍，但其普遍缺点是在高压差下容易变形膨胀，而玻璃态膜的选择性较好。

4. 温度

温度对气体在高分子膜中的溶解度与扩散系数均有影响，一般说来温度升高，溶解度减小，扩散系数增大。但比较而言，温度对扩散系数的影响更大，所以，渗透通量随温度的升高而增大。

三、气体膜分离流程

气体膜分离流程可分为单级和多级。当过程的分离系数不高，原料气的浓度低或要求产品较纯时，单级膜分离不能满足工艺要求，须采用多级膜分离，即将若干膜器串联使用，组成级联。常用的气体膜分离级联有以下三种类型。

1. 简单级联

简单级联流程如图 11-24 所示，每一级的渗透气 p 作为下一级的进料气，每级分别排出渗余气 R，物料在级间无循环，进料气量逐级下降，末级的渗透气是级联的产品。

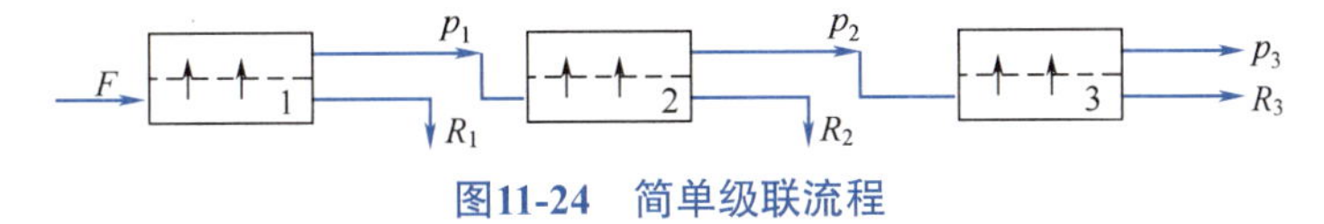

图11-24　简单级联流程

2. 精馏级联

精馏级联流程如图 11-25 所示，每一级的渗透气 p 作为下一级的进料气，将末级的渗透气部分作为级联的易渗产品，部分易渗产品作为回流返回本级的进料气中，其余各级的渗余气 R 入前一级的进料气中，还将整个级联只有两种产品。其优点是易渗产品的产量与纯度比简单级联有所提高。

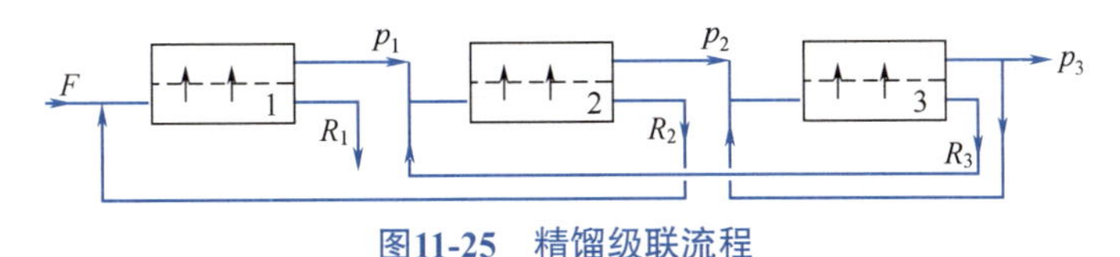

图11-25　精馏级联流程

3. 提馏级联

提馏级联流程如图 11-26 所示，每一级的渗余气 R 作为下一级的进料气，将末级的渗余气作为级联的产品，第一级的渗透气作为级联的易渗产品，其余各级的渗透气并入前一级的进料气中。整个级联只有两种产品，其优点是难渗产品的产量与纯度比简单级联有所提高。

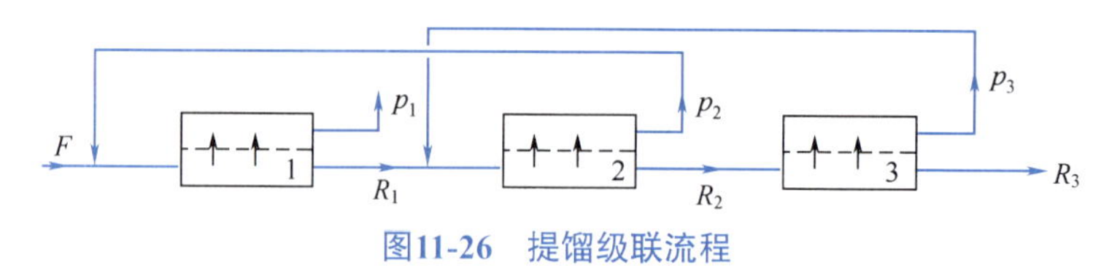

图11-26　提馏级联流程

四、气体膜分离技术的应用

1. H_2 的分离回收

膜分离回收氢气是目前气体分离膜的最大和最重要的商业应用领域。目前，膜法回收氢气集中应用在以下三个领域：从合成氨厂释放气中回收氢；从石油炼厂尾气中回收氢气；甲醇合成气（H_2/CO）的比例调节。

2. 膜法富氧

膜法富氧或富氮的原料气为空气，其组成恒定不变，不含对高分子膜有害的杂质组分。空气在进入组件之前不需要经过特别的预处理，只需除去压缩空气中可能含有的少量冷凝水和压缩机油滴即可，流程更为简单。

目前，大用量、高纯度氧的市场主要是被低温精馏法（纯度 99.999%）和变压吸附法（纯度 95%）所占据，而膜法富氧在不需要超高纯度氧气的场合时采用。

3. 膜法富氮

举例说明膜分离技术的工业应用

氮气作为惰性气体广泛用于油井保护、三次采油、气体置换、电子制造、金属加工、各种易爆物的贮存运输及食品保鲜等领域。从空气中制取氮气的传统方法为深冷法和变压吸附技术，与其相比，膜法富氮装置成本低、操作灵活、安全、设备轻便、体积小、能耗低，在制备较低纯度氮气和使用量较少的情况下，膜法富氮具有较强的竞争力。

4. 天然气的处理

天然气作为一种洁净、方便、高效的优质燃料和主要的化工原料，其应用范围日益扩大。天然气是烃和多种杂质气体的混合物，其中包括硫化氢、二氧化碳等酸性气体，还有氮、氦、水等，出于对储运、腐蚀控制、产品规格和环境保护等方面的考虑，在对天然气进行处理之前，对杂质的脱除有严格的要求。膜法对天然气的处理包括天然气中酸性气体的脱除、天然气脱湿和氦气提取等。

（1）天然气中酸性气体的脱除　天然气中二氧化碳含量的变化范围较大，某些地区的天然气中二氧化碳浓度很高，可达20%以上，如此高的CO_2浓度，降低了合成天然气的热值和燃烧速率，还有部分地区的天然气中同时含有二氧化碳和硫化氢等酸性气体。从粗制的天然气中脱除酸性气体（CO_2、H_2S），可以提高天然气的热值，减小对管道和设备腐蚀，并且防止含有H_2S的天然气燃烧生成SO_2，造成大气污染。

（2）天然气脱湿　天然气的主要成分是甲烷，开采的井口天然气中通常含有浓度较高的水蒸气。在高压低温下，天然气中的烃类和二氧化碳可与水等成固体水合物，在天然气的输送中固体水合物容易堵塞管道和阀门。此外，在水或水蒸气存在下，天然气中含有的硫化氢和二氧化碳等酸性气体还会对输送管道产生严重腐蚀。因此，为避免酸性气体对设备管道的腐蚀，防止固体水合物堵塞管道，在天然气输送之前，必须进行脱湿。传统脱除水蒸气的方法有冷凝法、分子筛吸收法和溶剂吸收法等。高分子膜法脱湿是近年来发展的新技术，该分离过程设备简单、投资低、卸装容易、操作方便，因而具有巨大的发展潜力。

（3）氦气提取　天然气是生产氦气的主要原料。与传统的深冷法相比，膜法分离技术具有能耗低、分离效率高、设备简单等优点，可从贫氦天然气中提浓氦气，但高纯氦的收率不高。美国Union Carbide公司采用聚醋酸纤维平板膜分离器对氦浓度5.89%（体积分数）的天然气经二级膜分离，产品气中氦浓度达到82%左右。

5. 有机废气的脱除

有机废气是石油化工、制药、涂料生产、印刷、喷漆等工业过程排放的最常见的污染物。废气中挥发性的有机物（VOC）大多具有毒性，部分已被列为致癌物。

VOC 的处理方法主要有两类：一类是破坏性消除法，如焚烧法和催化燃烧法等，将 VOC 转化成 CO_2 和 H_2O；另一类是回收法，如吸附法、冷凝法和膜分离法。破坏性方法虽然达到了环保要求却浪费了资源和能量。对于价格较高的 VOC，人们通常采用回收法处理，既达到环保要求，又可以抵消部分设备费用。

膜分离法因流程简单、回收率高、能耗低、无二次污染等优点，在石油化工、制药等行业逐渐得到了应用。

通常，膜法分离有机蒸气是从空气或氮气气氛中分离与回收有机组分。与氮气、氢气和氧气相比，有机蒸气沸点比较高，是可凝性气体，而且分子直径也较大。因此，选择适用于有机蒸气的膜材料，可以不考虑膜的扩散选择性，尽可能选择高扩散系数的膜材料，并且该膜要耐有机溶剂。常用的有机蒸气分离膜多为复合膜，涂层材料一般选择硅橡胶类聚合物或聚酰亚胺等，多孔支撑层材料常选用聚砜、聚醚砜、聚酰亚胺、聚偏氟乙烯等。

6. 气体除湿

在工业生产、医药卫生及日常生活中，气体除湿是一个普遍存在的问题。如在寒冷地区的仪表封装用气，为避免气体中的水结冰阻塞管路，需将气体干燥到露点低于环境最低温度（如-40℃）。目前工业上采用的气体干燥方法有压缩法、冷凝法和吸附法等，与之相比，膜法除湿技术装置具有体积小、质量轻、操作简便、无二次污染、规模灵活、可通过调节膜面积和工艺参数来适应不同环境对湿度要求、操作费用低等优点。

任务六

膜分离过程中的问题及处理

随着膜分离过程的进行和操作时间的增加，膜性能会发生相应的变化，主要表现在膜透过通量或速率下降以及溶质的阻止率明显下降。产生这些变化的原因主要是由于膜的劣化。膜的劣化包括：化学性劣化，如膜分子发生水解、氧化等化学反应使膜性能下降；物理性劣化是指膜的固结、膜干燥等现象；生物性劣化是由于微生物或代谢物引起的膜劣化。此外在生产过程中物料会使膜表面污染，导致膜性能下降。在生产中物料的 pH、操作温度、压力等都是膜劣化的影响因素，要注意其允许范围，控制操作条件，对膜分离过程中出现的问题及时处理，延长膜的使用寿命。

一、压密作用

在压力作用下，膜的水通过量随运行时间的延长而逐渐降低，膜的厚度减小，膜由半透明变为透明，表明膜的内部结构发生了变化。由于高分子材料具有可塑性，在压力作用下膜内部结构发生了变化使膜体收缩，这种现象称为膜的压密作用。当膜的多孔层被压密，使阻力增大，水通量下降，导致膜的生产能力下降，严重时生产无法正常进行。

为了减少压密作用的产生，应注意控制操作压力和温度不超过允许范围，以延长膜的使用寿命。此外，更重要的是改进膜的结构，如制备超薄膜，或采用耐压性强的刚性高分子材料作为支撑层以增强膜的抗压密性，从根本上改变膜的性能。

二、水解作用

膜的水解作用与高分子材料化学结构紧密相关。当高分子链中具有易水解的化学基团时，这些基团在酸或碱的作用下会发生水解降解反应，如常用的醋酸纤维素膜，分子链中的—COOR 在酸、碱作用下很容易水解。当膜发生了水解作用后，醋酸中的乙酰基脱掉，醋酸纤维素膜的截流率降低，甚至完全失去截流能力。通常水解速率随温度的升高而增大，随 pH 的增加，水解速率先下降然后升高，在 pH 4.5 附近有最低值。所以在实际管理中要控制 pH 和进料温度，并定期对温度、pH 检测仪表进行校正，防止温度或 pH 值失控而加快膜的水解。

三、浓差极化与膜污染

1. 浓差极化

浓差极化是膜分离操作中最常见的问题，对于压力推动的膜过程，无论是反渗透，还是超滤与微滤，在操作中都存在浓差极化现象。

在操作过程中，浓差极化会导致渗透通量降低，渗透压升高；截留率降低；膜面结垢，膜孔阻塞，甚至逐渐丧失透过能力。

2. 膜污染

膜污染是指处理物料中的微粒、乳浊液、胶体或溶质分子等受某种作用而使其吸附或沉积在膜表面或膜孔内，造成膜孔径变小或堵塞的现象，实际上减小了膜的有效面积，膜污染主要发生在超滤与微滤过程中。其结果是造成膜的透过通量下降。同时，膜污染还会影响目标产物的回收率，因此，是膜分离过程中一个十分重要的问题。

为保证膜分离操作高效稳定地进行，必须对防治膜污染，如定期清洗，除去膜表面及膜孔内的污染物，以恢复膜的透过性能。

3. 减轻浓差极化与膜污染的措施

浓差极化与膜污染均使膜透过速率下降，属操作过程的不利因素，应设法降低。减轻浓差极化与膜污染的主要措施如下。

① 对原料液进行预处理，除去料液中的大颗粒。

② 增加料液的流速或在组件中加内插件以增加湍动程度，减薄边界层厚度。

③ 定期对膜进行反冲和清洗。

④ 膜的恢复。目的是通过对渗透膜的表面进行化学处理而使截留率提高。膜的恢复可使用恢复剂进行，用于膜表面的涂敷及孔洞填塞。

⑤ 膜的灭菌保存。灭菌目的在于膜存放或组件维护期间杀灭微生物或防止微生物在膜上生长。

复习思考题

一、选择题

1. 膜分离过程选择采用终端过滤还是错流过滤，主要根据流体中固形物的（　　）来确定。

A. 粒径大小　　B. 含量多少　　C. 性质

2. 利用半透膜选择性地只能透过溶剂（通常是水）的性能，对溶液施加压力，克服溶剂的渗透压，使溶剂从溶液中分离出来的过程称为（　　）。

A. 微滤　　B. 反渗透　　C. 电渗析

3. 下列常用于海水淡化处理的方法是（　　）。

A. 微滤　　B. 超滤　　C. 电渗析

4. 膜要具有（　　），使被分离的混合物中至少有一种组分可以通过膜，而其他的组分则不同程度地受到阻滞。

A. 选择性　　B. 透过性　　C. 致密性

5. 电渗析是在直流电场作用下，利用（　　）的选择渗透性，产生阴阳离子的定向迁移，达到溶液分离、提纯和浓缩的传递过程。

A. 复合膜　　B. 离子交换膜　　C. 疏水膜

6. 下列属于荷电膜的是（　　）。

A. 超滤膜　　B. 反渗透膜　　C. 离子交换膜

7. 临床上利用“人工肾”进行的血液透析是利用膜两侧的（　　）使小分子溶质通过膜而大分子被截流的过程。

A. 浓度差　　B. 电位差　　C. 压力差

8. 以下哪种方式可以减轻浓差极化（　　）。

A. 降低操作温度　　B. 增大操作压力　　C. 增强料液的湍动程度

9. 控制膜的水解作用较为有效的方法是（　　）。

A. 控制pH和进料温度　　B. 控制操作压力和温度　　C. 控制流速和pH

10. 控制膜的压密作用较为有效的方法是（　　）。

A. 控制pH和进料温度　　B. 控制操作压力和温度　　C. 控制流速和pH

二、填空题

1. 膜分离是以________为分离介质，通过施加推动力，使原料中的某组分选择性地优先透过，从而达到混合物的分离的目的。其推动力可以为______、______、______、______等。

2. 常用的膜分离技术包括____________。

3. 膜分离过程有两种过滤方式为______和______。

4. 膜分离过程中所使用的膜，依据其膜特性（孔径）不同可分为______、______、______和______。

5. 工业生产中所应用的膜组件主要有______、______、______和______。

6. 电渗析是在直流电场作用下，利用______的选择渗透性，产生阴阳离子的定向迁移，达到溶液分离、提纯和浓缩的传递过程。

7. 反渗透是利用反渗透膜选择性地只透过______，对溶液施加压力克服溶剂的______，使溶剂从溶液中透过反渗透膜而分离出来的过程。

8. 膜分离过程中，溶质在膜表面的浓度高于它在料液主体中的浓度，这种现象称为________。

9. 减轻浓差极化和膜污染的措施有____________。

10. 气体膜分离是气体混合物在膜两侧______的作用下，各组分气体以不同的______透过膜，使混合气体得以分离或浓缩的过程。

三、简答题

1. 什么是膜分离操作？按推动力和传递机理的不同，膜分离过程可分为哪些类型？

2. 根据膜组件的形式不同，膜分离设备可分为哪几种？

3. 什么叫反渗透？其分离机理是什么？

4. 什么叫浓差极化？它对膜分离过程有哪些影响？

5. 简述常见的反渗透工艺流程及其应用？

6. 什么叫超滤？ 超滤流程有哪几种？有哪些方面的应用？

7. 简述电渗析的基本原理及电渗析过程的影响因素。

8. 电渗析流程有哪几种？有哪些方面的应用？

9. 简述气体膜分离原理及影响因素。

10. 气体膜分离流程有哪几种？气体膜分离技术有哪些方面的应用？

附　录

附录一

化工常用法定计量单位及单位换算

1. 常用单位

基本单位			具有专门名称的导出单位				允许并用的其他单位			
物理量	基本单位	单位符号	物理量	单位名称	单位符号	与基本单位关系式	物理量	单位名称	单位符号	与基本单位关系式
长度	米	m	力	牛[顿]	N	$1N=1 1kg \cdot m/s^2$	时间	分	min	1min=60s
质量	千克(公斤)	kg	压强、应力	帕[斯卡]	Pa	$1Pa= 1N/m^2$		时	h	1h=3600s
时间	秒	s	能、功、热量	焦[耳]	J	$1J = 1N \cdot m$		日	d	1d=86400s
热力学温度	开[尔文]	K	功率	瓦[特]	W	1W = 1J/s	体积	升	L(l)	$1L=10^{-3} m^3$
物质的量	摩[尔]	mol	摄氏温度	摄氏度	℃	1℃ =1K	质量	吨	t	$1t=10^3 kg$

2. 常用十进倍数单位及分数单位的词头

词头符号	M	k	d	c	m	μ
词头名称	兆	千	分	厘	毫	微
表示因素	10^6	10^3	10^{-1}	10^{-2}	10^{-3}	10^{-6}

3. 单位换算表

（1）质量

kg	t（吨）	lb（磅）
1	0.001	2.20462
1000	1	2204.62
0.4536	4.536×10^{-4}	1

（2）长度

m	in（英寸）	ft（英尺）	yd（码）
1	39.3701	3.2808	1.09361
0.025400	1	0.073333	0.02778
0.30480	12	1	0.33333
0.9144	36	3	1

（3）力

N	kgf	lbf	dyn
1	0.102	0.2248	1×10^5
9.80665	1	2.2046	9.80665×10^5
4.448	0.4536	1	4.448×10^5
1×10^{-5}	1.02×10^{-6}	2.248×10^{-6}	1

（4）流量

L/s	m^3/s	gal/min	ft^3/s
1	0.001	15.850	0.03531
0.2778	2.778×10^{-4}	4.403	9.810×10^{-3}
1000	1	1.5850×10^{-4}	35.31
0.06309	6.309×10^{-5}	1	0.002228
7.866×10^{-3}	7.866×10^{-6}	0.12468	2.778×10^{-4}
28.32	0.02832	448.8	1

（5）压力

Pa	bar	kgf/cm^2	atm	mmH_2O	mmHg	lbf/in^2
1	1×10^{-5}	1.02×10^{-5}	0.99×10^{-5}	0.102	0.0075	14.5×10^{-5}
1×10^5	1	1.02	0.9869	10197	750.1	14.5
98.07×10^3	0.9807	1	0.9678	1×10^4	735.56	14.2
1.01325×10^5	1.013	1.0332	1	1.0332×10^4	760	14.697
9.807	9.807×10^{-5}	0.0001	0.9678×10^{-4}	1	0.0736	1.423×10^{-3}
133.32	1.333×10^{-3}	0.136×10^{-2}	0.00132	13.6	1	0.01934
6894.8	0.06895	0.703	0.068	703	51.71	1

（6）体积

m^3	L（升）	ft^3	m^3	L（升）	ft^3
1	1000	35.3147	0.02832	28.3161	1
0.001	1	0.03531			

（7）动力黏度

Pa · s	P	cP	lbf/（ft · s）	$kgf\cdot s/m^2$
1	10	1×10^3	0.672	0.102
1×10^{-1}	1	1×10^2	0.6720	0.0102
1×10^{-3}	0.01	1	6.720×10^{-4}	0.102×10^{-3}
1.4881	14.881	1488.1	1	0.1519
9.81	98.1	9810	6.59	1

（8）运动黏度

m^2/s	cm^2/s	ft^2/s
1	1×10^4	10.76
10^{-4}	1	1.076×10^{-3}
92.9×10^{-3}	929	1

（9）功率

W	kgf · m/s	ft · lbf/s	英制马力	kcal/s	Btu/s
1	0.10197	0.7376	1.341×10^{-3}	0.2389×10^{-3}	0.9486×10^{-3}
9.8067	1	7.23314	0.01315	0.2342×10^{-2}	0.9293×10^{-2}
1.3558	0.13825	1	0.0018182	0.3238×10^{-3}	0.12851×10^{-2}
745.69	76.0375	550	1	0.17803	0.70675
4186.8	426.85	3087.44	5.6135	1	3.9683
1055	107.58	778.168	1.4148	0.251996	1

附录二

某些气体的重要物理性质（101.3kPa）

名称	分子式	密度（0℃）/（kg/m³）	比定压热容/[kJ/（kg·℃）]	黏度 μ×10⁵/Pa·s	沸点/℃	汽化热/（kJ/kg）	临界点		热导率/[W/（m·℃）]
							温度/℃	压强/kPa	
空气	—	1.293	1.009	1.73	-195	197	-140.7	3768.4	0.0244
氧	O_2	1.429	0.653	2.03	-132.98	213	-118.82	5036.6	0.0240
氮	N_2	1.251	0.745	1.70	-195.78	199.2	-147.13	3392.5	0.0228
氢	H_2	0.0899	10.13	0.842	-252.75	454.2	-239.9	1296.6	0.163
氦	He	0.1785	3.18	1.88	-268.95	19.5	-267.96	228.94	0.144
氩	Ar	1.7820	0.322	2.09	-185.87	163	-122.44	4862.4	0.0173
氯	Cl_2	3.217	0.355	1.29（16℃）	-33.8	305	+144.0	7708.9	0.0072
氨	NH_3	0.711	1.67	0.918	-33.4	1373	+132.4	1129.5	0.0215
一氧化碳	CO	1.250	0.754	1.66	-191.48	211	-140.2	3497.9	0.0226
二氧化碳	CO_2	1.976	0.653	1.37	-78.2	574	+31.1	7384.8	0.0137
硫化氢	H_2S	1.539	0.804	1.166	-60.2	548	+100.4	19136	0.0131
甲烷	CH_4	0.717	1.70	1.03	-161.58	511	-82.15	4619.3	0.0300
乙烷	C_2H_6	1.357	1.44	0.850	-88.50	486	+32.1	4948.5	0.0180
丙烷	C_3H_8	2.020	1.65	0.795（18℃）	-42.1	427	+95.6	4355.9	0.0148
正丁烷	C_4H_{10}	2.673	1.73	0.810	-0.5	386	+152	3798.8	0.0135
正戊烷	C_5H_{12}	—	1.57	0.874	-36.08	360	+197.1	3342.9	0.0128
乙烯	C_2H_4	1.261	1.222	0.935	+103.7	481	+9.7	5135.9	0.0164
丙烯	C_3H_6	1.914	1.436	0.835（20℃）	-47.7	440	+91.4	4599.0	—
乙炔	C_2H_2	1.171	1.352	0.935	-83.66（升华）	829	+35.7	6240.0	0.0184
氯甲烷	CH_3Cl	2.303	0.582	0.989	-24.1	406	+148	6685.8	0.0085
苯	C_6H_6	—	1.139	0.72	+80.2	394	+288.5	4832.0	0.0088
二氧化硫	SO_2	2. 927	0.502	1.17	-10.8	394	+157.5	7879.1	0.0077
二氧化氮	NO_2	—	0.615	—	+21.2	712	+158.2	10130	0.0400

附录三

某些有机液体的相对密度（液体密度与4℃时水的密度之比）

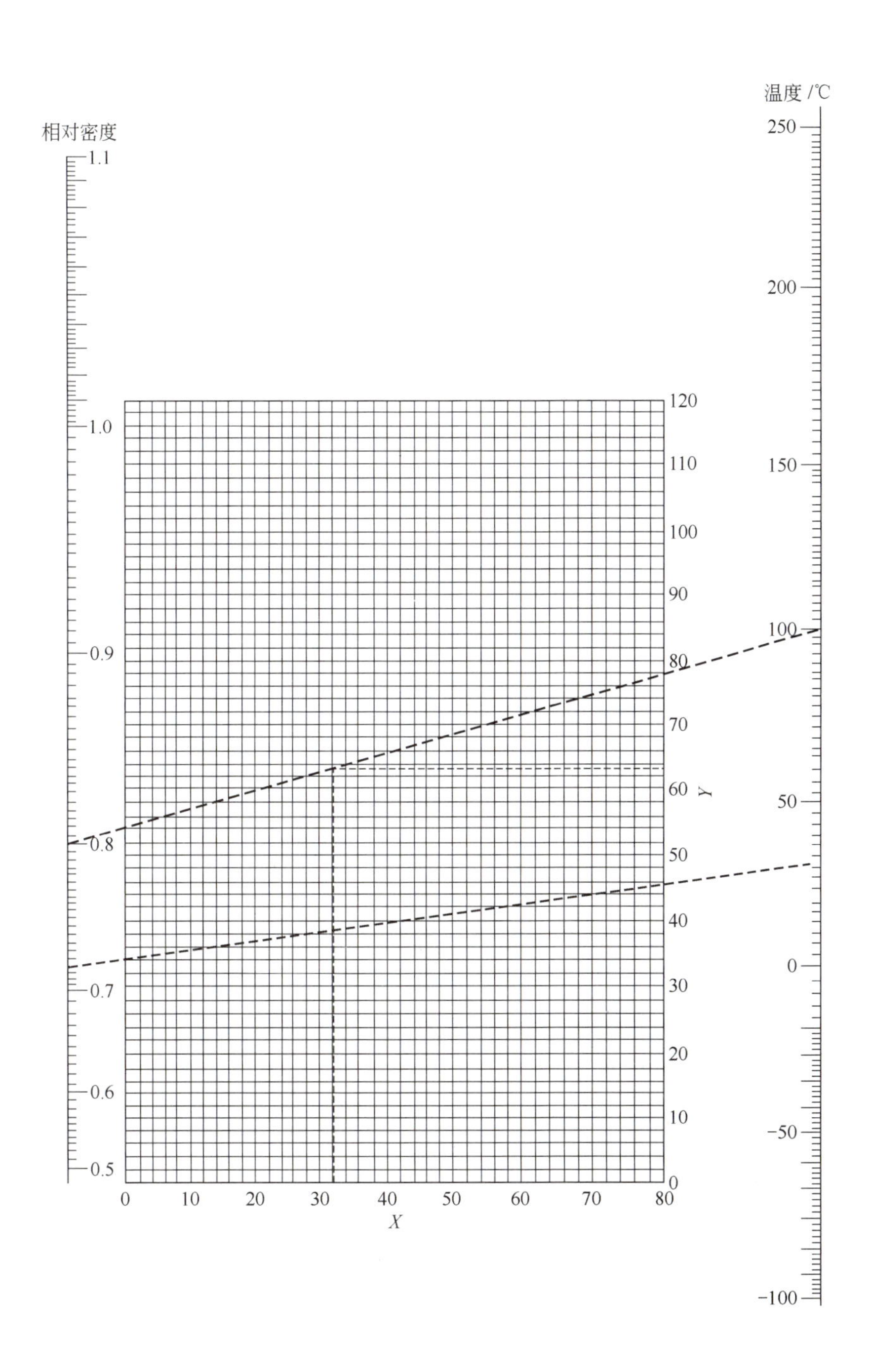

用法举例：求乙丙醚在30℃时的相对密度。首先由表中查得乙丙醚的坐标X=20.0，Y=37.0。然后根据X和Y的值在共线图上标出相应的点，将该点与图中右方温度标尺上的30℃点连成一条直线，将该直线延长与左方相对密度标尺相交，由该点读出乙丙醚的相对密度为0.718。

有机液体相对密度共线图的坐标值

有机液体	X	Y	有机液体	X	Y
乙炔	20.8	10.1	甲酸乙酯	37.6	68.4
乙烷	10.3	4.4	甲酸丙酯	33.8	66.7
乙烯	17.0	3.5	丙烷	14.2	12.2
乙醇	24.2	48.6	丙酮	26.1	47.8
乙醚	22.6	35.8	内醇	23.8	50.8
乙丙醚	20.0	37.0	丙酸	35.0	83.5
乙硫醇	32.0	55.5	丙酸甲酯	36.5	68.3
乙硫醚	25.7	55.3	丙酸乙酯	32.1	63.9
二乙胺	17.8	33.5	戊烷	12.6	22.6
二硫化碳	18.6	45.4	异戊烷	13.5	22.5
异丁烷	13.7	16.5	辛烷	12.7	32.5
丁酸	31.3	78.7	庚烷	12.6	29.8
丁酸甲酯	31.5	65.5	苯	32.7	63.0
异丁酸	31.5	75.9	苯酚	35.7	103.8
丁酸（异）甲酯	33.0	64.1	苯胺	33.5	92.5
十一烷	14.4	39.2	氟苯	41.9	86.7
十二烷	14.3	41.4	癸烷	16.0	38.2
十三烷	15.3	42.4	氨	22.4	24.6
十四烷	15.8	43.3	氯乙烷	42.7	62.4
三乙胺	17.9	37.0	氯甲烷	52.3	62.9
三氢化磷	28.0	22.1	氯苯	41.7	105.0
己烷	13.5	27.0	氰丙烷	20.1	44.6
壬烷	16.2	36.5	氰甲烷	21.8	44.9
六氢吡啶	27.5	60.0	环己烷	19.6	44.0
甲乙醚	25.0	34.4	乙酸	40.6	93.5
甲醇	25.8	49.1	乙酸甲酯	40.1	70.3
甲硫醇	37.3	59.6	乙酸乙酯	35.0	65.0
甲硫醚	31.9	57.4	乙酸丙酯	33.0	65.5
甲醚	27.2	30.1	甲苯	27.0	61.0
甲酸甲酯	46.4	74.6	异戊醇	20.5	52.0

附录四

某些液体的重要物理性质

名称	分子式	密度（20℃）/（kg/m³）	沸点(101.3kPa)/℃	汽化焓(760mmHg)/（kJ/kg）	比热容（20℃）/[kJ/(kg·℃)]	黏度（20℃）/mPa·s	热导率（20℃）/[W/(m·℃)]	体积膨胀系数（20℃）/(×10⁻⁴℃⁻¹)	表面张力（20℃）/（×10³N/m）
水	H_2O	998	100	2258	4.183	1.005	0.559	1.82	72.8
氯化钠盐水（25%）	—	1186（25℃）	107	—	3.39	2.3	0.57（30℃）	（4.4）	
氯化钙盐水（25%）	—	1228	170	—	2.89	2.5	0.57	（3.4）	
硫酸	H_2SO_4	1831	340（分解）	—	1.47（98%）	23	0.38	5.7	
硝酸	HNO_3	1513	86	481.1		1.17（10℃）			
盐酸（30%）	HCl	1149			2.55	2（31.5%）	0.42	12.1	

续表

名称	分子式	密度（20℃）/（kg/m³）	沸点（101.3kPa）/℃	汽化焓（760mmHg）/（kJ/kg）	比热容（20℃）/[kJ/（kg·℃）]	黏度（20℃）/mPa·s	热导率（20℃）/[W/（m·℃）]	体积膨胀系数（20℃）/（$\times10^{-4}$℃$^{-1}$）	表面张力（20℃）/（$\times10^{3}$N/m）
二硫化碳	CS_2	1262	46.3	352	1.005	0.38	0.16	15.9	32
戊烷	C_5H_{12}	626	36.07	357.4	2.24（15.6℃）	0.229	0.113		16.2
己烷	C_6H_{14}	659	68.74	335.1	2.31（15.6℃）	0.313	0.119		18.2
庚烷	C_7H_{16}	684	98.43	316.5	2.21（15.6℃）	0.411	0.123		20.1
辛烷	C_8H_{18}	703	125.67	306.4	2.19（15.6℃）	0.540	0.131		21.8
三氯甲烷	$CHCl_3$	1489	61.2	253.7	0.992	0.58	0.138（30℃）	12.6	28.5（10℃）
四氯化碳	CCl_4	1594	76.8	195	0.850	1.0	0.12		26.8
1，2-二氯乙烷	$C_2H_4Cl_2$	1253	83.6	324	1.260	0.83	1.14（50℃）		30.8
苯	C_6H_6	879	80.10	393.9	1.704	0.737	0.148	12.4	28.6
甲苯	C_7H_8	867	110.63	363	1.70	0.675	0.138	10.9	27.9
邻二甲苯	C_8H_{10}	880	144.42	347	1.74	0.811	0.142		30.2
间二甲苯	C_8H_{10}	864	139.10	343	1.70	0.611	0.167	10.1	29.0
对二甲苯	C_8H_{10}	861	138.35	340	1.704	0.643	0.129		28.0
苯乙烯	C_8H_9	911（15.6℃）	145.2	（352）	1.733	0.72			
氯苯	C_6H_5Cl	1106	131.8	325	3.391	0.85	0.14（30℃）		32
硝苯基	$C_6H_5NO_2$	1203	210.9	396	1.47	2.1	0.15		41
苯胺	$C_6H_5NH_2$	1022	184.4	448	2.07	4.3	0.17	8.5	42.9
酚	C_6H_5OH	1050（50℃）	181.8（熔点40.9℃）	511		3.4			
萘	$C_{10}H_8$	1145（固体）	217.9（熔点80.2℃）	314	1.80（100℃）	0.59（100℃）	—	—	—
甲醇	CH_3OH	791	64.7	1101	2.48	0.6	0.212	12.2	22.6
乙醇	C_2H_5OH	789	78.3	846	2.39	1.15	0.172	11.6	22.8
乙醇（95%）		804	78.2			1.4			
乙二醇	$C_2H_4(OH)_2$	1113	197.6	800	2.35	23			47.7
甘油	$C_3H_5(OH)_3$	1261	290（分解）	—		149	0.59	5.3	63
乙醚	$(C_2H_5)_2O$	714	34.6	360	2.34	0.24	0.14	16.3	18
乙醛	CH_3CHO	783（18℃）	20.2	574	1.9	1.3（18℃）			21.2
糖醛	$C_5H_4O_2$	1168	161.7	452	1.6	1.15（50℃）			48.5
丙酮	CH_3COCH_3	792	56.2	523	2.35	0.32	0.17		23.7
甲酸	$HCOOH$	1220	100.7	494	2.17	1.9	0.26		27.8
乙酸	CH_3COOH	1049	118.1	406	1.99	1.3	0.17	10.7	23.9
乙酸乙酯	$CH_3COOC_2H_5$	901	77.1	368	1.92	0.48	0.14（10℃）		
煤油		780～820				3	0.15	10.0	
汽油		680～800				0.7～0.8	0.13（30℃）	12.5	

附录五

部分无机盐水溶液的沸点（101.3kPa）

物质	沸点/℃								
	101	102	103	104	105	107	110	115	120
	溶液含量（质量分数）/%								
$CaCl_2$	5.66	10.31	14.16	17.36	20.00	24.24	29.33	35.68	40.83
KOH	4.49	8.51	11.97	14.82	17.01	20.88	25.65	31.97	36.51
KCl	8.42	14.31	18.96	23.02	26.57	32.02	—	—	—
K_2CO_3	10.31	18.37	24.24	28.57	32.24	37.69	43.97	50.86	56.04
KNO_3	13.19	23.66	32.23	39.20	45.10	54.65	65.34	79.53	—
$MgCl_2$	4.67	8.42	11.66	14.31	16.59	20.32	24.41	29.48	33.07
$MgSO_4$	14.31	22.78	28.31	32.23	35.32	42.86	—	—	—
NaOH	4.12	7.40	10.15	12.51	14.53	18.32	23.08	26.21	33.77
NaCl	6.19	11.03	14.67	17.69	20.32	25.09	—	—	—
$NaNO_3$	8.26	15.61	21.87	27.53	32.43	40.47	49.87	60.94	68.94
Na_2SO_4	15.26	24.81	30.73	—	—	—	—	—	—
Na_2CO_3	9.42	17.22	23.72	29.18	33.86	—	—	—	—
$CuSO_4$	26.95	39.98	40.83	44.47	—	—	—	—	—
$ZnSO_4$	20.00	31.22	37.89	42.92	46.15	—	—	—	—
NH_4NO_3	9.09	16.66	23.08	29.08	34.21	42.53	51.92	63.24	71.26
NH_4Cl	6.10	11.35	15.96	19.80	22.89	28.37	35.98	46.95	—
$(NH_4)_2SO_4$	13.34	23.41	30.65	36.71	41.79	49.73	—	—	—

物质	沸点/℃									
	125	140	160	180	200	220	240	260	280	300
	溶液含量（质量分数）/%									
$CaCl_2$	45.80	57.89	68.94	75.86	—	—	—	—	—	—
KOH	40.23	48.05	54.89	60.41	64.91	68.73	72.46	75.76	78.95	81.63
KCl	—	—	—	—	—	—	—	—	—	—
K_2CO_3	60.40	—	—	—	—	—	—	—	—	—
KNO_3	—	—	—	—	—	—	—	—	—	—
$MgCl_2$	36.02	38.61	—	—	—	—	—	—	—	—
$MgSO_4$	—	—	—	—	—	—	—	—	—	—
NaOH	37.58	48.32	60.13	69.97	77.53	84.03	88.89	93.02	95.92	98.47
NaCl	—	—	—	—	—	—	—	—	—	—
$NaNO_3$	—	—	—	—	—	—	—	—	—	—
Na_2SO_4	—	—	—	—	—	—	—	—	—	—
Na_2CO_3	—	—	—	—	—	—	—	—	—	—
$CuSO_4$	—	—	—	—	—	—	—	—	—	—
$ZnSO_4$	—	—	—	—	—	—	—	—	—	—
NH_4NO_3	77.11	87.09	93.20	96.00	97.61	98.84	—	—	—	—
NH_4Cl	—	—	—	—	—	—	—	—	—	—
$(NH_4)_2SO_4$	—	—	—	—	—	—	—	—	—	—

附录六

某些固体材料的重要物理性质

A. 固体材料的密度、热导率和比热容

名称	密度 / (kg/m^3)	热导率		比热容	
		W/ (m · K)	kcal/ (m · h · ℃)	kJ/ (kg · K)	kcal/ (kg · ℃)
(1) 金属					
钢	7850	45.3	39	0.46	0.11
不锈钢	7900	17	15	0.5	0.12
铸铁	7220	62.8	54	0.5	0.12
铜	8800	383.8	330	0.41	0.097
青铜	8000	64	55	0.38	0.091
黄铜	8600	85.5	73.5	0.38	0.09
铝	2670	203.5	175	0.92	0.22
镍	9000	58.2	50	0.46	0.11
铅	11400	34.9	30	0.13	0.031
(2) 塑料					
酚醛	1250～1300	0.13～0.26	0.11～0.22	1.3～1.7	0.3～0.4
脲醛	1400～1500	0.3	0.26	1.3～1.7	0.3～0.4
聚氯乙烯	1380～1400	0.16	0.14	1.8	0.44
聚苯乙烯	1050～1070	0.08	0.07	1.3	0.32
低压聚乙烯	940	0.29	0.25	2.6	0.61
高压聚乙烯	920	0.26	0.22	2.2	0.53
有机玻璃	1180～1190	0.14～0.20	0.12～0.17		
(3) 建筑材料、绝热材料、耐酸材料及其他					
干砂	1500～1700	0.45～0.48	0.39～0.50	0.8	0.19
黏土	1600～1800	0.47～0.53	0.4～0.46	0.75 (-20～20℃)	0.18 (-20～20℃)
锅炉炉渣	700～1100	0.19～0.30	0.16～0.26		
黏土砖	1600～1900	0.47～0.67	0.4～0.58	0.92	0.22
耐火砖	1840	1.05 (800～1100℃)	0.9 (800～1100℃)	0.88～1.0	0.21～0.24
绝缘砖 (多孔)	600～1400	0.16～0.37	0.14～0.32		
混凝土	2000～2400	1.3～1.55	1.1～1.33	0.84	0.2
松木	500～600	0.07～0.10	0.06～0.09	2.7 (0～100℃)	0.65 (0～100℃)
软土	100～300	0.041～0.064	0.035～0.055	0.96	0.23
石棉板	770	0.11	0.1	0.816	0.195
石棉水泥板	1600～1900	0.35	0.3		
玻璃	2500	0.74	0.64	0.67	0.16
耐酸陶瓷制品	2200～2300	0.93～1.0	0.8～0.9	0.75～0.80	0.18～0.19
耐酸砖和板	2100～2400				
耐酸搪瓷	2300～2700	0.99～1.04	0.85～0.9	0.84～1.26	0.2～0.3
橡胶	1200	0.16	0.14	1.38	0.33
冰	900	2.3	2	2.11	0.505

B. 固体物料的表观密度

名称	表观密度 /(kg/m³)	名称	表观密度 /(kg/m³)	名称	表观密度 /(kg/m³)
磷灰石	1850	石英	1500	食盐	1020
结晶石膏	1300	焦炭	500	木炭	200
干黏土	1380	黄铁矿	3300	煤	800
炉灰	680	块状白垩	1300	磷灰石	1600
干土	1300	干砂	1200	聚苯乙烯	1020
石灰石	1800	结晶碳酸钠	800		

附录七

水的重要物理性质

温度 T/℃	饱和蒸气压 p /kPa	密度 ρ /(kg/m³)	焓 H /(kJ/kg)	比热容 c_p /[kJ/(kg·℃)]	热导率 $\lambda\times10^2$ /[W/(m·℃)]	黏度 $\mu\times10^5$ /Pa·s	体积膨胀系数 $\beta\times10^4$ /℃$^{-1}$	表面张力 $\sigma\times10^3$ /(N/m)	普兰德数 Pr
0	0.608	999.9	0	4.212	55.13	179.21	0.63	75.6	13.66
10	1.226	999.7	42.04	4.197	57.45	130.77	0.70	74.1	9.52
20	2.335	998.2	83.90	4.183	59.89	100.50	1.82	72.6	7.01
30	4.247	995.7	125.7	4.174	61.76	80.07	3.21	71.2	5.42
40	7.377	992.2	167.5	4.174	63.38	65.60	3.87	69.6	4.32
50	12.31	988.1	209.3	4.174	64.78	54.94	4.49	67.7	3.54
60	19.92	983.2	251.1	4.178	65.94	46.88	5.11	66.2	2.98
70	31.16	977.8	293.0	4.178	66.76	40.61	5.70	64.3	2.54
80	47.38	971.8	334.9	4.195	67.45	35.65	6.32	62.6	2.22
90	70.14	965.3	377.0	4.208	67.98	31.65	6.95	60.7	1.96
100	101.3	958.4	419.1	4.220	68.04	28.38	7.52	58.8	1.76
110	143.3	951.0	461.34	4.238	68.27	25.89	8.08	56.9	1.61
120	198.6	943.1	503.67	4.250	68.50	23.73	8.64	54.8	1.47
130	270.3	934.8	546.38	4.266	68.50	21.77	9.17	52.8	1.36
140	361.5	926.1	589.08	4.287	68.27	20.10	9.72	50.7	1.26
150	476.2	917.0	632.20	4.312	68.38	18.63	10.3	48.6	1.18
160	618.3	907.4	675.3	4.346	68.27	17.36	10.7	46.6	1.11
170	792.6	897.3	719.3	4.379	67.92	16.28	11.3	45.3	1.05
180	1003.5	886.9	763.3	4.417	67.45	15.30	11.9	42.3	1.00
190	1255.6	876.0	807.6	4.460	66.99	14.42	12.6	40.8	0.96
200	1554.8	863.0	852.4	4.505	66.29	13.63	13.3	38.4	0.93
210	1917.7	852.8	897.7	4.555	65.48	13.04	14.1	36.1	0.91
220	2320.9	840.3	943.7	4.614	64.55	12.46	14.8	33.8	0.89
230	2798.6	827.3	990.2	4.681	63.73	11.97	15.9	31.6	0.88
240	3347.9	813.6	1037.5	4.756	62.80	11.47	16.8	29.1	0.87
250	3977.7	799.0	1085.6	4.844	61.76	10.98	18.1	26.7	0.86
260	4693.8	784.0	1135.0	4.949	60.84	10.59	19.7	24.2	0.87
270	5504.0	767.9	1185.3	5.070	59.96	10.20	21.6	21.9	0.88
280	6417.2	750.7	1236.3	5.229	57.45	9.81	23.7	19.5	0.89
290	7443.3	732.3	1289.9	5.485	55.82	9.42	26.2	17.2	0.93
300	8592.9	712.5	1344.8	5.736	53.96	9.12	29.2	14.7	0.97

附录八

饱和水蒸气表（按温度排列）

温度 T/℃	绝对压强 p/kPa	蒸汽密度 ρ/（kg/m³）	比焓 h/（kJ/kg） 液体	比焓 h/（kJ/kg） 蒸汽	比汽化焓 l/（kJ/kg）
0	0.6082	0.00484	0	2491	2491
5	0.8730	0.00680	20.9	2500.8	2480
10	1.226	0.00940	41.9	2510.4	2469
15	1.707	0.01283	62.8	2520.5	2458
20	2.335	0.01719	83.7	2530.1	2446
25	3.168	0.02304	104.7	2539.7	2435
30	4.247	0.03036	125.6	2549.3	2424
35	5.621	0.03960	146.5	2559.0	2412
40	7.377	0.05114	167.5	2568.5	2401
45	9.5837	0.06543	188.4	2577.8	2389
50	12.340	0.0830	209.3	2587.4	2378
55	15.74	0.1043	230.3	2596.7	2366
60	19.92	0.1301	251.2	2606.3	2355
65	25.01	0.1611	272.1	2615.5	2343
70	31.16	0.1979	293.1	2624.3	2331
75	38.55	0.2416	314.0	2633.5	2319
80	47.38	0.2929	334.9	2642.3	2307
85	57.88	0.3531	355.9	2651.1	2295
90	70.14	0.4229	376.8	2659.9	2283
95	84.56	0.5039	397.8	2668.7	2271
100	101.33	0.5970	418.7	2677.0	2258
105	120.85	0.7036	440.0	2685.0	2245
110	143.31	0.8254	461.0	2693.4	2232
115	169.11	0.9635	482.3	2701.3	2219
120	198.64	1.1199	503.7	2708.9	2205
125	232.19	1.296	525.0	2716.4	2191
130	270.25	1.494	546.4	2723.9	2178
135	313.11	1.715	567.7	2731.0	2163
140	361.47	1.962	589.1	2737.7	2149
145	415.72	2.238	610.9	2744.4	2134
150	476.24	2.543	632.2	2750.7	2119
160	618.28	3.252	675.8	2762.9	2087
170	792.59	4.113	719.3	2773.3	2054
180	1003.5	5.145	763.3	2782.5	2019
190	1255.6	6.378	807.6	2790.1	1982
200	1554.8	7.840	852.0	2795.5	1944
210	1917.7	9.567	897.2	2799.3	1902
220	2320.9	11.60	942.5	2801.0	1859
230	2798.6	13.98	988.5	2800.1	1812
240	3347.9	16.76	1034.6	2796.8	1762
250	3977.7	20.01	1081.4	2790.1	1709
260	4693.8	23.82	1128.8	2780.9	1652
270	5504.0	28.27	1176.9	2768.3	1591
280	6417.2	33.47	1225.5	2752.0	1526
290	7443.3	39.60	1274.5	2732.3	1457
300	8592.9	46.93	1325.5	2708.0	1382

附录九

饱和水蒸气表（按压力排列）

绝对压强 p/kPa	温度 t/℃	蒸汽密度 ρ /（kg/m^3）	比焓 H/（kJ/kg）		比汽化焓 /（kJ/kg）
			液体	蒸汽	
1.0	6.3	0.00773	26.5	2503.1	2477
1.5	12.5	0.01133	52.3	2515.3	2463
2.0	17.0	0.01486	71.2	2524.2	2453
2.5	20.9	0.01836	87.3	2531.8	2444
3.0	23.5	0.02179	98.4	2536.8	2438
3.5	26.1	0.02523	109.3	2541.8	2433
4.0	28.7	0.02867	120.2	2546.8	2427
4.5	30.8	0.03205	129.0	2550.9	2422
5.0	32.4	0.03537	135.7	2554.0	2416
6.0	35.6	0.04200	149.1	2560.1	2411
7.0	38.8	0.04864	162.4	2566.3	2404
8.0	41.3	0.05514	172.7	2571.0	2398
9.0	43.3	0.06156	181.2	2574.8	2394
10.0	45.3	0.06798	189.6	2578.5	2389
15.0	53.5	0.09956	224.0	2594.0	2370
20.0	60.1	0.1307	251.5	2606.4	2355
30.0	66.5	0.1909	288.8	2622.4	2334
40.0	75.0	0.2498	315.9	2634.1	2312
50.0	81.2	0.3080	339.8	2644.3	2304
60.0	85.6	0.3651	358.2	2652.1	2394
70.0	89.9	0.4223	376.6	2659.8	2283
80.0	93.2	0.4781	390.1	2665.3	2275
90.0	96.4	0.5338	403.5	2670.8	2267
100.0	99.6	0.5896	416.9	2676.3	2259
120.0	104.5	0.6987	437.5	2684.3	2247
140.0	109.2	0.8076	457.7	2692.1	2234
160.0	113.0	0.8298	473.9	2698.1	2224
180.0	116.6	1.021	489.3	2703.7	2214
200.0	120.2	1.127	493.7	2709.2	2205
250.0	127.2	1.390	534.4	2719.7	2185
300.0	133.3	1.650	560.4	2728.5	2168
350.0	138.8	1.907	583.8	2736.1	2152
400.0	143.4	2.162	603.6	2742.1	2138
450.0	147.7	2.415	622.4	2747.8	2125
500.0	151.7	2.667	639.6	2752.8	2113
600.0	158.7	3.169	676.2	2761.4	2091
700.0	164.0	3.666	696.3	2767.8	2072
800.0	170.4	4.161	721.0	2773.7	2053
900.0	175.1	4.652	741.8	2778.1	2036
1×10^3	179.9	5.143	762.7	2782.5	2020
1.1×10^3	180.2	5.633	780.3	2785.5	2005
1.2×10^3	187.8	6.124	797.9	2788.5	1991
1.3×10^3	191.5	6.614	814.2	2790.9	1977
1.4×10^3	194.8	7.103	829.1	2792.4	1964
1.5×10^3	198.2	7.594	843.9	2794.4	1951
1.6×10^3	201.3	8.081	857.8	2796.0	1938

续表

绝对压强 p/kPa	温度 t/℃	蒸汽密度 ρ/(kg/m³)	比焓 H/(kJ/kg)		比汽化焓/(kJ/kg)
			液体	蒸汽	
1.7×10^3	204.1	8.567	870.6	2797.1	1926
1.8×10^3	206.9	9.053	883.4	2798.1	1915
1.9×10^3	209.8	9.539	896.2	2799.2	1903
2×10^3	212.2	10.03	907.3	2799.7	1892
3×10^3	233.7	15.01	1005.4	2798.9	1794
4×10^3	250.3	20.10	1082.9	2789.8	1707
5×10^3	263.8	25.37	1146.9	2776.2	1629
6×10^3	275.4	30.85	1203.2	2759.5	1556
7×10^3	285.7	36.57	1253.2	2740.8	1488
8×10^3	294.8	42.58	1299.2	2720.5	1404
9×10^3	303.2	48.89	1343.5	2699.1	1357

附录十

干空气的热物理性质（$p=1.013\times10^5$ Pa）

温度 t/℃	密度 ρ /(kg/m³)	比热容 C_p /[kJ/(kg·℃)]	热导率 $\lambda\times10^2$ /[W/(m·℃)]	黏度 $\mu\times10^6$ /Pa·s	运动黏度 $\gamma\times10^6$ /(m²/s)	普兰特数 Pr
−50	1.584	1.013	2.04	14.6	9.23	0.728
−40	1.515	1.013	2.12	15.2	10.04	0.728
−30	1.453	1.013	2.20	15.7	10.80	0.723
−20	1.395	1.009	2.28	16.2	11.61	0.716
−10	1.342	1.009	2.36	16.7	12.43	0.712
0	1.293	1.005	2.44	17.2	13.28	0.707
10	1.247	1.005	2.51	17.6	14.16	0.705
20	1.205	1.005	2.59	18.1	15.06	0.703
30	1.165	1.005	2.67	18.6	16.00	0.701
40	1.128	1.005	2.76	19.1	16.96	0.699
50	1.093	1.005	2.83	19.6	17.95	0.698
60	1.060	1.005	2.90	20.1	18.97	0.696
70	1.029	1.009	2.96	20.6	20.02	0.694
80	1.000	1.009	3.05	21.1	21.09	0.692
90	0.972	1.009	3.13	21.5	22.10	0.690
100	0.946	1.009	3.21	21.9	23.13	0.688
120	0.898	1.009	3.34	22.8	25.45	0.686
140	0.854	1.013	3.49	23.7	27.80	0.684
160	0.815	1.017	3.64	24.5	30.09	0.682
180	0.779	1.022	3.78	25.3	32.49	0.681
200	0.746	1.026	3.93	26.0	34.85	0.680
250	0.674	1.038	4.27	27.4	40.61	0.677
300	0.615	1.047	4.60	29.7	48.33	0.674
350	0.566	1.059	4.91	31.4	55.46	0.676
400	0.524	1.068	5.21	33.0	63.09	0.678
500	0.456	1.093	5.74	36.2	79.38	0.687
600	0.404	1.114	6.22	39.1	96.89	0.699
700	0.362	1.135	6.71	41.8	115.4	0.706
800	0.329	1.156	7.18	44.3	134.8	0.713
900	0.301	1.172	7.63	46.7	155.1	0.717
1000	0.277	1.185	8.07	49.0	177.1	0.719
1100	0.257	1.197	8.50	51.2	199.3	0.722
1200	0.239	1.210	9.15	53.5	233.7	0.724

附录十一

水的黏度（0℃至100℃）

温度/℃	黏度/mPa·s	温度/℃	黏度/mPa·s	温度/℃	黏度/mPa·s
0	1.7921	33	0.7523	67	0.4233
1	1.7313	34	0.7371	68	0.4174
2	1.6728	35	0.7225	69	0.4117
3	1.6191	36	0.7085	70	0.4061
4	1.5674	37	0.6947	71	0.4006
5	1.5188	38	0.6814	72	0.3952
6	1.4728	39	0.6685	73	0.3900
7	1.4284	40	0.6560	74	0.3849
8	1.3860	41	0.6439	75	0.3799
9	1.3462	42	0.6321	76	0.3750
10	1.3077	43	0.6207	77	0.3702
11	1.2713	44	0.6097	78	0.3655
12	1.2363	45	0.5988	79	0.3610
13	1.2028	46	0.5883	80	0.3565
14	1.1709	47	0.5782	81	0.3521
15	1.1404	48	0.5683	82	0.3478
16	1.1111	49	0.5588	83	0.3436
17	1.0828	50	0.5494	84	0.3395
18	1.0559	51	0.5404	85	0.3355
19	1.0299	52	0.5315	86	0.3315
20	1.0050	53	0.5229	87	0.3276
20.2	1.0000	54	0.5146	88	0.3239
21	0.9810	55	0.5064	89	0.3202
22	0.9579	56	0.4985	90	0.3165
23	0.9358	57	0.4907	91	0.3130
24	0.9142	58	0.4832	92	0.3095
25	0.8937	59	0.4759	93	0.3060
26	0.8737	60	0.4688	94	0.3027
27	0.8545	61	0.4618	95	0.2994
28	0.8360	62	0.4550	96	0.2962
29	0.8180	63	0.4483	97	0.2930
30	0.8007	64	0.4418	98	0.2899
31	0.7840	65	0.4355	99	0.2868
32	0.7679	66	0.4293	100	0.2838

附录十二

液体黏度共线图

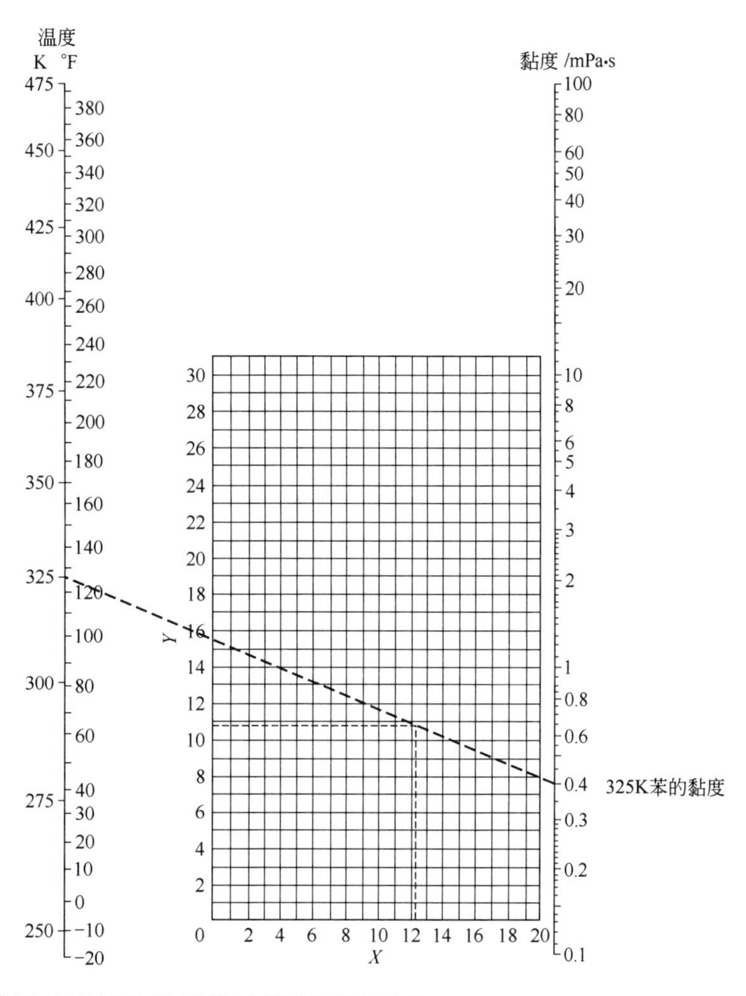

液体黏度共线图的坐标值及液体的密度列于下表。

序号	液　体	X	Y	密度(293K)/(kg/m³)	序号	液　体	X	Y	密度(293K)/(kg/m³)
1	醋酸（100%）	12.1	14.2	1049	13	甲酚（间位）	2.5	20.8	1034
2	（70%）	9.5	17.0	1069	14	二溴乙烷	12.7	15.8	2495
3	丙酮（100%）	14.5	7.2	792	15	二氯乙烷	13.2	12.2	1256
4	氨（100%）	12.6	2.0	817（194K）	16	二氯甲烷	14.6	8.9	1336
5	（26%）	10.1	13.9	904	17	乙酸乙酯	13.7	9.1	901
6	苯	12.5	10.9	880	18	乙醇（100%）	10.5	13.8	789
7	氯化钠盐水（25%）	10.2	16.6	1186(298K）	19	（95%）	9.8	14.3	804
8	溴	14.2	13.2	3119	20	（40%）	6.5	16.6	935
9	丁醇	8.6	17.2	810	21	乙苯	13.2	11.5	867
10	二氧化碳	11.6	0.3	1101(236K）	22	氯乙烷	14.8	6.0	917（279K）
11	二硫化碳	16.1	7.5	1263	23	乙醚	14.6	5.3	708（298K）
12	四氯化碳	12.7	13.1	1595	24	乙二醇	6.0	23.6	1113

续表

序号	液　体	X	Y	密度(293K)/(kg/m³)	序号	液　体	X	Y	密度(293K)/(kg/m³)
25	甲酸	10.7	15.8	1220	37	酚	6.9	20.8	1071(298K)
26	氯里昂-11(CCl_3F)	14.4	9.0	1494(290K)	38	钠	16.4	13.9	970
27	氯里昂-21($CHCl_2F$)	15.7	7.5	1426(273K)	39	氢氧化钠(50%)	3.2	26.8	1525
28	甘油(100%)	2.0	30.0	1261	40	二氧化硫	15.2	7.1	1434(273K)
29	盐酸(31.5%)	13.0	16.6	1157	41	硫酸(110%)	7.2	27.4	1980
30	异丙醇	8.2	16.0	789	42	(98%)	7.0	24.8	1836
31	煤油	10.2	16.9	780～820	43	(60%)	10.2	21.3	1498
32	汞	18.4	16.4	13546	44	甲苯	13.7	10.4	866
33	萘	7.8	18.1	1145	45	乙酸乙烯酯	14.0	8.8	932
34	硝酸(95%)	12.8	13.8	1493	46	水	10.2	13.0	998.2
35	(80%)	10.8	17.0	1367	47	对二甲苯	13.9	10.9	861
36	硝基苯	10.5	16.2	1205(288K)					

附录十三

气体黏度共线图

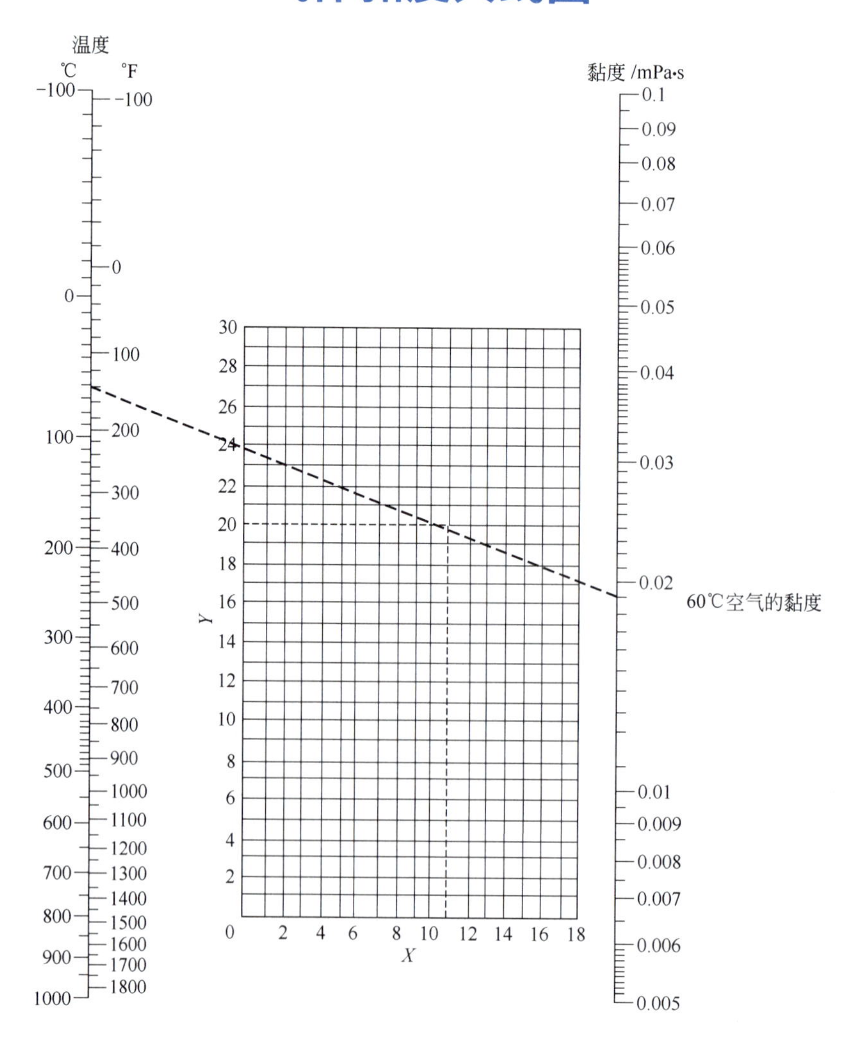

气体黏度共线图坐标值列于下表中。

序号	名称	X	Y	序号	名称	X	Y
1	空气	11.0	20.0	21	乙炔	9.8	14.9
2	氧	11.0	21.3	22	丙烷	9.7	12.9
3	氮	10.6	20.0	23	丙烯	9.0	13.8
4	氢	11.2	12.4	24	丁烯	9.2	13.7
5	$3H_2+N_2$	11.2	17.2	25	戊烷	7.0	12.8
6	水蒸气	8.0	16.0	26	己烷	8.6	11.8
7	二氧化碳	9.5	18.7	27	三氯化氮	8.9	15.7
8	一氧化碳	11.0	20.0	28	苯	8.5	13.2
9	氦	10.9	20.5	29	甲苯	8.6	12.4
10	硫化氢	8.6	18.0	30	甲醇	8.5	15.6
11	二氧化硫	9.6	17.0	31	乙醇	9.2	14.2
12	二硫化碳	8.0	16.0	32	丙醇	8.4	13.4
13	一氧化二氮	8.8	19.0	33	乙酸	7.7	14.3
14	一氧化氮	10.9	20.5	34	丙酮	8.9	13.0
15	氟	7.3	23.8	35	乙醚	8.9	13.0
16	氯	9.0	18.4	36	乙酸乙酯	8.5	13.2
17	氯化氢	8.8	18.7	37	氟里昂 -11	10.6	15.1
18	甲烷	9.9	15.5	38	氟里昂 -12	11.1	16.0
19	乙烷	9.1	14.5	39	氟里昂 -21	10.8	15.3
20	乙烯	9.5	15.1	40	氟里昂 -22	10.1	17.0

附录十四

气体热导率共线图（101.3kPa）

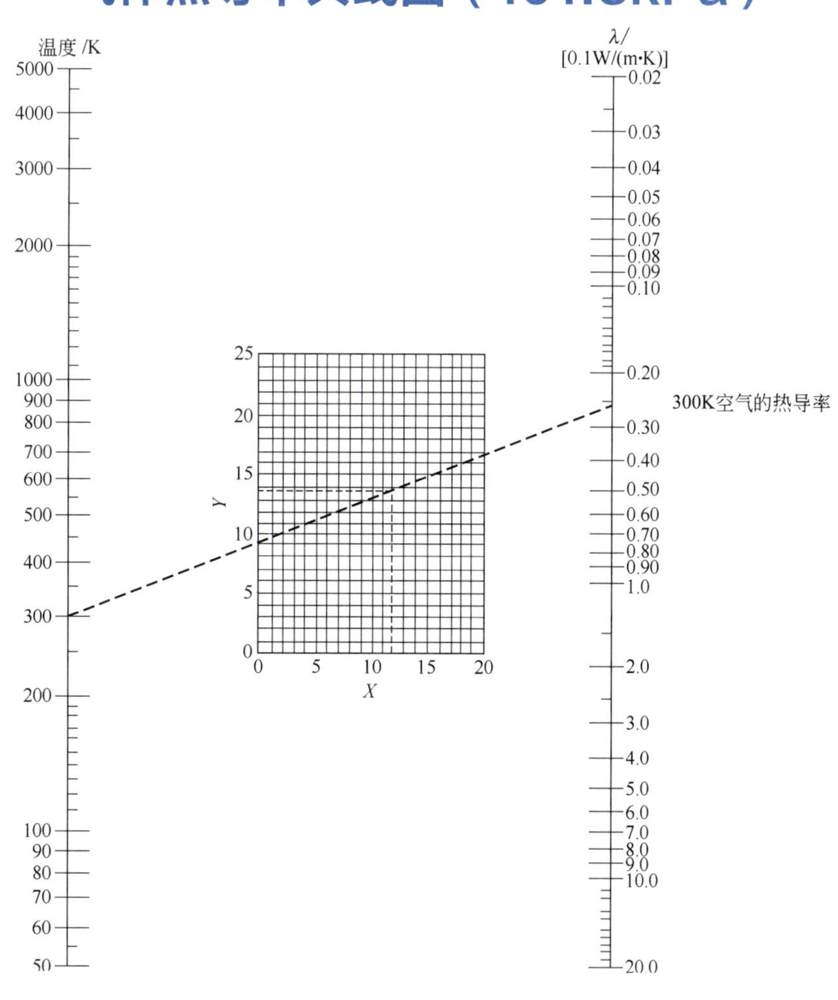

气体的热导率共线图坐标值（常压下用）

气体或蒸气	温度范围 /K	X	Y	气体或蒸气	温度范围 /K	X	Y
乙炔	200～600	7.5	13.5	氟里昂 -22	250～500	6.5	18.6
空气	50～250	12.4	13.9	氟里昂 -113	250～400	4.7	17.0
空气	250～1000	14.7	15.0	氦	50～500	17.0	2.5
空气	1000～1500	17.1	14.5	氦	500～5000	15.0	3.0
氨	200～900	8.5	12.6	正庚烷	250～600	4.0	14.8
氩	50～250	12.5	16.5	正庚烷	600～1000	6.9	14.9
氩	250～5000	15.4	18.1	正己烷	250～1000	3.7	14.0
苯	250～600	2.8	14.2	氢	50～250	13.2	1.2
三氟化硼	250～400	12.4	16.4	氢	250～1000	15.7	1.3
溴	250～350	10.1	23.6	氢	1000～2000	13.7	2.7
正丁烷	250～500	5.6	14.1	氯化氢	200～700	12.2	18.5
异丁烷	250～500	5.7	14.0	氪	100～700	13.7	21.8
二氧化碳	200～700	8.7	15.5	甲烷	100～300	11.2	11.7
二氧化碳	700～1200	13.3	15.4	甲烷	300～1000	8.5	11.0
一氧化碳	80～300	12.3	14.2	甲醇	300～500	5.0	14.3
一氧化碳	300～1200	15.2	15.2	氯甲烷	250～700	4.7	15.7
四氯化碳	250～500	9.4	21.0	氖	50～250	15.2	10.2
氯	200～700	10.8	20.1	氖	250～5000	17.2	11.0
氙	50～100	12.7	17.3	氧化氮	100～1000	13.2	14.8
丙酮	250～500	3.7	14.8	氮	50～250	12.5	14.0
乙烷	200～1000	5.4	12.6	氮	250～1500	15.8	15.3
乙醇	250～350	2.0	13.0	氮	1500～3000	12.5	16.5
乙醇	350～500	7.7	15.2	一氧化二氮	200～500	8.4	15.0
乙醚	250～500	5.3	14.1	一氧化二氮	500～1000	11.5	15.5
乙烯	200～450	3.9	12.3	氧	50～300	12.2	13.8
氟	80～600	12.3	13.8	氧	300～1500	14.5	14.8
氩	600～800	18.7	13.8	戊烷	250～500	5.0	14.1
氟里昂 -11	250～500	7.5	19.0	丙烷	200～300	2.7	12.0
氟里昂 -12	250～500	6.8	17.5	丙烷	300～500	6.3	13.7
氟里昂 -13	250～500	7.5	16.5	二氧化硫	250～900	9.2	18.5
氟里昂 -21	250～450	6.2	17.5	甲苯	250～600	6.4	14.8

附录十五

液体比热容共线图

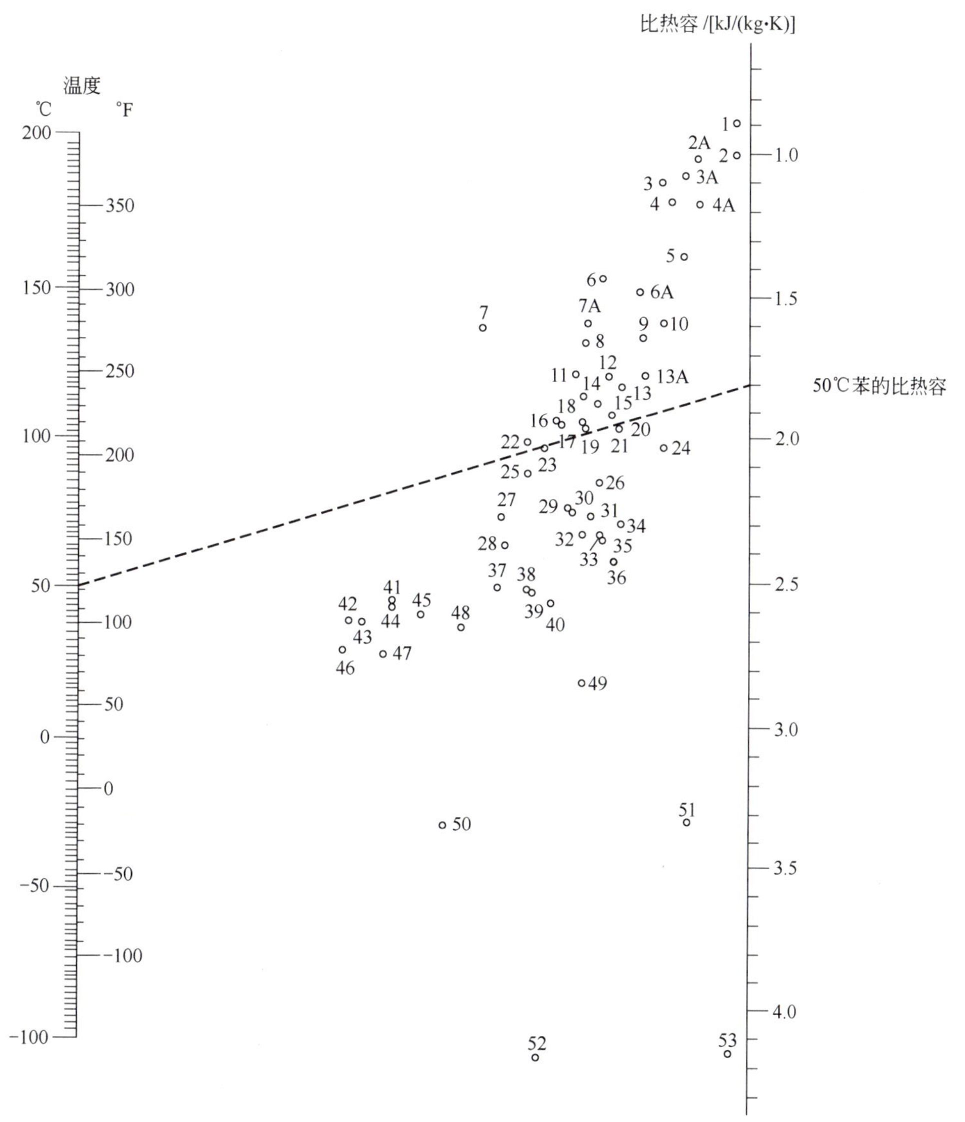

气体比热容共线图中的编号

编号	名称	温度范围/℃	编号	名称	温度范围/℃
53	水	10～200	21	癸烷	-80～25
51	盐水（25% NaCl）	-40～20	13A	氯甲烷	-80～20
49	盐水（25% $CaCl_2$）	-40～20	5	二氯甲烷	-40～50
52	氨	-70～50	4	三氯甲烷	0～50
11	二氧化硫	-20～100	22	二苯基甲烷	30～100
2	二氧化硫	-100～25	3	四氯化碳	10～60
9	硫酸（98%）	10～45	13	氯乙烷	-30～40
48	盐酸（30%）	20～100	1	溴乙烷	5～25
35	己烷	-80～20	7	碘乙烷	0～100
28	庚烷	0～60	6A	二氯乙烷	-30～60
33	辛烷	-50～25	3	过氯乙烷	-30～140
34	壬烷	-50～25	23	苯	10～80

续表

编号	名称	温度范围 /℃	编号	名称	温度范围 /℃
23	甲苯	0～60	44	丁醇	0～100
17	对二甲苯	0～100	43	异丁醇	0～100
18	间二甲苯	0～100	37	戊醇	-50～25
19	邻二甲苯	0～100	41	异戊醇	10～100
8	氯苯	0～100	39	乙二醇	-40～200
12	硝基苯	0～100	38	甘油	-40～20
30	苯胺	0～130	27	苯甲基醇	-20～30
10	苯甲基氯	-30～30	36	乙醚	-100～25
25	乙苯	0～100	31	异丙醚	-80～200
15	联苯	80～120	32	丙酮	20～50
16	联苯醚	0～200	29	乙酸	0～80
16	联苯 - 联苯醚	0～200	24	乙酸乙酯	-50～25
14	萘	90～200	26	乙酸戊酯	0～100
40	甲醇	-40～20	20	吡啶	-50～25
42	乙醇	30～80	2A	氟里昂 -11	-20～70
46	乙醇	20～80	6	氟里昂 -12	-40～15
50	乙醇	20～80	4A	氟里昂 -21	-20～70
45	丙醇	-20～100	7A	氟里昂 -22	-20～60
47	异丙醇	20～50	3A	氟里昂 -113	-20～70

附录十六

气体比热容共线图（101.3kPa）

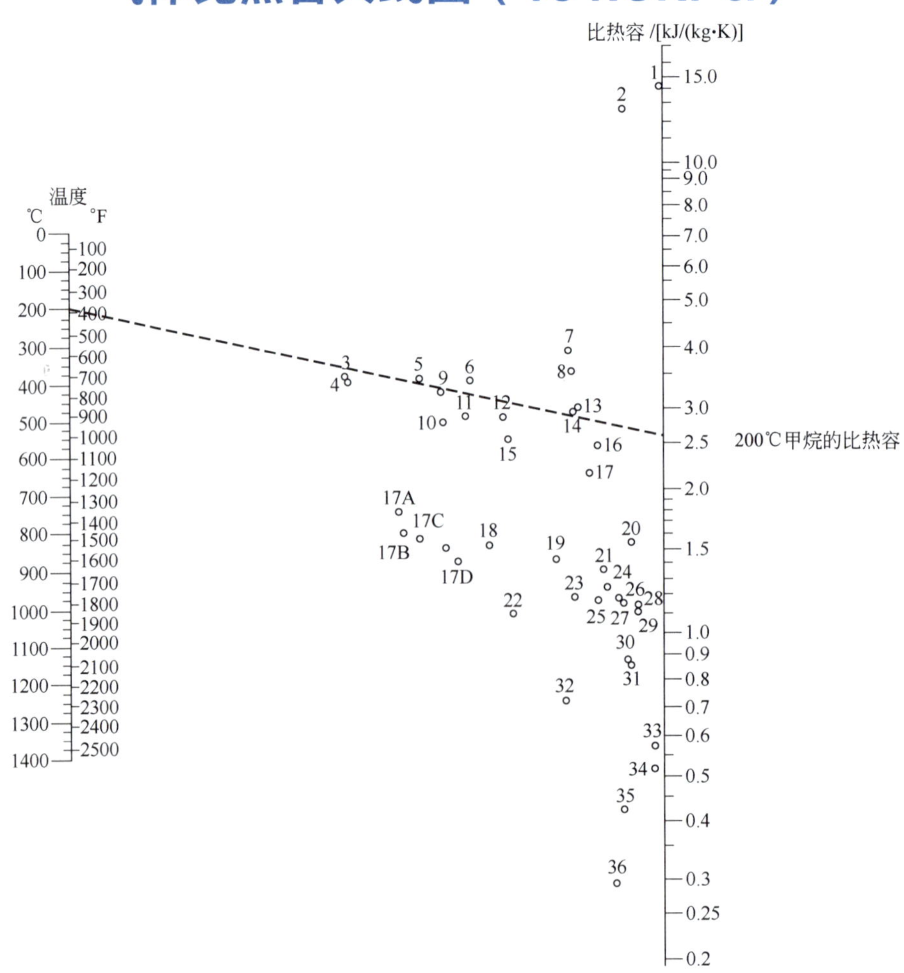

气体比热容共线图的编号

编号	气体	温度范围 /K	编号	气体	温度范围 /K
10	乙炔	273～473	1	氢	273～873
15	乙炔	473～673	2	氢	873～1673
16	乙炔	673～1673	35	溴化氢	273～1673
27	空气	273～1673	30	氯化氢	273～1674
12	氨	273～873	20	氟化氢	273～1675
14	氨	873～1673	36	碘化氢	273～1676
18	二氧化碳	273～673	19	硫化氢	273～973
24	二氧化碳	673～1673	21	硫化氢	973～1673
26	一氧化碳	273～1673	5	甲烷	273～573
32	氯	273～473	6	甲烷	573～973
34	氯	473～1673	7	甲烷	973～1673
3	乙烷	273～473	25	一氧化氮	273～973
9	乙烷	473～873	28	一氧化氮	973～1673
8	乙烷	873～1673	26	氮	273～1673
4	乙烯	273～473	23	氧	273～773
11	乙烯	473～873	29	氧	773～1673
13	乙烯	873～1673	33	硫	573～1673
17B	氟里昂 -11	273～423	22	二氧化硫	272～673
17C	氟里昂 -21	273～424	31	二氧化硫	673～1673
17A	氟里昂 -22	273～425	17	水	273～1673
17D	氟里昂 -113	273～426			

附录十七

液体汽化热共线图

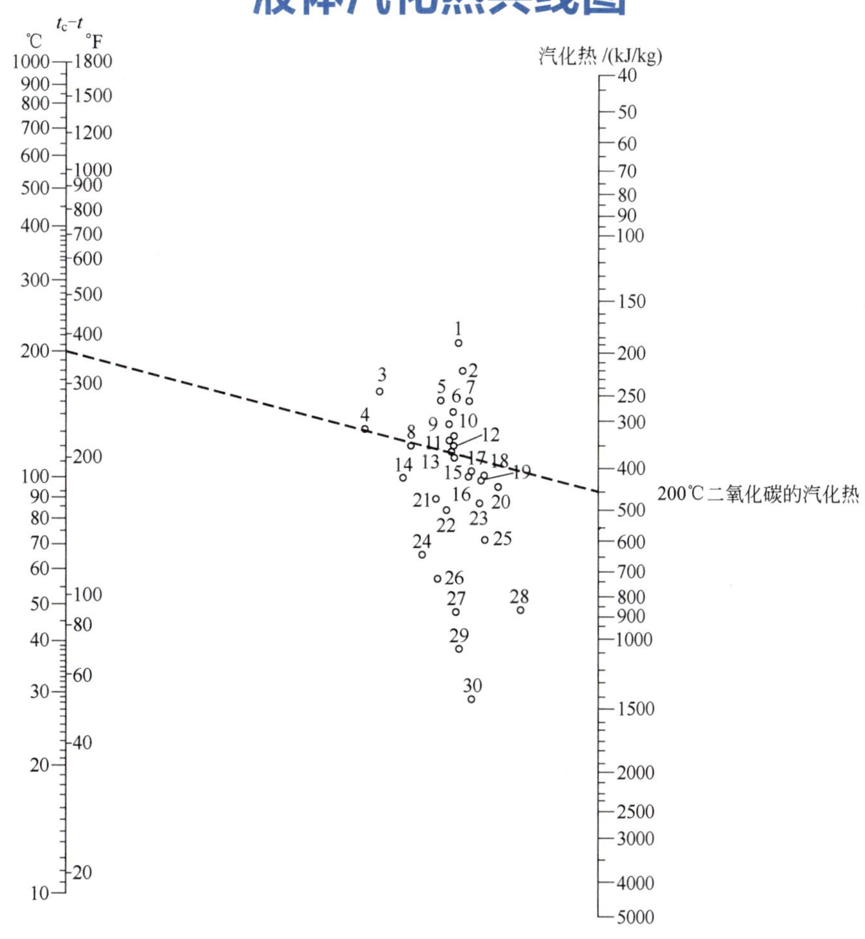

用法举例：求水在 t=100℃时的汽化热，从下表查得水的编号为 30，又查得水的 t_c=374℃，故得 t_c-t=(374-100)℃ =274℃，在本页共线图的 t_c-t 标尺定出 274℃的点，与图中编号为 30 的圆圈中心点连一直线，延长到汽化热的标尺上，读出交点数为 2300kJ/kg。

液体汽化热共线图的编号

编号	名称	t_c/℃	t_c-t/℃	编号	名称	t_c/℃	t_c-t/℃
30	水	374	100～500	7	三氯甲烷	263	140～275
29	氨	133	50～200	2	四氯化碳	283	30～250
19	一氧化氮	26	25～150	17	氯乙烷	187	100～250
21	二氧化碳	31	10～100	13	苯	289	10～400
4	二硫化碳	273	140～275	3	联苯	527	175～400
14	二氧化硫	157	90～160	27	甲醇	240	40～250
25	乙烷	32	25～150	26	乙醇	243	20～140
23	丙烷	96	40～200	24	丙醇	264	20～200
16	丁烷	153	90～200	13	乙醚	194	10～400
15	异丁烷	134	80～200	22	丙酮	235	120～210
12	戊烷	197	20～200	18	乙酸	321	100～225
11	己烷	235	50～225	2	氟里昂	198	70～250
10	庚烷	267	20～300	2	氟里昂	111	40～200
9	辛烷	296	30～300	5	氟里昂	178	70～225
20	一氯甲烷	143	70～250	6	氟里昂	96	50～170
8	二氯甲烷	216	150～250	1	氟里昂	214	90～250

附录十八

液体表面张力共线图

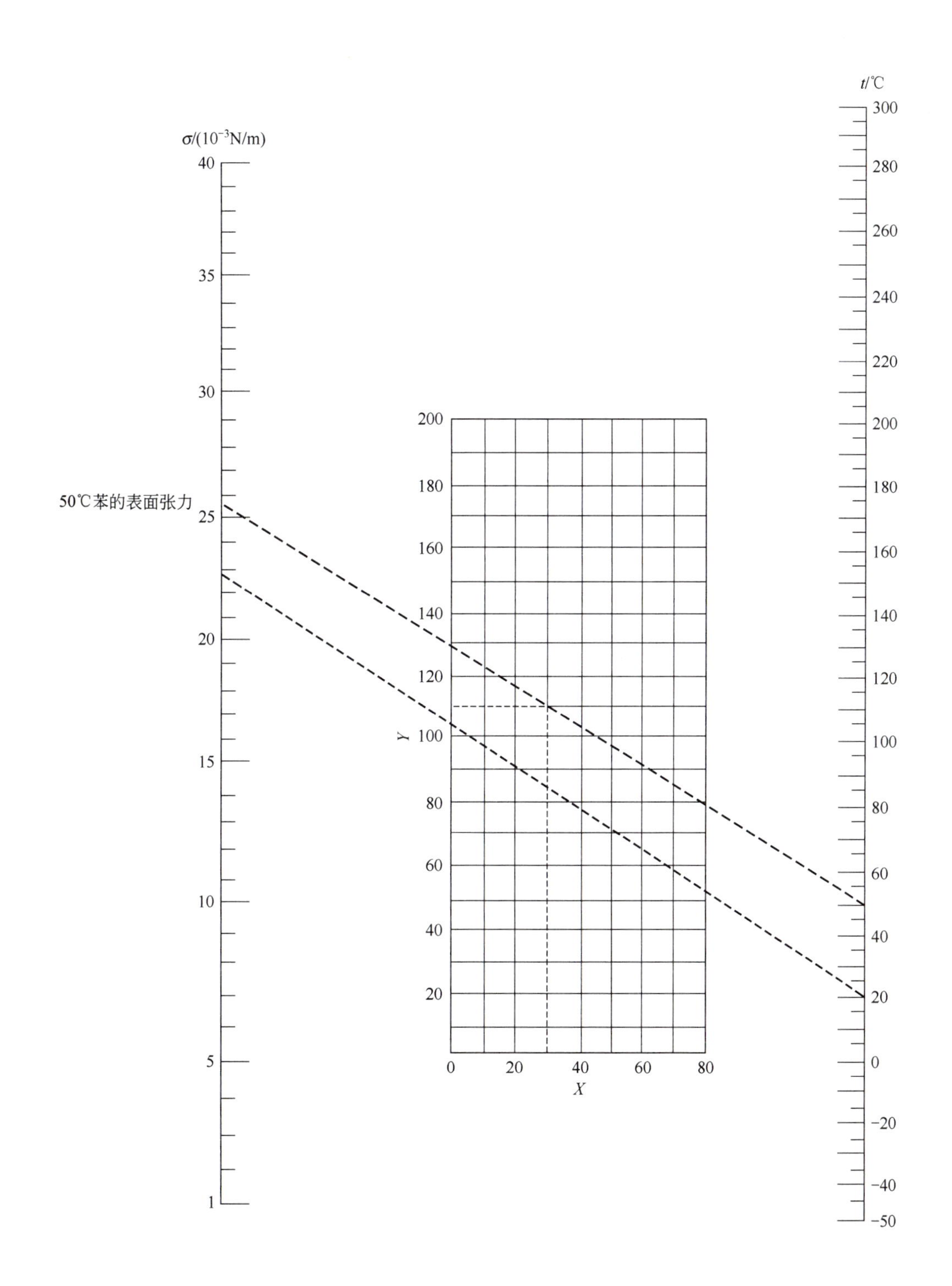

用法举例：求乙醇在20℃时的表面张力。首先由表中查得乙醇的坐标X=10.0，Y=97.0。然后根据X和Y的值在共线图上标出相应的点，将该点与图中右方温度标尺上20℃的点连成一条直线，将该直线延长与左方表面张力标尺相交，由交点读出20℃乙醇的表面张力为22.5×10^{-3}N/m。

液体表面张力共线图坐标值

编号	液体名称	X	Y	编号	液体名称	X	Y
1	环氧乙烷	42	83	52	二乙（基）酮	20	101
2	乙苯	22	118	53	异戊醇	6	106.8
3	乙胺	11.2	83	54	四氧化碳	26	104.5
4	乙硫醇	35	81	55	辛烷	17.7	90
5	乙醇	10	97	56	亚硝酰氯	38.5	93
6	乙醚	27.5	64	57	苯	30	110
7	乙醛	33	78	58	苯乙酮	18	163
8	乙醛肟	23.5	127	59	苯乙醚	20	134.2
9	乙酰胺	17	192.5	60	苯二乙胺	17	142.6
10	乙胺乙酸乙酯	21	132	61	苯二甲胺	20	149
11	二乙醇缩乙醛	19	88	62	苯甲醚	24.4	138.9
12	间二甲苯	20.5	118	63	苯甲酸乙酯	14.8	151
13	对二甲苯	19	117	64	苯胺	22.9	171.8
14	二甲胺	16	66	65	苯（基）甲胺	25	156
15	二甲醚	44	37	66	苯酚	20	168
16	1，2-二氯乙烯	32	122	67	苯并吡啶	19.5	183
17	二硫化碳	35.8	117.2	68	氨	56.2	63.5
18	丁酮	23.6	97	69	氧化亚氮	62.5	0.5
19	丁醇	9.6	107.5	70	草酸乙二酯	20.5	130.8
20	异丁醇	5	103	71	氯	45.5	59.2
21	丁酸	14.5	115	72	氯仿	32	101.3
22	异丁酸	14.8	107.4	73	对氯甲苯	18.7	134
23	丁酸乙酯	17.5	102	74	氯甲烷	45.8	53.2
24	丁（异）酸乙酯	20.9	93.7	75	氯苯	23.5	132.5
25	丁酸甲酯	25	88	76	对氯溴苯	14	162
26	丁（异）酸甲酯	24	93.8	77	氯甲苯（吡啶）	34	138.2
27	三乙胺	20.1	83.9	78	氰化乙烷（丙腈）	23	108.6
28	三甲胺	21	57.6	79	氰化丙烷（丁腈）	20.3	113
29	1，3，5-三甲苯	17	119.8	80	氰化甲烷（乙腈）	33.5	111
30	三苯甲烷	12.5	182.7	81	氰化苯（苯腈）	19.5	159
31	三氯乙醛	30	113	82	氰化氢	30.6	66
32	三聚乙醛	22.3	103.8	83	硫酸二乙酯	19.5	139.5
33	乙烷	22.7	72.2	84	硫酸二甲酯	23.5	158
34	六氢吡啶	24.7	120	85	硝基乙烷	25.4	126.1
35	甲苯	24	113	86	硝基甲烷	30	139
36	甲胺	42	58	87	萘	22.5	165
37	间甲酚	13	161.2	88	溴乙烷	31.6	90.2
38	对甲酚	11.5	160.5	89	溴苯	23.5	145.5
39	邻甲酚	20	161	90	碘乙烷	28	113.2
40	甲醇	17	93	91	茴香脑	13	158.1
41	甲酸甲酯	38.5	88	92	乙酸	17.1	116.5
42	甲酸乙酯	30.5	88.8	93	乙酸甲酯	34	90
43	甲酸丙酯	24	97	94	乙酸乙酯	27.5	92.4
44	丙胺	25.5	87.2	95	乙酸丙酯	23	97
45	对异丙基甲苯	12.8	121.2	96	乙酸异丁酯	16	97.2
46	丙酮	28	91	97	乙酸异戊酯	16.4	130.1
47	异丙醇	12	111.5	98	乙酸酐	25	129
48	丙醇	8.2	105.2	99	噻吩	35	121
49	丙酸	17	112	100	环乙烷	42	86.7
50	丙酸乙酯	22.6	97	101	磷酰氯	26	125.2
51	丙酸甲酯	29	95				

附录十九

管子规格

低压流体输送用焊接钢管规格（GB/T 3091—2015）

管端用螺纹和沟槽连接的钢管尺寸参见下表。

单位：mm

公称口径（DN）	外径（D）	壁厚（t）		公称口径（DN）	外径（D）	壁厚（t）	
		普通钢管	加厚钢管			普通钢管	加厚钢管
6	10.2	2.0	2.5	50	60.3	3.8	4.5
8	13.5	2.5	2.8	65	76.1	4.0	4.5
10	17.2	2.5	2.8	80	88.9	4.0	5.0
15	21.3	2.8	3.5	100	114.3	4.0	5.0
20	26.9	2.8	3.5	125	139.7	4.0	5.5
25	33.7	3.2	4.0	150	165.1	4.5	6.0
32	42.4	3.5	4.0	200	219.1	6.0	7.0
40	48.3	3.5	4.5				

注：表中的公称口径系近似内径的名义尺寸，不表示外径减去两倍壁厚所得的内径。

附录二十

离心泵规格（摘录）

1. IS 型单级单吸离心泵规格

泵型号	流量 /（m^3/h）	扬程 /m	转速 /（r/min）	汽蚀余量 /m	泵效率 /%	功率 /kW	
						轴功率	电机功率
IS50-32-125	7.5	22	2900		47	0.96	2.2
	12.5	20	2900	2.0	60	1.13	2.2
	15	18.5	2900		60	1.26	2.2
	3.75		1450				0.55
	6.3	5	1450	2.0	54	0.16	0.55
	7.5		1450				0.55
IS50-32-160	7.5	34.5	2900		44	1.59	3
	12.5	32	2900	2.0	54	2.02	3
	15	29.6	2900		56	2.16	3
	3.75		1450				0.55
	6.3	8	1450	2.0	48	0.28	0.55
	7.5		1450				0.55

续表

泵型号	流量 /（m³/h）	扬程 /m	转速 /（r/min）	汽蚀余量 /m	泵效率 /%	功率 /kW	
						轴功率	电机功率
IS50-32-200	7.5	525	2900	2.0	28	2.82	5.5
	12.5	50	2900	2.0	48	3.54	5.5
	15	48	2900	2.5	51	3.84	5.5
	3.75	13.1	1450	2.0	33	0.41	0.75
	6.3	12.5	1450	2.0	42	0.51	0.75
	7.5	12	1450	2.5	44	0.56	0.75
IS50-32-250	7.5	82	2900	2.0	28.5	5.67	11
	12.5	80	2900	2.0	3.54	7.16	11
	15	78.5	2900	2.5	3.38	7.83	11
	3.75	20.5	1450	2.0	0.41	0.91	15
	6.3	20	1450	2.0	0.51	1.07	15
	7.5	19.5	1450	2.5	0.56	1.14	15
IS65-50-125	15	21.8	2900		58	1.54	3
	25	20	2900	2.0	69	1.97	3
	30	18.5	2900		68	2.22	3
	7.5		1450				0.55
	12.5	5	1450	2.0	64	0.27	0.55
	15		1450				0.55
IS65-50-160	15	35	2900	2.0	54	2.65	5.5
	25	32	2900	2.0	65	3.35	5.5
	30	30	2900	2.5	66	3.71	5.5
	7.5	8.8	1450	2.0	50	0.36	0.75
	12.5	8	1450	2.0	60	0.45	0.75
	15	7.2	1450	2.5	60	0.49	0.75
IS65-40-200	15	63	2900	2.0	40	4.42	7.5
	25	50	2900	2.0	60	5.67	7.5
	30	47	2900	2.5	61	6.29	7.5
	7.5	13.2	1450	2.0	43	0.63	1.1
	12.5	12.5	1450	2.0	66	0.77	1.1
	15	11.8	1450	2.5	57	0.85	1.1
IS65-40-250	15		2900				15
	25	80	2900	2.0	63	10.3	15
	30		2900				15
IS65-40-315	15	127	2900	2.5	28	18.5	30
	25	125	2900	2.5	40	21.3	30
	30	123	2900	3.0	44	22.8	30
IS80-65-125	30	22.5	2900	3.0	64	2.87	5.5
	50	20	2900	3.0	75	3.63	5.5
	60	18	2900	3.5	74	3.93	5.5
	15	5.6	1450	2.5	55	0.42	0.75
	25	5	1450	2.5	71	0.48	0.75
	30	4.5	1450	3.0	72	0.51	0.75

续表

泵型号	流量/(m³/h)	扬程/m	转速/(r/min)	汽蚀余量/m	泵效率/%	功率/kW	
						轴功率	电机功率
IS80-65-160	30	36	2900	2.5	61	4.82	7.5
	50	32	2900	2.5	73	5.97	7.6
	60	29	2900	3.0	72	6.59	7.5
	15	9	1450	2.5	66	0.67	1.5
	25	8	1450	2.5	69	0.75	1.5
	30	7.2	1450	3.0	68	0.86	1.5
IS80-50-200	30	53	2900	2.5	55	7.87	15
	50	50	2900	2.5	69	9.87	15
	60	47	2900	3.0	71	10.8	15
	15	13.2	1450	2.5	51	1.06	2.2
	25	12.5	1450	2.5	65	1.31	2.2
	30	11.8	1450	3.0	67	1.44	2.2
IS80-50-160	30	84	2900	2.5	52	13.2	22
	50	80	2900	2.5	63	17.3	
	60	75	2900	3.0	64	19.2	
IS80-50-250	30	84	2900	2.5	52	13.2	22
	50	80	2900	2.5	63	17.3	22
	60	75	2900	3.0	64	19.2	22
IS80-50-315	30	128	2900	2.5	41	25.5	37
	50	125	2900	2.5	54	31.5	37
	60	123	2900	3.0	57	35.3	37
IS100-80-125	60	24	2900	4.0	67	5.86	11
	100	20	2900	4.5	78	7	11
	120	16.5	2900	5.0	74	7.28	11

2. Y 型离心油泵规格

型号	流量/(m³/h)	扬程/m	转速/(r/min)	功率/kW		效率/%	汽蚀余量/m	泵壳许用应力/Pa	结构形式	备注
				轴	电机					
50Y-60	12.5	60	2950	6.0	11	35	2.3	1570/2550	单级悬臂	泵壳许用应力内的分子表示的第Ⅰ类材料相应的许用应力数，分母表示第Ⅱ、第Ⅲ类材料相应的许用应力数
50Y-60A	11.2	49	2950	4.3	8			1570/2550	单级悬臂	
50Y-60B	9.9	38	2950	2.4	5.5	35		1570/2550	单级悬臂	
50Y-60	12.5	120	2950	11.7	15	35	2.3	2158/3138	两级悬臂	
50Y-60A	11.7	105	2950	9.6	15			2158/3138	两级悬臂	
50Y-60B	10.8	90	2950	7.7	11			2158/3138	两级悬臂	
50Y-60C	9.9	75	2950	5.9	8			2158/3138	两级悬臂	
65Y-60	25	60	2950	7.5	11	55	2.6	1570/2550	单级悬臂	
65Y-60A	22.5	49	2950	5.5	8			1570/2550	单级悬臂	
65Y-60B	19.8	38	2950	3.8	5.5			1570/2550	单级悬臂	
65Y-100	25	100	2950	17.0	32	40	2.6	1570/2550	单级悬臂	

续表

型号	流量/(m³/h)	扬程/m	转速/(r/min)	功率/kW		效率/%	汽蚀余量/m	泵壳许用应力/Pa	结构形式	备注
				轴	电机					
65Y-100A	23	85	2950	13.3	20			1570/2550	单级悬臂	泵壳许用应力内的分子表示的第Ⅰ类材料相应的许用应力数，分母表示第Ⅱ、第Ⅲ类材料相应的许用应力数
65Y-100B	21	70	2950	10.0	15			1570/2550	单级悬臂	
65Y-100	25	200	2950	34.0	55	40	2.6	2942/3923	两级悬臂	
65Y-100A	23.3	175	2950	27.8	40			2942/3923	两级悬臂	
65Y-100B	21.6	150	2950	22.0	32			2942/3923	两级悬臂	
65Y-100C	19.8	125	2950	16.8	20			2942/3923	两级悬臂	
80Y-60	50	60	2950	12.8	15	64	3	1570/2550	单级悬臂	
80Y-60A	45	49	2950	9.4	11			1570/2550	单级悬臂	
80Y-60B	39.5	38	2950	6.5	8			1570/2550	单级悬臂	
80Y-100	50	100	2950	22.7	32	60	3	1961/2942	单级悬臂	
80Y-100A	45	85	2950	18.0	25			1961/2942	单级悬臂	
80Y-100B	39.5	70	2950	12.6	20			1961/2942	单级悬臂	
80Y-100	50	200	2950	45.4	75	60	3	2942/3923	单级悬臂	
80Y-100A	46.6	175	2950	37.0	55	60	3	2942/3923	两级悬臂	
80Y-100B	43.2	150	2950	29.5	40				两级悬臂	
80Y-100C	39.6	125	2950	22.7	32				两级悬臂	

注：与介质接触的且受温度影响的零件，根据介质的性质需要采用不同性质的材料，所以分为三种材料，但泵的结构相同。第Ⅰ类材料不耐腐蚀，操作温度在-20～200℃之间；第Ⅱ类材料不耐硫酸腐蚀，操作温度在-45～400℃之间；第Ⅲ类材料耐硫腐蚀，操作温度在-45～200℃之间。

3. F 型耐腐蚀离心泵

型号	流量/(m³/h)	扬程/m	转速/(r/min)	汽蚀余量/m	泵效率/%	功率/kW		泵口径/mm	
						轴功率	电机功率	吸入	排出
25F-16	3.60	16.00	2960	4.30	30.00	0.523	0.75	25	25
25F-16A	3.27	12.50	2960	4.30	29.00	0.39	0.55	25	25
25F-25	3.60	25.00	2960	4.30	27.00	0.91	1.50	25	25
25F-25A	3.27	20.00	2960	4.30	26	0.69	1.10	25	25
25F-41	3.60	41.00	2960	4.30	20	2.01	3.00	25	25
25F-41A	3.27	33.50	2960	4.30	19	1.57	2.20	25	25
40F-16	7.20	15.70	2960	4.30	49	0.63	1.10	40	25
40F-16A	6.55	12.00	2960	4.30	47	0.46	0.75	40	25
40F-26	7.20	25.50	2960	4.30	44	1.14	1.50	40	25
40F-26A	6.55	20.00	2960	4.30	42	0.87	1.10	40	25
40F-40	7.20	39.50	2960	4.30	35	2.21	3.00	40	25
40F-40A	6.55	32.00	2960	4.30	34	1.68	2.20	40	25
40F-65	7.20	65.00	2960	4.30	24	5.92	7.50	40	25
40F-65A	6.72	56.00	2960	4.30	24	4.28	5.50	40	25
50F-103	14.4	103	2900	4	25	16.2	18.5	50	40
50F-103A	13.5	89.5	2900	4	25	13.2		50	40
50F-103B	12.7	70.5	2900	4	25	11		50	40
50F-63	14.4	63	2900	4	35	7.06		50	40
50F-63A	13.5	54.5	2900	4	35	5.71		50	40
50F-63B	12.7	48	2900	4	35	4.75		50	40
50F-40	14.4	40	2900	4	44	3.57	7.5	50	40
50F-40A	13.1	32.5	2900	4	44	2.64	7.5	50	40
50F-25	14.4	25	2900	4	52	1.89	5.5	50	40
50F-25A	13.1	20	2900	4	52	1.37	5.5	50	40

续表

型号	流量/(m^3/h)	扬程/m	转速/(r/min)	汽蚀余量/m	泵效率/%	功率/kW		泵口径/mm	
						轴功率	电机功率	吸入	排出
50F-16	14.4	15.7	2900	4	62	0.99		50	40
50F-16A	13.1	12	2900	4	62	0.69		50	40
65F-100			2900	4	40	19.6		65	50
65F-100A			2900	4	40	15.9		65	50
65F-100B			2900	4	40	13.3		65	50
65F-64			2900	4	57	9.65	15	65	50
65F-64A			2900	4	57	7.75	18.5	65	50
65F-64B			2900	4	57	6.43	18.5	65	50

参考文献

[1] 姚玉英 . 化工原理（上、下册）. 3 版 . 天津：天津大学技术出版社，2010.

[2] 李居参，周波，乔子荣 . 化工单元操作使用技术 . 北京：高等教育出版社，2008.

[3] 杨祖荣 . 化工原理 . 北京：高等教育出版社，2008.

[4] 蒋丽芬 . 化工原理 . 北京：高等教育出版社，2007.

[5] 夏清，陈常贵 . 化工原理（上、下册）. 天津：天津大学出版社，2006.

[6] 王志魁 . 化工原理 . 5 版 . 北京：化学工业出版社，2017.

[7] 丛德滋，丛梅，方图南 . 化工原理详解与应用 . 北京：化学工业出版社，2002.

[8] 刘家祺 . 分离过程 . 北京：化学工业出版社，2002.

[9] 阮奇，等 . 化工原理解题指南 . 2 版 . 北京：化学工业出版社，2008.

[10] 贾绍义，柴诚敬 . 化工传质与分离过程 . 2 版 . 北京：化学工业出版社，2007.

[11] 朱家骅，叶世超，夏素兰 . 化工原理 . 北京：科学出版社，2011.

[12] 谭天恩 . 化工原理（上、下册）. 4 版 . 北京：化学工业出版社，2013.